高等学校"十三五"规划教材

U0237714

无机及分析化学

严 新 主编

化学工业出版社

·北京·

《无机及分析化学》是作者根据多年来的教学实践编写而成,全书共十六章,包括化学热力学和化学动力学基础、物质结构基础、水溶液中的四大平衡及其在滴定分析中的应用、重量分析法和元素化学等内容。本书编写时在内容和章节上做了精心安排,以理论为基础,以实际应用为目的,同时考虑到初入高校学生的实际知识水平,力求深入浅出。

《无机及分析化学》不仅可以作为高等院校理工类专业化学基础课程的教材,也可供其他相关专业人员参考使用。

图书在版编目(CIP)数据

无机及分析化学/严新主编 . —北京:化学工业
出版社,2017.8(2023.7重印)
高等学校"十三五"规划教材
ISBN 978-7-122-30102-4

Ⅰ.①无… Ⅱ.①严… Ⅲ.①无机化学-高等学校-
教材②分析化学-高等学校-教材 Ⅳ.①O61②O65

中国版本图书馆 CIP 数据核字(2017)第 164757 号

责任编辑:褚红喜 宋林青　　　　　　　　　装帧设计:关 飞
责任校对:宋 夏

出版发行:化学工业出版社(北京市东城区青年湖南街 13 号　邮政编码 100011)
印　　装:北京科印技术咨询服务有限公司数码印刷分部
787mm×1092mm　1/16　印张 21½　彩插 1　字数 538 千字　　2023 年 7 月北京第 1 版第 6 次印刷

购书咨询:010-64518888　　　　　　　　　售后服务:010-64518899
网　　址:http://www.cip.com.cn
凡购买本书,如有缺损质量问题,本社销售中心负责调换。

定　　价:45.00 元　　　　　　　　　　　　　　版权所有　违者必究

《无机及分析化学》编写组

主　编：严　新

编　者：严　新　徐茂蓉　葛成艳　王文娟

前　言

　　无机及分析化学是由无机化学和分析化学两大基础课程整合而成的一门重要的基础理论课程，是高等学校理工科化工类、近化工类各专业的第一门基础课，它不仅为后续课程的开展奠定了必要的理论基础，也对日后的实际工作起一定的指导作用，是培养相关专业技术人才建立整体知识结构与能力结构的重要组成部分。

　　本书作为高等学校化工类、近化工类各专业的"无机及分析化学"课程教材，以工科应用型人才的培养为定位，编写时注重基础知识和基本理论，尽量做到突出工科特色，体现时代性，力求内容精练，面向应用，舍弃不必要的推导和证明，减少与后续课程的重复。本书根据编者多年的教学经验和实践体会编写而成，在内容编排上循序渐进，包含了化学热力学和化学动力学基础、物质结构基础、水溶液中的四大平衡及其在滴定分析中的应用、重量分析法和元素化学等内容，尽量体现易学的特点；在文字叙述上由浅入深，力求条理清晰、简洁，便于让学生自学。

　　本书适用于化学化工、应用化学、制药、环境、材料、医学、轻化及冶金等专业，同时也适用于农林、土木、生物、食品、海洋等相关专业，可供高等院校本科及高等职业技术院校师生参考。

　　全书共 16 章，其编写分工如下：绪论、第 2、4、8、9、12、13、15、16 章由严新编写；第 1 章由严新、王文娟共同编写；第 3、5～7 章由徐茂蓉编写；第 10、11、14 章由严新、葛成艳共同编写。全书计量单位采用法定计量单位。

　　由于时间仓促，作者水平有限，书中难免有疏漏之处，希望广大读者不吝赐教。

编　者
2017 年 4 月

目 录

第 3 章　定量分析概论 / 61

第4章 酸碱滴定法 / 79

第5章 沉淀溶解平衡 / 95

第6章 沉淀滴定法 / 108

第 7 章 重量分析法 / 115

第 8 章 配位化合物 / 128

第 11 章 氧化还原滴定法 / 190

第 12 章 原子结构 / 205

第 13 章　分子结构 / 230

绪　论

　　化学是一门中心的、实用的和创造性的科学。在人类多姿多彩的生活中，化学可说是无处不在的。美国著名化学家 R·布里斯罗[1]就在他撰写的化学普及读物《化学的今天和明天》[1]有这样一段话：从早晨开始，我们从用化学产品建造的住宅和公寓中醒来，家具是部分的用化学工业生产的现代材料制作的，我们用化学家们设计的肥皂和牙膏和穿上合成纤维和合成染料制成的衣着，即使天然的纤维（如羊毛或棉花）也是经化学品处理过的和上色来改进它们的性质。为了保护起见，我们的食品被包装和冷藏起来；我们的庄稼用肥料、除草剂和农药使之成长；家畜用兽医药来防病；维生素类可以加到食品中或制成片剂后服用，甚至我们购买的天然食品，诸如牛奶，必须要经化学检验来保证纯度。我们的交通工具——汽车、火车、飞机——在很大程度上是要依靠化学加工业的产品；晨报是印刷在经化学方法制成的纸上，所用的油墨是由化学家们制造的；用于说明事物的照片要用化学家们制造的胶片；在我们生活中的所有金属制品都是用矿石经过以化学为基础的冶炼方法转化变成金属或再将金属转变成合金，化学油漆还能保护它们。化妆品是由化学家制造和检验过的，执法用的和国防上用的武器要依靠化学，事实上在我们日常生活所用的产品中很难找出有哪一种不是依靠化学和在化学家们的帮助下制造出来的。

　　近年来，人们在谈及环境污染问题时，把化学学科与化学合成的物质等同起来，认为所有的污染物都是化学物质，所以环境污染是由化学造成的。其实，污染物既可能是人工合成的，也可能是"纯天然的"。只不过它们的发现、分离、分析和化学合成属于经典的化学工作而已，环境问题的产生和化学并无直接的关系[2]。

　　随着科学的发展、研究的深入，学科之间的交叉和相互渗透现象越来越普遍，化学学科的内涵也与时俱进，世界著名学术期刊 Nature 的顾问编委 Philip Ball 在对多位世界著名化学家进行专题访谈后，撰写了题为"化学家想知道什么"的专论[3]，归纳出目前化学应当面对的 6 个方面的大问题，它们分别是：

　　① 如何设计出具有特定功能和动态特性的分子？

　　② 什么是细胞的化学基础？

　　③ 怎样制造未来在能源、空间或医药领域所需要的材料？

　　④ 什么是思维和记忆的化学基础？

---

[1]　R. 布里斯罗，《化学的今天和明天》[M]，科学出版社，2001.

[2]　宋心琦，化学家想知道什么——什么是化学的大问题 [J]，化学教学，2009 (3) 1.

[3]　Ball，Philip. What chemists want to know [J] . *Nature* 2006，442 (3) 500～506.

⑤ 地球上的生命起源问题，以及在其他星球上如何才能够出现生命？

⑥ 如何才能够查明所有元素间的可能组合？

无机及分析化学包含了化学最基本的两个分支：无机化学和分析化学。这两门课程是化学学科中最基础的部分，是学习其他化学相关课程、处理化学相关问题的前提。

无机化学主要研究无机物的组成、性质、结构和反应，无机物是碳以外的所有元素及其化合物，以及一氧化碳、二氧化碳和碳酸盐等，是基于元素周期表而建立起来的系统化学，其研究内容可分为化学基本原理和化学元素的性质及相关的化学反应两部分。其中，化学基本原理包括物质结构、化学热力学、化学动力学和基础电化学等内容。

分析化学研究的是物质的化学组成（定性分析）、各组分含量（定量分析）、物质的微观结构（结构分析）及有关分析理论。它是人们获得物质的化学组成和结构信息的科学。对于许多科学研究领域，例如矿物学、地质学、生理学、生物学、医学、农林学等技术学科，只要涉及化学现象，都无一例外地需要分析测定，许多定律和理论都是用分析化学的方法确定的，分析化学被称为工业生产的"眼睛"。

根据分析测定原理和具体操作方式的不同，分析化学又可分为化学分析法和仪器分析法。以化学反应为基础的分析方法称化学分析法，它包括滴定分析法和重量分析法。仪器分析法是以物质的物理性质和化学性质为基础的分析方法，需要使用特殊的仪器设备。本书着重介绍化学分析法。

第1章

化学反应的方向、限度和速率

化学是研究物质的组成、结构、性质及能量变化规律的一门科学，在研究这些化学反应的过程中，会发生一系列的能量转换，而热力学就是研究能量相互转换过程中所遵循规律的科学。

一个化学反应能否发生，一般通过以下几个问题来讨论：

① 当几种物质放在一起时，物质之间是否能够发生化学反应？

② 如果这个化学反应能够进行，那就要进一步了解这个化学反应能够进行到什么程度，这个反应中，反应物转化为生成物的最大产率是多少，如果想要计算出来，这就需要了解化学平衡的相关知识。

③ 任何化学反应的发生都伴随着能量的变化，反应过程中伴随着怎样的能量变化，是吸热还是放热呢？这就需要了解反应的能量变化，以便在工业生产中合理有效地利用能源。

④ 如果几种物质放在一起，能够反应，生成相应的产物，那反应是如何发生的，反应速率多大？反应的内在机理又是什么？

前三个问题属于化学热力学的范畴，而后面一个问题是化学动力学研究的问题，本章将依次讨论及解决上述问题。

上面这些问题的答案都可以通过具体的实验来确定，但是，如果能先从理论上作出正确的判断，就可以避免工作的盲目性和许多无谓的浪费，这就是学习本章所要达到的目的。

1.1 化学反应的方向

1.1.1 化学热力学的基本概念

热力学是研究能量在相互转换过程中所遵循的规律的一门科学。其中热力学第一定律和热力学第二定律是热力学的基础。化学热力学涉及的内容比较深，本章只初步地介绍化学热力学最基本的一些概念、理论、方法及应用。

(1) 体系与环境

热力学中称研究的对象为体系，称体系以外的其他部分为环境。

体系就是被研究的对象，也可叫做系统。物质世界是无穷无尽的，研究问题只能选取其中的一部分。体系是人们将其作为研究对象的那部分物质世界，即被研究的物质和它们所占有的空间。**环境**是指体系边界以外与之相关的物质世界，如容器壁、密封盖、砝码以及密封盖以外的空气等都是环境的组成部分。

例如，我们要研究水杯中的热水，则热水为研究对象，热水就是体系；而盛水的水杯、水面上的空气等都是环境。显然，一段时间后，杯中会有水蒸气挥发，水的温度也会逐渐降低，这说明体系与环境之间可以有物质和能量的传递。按物质和能量传递情况的不同，将体系分为：敞开体系、封闭体系和隔离体系（也称孤立体系）三种。

① 敞开体系

环境与体系之间既有物质也有能量的交换。例如一杯开水，由于开水的温度高于环境，会将热量传递给环境，产生能量（热量）交换，同时还有物质（水蒸气）的交换。

② 封闭体系

体系与环境之间没有物质的交换，但是有能量的传递。如果将开水杯盖上，阻止了物质的交换，但是仍然有热量的传递。

③ 隔离体系

体系与环境之间既无物质的交换，又无能量的交换。如果将杯子隔离起来，达到理想的隔离效果，那么这时候杯子与外界既没有热量的传递也没有物质的交换，这时候杯子就是一个孤立体系。

本章主要研究的对象是封闭体系，研究体系与环境之间的能量交换，忽略其物质的交换。

（2）状态和状态函数

体系的状态是由一系列表征体系性质的物理量确定，由这些物理量确定下来的体系的存在形式就称作体系的**状态**，而这些决定体系状态的物理量称为**状态函数**。这些表征性质的物理量包括压力、温度、体积、物质的量以及后面要学习的内能、焓及熵等。

体系的状态是由一系列的状态函数确定的，而如果体系的状态确定，则体系的状态函数就有确定的值。例如，把某气体系统作为研究体系，如果体系的状态一定，则其物质的量（n）、压力（p）、体积（V）及温度（T）就有一个确定的值，这里的 n、p、V、T 就是体系的状态函数，而如果其中一个物理量改变时，体系的状态也会随之而变。如果要描述体系的一个状态，并不需要罗列出所有的状态函数的数值，通常只要确定其中几个，其余的状态函数也就随之而定。

体系发生变化前的状态称为始态，变化后的状态称为末态，由于状态函数的取值与体系所处的状态有关，所以，体系变化的始态和末态一经确定，则状态函数的改变量也就确定了。状态函数的改变量一般常用希腊字母 Δ 表示，例如某体系的始态温度为 $T_{始}$，末态温度为 $T_{末}$，则状态函数 T 的改变量 $\Delta T = T_{末} - T_{始}$。

（3）过程和途径

通常将体系从始态到末态所发生的变化，所经历的热力学过程称为**过程**。而一个体系从始态变到末态可以通过多种方法完成，这里的每一种方法称作**途径**。

若一个体系的始末状态确定，则这个变化过程无论采取何种途径，状态函数的改变量都是相同的。

例如把 10℃ 的水加热至 40℃ 的这个过程，可以通过如下途径达到：①直接加热至 40℃；②先冷却至 5℃，然后加热到 40℃；等等。不管采取何种途径，其状态函数温度 T

的变化值都是相同的，即 $\Delta T = T_{末} - T_{始} = 30℃$。

所以，状态函数的改变量取决于过程的始末态，与采取的途径无关，根据这个特点，在计算系统的状态函数变化量时，可以在给定的始末态之间任意设计方便的途径，不必拘泥于实际变化的过程，这是热力学研究中一个极其重要的方法。

(4) 热和功

体系与环境之间交换的能量可以分为热和功两大类。

热力学的研究方法是宏观的方法，例如，热会自动地从高温的一方向低温的一方传递，直至两者的温度相等为止，所以将"热"定义为：体系与环境之间因温度不同而引起的能量交换，这种被传递的能量就称为**热**，用符号 Q 表示。热力学规定：体系从环境中吸收热量，热的数值为正，即 $Q > 0$；而体系向环境释放热量时，热的数值为负，即 $Q < 0$。

热力学中除热以外，体系与环境之间其他各种被传递的能量，均称为**功**，用符号 W 表示。热力学规定：环境对体系做功，功为正值，即 $W > 0$；反之，体系对环境做功，功为负值，即 $W < 0$。

注意：热和功都是体系与环境之间的能量传递形式，体系发生变化的时候才会表现出来，如果体系的状态没有发生变化，就没有热和功存在，而且，即使始末状态确定，变化途径不同，热和功的数值就可能不同。由于他们不能描述体系自身的性质，所以热和功不是状态函数，因此不能说体系含有多少热量或者多少功。

当体系中有气体物质时，如果在变化过程中体积发生变化，通常将这种由于体积变化而产生的功在热力学中称作**体积功**，也可称为膨胀功，即系统体积变化时反抗外力而做的功，如图1.1所示，右侧为一个充有气体的气缸，截面积为 A，假设气缸中活塞为无质量无摩擦力的理想活塞。

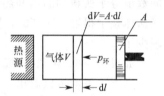

图 1.1　体积功示意图

气体受热后，气缸内气体压力增大，超过外压，使活塞向右移动 $\mathrm{d}l$，此时气体体积变化了 $\mathrm{d}V = A \cdot \mathrm{d}l$。根据机械功的定义，此过程中系统克服外力所做的功为：

$$\delta W = -F \cdot \mathrm{d}l = -p \cdot A \cdot \mathrm{d}l = -p \cdot \mathrm{d}V \tag{1.1}$$

式(1.1)为体积功的计算公式，式中，p 为环境的压力❶。

膨胀时，系统对环境做功，$\mathrm{d}V > 0$，$\delta W < 0$；反之，若环境压力大于系统压力，系统体积受到压缩，此时环境对系统做功，$\delta W > 0$。符号与前面所规定的一致。

(5) 热力学能

体系内一切能量的总和叫做体系的热力学能，包括系统内部分子（或离子、原子）运动的动能，分子之间相互作用的势能以及分子内部各种粒子（如电子、原子核及原子核内各种粒子等）运动的动能及它们相互作用的势能等。并不包括系统整体运动的宏观动能和系统整体处于外力场中具有的势能。用符号 U 表示。

一旦体系的状态确定，就有一个确定的热力学值，所以热力学能是体系的状态函数，具有能量单位。只要体系的始末状态确定，则热力学的改变量 $\Delta U = U_{末} - U_{始}$ 就是一个确定的数值。

如果 $\Delta U > 0$，表明体系从环境中获得了能量，反之，则表示体系向环境释放了能量。

---

❶ 压力：即物理学中的压强，化学上通常称为压力，后面的压力同此。

1.1.2 热力学第一定律

"自然界的一切物质都具有能量，能量可以不同形式存在，而且能够从一种形式转化为另一种形式，转化前后，能量的总值不变"。这就是能量守恒和转化定律，即**热力学第一定律**，所以热力学第一定律的本质是能量守恒。

有人曾经幻想制造一种不需要外界提供能量，同时不消耗自己的能量，却能对外做功的机器，这种假想的机器即第一类永动机。很显然，这个第一类永动机是违背热力学第一定律的，所以热力学第一定律也可以表述为"第一类永动机是不可能存在的"。

前面提过，体系与环境之间的能量交换方式有两种，分别是热传递和做功，在封闭体系中，当体系发生变化时，体系与环境之间只有热和功的交换，因此体系的热力学能的变化只与功和热有关。所以热力学第一定律可以用式(1.2)表达：

$$\Delta U = Q + W \tag{1.2}$$

式中，Q 是指体系在状态发生变化的时候从环境中吸收的热量；而 W 则表示环境对体系所做的功。

如果体系状态发生变化，体系从环境中得到热量（$Q > 0$），同时环境对体系做功（$W > 0$），则体系的热力学能改变量 $\Delta U = Q + W > 0$，这表明体系的热力学能增加了，增加的数值等于所得到的功和热的总和；反之，如果环境从体系中吸收热量（$Q < 0$），同时环境又从体系中得功（$W < 0$），则体系的热力学能改变量 $\Delta U = Q + W < 0$，表明体系的热力学能减少了。

如果 $Q > 0$，$W < 0$，或 $Q < 0$，$W > 0$，则 ΔU 的正负号取决于 Q 与 W 数值的大小。

从上述说明可以看出，Q 和 W 的正负是以体系为主体来考虑的，所以，在进行相关计算的时候，一定要选好研究的体系；同时热力学第一定律表达式只适用于封闭体系，敞开体系中不能用此公式，因为敞开体系与环境之间既有能量交换也有物质的交换，体系本身就发生了变化。

【例 1.1】 某过程中，系统从环境吸收热量 100J、对环境做体积功 20J。求该过程中系统热力学能的改变量和环境热力学能的改变量。

解：由题意可知，$Q = 100J$，$W = -20J$，根据热力学第一定律，系统热力学能的改变量为：

$$\Delta U = Q + W = 100J + (-20J) = 80J$$

若将环境当作系统来考虑，则 $Q' = -100J$，$W' = 20J$，故环境热力学能的改变量为：

$$\Delta U' = Q' + W' = -100J + 20J = -80J$$

显然，体系的热力学能的增加量等于环境热力学能的减少量。

1.1.3 焓与焓变

化学反应总是伴随着热量的吸收或者放出，这种热量的变化对研究化学反应的能量变化有着十分重要的作用。在化学反应中，反应物的化学键需要吸收能量才能断裂，产物中形成新的化学键往往要释放能量，反应的热效应就是反映由于化学键断裂和生成所引起的热量变化。

在系统发生化学反应的过程中，如果只做体积功无非体积功存在，当生成物的温度与反应物的温度相同时，系统放出或吸收的热量就叫做化学反应的热效应，简称为**反应热**。

绝大多数化学反应是在等压条件下（即系统的压力在反应过程中始终不变）进行的，如果没有非体积功存在，$p_2 = p_1 = p$，$W = -p\Delta V$，根据热力学第一定律，其反应热 Q_p（右下标 p 表示等压过程）为：

$$U_2 - U_1 = Q_p - p(V_2 - V_1)$$

将上式整理，得：

$$Q_p = (U_2 - U_1) + p(V_2 - V_1) = (U_2 + p_2 V_2) - (U_1 + p_1 V_1)$$

令

$$H = U + pV \tag{1.3}$$

式(1.3) 中 H 为"系统的热力学能"与"系统的体积和压力乘积"之和。由于 U、p、V 都是状态函数，所以经它们组合而成的函数 H 也是状态函数，这是一个新的物理量，称为**焓**。焓具有能量的量纲，其单位为 J 或 kJ。Q_p 的表达式可化简为：

$$Q_p = H_2 - H_1 = \Delta H \tag{1.4}$$

焓无法通过实验测定。焓变，即 ΔH，它表示的是系统从始态到末态变化过程中焓值的变化。如果化学反应是在等压条件下进行的，那么式(1.4) 则说明焓变等于等压过程的反应热，焓没有明确的物理意义，而焓变却有确切的物理意义：恒压条件下的反应热就是反应的焓变，也就是说，等压条件下，化学反应热的大小仅仅取决于系统的始态和末态，这也就为一些无法经实验测得的化学反应热提供了解决方法，我们可以在指定系统变化的始末态之间，设计一条方便可行的途径来计算其 ΔH，从而计算出反应热 Q_p。

注意：ΔH 与 Q 只有在只做体积功的等压条件下才相等。

放热反应的 ΔH 为负值，吸热反应的 ΔH 为正值。

1.1.4 热化学方程式

（1）反应进度

对于化学反应方程式

$$a\text{E} + b\text{F} \Longrightarrow c\text{C} + d\text{D}$$

用于计算时，可将方程移项，写成：

$$0 = -a\text{E} - b\text{F} + c\text{C} + d\text{D}$$

用简单的形式表示，那么这个方程式可简写为：

$$0 = \sum_\text{B} \nu_\text{B} \text{B} \tag{1.5}$$

式(1.5) 称为**化学反应计量方程式**，其中 B 表示参与化学反应的任意物质，可以是反应物，也可以代表生成物；这里的 ν_B 则表示物质 B 的**化学计量数**，是一个无量纲的纯数，其大小等于方程式中物质 B 前面的系数。对于反应物，化学计量数为负值，对于生成物，化学计量数为正值。化学计量数可以为整数，也可以是分数。

因此，上述反应式中，$\nu_\text{E} = -a$，$\nu_\text{F} = -b$，$\nu_\text{C} = c$，$\nu_\text{D} = d$。

对于相同的化学反应，如果方程式写法不一样，化学计量数 ν_B 也将不同。例如：

$$\text{N}_2 + 3\text{H}_2 \Longrightarrow 2\text{NH}_3 \qquad \nu_{\text{N}_2} = -1 \quad \nu_{\text{H}_2} = -3 \quad \nu_{\text{NH}_3} = 2$$

$$\frac{1}{2}\text{N}_2(\text{g}) + \frac{3}{2}\text{H}_2(\text{g}) \Longrightarrow \text{NH}_3(\text{g}) \qquad \nu_{\text{N}_2} = -\frac{1}{2} \quad \nu_{\text{H}_2} = -\frac{3}{2} \quad \nu_{\text{NH}_3} = 1$$

化学反应的发生，伴随着热量、热力学能等的变化，而这些数值的变化其实都与反应进行的程度有关，因此，研究这些函数对研究反应进行到什么程度具有重大的意义。

化学反应进行的程度可以用一个新的物理量来表示，即**反应进度**，用符号 ξ 表示，单位 mol。

以下面的反应为例进行说明：

$$3A \quad + \quad F \Longrightarrow 2C$$

$n_B(0)/\text{mol}$	4	4	0
$n_B(t)/\text{mol}$	n_A	n_F	2

假设刚开始反应的时候，A 与 F 物质的量都是 4mol，体系中没有生成物 C 的存在，用 $n_B(0)$ 代表反应开始时体系中各物质的物质的量，$n_B(t)$ 代表反应进行到 t 时体系中各物质的物质的量，那么反应结束后，体系中各物质的物质的量的变化值的为 $\Delta n_B = n_B(t) - n_B(0)$。

由于化学计量数的不同，所以对于参加反应的各物质来说，同一段时间的 Δn_B 不一定相同。例如，如果 t 时刻 C 的物质的量是 2mol，由于反应物的消耗和生成物的生成都是按照化学计量数的比例进行的化学反应，所以参加反应的 A 与 F 的物质的量分别是 3mol 和 1mol，此时（t 时刻）体系中各物质的物质的量分别为：$n_A = 1\text{mol}$；$n_F = 3\text{mol}$；$n_C = 2\text{mol}$。因此，$\Delta n_A = -3\text{mol}$，$\Delta n_F = -1\text{mol}$，$\Delta n_C = 2\text{mol}$。

虽然各物质的变化值不相同，但是我们可以发现 $\Delta n_B/\nu_B$ 是相同的数值，所以，通常用参加反应的任一物质的物质的量的变化 Δn_B 与其化学计量数 ν_B 的比值来描述反应进行的程度，即：

$$\xi = \frac{n_B(\xi) - n_B(0)}{\nu_B} \tag{1.6}$$

式(1.6)是**反应进度** ξ 的定义式，$n_B(\xi)$ 和 $n_B(0)$ 分别为反应进度为 ξ 及 0 时 B 的物质的量。所以有：

$$\xi = \frac{\Delta n_B}{\nu_B} = \frac{\Delta n_A}{-3} = \frac{\Delta n_F}{-1} = \frac{\Delta n_C}{2} = 1$$

$\xi = 1\text{mol}$ 时，表示发生了 1 摩尔的反应。

显然，ξ 值与 ν_B 有关，而 ν_B 的数值又与化学方程式的写法有关，所以，在不同的化学方程式中，相同的 ξ 描述反应进行的程度也不一定相同。以合成氨反应为例：

对于反应 $3H_2(g) + N_2(g) \Longrightarrow 2NH_3(g)$：当 $\xi = 1\text{mol}$ 时，则表示 3mol H_2 和 1mol N_2 发生化学反应，生成了 2mol NH_3；

对于反应 $\frac{3}{2}H_2(g) + \frac{1}{2}N_2(g) \Longrightarrow NH_3(g)$：当 $\xi = 1\text{mol}$ 时，则表示 1.5mol H_2 和 0.5mol N_2 发生了反应，生成了 1mol NH_3。

所以，在使用 ξ 描述反应进行程度时，必须写出指定的化学反应方程式。

(2) 标准摩尔反应焓

假设某一化学反应，当反应进度为 ξ 时，其反应焓变为 $\Delta_r H$，那么该反应的摩尔焓变则用 $\Delta_r H_m$ 表示，其表达式为：

$$\Delta_r H_m = \frac{\Delta_r H}{\xi} \tag{1.7}$$

式中，$\Delta_r H_m$ 表示反应进度 $\xi = 1\text{mol}$ 时化学反应的焓变，其中 r 代表化学反应（reaction），而 $\Delta_r H_m$ 的数值也与化学反应方程式的写法有关，所以计算某反应焓变的首要问题就是写出具体的化学反应方程式，还要注明参与反应的物质所处的状态，物质的状态对反应的摩尔焓变也有不可忽视的影响，单独研究 $\Delta_r H_m$ 是没有任何意义的。

为了方便研究，热力学中定义了物质的标准状态❶（简称标准态）作为共同基准。所谓**标准状态**，是指在温度为 T 和标准压力为 100kPa 下该物质的状态，又称标准态。用符号"$\ominus$"表示。

气体的标准态是指纯态气体在 100kPa 下的状态。而对于液体或固体而言，其标准态指在 100kPa 下的纯液体或纯固体状态；如果是溶液，其标准态是 100kPa 下各物质浓度均为 $1.0\text{mol}\cdot\text{kg}^{-1}$ 的溶液。

标准压力为 100kPa，可表示为 $p^{\ominus}$，显然，标准态只规定了压力，对温度没有明确的指定，所以不同温度下都有相应的标准态，IUPAC 推荐 298.15K（25℃）为参考温度，所以，一般热力学数据大多是 $T=298.15\text{K}$ 时的数据。

化学反应的摩尔焓变用 $\Delta_r H_m$ 表示，如果系统中各物质都处于标准态，则反应的摩尔焓变称为标准摩尔反应焓，用符号 $\Delta_r H_m^{\ominus}(T)$ 表示，意义为在温度为 T、反应系统中各物质均处于标准状态时，发生 1mol 反应时的焓变。

(3) 热化学方程式

化学反应的焓变与热化学方程式直接相关。热化学方程式是计算化学反应热的基本单元，书写热化学方程式时有以下几点要注意。

① 先写出准确的化学反应方程式，因为方程式的写法不同，其热效应的数值也不一样。例如：

$$2H_2(g)+O_2(g) == 2H_2O(g) \qquad \Delta_r H_m^{\ominus}=-483.650\text{kJ}\cdot\text{mol}^{-1}$$

$$H_2(g)+1/2O_2(g) == H_2O(g) \qquad \Delta_r H_m^{\ominus}=-241.825\text{kJ}\cdot\text{mol}^{-1}$$

② 在热效应中要标明反应的条件，主要指温度和压力，对于标准态，在焓变的右上标用"$\ominus$"表示，非标态时要写上压力。温度为 298.15K 时，通常可省略。在本书中，如果不注明温度，则都是指反应在 298.15K 下进行。

③ 在化学反应方程式中要注明参加反应的各物质的状态，通常用 g、l、s 分别代表气体、液体和固体，用 aq 表示水溶液。对于固态物质，注明其晶型，对于液态物质要注明其浓度。例如：

$$H_2(g)+1/2O_2(g) == H_2O(l) \qquad \Delta_r H_m^{\ominus}=-285.838\text{kJ}\cdot\text{mol}^{-1}$$

1.1.5 标准摩尔反应焓的计算

如果已知热化学方程式中各物质的焓，那么，反应的焓变就可以直接用产物的焓减去反应物的焓计算出来，但是，在指定状态下物质的焓是无法通过实验测得的，所以只能给焓规定一个相对标准值，以计算反应的焓变，这就是标准摩尔生成焓。

(1) 标准摩尔生成焓

如果一个化学反应满足下列三个条件，该反应的标准摩尔反应焓就等于产物的标准摩尔生成焓。

① 反应在指定温度 T 时进行，反应物和生成物都处于标准状态。

② 反应为化合反应，全部反应物都是单质，且单质处于 $p^{\ominus}$、温度 T 时最稳定的状态。

---

❶ 标准状态不同于标准状况，后者是指 101.325kPa、273.15K 时的情况。

例如 $p^\ominus$、常温下，O_2 最稳定的状态为气态，碳最稳定的状态为石墨，而非金刚石。

③ 产物只有一种，且物质的量为1mol。

标准摩尔生成焓用符号 $\Delta_f H_m^\ominus$(物质,T,相态)表示，其中下标 f 表示生成(formation)，温度为298.15K 时，通常可省略。标准摩尔生成焓的单位为 $J\cdot mol^{-1}$ 或 $kJ\cdot mol^{-1}$。例如：

$$H_2(g)+1/2O_2(g) == H_2O(l) \qquad \Delta_r H_m^\ominus = -285.838 kJ\cdot mol^{-1}$$

显然，这个反应符合条件，所以

$$\Delta_f H_m^\ominus(H_2O,l) = \Delta_r H_m^\ominus = -285.838 kJ\cdot mol^{-1}$$

附录1中列出了某些化合物及单质在 298.15K 的 $\Delta_f H_m^\ominus$ 的数值。**注意**，标准摩尔反应焓中的摩尔是指反应进度为 1mol，而标准摩尔生成焓中的摩尔是指该产物的物质的量为 1mol。

根据标准摩尔生成焓的定义可知，最稳定单质的标准摩尔生成焓为零，且生成物的聚集状态不同，它们的标准摩尔生成焓的大小也不相同。例如：

$$\Delta_f H_m^\ominus(C,石墨) = 0 \qquad \Delta_f H_m^\ominus(C,金刚石) = 1.895 kJ\cdot mol^{-1}$$

要计算任意化学反应的标准摩尔反应焓，可以先查出各反应物、生成物的标准摩尔生成焓，然后用生成物的标准摩尔生成焓之和减去反应物的标准摩尔生成焓之和，即：

$$\Delta_r H_m^\ominus(T) = \sum_B \nu_B \Delta_f H_m^\ominus(T) \qquad (1.8)$$

对于一般化学反应 $aE+bF == cC+dD$，按照式(1.8)的展开式为：

$$\Delta_r H_m^\ominus = c\Delta_f H_m^\ominus(C) + d\Delta_f H_m^\ominus(D) - a\Delta_f H_m^\ominus(E) - b\Delta_f H_m^\ominus(F)$$

【例 1.2】 计算反应 $2Na_2O_2(s)+2H_2O(l) == 4NaOH(s)+O_2(g)$ 在 298.15K 时的 $\Delta_r H_m^\ominus$。

解： $\Delta_r H_m^\ominus(T) = \sum_B \nu_B \Delta_f H_m^\ominus(T)$

$= 4\Delta_f H_m^\ominus(NaOH,s) + \Delta_f H_m^\ominus(O_2,g) - 2\Delta_f H_m^\ominus(Na_2O_2,s) -$

$2\Delta_f H_m^\ominus(H_2O,l)$

$= 4\times(-426.73 kJ\cdot mol^{-1}) + 0 - 2\times(-513.2 kJ\cdot mol^{-1}) - 2\times$

$(-285.83 kJ\cdot mol^{-1})$

$= -108.9 kJ\cdot mol^{-1}$

(2) 盖斯定律

化学反应的焓变还可以用盖斯定律来计算。

1840 年，盖斯（Hess）总结了大量的热化学实验的数据，得出结论：对任意化学反应，不论其是一步完成，还是分成几步完成，其反应的热效应都是一样的，这就是**盖斯定律**。

盖斯定律是在热力学第一定律之前提出的，对热力学第一定律的成立提供了很大的帮助，且当热力学第一定律成立以后，盖斯定律就成为热力学第一定律的必然结果。

盖斯定律经过修正，可完整表述为：在等压或等容且只有体积功的条件下，化学反应不论分成几步完成，其热效应的总值相等。因为在这个条件下，$Q_p = \Delta H$，H 是状态函数，只要反应的始态和末态确定了，ΔH 也就确定了，它的大小与具体途径无关。

对一些不易或不能直接测定反应热的化学反应，例如，进行得太慢的或反应程度不易控制的反应，盖斯定律提供了很大的帮助，因为根据盖斯定律，热化学方程式可以通过简单的加减运算，计算出另一些反应的反应热，而不必考虑其是否真实发生。

例如，反应 $C(s)+1/2O_2(g)\Longrightarrow CO(g)$，由于这个反应发生的同时，会伴随着其他产物（$CO_2$）的生成，反应热很难准确测定。但是根据盖斯定律，只要能够准确测定下面两个反应的反应热，就可以计算出该反应的反应热。

(1) $C(s)+O_2(g)\Longrightarrow CO_2(g)$ $\Delta_r H_{m,1}^{\ominus}=-393.5kJ\cdot mol^{-1}$

(2) $2CO(g)+O_2(g)\Longrightarrow 2CO_2(g)$ $\Delta_r H_{m,2}^{\ominus}=-565.7kJ\cdot mol^{-1}$

(3) $C(s)+1/2O_2(g)\Longrightarrow CO(g)$ $\Delta_r H_{m,3}^{\ominus}=?$

显然，反应 $(3)=(1)-\dfrac{1}{2}\times(2)$，所以：

$$\Delta_r H_{m,3}^{\ominus}=\Delta_r H_{m,1}^{\ominus}-\frac{1}{2}\Delta_r H_{m,2}^{\ominus}=-110.7kJ\cdot mol^{-1}$$

1.1.6　化学反应的方向

(1) 自发过程

自然界中的一切变化过程，在一定条件下总是朝着一定的方向进行的，不需要外力的帮助。例如，气体自动从高压向低压扩散，直到等压为止；两个不同温度的物体接触，热量自高温物体自动传到低温物体，直到两物体温度相同为止；溶质自动从高浓度向低浓度扩散，直到浓度相等为止。这种不需要借助外力就能自动发生的过程通常称作**自发过程**，需要施加外力才能够发生的过程为非自发过程。

一切自发过程都有一定的变化方向，并且都是不会自动逆向进行的。自发过程到底向什么方向进行？它的驱动力又是什么？如果找出这个共同点，就可以判断化学反应进行的方向，为实际生产和实践提供指导。

热力学第二定律便是从形形色色的自发过程中找出它们的内在联系的，并寻找出一个判断自发过程的标尺——熵。

(2) 熵和熵增原理

通过对自发过程的研究发现，系统的混乱程度，就是自发过程的驱动力，所有的自发过程都有一个共同点，就是变化之后系统的混乱程度或者无序程度增大，当混乱程度达到最大时，系统就达到了平衡状态，这就是自发过程的最大限度。

熵（S）就是描述系统的混乱程度的物理量，系统越混乱，越无序，它的熵值就越大。熵是状态函数，一个过程的熵变 ΔS，只与系统的始态和末态有关，与具体的途径无关。

由于隔离系统不受环境的影响，如果是在隔离系统内发生的不可逆过程，必定是自发过程。所以，在隔离系统中，自发过程总是向着熵增大的方向进行，当系统达到平衡时熵值最大，隔离系统的熵永不减少，这就是**熵增原理**，也是**热力学第二定律**的一种表述方法。热力学第二定律有很多表述方法，每种表述都反映了它的一个侧面，而熵增原理反映了热力学第二定律的核心内容。

熵值描述的是体系的混乱度，如果体系完全有序化，熵值就会为零。**热力学第三定律**指出：在热力学温度 0K 时，纯净物质的完美晶体❶的熵等于零。因为在绝对零度时，分子的运动都停止了，晶体内微粒排列整齐有序，系统就不存在混乱度，此时熵值为零。

根据热力学第三定律，可以测定物质在标准状态下的熵值——标准摩尔熵 $S_m^{\ominus}$，它的单位是 $J\cdot mol^{-1}\cdot K^{-1}$，附录 1 列出了某些化合物及单质在 298.15K 时的标准摩尔熵的数值。

---

❶ 完美晶体是指晶体内部无缺陷，并且只有一种微观结构。

注意，单质的标准摩尔熵不等于零。

关于熵值的大小，要注意以下几点。

① 同一物质所处的聚集状态不同，熵值也不同。气态≫液态＞固态，对于处于相同状态的同一物质，其熵值随着温度的升高而增大。

② 物质的聚集状态相同时，复杂分子的熵值较大。结构相似的物质，相对分子质量大的分子的熵值越大。相对分子质量相同的分子，结构对称性越高，熵值越小。

> **【例 1.3】** 不查表，判断下列过程系统的熵变大于零还是小于零？
> ① 水蒸发成水蒸气　　　　　② $N_2(g) + 3H_2(g) \rightleftharpoons 2NH_3(g)$
> ③ $CaCO_3(s) \longrightarrow CaO(s) + CO_2(g)$　　④ 盐从过饱和溶液中结晶出来
>
> **答：** 由于熵值：气态≫液态＞固态，所以上面的过程主要看始态和末态是否有气体存在，有气体的一方熵值较大，如果都有，就看气体的物质的量增加还是减少。没有气体时，同一物质，液态的熵大于固态的熵。所以：
> ①$\Delta S > 0$；②$\Delta S < 0$ ；③$\Delta S > 0$；④$\Delta S < 0$

在标准状态下进行的化学反应的熵变，称为标准摩尔反应熵，用 $\Delta_r S_m^\ominus$ 表示。

$$\Delta_r S_m^\ominus(T) = \sum_B \nu_B S_B^\ominus(T) \tag{1.9}$$

显然，标准摩尔反应熵等于产物的标准摩尔熵之和减去反应物的标准摩尔熵之和。

（3）吉布斯函数及其应用

根据熵增原理，可以利用熵值的变化来判断隔离系统中自发过程的方向。熵作为判据的前提条件是在隔离系统中，而现实中的化学反应一般都会与环境之间进行能量的交换，吸热或放热，所以，使用熵作为判据不太方便。

绝大多数化学反应是在等温、等压条件下进行的，如果反应过程中没有非体积功存在，可以用一个新的判据——**吉布斯（Gibbs）函数**来判断化学反应的方向。

吉布斯函数，用符号 G 表示，其定义式为：

$$G = H - TS \tag{1.10}$$

吉布斯函数是由 H、T 及 S 组成的，它们都是状态函数，所以它们的组合函数 G 必然也是一个状态函数。吉布斯函数具有能量的量纲，其单位为 J 或 kJ。与焓一样，吉布斯函数没有明确的物理意义，吉布斯函数的变化值（ΔG）却有确切的物理意义，它是在等温、等压且没有非体积功存在条件下，化学反应进行方向的判据。即：

若 $\Delta G > 0$，则该反应或过程不能自发进行；

若 $\Delta G = 0$，则该反应或过程处于平衡状态；

若 $\Delta G < 0$，则该反应或过程能够自发进行。

根据 G 的定义式(1.10)，考虑到化学反应是在等温条件下进行的，可得：

$$\Delta G = \Delta H - T\Delta S \tag{1.11}$$

根据式(1.11)可知，ΔH 与 ΔS 的正负及温度对反应自发性的影响如表 1.1 所示。

表 1.1　ΔH 与 ΔS 的正负及温度对反应自发性的影响

ΔH	ΔS	$\Delta G = \Delta H - T\Delta S$	反应方向
－	＋	负	在任何温度下，向正反应方向进行
＋	－	正	在任何温度下，向逆反应方向进行
＋	＋	$T < (\Delta H/\Delta S)$时，正	低温($<\Delta H/\Delta S$)时，向逆反应方向进行
		$T > (\Delta H/\Delta S)$时，负	高温($>\Delta H/\Delta S$)时，向正反应方向进行
－	－	$T < (\Delta H/\Delta S)$时，负	低温($<\Delta H/\Delta S$)时，向正反应方向进行
		$T > (\Delta H/\Delta S)$时，正	高温($>\Delta H/\Delta S$)时，向逆反应方向进行

需要强调的是，ΔG 作为判据的前提条件是等温、等压且没有非体积功存在，如果不满足这个条件，ΔG 的大小就与反应方向无关。

【例 1.4】 汽车尾气中的一氧化氮和一氧化碳在催化剂作用下可发生如下反应：
$$2CO(g) + 2NO(g) \Longrightarrow 2CO_2(g) + N_2(g)$$

根据附录 1 中的数据，判断这一反应能否实际发生？如果能够发生，计算该反应能自发进行的温度区域（假设反应的 $\Delta_r S_m^\ominus$ 和 $\Delta_r H_m^\ominus$ 不随温度而改变）。

解： 由附录 1 查出各反应物和产物的 $\Delta_f H_m^\ominus$、$S_m^\ominus$，分别代入式(1.8)、式(1.9)中，计算反应的 $\Delta_r H_m^\ominus$ 和 $\Delta_r S_m^\ominus$：

$$\Delta_r H_m^\ominus = \Delta_f H_m^\ominus(N_2,g) + 2\Delta_f H_m^\ominus(CO_2,g) - 2\Delta_f H_m^\ominus(CO,g) - 2\Delta_f H_m^\ominus(NO,g)$$
$$= 0 + 2 \times (-393.511 kJ \cdot mol^{-1}) - 2 \times (-110.525 kJ \cdot mol^{-1}) -$$
$$2 \times 89.86 kJ \cdot mol^{-1} = -745.692 kJ \cdot mol^{-1}$$

$$\Delta_r S_m^\ominus = S_m^\ominus(N_2,g) + 2S_m^\ominus(CO_2,g) - 2S_m^\ominus(CO,g) - 2S_m^\ominus(NO,g)$$
$$= 191.598 J \cdot mol \cdot K^{-1} + 2 \times 213.76 J \cdot mol \cdot K^{-1} - 2 \times 198.016 J \cdot mol \cdot K^{-1}$$
$$2 \times 210.309 J \cdot mol \cdot K^{-1} = -197.532 J \cdot mol^{-1} \cdot K^{-1}$$

由于 $\Delta_r H_m^\ominus$ 和 $\Delta_r S_m^\ominus$ 都为负，所以，该反应在低温时可向正反应方向进行。

要使反应自发进行，即 $\Delta_r G_m^\ominus < 0$：

$$\Delta_r G_m^\ominus = \Delta_r H_m^\ominus - T\Delta_r S_m^\ominus = -745.692 kJ \cdot mol^{-1} - (-0.197532 kJ \cdot mol^{-1} \cdot K^{-1}) \cdot T < 0$$

计算上式时要注意，$\Delta_r H_m^\ominus$ 的单位是 $kJ \cdot mol^{-1}$，而 $T\Delta_r S_m^\ominus$ 的单位是 $J \cdot mol^{-1}$，先进行单位换算，得：$T < 3775K$。

因此，该反应在温度低于 3775K 时可以自发进行。

(4) 标准摩尔生成吉布斯函数

如果化学反应是在标准状态下进行的，则反应的 ΔG 可表示为 $\Delta_r G_m^\ominus$，称为标准摩尔反应吉布斯函数。

$$\Delta_r G_m^\ominus = \Delta_r H_m^\ominus - T\Delta_r S_m^\ominus \tag{1.12}$$

$\Delta_r G_m^\ominus$ 可以用式(1.12)来计算，也可以用**标准摩尔生成吉布斯函数** $\Delta_f G_m^\ominus$ 来计算。

$\Delta_f G_m^\ominus$ 的定义与标准摩尔生成焓 $\Delta_f H_m^\ominus$ 的定义类似，如果一个化学反应满足标准摩尔生成焓的定义，那么，产物的标准摩尔生成吉布斯函数 $\Delta_f G_m^\ominus$ 就等于该反应的标准摩尔反应吉布斯函数 $\Delta_r G_m^\ominus$。例如，

$$H_2(g) + 1/2 O_2(g) \Longrightarrow H_2O(l) \qquad \Delta_r G_m^\ominus = -273.142 kJ \cdot mol^{-1}$$

这个反应符合条件，所以

$$\Delta_f G_m^\ominus(H_2O,l) = \Delta_r G_m^\ominus = -273.142 kJ \cdot mol^{-1}$$

附录 1 列出了某些化合物及单质在 298.15K 的标准摩尔生成吉布斯自由能的数值。用 $\Delta_f G_m^\ominus$ 计算 $\Delta_r G_m^\ominus$ 的公式如下：

$$\Delta_r G_m^\ominus(T) = \sum_B \nu_B \Delta_f G_B^\ominus(T) \tag{1.13}$$

显然，反应的 $\Delta_r G_m^\ominus$ 等于产物的标准摩尔生成吉布斯函数之和减去反应物的标准摩尔生成

吉布斯函数之和。

用式(1.12)和式(1.13)都可以计算 $\Delta_r G_m^{\ominus}$，两者的不同之处在于，式(1.13)只能计算 298.15K 时的 $\Delta_r G_m^{\ominus}$，判断反应在 298.15K 时能否自发进行。而许多反应的 $\Delta_r H_m^{\ominus}$ 和 $\Delta_r S_m^{\ominus}$ 受温度影响较小，在一定温度范围内可看作常数，因此，由式(1.12)可计算其他温度下反应的 $\Delta_r G_m^{\ominus}$，判断该反应能否自发进行。

【例 1.4】中的反应在 298.15K 时的 $\Delta_r G_m^{\ominus}$ 也可用 $\Delta_f G_m^{\ominus}$ 来计算，由附录 1 查出各反应物和产物的 $\Delta_f G_m^{\ominus}$ 代入式(1.13)中，即：

$$\Delta_r G_m^{\ominus} = \Delta_f G_m^{\ominus}(N_2,g) + 2\Delta_f G_m^{\ominus}(CO_2,g) - 2\Delta_f G_m^{\ominus}(CO,g) - 2\Delta_f G_m^{\ominus}(NO,g)$$
$$= 0 + 2 \times (-394.38) - 2 \times (-137.285) - 2 \times 90.37 = -694.93(kJ \cdot mol^{-1})$$

$\Delta_r G_m^{\ominus}$ 为负，说明该反应在标准状态下、298.15K 时可自发进行。

1.2 气体的性质

化学热力学研究的是化学反应的方向和限度，反应的方向可以用 ΔS 或者 ΔG 来判断，而反应的限度就涉及化学平衡。讨论化学平衡时，经常会遇到气相反应系统，为此，需先了解气体的性质。

1.2.1 理想气体状态方程

任何温度 T 和压力 p 下，体积 V、物质的量 n 与 p 的关系满足式(1.14)的气体称**理想气体**。

$$pV = nRT \tag{1.14}$$

故式(1.14)称为**理想气体状态方程**。式中，压力 p 的单位为 Pa（帕斯卡）或 kPa（千帕），它与 atm（大气压）或 mmHg（毫米汞柱）之间的换算关系为 1atm＝760mmHg＝101.325kPa；体积 V 的单位为 m^3 或 dm^3、L；物质的量 n 的单位为 mol；T 表示温度，在本书的所有公式中，一律使用热力学温标（即绝对温度），其单位为 K，它与常用的摄氏温度之间的换算关系为：$T/K = t/℃ + 273.15$；R 称为摩尔气体常数，其值为 $8.314J \cdot mol^{-1} \cdot K^{-1}$。

注意，在使用式(1.14)计算时，p 和 V 的单位应该匹配，即 p 的单位为 Pa 时，V 的单位就是 m^3，或者 p 的单位为 kPa，V 的单位就是 dm^3（或 L）。

在低压下，真实气体具有以下性质：极低的压力意味着分子之间的距离非常大，所以，此时分子之间的作用力非常小，可忽略不计；同时又意味着分子本身所占的体积与此时气体的庞大体积相比可忽略不计，因而分子可近似被看作是没有体积的质点。

根据理想气体状态方程以及低压下真实气体的性质，抽象提出理想气体的概念，理想气体在微观上具有以下两个特征：①分子之间无相互作用力；②分子本身不占体积。

理想气体可以看作是真实气体在压力趋向于零时的极限情况，实际上，理想气体只是一种假想的气体，绝对的理想气体不存在，但是低压下的真实气体可以作为理想气体处理，把理想气体状态方程用作低压气体近似服从最简单的 $pV = nRT$ 关系，却具有重要的实际意义。在本书中，如不特别注明，气体均视为理想气体。

1.2.2 道尔顿分压定律

当两种或两种以上的气体在同一容器中混合时，气体分子间不发生化学反应，分子本身的体积和它们相互间的作用力都可以略而不计，这就是理想气体混合物。其中每一种气体都称为该混合气体的组分气体。而在生产和科研中，通常遇到的气体系统并不是单一气体，而是由多种气体组成的混合物。因此，对理想气体混合物的研究具有实际意义。

(1) 摩尔分数

理想气体混合物中，气体 B 的**摩尔分数**定义式为：

$$y_B = \frac{n_B}{\sum_B n_B} = \frac{n_B}{n} \tag{1.15}$$

即气体 B 的摩尔分数等于 B 的物质的量 n_B 与混合气体的总的物质的量 n 之比。显然 $\sum_B y_B = 1$。

(2) 分压力

对于混合气体，可以用分压力来描述其中某一种气体所产生的压力，分压力是指某一种气体对总压力的贡献。其定义式为：

$$p_B = y_B p \tag{1.16}$$

即混合气体中组分 B 的分压 p_B 等于它的摩尔分数 y_B 与总压 p 的乘积。因为 $\sum_B y_B = 1$，所以，各种气体的分压之和等于总压，即：$p = \sum_B p_B$

对于理想气体混合物，理想气体状态方程可写成：

$$pV = \left(\sum_B n_B\right)RT$$

将式(1.15) 和式(1.16) 代入，可得

$$p_B V = n_B RT \tag{1.17}$$

即理想气体混合物中某一组分 B 的分压等于，在相同温度下组分 B 单独存在，且体积与混合气体的总体积 V 相同时所产生的压力。

(3) 道尔顿（Dalton）分压定律

英国科学家道尔顿在十九世纪初致力于气体混合物的研究，通过实验观察提出：混合气体的总压等于相同温度、体积条件下各组分单独存在时所产生的分压力的总和，这就是**道尔顿分压定律**。

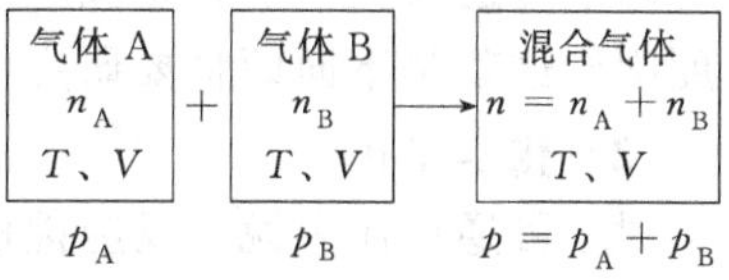

显然，道尔顿分压定律从原则上讲只适用于理想气体混合物，不过对于低压下的真实气体混合物也近似适用。道尔顿分压定律很容易证明，如图1.2所示。

图 1.2　道尔顿分压定律示意图

混合气体由 A 和 B 组成，根据理想气体状态方程，

当 A、B 气体单独存在时，它们的压力分别为 $p_A = \dfrac{n_A RT}{V}$，$p_B = \dfrac{n_B RT}{V}$，混合气体的总压为：

$$p = \frac{nRT}{V} = \frac{(n_A + n_B)RT}{V} = \frac{n_A RT}{V} + \frac{n_B RT}{V} = p_A + p_B$$

$$p = p_A + p_B \tag{1.18}$$

【例1.5】 在298K时，将压力为3.33×10^4Pa的氮气0.20L和压力为4.67×10^4Pa的氧气0.30L移入体积为0.30L的真空容器中，问混合气体中各组分气体的分压力和总压力各是多少？

解： 根据理想气体状态方程，当T不变时，有$p_1 V_1 = p_2 V_2$。

对于N_2，$p_{N_2} \times 0.30L = 3.33 \times 10^4 Pa \times 0.20L$，所以，$p_{N_2} = 2.22 \times 10^4$Pa。

同理，$p_{O_2} = 4.67 \times 10^4$Pa

所以，$p_总 = p_{N_2} + p_{O_2} = 6.89 \times 10^4$Pa

1.3 化学反应的限度

在实际生产中，尤其是在开发新的反应时除了要知道如何控制反应条件，使反应向所需要的方向进行之外，还需要知道在给定的条件下反应进行的最大限度是多少？这个问题的重要性是不言而喻的。化学反应进行的最大限度就是化学平衡。本节将研究化学平衡问题，并讨论平衡常数的计算方法，以及化学平衡移动的影响因素。

1.3.1 化学平衡

(1) 可逆反应

在同一条件下，既能向一个方向又能向相反方向进行的化学反应，叫做**可逆反应**。例如，在密闭容器中$I_2(g)$和$H_2(g)$合成HI(g)的反应：

$$I_2(g) + H_2(g) \Longrightarrow 2HI(g)$$

可以发现，在一定温度下，$I_2(g)$和$H_2(g)$能够化合成HI(g)，而同时HI(g)能分解为$I_2(g)$和$H_2(g)$。这两个反应同时发生，且方向相反，所以在反应式中常用**可逆号代替等号**。

通常将从左向右进行的化学反应叫做正反应，从右向左进行的化学反应叫做逆反应。大多数反应都有一定的可逆性，可逆反应是化学反应的普遍现象，不可逆反应是相对的。

对于可逆反应来说，正反应发生的同时伴随着逆反应，那么化学反应最终会进行到何种程度呢？这就是下面即将要研究的化学平衡。

(2) 化学平衡

对于可逆反应来说，反应能够进行的最大限度就是正反应速率等于逆反应速率的时候，此时系统中各物质浓度（或分压）不再随时间变化而变化，此时系统便会建立起平衡。这时系统所处的状态称为**化学平衡**。

化学平衡具有以下三个方面特征。

① 化学平衡可以从正、逆两个方向达到，最终正反应速率等于逆反应速率。当达到平衡时，系统内各物质的浓度不再随时间而变化，平衡状态是可逆反应进行的最大限度。

② 化学平衡是一种动态平衡。反应达到平衡后，表面上看似乎停止了反应，实际上是正逆反应正在同速率进行。平衡条件包括系统各物质的浓度、温度等。只要这些条件发生改变，化学平衡就会被破坏，反应将会继续发生。

③ 化学平衡是有条件的平衡，只能在一定的外界条件下才能保持。当外界条件改变时，原有的化学平衡就被破坏，在新的条件下建立起新的化学平衡。

1.3.2 平衡常数

(1) 经验平衡常数

实验事实表明，在一定的反应条件下，任何可逆反应经过一段时间后，都会出现化学平衡。当达到平衡时，反应物和生成物的浓度或分压将不再改变。这时这些浓度或分压之间呈现出一定的比例关系。

对于任一可逆反应：

气相反应：
$$a\,A(g) + b\,B(g) \Longleftrightarrow c\,C(g) + d\,D(g)$$

或水溶液中的反应：
$$a\,A(aq) + b\,B(aq) \Longleftrightarrow c\,C(aq) + d\,D(aq)$$

达到平衡时，各反应物和产物的浓度或分压之间有如下关系：

$$K_p = \frac{p_C^c p_D^d}{p_A^a p_B^b} \quad \text{或} \quad K_c = \frac{[C]^c [D]^d}{[A]^a [B]^b} = \frac{(c_C)^c (c_D)^d}{(c_A)^a (c_B)^b} \tag{1.19}$$

式中，K_p 和 K_c 分别为压力平衡常数及浓度平衡常数；p_A 表示气体 A 的分压，$[A]$、c_A 均表示溶液中 A 的浓度。

在一定温度下，可逆反应达到平衡时，各产物的浓度（分压力）幂的乘积与各反应物的浓度（分压力）幂的乘积之比是一个常数，统称为**经验平衡常数**，这里的幂，指的是化学方程式中各物质前的系数。

由于平衡状态是化学反应能够进行的最大限度，所以，平衡常数的数值越大，说明正反应趋势越强，平衡时生成物的浓度越大，即反应越完全。

在恒定温度 T 下，对确定的化学反应来说，平衡常数为确定的值，即无论反应前反应物之间的配比如何，是否存在反应产物，也无论反应系统中各物质的浓度或压力为多少，只要温度一定，平衡常数保持不变。

也就是说，平衡常数的大小只与温度有关，与反应平衡系统中各物质的浓度、压力以及组成无关。

(2) 标准平衡常数

由于经验平衡常数表达式中各组分的浓度（或分压）都有单位，所以，如果化学反应前后的各物质系数的和不相同，那么经验平衡常数的单位就没有办法统一，**标准平衡常数 $K^{\ominus}$** 对经验平衡常数略作修正，其定义为：

$$K^{\ominus} = \frac{\left(\dfrac{p_D}{p^{\ominus}}\right)^d \left(\dfrac{p_C}{p^{\ominus}}\right)^c}{\left(\dfrac{p_A}{p^{\ominus}}\right)^a \left(\dfrac{p_B}{p^{\ominus}}\right)^b} \quad \text{或} \quad K^{\ominus} = \frac{\left(\dfrac{[D]}{c^{\ominus}}\right)^d \left(\dfrac{[C]}{c^{\ominus}}\right)^c}{\left(\dfrac{[A]}{c^{\ominus}}\right)^a \left(\dfrac{[B]}{c^{\ominus}}\right)^b} = \frac{\left(\dfrac{c_D}{c^{\ominus}}\right)^d \left(\dfrac{c_C}{c^{\ominus}}\right)^c}{\left(\dfrac{c_A}{c^{\ominus}}\right)^a \left(\dfrac{c_B}{c^{\ominus}}\right)^b} \tag{1.20}$$

显然，从式(1.20)中可以看到 $K^{\ominus}$ 是量纲为 1 的纯数，这是因为每种物质的浓度或分压均除以标准浓度或标准压力，这里的标准压力（$p^{\ominus}$）为 100kPa，而溶液中的标准浓度❶（$c^{\ominus}$）为 $1\,mol \cdot L^{-1}$。

因此，对于液相反应，其浓度平衡常数与标准平衡常数在数值上相等，而对于气相反应，其压力平衡常数与标准平衡常数未必相同。

---

❶ 标准浓度实际为 $1\,mol \cdot kg^{-1}$，往往用 $1\,mol \cdot L^{-1}$ 代替，浓度不大时，不会引起很大的误差。

另外，标准平衡常数只有一种 $K^{\ominus}$，不再分为浓度平衡常数和压力平衡常数，书写其表达式时规定：如果是气体，就用分压表示；如果是溶液中的物质等，就用浓度表示。例如多相反应：

$$Cl_2(g) + H_2O(l) \rightleftharpoons H^+(aq) + Cl^-(aq) + HClO(aq)$$

其标准平衡常数表达式为：

$$K^{\ominus} = \frac{(c_{H^+}/c^{\ominus})(c_{Cl^-}/c^{\ominus})(c_{HClO}/c^{\ominus})}{p_{Cl_2}/p^{\ominus}}$$

注意，以后本书中所涉及的平衡常数均为标准平衡常数。

(3) 标准平衡常数表达式

书写和应用标准平衡常数表达式时应注意以下几个方面。

① 书写标准平衡常数表达式时，分子上是产物的浓度或分压，分母上是反应物的浓度或分压，这些浓度或分压必须是平衡浓度或平衡分压。

② 如果方程式中有固体或纯液体存在，其浓度可视为是常数，在水溶液中进行的反应，水的浓度几乎维持不变，因此，固体、纯液体和稀溶液中的水都不必写入标准平衡常数表达式中。

例如，反应 $NH_4HCO_3(s) \rightleftharpoons NH_3(g) + CO_2(g) + H_2O(g)$ 的 $K^{\ominus}$ 表达式为：

$$K^{\ominus} = \frac{p_{CO_2}}{p^{\ominus}} \frac{p_{H_2O}}{p^{\ominus}} \frac{p_{NH_3}}{p^{\ominus}}$$

③ 同一化学反应，如果化学计量数不同，其平衡常数 $K^{\ominus}$ 值就不同，例如：

$$N_2(g) + 3H_2(g) \rightleftharpoons 2NH_3(g) \qquad K_1^{\ominus} = \frac{(p_{NH_3}/p^{\ominus})^2}{(p_{N_2}/p^{\ominus})(p_{H_2}/p^{\ominus})^3}$$

$$\frac{1}{2}N_2(g) + \frac{3}{2}H_2(g) \rightleftharpoons NH_3(g) \qquad K_2^{\ominus} = \frac{(p_{NH_3}/p^{\ominus})}{(p_{N_2}/p^{\ominus})^{1/2}(p_{H_2}/p^{\ominus})^{3/2}}$$

$$2NH_3(g) \rightleftharpoons N_2(g) + 3H_2(g) \qquad K_3^{\ominus} = \frac{(p_{N_2}/p^{\ominus})(p_{H_2}/p^{\ominus})^3}{(p_{NH_3}/p^{\ominus})^2}$$

显然，$K_1^{\ominus} = (K_2^{\ominus})^2 = \dfrac{1}{K_3^{\ominus}}$

所以，标准平衡常数表达式必须与化学反应方程式相对应，方程式的配平系数扩大 n 倍，$K^{\ominus}$ 就变成 $(K^{\ominus})^n$，正逆反应的标准平衡常数值互为倒数。

④ 如果某反应是由几个反应相加（或相减）得到，则该反应的标准平衡常数就等于这几个反应的标准平衡常数之积（或商），这就是**多重平衡规则**。

例如，反应①、②和③的关系是③＝①－②，则 $K_3^{\ominus} = K_1^{\ominus}/K_2^{\ominus}$。

如果反应①、②和③的关系是：③＝①×3＋②× $\dfrac{1}{2}$，则 $K_3^{\ominus} = (K_1^{\ominus})^3 \times (K_2^{\ominus})^{1/2}$。

【例1.6】 已知 HgO 在 450℃ 时，发生分解反应 $2HgO(s) \rightleftharpoons 2Hg(g) + O_2(g)$，所生成的汞蒸气与氧气的总压力为 109.99kPa，计算 450℃ 时反应的标准平衡常数 $K^{\ominus}$。

解：根据式(1.16)，混合气体中组分 B 的分压 $p_B = y_B p$，所以，汞蒸气与氧气的平衡分压 $p_{Hg} = \dfrac{2}{3}p_{总}$；$p_{O_2} = \dfrac{1}{3}p_{总}$。

$$K^{\ominus} = \left(\frac{p_{Hg}}{p^{\ominus}}\right)^2 \frac{p_{O_2}}{p^{\ominus}} = \left(\frac{2}{3}p_{总}\right)^2 \frac{\frac{1}{3}p_{总}}{p^{\ominus}} = 0.197$$

(4) 标准平衡常数与反应商

大多数化学反应都处于非标准态，应该用 $\Delta_r G_m$ 而非 $\Delta_r G_m^{\ominus}$ 来判断反应的方向。那么 $\Delta_r G_m$ 如何计算呢？**化学反应等温方程**给出了 $\Delta_r G_m$ 的计算式。

$$\Delta_r G_m = \Delta_r G_m^{\ominus} + RT \ln J \tag{1.21}$$

式（1.21）中，J 称为**反应商**，其定义式如下，对化学反应：

$$a\,A(g) + b\,B(g) \Longrightarrow c\,C(g) + d\,D(g)$$

$$J = \frac{(p_C/p^{\ominus})^c (p_D/p^{\ominus})^d}{(p_A/p^{\ominus})^a (p_B/p^{\ominus})^b}$$

J 的表达式与 $K^{\ominus}$ 的表达式表面看来相同，不同之处在于，J 的表达式中每一项是任意时刻的浓度或分压，而非平衡浓度或平衡分压。所以，反应达到平衡时，二者在数值上相等，标准平衡常数是反应商的一种特例。

平衡时，则 $\Delta_r G_m = 0$，$J = K^{\ominus}$，根据式（1.21）可得：

$$\Delta_r G_m^{\ominus} = -RT \ln K^{\ominus} \tag{1.22}$$

所以，标准平衡常数也可以根据反应的 $\Delta_r G_m^{\ominus}$ 来计算。在一定温度下，指定反应的 $\Delta_r G_m^{\ominus}$ 是固定值，所以反应的 $K^{\ominus}$ 也是固定值。这也说明了 $K^{\ominus}$ 只与反应温度有关，与平衡组成无关。$K^{\ominus}$ 的多重平衡规则也可由式（1.22）推导出。

将式（1.22）代入根据式（1.21）中，可得：

$$\Delta_r G_m = -RT \ln K^{\ominus} + RT \ln J = RT \ln(J/K^{\ominus})$$

显然，$J/K^{\ominus}$ 是否大于 1 决定了 $\Delta_r G_m$ 的正负号，所以，在等温等压条件下：

若 $J > K^{\ominus}$，即 $\Delta_r G_m > 0$，则正反应不能自发进行，而逆反应可自发进行；

若 $J = K^{\ominus}$，即 $\Delta_r G_m = 0$，则该反应已经达到平衡状态。

若 $J < K^{\ominus}$，即 $\Delta_r G_m < 0$，则该反应能够自发向右进行。

【例 1.7】 （1）根据附录 1 中的数据，计算反应 $2N_2O(g) + 3O_2(g) \Longrightarrow 4NO_2(g)$ 在 298.15 K 时的标准平衡常数；（2）在 298.15K 时，如果向 1.00L 密闭容器中充入 1.0mol NO_2、0.10mol N_2O 和 0.10mol O_2，试判断上述反应进行的方向。

解：（1）$K^{\ominus}$ 可以根据反应的 $\Delta_r G_m^{\ominus}$ 用式（1.22）来计算，由于题目中要求计算 298.15K 时的 $K^{\ominus}$，所以，$\Delta_r G_m^{\ominus}$ 可用 $\Delta_f G_m^{\ominus}$ 直接计算，由附录 1 查出各反应物和产物的 $\Delta_f G_m^{\ominus}$ 代入式（1.13）中，得：

$$\Delta_r G_m^{\ominus} = 4\Delta_f G_m^{\ominus}(NO_2) - 2\Delta_f G_m^{\ominus}(N_2O) - 3\Delta_f G_m^{\ominus}(O_2)$$

$$= 4 \times 51.86 \text{kJ·mol}^{-1} - 2 \times 103.62 \text{kJ·mol}^{-1} = 0.20 \text{kJ·mol}^{-1}$$

$$= 200 \text{J·mol}^{-1}$$

使用式（1.22）计算 $K^{\ominus}$ 值时要注意，等号左边的 $\Delta_r G_m^{\ominus}$ 的单位应该是 J·mol^{-1}，与等号右边的 $RT \ln K^{\ominus}$ 单位一致。

$$\Delta_r G_m^\ominus = -RT \ln K^\ominus \qquad 200 \text{J} \cdot \text{mol}^{-1} = 8.314 \text{J} \cdot \text{mol}^{-1} \cdot \text{K}^{-1} \times 298.15 \text{K} \times \ln K^\ominus \qquad K^\ominus = 0.92$$

（2）可用 J 与 $K^\ominus$ 的相对大小来判断反应进行的方向，根据式（1.17），$p_B V = n_B RT$，将 NO_2、N_2O 和 O_2 的分压分别代入反应商 J 表达式中，可得：

$$J = \frac{(p_{NO_2}/p^\ominus)^4}{(p_{N_2O}/p^\ominus)^2 (p_{O_2}/p^\ominus)^3} = \frac{n_{NO_2}^4}{n_{N_2O}^2 n_{O_2}^3} \frac{p^\ominus V}{RT} = 4.0 \times 10^3$$

由于 $J > K^\ominus$，则反应逆向进行。

1.3.3 化学平衡的移动

上节提到过，化学平衡是动态平衡，是相对的、暂时的，只能在一定条件下才能保持，当外界条件发生改变时，旧的平衡被破坏，在新的条件下，重新建立起新的平衡。这种从一个平衡状态转变到另一个平衡状态的过程称为**化学平衡的移动**。平衡移动的结果使系统中反应物和生成物的浓度或分压发生了变化，当然，如果最终平衡之后温度仍然不变，那么平衡常数也不变。

浓度、压力和温度等这些外界因素都会影响化学平衡，都会打破原先的化学平衡，使化学平衡发生移动，那么移动的规律是什么呢？法国化学家勒夏特里（Le Chatelier）提出了**平衡移动原理**：如果对平衡系统施加外力，那么平衡就会沿着减小此外力的方向移动。

平衡移动原理可对平衡移动的方向作出定性的判断，如果已知标准平衡常数就可进一步作定量的计算。

(1) 浓度对化学平衡的影响

在其他条件不变时，增加反应物浓度或减小生成物浓度时，化学平衡将会向正反应的方向移动；而减小反应物浓度或者生成物浓度增加的时候，化学平衡将会向着逆反应的方向移动。

可用 J 与 $K^\ominus$ 的相对大小来判断化学平衡移动的方向，平衡状态下，$J = K^\ominus$，增加反应物浓度或者减小生成物浓度就会使 $J < K^\ominus$，所以为了使 J 向 $K^\ominus$ 靠近，平衡向正反应方向移动；反之，则可使平衡向逆反应方向移动。

在可逆反应中，为了尽可能利用某一反应物，经常用过量的另一物质和它作用，以此来提高转化率。例如对于 $2SO_2 + O_2 \rightleftharpoons 2SO_3$ 这个反应，在实际生产上吹入过量的空气可提高 SO_2 的转化率。因为增加了空气，就是提高了氧气的浓度，为了重新回到平衡状态，使 $J = K^\ominus$，只能减小 SO_2 的浓度，增加 SO_3 的浓度，这就意味着提高了 SO_2 的转化率，所以工业上经常通过增加一些廉价易得的原料的浓度来提高另一物料的转化率。

对于气体，根据理想气体状态方程，$p_B = (n_B/V)RT = c_B RT$，所以某气体的浓度 c_B 与其分压 p_B 成正比，所以，增加（或减小）某气体的分压与增加（或减小）某反应物或产物的浓度，对化学平衡的影响是一样的。

【例1.8】 某温度下，反应 $CO(g) + H_2O(g) \rightleftharpoons CO_2(g) + H_2(g)$ 的 $K^{\ominus} = 1.0$，把 3.0mol CO 和 4.0 mol $H_2O(g)$ 混合于某一密闭容器中，在该温度下反应，并达到平衡，试计算 CO 的平衡转化率。

解：平衡转化率是指某物质到达平衡时已转化了的量与反应前该物质的总量之比，一般用 α 表示。

$$平衡转化率 \; \alpha = \frac{平衡时已转化了的某反应物的量}{转化前该反应物的量} \times 100\% \tag{1.23}$$

计算 CO 的平衡转化率必须先求出其平衡时物质的量，设平衡时 H_2 物质的量为 x mol，则

$$CO(g) \quad + \quad H_2O(g) \rightleftharpoons CO_2(g) \quad + \quad H_2(g)$$

起始时物质的量/mol	3.0	4.0	0	0
变化量/mol	x	x	x	x
平衡时物质的量/mol	$3.0-x$	$4.0-x$	x	x

根据已知条件，用标准平衡常数 $K^{\ominus} = 1.0$，计算 x 值，即：

$$K^{\ominus} = \frac{(p_{CO_2}/p^{\ominus})(p_{H_2}/p^{\ominus})}{(p_{CO}/p^{\ominus})(p_{H_2O}/p^{\ominus})}$$

因此，先求出各气体的平衡分压，根据分压的定义式(1.16)，混合气体各组分的分压 p_B 与总压 p 的关系为：$p_B = p y_B = p \cdot \dfrac{n_B}{n}$，平衡时反应系统中总的物质的量 $n = (3.0-x) + (4.0-x) + x + x = 7.0$ mol，所以各组分的平衡分压为：

$$CO(g) \quad + \quad H_2O(g) \rightleftharpoons CO_2(g) \quad + \quad H_2(g)$$

平衡分压/kPa	$\dfrac{3.0-x}{7.0}p$	$\dfrac{4.0-x}{7.0}p$	$\dfrac{x}{7.0}p$	$\dfrac{x}{7.0}p$

将各组分的平衡分压代入标准平衡常数表达式中，得：

$$x = 1.7 \text{mol}$$

所以，CO 的平衡转化率：$\alpha = \dfrac{1.7}{3.0} \times 100\% = 57\%$

注意： 本题为气相反应，计算标准平衡常数时必须用分压代入，切不可直接代入各气体的物质的量或浓度。

【例1.9】 749K 时，反应 $CO(g) + H_2O(g) \rightleftharpoons CO_2(g) + H_2(g)$ 的 $K^{\ominus} = 2.6$。如果起始时只有 CO 和 H_2O 存在，求：

(1) 两者的浓度都为 $1.0 \text{mol} \cdot L^{-1}$ 时，CO 的平衡转化率；

(2) CO 和 H_2O 的物质的量之比为 1:3 时，CO 的平衡转化率。

解：(1) 本题为气相反应，虽然题目中给的是浓度，但是计算 $K^{\ominus}$ 时必须用分压代入，不可直接代入浓度。先根据 $p_B = c_B RT$，转化后方可计算。假设此时 CO 的平衡转化率为 α_1。

$$CO(g) \quad + \quad H_2O(g) \Longleftrightarrow CO_2(g) \quad + \quad H_2(g)$$

$c_0/mol \cdot L^{-1}$	1	1	0	0
$c_{eq}/mol \cdot L^{-1}$	$1-\alpha_1$	$1-\alpha_1$	α_1	α_1

$$K^{\ominus} = \frac{(p_{CO_2}/p^{\ominus})(p_{H_2}/p^{\ominus})}{(p_{CO}/p^{\ominus})(p_{H_2O}/p^{\ominus})} = \frac{c_{CO_2}c_{H_2}}{c_{CO}c_{H_2O}} = \frac{\alpha_1^2}{(1-\alpha_1)^2} = 2.6$$

解得 $\alpha_1 = 0.617$，故在此种情况下，CO 的转化率为 61.7%。

（2）题目中给的是物质的量之比，假设反应起始时 CO 物质的量为 1mol，则 $n_{H_2O} =$ 3mol，假设此时 CO 的平衡转化率为 α_2。

$$CO(g) \quad + \quad H_2O(g) \Longleftrightarrow CO_2(g) \quad + \quad H_2(g)$$

n_0/mol	1	3	0	0
n_{eq}/mol	$1-\alpha_2$	$3-\alpha_2$	α_2	$\alpha_2 \quad \sum n = 4mol$
p_{eq}/kPa	$\dfrac{1-\alpha_2}{4}p$	$\dfrac{3-\alpha_2}{4}p$	$\dfrac{\alpha_2}{4}p$	$\dfrac{\alpha_2}{4}p$

代入 $K^{\ominus}$ 表达式中计算，得：$\alpha_2 = 0.865$，故在此种情况下，CO 的转化率为 86.5%。

比较（1）和（2），显然，增大了反应物 $H_2O(g)$ 的量，平衡向右移动，使得 CO 的平衡转化率增大。

（2）压力对化学平衡的影响

压力指系统的总压力，其实根据理想气体状态方程可知，压力影响化学平衡的实质其实是通过改变各物质的浓度而起作用的，所以压力的影响要根据化学反应的具体反应情况而定。

① 对于只有液体和固体而没有气体参加的反应，液体和固体的浓度受压力影响很小，所以改变压力对这类反应的平衡的影响可忽略。

② 对于有气体参加的化学反应，改变总压力，可能会改变各物质的浓度，导致平衡状态发生改变，具体可分为如下两种情况。

a. 如果反应前后气体分子总数相同，则压力的变化对平衡状态没有影响，如 $H_2(g) +$ $I_2(g) \Longleftrightarrow 2HI(g)$ 就属于此类反应，反应物和生成物的气体分子总数都是 2mol，$FeO(s) +$ $H_2(g) \Longleftrightarrow Fe(s) + H_2O(g)$ 也属于此类反应。

因为在温度不变的情况下，增加系统的总压力，气体反应物和气体生成物的分压都会增加，J 的表达式中，分子分母同等程度增大，J 不变，所以压力对这类反应的化学平衡没有影响。

b. 对于有气体参加且反应前后气体分子总数不相同的反应，压力的改变可以使平衡发生移动。

在温度不变的情况下，增大系统的总压力，平衡向气体分子数目减少的方向移动；减小系统的总压力，平衡向气体分子数目增多的方向移动。

例如，反应 $N_2(g) + 3H_2(g) \Longleftrightarrow 2NH_3(g)$，系统压力增大，同时增大了 N_2、H_2 及 NH_3 的浓度，由于反应物的气体分子总数大于生成物的气体分子总数，所以反应物的浓度增加量大于生成物，会使 $J < K^{\ominus}$，所以为了使 J 向 $K^{\ominus}$ 靠近，平衡向正反应方向移动。

或者说，在温度不变的情况下，系统压力增大，单位体积内的气体分子数目就会增多，按照平衡移动的原理，化学平衡将会向气体分子数目减少的方向移动，所以增加压力有利于合成氨。

③ 根据理想气体状态方程，在指定温度及各物质的量均不变的条件下，压力增大，则体积减小，所以加压与减小体积的效果是一致的，同样，减压相当于增大体积。

【例 1.10】 某密闭容器中充有 $N_2O_4(g)$ 和 $NO_2(g)$ 混合物，在 308K、100kPa 条件下，发生反应 $N_2O_4(g) \rightleftharpoons 2NO_2(g)$，该反应的 $K^\ominus = 0.315$。

（1）试计算平衡时各物质的分压；

（2）如果使该反应系统体积减小到原来的 1/2，而温度及其他条件保持不变，平衡向什么方向移动？

（3）在新的平衡条件下，系统内各组分的分压又是多少？

解：（1）设平衡时 N_2O_4 的分压 $p_{N_2O_4}$ 为 x kPa，则 $p_{NO_2} = (100 - x)$ kPa，

$$K^\ominus = \frac{(p_{NO_2}/p^\ominus)^2}{p_{N_2O_4}/p^\ominus} = \frac{[(100-x)/100]^2}{x/100} = 0.315 \quad 解得：x = 57.3$$

所以，$p_{NO_2} = 42.7$ kPa；$p_{N_2O_4} = 57.3$ kPa。

（2）如果使该反应系统体积减小到原来的 1/2，根据 $pV = nRT$，则 $p = 200$ kPa，那么系统总压力增大，化学平衡向气体分子数目减少的方向移动，即平衡向左移动。

（3）在新的平衡条件下，设平衡时 N_2O_4 的分压为 y kPa，则 $p_{NO_2} = (200 - y)$ kPa，代入 $K^\ominus$ 表达式中，解得：$y = 135$，所以，$p_{N_2O_4} = 135$ kPa；$p_{NO_2} = 65$ kPa。

(3) 惰性气体的加入对化学平衡的影响

在实际生产中，为了提高反应物的平衡转化率，常常在反应系统中添加惰性气体，所谓惰性气体，是指存在于反应系统中但是不参与反应的气体。由于不参与反应，所以加入惰性气体，不影响平衡常数值。那么加入惰性气体对平衡状态有什么影响呢？

对于有气体参加且反应前后气体分子总数不相同的反应：

① 在等温、等压下加入惰性气体时，会使平衡向气体分子数增加的反应方向移动。

这是因为加入惰性气体后，系统的总物质的量 n 增加，而系统的总压力 p 保持不变，那么，反应物和生成物的总压力就减小了，相当于减小了原系统的总压力，此时，平衡向气体分子数目增多的方向移动。

② 在等温、等容下加入惰性气体时，化学平衡不移动。

这是因为系统总体积 V 保持不变，n 增加，那么总压力 p 就增大，而系统中参加反应的各气体的分压保持不变，所以平衡不发生移动。

【例 1.11】 某温度、系统的总压力为 100kPa 下，乙苯脱氢反应的 $K^\ominus = 4.69 \times 10^{-2}$。

$$C_6H_5C_2H_5(g) \rightleftharpoons C_6H_5C_2H_3(g) + H_2(g)$$

（1）反应开始时只有乙苯存在，平衡时乙苯的解离度为多少？

（2）若在反应开始时，向乙苯气体内掺入水蒸气，使乙苯和水蒸气的物质的量之比为 1：9，此时乙苯的解离度又是多少？

解：在分解反应中，反应物的转化率称为**解离度**，假设乙苯的解离度为 α。

（1）设乙苯初始的物质的量为 1mol

$$C_6H_5C_2H_5(g) \rightleftharpoons C_6H_5C_2H_3(g) + H_2(g)$$

n_0/mol	1	0	0
n_{eq}/mol	$1-\alpha_1$	α_1	α_1 $\quad \sum n = 1+\alpha_1$
p_{eq}/kPa	$\dfrac{1-\alpha_1}{1+\alpha_1}p$	$\dfrac{\alpha_1}{1+\alpha_1}p$	$\dfrac{\alpha_1}{1+\alpha_1}p$

$$K^\ominus = \frac{(p_{C_6H_5C_2H_3}/p^\ominus)(p_{H_2}/p^\ominus)}{(p_{C_6H_5C_2H_5}/p^\ominus)} = \frac{\alpha_1^2}{1-\alpha_1^2} \cdot \frac{p}{p^\ominus} = 4.69 \times 10^{-2}$$

解得：$\alpha_1 = 21.2\%$。

（2）设原料气中乙苯的 n_0 为 1mol，则水蒸气的 n_0 为 9mol，同样，

$$C_6H_5C_2H_5(g) \rightleftharpoons C_6H_5C_2H_3(g) + H_2(g) \qquad H_2O(g)$$

n_0/mol	1	0	0	9
n_{eq}/mol	$1-\alpha_2$	α_2	α_2	9 $\quad \sum n = 10+\alpha_2$
p_{eq}/kPa	$\dfrac{1-\alpha_2}{10+\alpha_2}p$	$\dfrac{\alpha_2}{10+\alpha_2}p$	$\dfrac{\alpha_2}{10+\alpha_2}p$	

代入 $K^\ominus$ 表达式中，解得：$\alpha_2 = 49.7\%$。

在其他条件不变的情况下，掺入水蒸气（惰性气体），乙苯的解离度从 21.2% 提高到 49.7%。所以说，在等温等压下加入惰性组分，对于气体分子数增加（$\sum_B \nu_B > 0$）的反应有利。

（4）温度对化学平衡的影响

浓度或压力的改变，惰性气体的加入，都使反应商 J 发生了变化，使 $J \neq K^\ominus$，导致化学平衡发生移动，而改变温度，使标准平衡常数 $K^\ominus$ 值改变，同样造成 $J \neq K^\ominus$，致使化学平衡发生移动。

对于正反应吸热的可逆反应，升高温度有利于正反应，所以 $K^\ominus$ 值增大，$J < K^\ominus$，化学平衡向正反应方向移动；对于正反应放热的可逆反应，升高温度 $K^\ominus$ 值减小，化学平衡向逆反应方向移动；即：

$\Delta_r H_m^\ominus < 0$	$T\uparrow$	$K^\ominus \downarrow$	化学平衡向逆方向移动
	$T\downarrow$	$K^\ominus \uparrow$	化学平衡向正方向移动
$\Delta_r H_m^\ominus > 0$	$T\uparrow$	$K^\ominus \uparrow$	化学平衡向正方向移动
	$T\downarrow$	$K^\ominus \downarrow$	化学平衡向逆方向移动

总之，温度升高，化学平衡向吸热反应方向移动；温度降低，化学平衡向放热反应方向移动。

（5）催化剂对化学平衡的影响

在化学反应中，有时候为了加快或减慢反应速率，经常会在体系中加入一定量的催化剂，催化剂在反应的前后自身不发生任何改变，那么催化剂对化学平衡是否也会产生影

响呢？

使用催化剂只会同等倍数增大或者减小正、逆反应速率，却不能改变标准平衡常数，也不改变反应商，更不会改变参加反应的各物质的平衡组成，所以催化剂只能改变反应达到平衡的时间，不能使化学平衡发生移动。

(6) 其他因素

上面讨论了浓度、压力、温度、惰性气体及催化剂对平衡移动的影响，其他因素的影响也可通过类似的方法进行分析。根据实际情况，选择合理的生产条件。例如：

① 可以使一种价廉易得的原料过量，以提高另一原料的转化率；

② 对于反应后气体分子数减少的气相反应，加压可使平衡向正向移动；

③ 对放热反应，降低温度虽然会提高转化率，但是同时也会降低反应速率，所以一般不使用降低温度的方法来提高产率。

1.4 化学反应速率

要将化学反应用于实际生产，必须要解决两个问题：一是反应能否发生，产率如何？二是反应速率如何？化学热力学能够解决第一个问题，对第二个问题却无法解决，它需要化学动力学来解决。

例如反应 $H_2(g) + 1/2O_2(g) \Longrightarrow H_2O(l)$，其 $\Delta_r G_m^{\ominus}(298.15K) = -237.19kJ \cdot mol^{-1}$，$\Delta_r G_m^{\ominus} < 0$，说明该反应可以在常温下自发进行，而实际情况却非如此，常温常压下将 $H_2(g)$ 和 $O_2(g)$ 混合，基本看不到水的生成。因为反应速率太慢，只有加入催化剂（钯或铂）或升高温度才行。强酸强碱的中和反应 $H^+(aq) + OH^-(aq) \Longrightarrow H_2O(aq)$，其 $\Delta_r G_m^{\ominus}(298.15K) = -79.91kJ \cdot mol^{-1}$，反应速率很快，可用于滴定。

所以说，反应速率与 $\Delta_r G_m^{\ominus}$ 无关，化学热力学只能判断给定条件下反应发生的可能性和进行的程度。而反应的快慢，属于化学动力学的研究范围，化学动力学主要研究反应速率与反应机理。对于化学反应，热力学的研究和动力学的研究是相辅相成、缺一不可的。要合成新的化学制品，首先要由热力学确定反应的可行性，再对其进行动力学的研究，找到各种反应速率的影响因素，最后将热力学中有关平衡（即最大转化率）的影响因素和动力学中有关反应速率的影响因素综合起来考虑，选择反应的最佳工艺操作条件，以获得最好的经济效益。

1.4.1 反应速率的定义

反应速率反映某一化学反应发生反应的快慢，通常用单位时间内反应物或产物浓度（或分压）的变化量来表示。对于某一化学反应：

$$aA + bB \Longrightarrow cC + dD$$

反应速率有两种表示方法，一种是直接用反应系统中某一物质的反应速率表示整个反应的速率，如 $-\dfrac{dc_A}{dt}$、$-\dfrac{dc_B}{dt}$、$\dfrac{dc_C}{dt}$ 或 $\dfrac{dc_D}{dt}$，由于反应速率为标量，是正值，所以用反应物表示反应速率时前面要加负号，生产中通常取其中较易测定的那一种物质的浓度变化量与时间之比来表示反应速率。这种表示方法的缺点是，同一反应用不同物质表示，反应速率不尽相同。

不同物质表示的反应速率数值虽然不一定相同，但他们互相之间有一定关系，因此，可以可将上述表示方法进行修正，反应速率可表示为：

$$v=\frac{1}{\nu_A}\frac{dc_A}{dt}=\frac{1}{\nu_B}\frac{dc_B}{dt}=\frac{1}{\nu_C}\frac{dc_C}{dt}=\frac{1}{\nu_D}\frac{dc_D}{dt} \tag{1.24}$$

式中，v 是反应速率，ν_A、ν_B 等则表示各物质的化学计量数，t 为反应时间。式(1.24)也可写作：$v=-\frac{1}{a}\frac{dc_A}{dt}=-\frac{1}{b}\frac{dc_B}{dt}=\frac{1}{c}\frac{dc_C}{dt}=\frac{1}{d}\frac{dc_D}{dt}$。

反应速率单位为浓度·时间$^{-1}$，通常有 $mol\cdot L^{-1}\cdot s^{-1}$ 或 $mol\cdot L^{-1}\cdot h^{-1}$ 等。

1.4.2　基元反应与质量作用定律

通常我们所写的化学反应方程式实际是计量方程式，只能说明化学反应是按照一定的计量关系进行的，并没有表示出反应的具体途径，反应物经过了怎样的历程，经历了哪几个步骤才转变为产物。例如 HCl 的气相合成反应，其计量方程式为：

① $H_2(g)+Cl_2(g)\longrightarrow 2HCl(g)$

大量的实验和许多的研究都表明，并不是一个 H_2 分子和一个 Cl_2 分子碰到一起，就结合生成两个 HCl 分子，该反应在光照条件下经过了以下一系列步骤：

② $Cl_2(g)+M\longrightarrow 2Cl\cdot(g)+M$

③ $Cl\cdot(g)+H_2(g)\longrightarrow HCl(g)+H\cdot(g)$

④ $H\cdot(g)+Cl_2(g)\longrightarrow HCl(g)+Cl\cdot(g)$

　　……

⑤ $Cl\cdot(g)+Cl\cdot(g)+M\longrightarrow Cl_2(g)+M$

式中，M 是惰性物质，称为第三体，它可以是器壁、反应物质的分子或杂质分子，起着吸收或提供能量的作用。反应②～⑤都是由反应物的分子直接作用，一步生成产物的反应，这种一步就完成的反应称为**基元反应**。而这些步骤的总和，就是我们通常所写的计量方程式①，也就是说，总反应①是由②～⑤这些基元反应构成的，它称为**复合反应**或**非基元反应**。

基元反应是组成一切化学反应的基本单元，它代表了反应所经历的途径，在动力学上把总反应经历的步骤，即各步基元反应称为**反应机理**（或**反应历程**）。例如②～⑤这些基元反应就是总反应①的反应机理。

经验证明，基元反应的速率与各反应物的浓度的幂的乘积成正比，其中各反应物的浓度的幂指数为反应式中的各物质的化学计量系数，这个规律称为**质量作用定律**，这是一个经验规律，它只适用于基元反应。

如：对反应② $Cl_2(g)+M\longrightarrow 2Cl\cdot(g)+M$ 　　$v_2=k_2[Cl_2]$

③ $Cl\cdot(g)+H_2(g)\longrightarrow HCl\cdot(g)+H(g)$ 　　$v_3=k_3[Cl][H_2]$

④ $H\cdot(g)+Cl_2(g)\longrightarrow HCl(g)+Cl\cdot(g)$ 　　$v_4=k_4[H][Cl_2]$

⑤ $2Cl\cdot(g)+M\longrightarrow Cl_2(g)+M$ 　　$v_3=k_5[Cl]^2$

这种表示反应速率与浓度的函数关系式称为**速率方程**，式中的比例系数 k 称为**速率系数**，与反应物的浓度无关，与温度、催化剂和溶剂等因素有关，其大小直接反映了反应的快慢程度，是化学动力学中一个重要的物理量。

1.4.3　速率方程

绝大多数化学反应都不是基元反应，其反应速率与浓度的关系需要通过实验等方法才能

确定。对于反应

$$a A+b B+\cdots \Longrightarrow c C+d D+\cdots$$

一般情况下，无论它是否是基元反应，先把速率方程写成如下形式：

$$v=k c_A^{\alpha} c_B^{\beta} \cdots \tag{1.25}$$

式中，α、$\beta\cdots$是相应物质浓度的指数，分别称为反应对 A 和 B 的级数，即该反应对 A 来说是 α 级，对 B 来说是 β 级。这些指数不一定和方程式中的化学计量系数相等，要根据实验结果来确定。指数 α、$\beta\cdots$之和用 n 表示，即 $n=\alpha+\beta+\cdots$，n 称为**反应级数**，通常则称此反应为 n 级反应。

反应级数可能是整数、分数，也可能为正数、负数和零，零级反应表示浓度的指数为 0，此时反应速率与反应物浓度无关，则 v 是常数。如果反应级数为负值，则表示浓度增加反应速率下降。

并不是所有的反应都有反应级数的，如反应：

① $H_2(g)+Cl_2(g) \longrightarrow 2HCl(g)$ $v_1=k_1[H_2][Cl_2]^{1/2}$

⑥ $H_2(g)+Br_2(g) \longrightarrow 2HBr(g)$ $v_2=\dfrac{k_2[H_2][Br_2]^{1/2}}{1+k_2'[HBr]/[Br_2]}$

⑦ $H_2(g)+I_2(g) \longrightarrow 2HI(g)$ $v_3=k_3[H_2][I_2]$

反应①是 1.5 级反应，反应⑦是 2 级反应，反应⑥的速率方程不具有浓度的幂的乘积形式，因此无级数可言。虽然反应①⑥⑦的计量方程式在形式上完全一样，但速率方程明显不同，这也说明它们的反应机理是不同的。

在非基元反应的速率方程中，速率系数 k 是化学动力学中的一个重要参数，因为它与浓度无关，故可以表征一个反应的速率特征。但它和温度、反应介质、催化剂，甚至和反应器的大小、形状及材料有关。其值等于各相关物质的浓度为单位浓度时的反应速率，体现了反应速率的快慢程度。

速率系数的单位则与反应级数有关，若某反应的速率方程是 $v=k c_A^n$，则 k 的单位为（浓度$^{1-n}$·时间$^{-1}$），因此，从 k 的单位可推知反应级数。

1.4.4　反应速率的影响因素

影响化学反应速率的因素可分为两类：一类与反应物的本性及反应类型有关；另一类与外界条件如浓度（或分压）、温度和催化剂有关。下面将主要讨论外界条件对反应速率的影响。

(1) 浓度对反应速率的影响

浓度对反应速率的影响表现在反应的速率方程中，与反应级数有关。如果某反应的速率方程为 $v=k c_A^n$，则：

如果 $n>0$，说明当反应物的浓度增大时，反应速率也增大，绝大多数化学反应属于此类。

如果 $n<0$，则表示反应速率随着反应物浓度的增加而下降，这类化学反应很少见。

如果 $n=0$，说明该反应速率与反应物浓度无关，这类反应较少，一些发生在固体表面上，如酶催化反应。

(2) 温度对反应速率的影响

温度对反应速率的影响远比浓度对反应速率的影响要显著，例如氢气和氧气混合，常温下几乎不反应，如果加热至 700℃，就会猛烈反应，甚至发生爆炸。

① 阿仑尼乌斯方程

19 世纪，瑞典科学家阿仑尼乌斯（Arrhenius）从实验中得出了温度与反应速率的关系，即反应的速率系数 k 与温度 T 之间呈指数关系：

$$k = A e^{-\frac{E_a}{RT}} \tag{1.26}$$

这个关系式称为**阿仑尼乌斯方程**，式中，A 称为指前因子，对于指定的反应，A 是一个与温度无关的常数；E_a 称为活化能，其单位为 $J \cdot mol^{-1}$ 或 $kJ \cdot mol^{-1}$。

② 碰撞理论

1918 年，路易斯（Lewis）根据气体分子运动论提出了气相反应的碰撞理论：气体反应物分子之间只有通过碰撞才能发生反应，碰撞是发生化学反应的先决条件。反应物分子碰撞的频率越高，反应速率越大。阿仑尼乌斯在此基础上提出了化学反应的有效碰撞理论，主要内容是：

a. 在气相反应系统中，反应物分子中存在着一些能量特别高的分子——**活化分子**。只有活化分子的碰撞才能发生化学反应，而一般的反应物分子的碰撞是不能发生化学反应的，发生化学反应的碰撞称为**有效碰撞**。

b. 当从环境向系统供给能量时，非活化分子吸收能量 E_a 可转化为活化分子。因此，阿仑尼乌斯认为由非活化分子转变为活化分子所需要的能量就是活化能，如图 1.3 所示。所以，通常把进行化学反应所需要的能量与一般分子的平均能量之差称为**活化能**。

一般的化学反应，活化能在 $40 \sim 400 kJ \cdot mol^{-1}$ 之间。显然，活化能越大，活化分子的数目就越少，反应进行得越慢；活化能越小，反应进行得越快。

阿仑尼乌斯方程在实际应用时，常用其定积分式：

$$\ln \frac{k_2}{k_1} = -\frac{E_a}{R}\left(\frac{1}{T_2} - \frac{1}{T_1}\right) \tag{1.27}$$

【**例 1.12**】 鲜牛奶放置一段时间会变酸，已知牛奶变酸反应的活化能为 $7.5 \times 10^4 J$，且不受温度影响，鲜牛奶在 28℃时放置 4h 会变酸，如果将其保存在 5℃的冰箱内，可以保存多长时间？已知牛奶变酸反应的速率与变酸时间成反比。

解：由式（1.25）速率方程可知，反应速率 v 与速率系数 k 成正比，又有反应速率与变酸时间 t 成反比，所以，$\dfrac{v_2}{v_1} = \dfrac{k_2}{k_1} = \dfrac{t_1}{t_2}$，代入式（1.27）中，

$$\ln \frac{4}{t_2} = -\frac{7.5 \times 10^4}{8.314}\left(\frac{1}{273.15+5} - \frac{1}{273.15+28}\right)$$

解得：$t_2 = 48h$，所以鲜牛奶在 5℃时可保存 48h。

【**例 1.13**】 已知反应 A、B 的活化能分别为 $50 kJ \cdot mol^{-1}$ 和 $500 kJ \cdot mol^{-1}$，如果这两个反应的温度都从 400K 升高到了 500K，试求它们的速率系数 k 值各自增大多少？

解：将数据代入式（1.27），得：$\dfrac{k_A(500K)}{k_A(400K)} = 20.2$，$\dfrac{k_B(500K)}{k_B(400K)} = 1.14 \times 10^{13}$

温度都是升高 100K，反应 A 的速率提高了大约 20 倍，而反应 B 的速率则提高了大约 1.14×10^{13} 倍。显然，反应的活化能越大，反应速率随温度的变化越明显。

(3) 催化剂对反应速率的影响

催化剂是在反应系统中加入少量就能显著加速反应而本身最后并不损耗的物质。催化剂对反应速率的影响在于：

① 催化剂能改变反应历程，降低反应的活化能，使反应加速。

图 1.3 为使用催化剂前后的两种反应历程中能量变化的情形，B、B′ 为反应中间体活化络合物。非催化反应要克服一个活化能为 E_{a_1} 的较高的能垒，而在催化剂的存在下，反应的途径改变，只需要克服较低的能垒（E'_{a_1}）。

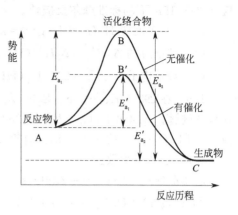

图 1.3　催化作用能量图

显然，催化剂参加了反应，改变了反应的历程，使活化能大大降低，正反应的活化能从 E_{a_1} 下降为 E'_{a_1}，反应速率明显提高。例如蔗糖的水解，加入无机酸作为催化剂后，反应的活化能从 $107.1 kJ \cdot mol^{-1}$ 降为 $39.3 kJ \cdot mol^{-1}$；合成氨反应加入铁催化剂后，活化能从 $334.7 kJ \cdot mol^{-1}$ 降为 $167.4 kJ \cdot mol^{-1}$。

② 催化剂同等地加速正反应和逆反应，而不改变反应的方向与限度。

催化剂只能缩短达到平衡所需的时间，不能改变反应系统的 $\Delta_r G_m^{\ominus}$，即不能移动平衡点。对于已经达到平衡的反应，不可能借助于添加催化剂以增加产率。

催化剂对正、逆反应的影响相同，所以对正反应的催化剂，也是逆反应的催化剂。例如，用 CO 和 H_2 为原料合成 CH_3OH 是一个很有经济价值的反应，如果直接研究高压下甲醇合成反应，实验条件比较困难，因此可以在常压下寻找甲醇分解反应的催化剂，用于高压下合成甲醇。

催化剂不能实现热力学上不能发生的反应，因此我们在寻找催化剂时，必须首先根据热力学原理来判断该反应在此条件下发生的可能性。

③ 催化剂具有选择性。

催化剂是有选择性的，不同类型的反应需要不同的催化剂。即使同一类型的反应通常催化剂也不相同。对同样的反应物选择不同的催化剂可得到不同的产物。例如，甲酸受热分解，加入固体 Al_2O_3 催化剂，则发生脱水反应；加入固体 ZnO 催化剂，则发生脱氢反应。

习题

1.1　计算下列系统的热力学能的变化。

(1) 系统吸收了 183kJ 热量，并且对环境做了 465kJ 功。

(2) 系统放出 273kJ 热量，并且环境对系统做了 565kJ 功。

1.2　根据附录 1 中的数据，计算下列化学反应在 298.15K 时的 $\Delta_r H_m^{\ominus}$。

(1) $CaCO_3(s) \Longrightarrow CaO(s) + CO_2(g)$

(2) $2CO(g) + 2NO(g) \Longrightarrow 2CO_2(g) + N_2(g)$

1.3　诺贝尔发明的硝酸甘油炸药，爆炸时产生的气体发生膨胀，可使体积增大 1200 倍，反应如下：

$$4C_3H_5(NO_3)_3(l) \Longrightarrow 6N_2(g) + 10H_2O(g) + 12CO_2(g) + O_2(g)$$

已知 $C_3H_5(NO_3)_3(l)$ 的 $\Delta_f H_m^{\ominus} = -355 kJ \cdot mol^{-1}$，利用附录 1 中的数据计算该爆炸反

应在 298.15K 下的标准摩尔反应焓。

1.4 对于反应 $H_2(g) + I_2(g) \Longrightarrow 2HI(g)$

(1) 该反应的 $\Delta_r H_m^{\ominus} = \Delta_f H_m^{\ominus}(HI, g)$，对吗？为什么？

(2) 该反应的 $\Delta_r H_m^{\ominus} = 2\Delta_f H_m^{\ominus}(HI, g)$，对吗？为什么？

1.5 在 298.15K、$p^{\ominus}$ 下，B_2H_6 发生燃烧反应：$B_2H_6(g) + 3O_2(g) \Longrightarrow B_2O_3(s) + 3H_2O(g)$，每燃烧 1mol $B_2H_6(g)$ 就放热 2020kJ，同样条件下 2mol 单质硼（B）在 O_2 中燃烧生成 1mol $B_2O_3(s)$，放热 1264kJ。计算 298.15K 时 $B_2H_6(g)$ 的标准摩尔生成焓。

1.6 已知下列数据

① $2Zn(s) + O_2(g) \Longrightarrow 2ZnO(s)$ $\Delta_r H_{m,1}^{\ominus} = -696.0kJ \cdot mol^{-1}$

② $S(斜方) + O_2(g) \Longrightarrow SO_2(g)$ $\Delta_r H_{m,2}^{\ominus} = -296.9kJ \cdot mol^{-1}$

③ $2SO_2(g) + O_2(g) \Longrightarrow 2SO_3(g)$ $\Delta_r H_{m,3}^{\ominus} = -196.6kJ \cdot mol^{-1}$

④ $ZnSO_4(s) \Longrightarrow ZnO(s) + SO_3(g)$ $\Delta_r H_{m,4}^{\ominus} = 235.4kJ \cdot mol^{-1}$

求 $ZnSO_4(s)$ 的标准摩尔生成焓。

1.7 炼铁高炉尾气中含有大量的 SO_3，对环境造成极大污染。人们设想用生石灰 CaO 吸收 SO_3 生成 $CaSO_4$ 的方法消除其污染。根据附录 1 中 25℃的标准摩尔生成吉布斯函数的数据确定这个方法在常温下是否可行。

1.8 高炉炼铁是用焦炭将 Fe_2O_3 还原为单质铁。根据附录 1 中 25℃的标准摩尔生成吉布斯函数的数据，通过热力学计算说明，常温下还原剂主要是 CO 而非焦炭。相关反应为：

① $2Fe_2O_3(s) + 3C(s) \Longrightarrow 4Fe(s) + 3CO_2(g)$

② $Fe_2O_3(s) + 3CO(g) \Longrightarrow 2Fe(s) + 3CO_2(g)$

1.9 碘钨灯内发生如下可逆反应：

$$W(s) + I_2(g) \Longrightarrow WI_2(g)$$

扩散到灯内壁的钨会与碘蒸气反应，生成气态 WI_2，而 WI_2 气体在钨丝附近受热，又会分解出钨单质，沉积到钨丝上，如此可延长灯丝的使用寿命。已知在 298.15K 时，该反应的 $\Delta_r S_m^{\ominus}$ 为 $-43.19J \cdot mol^{-1} \cdot K^{-1}$，$\Delta_r H_m^{\ominus}$ 为 $-40.568kJ \cdot mol^{-1}$。（假设该反应的 $\Delta_r S_m^{\ominus}$ 和 $\Delta_r H_m^{\ominus}$ 不随温度而改变）

(1) 如果灯内壁的温度为 600K，计算上述反应的 $\Delta_r G_m^{\ominus}(600K)$；

(2) 计算 $WI_2(g)$ 在钨丝上分解所需的最低温度。

1.10 在标准状态下（二氧化碳的分压达到标准压力），将 $CaCO_3$ 加热分解为 CaO 和 CO_2，试估计进行这个反应的最低温度（假设反应的 $\Delta_r S_m^{\ominus}$ 和 $\Delta_r H_m^{\ominus}$ 不随温度而改变）。

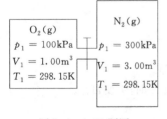

图 1.4 1.12 题图

1.11 现有 20℃的乙烷-丁烷混合气体，充入一个抽成真空的 $200cm^3$ 容器中，直到压力达到 101.325kPa，测得容器中混合气体的质量为 0.3897g。试求该混合气体中两种组分的摩尔分数及分压力。

1.12 两个容器由细管连接（细管体积可忽略），分别充入氧气和氮气，其温度、压力和体积的数据如图 1.4 所示。若把细管上的阀门打开，两种气体发生混合，混合过程温度保持不变。试求各组分气体的分压及混合气体的总压。

1.13 写出下列各反应的标准平衡常数表达式。

(1) $CH_4(g) + 2O_2(g) \Longrightarrow CO_2(g) + 2H_2O(g)$

(2) $NH_4HCO_3(s) \Longrightarrow NH_3(g) + CO_2(g) + H_2O(g)$

(3) $Fe_3O_4(s) + 4H_2(g) \Longrightarrow 3Fe(s) + 4H_2O(g)$

(4) $C(s) + O_2(g) \Longrightarrow CO_2(g)$

(5) $Cl_2(g) + H_2O(l) \Longrightarrow H^+(aq) + Cl^-(aq) + HClO(aq)$

(6) $BaSO_4(s) + CO_3^{2-}(aq) \Longrightarrow BaCO_3(s) + SO_4^{2-}(aq)$

1.14 在 298.15K 时反应 $ICl(g) \Longrightarrow 1/2\ I_2(g) + 1/2\ Cl_2(g)$ 的标准平衡常数为 $K^\ominus = 2.2 \times 10^{-3}$，试计算下列反应的标准平衡常数：

(1) $1/2\ I_2(g) + 1/2\ Cl_2(g) \Longrightarrow ICl(g)$；

(2) $I_2(g) + Cl_2(g) \Longrightarrow 2ICl(g)$。

1.15 已知在 823K 时，反应：

$$CO_2(g) + H_2(g) \Longrightarrow CO(g) + H_2O(g) \qquad K_1^\ominus = 0.14$$

$$CoO(s) + H_2(g) \Longrightarrow Co(s) + H_2O(g) \qquad K_2^\ominus = 67$$

求相同温度时反应 $CoO(s) + CO(g) \Longrightarrow Co(s) + CO_2(g)$ 的标准平衡常数 $K^\ominus$。

1.16 298.15K 时，将固体 NH_4HS 放入某一抽成真空的容器内，有如下反应：

$$NH_4HS(s) \Longrightarrow NH_3(g) + H_2S(g)$$

已知反应达到平衡后，容器内的总压力为 66.6kPa。计算 298.15K 时 $NH_4HS(s)$ 分解反应的标准平衡常数。

1.17 已知 973K 时，反应 $FeO(s) + H_2(g) \Longrightarrow Fe(s) + H_2O(g)$ 的标准平衡常数 $K^\ominus = 0.426$，如果在该温度下，向 $FeO(s)$ 所在密闭容器内通入等物质的量的 $H_2O(g)$ 和 $H_2(g)$ 的混合气体，混合气体的总压力为 100kPa，能否将 $FeO(s)$ 还原为 $Fe(s)$？

1.18 Ag_2CO_3 受热后会发生分解，反应如下：

$$Ag_2CO_3(s) \Longrightarrow Ag_2O(s) + CO_2(g)$$

已知该反应的 $K^\ominus = 0.01194$，现有潮湿的 $Ag_2CO_3(s)$ 用 383.15K 的空气进行干燥，干燥过程中要保证 $Ag_2CO_3(s)$ 不分解，所用空气中的 $CO_2(g)$ 的分压至少为多少？

1.19 在 973K 和 1000kPa 下，将氮气和氢气按摩尔比 1：3 的比例充入某一密闭容器中，发生氨的合成反应：

$$N_2(g) + 3H_2(g) \Longrightarrow 2NH_3(g)$$

平衡时，生成了 3.85%（摩尔百分数）的 NH_3，试求：

(1) 该反应的标准平衡常数 $K^\ominus$；

(2) 如果要产生 5% 的 NH_3，系统的总压是多少？

1.20 反应 $2CO(g) + O_2(g) \Longrightarrow 2CO_2(g)$ 的 $\Delta_r H_m^\ominus < 0$，该反应在密闭容器中达到平衡，按下列操作适当改变反应条件，平衡移动方向和 $K^\ominus$ 会发生哪些变化？

固定条件	改变条件	平衡移动方向	$K^\ominus$
P、V	降低温度		
P、T	加入惰性气体		
V、T	加入惰性气体		
T	增加容器体积 V		
P、T	加入 O_2		
T、P	加催化剂		

1.21　在 1100K 时，在 8.00L 的密闭容器放入 3.00mol SO_3，SO_3 分解达平衡后，有 0.95mol O_2 产生。试计算在该温度下，下述反应的 $K^{\ominus}$。

$$2SO_2(g) + O_2(g) \Longleftrightarrow 2SO_3(g)$$

1.22　雷雨天会发生反应：$N_2(g) + O_2(g) \Longleftrightarrow 2NO(g)$，已知在 2030K 和 3000K 时，该反应达平衡后，系统中 NO 的体积分数分别为 0.8% 和 4.5%，试判断该反应是吸热反应还是放热反应？并计算 2030K 时的平衡常数。（提示：空气中 N_2 和 O_2 的摩尔分数分别为 78% 和 21%。）

1.23　在 298.15K、1.47×10^3 kPa 下，把氨气通入 1.00L 的刚性密闭容器中，在 623K 下加入催化剂，使氨气分解为氮气和氢气，平衡时测得系统的总压力为 5.00×10^3 kPa，计算 623.15K 时氨气的解离度以及平衡各组分的摩尔分数和分压。

1.24　鲜牛奶在 28℃ 时放置 4h 会变酸，如果将其保存在 5℃ 的冰箱内，可以保存多长时间？已知牛奶变酸反应的活化能为 7.5×10^4 J，且该条件下牛奶变酸的反应速率与变酸时间成反比。

1.25　温度相同时，三个反应的正逆反应的活化能如下：

	反应 I	反应 II	反应 III
E_a/kJ·mol^{-1}	30	70	16
E_a'/kJ·mol^{-1}	55	20	35

判断上述反应中，哪个反应的正反应速率最大？哪个反应的正反应是吸热反应？

1.26　已知 $2Cl_2(g) + 2H_2O(g) \Longleftrightarrow 4HCl(g) + O_2(g)$ 的 $\Delta_r H_m^{\ominus} > 0$，该反应在密闭容器中达平衡，判断下列情况下各参数如何变化？

	正反应速率	逆反应速率	平衡移动方向	$K^{\ominus}$
增加总压				
降低温度				
加入催化剂				

1.27　在一定温度下，测得反应

$$4HBr(g) + O_2(g) \Longleftrightarrow 2H_2O(g) + 2Br_2(g)$$

系统中 HBr 起始浓度为 0.0100mol·L^{-1}，10s 后 HBr 的浓度为 0.0082mol·L^{-1}。

(1) 试计算反应在 10s 之内的平均速率为多少？

(2) 如果上述数据是 O_2 的浓度，则该反应的平均速率又是多少？

1.28　人体内某酶催化反应的活化能是 50kJ·mol^{-1}，正常人的体温为 37℃，如果某病人发烧到 40℃ 时，该反应的速率是原来的多少倍？

1.29　假设基元反应 $A \Longleftrightarrow 2B$ 正反应的活化能为 E_{a+}，逆反应的活化能为 E_{a-}，问：

(1) 加入催化剂后，正、逆反应的活化能如何变化？

(2) 如果加入的催化剂不同，活化能的变化是否相同？

(3) 改变反应物的初始浓度，正、逆反应的活化能如何变化？

1.30　判断下列叙述正确与否，说明理由。

(1) 反应级数可以是整数，也可以是分数和零；

(2) 使用催化剂是为了加快反应的反应速率；

(3) 催化剂既可以降低反应的活化能，也可以降低反应的 $\Delta_r G_m^{\ominus}$；

（4）化学反应达到平衡时，该反应就停止了；

（5）标准平衡常数 $K^{\ominus}$ 受温度和浓度的影响很大；

（6）反应的标准平衡常数 $K^{\ominus}$ 越大，反应物的转化率 α 越大；

（7）在某一气相反应体系中引入惰性气体，该反应平衡一定会改变；

（8）如果改变某平衡体系的条件，平衡就向着能减弱这种改变的方向进行；

（9）催化剂只能改变反应的反应速率，不能改变反应的标准平衡常数；

（10）催化剂同等程度地降低了正逆反应的活化能，因此同等程度地加快了正逆反应的反应速率。

第 2 章

酸 碱 平 衡

酸碱反应是化学反应中必不可少的一部分，对于酸碱反应的研究，首先应该从了解酸和碱的概念开始。

什么是酸？什么是碱？早在 17 世纪，化学家波义耳（Boyle）就提出：有酸味，能使蓝色石蕊变红的物质是酸；有涩味和滑腻感，能使红色石蕊变蓝的物质是碱。随着科学的进步，三百多年来，人们对于酸和碱的认识从表象到本质，经过不断发展和深化，很多科学家从不同角度、不同层次提出各种酸碱理论，这些不同的酸碱理论强调了酸碱的某一个方面的特性，它们各有其丰富的社会背景和化学意义，既相互区别又相互联系，各有优缺点，且适用于不同范围，具有重要的实际应用价值。本章我们选择其中有代表性的酸碱理论来介绍。

2.1 酸碱理论

2.1.1 酸碱电离理论

1887 年，瑞典化学家阿仑尼乌斯（S. A. Arrhenius）提出了电离理论。

该理论认为：电解质在水中电离生成正、负离子。所谓酸，是指在水中电离生成的正离子全部是氢离子（H^+）❶ 的化合物；所谓碱，是指在水中电离生成的负离子全部是氢氧根离子（OH^-）的化合物。所以说，酸的特征是 H^+，碱的特征是 OH^-。酸和碱的中和反应实际就是 H^+ 和 OH^- 结合生成水的反应。

电离理论还将电解质分为强电解质和弱电解质，强电解质在水中电离程度大，弱电解质在水中电离程度小，例如，HCl、H_2SO_4、HNO_3 被称为强酸，NaOH 被称为强碱，而 H_3PO_4、HNO_2 被称为弱酸，$NH_3 \cdot H_2O$ 被称为弱碱。

酸碱电离理论成功地从物质的化学组成表述了酸碱的本质，并且率先从化学平衡的角度对酸碱的强弱进行了定量描述，是酸碱理论发展史上的里程碑，至今仍在普遍采用。但它存在着缺陷，如它把酸碱局限在水溶液中，因此对非水溶液体系不能使用；把碱局限为氢氧化

---

❶ 实际上是水合氢离子 H_3O^+，简写为 H^+。

物，无法解释氨水的碱性并不是由 NH_4OH 而来这一事实。

2.1.2 酸碱质子理论

(1) 定义

1923 年，丹麦化学家布朗斯特（J. N. Brønsted）和英国化学家劳莱（T. M. Lowry）分别独立地提出了**酸碱质子理论**。该理论认为：凡是能够给出质子（H^+）的物质都是酸，凡是能够接受质子（H^+）的物质都是碱，酸和碱可以是分子、正离子、负离子。

例如：

$$HF \rightleftharpoons H^+ + F^-$$

$$H_2PO_4^- \rightleftharpoons H^+ + HPO_4^{2-}$$

$$HPO_4^{2-} \rightleftharpoons H^+ + PO_4^{3-}$$

$$NH_4^+ \rightleftharpoons H^+ + NH_3$$

HF 是酸，它给出质子（H^+）后，变成 F^-，而 F^- 可以接受质子（H^+），所以 F^- 是碱。因此，上面左边所列都是酸，右边所列除质子外都是碱，酸给出质子（H^+）后就变成了碱，碱接受质子（H^+）后就变成了酸，这种关系可用下式表示：

$$酸(HA) \rightleftharpoons 碱(A^-) + 质子(H^+)$$

酸和碱的这种对应关系称为共轭关系。HA 和 A^- 组成了一个共轭酸碱对，每一种酸（或碱）都有它自己对应的共轭碱（或共轭酸）。如 HF 和 F^-，HF 的共轭碱是 F^-，而 F^- 的共轭酸 HF。

有些物质既可以给出质子，又可以接受质子，这类物质称为两性物质。例如 HPO_4^{2-}，它的共轭碱是 PO_4^{3-}，共轭酸是 $H_2PO_4^-$；H_2O 也是两性物质。

质子酸和质子碱的关系是：有酸才有碱，有碱必有酸，酸可变碱，碱可变酸。所以，酸和碱是互相依存又可以互相转化的，彼此之间通过质子相互联系。在酸碱质子理论中消除了盐的概念，例如，电离理论中为盐的 $(NH_4)_2SO_4$，在酸碱质子理论中，NH_4^+ 能给出质子，为阳离子酸；SO_4^{2-} 能接受质子，为阴离子碱。

(2) 酸碱的强弱

酸碱的强弱取决于物质给出质子或接受质子能力的强弱。

根据酸碱的共轭关系可知，若酸给出质子能力越强，那么，它的共轭碱接受质子的能力就越弱，即某酸的酸性越强，它的共轭碱的碱性就越弱；反之，酸性越弱，其对应的共轭碱的碱性就越强（表 2.1）。例如，HCl 是强酸，而 Cl^- 在水中几乎不能接受质子，是极弱的碱；HF 的酸性弱于 HCl，所以 F^- 的碱性强于 Cl^-。对于两性物质，如 HPO_4^{2-}、H_2O 等，当遇到比它更强的酸时，它就接受质子，表现出碱的特性；而遇到比它更强的碱时，它就放出质子，表现出酸的特性。

(3) 酸碱的反应

酸碱质子理论认为，任何酸碱反应都是两个共轭酸碱对之间的质子传递反应，即：

$$酸1 + 碱2 \xrightarrow{H^+} 酸2 + 碱1$$

表 2.1　常见的共轭酸碱对

	酸	共轭碱	
酸性增强 ↑	$HClO_4$	ClO_4^-	碱性增强 ↓
	HCl	Cl^-	
	HNO_3	NO_3^-	
	H_2SO_4	HSO_4^-	
	H_3O^+	H_2O	
	H_2SO_3	HSO_3^-	
	H_3PO_4	$H_2PO_4^-$	
	HNO_2	NO_2^-	
	$HAc^①$	Ac^-	
	NH_4^+	NH_3	

① HAc：即醋酸或乙酸，其分子式为 CH_3COOH，通常写作 HAc。

酸 1 把质子传递给碱 2 以后，变成了碱 1，碱 2 接受质子后变成了酸 2，因此，酸 1 和碱 1，酸 2 和碱 2 是两对共轭酸碱。显然，质子的传递并不局限在水溶液中进行，无论是否需要溶剂，只要质子能从一种物质传递到另一种物质就可以。因此，酸碱质子理论在扩大了酸碱范围的同时，也扩大了酸碱反应的范围，电离理论中的酸、碱、盐的离子平衡反应，都可归结为质子酸和质子碱的质子传递反应。

例如酸的电离反应，是酸把质子传递给水：

$$\overset{H^+}{HF+H_2O \Longrightarrow H_3O^+ + F^-}$$

$$酸1 \quad 碱2 \quad 酸2 \quad 碱1$$

水的电离实际上是质子自递反应：

$$\overset{H^+}{H_2O+H_2O \Longrightarrow OH^- + H_3^+O}$$

盐的水解反应是指弱碱的正离子（例如 NH_4^+）传递质子给水，或弱酸根离子（例如 F^-）接受水传递的质子的反应：

$$\overset{H^+}{NH_4^+ + H_2O \Longrightarrow NH_3 + H_3^+O}$$

$$\overset{H^+}{H_2O + F^- \Longrightarrow HF + OH^-}$$

酸碱的中和反应：

$$\overset{H^+}{H_3O^+ + OH^- \Longrightarrow H_2O + H_2O}$$

非水体系中的质子传递反应：

$$\overset{H^+}{HCl + NH_3 \Longrightarrow NH_4^+ + Cl^-}$$

总之，质子酸和质子碱的反应可以看作是争夺质子的过程，强碱夺取强酸的质子，转化为其共轭酸——弱酸，而强酸释放出质子后转变为它的共轭碱——弱碱。因此，酸碱反应总是由强酸与强碱作用生成弱酸和弱碱。

酸碱质子理论扩大了酸和碱以及酸碱反应的范围，还适用于非水体系，实用价值大，广泛地应用于科学研究中。它的局限性在于只适用于有质子参加的反应，对于不含氢的酸碱反应无法说明。

2.1.3 酸碱电子理论

1923 年，美国化学家路易斯（G. N. Lewis）提出了**酸碱电子理论**。

该理论认为：凡是能够接受电子对的物质称为路易斯酸，凡是能够给出电子对的物质称为路易斯碱。路易斯酸、碱可以是分子、离子或原子团。路易斯酸和路易斯碱反应的实质是形成配位键[●]、生成酸碱配合物的过程。例如：

$$酸（电子对接受体）\quad + \quad :碱（电子对给予体） \longrightarrow 酸碱配合物$$

$$H^+ \quad + \quad :OH^- \longrightarrow HO \rightarrow H$$

$$SO_3 \quad + \quad CaO: \longrightarrow CaO \rightarrow SO_3$$

$$BF_3 \quad + \quad :F^- \longrightarrow [F \rightarrow BF_3]^-$$

$$Ag^+ \quad + \quad 2:NH_3 \longrightarrow [H_3N \rightarrow Ag \leftarrow NH_3]^+$$

相对于酸碱电离理论、酸碱质子理论，酸碱电子理论更扩大了酸碱的范围，摆脱了酸碱必须有某种离子或元素的限制，在现代化学中的应用比较广泛。但路易斯酸碱理论过于笼统，难以掌握酸碱的特征，并且没有统一的酸碱强度的标度，实际应用起来不方便。

不同的酸碱理论适用于不同的范围，酸碱电子理论在处理配位化学中的问题时有指导意义。而在处理水溶液体系中的酸碱反应时，可用酸碱质子理论，本章主要讨论水溶液中的电离平衡，所以，后面所讲的酸和碱都是指质子酸、质子碱。

2.2　水溶液中酸碱的电离平衡

2.2.1　水的电离常数

水是一种弱电解质，只能发生部分电离：

$$H_2O \rightleftharpoons H^+ + OH^-$$

电离平衡的平衡常数为：

$$K_w^\ominus = (c_{H^+}/c^\ominus)(c_{OH^-}/c^\ominus) \tag{2.1a}$$

式中，c_{H^+}、c_{OH^-} 表示平衡时 H^+ 和 OH^- 的浓度，单位为 $mol \cdot L^{-1}$；$c^\ominus$ 为标准浓度，其值为 $1mol \cdot L^{-1}$；H_2O 的电离平衡的平衡常数，称为**水的离子积常数**，用 $K_w^\ominus$ 表示。

如果使用酸碱质子理论，则水的电离是一个质子传递的反应：

$$H_2O + H_2O \rightleftharpoons H_3O^+ + OH^-$$

将 H_3O^+ 改写为 H^+ 和 H_2O，上式变为：

$$H_2O \rightleftharpoons H^+ + OH^-$$

质子传递反应的平衡常数，称为**水的质子传递常数**，其表达式为：

$$K_w^\ominus = (c_{H^+}/c^\ominus)(c_{OH^-}/c^\ominus)$$

---

❶　配位键是由一个原子提供一对电子作为共用电子对的化学键，相关内容，详见本书第 13 章。

显然，质子传递常数与电离常数在数值上是相等的，习惯上称为水的离子积常数，或水的离子积。

由于式（2.1a）中，$c^{\ominus}$为$1mol \cdot L^{-1}$，为了简化公式，书写方便，上式可写为：

$$K_w^{\ominus} = c_{H^+} \cdot c_{OH^-} \quad \text{或} \quad K_w^{\ominus} = [H^+][OH^-] \tag{2.1b}$$

无论是在纯水中，还是在水溶液中，水的电离平衡都存在，$K_w^{\ominus}$是平衡常数，它的大小与温度有关（表2.2），与浓度无关，即$K_w^{\ominus}$与水中是否含有酸碱等物质无关。

表 2.2　不同温度下 H₂O 的电离常数

$t/℃$	0	10	20	25	40	50	100
$K_w^{\ominus}/10^{-14}$	0.115	0.296	0.687	1.01	2.87	5.31	5.43

在常温下，一般使用$K_w^{\ominus} = 1.00 \times 10^{-14}$进行计算。显然，在纯水中存在：

$$c_{H^+} = c_{OH^-} = 1.0 \times 10^{-7} mol \cdot L^{-1}$$

2.2.2　溶液的 pH 值

在水溶液中，H^+的浓度越大，说明溶液的酸性越强；OH^-的浓度越大，说明溶液的碱性越强。当溶液中c_{H^+}或c_{OH^-}小于$1mol \cdot L^{-1}$时，可以用pH值来表示溶液的酸碱性。

$$pH = -\lg \frac{c_{H^+}}{c^{\ominus}} \quad \text{或简写为} \quad pH = -\lg c_{H^+} \tag{2.2a}$$

用pH值表示溶液的酸碱性比较方便，pH改变一个单位，相当于c_{H^+}改变了10倍。pH值的使用范围一般在0～14之间，对于高浓度的强酸，往往直接用物质的量浓度表示酸度，否则pH会成为负值。

c_{OH^-}和平衡常数也可以如此表示：

$$pOH = -\lg \frac{c_{OH^-}}{c^{\ominus}} \quad \text{或简写为} \quad pOH = -\lg c_{OH^-} \tag{2.2b}$$

由于$c_{H^+} \cdot c_{OH^-} = K_w^{\ominus}$，所以，$pH + pOH = pK_w^{\ominus}$，常温下，$pK_w^{\ominus} = 14$。

酸性溶液是$c_{H^+} > c_{OH^-}$的溶液；碱性溶液是$c_{H^+} < c_{OH^-}$的溶液；中性溶液是$c_{H^+} = c_{OH^-}$的溶液。因此，室温下，溶液的pH<7为酸性，pH=7为中性，pH>7为碱性。但是，$K_w^{\ominus}$会随温度而改变，不能把pH=7认为是中性不变的标志。

表2.3列出了一些常见物质的酸碱性。

表 2.3　一些常见物质的酸碱性

名称	血液	泪液	胃液	食醋	牛奶	橙汁	啤酒
pH	7.35～7.45	7.4	1.0～3.0	2.4～3.4	6.5	3.5	4～4.5

2.2.3　一元弱酸碱的电离常数

弱酸、弱碱在水溶液中部分电离，例如醋酸（HAc），它在水中存在如下电离平衡或质子传递反应的平衡（习惯上称为电离平衡）：

$$HAc \rightleftharpoons H^+ + Ac^-$$

其平衡常数为：

$$K_a^{\ominus} = \frac{(c_{H^+}/c^{\ominus})(c_{Ac^-}/c^{\ominus})}{(c_{HAc}/c^{\ominus})} \tag{2.3a}$$

简写为：

$$K_a^{\ominus}=\frac{c_{\text{H}^+}\cdot c_{\text{Ac}^-}}{c_{\text{HAc}}} \quad \text{或} \quad K_a^{\ominus}=\frac{[\text{H}^+][\text{Ac}^-]}{[\text{HAc}]} \tag{2.3b}$$

$K_a^{\ominus}$ 称为酸的**电离常数**，或酸的质子传递常数，下面按习惯上称为电离常数。

碱的电离常数用 $K_b^{\ominus}$ 表示[1]。电离常数越大，表示弱电解质的电离能力越强，或者说表示质子酸给出质子的能力越强，质子碱接受质子的能力越强，酸碱的强弱可以用电离常数进行比较。附录 2 为常见弱酸、弱碱的电离常数表。

根据酸碱质子理论，酸给出质子后就变成了碱，HAc 的共轭碱是 Ac^-，那么，$K_a^{\ominus}(\text{HAc})$ 与 $K_b^{\ominus}(\text{Ac}^-)$ 之间有什么样的关系呢？

Ac^- 作为碱，在水中与质子酸 H_2O 有如下反应（即 Ac^- 的水解反应）：

$$\text{Ac}^-+\text{H}_2\text{O} \Longrightarrow \text{HAc}+\text{OH}^-$$

反应达平衡时，

$$K_b^{\ominus}=\frac{c_{\text{HAc}}\cdot c_{\text{OH}^-}}{c_{\text{Ac}^-}}$$

因为

$$K_a^{\ominus}=\frac{c_{\text{H}^+}\cdot c_{\text{Ac}^-}}{c_{\text{HAc}}}$$

显然，

$$K_a^{\ominus}(\text{HAc})\cdot K_b^{\ominus}(\text{Ac}^-)=c_{\text{H}^+}\cdot c_{\text{OH}^-}=K_w^{\ominus}$$

共轭酸碱对的电离常数的乘积等于水的离子积常数，即对于共轭酸碱对，有：

$$K_a^{\ominus}\cdot K_b^{\ominus}=K_w^{\ominus} \qquad \text{p}K_a^{\ominus}+\text{p}K_b^{\ominus}=\text{p}K_w^{\ominus}$$

2.2.4 多元弱酸碱的电离常数

一元弱酸碱在水中只能给出或接受一个质子，而对于磷酸（H_3PO_4）、氢硫酸（H_2S）、CO_3^{2-} 等这样的质子酸碱，一个分子可以给出或接受两个或两个以上的 H^+，这类物质称为多元酸碱。

例如 H_3PO_4 是三元酸，它在溶液中的电离是分三步进行的：

第一步　$\text{H}_3\text{PO}_4 \Longrightarrow \text{H}^++\text{H}_2\text{PO}_4^-$　　　$K_{a_1}^{\ominus}=\dfrac{c_{\text{H}^+}\cdot c_{\text{H}_2\text{PO}_4^-}}{c_{\text{H}_3\text{PO}_4}}$

第二步　$\text{H}_2\text{PO}_4^- \Longrightarrow \text{H}^++\text{HPO}_4^{2-}$　　　$K_{a_2}^{\ominus}=\dfrac{c_{\text{H}^+}\cdot c_{\text{HPO}_4^{2-}}}{c_{\text{H}_2\text{PO}_4^-}}$

第三步　$\text{HPO}_4^{2-} \Longrightarrow \text{H}^++\text{PO}_4^{3-}$　　　$K_{a_3}^{\ominus}=\dfrac{c_{\text{H}^+}\cdot c_{\text{PO}_4^{3-}}}{c_{\text{HPO}_4^{2-}}}$

在多元弱酸中，同时存在多个电离平衡，每个电离平衡都有其相应的电离常数，上式中 $K_{a_1}^{\ominus}$、$K_{a_2}^{\ominus}$、$K_{a_3}^{\ominus}$ 分别为 H_3PO_4 第一、二、三步的电离常数，称为一级、二级、三级电离常数，$K_{a_1}^{\ominus}$、$K_{a_2}^{\ominus}$、$K_{a_3}^{\ominus}$ 表达式中的 c_{H^+} 是整个溶液中的 H^+ 浓度，不要误以为三个表达式中的 c_{H^+} 分别为第一、二、三步电离出的 H^+ 浓度。

H_3PO_4 的 $K_{a_1}^{\ominus}$、$K_{a_2}^{\ominus}$、$K_{a_3}^{\ominus}$ 值为：$K_{a_1}^{\ominus}=7.52\times10^{-3}$，$K_{a_2}^{\ominus}=6.23\times10^{-8}$，$K_{a_3}^{\ominus}=2.2\times10^{-13}$。

---

[1] 酸：acid；碱：base。

多元弱酸的 $K_{a_1}^{\ominus}$、$K_{a_2}^{\ominus}$…一般都相差很大，且 $K_{a_1}^{\ominus} \gg K_{a_2}^{\ominus} \gg \cdots$，说明溶液中的 H^+ 主要来源于酸的第一步电离，比较酸碱强弱时，往往考虑 $K_{a_1}^{\ominus}$ 即可，计算多元酸溶液的 c_{H^+} 时，可以近似地只考虑第一步电离。

PO_4^{3-} 能接受三个质子，它的 $K_{b_1}^{\ominus}$、$K_{b_2}^{\ominus}$、$K_{b_3}^{\ominus}$ 与 H_3PO_4 的 $K_{a_1}^{\ominus}$、$K_{a_2}^{\ominus}$、$K_{a_3}^{\ominus}$ 有什么关系呢？

$$H_3PO_4 \underset{+H^+/K_{b_3}^{\ominus}}{\overset{-H^+/K_{a_1}^{\ominus}}{\rightleftharpoons}} H_2PO_4^- \underset{+H^+/K_{b_2}^{\ominus}}{\overset{-H^+/K_{a_2}^{\ominus}}{\rightleftharpoons}} HPO_4^{2-} \underset{+H^+/K_{b_1}^{\ominus}}{\overset{-H^+/K_{a_3}^{\ominus}}{\rightleftharpoons}} PO_4^{3-}$$

显然，对于 H_3PO_4 和 PO_4^{3-}，$K_{a_1}^{\ominus} \cdot K_{b_3}^{\ominus} = K_{a_2}^{\ominus} \cdot K_{b_2}^{\ominus} = K_{a_3}^{\ominus} \cdot K_{b_1}^{\ominus} = K_w^{\ominus}$

2.2.5　酸碱的强弱

在酸碱质子理论中，酸碱的强弱取决于酸给出质子和碱接受质子的能力大小，而酸碱给出或接受质子的能力大小，不仅与酸碱的本性（$K_a^{\ominus}$、$K_b^{\ominus}$）有关，还与溶剂有关。例如：HCl、HAc 在水中

$$HCl + H_2O \longrightarrow H_3O^+ + Cl^- \qquad HAc + H_2O \rightleftharpoons H_3O^+ + Ac^-$$

质子酸 HCl、HAc 在水中给出的质子，而溶剂 H_2O 作为质子碱接受质子，HCl 在水中完全电离，所以 HCl 是强酸，而 HAc 是部分电离，为弱酸。

如果用冰醋酸[❶]作溶剂，由于冰醋酸的碱性弱于水，接受质子能力不如水，因此影响了 HCl 给出质子的能力，所以 HCl 在冰醋酸中只表现为部分电离。

如果用液氨作溶剂，由于液氨的碱性强于水，接受质子能力比水强，因此 HCl、HAc 在液氨中都表现出强酸的性质，完全电离。

以水为溶剂，可以区分 HCl 和 HAc 给出质子的能力强弱，这就是溶剂水对 HCl 和 HAc 的**区分效应**。

以液氨为溶剂，不能区分 HCl 和 HAc 给出质子的能力强弱，或者说，液氨把它们之间的差距拉平了，这就是溶剂液氨对 HCl 和 HAc 的**拉平效应**。

常见的几种强酸 HCl、H_2SO_4、$HClO_4$ 和 HNO_3 在水中都表现为完全电离，这就是水对它们的拉平效应。如果把它们放入冰醋酸中时，它们都表现为部分电离，且电离程度并不相同，它们在冰醋酸中电离程度为：

$$HClO_4 > HCl > H_2SO_4 > HNO_3$$

这就是冰醋酸对它们的区分效应。

因此，比较酸碱的强度，必须要指明在什么溶剂中。

通常以水作为溶剂来比较酸、碱的强度，根据弱酸碱在水中的电酸常数 $K_a^{\ominus}$、$K_b^{\ominus}$ 值，比较它们的相对强弱。如果 $K_a^{\ominus}$、$K_b^{\ominus}$ 值的数量级小于 10^{-4}，通常就可以认为是弱酸碱；在 $10^{-2} \sim 10^{-3}$ 之间的为中强酸碱。

对于两性物质，它们的酸碱性如何呢？例如 HPO_4^{2-}，它既能给出质子，又能接受质子，它的水溶液是酸性还是碱性？

HPO_4^{2-} 作为酸时，$K_{a_3}^{\ominus} = 2.2 \times 10^{-13}$，作为碱时，

$$K_{b_2}^{\ominus} = \frac{K_w^{\ominus}}{K_{a_2}^{\ominus}} = \frac{1.0 \times 10^{-14}}{6.23 \times 10^{-8}} = 1.61 \times 10^{-7}$$

---

❶　冰醋酸：纯的不含水的乙酸被称为冰醋酸。

$K_{a_3}^{\ominus} < K_{b_2}^{\ominus}$，显然，它给出质子的能力不如接受质子的能力，因此，HPO_4^{2-} 的水溶液呈碱性。

2.3 酸碱溶液中 pH 值的计算

2.3.1 一元弱酸碱溶液

以一元弱酸 HA（浓度为 c）的水溶液为例，计算溶液的氢离子浓度。弱酸的浓度（c）和电离常数（$K_a^{\ominus}$）如果不太小，这时溶液中 H^+ 主要来自于弱酸的电解，H_2O 的电离可忽略，根据电离平衡：

$$HA \rightleftharpoons H^+ + A^-$$

起始浓度($mol \cdot L^{-1}$)　　　c　　　　0　　　　0

平衡浓度($mol \cdot L^{-1}$)　　$c - c_{H^+}$　　c_{H^+}　　$c_{A^-} = c_{H^+}$

$$K_a^{\ominus} = \frac{c_{H^+} \cdot c_{A^-}}{c_{HA}} = \frac{c_{H^+}^2}{c - c_{H^+}}$$

当 $c/K_a^{\ominus} \geqslant 500$ 时，弱酸的电离程度 $< 5\%$，$c - c_{H^+} \approx c$，这样计算，结果的相对误差控制在 2% 之内，上式整理，可得[注]：

$$c_{H^+} = \sqrt{c K_a^{\ominus}} \qquad (c/K_a^{\ominus} \geqslant 500) \tag{2.4}$$

这是计算一元弱酸溶液中 c_{H^+} 最常用的近似公式。

弱酸的电离程度，除了用电离常数表示以外，还可用电离度 α 来表示。电离度是指电离平衡时，已电离的分子数占电离前原有分子总数的百分数，其含义与化学平衡中的平衡转化率相似。在温度、浓度相同的条件下，电离度越小，电解质越弱。电离度可用式(2.5)进行计算。

$$电离度(\alpha) = \frac{电离平衡时已电离的弱电解质的浓度}{电解质溶液的初始浓度} \times 100\% \tag{2.5}$$

一元弱酸 HA 电离平衡时：$c_{H^+} = c_{A^-} = c\alpha$，$c_{HA} = c - c_{H^+} = c - c\alpha$，则

$$K_a^{\ominus} = \frac{c\alpha^2}{1 - \alpha}$$

当 $c/K_a^{\ominus} \geqslant 500$ 或 $\alpha < 5\%$ 时，弱酸的电离程度非常小，$1 - \alpha \approx 1$，上式可改写成：

$$\alpha = \sqrt{K_a^{\ominus}/c} \tag{2.6}$$

在式(2.6)中，一元弱酸的电离度与它浓度的平方根成反比，也就是说，温度不变时，$K_a^{\ominus}$ 不变，在一定范围内稀释弱酸溶液，可以使弱酸的电离度增大，这个关系称为**稀释定律**。

同样，一元弱碱溶液中 c_{OH^-} 的计算公式为：

$$c_{OH^-} = \sqrt{c K_b^{\ominus}} \qquad (c/K_b^{\ominus} \geqslant 500) \tag{2.7}$$

---

❶ c_{H^+} 计算公式的规范写法应为：$c_{H^+} = c^{\ominus} \cdot \sqrt{K_a^{\ominus} \cdot (c/c^{\ominus})}$（根号中应该是纯数），本书简便处理，下同。

【例 2.1】 计算下列溶液的 pH 值和电离度。

(1) 0.20mol·L^{-1}氨水溶液;

(2) 0.20mol·L^{-1}NH$_4$Cl 溶液。

解:(1) NH$_3$ 在水中存在着下列平衡:NH$_3$·H$_2$O $\Longrightarrow$ NH$_4^+$＋OH$^-$

查附录 2,氨水的电离常数 $K_b^\ominus=1.77\times10^{-5}$,$c/K_b^\ominus=0.20/(1.77\times10^{-5})>500$,可以近似计算。根据式(2.7),得:

$$c_{OH^-}=\sqrt{0.20\times1.77\times10^{-5}}\ mol\cdot L^{-1}=1.88\times10^{-3}\ mol\cdot L^{-1}$$

$$pH=-\lg c_{H^+}=-\lg\frac{K_w^\ominus}{c_{OH^-}}=-\lg\frac{1.0\times10^{-14}}{1.88\times10^{-3}}=11.27$$

$$\alpha=\frac{c_{OH^-}}{c}=\frac{1.88\times10^{-3}}{0.20}=0.94\%$$

(2) NH$_4^+$ 为弱酸,在水中有下列平衡:NH$_4^+$ $\Longrightarrow$ NH$_3$＋H$^+$

$$K_a^\ominus=\frac{K_w^\ominus}{K_b^\ominus}=\frac{1.00\times10^{-14}}{1.77\times10^{-5}}=5.65\times10^{-10}$$

$c/K_a^\ominus=0.20/(5.65\times10^{-10})>500$,可以近似计算。根据式(2.4),得

$$c_{H^+}=\sqrt{cK_a^\ominus}=\sqrt{0.20\times5.65\times10^{-10}}\ mol\cdot L^{-1}=1.06\times10^{-5}\ mol\cdot L^{-1}$$

$$pH=-\lg c_{H^+}=-\lg(1.06\times10^{-5})=4.97$$

$$\alpha=\frac{c_{H^+}}{c}=\frac{1.06\times10^{-5}}{0.20}=0.0053\%$$

2.3.2 缓冲溶液

(1) 同离子效应

在酸碱溶液的电离平衡系统中,如果加入含有相同离子的电解质,会使电离平衡发生移动。

在氨水溶液中加入少量 NH$_4$Cl 之后,我们会发现溶液的 pH 值减小,这说明溶液的碱性减弱,即氨水的电离度降低了,根据平衡移动原理,氨水溶液原来处于平衡状态:

$$NH_3\cdot H_2O \Longrightarrow NH_4^+＋OH^-$$

加入 NH$_4$Cl 后,NH$_4$Cl 是强电解质,在溶液中全部电离生成 NH$_4^+$ 和 Cl$^-$,使原平衡系统中 $c_{NH_4^+}$ 增加,增加产物浓度,平衡向左移动,达到新的平衡后,c_{OH^-} 减小,$c_{NH_3\cdot H_2O}$ 增大。显然,NH$_4^+$ 加入对 NH$_3$·H$_2$O 的电离起到了抑制作用,使 NH$_3$·H$_2$O 电离度降低。

在弱电解质的溶液中,加入具有相同离子的易溶的强电解质,使弱电解质的电离度降低的现象称为**同离子效应**。

同离子效应对电离度的影响如何,可以通过计算来说明。

【例 2.2】 在 0.20mol·L^{-1} 氨水溶液中，加入 NH_4Cl 固体，使其浓度为 0.20mol·L^{-1}。求此混合溶液的 pH 值和氨水的电离度（不考虑加入的固体对溶液体积的影响。）

解： 已知 $c_{NH_4^+} = 0.20 \text{mol·L}^{-1}$，设由氨水电离的 OH^- 浓度为 $x \text{ mol·L}^{-1}$。

$$NH_3·H_2O \rightleftharpoons OH^- + NH_4^+$$

起始浓度(mol·L^{-1})   0.20   0   0.20

平衡浓度(mol·L^{-1})   0.20$-x$ x 0.20$+x$

$$\frac{x(0.20+x)}{(0.20-x)} = K_b^{\ominus} = 1.77 \times 10^{-5}$$

因为，$c/K_b^{\ominus} > 500$，且由于同离子效应的作用，电离程度更小，所以，$0.20-x \approx$ 0.20，$0.20+x \approx 0.20$，代入上式，可得：$c_{OH^-} = x = 1.77 \times 10^{-5} \text{mol·L}^{-1}$

$$\alpha = \frac{c_{OH^-}}{c} = \frac{1.77 \times 10^{-5}}{0.20} = 0.0089\%$$

与【例 2.1】相比，c_{OH^-} 和氨水的电离度 α 都大为降低，仅为原来的百分之一左右，可见，同离子效应对弱电解质电离的抑制作用比较大。但要注意，同离子效应对电离常数没有任何影响，电离常数与离子浓度无关。

(2) 缓冲溶液的组成及缓冲原理

如果在 50mL 纯水中，分别加入 1.0mL、0.10mol·L^{-1} NaOH 和 HCl 溶液，溶液的 pH 值各变化了多少？

纯水的 pH 值为 7，加入碱后，溶液中 OH^- 的浓度为：

$$c_{OH^-} = \frac{1.0 \times 10^{-3} \text{L} \times 0.10 \text{mol·L}^{-1}}{(50+1) \times 10^{-3} \text{L}} = 2.0 \times 10^{-3} \text{mol·L}^{-1}$$

$$pOH = 2.70, \quad pH = 11.30$$

加入少量碱后，溶液的 pH 值变化了 $\Delta pH = 11.30 - 7.00 = 4.30$。

同理，加入同量的 HCl 溶液后，$c_{H^+} = 2.0 \times 10^{-3} \text{mol·L}^{-1}$，$pH = 2.70$，$\Delta pH = 4.30$。

如果将同量的 NaOH 和 HCl 溶液分别加入到 50mL 由 0.10mol·L^{-1} HAc 和 0.10mol·L^{-1} NaAc 组成的混合溶液中，pH 值各变化了多少呢？先来计算一下没有加入强酸强碱之前溶液混合的 pH 值。

$$HAc \rightleftharpoons H^+ + Ac^-$$

起始浓度(mol·L^{-1}) c_{HAc} 0 c_{Ac^-}

平衡浓度(mol·L^{-1}) $c_{HAc}-c_{H^+}$ c_{H^+} $c_{Ac^-}+c_{H^+}$

由于同离子效应的作用，电离程度很小，$c_{HAc} \gg c_{H^+}$，$c_{Ac^-} \gg c_{H^+}$，因此，$c_{HAc}-c_{H^+} \approx c_{HAc}$，$c_{Ac^-}+c_{H^+} \approx c_{Ac^-}$。

根据 $K_a^{\ominus} = \dfrac{c_{H^+} \cdot c_{Ac^-}}{c_{HAc}}$，可得：

$$c_{H^+} = K_a^{\ominus} \frac{c_{HAc}}{c_{Ac^-}} \tag{2.8a}$$

$$pH = pK_a^{\ominus} - \lg \frac{c_{HAc}}{c_{Ac^-}} \tag{2.8b}$$

所以，$c_{H^+}=1.76\times10^{-5}\times\dfrac{0.10}{0.10}=1.76\times10^{-5}\,mol\cdot L^{-1}$，$pH=-lg1.76\times10^{-5}=4.75$，即 $0.10\,mol\cdot L^{-1}$ HAc 和 $0.10\,mol\cdot L^{-1}$ NaAc 组成的混合溶液的 $pH=4.75$。

向混合溶液中加入 1.0mL、$0.10\,mol\cdot L^{-1}$ NaOH 溶液后，此时，溶液中

$$c_{HAc}\approx0.10\,mol\cdot L^{-1} \qquad c_{H^+}=1.76\times10^{-5}\,mol\cdot L^{-1}$$

比较而言，HAc 大量存在，H^+ 含量极少，加入的少量 OH^- 几乎遇不到 H^+，所以 OH^- 与 HAc 发生完全反应。

	OH^-	+	HAc	$=$	Ac^-	+	H_2O
反应前 n(mol)	0.00010		0.0050		0.0050		
反应后 n(mol)	0		0.0049		0.0051		
反应后 c(mol·L^{-1})	0		$\dfrac{0.0049}{0.051}=0.096$		$\dfrac{0.0051}{0.051}=0.10$		

此时，溶液中

$$pH=pK_a^\ominus-lg\frac{c_{HAc}}{c_{Ac^-}}=-lg1.76\times10^{-5}-lg\frac{0.096}{0.10}=4.77$$

由 HAc 和 NaAc 组成的混合溶液中，加入少量强碱后，溶液的 pH 值从 4.75 增加到 4.77，变化了 0.02，而在同样情况下，水的 pH 值变化了 4.30。同样可以算出，在上述溶液和水中加入同量的盐酸，它们的 pH 值分别减小了 0.02 和 4.30。

由 HAc 和 NaAc 这对共轭酸碱组成的混合溶液在加入少量强酸、强碱后，溶液的 pH 值基本保持不变，这种溶液称为**缓冲溶液**。

根据式（2.8a）和式（2.8b），缓冲溶液不仅能抵抗少量强酸、强碱的冲击，稍加稀释，溶液的 pH 值也基本保持不变。

缓冲溶液一般由弱酸及其共轭碱组成，一对共轭酸碱称为一组缓冲对，例如 HAc-Ac^-、NH_4^+-NH_3、$H_2PO_4^-$-HPO_4^{2-}。缓冲溶液在生活中并不罕见，例如人的血液就是一种缓冲溶液，内含多组缓冲对，例如 H_2CO_3-HCO_3^-、$H_2PO_4^-$-HPO_4^{2-}、NaPr-HPr、KHb-HHb、$KHbO_2$-$HHbO_2$ 等（HPr 是血浆中的几种弱酸性蛋白质，HHb 是血红蛋白），这些缓冲对使人血的 pH 值保持在 7.35～7.45 之间，故而人不会因为食用少量酸、碱性食物而使体液的 pH 值发生较大改变。

对于 HA/A$^-$ 组成的缓冲溶液，其 c_{H^+} 及 pH 值的计算式可根据式（2.8a）和式（2.8b）得出：

$$c_{H^+}=K_a^\ominus\frac{c_{HA}}{c_{A^-}} \quad 或 \quad c_{OH^-}=K_b^\ominus\frac{c_{A^-}}{c_{HA}} \tag{2.9a}$$

$$pH=pK_a^\ominus-lg\frac{c_{HA}}{c_{A^-}} \quad 或 \quad pOH=pK_b^\ominus-lg\frac{c_{A^-}}{c_{HA}} \tag{2.9b}$$

缓冲溶液为什么能抵抗少量强酸、强碱的冲击？归根结底是由于同离子效应。根据式（2.9b），缓冲溶液的 pH 值与两个因素有关：一个是 $K_a^\ominus$；另一个是 c_{HA}/c_{A^-}，指定弱酸的 $K_a^\ominus$ 为常数，所以 pH 值的变化直接受 c_{HA}/c_{A^-} 的影响。

共轭酸碱（HA-A$^-$）混合溶液中存在着如下电离平衡：

$$HA \rightleftharpoons H^+ + A^-$$
$$\text{大量} \qquad \text{少量} \quad \text{大量}$$

向缓冲液中加入少量强酸，强酸电离出的 H^+ 与溶液中大量存在的 A^- 结合生成 HA，

由于该反应进行得很彻底，所以加入的少量 H^+ 几乎全部转变为 HA，即 c_{HA} 略有增加，c_{A^-} 略有减小，而 c_{HA}/c_{A^-} 的变化并不大，因而溶液中的 c_{H^+} 和 pH 值基本不变。

同样，向缓冲液中加入少量强碱，强碱遇到大量存在的 HA，发生如下反应：

$$OH^- + HA \longrightarrow A^- + H_2O$$

结果就是 c_{HA} 略有减小，c_{A^-} 略有增加，而 c_{HA}/c_{A^-} 的变化并不大，因而溶液中的 c_{H^+} 和 pH 值基本不变。

因此，缓冲溶液中存在着抗碱成分——弱酸（HA），可以缓冲少量强碱的冲击，也存在着抗酸成分——共轭碱（A^-），可以消耗外加的少量强酸（H^+），维持溶液的 pH 值基本不变。

缓冲溶液只能缓冲少量的强酸、强碱的作用，如果加入酸或碱的量比较大，当抗酸成分和抗碱成分被耗尽时，溶液就不再有缓冲能力。

另外，缓冲溶液能缓冲稍微的稀释，但是如果稀释程度太大，根据稀释定律，随着溶液浓度的减小，弱酸的电离度会大大增加，同时，过稀溶液中水本身的电离也不能忽略，此时溶液的 pH 值会发生较大变化。

(3) 缓冲容量与缓冲范围

缓冲溶液的缓冲能力可用**缓冲容量**（β）来表示，它的定义是使缓冲溶液的 pH 值改变 1 个单位所需加入的强酸（n_a）或强碱（n_b）的物质的量。

$$\beta = \frac{\mathrm{d}n_b}{\mathrm{d}pH} = -\frac{\mathrm{d}n_a}{\mathrm{d}pH} \tag{2.10}$$

β 值越大，缓冲能力也越大。

实验表明，当 $pH = pK_a^\ominus$ 时，溶液的缓冲容量最大，当 $0.1 \leqslant c_{HA}/c_{A^-} \leqslant 10$ 时，缓冲溶液有较好的缓冲效果。根据式（2.9b）可知，当 $c_{HA} = c_{A^-}$ 时，缓冲溶液的缓冲能力最强，其有效缓冲的 pH 值范围为 $pK_a^\ominus \pm 1$。超出该范围，缓冲能力显著下降。

所以，要保证缓冲有效，一方面必须使缓冲溶液的 pH 值在缓冲范围之内，另一方面，pH 值尽可能接近 $pK_a^\ominus$。常用的缓冲溶液见表 2.4。

表 2.4　常用的缓冲溶液

缓冲溶液	$pK_a^\ominus$	缓冲溶液	$pK_a^\ominus$
HCOOH-HCOONa	3.75	NH_4Cl-$NH_3 \cdot H_2O$	9.25
HAc-NaAc	4.75	H_3BO_3-$Na_2B_4O_7$	9.27
NaH_2PO_4-Na_2HPO_4	7.21	$NaHCO_3$-Na_2CO_3	10.33

(4) 缓冲溶液的选择

根据用途的不同，缓冲溶液可以分成两大类，即普通缓冲溶液和标准缓冲溶液。标准缓冲溶液主要用于校正酸度计，它们的 pH 值一般都是严格通过实验测得的。普通缓冲溶液主要用于化学反应或生产过程中酸度的控制，在实际工作中应用很广，因此要根据具体情况来选择合适的缓冲溶液，选择时，必须注意以下两点。

① 所选缓冲溶液不能参与原系统中的反应，对实验过程不能有干扰。

② 要求的 pH 值必须在缓冲范围之内，应该尽量选择 pH 值与 $pK_a^\ominus$ 接近的缓冲对。例如，需要 pH 值在 5 左右的缓冲溶液，可以选用 HAc-Ac^- 作为缓冲对，再调节 c_{HA}/c_{A^-} 来达到要求；需要用 pH 值在 7 左右的缓冲溶液，可以选用 $H_2PO_4^-$-HPO_4^{2-} 缓冲对。

【例 2.3】 计算 $300mL\ 0.50mol\cdot L^{-1}\ H_3PO_4$ 和 $500mL\ 0.50mol\cdot L^{-1}\ NaOH$ 的混合溶液的 pH 值。

解: 反应前 H_3PO_4 的物质的量为:$0.50mol\cdot L^{-1}\times300mL\times10^{-3}=0.15mol$

反应前 NaOH 的物质的量为:$0.50mol\cdot L^{-1}\times500mL\times10^{-3}=0.25mol$

假设,H_3PO_4 和 NaOH 先按摩尔比 1:1 发生反应,H_3PO_4 全部反应完,生成 $0.15mol\ NaH_2PO_4$,剩余 $0.10mol\ NaOH$,NaH_2PO_4 和 NaOH 可以继续反应,显然,这次 NaOH 全部反应完,产物是 $0.10mol\ Na_2HPO_4$,而 NaH_2PO_4 消耗了 $0.10mol$,剩余 $0.05mol\ NaH_2PO_4$。

所以,混合溶液反应后的组成为 $0.10mol\ Na_2HPO_4+0.05mol\ NaH_2PO_4$,这是由共轭酸碱对 $H_2PO_4^--HPO_4^{2-}$ 组成的缓冲溶液。根据式(2.9b):

$$pH=pK_{a_2}^\ominus-\lg\frac{c_{H_2PO_4^-}}{c_{HPO_4^{2-}}}=-\lg6.23\times10^{-8}-\lg\frac{0.05/0.800}{0.10/0.800}=7.51$$

2.3.3 多元弱酸碱

多元弱酸在溶液中的电离是分步进行的,每一步电离都有电离常数,通常都有 $K_{a_1}^\ominus\gg K_{a_2}^\ominus\gg\cdots$,所以溶液中 H^+ 主要来源于酸的第一步电离。

【例 2.4】 计算 $0.10mol\cdot L^{-1}\ H_2S$ 溶液中 H^+、HS^-、S^{2-}、H_2S 的浓度各是多少?

解: 假设平衡时,溶液中第一步电离出的 $c_{H^+}=x$ $mol\cdot L^{-1}$,第二步电离出的 $c_{H^+}=y$ $mol\cdot L^{-1}$,查附录 2,H_2S 的 $K_{a_1}^\ominus=1.3\times10^{-7}$,$K_{a_2}^\ominus=7.1\times10^{-15}$。显然,$K_{a_1}^\ominus\gg K_{a_2}^\ominus$,再加上同离子效应,所以溶液中的 H^+ 主要来源于第一步电离。

$$H_2S\ \rightleftharpoons\ H^+\ +\ HS^-$$

起始浓度$(mol\cdot L^{-1})$ 0.10 0 0

平衡浓度$(mol\cdot L^{-1})$ $0.10-x$ $x+y\approx x$ $x-y\approx x$

$$K_{a_1}^\ominus=\frac{c_{H^+}c_{HS^-}}{c_{H_2S}}=\frac{x^2}{0.10-x}=1.3\times10^{-7}$$

由于 $c/K_{a_1}^\ominus=\dfrac{0.10}{1.3\times10^{-7}}=7.7\times10^5>500$,$0.10-x\approx0.10$,由上式算出,$x=1.14\times10^{-4}\ mol\cdot L^{-1}$,所以,$c_{H^+}=c_{HS^-}=1.14\times10^{-4}\ mol\cdot L^{-1}$,$c_{H_2S}=0.10mol\cdot L^{-1}$。

溶液中 S^{2-} 是由第二步电离产生的,根据第二步电离平衡:

$$HS^-\ \rightleftharpoons\ H^+\ +\ S^{2-}$$

起始浓度$(mol\cdot L^{-1})$ x x 0

平衡浓度$(mol\cdot L^{-1})$ $x-y\approx x$ $x+y\approx x$ y

$$K_{a_2}^\ominus=\frac{c_{H^+}c_{S^{2-}}}{c_{HS^-}}=\frac{x\cdot y}{x}=7.1\times10^{-15}$$

显然，$y \approx K_{a_2}^{\ominus}$，所以，$c_{S^{2-}} \approx K_{a_2}^{\ominus} = 7.1 \times 10^{-15}$ mol·L^{-1}。

计算结束后，再核对一下，第一步电离出的 $c_{H^+} = x = 1.14 \times 10^{-4}$ mol·L^{-1}，第二步电离出的 $c_{H^+} = y = 7.1 \times 10^{-15}$ mol·L^{-1}，所以 $x + y \approx x$ 和 $x - y \approx x$ 是合理的。

对于多元弱酸的电离平衡，需要说明的是：

① 多元弱酸溶液中，c_{H^+} 大多由第一步电离所决定；

② 对于二元弱酸 H_2A 溶液，$c_{A^{2-}} \approx K_{a_2}^{\ominus}$，但是这个结论不适用于三元弱酸；

③ 对于二元弱酸 H_2A 溶液，如果已知 c_{H^+} 浓度，计算 $c_{A^{2-}}$ 时，可以将两步电离平衡方程式相加，得到 H_2A 总的电离方程式：

$$H_2A \Longrightarrow 2H^+ + A^{2-}$$

此时总的平衡常数应为两步电离常数之积，即

$$K^{\ominus} = \frac{[H^+]^2[A^{2-}]}{[H_2A]} = K_{a_1}^{\ominus} \times K_{a_2}^{\ominus}$$

【例 2.5】 尼古丁（$C_{10}H_{12}N_2$，以 A^{2-} 表示）是二元弱碱，其 $K_{b_1} = 7.0 \times 10^{-7}$，$K_{b_2} = 1.4 \times 10^{-11}$。计算 0.050 mol·$L^{-1}$ 尼古丁水溶液的 pH 值及 $c_{A^{2-}}$、c_{HA^-} 和 c_{H_2A}。

解： 多元弱碱的计算与多元弱酸类似。由于 $K_{b_1}^{\ominus} \gg K_{b_2}^{\ominus}$，只考虑第一步电离即可。

因为 $c/K_{b_1}^{\ominus} > 500$，可用近似式：

$$c_{OH^-} = \sqrt{cK_{b_1}^{\ominus}} = \sqrt{0.050 \times 7.0 \times 10^{-7}} \text{ mol·L}^{-1} = 1.87 \times 10^{-4} \text{ mol·L}^{-1}$$

$$\text{pH} = 10.26$$

第一步：$\qquad\qquad A^{2-} + H_2O \Longrightarrow HA^- + OH^-$

故，$c_{HA^-} \approx c_{OH^-} = 1.87 \times 10^{-4}$ mol·L^{-1}，$c_{A^{2-}} \approx 0.050$ mol·L^{-1}。

第二步：$\qquad\qquad HA^- + H_2O \Longrightarrow H_2A + OH^-$

故，$\qquad\qquad c_{H_2A} \approx K_{b_2} = 1.4 \times 10^{-11}$ mol·L^{-1}

2.4 质子平衡式

2.4.1 酸碱溶液中的平衡关系

酸碱水溶液中物质各存在形式之间的关系，还可以根据其他平衡来计算，例如物料平衡、电荷平衡和质子平衡。

(1) 物料平衡

在一个化学平衡体系中，某给定物质的总浓度等于该物质各种存在形式的平衡浓度之和，其数学表达式称物料平衡方程，用 MBE（Mass Balance Equation）表示。

例如，在 0.10 mol·L^{-1} HAc 溶液中，由于 HAc 部分电离生成 Ac^-，所以，HAc 的实际浓度并非 0.10 mol·L^{-1}，而是 HAc 分子与 Ac^- 的总浓度为 0.10 mol·L^{-1}，以后，我们用

c_{HAc} 表示 HAc 在溶液中的总浓度,用 [HAc] 表示 HAc 分子的平衡浓度,即 $c_{HAc}=$ 0.10mol·L^{-1},[HAc]< 0.10mol·L^{-1},所以溶液的物料平衡式为:

$$[HAc]+[Ac^-]=c_{HAc}$$

(2) 电荷平衡

根据电中性原则,溶液中阳离子所带总的电荷数与阴离子所带总电荷数恰好相等,其数学表达式称为电荷平衡式,用 CBE (Charge Balance Equation) 表示。则在 0.10mol·L^{-1} HAc 溶液中,存在如下电荷平衡式:

$$[H^+]=[Ac^-]+[OH^-]$$

(3) 质子平衡

根据酸碱质子理论,酸碱反应达到平衡时,酸失去的质子数应该等于碱得到的质子数。酸碱之间质子转移的平衡关系称为质子平衡,其数学表达式称**质子平衡式**,用 PBE (Proton Balance Equation) 表示。

本节着重介绍质子平衡式。

2.4.2 质子平衡式 (PBE)

书写酸碱溶液的质子平衡式 (PBE) 通常采用参考水准 (也称为零水准) 法,具体步骤如下。

① 选取参考水准。参考水准指溶液中大量存在的且参与质子传递的物质,可以是溶质,也可以是溶剂,溶液中有关质子转移的一切反应,都以它们为参考基准。

② 从参考水准出发,根据得失质子平衡原理,写出 PBE。

例如,写出醋酸 HAc 水溶液的质子平衡式。

首先,选取 HAc 和 H_2O 作为参考水准,醋酸水溶液存在着两种质子传递反应,即

HAc 与 H_2O 的质子传递反应:$HAc+H_2O \rightleftharpoons H_3^+O+Ac^-$

H_2O 的质子自递反应 $H_2O+H_2O \rightleftharpoons H_3^+O+OH^-$

根据参考水准,HAc 和 H_2O 得质子的产物是 H_3^+O (通常简写为 H^+),失去质子的产物是 OH^- 和 Ac^-,其得失关系如下:

得质子的产物		参考水准物		失质子的产物
		HAc	$\rightarrow$	Ac^-
H^+	$\leftarrow$	H_2O	$\rightarrow$	OH^-

根据得失质子数相等的原则,其 PBE 为:

$$[H^+]=[Ac^-]+[OH^-]$$

再如,写出 $(NH_4)_2HPO_4$ 水溶液的质子平衡式。

选取 NH_4^+、HPO_4^{2-} 和 H_2O 作参考水准。

得质子的产物		参考水准物		失质子的产物
		NH_4^+		NH_3
$H_2PO_4^-$,H_3PO_4	$\leftarrow$	HPO_4^{2-}	$\rightarrow$	PO_4^{3-}
H^+	$\leftarrow$	H_2O	$\rightarrow$	OH^-

所以,其 PBE 为:

$$[H^+]+[H_2PO_4^-]+2[H_3PO_4]=[NH_3]+[PO_4^{3-}]+[OH^-]。$$

式中,H_3PO_4 是参考水准物 HPO_4^{2-} 得到 2 个 H^+ 的产物,所以,它的浓度项前应乘以 2。

书写 PBE 时应注意以下几点：

① 若得失质子的产物与参考水准物比较，得失质子数不止一个时，应乘以系数；

② 若共轭酸碱对同时存在于溶液中时，只能选其中一种作参考水准物。

如写出浓度为 c_1 的 $NH_3 \cdot H_2O$ 和浓度为 c_2 的 NH_4Cl 的混合水溶液的质子平衡式。

若选取 NH_3 和 H_2O 为参考水准物，其 PBE 为：$[H^+] + [NH_4^+] - c_2 = [OH^-]$；

上式中，$[NH_4^+]$ 并非全部由 NH_3 得质子而来，其中一部分为溶液原有的，所以应该把这部分减去。

若选取 NH_4^+ 和 H_2O 为参考水准物，其 PBE 为：$[H^+] = [NH_3] - c_1 + [OH^-]$。

Cl^- 在水溶液中不参与质子传递，不必考虑。且上面两个质子平衡式同时成立。

2.4.3 溶液中酸碱各种存在形式的分布

酸碱在水中通常存在着多种形式，例如，HAc 在水溶液中存在形式有 Ac^- 和 HAc。这些存在形式的浓度分布与溶液的 pH 值有关，所以要研究它们之间的关系，用于掌握和控制反应条件。

各存在形式在溶液中的总浓度（又称分析浓度）用 c 表示，它们的平衡浓度，用 $[\ ]$ 表示，某形式在溶液中的平衡浓度占总浓度的比例称为该物质分布的摩尔分数，也叫**分布系数**。用 x 表示。

$$x = \frac{平衡浓度}{总浓度} \tag{2.11}$$

根据分布系数，可以计算出该存在形式的平衡浓度。

(1) 溶液中一元弱酸各存在形式的分布

一元弱酸 HA 溶液中，除 H^+ 外，有 HA 和 A^- 两个存在形式，且 $[HA] + [A^-] = c_{HA}$。

则

$$x_{HA} = \frac{[HA]}{c_{HA}} = \frac{[HA]}{[HA] + [A^-]} = \frac{1}{1 + \dfrac{[A^-]}{[HA]}} = \frac{1}{1 + \dfrac{K_a^\ominus}{[H^+]}} = \frac{[H^+]}{[H^+] + K_a^\ominus} \tag{2.12}$$

同样，

$$x_{A^-} = \frac{[A^-]}{c_{HA}} = \frac{[A^-]}{[HA] + [A^-]} = \frac{K_a^\ominus}{[H^+] + K_a^\ominus} \tag{2.13}$$

而且，

$$x_{HA} + x_{A^-} = 1 \tag{2.14}$$

由式(2.12)、式(2.13) 可知，除 $K_a^\ominus$ 以外，各存在形式的分布系数只与溶液的 $[H^+]$ 有关，与 c_{HA} 无关，分布系数仅仅是溶液酸度的函数。

【例 2.6】 计算 $pH = 5.00$ 和 $pH = 10.00$ 时，$0.10 mol \cdot L^{-1}$ HAc 溶液中，各存在形式的分布系数和平衡浓度。

解：查附录 2，HAc 的 $K_a^\ominus(HAc) = 1.76 \times 10^{-5}$，在 $pH = 5.00$ 时，

$$x_{HAc} = \frac{[H^+]}{[H^+] + K_a^\ominus} = \frac{1.00 \times 10^{-5}}{1.00 \times 10^{-5} + 1.76 \times 10^{-5}} = 0.36$$

$$x_{Ac^-} = 1 - x_{HAc} = 1 - 0.36 = 0.64$$

$$[HAc] = x_{HAc} c_{HAc} = 0.36 \times 0.10 mol \cdot L^{-1} = 0.036 mol \cdot L^{-1}$$

$$[Ac^-] = x_{Ac^-} c_{HAc} = 0.64 \times 0.10 mol \cdot L^{-1} = 0.064 mol \cdot L^{-1}$$

同样，在 $pH = 10.00$ 时，$x_{HAc} = 5.7 \times 10^{-6}$，$x_{Ac^-} = 1 - 5.7 \times 10^{-6} \approx 1$，此时，$[HAc]$ 极小，为 $5.6 \times 10^{-7} mol \cdot L^{-1}$，而 $[Ac^-] \approx 0.1 mol \cdot L^{-1}$。

根据上面例题的方法，计算出不同 pH 值条件下，各存在形式的 x，可以绘制出各存在形式的 x-pH 曲线（分布系数图）。

x-pH 曲线，能够直观地描述溶液的酸度对酸碱各存在形式分布的影响。由图 2.1 可知，两条曲线分别是 HAc 和 Ac$^-$ 两种存在形式随溶液 pH 值变化而变化的过程，pH 值增大，HAc 的分布系数逐渐减小，而 Ac$^-$ 的分布系数逐渐增大。两条曲线的交点在 pH $=$ p$K_a^\ominus$ 处，这时两种存在形式的浓度相等；当 pH $<$ p$K_a^\ominus$ 时，溶液中主要存在的形式是 HAc；而在 pH $>$ p$K_a^\ominus$ 区域，Ac$^-$ 占优势。

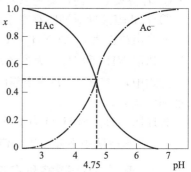

图 2.1　一元弱酸（HAc）溶液的 x-pH 曲线

（2）多元弱酸溶液

对于二元弱酸 H_2A，有 H_2A、HA^- 和 A^{2-} 三种存在形式，其物料平衡式为：

$$[H_2A]+[HA^-]+[A^{2-}]=c_{H_2A}$$

则

$$x_{H_2A}=\frac{[H_2A]}{[H_2A]+[HA^-]+[A^{2-}]}=\frac{1}{1+\dfrac{[HA^-]}{[H_2A]}+\dfrac{[A^{2-}]}{[H_2A]}}=\frac{1}{1+\dfrac{K_{a_1}^\ominus}{[H^+]}+\dfrac{K_{a_1}^\ominus K_{a_2}^\ominus}{[H^+]^2}}$$

整理，得：

$$x_{H_2A}=\frac{[H^+]^2}{[H^+]^2+[H^+]K_{a_1}^\ominus+K_{a_1}^\ominus K_{a_2}^\ominus} \tag{2.15}$$

同样，

$$x_{HA^-}=\frac{[H^+]K_{a_1}^\ominus}{[H^+]^2+[H^+]K_{a_1}^\ominus+K_{a_1}^\ominus K_{a_2}^\ominus} \tag{2.16}$$

$$x_{A^{2-}}=\frac{K_{a_1}^\ominus K_{a_2}^\ominus}{[H^+]^2+[H^+]K_{a_1}^\ominus+K_{a_1}^\ominus K_{a_2}^\ominus} \tag{2.17}$$

同样，多元弱酸各存在形式的分布系数也是溶液酸度的函数。

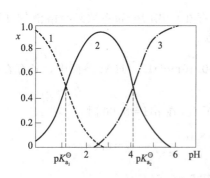

图 2.2　二元弱酸（H_2A）的 x-pH 曲线

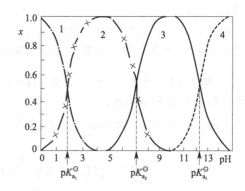

图 2.3　三元弱酸（H_3A）的 x-pH 曲线

图 2.2 中三条曲线，1 代表 H_2A，2 代表 HA^-，3 代表 A^{2-}，它们分别相交于 pH $=$ p$K_{a_1}^\ominus$ 和 pH $=$ p$K_{a_2}^\ominus$ 处。也就是说，当 pH $<$ p$K_{a_1}^\ominus$ 时，溶液中主要的存在形式是 H_2A；在 p$K_{a_1}^\ominus$ $<$ pH $<$ p$K_{a_2}^\ominus$ 时，三种形式都存在，其中 HA^- 占绝对优势，H_2A 和 A^{2-} 的浓度虽然较低，但也不可忽略，p$K_{a_1}^\ominus$ 和 p$K_{a_2}^\ominus$ 相差越小，HA^- 占优势的区域就越窄；如果需要的是

A^{2-}，此时，溶液的 pH 值应大于 $pK_{a_2}^{\ominus}$。

各存在形式的分布系数显然是有规律的，对于 n 元弱酸，其分母为 $n+1$ 项相加，第一项为 $[H^+]^n$，以后按 $[H^+]$ 的降次幂排列，分别增加 $K_{a_1}^{\ominus}$、$K_{a_2}^{\ominus}$ 等项，即：

存在形式	H_nA	$H_{n-1}A^-$	…	$HA^{(n-1)-}$	A^{n-}
x 的分子	$[H^+]^n$	$[H^+]^{n-1}K_{a_1}^{\ominus}$	…	$[H^+]K_{a_1}^{\ominus}K_{a_2}^{\ominus}\cdots K_{a_{(n-1)}}^{\ominus}$	$K_{a_1}^{\ominus}K_{a_2}^{\ominus}\cdots K_{a_n}^{\ominus}$
x 的分母	$[H^+]^n+[H^+]^{n-1}K_{a_1}^{\ominus}+\cdots$		$+$	$[H^+]K_{a_1}^{\ominus}K_{a_2}^{\ominus}\cdots K_{a_{(n-1)}}^{\ominus}$	$+\quad K_{a_1}^{\ominus}K_{a_2}^{\ominus}\cdots K_{a_n}^{\ominus}$

图 2.3 为三元弱酸 H_3PO_4 的 x-pH 曲线，对于 pH＝6.0 的土壤溶液，H_3PO_4 的各种存在形式中，浓度最大的是哪一种存在形式？请思考一下。

2.4.4 用 PBE 计算溶液的 pH 值

用质子平衡式（PBE）计算溶液 H^+ 浓度，具体步骤是：先写出有关的 PBE，代入由分布系数导出的物质各存在形式的平衡浓度的表达式，即可得到 $[H^+]$ 计算的精确式。精确式比较全面，但计算复杂，通常也不需要。可以根据具体情况，对精确式进行适当的简化，得到计算 $[H^+]$ 的近似式或最简式。简化原则是计算结果的相对误差（与精确式相比）控制在 2% 之内。

(1) 强酸（碱）溶液

以浓度为 c mol·L^{-1} 的强酸 HA 水溶液为例，强酸 HA 在水溶液中完全电离，参考水准不能选 HA，只能选 H_2O，所以，其质子平衡式（PBE）为：

$$[H^+]-c=[OH^-]$$

将 $[OH^-]=\dfrac{K_w^{\ominus}}{[H^+]}$ 代入，可得：$[H^+]=c+\dfrac{K_w^{\ominus}}{[H^+]}$

整理，得 $$[H^+]^2-c[H^+]-K_w^{\ominus}=0$$

解一元二次方程，得出

$$[H^+]=\frac{c+\sqrt{c^2+4K_w^{\ominus}}}{2} \tag{2.18}$$

式(2.18) 为计算强酸水溶液中 H^+ 浓度的精确式。通常情况下，只要强酸的浓度不是太低，水的电离就可以忽略，所以，当 $c\geqslant10^{-6}$mol·L^{-1} 时，式(2.18) 可以简化成[❶]：

$$[H^+]=c$$

如果 $c<10^{-8}$mol·L^{-1}，此时强酸的浓度太低，可忽略，溶液接近于纯水，$[H^+]\approx\sqrt{K_w^{\ominus}}=1.0\times10^{-7}$mol·$L^{-1}$，这时溶液中 H^+ 主要来自于水的电离。

如果 10^{-8}mol·$L^{-1}<c<10^{-6}$mol·L^{-1} 时，两者都不能忽略，必须用精确式计算。

强碱的情况与此类似，可自行推导，不再赘述。

(2) 一元弱酸（碱）溶液

以浓度为 c mol·L^{-1} 的一元弱酸 HA 水溶液为例，其质子平衡式为：

$$[H^+]=[A^-]+[OH^-]$$

根据弱酸的电离平衡可得：$K_a^{\ominus}=\dfrac{[H^+][A^-]}{[HA]}$，所以 $[A^-]=\dfrac{K_a^{\ominus}[HA]}{[H^+]}$

---

❶ 两项相加或相减时，如果其中一项比另一项的 20 倍还要大，则在近似计算中，可忽略小的一项，式(2.18) 中，如果 $c^2\geqslant80K_w^{\ominus}$，即 $c\geqslant10^{-6}$mol·L^{-1} 时，$c^2+4K_w^{\ominus}\approx c^2$。

根据水的电离平衡可得：$[OH^-]=\dfrac{K_w^{\ominus}}{[H^+]}$，代入 PBE 中，得：

$$[H^+]=\frac{K_a^{\ominus}[HA]}{[H^+]}+\frac{K_w^{\ominus}}{[H^+]}$$

整理可得：

$$[H^+]=\sqrt{K_a^{\ominus}[HA]+K_w^{\ominus}} \tag{2.19}$$

式(2.19)为一元弱酸水溶液中 H^+ 浓度的精确计算式，其中 $[HA]$ 可根据式(2.12)求出：

$$x_{HA}=\frac{[HA]}{c}=\frac{[H^+]}{[H^+]+K_a^{\ominus}} \qquad [HA]=\frac{[H^+]c}{[H^+]+K_a^{\ominus}}$$

将 $[HA]$ 计算式代入式(2.19)，得到一元三次方程，不易求解。通常根据具体情况进行近似处理。

① 若 $K_a^{\ominus}[HA]\approx cK_a^{\ominus}\geqslant20K_w^{\ominus}$ 时，可忽略水的电离。即式(2.19)中 $K_w^{\ominus}$ 这一项可忽略。PBE 简化为 $[H^+]=[A^-]$。根据平衡浓度与总浓度之间的关系，所以 $[HA]+[A^-]=c$，可得，$[HA]=c-[A^-]=c-[H^+]$，再代入式(2.19)中，得：

$$[H^+]\approx\sqrt{K_a^{\ominus}[HA]}=\sqrt{K_a^{\ominus}(c-[H^+])} \tag{2.20}$$

即

$$[H^+]^2+K_a^{\ominus}[H^+]-cK_a^{\ominus}=0$$

解一元二次方程，得：

$$[H^+]=\frac{-K_a^{\ominus}+\sqrt{(K_a^{\ominus})^2+4cK_a^{\ominus}}}{2} \tag{2.21}$$

式(2.21)为计算一元弱酸水溶液中 H^+ 浓度的近似式。

② 在式(2.20)中，如果 $\dfrac{c}{K_a^{\ominus}}\geqslant500$ 时，此时 $c-[H^+]\approx c$（或 $c_{HA}\approx[HA]$），所以

$$[H^+]=\sqrt{cK_a^{\ominus}} \tag{2.22}$$

式(2.22)为计算一元弱酸水溶液中 H^+ 浓度的最简式，它与式(2.4)的形式完全一样，其使用条件为：$cK_a^{\ominus}\geqslant20K_w^{\ominus}$，$c/K_a^{\ominus}\geqslant500$。

③ 如果 $cK_a^{\ominus}<20K_w$，此时水的电离是 $[H^+]$ 的重要来源，式(2.19)中 $K_w^{\ominus}$ 这一项不可忽略，若同时满足 $c/K_a^{\ominus}\geqslant500$，此时，$c_{HA}\approx[HA]$，式(2.19)可简化为：

$$[H^+]=\sqrt{cK_a^{\ominus}+K_w^{\ominus}} \tag{2.23}$$

即酸极弱，且浓度极小时，可用式(2.23)计算溶液的 pH 值，该式的使用条件为：$cK_a^{\ominus}<20K_w^{\ominus}$，$c/K_a^{\ominus}\geqslant500$。

注意，计算 H^+ 浓度精确式、近似式和最简式，每个公式都有使用条件，应根据具体的情况进行选择。

【例 2.7】 计算 $0.10\text{mol}\cdot L^{-1}$ HF 溶液的 pH 值。

解：查附录 2，HF 的 $K_a^{\ominus}=3.53\times10^{-4}$，则：

$cK_a^{\ominus}=0.10\times3.53\times10^{-4}=3.53\times10^{-5}\gg20K_w^{\ominus}$，故水的电离可以忽略。

$c/K_a^{\ominus}=0.10/(3.53\times10^{-4})=283<500$，故应该用近似式(2.21)，解得：

$$[H^+]=5.77\times10^{-3}\text{mol}\cdot L^{-1} \qquad pH=2.24$$

【例 2.8】 计算 $1.0 \times 10^{-4} \, \text{mol·L}^{-1}$ NH_4Cl 的 pH 值。

解： 查附录 2，氨水的电离常数 $K_b^\ominus = 1.77 \times 10^{-5}$，$NH_4^+$ 为弱酸，其电离常数 $K_a^\ominus$ 为：

$$K_a^\ominus = \frac{K_w^\ominus}{K_b^\ominus} = \frac{1.00 \times 10^{-14}}{1.77 \times 10^{-5}} = 5.65 \times 10^{-10}$$

$cK_a^\ominus = 1.0 \times 10^{-4} \times 5.65 \times 10^{-10} = 5.65 \times 10^{-14} < 20K_w^\ominus$，故水电离出的 $[H^+]$ 不可忽略。

$c/K_a^\ominus = 1.0 \times 10^{-4}/(5.65 \times 10^{-10}) = 1.77 \times 10^5 > 500$，故应该用近似式(2.23)，解得：

$$[H^+] = 2.58 \times 10^{-7} \, \text{mol·L}^{-1} \qquad pH = 6.59$$

一元弱碱 A^- 水溶液中 $[OH^-]$ 的计算，与一元弱酸类似，只需将 $K_a^\ominus$ 换作 $K_b^\ominus$，$[H^+]$ 换作 $[OH^-]$ 即可。

精确式：
$$[OH^-] = \sqrt{K_b^\ominus[A^-] + K_w^\ominus} \tag{2.24}$$

近似式 1：当 $cK_b^\ominus \geqslant 20K_w^\ominus$ 时，$[OH^-] = \dfrac{-K_b^\ominus + \sqrt{(K_b^\ominus)^2 + 4cK_b^\ominus}}{2}$ $\tag{2.25}$

近似式 2：当 $cK_b^\ominus < 20K_w^\ominus$ 且 $\dfrac{c}{K_b^\ominus} \geqslant 500$ 时，$[OH^-] = \sqrt{cK_b^\ominus + K_w^\ominus}$ $\tag{2.26}$

最简式：当 $cK_b^\ominus \geqslant 20K_w^\ominus$ 且 $\dfrac{c}{K_b^\ominus} \geqslant 500$ 时，$[OH^-] = \sqrt{cK_b^\ominus}$ $\tag{2.27}$

(3) 多元弱酸（碱）溶液

以浓度为 $c \, \text{mol·L}^{-1}$ 的二元弱酸 H_2A 水溶液为例，其质子平衡式为：

$$[H^+] = [HA^-] + 2[A^{2-}] + [OH^-]$$

根据弱酸的电离平衡及水的离子积进行代换，得到：

$$[H^+] = \frac{K_{a_1}^\ominus[H_2A]}{[H^+]} + \frac{2K_{a_1}^\ominus K_{a_2}^\ominus[H_2A]}{[H^+]^2} + \frac{K_w^\ominus}{[H^+]} \tag{2.28}$$

上式展开后很复杂，难以计算，需要简化。

① 先看水电离出的 $[H^+]$ 能否忽略。

HA^- 是二元弱酸 H_2A 第一步电离（给出一个质子）的产物，所以，在质子平衡式中，$[HA^-]$ 的大小相当于 H_2A 第一步电离出的 $[H^+]$，同样，A^{2-} 是二元弱酸 H_2A 第二步电离（给出第二个质子）的产物，所以，$2[A^{2-}]$ 相当于 H_2A 第二步电离出的 $[H^+]$，$[OH^-]$ 是水分子给出一个质子的产物，$[OH^-]$ 的大小相当于水电离出的 $[H^+]$。

$$K_{a_1}^\ominus = \frac{[H^+][HA^-]}{[H_2A]} = \frac{K_w^\ominus}{[OH^-]} \times \frac{[HA^-]}{[H_2A]} \quad \text{即} \quad \frac{[HA^-]}{[OH^-]} = \frac{K_{a_1}^\ominus[H_2A]}{K_w^\ominus} \approx \frac{cK_{a_1}^\ominus}{K_w^\ominus}$$

上式中，$[HA^-]/[OH^-]$ 之比相当于 H_2A 第一步电离出的 $[H^+]$ 与水电离出的 $[H^+]$ 之比，如果忽略 H_2A 自身的电离对平衡浓度的影响，用 c 来代替 $[H_2A]$，当 $cK_{a_1}^\ominus \geqslant 20K_w^\ominus$ 时，水电离出的 $[H^+]$ 就可以忽略，说明二元弱酸 H_2A 水溶液中的 H^+ 大多来源于 H_2A 的一级电离。

通常在弱酸溶液中，由于溶液呈酸性，所以 $[OH^-]$ 很小，所以二元弱酸的质子平衡式中，$[OH^-]$ 这一项可忽略。质子平衡式简化为：

$$[H^+]=[HA^-]+2[A^{2-}]$$

② 再看 H_2A 第二步电离出的 $[H^+]$ 能否忽略。

比较 $[HA^-]$ 和 $2[A^{2-}]$ 的大小，根据 HA^- 和 A^{2-} 的分布系数公式可得：

$$\frac{[HA^-]}{2[A^{2-}]}=\frac{x_{HA^-}}{2x_{A^{2-}}}=\frac{[H^+]}{2K_{a_2}^\ominus}\approx\frac{\sqrt{cK_{a_1}^\ominus}}{2K_{a_2}^\ominus}$$

如果 $\sqrt{cK_{a_1}^\ominus}\geqslant 40K_{a_2}^\ominus$，说明 H_2A 的二级电离远小于一级电离，可忽略。

通常在多元弱酸溶液中，由于同离子效应，以第一步电离为主，忽略二级电离，质子平衡式简化为：$[H^+]=[HA^-]$，即：

$$[H^+]=\frac{K_{a_1}^\ominus[H_2A]}{[HA^-]}=\frac{K_{a_1}^\ominus[H_2A]}{[H^+]}$$

则

$$[H^+]=\sqrt{K_{a_1}^\ominus[H_2A]}$$

上式与一元弱酸的计算公式（2.22）类似，也就是说，当满足条件当 $cK_{a_1}^\ominus\geqslant 20K_w$ 和 $\sqrt{cK_{a_1}^\ominus}\geqslant 40K_{a_2}^\ominus$ 时，水的电离和酸的二级电离都可忽略，近似地按一元弱酸处理，其后的处理方法与一元弱酸一样。

多元弱碱溶液 pH 值的计算，推导方法与多元弱酸类似，通常，浓度不是太小的多元弱碱可以按照一元弱碱处理，即，在满足 $\sqrt{cK_{b_1}^\ominus}\geqslant 40K_{b_2}^\ominus$ 的条件下，多元弱碱溶液 pH 值的计算公式可以用式（2.25）和式（2.27），只要将原公式中的 $K_b^\ominus$ 换成 $K_{b_1}^\ominus$ 即可。

【例 2.9】 计算 0.10mol·L^{-1} H_3PO_4 溶液的 pH 值。

解： 查附录 2，H_3PO_4 的 $K_{a_1}^\ominus=7.52\times10^{-3}$，$K_{a_2}^\ominus=6.23\times10^{-8}$，$K_{a_3}^\ominus=2.2\times10^{-13}$

$cK_{a_1}^\ominus=0.10\times7.52\times10^{-3}\gg20K_w$，所以，水的电离可忽略。

$\sqrt{cK_{a_1}^\ominus}=\sqrt{0.10\times7.52\times10^{-3}}>40K_{a_2}^\ominus$，且，$K_{a_2}^\ominus\gg K_{a_3}^\ominus$，所以 H_3PO_4 的二级、三级电离都可忽略，H_3PO_4 溶液的 pH 值可按一元酸计算。

因为 $cK_{a_1}^\ominus>20K_w^\ominus$，$c/K_{a_1}^\ominus=0.10/7.52\times10^{-3}=13.3<500$，可用近似式（2.21）计算，解得，$[H^+]=2.39\times10^{-2}\text{mol·L}^{-1}$，pH=1.62。

大部分多元弱酸，只要浓度不是太低，均可按一元酸近似处理。

【例 2.10】 计算 0.10mol·L^{-1} $Na_2C_2O_4$ 溶液的 pH 值。

解： 查附录 2，$H_2C_2O_4$ 的 $K_{a_1}^\ominus=5.90\times10^{-2}$，$K_{a_2}^\ominus=6.40\times10^{-5}$，$C_2O_4^{2-}$ 为二元弱碱，

$$K_{b_1}^\ominus=\frac{K_w^\ominus}{K_{a_2}^\ominus}=\frac{1.0\times10^{-14}}{6.40\times10^{-5}}=1.56\times10^{-10}\qquad K_{b_2}^\ominus=\frac{K_w^\ominus}{K_{a_1}^\ominus}=\frac{1.0\times10^{-14}}{5.90\times10^{-2}}=1.69\times10^{-13}$$

由于 $cK_{b_1}^\ominus>20K_w^\ominus$，$\sqrt{cK_{b_1}^\ominus}=\sqrt{0.10\times1.56\times10^{-10}}>40K_{b_2}^\ominus$，$C_2O_4^{2-}$ 溶液的 pH 值可按一元弱碱计算。

因为 $cK_{b_1}^{\ominus} > 20K_w^{\ominus}$，$c/K_{b_1}^{\ominus} > 500$，可用最简式 (2.27) 计算：

$$[OH^-] = \sqrt{cK_{b_1}^{\ominus}} = \sqrt{0.10 \times 1.56 \times 10^{-10}} \text{ mol·L}^{-1} = 3.95 \times 10^{-6} \text{ mol·L}^{-1}$$

$$pH = 8.60$$

(4) 两性物质溶液

两性物质指既能给出质子，又能接受质子的物质，通常有水，多元酸的酸式盐（如 $NaHCO_3$、K_2HPO_4、NaH_2PO_4 等）、弱酸弱碱盐（如 NH_4Ac、NH_4CN 等）和氨基酸（如 H_2NCH_2COOH）。计算溶液的 $[H^+]$ 时，要同时考虑到两性，根据具体情况，进行简化处理。

以浓度为 c mol·L^{-1} 的二元弱酸的酸式盐 NaHA 为例，其质子平衡式为：

$$[H^+] + [H_2A] = [A^{2-}] + [OH^-]$$

根据二元弱酸的电离平衡关系和水的离子积，可得：

$$[H^+] + \frac{[H^+][HA^-]}{K_{a_1}^{\ominus}} = \frac{K_{a_2}^{\ominus}[HA^-]}{[H^+]} + \frac{K_w^{\ominus}}{[H^+]}$$

整理得：

$$[H^+] = \sqrt{\frac{K_{a_1}^{\ominus}(K_{a_2}^{\ominus}[HA^-] + K_w^{\ominus})}{K_{a_1}^{\ominus} + [HA^-]}} \tag{2.29}$$

式 (2.29) 为计算两性物质在水溶液中 H^+ 浓度的精确式，通常，HA^- 的酸式电离与碱式电离倾向都很小（即 $K_{a_2}^{\ominus}$ 和 $K_{b_2}^{\ominus}$ 都很小），所以 $[HA^-] \approx c$，代入式 (2.29)，可得近似式：

$$[H^+] = \sqrt{\frac{K_{a_1}^{\ominus}(K_{a_2}^{\ominus}c + K_w^{\ominus})}{K_{a_1}^{\ominus} + c}} \tag{2.30}$$

① 如果同时满足 $cK_{a_2}^{\ominus} \geqslant 20K_w^{\ominus}$，且 $c \geqslant 20K_{a_1}^{\ominus}$（即 $c/K_{a_1}^{\ominus} \geqslant 20$），则式 (2.30) 的分子分母都可简化，得最简式：

$$[H^+] = \sqrt{K_{a_1}^{\ominus}K_{a_2}^{\ominus}} \tag{2.31}$$

显然，两性物质溶液如果满足最简式的条件，pH 值与溶液的浓度无关。

② 如果只满足 $cK_{a_2}^{\ominus} \geqslant 20K_w^{\ominus}$，则近似式 (2.30) 可简化为：

$$[H^+] = \sqrt{\frac{K_{a_1}^{\ominus}K_{a_2}^{\ominus}c}{K_{a_1}^{\ominus} + c}} \tag{2.32}$$

③ 如果只满足 $c/K_{a_1}^{\ominus} \geqslant 20$，则近似式 (2.30) 可简化为：

$$[H^+] = \sqrt{\frac{K_{a_1}^{\ominus}(K_{a_2}^{\ominus}c + K_w^{\ominus})}{c}} \tag{2.33}$$

在使用上述公式时，如果计算的是三元酸的酸式盐、弱酸弱碱盐或氨基酸，要注意式中的 $K_{a_1}^{\ominus}$ 和 $K_{a_2}^{\ominus}$ 代表的是什么，一般可以这么考虑：写出两性物质的酸式电离与碱式电离，与式 (2.34) 比较，可知 $K_{a_1}^{\ominus}$ 和 $K_{a_2}^{\ominus}$。下面用例题来说明。

$$H_2A \xrightarrow[-H^+]{K_{a_1}^{\ominus}} HA^- \xrightarrow[-H^+]{K_{a_2}^{\ominus}} A^{2-} \tag{2.34}$$

【例 2.11】 计算 $0.010 \text{mol} \cdot \text{L}^{-1} \text{Na}_2\text{HPO}_4$ 溶液的 pH 值。

解： 查附录 2，H_3PO_4 的 $K_{a_1}^{\ominus} = 7.52 \times 10^{-3}$，$K_{a_2}^{\ominus} = 6.23 \times 10^{-8}$，$K_{a_3}^{\ominus} = 2.2 \times 10^{-13}$

对于 Na_2HPO_4 溶液：$\text{H}_2\text{PO}_4^{-} \xrightarrow[-\text{H}^+]{K_{a_2}^{\ominus}} \text{HPO}_4^{2-} \xrightarrow[-\text{H}^+]{K_{a_3}^{\ominus}} \text{PO}_4^{3-}$，显然，$K_{a_2}^{\ominus}$、$K_{a_3}^{\ominus}$ 分别与式（2.34）中的 $K_{a_1}^{\ominus}$ 和 $K_{a_2}^{\ominus}$ 相对应。

由于 $cK_{a_3}^{\ominus} = 0.010 \times 2.2 \times 10^{-13} = 2.2 \times 10^{-15} < 20K_w^{\ominus}$，故 $K_w^{\ominus}$ 不能忽略。

由于 $c/K_{a_2}^{\ominus} = 0.010/(6.23 \times 10^{-8}) > 20$，则可用近似式（2.33）计算：

$$[\text{H}^+] = \sqrt{\frac{K_{a_2}^{\ominus}(K_{a_3}^{\ominus}c + K_w^{\ominus})}{c}}$$

$$= \sqrt{\frac{6.23 \times 10^{-8} \times (0.010 \times 2.2 \times 10^{-13} + 1.0 \times 10^{-14})}{0.010}} \text{ mol} \cdot \text{L}^{-1} = 2.76 \times 10^{-10} \text{ mol} \cdot \text{L}^{-1}$$

$$\text{pH} = 9.56$$

【例 2.12】 计算 $0.10 \text{mol} \cdot \text{L}^{-1} \text{NH}_4\text{Ac}$ 水溶液的 pH 值。

解： 对于弱酸弱碱盐，同样可参照式（2.34），即：

$$\text{HAc} \xrightarrow[-\text{H}^+]{K_{a_1}^{\ominus}} \text{Ac}^{-} / \text{NH}_4^{+} \xrightarrow[-\text{H}^+]{K_{a_2}^{\ominus}} \text{NH}_3$$

显然，HAc 的 $K_a^{\ominus}$ 为上式中的 $K_{a_1}^{\ominus}$，NH_4^{+} 的 $K_a^{\ominus}$（NH_3 共轭酸的电离常数）为上式中的 $K_{a_2}^{\ominus}$。

查附录 2，$K_a^{\ominus}(\text{HAc}) = 1.76 \times 10^{-5}$，$K_b^{\ominus}(\text{NH}_3) = 1.77 \times 10^{-5}$。

所以，$K_{a_1}^{\ominus} = 1.76 \times 10^{-5}$，$K_{a_2}^{\ominus} = \dfrac{K_w^{\ominus}}{K_b^{\ominus}} = \dfrac{1.00 \times 10^{-14}}{1.77 \times 10^{-5}} = 5.65 \times 10^{-10}$。

由于 $cK_{a_2}^{\ominus} > 20K_w^{\ominus}$，$c/K_{a_1}^{\ominus} > 20$，可用最简式（2.31）计算：

$$[\text{H}^+] = \sqrt{K_{a_1}^{\ominus}K_{a_2}^{\ominus}} = \sqrt{1.76 \times 10^{-5} \times 5.65 \times 10^{-10}} \text{ mol} \cdot \text{L}^{-1} = 9.97 \times 10^{-8} \text{ mol} \cdot \text{L}^{-1}$$

$$\text{pH} = 7.00$$

（5）共轭酸碱混合溶液

以浓度为 c_{HA} 的 HA 和浓度为 c_{A^-} 的 A^- 混合溶液为例，首先写出质子平衡式。选取 HA 和 H_2O 为参考水，其质子平衡式为：

$$[\text{H}^+] = [\text{OH}^-] + [\text{A}^-] - c_{\text{A}^-}$$

上式整理后，可得：

$$[\text{A}^-] = c_{\text{A}^-} + [\text{H}^+] - [\text{OH}^-]$$

选取 A^- 和 H_2O 为参考水准，其质子平衡式为：

$$[\text{H}^+] + [\text{HA}] - c_{\text{HA}} = [\text{OH}^-]$$

上式整理后，可得：

$$[HA] = c_{HA} - [H^+] + [OH^-]$$

根据一元弱酸的电离平衡可得：$[H^+] = K_a^\ominus \dfrac{[HA]}{[A^-]}$

将整理的两个质子平衡式代入上式，可得：

$$[H^+] = K_a^\ominus \frac{[HA]}{[A^-]} = K_a^\ominus \frac{c_{HA} - [H^+] + [OH^-]}{c_{A^-} + [H^+] - [OH^-]} \tag{2.35}$$

式(2.35)即为共轭酸碱溶液计算 H^+ 浓度的精确式。

① 若溶液为酸性（pH<6），此时 $[H^+] \gg [OH^-]$，式(2.35)可简化为：

$$[H^+] = K_a^\ominus \frac{c_{HA} - [H^+]}{c_{A^-} + [H^+]} \tag{2.36}$$

② 若溶液为碱性（pH>8），式(2.35)中的 $[H^+]$ 可忽略，简化为：

$$[H^+] = K_a^\ominus \frac{c_{HA} + [OH^-]}{c_{A^-} - [OH^-]} \tag{2.37}$$

③ 若 $c_{HA} > 20[H^+]$ 或 $20[OH^-]$，且 $c_{A^-} > 20[H^+]$ 或 $20[OH^-]$，式(2.36)与式(2.37)可简化至最简式：

$$[H^+] = K_a^\ominus \frac{c_{HA}}{c_{A^-}} \tag{2.38}$$

式(2.38)与缓冲溶液 $[H^+]$ 的计算公式(2.8a)完全一样。

在进行缓冲溶液 $[H^+]$ 实际计算时，步骤是先按最简式计算出 $[H^+]$，然后验证能否使用最简式，如果不能，根据具体情况使用近似式计算，下面用例题来说明。

【例2.13】 计算下列混合溶液的 pH 值。

(1) 50mL 0.10 mol·L^{-1} H$_3$PO$_4$ + 25mL 0.10 mol·L^{-1} NaOH;

(2) 50mL 0.10 mol·L^{-1} H$_3$PO$_4$ + 75mL 0.10 mol·L^{-1} NaOH。

解：(1) H$_3$PO$_4$ 先与 NaOH 反应，生成了 H$_3$PO$_4$ + H$_2$PO$_4^-$ 混合溶液。

$$c_{H_3PO_4} = c_{H_2PO_4^-} = \frac{25mL \times 10^{-3} \times 0.10 mol·L^{-1}}{50mL \times 10^{-3} + 25mL \times 10^{-3}} = 0.033 mol·L^{-1}$$

先用最简式计算：$\quad [H^+] = K_{a_1}^\ominus \dfrac{c_{H_3PO_4}}{c_{H_2PO_4^-}} = 7.52 \times 10^{-3} mol·L^{-1}$

显然，$c_{H_3PO_4} < 20[H^+]$，$c_{H_2PO_4^-} < 20[H^+]$，不能使用最简式，应该用近似式(2.36)计算：

$$[H^+] = K_{a_1}^\ominus \frac{c_{H_3PO_4} - [H^+]}{c_{H_2PO_4^-} + [H^+]}$$

解方程得：$[H^+] = 0.0054 mol·L^{-1}$，pH = 2.27。

(2) 溶液混合后先反应，最终产物为 NaH$_2$PO$_4$ + Na$_2$HPO$_4$ 混合溶液。

$$c_{H_2PO_4^-} = \frac{50mL \times 10^{-3} \times 0.10 mol·L^{-1} - 25mL \times 10^{-3} \times 0.10 mol·L^{-1}}{(50+75)mL \times 10^{-3}} = 0.020 mol·L^{-1}$$

$$c_{HPO_4^{2-}} = \frac{0.10 mol·L^{-1} \times 25mL \times 10^{-3}}{(50+75)mL \times 10^{-3}} = 0.020 mol·L^{-1}$$

先按最简式计算，$[H^+] = K_{a_2}^{\ominus} \dfrac{c_{H_2PO_4^-}}{c_{HPO_4^{2-}}} = 6.23 \times 10^{-8}\,mol \cdot L^{-1}$

验证时要注意，计算结果显示溶液呈碱性，所以验证时不能用 $[H^+]$ 进行比较，应该将 $[OH^-]$ 与酸、碱的浓度比较，

$$[OH^-] = K_w^{\ominus} / [H^+] = 1.61 \times 10^{-7}\,mol \cdot L^{-1}$$

由于 $c_{H_2PO_4^-} > 20[OH^-]$，$c_{HPO_4^{2-}} > 20[OH^-]$ 所以，按最简式（2.38）计算合理。

故 $\qquad\qquad\qquad\qquad\qquad pH = 7.21$

2.5 强电解质的电离

晶体的 X 射线实验发现，固态的离子晶体中没有分子存在，例如在 NaCl 晶体中，只有 Na^+ 和 Cl^-，没有发现 NaCl 分子的存在，据此推断，NaCl 在水溶液中也是全部以离子形式存在的。深入的研究表明，大部分离子晶体和一些具有强极性键的分子晶体都是强电解质。

但是，对强电解质溶液进行导电性实验，测定它们在水中的电离度时，却发现，强电解质的电离度并没有达到 100%，这是为什么呢？

1923 年，德拜（P. J. Debye）和休克尔（E. Hüekcl）提出了强电解质离子互吸理论（也叫非缔合式电解质理论），该理论解释了这个现象。

2.5.1 离子氛

强电解质离子互吸理论认为：强电解质在水中完全电离，生成的正、负离子之间由于静电作用力的存在，正离子周围，围绕着带负电的离子，同样，负离子被正离子所围绕，所以离子在水中的分布并不是非常均匀的。每一个离子周围，都聚集着较多的带有相反电荷的离子组成的"离子氛"。由于"离子氛"的牵制，离子的运动受到影响，从而影响了离子的导电性，因此溶液表现出来的电离度达不到 100%。

由于离子氛的存在，导致溶液表现出来的浓度（表观浓度）低于实际浓度，例如 $0.10\,mol \cdot L^{-1}$ KCl 溶液中，实际的离子浓度不是 $0.20\,mol \cdot L^{-1}$，仅为 $0.192\,mol \cdot L^{-1}$。

显然，实际浓度越大，离子氛的牵制作用就越大，表观浓度与实际浓度的偏离程度就越大，如表 2.5 所示，KCl 溶液的起始浓度越大，其表观浓度与双倍起始浓度偏离程度就越大。

表 2.5　KCl 溶液的起始浓度和表观离子浓度

$c_{KCl}/mol \cdot L^{-1}$	0.10	0.05	0.01	0.005	0.001
表观离子浓度$/mol \cdot L^{-1}$	0.192	0.097	0.0197	0.0099	0.00199
表观离子浓度与 $2c_{KCl}$ 之比	0.96	0.97	0.985	0.99	0.995

2.5.2 活度和活度系数

通常把实际发挥作用的离子的"有效浓度"（即表观浓度）称为**活度**。用符号 a 来表示。活度和浓度的关系为：

$$a = \gamma c \qquad (2.39)$$

式中，γ 称为**活度系数**，反映了溶液中离子之间相互作用的程度。c 是溶液的摩尔浓度。对于 KCl 溶液，式(2.39) 可写为：

$$a_{K^+} = \gamma_{K^+} c_{K^+} \qquad a_{Cl^-} = \gamma_{Cl^-} c_{Cl^-}$$

其中，γ_{K^+}、γ_{Cl^-} 分别为 K^+ 和 Cl^- 的活度系数，活度系数相当于浓度的修正因子，经过修正后的活度更能准确反应溶液的行为。

关于活度，需要注意下列几点：

① 对于强电解质，溶液越稀，正、负离子之间的牵制作用就越弱，活度与浓度的相差就越小。所以当溶液很稀时，活度系数接近于 1，此时活度几乎等于浓度。在本章的计算中，如不特别说明，可认为 $a \approx c$，$\gamma \approx 1$。

② 对于弱电解质，当然也有离子氛的存在，但电离平衡更重要，一般不考虑活度和活度系数。

③ 影响活度系数大小的因素主要有离子的浓度和离子所带的电荷数。浓度越大，电荷数越高，离子氛的作用就越强，γ 与 1 的差距就越大，其中离子的电荷数影响更大些。

习题

2.1 根据酸碱质子理论判断，下列物质哪些是酸，哪些是碱，哪些具有两性？分别写出各物质的共轭酸或共轭碱。

HS^- $H_2PO_4^-$ PO_4^{3-} S^{2-} SO_3^{2-} NH_4^+ H_2S H_2O NH_3 HSO_3^-

2.2 计算下列质子碱的电离常数，并比较它们的碱性强弱。

$$NO_2^- \quad F^- \quad CO_3^{2-} \quad Ac^- \quad SO_3^{2-}$$

2.3 根据相关的电离常数，分别判断 $NaHCO_3$、NaH_2PO_4 溶液的酸碱性。

2.4 计算 $0.100 mol \cdot L^{-1}$ 氨水溶液中 OH^- 的浓度、解离度和 pH 值。

2.5 计算 $0.100 mol \cdot L^{-1}$ NH_4Cl 溶液的 pH 值。

2.6 已知 $0.1 mol \cdot L^{-1}$ 某一元碱溶液在 25℃ 的电离度为 2％，求此碱的电离常数。

2.7 $0.2 mol \cdot L^{-1}$ 某一元酸溶液的电离度为 2.95％，求其电离常数。

2.8 已知 $0.010 mol \cdot L^{-1}$ H_2SO_4 溶液的 pH=1.84，求 HSO_4^- 的电离常数及电离度。

2.9 在 25℃、标准压力下，水中溶解的 CO_2 气体的浓度为 $c_{H_2CO_3} = 0.034 mol \cdot L^{-1}$，求该溶液的 pH 值及 $c_{CO_3^{2-}}$。

2.10 计算室温下 $0.10 mol \cdot L^{-1}$ H_2SO_3 溶液中 c_{H^+} 和 $c_{SO_3^{2-}}$ 各是多少？

2.11 计算 $0.10 mol \cdot L^{-1}$ Na_2CO_3 溶液的 pH 值。

2.12 在 $0.10 mol \cdot L^{-1}$ HAc 溶液中，加入固体 NaAc，使其浓度为 $0.20 mol \cdot L^{-1}$。求此混合溶液的 H^+ 浓度和 HAc 的解离度。

2.13 分别用 HAc-NaAc 和 HCOOH-HCOONa 缓冲对配制 pH=4.7 的缓冲溶液，并比较这两种缓冲溶液缓冲能力的大小。

2.14 10mL $0.20 mol \cdot L^{-1}$ HAc 溶液与 5.5mL $0.20 mol \cdot L^{-1}$ NaOH 溶液混合，求该混合溶液的 pH 值。

2.15 计算下列混合溶液的 pH 值。

(1) 将 pH 为 8.00 和 10.00 的两种 NaOH 溶液等体积混合后的溶液；

(2) 将 pH 为 2.00 的强酸溶液和 pH 为 13.00 的强碱溶液等体积混合后的溶液。

2.16　有三种酸：$CH_2ClCOOH$、$HCOOH$ 和 CH_3COOH，要配制 pH＝3.50 的缓冲溶液，应选用哪种酸最好？如果该酸的浓度为 $4.0mol \cdot L^{-1}$，要配制 1L、共轭酸碱对的总浓度为 $1.0mol \cdot L^{-1}$ 的缓冲溶液，需要多少毫升的酸和多少克的 NaOH。

2.17　写出下列物质在水溶液中的质子平衡式。

(1) NH_4CN　　　　　　(2) $Na_2NH_4PO_4$　　　　　　(3) $(NH_4)_2HPO_4$

(4) Na_2CO_3　　　　　　(5) Na_2HPO_4　　　　　　(6) H_2CO_3

2.18　计算 $0.20mol \cdot L^{-1} CHCl_2COOH$ 的 pH 值。

2.19　计算 $1.0 \times 10^{-4} mol \cdot L^{-1}$ HCN 的 pH 值。

2.20　分别计算 $0.050mol \cdot L^{-1} NaH_2PO_4$ 溶液和 $3.3 \times 10^{-2} mol \cdot L^{-1} Na_2HPO_4$ 溶液的 pH 值。

2.21　计算下列混合溶液的 pH 值。

(1) 20mL $0.10mol \cdot L^{-1}$ HAc＋20mL $0.10mol \cdot L^{-1}$ NaOH；

(2) 20mL $0.20mol \cdot L^{-1}$ HAc＋20mL $0.10mol \cdot L^{-1}$ NaOH；

(3) 20mL $0.10mol \cdot L^{-1}$ HCl＋20mL $0.20mol \cdot L^{-1}$ NaAc；

(4) 20mL $0.10mol \cdot L^{-1}$ NaOH＋20mL $0.10mol \cdot L^{-1}$ NH_4Cl；

(5) 30mL $0.10mol \cdot L^{-1}$ HCl＋20mL $0.10mol \cdot L^{-1}$ NaOH；

(6) 20mL $0.10mol \cdot L^{-1}$ HCl＋20mL $0.10mol \cdot L^{-1}$ $NH_3 \cdot H_2O$；

(7) 20mL $0.10mol \cdot L^{-1}$ HCl＋20mL $0.20mol \cdot L^{-1}$ $NH_3 \cdot H_2O$；

(8) 20mL $0.10mol \cdot L^{-1}$ NaOH＋20mL $0.20mol \cdot L^{-1}$ NH_4Cl。

第 3 章

定量分析概论

作为化学学科的重要分支，分析化学研究的是物质的化学组成（定性分析）、各组分含量（定量分析）、物质的微观结构（结构分析）及有关分析理论，是表征和测量的科学。它几乎与国民经济的所有部门都有着重要关系，在生产和科研中有着十分重要的意义。

分析化学是人们获得物质的化学组成和结构信息的科学。对于许多科学研究领域，例如工农业生产的发展、生态环境的保护、生命过程的控制等，只要涉及化学现象，都无一例外地需要分析测定，许多定律和理论都是用分析化学的方法确定的，分析化学被称为工业生产上的"眼睛"。

分析化学的基本原理与方法不仅是分析科学的基础，也是从事应化、化工、制药、生物、海洋、食品、环境、材料及化学其他分支学科等相关工作的基础。在知识的传授过程中，使学生建立起准确的"量"的概念，能正确进行有关计算，掌握分析化学处理问题的方法，培养严肃认真、实事求是的科学态度，以及细致地进行科学实验的技能、技巧和创新能力。

3.1 分析方法的分类

在一般情况下，分析试样的来源、主要成分及主要杂质都是已知的，常常不再需要进行定性分析，而只需进行定量分析，因此我们主要讨论定量分析的各种方法。定量分析的主要任务是测定物质中某种或某些组分的含量。

根据分析测定原理和具体操作方式的不同，可将众多分析方法分为化学分析法和仪器分析法。

3.1.1 化学分析法

分析方法的建立，是以被测物质在某种变化中或某种条件下所表现的性质为依据的。以物质的化学反应为基础的分析方法称为化学分析法。在定性分析中，许多分离和鉴定反应，就是根据组分在化学反应中生成沉淀、气体或有色物质而进行的。在定量分析中，主要包括重量分析、滴定分析等方法，用于高含量组分（1%以上）的测定。这些方法历史悠久，是分析化学的基础，所以又称为经典化学分析法。

① 重量分析法　通过一系列的化学反应及操作步骤使试样中待测组分转化为另一种纯粹的固定化学组成的化合物，再通过称量该化合物的质量，从而计算出待测组分的含量。其特点是：准确度高，但速度慢。

② 滴定分析法（容量分析法）

将已知浓度的试剂溶液，滴加到待测物质溶液中，直到所加试剂恰好与待测组分按化学计量关系定量反应为止，根据滴加试剂的体积和浓度，计算出待测组分的含量，称滴定分析法。其特点是：准确度较高，简便，快速，常用。

3.1.2　仪器分析法

仪器分析法是以物质的物理性质和化学性质为基础的分析方法，由于这类分析方法都要使用特殊的仪器设备，故一般称为仪器分析法。仪器分析法主要有光学分析法、电化学分析法、色谱分析法、质谱分析法和放射化学分析法等，种类很多，而且新的方法正在不断地出现。例如吸光光度法是一种基于物质对光的选择性吸收而建立起来的一种分析方法，它包括可见吸光光度法、紫外-可见吸光光度法和红外光谱法等。

仪器分析法的特点是：快速，操作简便，灵敏度高。

3.2　定量分析的误差

3.2.1　误差的分类

在实际测量过程中，即使采用最完善的实验方法，使用最精密的设备和纯度最高的试剂，由经验丰富的分析人员进行测定，也不可能得到与真值完全一致的测定结果，即测量结果与真实值之间的误差是难以完全避免的。

根据误差的性质和产生的原因，可以将误差分为系统误差和随机误差。

（1）系统误差

系统误差是指由某种固定的因素引起的误差，根据产生的原因可分为方法误差、仪器误差、试剂误差和主观误差。

① 方法误差

方法误差指由分析方法本身缺陷而引起的误差。例如，滴定分析中，反应不完全，指示剂选择不当，滴定终点与化学计量点不一致；重量分析法中，沉淀的溶解、共沉淀等。

② 仪器误差

仪器误差指由于仪器本身的缺陷或不够准确引起的误差。例如，砝码的质量、滴定管的刻度不准确等。

③ 试剂误差

试剂误差指由于试剂不纯或蒸馏水纯度不够所引起的误差。例如，试剂或蒸馏水中含有微量的被测物质，或含有干扰物质。

④ 主观误差

主观误差指由于分析人员所掌握的分析操作与正确的分析操作稍有差异或存在操作偏见造成的误差，也称操作误差。例如，由于各人对颜色的敏感程度不同，造成对滴定终点颜色判断不同，有人习惯偏深些，有人习惯偏浅些；平行滴定读取测定结果时，有的人第二次读数总是想与前一次的重复等。

因此，系统误差具有以下特点：①重复性，系统误差是由固定的原因造成的，所以在实验条件确定时，重复测定则误差会重复出现；②可测性，即实验条件一经确定，系统误差就是一个客观上的恒定值，也称为可测误差；③单向性，即系统误差永远朝一个方向偏移，其大小及偏移真实值的方向在同一组平行测定中完全相同。

系统误差是否存在，可以通过**对照试验**进行检查。即选择组成与试样相近的已知含量的标准试样，用同样的试剂，在同样的条件下进行测定，将分析结果与标准值对比，用统计方法检查是否存在系统误差，对照试验是检查测定过程中有无系统误差的最有效的方法。

如何消除系统误差？可以根据产生的原因采用相应的措施来减免。

① 方法误差的减免

首先根据分析样品的组成、含量和具体要求选择正确的分析方法。另外，通过方法的校正也可以克服方法误差。分析过程中的每一步的测量误差都将影响到最终的结果，所以要尽量减小测定中各步的测量误差。

② 仪器误差的减免

实验前应对仪器进行校准，例如对滴定分析中的滴定管和称量时用的砝码进行校准，计算时使用校正值；又如在容量瓶和移液管之间进行相对校准等。

③ 试剂误差的减免

可通过**空白试验**进行校正，即除了不加待测试样外，用与分析试样完全相同的方法及实验条件进行测定，所得结果称为空白值。空白试验可以检查试剂、实验用水、实验器皿和环境等是否带入被测组分，或所含杂质是否有干扰。通过空白试验从分析结果中扣除空白值，就可得到比较准确的分析结果。空白值不应过大，如果太大，直接扣除会引起比较大的误差，应该通过提纯试剂等方法来解决问题。

(2) 随机误差

随机误差系在测量过程中由一些不可避免的随机（偶然）原因所引起的误差，所以也称为偶然误差。例如，实验过程中环境温度、电压、湿度等条件的微小波动都会引起实验结果的变化，或者操作人员一时辨别的微小差异而使读数不一致等。在实际分析中，虽然同一操作人员认真、规范操作，测定方法相同，仪器相同，外界条件也尽量保持一致，对同一试样多次重复测定（平行测定），结果往往仍有微小差别，这类误差就属于随机误差。

所以，随机误差具有如下特征：①不可测性，由于造成随机误差的原因不明，所以误差的大小和方向都不确定；②双向性，误差有时小，有时大，有时负，有时正。

随机误差是由无法避免的偶然原因造成的，所以，无法用实验的方法减免。但是，在同样条件下测定次数足够多时，发现随机误差的大小和方向服从统计学正态分布规律，如图 3.1 所示，横坐标表示误差的大小，纵坐标表示误差出现的频率，由此显然可知：①小误差出现频率高，大误差出现频率较低；②大小相近的正、负误差出现的概率相等；③测定次数无限多时，误差的算术平均值极限为零。所以可用统计学方法来减免随机误差。即增加平行测

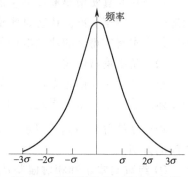

图 3.1　随机误差的正态分布曲线

定次数，取其平均值，可降低随机误差。在分析测定中，测定次数是有限的，一般平行测定 3～5 次。

除了上述两类误差外，还有一种为过失误差，是实验人员在操作中疏忽大意或不遵守操

作规程造成的。例如器皿不洁净、溶液溅出容器、加错试剂、记录及计算错误等，这些都会对分析结果带来严重影响，一经发现，应舍去所得结果，相应实验必须重做。

3.2.2 误差的表示方法

（1）准确度与误差

准确度系指测量值与真实值接近的程度。测定值与真实值之间的差别越小，则分析结果的准确度越高，数据越可靠。

常用误差的大小来衡量准确度的高低。根据表示方式的不同，误差分为绝对误差 E 和相对误差 E_r。

① 绝对误差

测量值（x）与真实值（T）之差，用 E 表示，即：

$$E_i = x_i - T \tag{3.1}$$

通常对一个试样要平行测定多次，式（3.1）中 x_i 为其中某个测量值，E_i 为这次测量的绝对误差。测量结果一般用多次平行测定结果的算术平均值 $\bar{x}$ 表示，此时，绝对误差可表示为：

$$E = \bar{x} - T \tag{3.2}$$

仅仅用绝对误差表示测量的准确度并不够理想，例如，用分析天平称得两份试样的质量分别为 2.0000g 和 0.2000g，称量时的绝对误差都为 0.0001g，用绝对误差无法显示出它们之间的差别，所以实际工作中分析结果的准确度常用相对误差来表示。

② 相对误差

绝对误差在真实值中所占的百分比，用 E_r 表示，即：

$$E_r = \frac{E}{T} \times 100\% = \frac{\bar{x} - T}{T} \times 100\% \tag{3.3}$$

上例中，两份试样的相对误差分别为 0.005％ 和 0.05％，相同的绝对误差，如果测量值越大，则相对误差就越小，测定的准确度也就越高。因此，用相对误差来表示各种情况下测定结果的准确度比较合适。

绝对误差和相对误差都有正值和负值之分。正值表示分析结果偏高，负值表示分析结果偏低。

一个量的真实值要通过测量而得到，由于误差是绝对存在的，因此真实值是不可能准确知道的，一般用标准值代替真实值。标准值是指由技术熟练的操作人员用多种可靠的分析方法反复多次测定得到的比较准确的结果。

（2）精密度与偏差

精密度系指在确定条件下对同一试样进行多次测定，各次测定结果相互接近的程度。精密度体现了测定结果的重复性和再现性。

精密度的好坏用偏差表示，所谓偏差就是个别测定结果 x_i 与几次测定结果的平均值 $\bar{x}$ 之间的差别。

① 绝对偏差 d 和相对偏差 d_r

$$d_i = x_i - \bar{x} \qquad d_r = \frac{d_i}{\bar{x}} \times 100\% \tag{3.4}$$

绝对偏差和相对偏差表示个别测量值偏离平均值的程度。由于绝对偏差有正有负，故绝对偏差之和理论上等于零，因此，对于平行测定的一组数据，通常用平均偏差和相对平均偏差表示。

② 平均偏差 $\bar{d}$ 和相对平均偏差 $\bar{d}_r$

平均偏差是各单个偏差绝对值的平均值，相对平均偏差是平均偏差在平均值中所占的百分数。

$$\bar{d} = \frac{\sum\limits_{i=1}^{n} |x_i - \bar{x}|}{n} \qquad \bar{d}_r = \frac{\bar{d}}{\bar{x}} \times 100\% \tag{3.5}$$

平均偏差和相对平均偏差没有负值。用平均偏差和相对平均偏差表示精密度比较简单。但是在一系列的测定结果中，往往小偏差占多数，大偏差占少数，大偏差在平均偏差中得不到应有的反映。在数理统计中，衡量测量结果精密度用得最多的是标准偏差。

③ 样本标准偏差 s 和变异系数 CV

标准偏差系指各测量值对平均值的偏离程度。在一般的分析工作中，只能做有限次数测定，统计学中有限次测定时的样本标准偏差 s 的数学表达式为：

$$s = \sqrt{\frac{\sum\limits_{i=1}^{n} (x_i - \bar{x})^2}{n-1}} \tag{3.6}$$

变异系数（coefficient of variation）又称相对标准偏差，系指样本标准偏差在平均值中所占的百分数。

$$CV = \frac{s}{\bar{x}} \times 100\% \tag{3.7}$$

(3) 准确度与精密度的关系

准确度是衡量系统误差和随机误差两者的综合指标，是测量值与真实值接近的程度；精密度是测量值之间相互接近的程度。评价一个分析结果必须同时关注准确度和精密度。精密度是保证准确度的必要条件。精密度差，所测结果不可靠，准确度便无从谈起。但精密度好，也不一定说明准确度高。只有在消除了测定过程中的系统误差的前提下，精密度好，准确度才会高。而准确度高，一定需要精密度高。

3.3 数据处理

3.3.1 平均值的置信区间

在系统误差已排除的情况下，无限次测量的随机误差的分布服从正态分布，而在实际分析测试中，测定次数是有限的，而有限次测定的随机误差并不完全服从正态分布。因此，有必要在一定的概率条件下，估计一个包含真实值的范围或区间，这个区间称为置信区间，置信区间中包含真实值的概率称为**置信度**，表示估计的可靠程度。英国化学家古塞特（Gosset）用统计方法推导出下式：

$$\mu = \bar{x} \pm \frac{ts}{\sqrt{n}} \tag{3.8}$$

式(3.8)为总体平均值 μ 所在的置信区间，式中 μ 为无限次测量结果的平均值（若系统误差已消除，总体平均值 μ 可视为真实值）；$\bar{x}$ 为有限次测量结果的平均值；n 为平行测量次数，s 为样本标准偏差；t 为一定置信度下的概率系数。不同测定次数在各置信度下的 t

值如表 3.1 所示。

表 3.1　t 分布表

自由度 $f=n-1$	置信度				
	50%	90%	95%	99%	99.5%
1	1.000	6.314	12.706	63.657	127.32
2	0.816	2.920	4.303	9.925	14.089
3	0.765	2.353	3.182	5.841	7.453
4	0.741	2.132	2.776	4.604	5.598
5	0.727	2.015	2.571	4.032	4.773
6	0.718	1.943	2.447	3.707	4.317
7	0.711	1.895	2.365	3.500	4.029
8	0.706	1.860	2.306	3.355	3.832
9	0.703	1.833	2.262	3.250	3.690
10	0.700	1.812	2.228	3.169	3.581
20	0.687	1.725	2.086	2.845	3.153
∞	0.674	1.645	1.960	2.576	2.807

显然，测量次数越多，t 值越小，置信区间的范围越窄，即测定平均值与总体平均值 μ 越接近。

【例 3.1】　测定试样中某组分的含量，有一组实验数据如下：37.45%，37.20%，37.50%，37.30%，37.25%，37.58%，分别求出置信度为 90% 和 95% 时平均值的置信区间。

解：经计算可得：$\bar{x}=37.38\%$，$s=0.0015$

置信度为 90% 时，$n=6$，$t=2.015$，则：

$$\mu=37.38\%\pm\frac{2.015\times0.0015}{\sqrt{6}}=(37.38\pm0.12)\%$$

即置信区间为 37.26%～37.50%，此范围内包含真实值的概率为 90%。

置信度为 95% 时：$n=6$，$t=2.571$，$\mu=(37.38\pm0.16)\%$，即在 37.22%～37.54% 区间内包含真实值的概率为 95%。

显然，置信区间越大，置信度越高。

3.3.2　可疑数据的取舍

在一组平行实验数据中，往往会有个别数据，与其他数据明显相差很大，称为可疑值。如果明确知道这个数据是由于过失误差引起的，可以舍去，否则不能随意舍弃，应该根据一定的统计学方法加以判断。统计学处理取舍的方法有多种，这里介绍其中常用的方法——Q 检验法。

Q 检验法的基本步骤如下：

① 将测定值按由小到大的顺序排列：X_1，X_2，…，X_n；

② 计算可疑值的摒弃商 $Q_{计}$ 值，可疑值在一组测定值中不是最小（X_1）就是最大（X_n），其 $Q_{计}$ 值的计算方法是用可疑值与最邻近数据之差除以极差（最大值与最小值之差，X_n-X_1），即：

$$Q_{计}=\frac{X_2-X_1}{X_n-X_1}\quad 或\quad Q_{计}=\frac{X_n-X_{n-1}}{X_n-X_1} \tag{3.9}$$

③ 根据测量次数 n 和置信度查 Q 值表（表3.2），得 $Q_表$，如果 $Q_计 < Q_表$，则应予保留，反之，则舍去可疑值。

表 3.2　Q 值表

测量次数 n	3	4	5	6	7	8	9	10
$Q_{0.90}$	0.94	0.76	0.64	0.56	0.51	0.47	0.44	0.41
$Q_{0.95}$	0.98	0.85	0.73	0.64	0.59	0.54	0.51	0.48
$Q_{0.99}$	0.99	0.93	0.82	0.74	0.68	0.63	0.60	0.57

注：表中 $Q_{0.90}$、$Q_{0.95}$ 和 $Q_{0.99}$ 分别表示置信为 90%、95% 和 99% 时的 Q 值。

【例 3.2】　测定某碳酸钙试样中的含钙量，平行测定的数据如下：
39.22%，39.21%，39.10%，39.23%，39.23%，39.40%，39.24%，39.25%
试用 Q 检验法判断，置信度 90% 时是否有可疑值要舍去。

解： ①先按递增顺序排列：
39.10%，39.21%，39.22%，39.23%，39.23%，39.24%，39.25%，39.40%。
② 本题未指定可疑值，则先考虑最大值和最小值。
当最大值 39.40% 为可疑值时。

$$Q = \frac{39.40\% - 39.25\%}{39.40\% - 39.10\%} = 0.5$$

查表 3.2，$n=8$ 时，$Q_{0.90} = 0.47$，显然 $Q > Q_表$，故 39.40% 应该舍去。

再检验最小值，由于 39.40% 已经舍去，此时该平行测定数据的最大值为 39.25%。

$$Q = \frac{39.21\% - 39.10\%}{39.25\% - 39.10\%} = 0.73$$

查表 3.2，$n=7$ 时，$Q_{0.90} = 0.51$，显然 $Q > Q_表$，故 39.10% 应该舍去。

③ 再检验新的最大值 39.25%，算得其 $Q = 0.25$，而查表 3.2，$n=6$ 时 $Q_{0.90} = 0.56$，$Q < Q_表$，所以 39.25% 应予保留。检验最小值 39.21%，算得其 $Q = 0.25$，而查表 3.2，$n=6$ 时，$Q_{0.90} = 0.56$，$Q < Q_表$，所以 39.21% 应予保留。

通过检验，这组数据要舍去 39.40% 和 39.10% 两个数据。

分析实验结果时，应该先对数据进行检验，检查有无可疑值要舍弃，然后再进行相关的数据处理，如计算平均值、相对平均偏差等。

3.4　有效数字

3.4.1　有效数字的概念

在科学实验中，需要记录很多测量数据，一般允许最后一位是估计的，虽不太准确，但不是随意的，它们全是有效的，所以称为有效数字。有效数字即指实际工作中能够测量到的数字，包括最后一位估计的不确定的数字。记录数据和计算结果时，究竟应该保留几位数字，应根据所用的测定方法和所用仪器的准确程度来决定，并且在记录数据和计算实验结果时，所保留的有效数字中，只允许最后一位是可疑的数字。

对于数字"0"来说，可以是有效数字，也可以不是有效数字。例如用普通的分析天平称量，称出某物体的质量为 3.2560g，这个数值中，3.256 是准确的，最后一位数字"0"是估计的，可能有 ±1 单位的误差，也就是说，实际质量是 (3.2560 ± 0.0001)g 范围内的某一个数值，称量结果的绝对误差为 0.0001g，相对误差为 0.003%。若记录为 3.256，则说明"6"是估计的，该物体的实际质量为 (3.256 ± 0.001)g 范围内的某一数值，此时称量结果的绝对误差为 0.001g，相对误差为 0.03%。最后一位"0"从数学角度看写不写都行，但在实验中这样记录显然降低了测量的准确程度。

原始数据：　　　2.0100　　0.3000　　0.0520　　63　　　0.03
有效数字的位数：五位　　　四位　　　三位　　　二位　　一位

有效数字保留几位是根据测量仪器的准确度来确定的，因此对于各种分析仪器的准确度应十分清楚，比如滴定分析中消耗滴定剂的体积由终读数减初读数得到：24.05mL－0.02mL＝24.03mL 为四位有效数字。又如台秤称量某称量瓶为 20.8g，因为台秤只能准确地称到 0.1g，所以该称量瓶质量可表示为 20.8g，它的有效数字是三位。如果将该称量瓶在分析天平上称量，得到结果是 20.8126g，由于分析天平能准确地称量到 0.0001g，所以它的有效数字是六位。100mL 容量瓶表示为 100.0mL；250mL 容量瓶表示为 250.0mL；25mL 移液管表示为 25.00mL。

有效数字中"0"具有双重意义。例如 0.0520，前面的两个"0"只起定位作用，不是有效数字。而后面的一个"0"表示该数据准确到小数点后第三位，第四位可能会有 ±1 的误差，所以这个"0"是有效数字。

某些数字如 5200，末位的两个"0"可能是有效数字，也可能仅是定位的非有效数字，为了防止混淆，最好用科学记数法来表示。有效数字为两位时，记为 5.2×10^3；有效数字为三位时，记为 5.20×10^3；有效数字为四位时，记为 5.200×10^3。

对于 pH、pM、lgK 等对数值，其有效数字的位数仅取决于小数部分（尾数）数字的位数，因整数部分（首数）说明相应真数 10 的方次。

例如：

$$\underset{真数}{\lg(7.6 \times 10^5)} = \underset{首数}{5.}\ \underset{尾数}{88}$$

pH＝9.55，其有效数字的位数为两位，不是三位。

3.4.2　数的修约

分析实验结果一般由测得的某些物理量进行计算得到，计算结果的有效数字位数必须能正确表示实验的准确度。运算过程及最终结果，都需要对数据进行修约，即舍去多余的数字，这就是数的**修约**。

舍去多余数字的方法按"四舍六入五考虑"的原则进行。即被修约的数（尾数）小于或等于 4，则舍去。大于或等于 6，则进位。若尾数正好等于 5 时分两种情况，若 5 后数字不为 0，一律进位；若 5 后无数或为 0，采用 5 前一位是奇数则进位，而 5 的前一位是偶数则舍去。

例如，保留两位有效数字：3.135→3.1；7.486→7.5；0.655→0.66；7.65→7.6。

如果被修约的数等于 5，但"5"后面还有非 0 数字，则该数字总是比 5 大，此时应进位。

例如，保留两位有效数字：53.5001→54。

只能一次修约到所需位数，不能分次修约，否则可能会产生误差。

例如，保留两位有效数字：一次修约　6.5473→6.5；

两次修约　6.5473→6.55→6.6

常用的"四舍五入"，其缺点是见五就进，会使修约后的总体值偏高。而"四舍六入五考虑"，逢五有舍有入，则由五的舍入所引起的误差本身可以自相抵消。

3.4.3　有效数字的运算规则

① 几个数据相加减，和或差只保留一位可疑数字。

计算结果的绝对误差应不小于各项中绝对误差最大的数（计算结果的小数点后面的位数与各数中小数点后面位数最少者一致）。一般计算方法是先计算，后修约。

例如：$0.0523+36.85+3.15493=40.05723$（画线部分为可疑数字），计算结果保留这么多位可疑数字完全没有必要，结果应为 40.06。

② 几个数据的乘除运算，积或商的有效数字位数根据原始数据中有效数字位数最少（即相对误差最大）的数确定。

计算结果的相对误差应与各因数中相对误差最大的数相一致（即与有效数字位数最少的一致）。

例如：$1.0256×7.566×0.21567=1.6735322→1.674$

③ 在计算过程中，可以先计算，后修约。如果先对原始数据进行修约，为避免修约造成误差的积累，可多保留一位有效数字进行计算，最后将计算结果按修约规则进行修约。

④ 乘除法运算时，当有效数字位数最少的那个因数首位有效数字是 8 或 9，则积或商的有效数字的位数可以比这个因数多取一位。

例如：计算 $0.0856×64.23×521.65=?$

式中 0.0856 的第一位有效数字为 8，8（一位有效数字）与 10（两位有效数字）接近，故 0.0856 可视为四位有效数字，计算结果应为四位有效数字（结果应为 2868）。

⑤ 乘方或开方运算时，结果的有效数字位数不变。

乘方与开方相似于有效数字位数相同的数乘除，可用乘除运算法则进行运算，故计算结果的有效数字与其底或被开方数有效数字位数一致。

例如：$6.54^2=42.8$

⑥ 在计算过程中遇到倍数、分数关系，由于其不是测量所得，不必考虑其有效数字的位数，或可看成无限多位有效数字。

⑦ 对数的有效数字的位数应与真数的有效数字的位数一致。

⑧ 误差或偏差的计算结果，有效数字取一位即可，最多两位。

3.5　滴定分析概述

3.5.1　常用术语

滴定分析法（主要操作是滴定）又称为容量分析法（由于以测量溶液体积为基础），是化学分析法中最重要的一类分析方法。使用滴定管将一种已知准确浓度的滴定剂（即标准溶液）滴加到待测物质的溶液中，直到所加的滴定剂与被测物质按一定的化学计量关系完全反应为止，然后依据所消耗标准溶液的浓度和体积及试液体积（或试样质量），计算被测物质的浓度（或含量），这一类分析方法称为**滴定分析法**。

滴定分析时，一般是通过滴定管将滴定剂逐滴加到被测试样的溶液中（一般置于锥形瓶中），这样的操作过程称作**滴定**。已知准确浓度的试剂溶液称为**标准溶液**。当被测物与加入的滴定剂恰好完全反应的这一点，称为**化学计量点**。化学计量点是否到达，一般不易从溶液外部特征上观察出来，常于被测试样的溶液中加入指示剂，借助指示剂颜色的突变来判断。当指示剂在化学计量点附近变色时停止滴定，这时称为**滴定终点**。滴定终点与计量点不一定恰好相符，它们之间存在着一个很小的差别，由此而造成的分析误差称为**滴定误差**（又称终点误差）。

滴定分析法是定量分析中的重要方法之一，由于所需要的仪器设备比较简单、价廉，又易于掌握和操作方便，可应用于多种化学反应类型的测定，故滴定分析法在生产实践和科学研究中应用广泛。通常用于测定常量组分，即被测组分含量在 1%（质量分数）以上，分析结果的相对误差一般在 0.1% 左右，准确度较高。采用微量滴定管也可进行微量分析。

3.5.2 滴定分析法的方法及方式

(1) 滴定分析法的分类

根据滴定时化学反应的类型不同，滴定分析方法可分为以下四种类型。

① 酸碱滴定法

酸碱滴定法是以质子转移反应为基础的一种滴定分析法。其反应实质可用下式表示：$H^+ + A^- \Longrightarrow HA$。该滴定法主要用于测定碱、酸、弱碱盐或弱酸盐的含量。

② 沉淀滴定法

沉淀滴定法是以沉淀反应为基础的一种滴定分析法。例如，用银量法测定卤素离子，其反应如下：

$$Ag^+ + X^- \Longrightarrow AgX \downarrow （X 表示 Cl^-、Br^-、I^-、SCN^-）$$

③ 配位滴定法

配位滴定法是以配位反应为基础的一种滴定分析法。可用来测定金属离子，如用乙二胺四乙酸二钠盐（EDTA，H_2Y^{2-}）作配位滴定剂，发生如下反应：

$$M^{n+} + H_2Y^{2-} \Longrightarrow MY^{n-4} + 2H^+$$

式中，M^{n+} 表示 n 价金属离子。

④ 氧化还原滴定法

氧化还原滴定法是以氧化还原反应为基础的一种滴定分析法。例如，用高锰酸钾法测 H_2O_2，其反应如下：

$$2MnO_4^- + 5H_2O_2 + 6H^+ \Longrightarrow 2Mn^{2+} + 5O_2 + 8H_2O$$

此外，还包括碘量法、重铬酸钾法等。

(2) 滴定分析对滴定反应的要求

虽然化学反应形式很多，但并不是所有的化学反应都能用于滴定分析。用于滴定分析的滴定反应必须满足下列要求。

① 反应必须定量完成，即反应必须按一定的化学反应方程式表示的计量关系定量进行，其反应的完全程度应达到 99.9% 以上，没有副反应发生，这是定量分析的基础。

② 反应必须有较快的反应速率。滴定反应最好在滴定剂加入后即可完成。对反应速率较慢的反应，应能采取某些措施，如可用加热或加入催化剂等措施加快反应速率。

③ 有适当、简便可行的方法来确定终点。如有适当的指示剂指示滴定终点。

(3) 常用的滴定方式

① 直接滴定法

凡能满足滴定分析对反应要求的就可以用标准溶液直接滴定试样溶液，称之为**直接滴定**

法。例如，用 NaOH 标准溶液滴定 HCl 溶液；用 $KMnO_4$ 标准溶液滴定 Fe^{2+} 溶液。直接滴定法是最基本和最常用的一种滴定方式，引入的误差较小。

② 返滴定法

当滴定剂与被测物的反应不满足滴定反应的要求，如反应速率较慢或被测物质是难溶于水的物质时，可先定量加入过量的一种标准溶液，待其反应完全后，再用另一种标准溶液返滴定剩余的第一种标准溶液，这种滴定方式称为**返滴定法**，又叫回滴法。例如，测定石灰石中 $CaCO_3$ 含量，可先定量加入过量的 HCl 标准溶液，待 HCl 与 $CaCO_3$ 完全反应后，再用 NaOH 标准溶液滴定剩余的 HCl 溶液。

③ 置换滴定法

如果滴定剂与被测物的反应不遵循一定的化学计量关系，或伴有副反应或缺乏合适的指示剂，可用置换滴定法进行测定，即先加入适当的试剂与被测物质起反应，使其定量生成另一种可以直接滴定的产物，再用标准溶液滴定该反应产物，这种滴定方式称为**置换滴定法**。

例如，$Na_2S_2O_3$ 不能直接滴定 $K_2Cr_2O_7$ 及其他强氧化剂。因为强氧化剂在酸性溶液中可将 $S_2O_3^{2-}$ 部分氧化为 $S_4O_6^{2-}$ 和 SO_4^{2-}，反应没有确定的化学计量关系，没有计算依据，不能直接滴定。但在酸性 $K_2Cr_2O_7$ 溶液中加入过量的碘化钾，就可以定量生成 I_2，再用 $Na_2S_2O_3$ 标准溶液直接滴定 I_2。

④ 间接滴定法

有些物质不能直接与标准溶液反应，但能与另一种可与标准溶液直接作用的物质反应，可以通过适当的化学反应将其转化为可与标准溶液反应的物质进行滴定，这种滴定方式称为**间接滴定法**。例如，Ca^{2+} 可以采用 $KMnO_4$ 法间接滴定，利用 Ca^{2+} 与 $C_2O_4^{2-}$ 作用形成 CaC_2O_4 沉淀，将其过滤洗涤后，加入稀 H_2SO_4 使其溶解，用 $KMnO_4$ 标准溶液滴定与 Ca^{2+} 结合的 $C_2O_4^{2-}$，进而间接测定出 Ca^{2+} 的含量。

3.6　基准物质和标准溶液

3.6.1　基准物质

能用于直接配制标准溶液的或能用来标定某溶液准确浓度的物质称为**基准物质**（基准试剂）。作为基准物质应符合下列条件。

① 试剂必须有足够的纯度。一般要求主成分的含量在 99.9% 以上，杂质含量少到可以忽略不计。

② 组分的组成与化学式完全相符。若含结晶水，其结晶水的含量应符合化学式，如硼砂（$Na_2B_4O_7 \cdot 10H_2O$）等。

③ 性质稳定。在配制和储存中均应有足够的稳定性，例如加热干燥时不易分解；称量时不吸收空气中的水分，不易与空气中的 CO_2 和 O_2 反应等。

④ 最好具有较大的摩尔质量。这样同样物质的量的物质称取的质量较多，可减小称量的相对误差。

常用的基准物质有纯金属和纯化合物，如 Cu、硼砂、邻苯二甲酸氢钾、$K_2Cr_2O_7$ 等。滴定分析中常用基准物质的干燥条件和应用见表 3.3。

表 3.3 常用基准物质的干燥条件和应用

标定对象	基准物质	干燥后组成	干燥条件
酸	碳酸氢钠($NaHCO_3$)	Na_2CO_3	$270 \sim 300 ℃$
	十水合碳酸钠($Na_2CO_3 \cdot 10H_2O$)	Na_2CO_3	$270 \sim 300 ℃$
	无水碳酸钠(Na_2CO_3)	Na_2CO_3	$270 \sim 300 ℃$
	硼砂($Na_2B_4O_7 \cdot 10H_2O$)	$Na_2B_4O_7 \cdot 10H_2O$	放在装有 NaCl 蔗糖饱和溶液的恒湿器中
碱	邻苯二甲酸氢钾($KHC_8H_4O_4$)	$KHC_8H_4O_4$	$110 \sim 120 ℃$
	二水合草酸($H_2C_2O_4 \cdot 2H_2O$)	$H_2C_2O_4 \cdot 2H_2O$	室温,空气干燥
还原剂	重铬酸钾($K_2Cr_2O_7$)	$K_2Cr_2O_7$	$140 \sim 150 ℃$
	溴酸钾($KBrO_3$)	$KBrO_3$	$130 ℃$
	碘酸钾(KIO_3)	KIO_3	$130 ℃$
	铜(Cu)	Cu	室温干燥器中保存
氧化剂	三氧化二砷(As_2O_3)	As_2O_3	室温干燥器中保存
	草酸钠($Na_2C_2O_4$)	$Na_2C_2O_4$	$130 ℃$
	二水合草酸($H_2C_2O_4 \cdot 2H_2O$)	$H_2C_2O_4 \cdot 2H_2O$	室温,空气干燥
EDTA	碳酸钙($CaCO_3$)	$CaCO_3$	$110 ℃$
	锌(Zn)	Zn	室温干燥器中保存
	氧化锌(ZnO)	ZnO	$900 \sim 1000 ℃$
$AgNO_3$	氯化钠(NaCl)	NaCl	$500 \sim 600 ℃$
氯化钠	硝酸银($AgNO_3$)	$AgNO_3$	$280 \sim 290 ℃$

3.6.2 标准溶液的配制

标准溶液是已知准确浓度的溶液。在滴定分析中,不管采用哪种滴定方式都要用到标准溶液,否则无法进行分析结果的计算。

标准溶液根据其所用物质的性质,常有直接配制法和间接配制法两种配制方法。

(1) 直接配制法

准确称取一定量的基准物质,将其溶解后定量转移到一定体积的容量瓶中,稀释、定容、摇匀。根据所称取基准物质的质量、摩尔质量和容量瓶的体积即可计算出标准溶液的准确浓度。

例如,欲配制 1L $0.01000 mol \cdot L^{-1}$ $K_2Cr_2O_7$ 溶液,首先在分析天平上准确称取已干燥的 $K_2Cr_2O_7$ 2.9419g 置于烧杯中,加入适量水溶解后,定量转移到 1000mL 容量瓶中,再稀释、定容即得。

(2) 间接配制法

许多试剂不符合基准物质的要求,不能直接配制成标准溶液。例如,市售盐酸中 HCl 易挥发,准确含量无法确定;又如 NaOH 性质不稳定,易吸收空气中的 CO_2 和水分,纯度不高。它们都不能用直接配制法配制其标准溶液,而只能采用间接配制法。即先按需要配制成接近于所需浓度的溶液,再用基准物质(或另一种已知准确浓度的标准溶液)来测定它的准确浓度。这种利用基准物质(或另一种已知准确浓度的标准溶液)来确定标准溶液浓度的操作过程称为**标定**。因此间接配制法也称标定法。例如,标定 NaOH 标准溶液的浓度,可准确称取一定质量的已干燥的邻苯二甲酸氢钾(KHP)基准试剂于锥形瓶中溶解后,用待标定的 NaOH 溶液滴定,直至两者完全反应,然后根据邻苯二甲酸氢钾的摩尔质量、质量及消耗 NaOH 标准溶液的体积,可计算出 NaOH 标准溶液的准确浓度。标定一般要求至少做 3 次平行实验,通常要求标定的相对平均偏差不大于 0.2%。为提高滴定分析结果的准确度,实验中需做到正确配制标准溶液,准确标定其浓度,并妥善保存标准溶液。

3.6.3 标准溶液的浓度表示方法

(1) 物质的量浓度

在滴定分析中,标准溶液的浓度的表示一般用物质的量浓度,有时也用滴定度。

物质的量浓度：物质 B 的物质的量浓度是指单位体积的溶液中所含溶质 B 的物质的量，用符号 c_B 表示，即：

$$c_B = \frac{n_B}{V} \tag{3.10}$$

物质的量浓度的 SI 单位为 $mol \cdot m^{-3}$；常用单位为 $mol \cdot L^{-1}$。

物质的量是表示组成物质的基本单元数目多少的物理量。系统所含的基本单元数与 $0.012kg$ 碳-12 的原子数目相等（6.023×10^{23} 个，阿佛伽德罗常数），则为 $1mol$。符号为 n，单位为摩［尔］（mole）、mol。

$$n_B = m_B / M_B \tag{3.11}$$

使用物质的量单位"mol"时，要指明物质的基本单元。例如，$c_{\frac{1}{2}H_2SO_4} = 0.10 mol \cdot L^{-1}$ 与 $c_{H_2SO_4} = 0.10 mol \cdot L^{-1}$ 表示的意义不一样。

基本单元：系统中组成物质的基本组分，可以是分子、离子、电子及这些粒子的特定组合。如 O_2、$\frac{1}{2}(H_2SO_4)$、$(H_2 + \frac{1}{2}O_2)$ 等。

【例 3.3】 已知浓盐酸的密度为 $1.19g \cdot mL^{-1}$，其中 HCl 的含量约为 37%，求浓盐酸的物质的量浓度？若配制 $1mol \cdot L^{-1}$ 盐酸溶液 1L，应取浓盐酸多少毫升？

解：$M_{HCl} = 36.46g \cdot mol^{-1}$

$$c_{HCl} = \frac{n_{HCl}}{V_{HCl}} = \frac{m_{HCl}}{V_{HCl} \times M_{HCl}} = \frac{37\% \times 1.19 \times 1000}{1 \times 36.46} = 12(mol \cdot L^{-1})$$

$$V_{HCl} = \frac{c'_{HCl} \times V'_{HCl}}{c_{HCl}} = \frac{1 \times 1000}{12} = 83 \ (mL)$$

【例 3.4】 用分析天平称取 $K_2Cr_2O_7$ 基准物质 $1.3650g$，溶解后定量转移至 $100.0mL$ 容量瓶中定容，试计算 $c_{K_2Cr_2O_7}$ 和 $c_{\frac{1}{6}K_2Cr_2O_7}$。

解：

$$M_{K_2Cr_2O_7} = 294.19g \cdot mol^{-1}$$

$$M_{\frac{1}{6}K_2Cr_2O_7} = \frac{1}{6} \times 294.19g \cdot mol^{-1} = 49.03g \cdot mol^{-1}$$

$$c_{K_2Cr_2O_7} = \frac{m_{K_2Cr_2O_7}}{M_{K_2Cr_2O_7} \cdot V} = \frac{1.3650}{294.19 \times 100.0 \times 10^{-3}} = 0.04640(mol \cdot L^{-1})$$

$$c_{\frac{1}{6}K_2Cr_2O_7} = \frac{m_{K_2Cr_2O_7}}{M_{\frac{1}{6}K_2Cr_2O_7} \cdot V} = \frac{1.3650}{49.03 \times 100.0 \times 10^{-3}} = 0.2784(mol \cdot L^{-1})$$

(2) 滴定度

滴定度（T）表示方法有两种：一种是指每毫升标准溶液中含有溶质的质量，例如，$T_{NaOH} = 0.003995g \cdot mL^{-1}$，即表示 1mL 该 NaOH 溶液中含有 $0.003995g$ NaOH；另一种是指每毫升标准溶液相当于待测物质的质量，以 $T_{待测物/滴定剂}$ 表示，此种方式最为常用。例如，$T_{Fe/K_2Cr_2O_7} = 0.005681g \cdot mL^{-1}$ 表示 1mL $K_2Cr_2O_7$ 标准溶液能把 $0.005681g$ Fe^{2+} 氧化成 Fe^{3+}。

当测定大批量试样中同一组分的含量时，使用滴定度更为方便。

滴定度 $T_{A/B}$ 与浓度 c_B 之间关系推导如下：

对于一个化学反应：

$$aA + bB \rightleftharpoons gG + hH$$

A 为待测物，B 为标准溶液，若反应完成时标准溶液 B 消耗的体积为 $V_B(mL)$，待测物 A 的质量和摩尔质量分别为 $m_A(g)$ 和 $M_A(g \cdot mol^{-1})$。当反应进行到化学计量点时：

$$\frac{a \times c_B \times V_B}{1000} = \frac{b \times m_A}{M_A}$$

整理得

$$\frac{m_A}{V_B} = \frac{a \times c_B \times M_A}{b} \times 10^{-3}$$

由滴定度定义 $T_{A/B} = m_A/V_B$ 可得：

$$T_{A/B} = \frac{a \times c_B \times M_A}{b} \times 10^{-3} \tag{3.12}$$

【例 3.5】 求 $0.1035 mol \cdot L^{-1}$ NaOH 标准溶液对 $H_2C_2O_4$ 的滴定度。

解：由反应： $H_2C_2O_4 + 2NaOH \rightleftharpoons Na_2C_2O_4 + 2H_2O$

可知 $a=1$，$b=2$，按式(3.12)得：

$$
\begin{aligned}
T_{H_2C_2O_4/NaOH} &= \frac{a \times c_{NaOH} \times M_{H_2C_2O_4}}{b} \times 10^{-3} \\
&= \frac{1 \times 0.1035 \times 90.04}{2} \times 10^{-3} \\
&= 0.004660 (g \cdot mL^{-1})
\end{aligned}
$$

3.6.4 滴定分析法中的计算

化学分析中往往要涉及许多相关的计算，例如标准溶液的配制与标定、被测物质与标准溶液间计量关系、重量分析中被测组分的表示形式与称量形式间计量关系，以及分析结果的计算和表达等。本节主要讨论滴定分析法中相关的计算。

(1) 被测组分与滴定剂之间的物质的量的关系

直接滴定法中，被测物 A 与滴定剂 B 的反应为：

$$aA + bB \rightleftharpoons gG + hH$$

滴定至化学计量点时，被测物 A 与滴定剂 B 的物质的量按 $a:b$ 的关系进行反应。

$$n_A : n_B = a : b$$

$$n_A = \frac{a}{b} n_B \quad \text{或} \quad n_B = \frac{b}{a} n_A \tag{3.13}$$

例如，NaOH 标准溶液的浓度用基准物 $H_2C_2O_4 \cdot 2H_2O$ 来标定，其反应为：

$$H_2C_2O_4 + 2NaOH \rightleftharpoons Na_2C_2O_4 + 2H_2O$$

则

$$n_{H_2C_2O_4 \cdot 2H_2O} : n_{NaOH} = 1 : 2$$

$$n_{NaOH} = 2 n_{H_2C_2O_4 \cdot 2H_2O}$$

在标定标准溶液的浓度时，称取基准物的质量单位为 g，NaOH 溶液的体积单位是 mL，则：

$$c_{NaOH} \times V_{NaOH} \times 10^{-3} = \frac{2m_{H_2C_2O_4 \cdot 2H_2O}}{M_{H_2C_2O_4 \cdot 2H_2O}}$$

$$c_{NaOH} = \frac{2m_{H_2C_2O_4 \cdot 2H_2O} \times 10^3}{M_{H_2C_2O_4 \cdot 2H_2O} \times V_{NaOH}}$$

在间接滴定法或置换滴定法中，一般要通过多个反应才能完成，则需联系这些反应确定出待测物与滴定剂之间的物质的量的关系。

例如，在酸性介质中，$Na_2S_2O_3$ 溶液用基准物 $K_2Cr_2O_7$ 标定的反应为：

$$Cr_2O_7^{2-} + 6I^- + 14H^+ \Longrightarrow 2Cr^{3+} + 3I_2 + 7H_2O$$

$$I_2 + 2S_2O_3^{2-} \Longrightarrow 2I^- + S_4O_6^{2-}$$

总的计量关系为： $\qquad 1Cr_2O_7^{2-} \sim 6I^- \sim 3I_2 \sim 6S_2O_3^{2-}$

则 $\qquad\qquad\qquad\qquad n_{Na_2S_2O_3} = 6n_{K_2Cr_2O_7}$

(2) 被测物质的质量分数的计算

在滴定分析中，被测物的物质的量 n_A 是由滴定剂 B 的浓度 c_B 和体积 V_B（溶液的体积单位一般用 mL）以及被测物与滴定剂之间反应的化学计量关系求得，即：

$$n_A = \frac{a}{b}n_B = \frac{a}{b}c_B V_B \times 10^{-3} \qquad\qquad (3.14)$$

故被测物的质量

$$m_A = \frac{a}{b}c_B V_B \times 10^{-3} \times M_A \qquad\qquad (3.15)$$

在滴定分析中，若试样被称取的准确质量为 m_s，被测物的质量为 m_A，则被测物的质量分数 w_A 表示为

$$w_A = \frac{m_A}{m_s} \qquad\qquad (3.16)$$

故 $\qquad\qquad\qquad w_A = \frac{\frac{a}{b} \times c_B \times V_B \times 10^{-3} \times M_A}{m_s} \qquad\qquad (3.17)$

【例3.6】 欲标定 $0.10mol \cdot L^{-1} NaOH$ 标准溶液的浓度，若控制 NaOH 溶液消耗的体积在 25mL 左右，采用草酸（$H_2C_2O_4 \cdot 2H_2O$）作基准物，应称取多少克？如改用邻苯二甲酸氢钾作基准物（$KHC_8H_4O_4$），又应称取多少克？已知：$M_{H_2C_2O_4 \cdot 2H_2O} = 126.07g \cdot mol^{-1}$，$M_{KHC_8H_4O_4} = 204.22g \cdot mol^{-1}$。

解： $\qquad\qquad H_2C_2O_4 \cdot 2H_2O + 2NaOH \Longrightarrow Na_2C_2O_4 + 4H_2O$

$$KHC_8H_4O_4 + NaOH \Longrightarrow KNaC_8H_4O_4 + H_2O$$

$$m_{H_2C_2O_4 \cdot 2H_2O} = \frac{0.10 \times 25 \times 10^{-3} \times 126.07}{2} \approx 0.16 \ (g)$$

$$m_{KHC_8H_4O_4} = 0.10 \times 25 \times 10^{-3} \times 204.22 \approx 0.51 \ (g)$$

采用草酸（$H_2C_2O_4 \cdot 2H_2O$）作基准物，应称取 0.16g 左右；改用邻苯二甲酸氢钾作基准物，应称取 0.51g 左右。可见，采用邻苯二甲酸氢钾作基准物可减小称量的相对误差。

【例 3.7】 为了标定 HCl 标准溶液的浓度，称取 0.4826g 基准物硼砂（$Na_2B_4O_7 \cdot 10H_2O$），用甲基红作指示剂，滴定时消耗 HCl 标准溶液 25.15mL，求 HCl 标准溶液的浓度。已知：$M_{Na_2B_4O_7 \cdot 10H_2O} = 381.36 \text{g} \cdot \text{mol}^{-1}$。

解： 滴定反应为：

$$Na_2B_4O_7 + 2HCl + 5H_2O \Longrightarrow 4H_3BO_3 + 2NaCl$$

故
$$n_{HCl} = 2n_{Na_2B_4O_7 \cdot 10H_2O}$$

$$c_{HCl} \times V_{HCl} = 2n_{Na_2B_4O_7 \cdot 10H_2O} = \frac{2m_{Na_2B_4O_7 \cdot 10H_2O}}{M_{Na_2B_4O_7 \cdot 10H_2O}}$$

$$c_{HCl} = \frac{2 \times 0.4826}{381.36 \times 25.15 \times 10^{-3}} = 0.1006 (\text{mol} \cdot \text{L}^{-1})$$

【例 3.8】 在 1.010g $CaCO_3$ 试样中加入 50.00mL 0.5100mol·L^{-1} HCl 溶液，待完全反应后再用 0.4900mol·L^{-1} NaOH 标准溶液返滴定过量的 HCl 溶液，用去 NaOH 溶液 25.00mL，求 $CaCO_3$ 的纯度。已知：$M_{CaCO_3} = 100.09 \text{g} \cdot \text{mol}^{-1}$。

解：
$$2HCl + CaCO_3 \Longrightarrow CaCl_2 + H_2O + CO_2$$
$$HCl + NaOH \Longrightarrow NaCl + H_2O$$

$$w_{CaCO_3} = \frac{[c_{HCl} \times V_{HCl} - c_{NaOH} \times V_{NaOH}] \times 10^{-3} \times M_{CaCO_3}}{2m_s} \times 100\%$$

$$= \frac{(0.5100 \times 50.00 - 0.4900 \times 25.00) \times 10^{-3} \times 100.09}{2 \times 1.010} \times 100\%$$

$$= 65.65\%$$

习题

3.1 指出在下列情况下，各会引起哪种误差？如果是系统误差，应该采用什么方法减免？

(1) 在分析过程中，读取滴定管读数时，最后一位数字 n 次读数不一致。

(2) 标定 HCl 溶液用的 NaOH 标准溶液中吸收了 CO_2，对分析结果所引起的误差。

(3) 移液管、容量瓶不配套，由此对分析结果引起的误差。

(4) 试剂中含有微量的被测组分。

(5) 天平的零点有微小变动。

(6) 滴定时不慎从锥形瓶中溅出一滴溶液。

3.2 如果分析天平的称量的绝对误差为 ±0.2mg，拟分别称取试样 0.1g 和 1g 左右，称量的相对误差各为多少？这些结果说明了什么问题？

3.3 滴定管的每次读数绝对误差为 ±0.01mL，如果滴定中用去标准溶液的体积分别为 2mL 和 20mL 左右，读数的相对误差各为多少？从相对误差的大小说明了什么问题？

3.4 测定铁矿石中铁的质量分数（以 $w_{Fe_2O_3}$ 表示），5 次测定结果分别为：67.48%，67.37%，67.47%，67.43% 和 67.40%。计算：

(1) 平均偏差；

(2) 相对平均偏差；

(3) 样本标准偏差；

(4) 相对标准偏差。

3.5 测得某试样中 Cu 质量分数为 41.60％、41.62％、41.63％、41.64％、41.66％、41.58％，计算测定结果的平均值、平均偏差、相对平均偏差（无需舍去数据）。

3.6 测定石灰中铁的质量分数（％），4 次测定结果为：1.59、1.53、1.54 和 1.83。

(1) 用 Q 检验法判断第四个结果应否弃去？

(2) 如第 5 次测定结果为 1.65，此时情况又如何（Q 均为 0.90）？

3.7 测定某样品中铁的质量分数，结果如下：

30.06％、30.03％、30.12％、30.05％、30.02％、30.03％、30.07％、30.05％

根据 Q 检验法，置信度为 90％时是否有可疑数要舍去，计算分析结果的平均值、样本标准偏差、变异系数和对应的置信区间。

3.8 测定试样中蛋白质的质量分数，5 次测定结果的平均值为：34.92％、35.11％、35.01％、35.19％和 34.98％。

(1) 经统计处理后的测定结果应如何表示（报告 n，$\bar{x}$ 和 s）？

(2) 计算置信度为 95％时 μ 的置信区间。

3.9 下列数据分别有几位有效数字？

(1) 0.0330；(2) 10.030；(3) 23650；(4) 8.7×10^{-5}；(5) $pK_a = 4.74$；(6) $pH = 10.00$

3.10 将下列各数修约到三位有效数字，并用标准指数形式表示。

(1) 412.503300；(2) 73.286×10^5；(3) 0.007362360；(4) 0.000056431500

3.11 根据有效数字的运算规则完成下列计算。

(1) $22.6 \times 25.38 - 0.00258 \times 31.36 + 3.765 \times 8.536$；

(2) $\dfrac{2.578 \times 375 \times 2.985 \times 10^{-5}}{(8.36 \times 10^{-3})^2}$；

(3) $\sqrt{\dfrac{0.1023 \times (25.00 - 24.10) \times 100.1}{0.2351 \times 10^3}}$；

(4) $0.0325 \times 5.103 \times 60.06 \div 139.8$。

3.12 溶液的 $pH = 1.05$，其 c_{H^+} 为多少？某溶液的 $c_{H^+} = 1 \times 10^{-7} \, mol \cdot L^{-1}$，其 pH 值是多少？

3.13 解释下列术语。

滴定分析法；滴定；基准物质；标准溶液；标定；化学计量点；指示剂；滴定终点。

3.14 标定 NaOH 溶液浓度时若用以下物质，试问所得的结果是偏高、偏低还是准确？为什么？

(1) 所用的邻苯二甲酸氢钾混有少量邻苯二甲酸；

(2) 所用的 $H_2C_2O_4 \cdot 2H_2O$ 带有少量湿存水；

(3) 所用的邻苯二甲酸氢钾含有少量不溶性杂质（中性）。

3.15 若所用基准物质发生以下情况：① $H_2C_2O_4 \cdot 2H_2O$ 因保存不当而部分风化；② Na_2CO_3 因吸潮带有少量湿存水。用①标定 NaOH 溶液的浓度时，结果是偏高还是偏低？用②标定 HCl 溶液的浓度时，结果是偏高还是偏低？用此 NaOH 溶液测定某有机酸的摩尔质量时，结果偏高还是偏低？用此 HCl 溶液测定某有机碱的摩尔质量时，结果偏高还是偏低？

3.16 下列情况将对分析结果产生何种影响？是正误差、负误差、无影响还是结果混乱？

(1) 标定 HCl 溶液浓度时，使用的基准物 Na_2CO_3 中含有少量 $NaHCO_3$；

(2) 加热使基准物溶解后，溶液未经冷却即转移至容量瓶中并稀释至刻度，摇匀，马上进行标定；

(3) 配制标准溶液时未将容量瓶内溶液摇匀；

(4) 用移液管移取试样溶液时事先未用待移取溶液润洗移液管；

(5) 称量时，承接试样的锥形瓶潮湿。

3.17 下列物质中可以用直接法配制成标准溶液的有哪些？只能用间接法配制成标准溶液的有哪些？

KSCN $H_2C_2O_4 \cdot 2H_2O$ NaOH $KMnO_4$

$K_2Cr_2O_7$ $KBrO_3$ $Na_2S_2O_3 \cdot 5H_2O$ HCl

3.18 已知浓硝酸的密度为 $1.42 g \cdot mL^{-1}$，其中 HNO_3 含量约为 70%，求其浓度。如欲配制 $1L$ $0.25 mol \cdot L^{-1}$ HNO_3 溶液，应取这种浓硝酸多少毫升？

3.19 准确称取 0.5877g 基准试剂 Na_2CO_3，溶解后，定量转移至 100mL 容量瓶中配制成溶液，其浓度为多少？取该标准溶液 20.00mL 标定某 HCl 溶液，若滴定时用去 HCl 溶液 21.96mL，计算该 HCl 溶液的浓度。

3.20 以硼砂为基准物标定 HCl 溶液浓度，用甲基红指示终点，称取硼砂 0.9758g，耗去 HCl 溶液 23.65mL，求 HCl 溶液的浓度。

3.21 称取 0.5166g 邻苯二甲酸氢钾基准物，标定 NaOH 溶液，以酚酞为指示剂滴定至终点，用去 NaOH 溶液 22.69mL。求 NaOH 溶液的浓度。

3.22 称取 0.5929g 基准物质 ($H_2C_2O_4 \cdot 2H_2O$)，溶解后，定量转移到 100mL 容量瓶中定容，摇匀，移取该草酸溶液 25.00mL 标定 NaOH 溶液，耗去 NaOH 溶液 21.05mL。计算 NaOH 溶液的浓度。

3.23 称取 14.6986g $K_2Cr_2O_7$ 基准试剂，配成 500.0mL 溶液，试计算：

(1) $K_2Cr_2O_7$ 溶液的浓度；

(2) $K_2Cr_2O_7$ 溶液对 Fe 和 Fe_2O_3 的滴定度。

3.24 计算 $0.01025 mol \cdot L^{-1}$ HCl 溶液对 CaO 的滴定度。

3.25 计算 $0.2006 mol \cdot L^{-1}$ HCl 溶液对 $Ca(OH)_2$ 和 NaOH 的滴定度。

第4章

酸碱滴定法

酸碱滴定法又称中和滴定法，是化学定量分析中"四大滴定"之一，是以质子传递反应为基础的滴定分析方法。通常用标准强酸溶液或标准强碱溶液作为滴定剂，测定具有一定强度的酸性或碱性物质，或间接测定能够产生酸或碱的物质。

酸碱滴定法应用非常广泛，覆盖工、农业生产和医药卫生等方面，许多重要的化工原料，医药工业原料，土壤、肥料、粮食中蛋白质的含量，蔬菜水果、食醋的总酸度，天然水的总碱度等，都可采用酸碱滴定法分析。

4.1 酸碱指示剂

酸碱滴定中通常使用酸碱指示剂来判断滴定终点，酸碱指示剂可以在化学计量点附近发生颜色变化，表示到达滴定终点，以终止滴定。

酸碱指示剂一般是有机弱酸或有机弱碱，由于它的酸式和碱式结构不同，呈现不同的颜色，并且颜色伴随结构的转变是可逆的。随着滴定的进行，溶液的 pH 值发生改变，指示剂失去或得到质子，结构上的变化导致颜色发生变化。

例如常用指示剂甲基橙（methyl orange，简称 MO）、甲基红（methyl red，简称 MR），都是有机弱碱，具有偶氮式结构，呈黄色；其共轭酸是醌式结构，呈红色。下面是甲基橙在水溶液中存在的酸碱平衡：

$$(CH_3)_2N\!-\!\!\!\bigcirc\!\!\!-N\!=\!N\!-\!\!\!\bigcirc\!\!\!-SO_3^- \xrightleftharpoons[OH^-]{H^+} (CH_3)_2\overset{+}{N}\!=\!\!\!\bigcirc\!\!\!=N\!-\!\underset{H}{N}\!-\!\!\!\bigcirc\!\!\!-SO_3^-$$

黄色   红色
（偶氮式）   （醌式）

酚酞（phenolphthalein，简称 PP）是有机弱酸，溶液为酸性时，酚酞以内酯式结构存在，无色；溶液为碱性时，酚酞以醌式结构存在，红色。

4.1.1 变色原理和变色范围

滴定时，指示剂的颜色发生变化，以指示滴定终点。酸碱指示剂的颜色与溶液的 pH 值有关，下面以弱酸型指示剂（HIn）为例。

酚酞（内酯式，无色）　　　　酚酞（醌式，红色）

如果溶液中只存在 HIn，就显酸式（HIn）色；如果只存在 In^-，就显碱式色；如果两者同时存在，由于人眼对颜色的分辨有一定的限度，只有当一种存在形式的浓度达到另一种的 5～10 倍时，才能看到浓度大的那一种比较纯粹的颜色，所以，溶液的颜色取决于指示剂的碱式和酸式的浓度之比 $[In^-]/[HIn]$。

当 $[In^-]/[HIn] \geqslant 10$ 时，显示的是碱式型 In^- 的颜色；当 $[In^-]/[HIn] \leqslant 0.1$ 时，显示的是酸式色；$[In^-]/[HIn]$ 在 0.1～10 之间，显示的是酸式型和碱式型的混合颜色。

HIn 在水溶液中存在电离平衡：

$$HIn \Longrightarrow H^+ + In^- \qquad\qquad K_{HIn}❶ = \frac{[H^+][In^-]}{[HIn]}$$

上式可改写为：

$$\frac{[In^-]}{[HIn]} = \frac{K_{HIn}}{[H^+]} \qquad 或 \qquad pH = pK_{HIn} + \lg\frac{[In^-]}{[HIn]} \tag{4.1}$$

式中，K_{HIn} 为弱酸指示剂的电离常数。对于某指示剂，K_{HIn} 为常数，所以，溶液的颜色取决于 pH 值，即：

$[In^-]/[HIn] \leqslant 0.1$	$pH \leqslant pK_{HIn} - 1$	酸式色
$0.1 \leqslant [In^-]/[HIn] < 10$	pH 在 $pK_{HIn} \pm 1$ 之间	各种混合色
$[In^-]/[HIn] \geqslant 10$	$pH \geqslant pK_{HIn} + 1$	碱式色

显然，只有溶液的 pH 值在 $pK_{HIn} \pm 1$ 之间时，才能观察到溶液颜色的变化，因此将 $pK_{HIn} \pm 1$ 称为指示剂的理论变色范围。$pH = pK_{HIn}$ 这一点称为理论变色点，从理论上来说，这一点是溶液变色的起点。

指示剂的实际变色范围是由实验中目测确定的，与理论变色范围不完全一致。例如，甲基橙的 $pK_a = 3.4$，其理论变色范围为 2.4～4.4，而实际测量的变色范围是 3.1～4.4，这是由于人眼对各种颜色的敏感程度不同造成的，人眼对红色比黄色更敏感，从黄色中辨别红色较易，而从红色中辨别黄色较难。所以，pH<3.1 时，甲基橙呈红色；pH>4.4 时，甲基橙呈黄色；在 3.1～4.4 之间；甲基橙呈从橙红到橙黄的混合色。

通常，指示剂的实际变色范围比理论变色范围小，在 1～2pH 单位之间，变色范围越窄越好，变色范围越窄，表明指示剂对 pH 值的变化越敏锐，这样，滴定过程中 pH 稍有变化，指示剂颜色就会发生突变，有利于提高滴定的准确度。

---

❶ K_{HIn} 的规范写法应为 $K_{HIn}^{\ominus}$，本章简便处理，下同。

表 4.1　常用的酸碱指示剂

指示剂	pK_{HIn}	变色范围 pH	浓度
百里酚蓝(第一次变色)	1.6	红 1.2～2.8 黄	0.1%的 20%乙醇溶液
甲基橙	3.4	红 3.1～4.4 黄	0.05%的水溶液
溴酚蓝	4.1	黄 3.1～4.6 蓝	0.1%的 20%乙醇溶液
溴甲酚绿	4.9	黄 3.8～5.4 蓝	0.1%的 20%乙醇溶液
甲基红	5.2	红 4.4～6.2 黄	0.1%的 60%乙醇溶液
溴百里酚蓝	7.3	黄 6.0～7.6 蓝	0.1%的 20%乙醇溶液
中性红	7.4	红 6.8～8.0 亮黄	0.1%的 60%乙醇溶液
酚红	8.0	黄 6.7～8.4 红	0.1%的 60%乙醇溶液
百里酚蓝(第二次变色)	8.9	黄 8.0～9.6 蓝	0.1%的 20%乙醇溶液
酚酞	9.1	无色 8.0～9.6 红	0.1%的 90%乙醇溶液
百里酚酞	10.0	无色 9.4～10.6 蓝	0.1%的 90%乙醇溶液

4.1.2　混合指示剂

表 4.1 中都是单一指示剂，变色范围较宽，有些酸碱滴定需要将滴定终点限制在较窄的范围内，这时，单一指示剂往往难以满足需要，而混合指示剂利用了颜色互补作用，可使变色范围更窄，终点颜色变化更为明显。

混合指示剂可分为两类。一类由两种或两种以上的指示剂混合而成，且指示剂的 pK_a 值比较接近，例如将溴甲酚绿（$pK_a = 4.9$）和甲基红（$pK_a = 5.2$）按一定比例混合后，酸式色是酒红色，碱式色是绿色，中间色是灰色，变化很明显。

酸度	溴甲酚绿	甲基红	溴甲酚绿+甲基红
pH<4.0	黄	红	橙(酒红)
pH=5.1	绿	橙	灰
pH>6.2	蓝	黄	绿

另一类是由一种酸碱指示剂和一种颜色不受 pH 值影响的染料（如次甲基蓝、靛蓝二磺酸钠等）配制而成。染料颜色起背景作用，当溶液的 pH 值改变时，指示剂变色，与原来的背景色差异变大，变色更敏锐。例如甲基橙（0.1%）和靛蓝二磺酸钠（0.25%）组成的混合指示剂，当 pH≥4.4 时，甲基橙的黄色加上背景蓝色，混合色为绿色；当 pH=4.1 时，甲基橙的橙色加背景色混合为浅灰色；当 pH≤3.1 时，甲基橙的红色加背景色混合为紫色，混合指示剂从绿色转换为紫色过程中要经过中间色——浅灰色，变色范围窄，色差大，更易观察。实验室中常用的 pH 试纸，就是基于混合指示剂的原理制成的。

4.1.3　影响指示剂变色范围的因素

影响指示剂变色范围的因素有温度、溶剂和指示剂的用量等。

(1) 温度

指示剂的电离常数 K_{HIn} 会随温度的变化而变化，因此温度会影响指示剂的变色范围，如果滴定之前有加热或降温的实验步骤，应该将溶液温度控制在要求范围内再滴定。

(2) 溶剂

指示剂在水中和在其他溶剂中的 K_{HIn} 不同，所以变色范围也不相同。

(3) 指示剂的用量

酸碱指示剂本身就是弱酸或弱碱，在滴定过程中会消耗一定量标准溶液，所以不能用量太多；如果用量太少，颜色太浅，就不易观察溶液的变色情况。所以，适当的指示剂的用量，才能使滴定终点变色敏锐，提高滴定的准确度。

4.1.4 指示剂的选择原则

指示剂在滴定过程中颜色会发生变化，例如酚酞作指示剂时，当溶液的颜色从无色变为红色时，就表示到达了滴定终点。酚酞颜色发生突变，其原因是溶液的 pH 值发生了剧烈的变化，导致溶液中的 $[In^-]/[HIn]$ 从 0.1 陡增到 10，通常把这段过程 pH 值的急剧变化称为**滴定突跃**，滴定突跃所在的 pH 值范围叫做**滴定突跃范围**。

选择指示剂时必须考虑以下三点：

① 指示剂必须在滴定突跃范围之内发生变色，即指示剂变色的 pH 范围应该全部或大部分落在滴定突跃范围之内；

② 指示剂的变色范围越窄越好；

③ 由于人眼对各种颜色的敏感程度不同，所以选择指示剂时，应注意指示剂颜色变化的方向，一般情况下，指示剂的颜色由浅入深变化更易于观察。

例如酚酞作指示剂时，从无色变红色容易观察，而从红色变为无色，变色不明显，难以观察，所以酚酞用于强碱滴定酸的体系较好，不宜用于强酸滴定强碱的体系。

4.2 酸碱滴定曲线

在酸碱滴定过程中，随着滴定剂的加入，溶液的 pH 值不断发生变化，若以滴定剂的加入量与溶液的 pH 值分别为横坐标和纵坐标，可以得到一条表述其变化情况的曲线，这就是酸碱滴定曲线。

下面根据不同类型的酸碱滴定分别进行讨论。

4.2.1 强碱(酸)滴定强酸(碱)

(1) 滴定过程的 pH 值

强酸滴定强碱和强碱滴定强酸，滴定反应为：

$$H^+ + OH^- \rightleftharpoons H_2O$$

以 $0.1000\text{mol}\cdot\text{L}^{-1}$ NaOH 溶液滴定 20.00mL $0.1000\text{mol}\cdot\text{L}^{-1}$ HCl 溶液为例，计算滴定过程中溶液的 pH 值。

滴定过程中，反应进行的程度可以用**滴定百分数**来表示，滴定百分数是指加入的滴定剂的体积占化学计量点时滴定剂的体积的百分比。例如加入 10.00mL NaOH 溶液时，其滴定百分数为 $(10.00/20.00)\times100\% = 50\%$。

① 滴定之前

溶液为还未反应的 HCl 溶液，溶液的 pH 值取决于 HCl 的浓度：

$$[H^+] = c_{HCl} = 0.1000\text{mol}\cdot\text{L}^{-1} \qquad pH = 1.00$$

② 滴定开始至化学计量点前

加入的滴定剂 NaOH 全部与 HCl 反应，此时溶液的 pH 值取决于 HCl 的剩余量，所以，

$$[H^+]=\frac{c_{HCl}\times V_{HCl}-c_{NaOH}\times V_{NaOH}}{V_{HCl}+V_{NaOH}}$$

例如，当加入 19.98mL NaOH 溶液时，滴定百分数为 99.9%，

$$[H^+]=\frac{(0.1000\times20.00-0.1000\times19.98)\times10^{-3}}{(20.00+19.98)\times10^{-3}}=5.00\times10^{-5}(mol\cdot L^{-1})$$

$$pH=4.30$$

③ 化学计量点时

酸碱正好完全反应，滴定百分数为 100%，溶液为中性。溶液的 pH 值取决于水的电离。

$$[H^+]=\sqrt{K_w}=10^{-7.00}(mol\cdot L^{-1})\qquad pH=7.00$$

④ 化学计量点之后

NaOH 过量，溶液的 pH 值取决于 NaOH 的过剩量：

$$[OH^-]=\frac{c_{NaOH}\times V_{NaOH}-c_{HCl}\times V_{HCl}}{V_{HCl}+V_{NaOH}}$$

例如，当加入 20.02mL NaOH 溶液时，滴定百分率为 100.1%，

$$[OH^-]=\frac{(0.1000\times20.02-0.1000\times20.00)\times10^{-3}}{(20.02+20.00)\times10^{-3}}=5.00\times10^{-5}(mol\cdot L^{-1})$$

$$pOH=4.30，pH=9.70$$

表 4.2 是计算出来的滴定过程中不同时期溶液的 pH 值。

表 4.2　强碱滴定强酸过程中 pH 值变化

($c_{NaOH}=c_{HCl}=0.1000mol\cdot L^{-1}$，$V_{HCl}=20.00mL$)

NaOH 加入量/mL	滴定百分数/%	剩余 HCl 溶液体积/mL	过量 NaOH 溶液体积/mL	pH 值	
0.00	0.00	20.00		1.00	
10.00	50.00	10.00		1.48	
18.00	90.00	2.00		2.28	
19.80	99.00	0.20		3.30	
19.98	99.90	0.02		4.30	突跃范围
20.00	100.00	0.00		7.00	
20.02	100.1		0.02	9.70	
20.20	101.0		0.20	10.70	
22.00	110.0		2.00	11.68	
40.00	200.0		20.00	12.50	

(2) 滴定曲线和突跃范围

根据表 4.2 可得 NaOH 标准溶液滴定 HCl 的滴定曲线，如图 4.1 所示。

图 4.1 中 S 形实线为 NaOH 滴定 HCl 的滴定曲线，可以看出，随着 NaOH 的加入，溶液的 pH 值逐渐增大。

当 NaOH 加入量从 0 到 18.00mL，滴定百分数从 0 到 90% 时，溶液的 pH 值仅从 1 到 2.28，18mL NaOH 溶液使 pH 值改变了 1.28 个 pH 单位，pH 增长的幅度并不大。

当 NaOH 加入量从 18.00mL 到 19.98mL，滴定百分数从 90% 到 99.9% 时，溶液的 pH 值从 2.28 到 4.30，仅 1.98mL NaOH 溶液，就使 pH 值改变了 2.02 个单位，pH 增长的幅度加大了。

当 NaOH 加入量从 19.98mL 到 20.02mL（大约 1 滴的量），滴定百分数从 99.9% 到

100.1%时，溶液的 pH 值从 4.30 突增至 9.70，pH 值发生了剧烈的变化，1 滴 NaOH 就使溶液从酸性变成了碱性，pH 值改变了 5.40 个单位，此时的滴定曲线近似悬垂直线。1 滴滴定剂使溶液的性质剧变，这种转折在滴定分析中具有重要的意义，这也就是滴定分析法的依据。

当 NaOH 加入量从 20.02mL 到 22.00mL，从 22.00mL 到 40.00mL，溶液的 pH 值从 9.70 增至 11.68，再增至 12.50，pH 值增加的幅度渐缓。由图 4.1 发现，在滴定曲线的两端，pH 值的变化是对称的。

滴定曲线中近似悬垂直线的那一段，就是**滴定突跃**，突跃的正中间是化学计量点（滴定百分数为 100%），它的前后±0.1% 的范围（即滴定百分数从 99.9% 到 100.1% 这一区间）就是**滴定突跃范围**，0.1000mol·L^{-1}NaOH 溶液滴定 0.1000mol·L^{-1}HCl 溶液，其突跃范围 pH＝4.30～9.70。指示剂的选择主要以此为依据。

（3）指示剂的选择

上述滴定，应该选择什么指示剂呢？指示剂的选择原则是要在滴定突跃范围之内发生变色。

上述滴定的突跃范围为 pH＝4.30～9.70，甲基橙、甲基红、酚酞都可用。如果选择甲基橙，滴定之前溶液为红色，当变成黄色时，pH 值为 4.4，在突跃范围之内。

虽然使用这些指示剂确定的滴定终点不是化学计量点，但是由于滴定突跃的关系，终点误差不超过±0.1%，符合滴定分析要求。

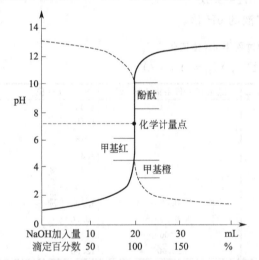

图 4.1　NaOH 标准溶液滴定 HCl 的滴定曲线
（$c_{NaOH}＝c_{HCl}＝0.1000mol·L^{-1}$）

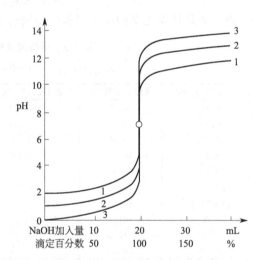

图 4.2　不同浓度 NaOH 标准溶液滴定 HCl 的滴定曲线
（$c_{NaOH}＝c_{HCl}$，1、2、3 的浓度依次为
0.010mol·L^{-1}、0.10mol·L^{-1}和 1.0mol·L^{-1}）

若用 0.1000mol·L^{-1}HCl 溶液滴定 0.1000mol·L^{-1}NaOH 溶液，滴定曲线为反 S 形，如图 4.1 中虚线所示，与上述曲线的 pH 值变化方向相反，其突跃范围为 pH＝9.70～4.30。此时指示剂甲基红、酚酞都可用；若选择甲基橙，当溶液的颜色从黄到红时，pH 值为 3.1，不在突跃范围之内，所以不能用甲基橙，如果滴至橙色（pH 值约 4.0），将有＋0.2% 的误差。

（4）影响突跃范围的因素

强酸滴定强碱或强碱滴定强酸，其突跃范围的大小与什么相关？根据滴定过程中溶液的

pH 值的计算方法可以推出，突跃范围只和滴定剂及被滴定溶液的浓度有关。浓度越大，滴定的突跃范围越大。图 4.2 为不同浓度时强碱滴定强酸的滴定曲线。

当强酸和强碱的浓度都增加 10 倍时，突跃范围将增加 2 个 pH 单位。所以图 4.2 中，当强酸和强碱的浓度相同，且分别为 $0.010 mol \cdot L^{-1}$、$0.10 mol \cdot L^{-1}$ 和 $1.0 mol \cdot L^{-1}$ 时，pH 值突跃范围依次为 $5.30 \sim 8.70$，$4.30 \sim 9.70$ 和 $3.30 \sim 10.70$。

4.2.2 强碱(酸)滴定一元弱酸(碱)

(1) 滴定过程的 pH 值

先讨论强碱滴定一元弱酸，其滴定反应为：

$$HA + OH^- \rightleftharpoons H_2O + A^-$$

以 $0.1000 mol \cdot L^{-1}$ NaOH 溶液滴定 20.00mL $0.1000 mol \cdot L^{-1}$ HAc 溶液为例，计算滴定过程中溶液的 pH 值。

① 滴定之前

溶液为还未反应的 HAc，为一元弱酸溶液，pH 值取决于 HAc 的浓度和电离常数。因为 $K_a^{\ominus} = 1.76 \times 10^{-5}$，$cK_a^{\ominus} \gg 20K_w^{\ominus}$，$c/K_a^{\ominus} > 500$，$[H^+]$ 可用最简式[式(2.22)]计算：

$$[H^+] = \sqrt{cK_a^{\ominus}} = \sqrt{0.1000 \times 1.76 \times 10^{-5}} = 1.33 \times 10^{-3} (mol \cdot L^{-1})$$
$$pH = 2.88$$

② 滴定开始至化学计量点前

加入的滴定剂 NaOH 全部与 HAc 反应，此时溶液的组成为剩余的 HAc 及反应产物 NaAc，为共轭酸碱混合溶液，pH 值取决于 $K_a^{\ominus}$ 和 HAc、Ac^- 的浓度。先用最简式[式(2.38)]计算，再验证。

例如，当加入 19.98mL NaOH 溶液时，滴定百分数为 99.9%，

$$[HAc] = \frac{(0.1000 \times 20.00 - 0.1000 \times 19.98) \times 10^{-3}}{(20.00 + 19.98) \times 10^{-3}} = 5.0 \times 10^{-5} (mol \cdot L^{-1})$$

$$[Ac^-] = \frac{0.1000 \times 19.98 \times 10^{-3}}{(20.00 + 19.98) \times 10^{-3}} = 5.0 \times 10^{-2} (mol \cdot L^{-1})$$

所以，$[H^+] = K_a^{\ominus} \dfrac{[HA]}{[A^-]} = 1.76 \times 10^{-5} \times \dfrac{5.0 \times 10^{-5}}{5.0 \times 10^{-2}} = 1.76 \times 10^{-8} (mol \cdot L^{-1})$

计算结果显示溶液呈碱性，验证时应该将 $[OH^-]$ 与酸、碱的浓度比较。

$[OH^-] = K_w^{\ominus}/[H^+] = 5.68 \times 10^{-7} mol \cdot L^{-1}$，$[HAc] > 20[OH^-]$，$[Ac^-] > 20[OH^-]$

所以，按最简式计算合理，pH=7.75

pH 值也可用滴定百分数来计算（设滴定百分数为 $a\%$）：

$$[H^+] = K_a^{\ominus} \frac{1 - a\%}{a\%} \qquad pH = pK_a^{\ominus} - \lg \frac{1 - a\%}{a\%} \qquad (4.2)$$

$$pH = -\lg(1.76 \times 10^{-5}) - \lg \frac{1 - 99.9\%}{99.9\%} = 7.75$$

显然，用公式(4.2)可推出计算突跃范围上限（滴定百分数为 99.9%）的计算通式：

$$pH=pK_a^{\ominus}-lg\frac{1-a\%}{a\%}=pK_a^{\ominus}-lg\frac{1-99.9\%}{99.9\%}=pK_a^{\ominus}+3$$

式(4.2)及突跃范围上限计算式（pH＝$pK_a^{\ominus}$＋3）的使用条件参照共轭酸碱溶液 pH 值的计算式，先计算，后验证。

③ 化学计量点时

酸碱正好完全反应，溶液的组成为 $0.05000\ mol\cdot L^{-1}$ NaAc 溶液，一元弱碱，pH 值取决于 $K_b^{\ominus}$ 和 Ac^- 的浓度。$K_b^{\ominus}=K_w^{\ominus}/K_a^{\ominus}=5.68\times10^{-10}$，$cK_b^{\ominus}\geqslant20K_w^{\ominus}$，$c/K_b^{\ominus}>500$，$[OH^-]$ 可用最简式[式(2.27)]计算：

$$[OH^-]=\sqrt{cK_b^{\ominus}}=\sqrt{0.05000\times5.68\times10^{-10}}=5.33\times10^{-6}\ (mol\cdot L^{-1})$$
$$pOH=5.27\qquad pH=14.00-5.27=8.73$$

④ 化学计量点之后

溶液的组成为 NaAc 和过量 NaOH，强碱弱碱混合溶液，由于 Ac^- 本身碱性很弱，且受强碱的抑制，溶液的 pH 值取决于 NaOH 的过剩量，计算方法与强碱滴定强酸相同。

表 4.3 是计算出来的强碱滴定弱酸滴定过程中不同时期溶液的 pH 值。

表 4.3 强碱滴定弱酸过程中 pH 值变化

($c_{NaOH}=c_{HAc}=0.1000\ mol\cdot L^{-1}$，$V_{HAc}=20.00\ mL$)

NaOH 加入量/mL	滴定百分数/%	剩余 HAc 溶液体积/mL	过量 NaOH 溶液体积/mL	pH 值	
0.00	0.00	20.00		2.88	
10.00	50.00	10.00		4.75	
18.00	90.00	2.00		5.71	
19.80	99.00	0.20		6.75	
19.98	99.90	0.02		7.75	⎫ 突
20.00	100.0	0.00		8.73	⎬ 跃
20.02	100.1		0.02	9.70	⎪ 范
20.20	101.0		0.20	10.70	⎭ 围
22.00	110.0		2.00	11.68	
40.00	200.0		20.00	12.50	

（2）滴定曲线

根据表 4.3 可得 NaOH 标准溶液滴定 HAc 的滴定曲线，如图 4.3 所示。比较图 4.3 中强碱滴定强酸和弱酸的两条滴定曲线，需要注意下列几点。

① 两条曲线起点不同，HAc 的滴定曲线的起点较高，虽然溶液的浓度一样，但 HAc 是弱酸，pH 值较大。

② 两条曲线的前半段形状不同，后半段重合。化学计量点之前弱酸的 pH 值变化趋势，先较快，再平缓，然后又加快，这是因为从滴定开始到计量点之前，溶液的组成是 HAc-Ac^- 共轭酸碱体系，起初生成的 Ac^- 由于同离子效应，抑制了 HAc 的电离，pH 值增加较快。随着 $[Ac^-]$ 的增大，弱酸及其共轭碱的浓度之比

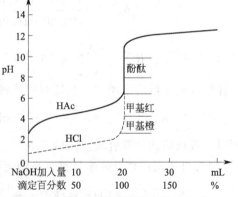

图 4.3 NaOH 标准溶液滴定 HAc 的滴定曲线（$c_{NaOH}=c_{HAc}=0.1000\ mol\cdot L^{-1}$）

（[HAc]/[Ac⁻]）进入有较好缓冲效果的范围 0.1～10 之间，导致 pH 值增幅减慢。当浓度之比小于 0.1 后，缓冲能力大大减小，pH 值增加趋势又加快了。

③ 滴定弱酸的计量点为碱性，此时溶液实为共轭碱溶液，酸越弱，$K_a^\ominus$ 越小，其共轭碱的碱性就越强，计量点的 pH 值就越大。

④ 滴定 HAc 的突跃范围明显变小，为 7.75～9.70，其 pH 值变化量不足 2 个单位，远小于强碱滴定强酸。

⑤ 由于突跃范围在碱性区域内，所以只能选择碱性范围内变色的指示剂，如酚酞等，甲基橙、甲基红都不符合条件。

（3）影响突跃范围的因素

强碱滴定弱酸，根据滴定过程中溶液 pH 值的计算方法可以得出，影响其突跃范围的因素有浓度和电离常数。

用 $0.1000\text{mol} \cdot \text{L}^{-1}$ NaOH 溶液滴定 $0.1000\text{mol} \cdot \text{L}^{-1}$ 的弱酸时，如果弱酸的酸性不是太弱（计算缓冲溶液 pH 值时，可用最简式），突跃范围的上限应该是 $pK_a^\ominus + 3$，所以，突跃范围的上限与 $K_a^\ominus$ 有关，$K_a^\ominus$ 增大 10 倍，突跃范围向下延伸一个 pH 单位，如图 4.4 所示。

滴定 HAc 时，突跃范围的下限是 9.70，与滴定 HCl 一样，所以，突跃范围的下限与强碱、弱酸的浓度有关，若两者的浓度都增大 10 倍，突跃范围向上延伸一个 pH 单位。

（4）直接准确滴定一元弱酸的条件

由图 4.4 可以看出，酸越弱，$K_a^\ominus$ 越小。滴定突跃就越小。当 $K_a^\ominus$ 为 10^{-8} 时，已无明显突跃。

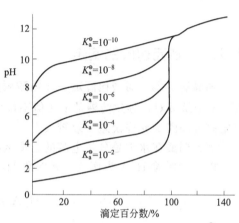

图 4.4　NaOH 标准溶液滴定不同 $K_a^\ominus$ 的一元弱酸的滴定曲线

（$c_{\text{NaOH}} = c_{\text{HA}} = 0.1000\text{mol} \cdot \text{L}^{-1}$）

酸碱指示剂都有一定的变色范围，而且人眼对变色点的观察至少有 ±0.2 个 pH 单位的误差，所以滴定突跃范围不得小于 0.4 个 pH 单位，否则无法对滴定终点进行准确的判断，所以弱酸的 $K_a^\ominus$ 值不能太小。

突跃范围的大小还与其浓度有关，实验证明，当 $c_a K_a^\ominus \geqslant 10^{-8}$ 时，才能使指示剂有明显的颜色变化，才能保证滴定误差在 ±0.2% 之内。$c_a K_a^\ominus \geqslant 10^{-8}$ 是判断一元弱酸能够被直接准确滴定的判据。

（5）强酸滴定一元弱碱

强酸滴定一元弱碱，情况与强碱滴定一元弱酸相似，需要注意以下几点。

① 一元弱碱能够被直接准确滴定的判据是：$c_b K_b^\ominus \geqslant 10^{-8}$。

② 如果用 $0.1000\text{mol} \cdot \text{L}^{-1}$ HCl 溶液滴定 20.00mL $0.1000\text{mol} \cdot \text{L}^{-1}$ 弱碱（A⁻）溶液，其滴定反应为：$H^+ + A^- \Longrightarrow HA$。

③ 滴定曲线为反 S 形，与图 4.3 中曲线对称，pH 值变化方向相反。

④ 如果弱碱的 $K_b^\ominus$ 不太小，滴定突跃范围应该是 $pH = pK_a^\ominus - 3 \sim 4.30$。

⑤ 由于突跃范围在酸性区域内，所以只能选择酸性范围内变色的指示剂，如甲基红等。

浓度均为 $0.10\,\mathrm{mol \cdot L^{-1}}$	突跃范围	指示剂	突跃范围影响因素
NaOH 滴定 HCl	$4.30 \sim 9.70$	MO、MR、PP	c 都增加 10 倍,突跃范围增加 2 个 pH 单位
NaOH 滴定 HA	$pK_a^{\ominus}+3 \sim 9.70$	PP	c 都增加 10 倍,突跃范围增加 1 个 pH 单位 $K_a^{\ominus}$ 增加 10 倍,突跃范围增加 1 个 pH 单位
HCl 滴定 NaOH	$9.70 \sim 4.30$	MR、PP	c 都增加 10 倍,突跃范围增加 2 个 pH 单位
HCl 滴定 A^-	$pK_a^{\ominus}-3 \sim 4.30$	MR	c 都增加 10 倍,突跃范围增加 1 个 pH 单位 $K_b^{\ominus}$ 增加 10 倍,突跃范围增加 1 个 pH 单位

4.2.3 多元弱酸的滴定

强碱滴定多元弱酸比滴定一元弱酸要复杂,由于滴定过程存在 $H_2A \sim HA^-$ 和 $HA^- \sim A^{2-}$ 两个缓冲对,导致溶液的 pH 值不能大幅度升高,所以滴定突跃比一元弱酸要小得多,滴定多元弱酸的允许误差一般较大。

多元弱酸在水中是分步电离的,那么在滴定时能否分步滴定呢?

以二元弱酸 H_2A 为例,二元弱酸 H_2A 在水中分步电离:

$$H_2A \xrightleftharpoons{K_{a_1}^{\ominus}} H^+ + HA^-$$

$$HA^- \xrightleftharpoons{K_{a_2}^{\ominus}} H^+ + A^{2-}$$

两步电离在溶液中同时存在,用 NaOH 滴定时,两步 H^+ 都会反应,但是,如果 $K_{a_1}^{\ominus} \gg K_{a_2}^{\ominus}$,则第二步电离出的 H^+ 相对第一步电离出的 H^+ 来说,数值很小,可以忽略,这时就可以看作只滴定第一步电离出的 H^+,或者说,此二元弱酸 H_2A 可以被分步滴定,在第一个化学计量点附近会有一个 pH 值的突跃。$K_{a_1}^{\ominus}$ 和 $K_{a_2}^{\ominus}$ 相差越大,分步滴定的准确性越高。

如果 $K_{a_1}^{\ominus}$ 和 $K_{a_2}^{\ominus}$ 相差不太多,在 H_2A 还没有全部反应生成 HA^- 时,就已经有一定量的 HA^- 继续反应生成 A^{2-} 了,所以在第一个化学计量点附近没有明显的 pH 值突跃,或者说,此二元弱酸 H_2A 不能被分步滴定(无法确定 HA^- 终点)。

$K_{a_1}^{\ominus}$ 和 $K_{a_2}^{\ominus}$ 要相差多大,才能分步滴定?根据二元酸的分布系数 x-pH 曲线图 2.2 可知,$pK_{a_1}^{\ominus}$ 和 $pK_{a_2}^{\ominus}$ 相差越大,HA^- 占优势的区域就越大,分步滴定的可能性就越大,一般要求 $K_{a_1}^{\ominus}/K_{a_2}^{\ominus} \geq 10^4$(允许误差在 $\pm 1\%$ 以内)才可以进行分步滴定。

多元弱酸各步电离出的 H^+ 能被准确滴定,也必须满足 $c_a K_a^{\ominus} \geq 10^{-8}$ 这个判据。因此,二元弱酸能否被直接滴定、能否被分步滴定,有下面几种情况。

(1) 当 $K_{a_1}^{\ominus}/K_{a_2}^{\ominus} \geq 10^4$,而且满足 $c_a \cdot K_{a_1}^{\ominus} \geq 10^{-8}$ 条件时

第一步电离出的 H^+ 可以被准确滴定,在第一个化学计量点附近会有一个 pH 值的突跃,滴定产物是 HA^-。

① 若 $c_{sp1} \cdot K_{a_2}^{\ominus} \geq 10^{-8}$,则第二步电离出的 H^+ 也可以被准确滴定,在第二个化学计量点附近又会有一个 pH 值的突跃。滴定产物是 A^{2-}(c_{sp1} 为第一个化学计量点时 HA^- 的浓度)。

② 若 $c_{sp1} \cdot K_{a_2}^{\ominus} < 10^{-8}$，则第二步电离出的 H^+ 不能被准确滴定。

(2) 当 $K_{a_1}^{\ominus}/K_{a_2}^{\ominus} < 10^4$，且 $c_a K_{a_1}^{\ominus} \geq 10^{-8}$，$c_{sp1} \cdot K_{a_2}^{\ominus} > 10^{-8}$ 时

此二元弱酸不能被分步滴定，可以一步滴完，在第二个化学计量点附近形成一个 pH 值的突跃，滴定产物是 A^{2-}。

(3) 当 $K_{a_1}^{\ominus}/K_{a_2}^{\ominus} < 10^4$，且 $c_a K_{a_1}^{\ominus} \geq 10^{-8}$，$c_{sp1} \cdot K_{a_2}^{\ominus} < 10^{-8}$ 时

此二元弱酸不能被准确滴定，第二步电离出的 H^+ 会干扰第一步的滴定。

多元弱酸的滴定曲线的计算较复杂，一般直接计算计量点的 pH 值，然后选择在附近变色的指示剂。

【例 4.1】 用 0.1000mol·L^{-1} NaOH 滴定 20.00mL 0.10mol·L^{-1} 的三元酸 H_3PO_4 溶液，试判断能否分步滴定，有几个滴定突跃，各自的滴定产物是什么？应该选择什么指示剂？

解： 查附录 2，H_3PO_4 的 $K_{a_1}^{\ominus} = 7.52 \times 10^{-3}$，$K_{a_2}^{\ominus} = 6.23 \times 10^{-8}$，$K_{a_3}^{\ominus} = 2.2 \times 10^{-13}$。

① $K_{a_1}^{\ominus}/K_{a_2}^{\ominus} = 1.2 \times 10^5 > 10^4$，$K_{a_2}^{\ominus}/K_{a_3}^{\ominus} = 2.8 \times 10^5 > 10^4$，满足分步滴定的条件。

$c_a \cdot K_{a_1}^{\ominus} = 0.1000 \times 7.52 \times 10^{-3} = 7.52 \times 10^{-4} > 10^{-8}$，所以，第一步电离出的 H^+ 可被准确滴定，在第一个化学计量点附近有一个 pH 值突跃，滴定产物是 $H_2PO_4^-$。

② 第一个化学计量点时，H_3PO_4 被滴定至 $H_2PO_4^-$，溶液组成为 NaH_2PO_4，浓度为 $c_{NaH_2PO_4} = c_{sp_1} = 0.05000\text{mol·L}^{-1}$。

$c_{sp1} \cdot K_{a_2}^{\ominus} = 0.05000 \times 6.23 \times 10^{-8} = 0.31 \times 10^{-8} \approx 10^{-8}$，所以，第二步电离出的 H^+ 也可被准确滴定，在第二个化学计量点附近也有一个 pH 值突跃，滴定产物是 HPO_4^{2-}。

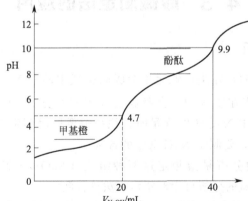

图 4.5　NaOH 标准溶液滴定 H_3PO_4 溶液的滴定曲线

($c_{NaOH} = c_{H_3PO_4} = 0.1000\text{mol·L}^{-1}$)

③ 第二个化学计量点时，溶液组成为 Na_2HPO_4，浓度为 $c_{Na_2HPO_4} = c_{sp_2} = 0.03333\text{mol·L}^{-1}$。

$c_{sp2} \cdot K_{a_3}^{\ominus} = 0.03333 \times 2.2 \times 10^{-13} = 7.3 \times 10^{-15} \ll 10^{-8}$，所以，第三步电离出的 H^+ 不能被滴定。

所以，一级电离和二级电离产生的 H^+ 可以分步被准确滴定，有两个滴定突跃。第三级电离产生的 H^+ 不能被直接滴定。

第一个化学计量点：溶液实为 $0.05000 mol \cdot L^{-1} NaH_2PO_4$ 溶液，属于两性物质，满足近似条件：$cK_{a_2}^{\ominus} > 20K_w^{\ominus}$，$c/K_{a_1}^{\ominus} < 20$，可用近似式[式(2.32)]计算：

$$[H^+] = \sqrt{\frac{K_{a_1}^{\ominus} K_{a_2}^{\ominus} c}{K_{a_1}^{\ominus} + c}} = \sqrt{\frac{7.52 \times 10^{-3} \times 6.23 \times 10^{-8} \times 0.05000}{7.52 \times 10^{-3} + 0.05000}} = 2.01 \times 10^{-5} (mol \cdot L^{-1})$$

$$pH = 4.70$$

指示剂可以选用甲基橙，滴定至溶液颜色从红色完全变成黄色（pH=4.4），滴定时可以先配制相同浓度的 NaH_2PO_4 溶液，加入等量的甲基橙指示剂，作为滴定终点的参照颜色，这种溶液称为**参比溶液**。

其实，指示剂只要在计量点附近变色即可，所以 $[H^+]$ 不必精确计算，可直接用两性物质的最简式计算[式(2.31)]计算：

$$[H^+] = \sqrt{K_{a_1}^{\ominus} K_{a_2}^{\ominus}} = \sqrt{7.52 \times 10^{-3} \times 6.23 \times 10^{-8}} = 2.16 \times 10^{-5} (mol \cdot L^{-1})$$

$$pH = 4.67$$

pH 为 4.67 与 4.70 的差距对选择指示剂并无影响，且计算方便。

第二个化学计量点时：溶液实为 $0.03333 mol \cdot L^{-1} Na_2HPO_4$ 溶液，也是两性物质，直接用最简式计算，结果为 pH=9.93，如果用酚酞作指示剂，变色过早，滴定终点提前，可选择百里酚酞，由无色变为蓝色（pH≈10）。

NaOH 标准溶液滴定 H_3PO_4 溶液的滴定曲线如图 4.5 所示。

4.3 酸碱滴定法的应用

4.3.1 混合碱的分析

工业原料烧碱（NaOH）在生产贮运中会吸收空气中的 CO_2，造成含有部分 Na_2CO_3；纯碱（Na_2CO_3）长期暴露在空气中，会吸收空气中的水分及 CO_2，造成含有部分 $NaHCO_3$。所以，在测定烧碱中 NaOH 的含量时，往往需要同时测定 Na_2CO_3 的含量；在测定纯碱中 Na_2CO_3 的含量时，要测定 $NaHCO_3$ 的含量。

通常所说的混合碱的分析是指测定这两种组成（$NaOH + Na_2CO_3$，$Na_2CO_3 + NaHCO_3$）各自的含量，混合碱的分析可用双指示剂法进行测定。

准确称取一定量 m_s 的混合碱试样，溶于水后，加入指示剂酚酞，用浓度为 c 的 HCl 标准溶液滴定至酚酞的红色刚消失，到达第一滴定终点，由于从红色到无色的变化不很敏锐，可以用 $NaHCO_3$ 的酚酞溶液作参比溶液。此时，如果混合碱有 NaOH，则全部反应完，且生成不影响溶液 pH 值的 NaCl；混合碱中的 Na_2CO_3 则全部与 HCl 反应，产物是 $NaHCO_3$；如果混合碱中有 $NaHCO_3$，则未被滴定。指示剂酚酞变色时所消耗的 HCl 标准溶液体积为 V_1。

在原溶液中再加入甲基橙指示剂，用 HCl 标准溶液继续滴定，至溶液颜色由黄变橙，到达第二滴定终点，此时，混合碱中的 $NaHCO_3$ 已完全反应，产物是 H_2CO_3，所消耗的 HCl 标准溶液体积为 V_2。

双指示剂法的滴定过程可用下图解释：

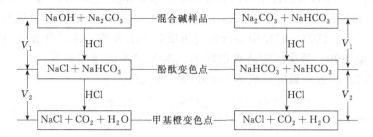

在滴定过程中，混合碱的各组分消耗的 HCl 的量如下：

$$NaOH \xrightarrow[a/mL]{酚酞终点} NaCl \xrightarrow[0/mL]{甲基橙终点} NaCl$$

$$Na_2CO_3 \xrightarrow[b/mL]{酚酞终点} NaHCO_3 \xrightarrow[b/mL]{甲基橙终点} H_2CO_3$$

$$NaHCO_3 \xrightarrow[0/mL]{酚酞终点} NaHCO_3 \xrightarrow[c/mL]{甲基橙终点} H_2CO_3$$

所以，当混合碱的组成是 $NaOH + Na_2CO_3$ 时，第一、第二滴定终点消耗的 HCl 的体积分别为：

$$V_1 = a + b \qquad V_2 = b, \qquad 则 V_1 > V_2$$

故混合碱中 Na_2CO_3 和 NaOH 的含量分别为：

$$w_{Na_2CO_3} = \frac{c_{HCl} \times V_2 \times M_{Na_2CO_3}}{m_s} \times 100\% \tag{4.3}$$

$$w_{NaOH} = \frac{c_{HCl} \times (V_1 - V_2) \times M_{NaOH}}{m_s} \times 100\% \tag{4.4}$$

当混合碱的组成是 $Na_2CO_3 + NaHCO_3$ 时，第一、第二滴定终点消耗的 HCl 的体积分别为：

$$V_1 = b \qquad V_2 = b + c, \qquad 则 V_1 < V_2$$

故混合碱中 Na_2CO_3 和 NaOH 的含量分别为：

$$w_{Na_2CO_3} = \frac{c_{HCl} \times V_1 \times M_{Na_2CO_3}}{m_s} \times 100\% \tag{4.5}$$

$$w_{NaHCO_3} = \frac{c_{HCl} \times (V_2 - V_1) \times M_{NaHCO_3}}{m_s} \times 100\% \tag{4.6}$$

经过上述分析，如果不知道混合碱的组成，可以根据 V_1 和 V_2 的关系来确定混合碱的组成，即：

V_1 和 V_2 的关系	混合碱的组成
$V_1 = V_2 \neq 0$	Na_2CO_3
$V_1 = 0, V_2 > 0$	$NaHCO_3$
$V_1 > 0, V_2 = 0$	$NaOH$
$V_1 > V_2 > 0$	$NaOH$ 和 Na_2CO_3
$V_2 > V_1 > 0$	Na_2CO_3 和 $NaHCO_3$

【例 4.2】 称取含有惰性杂质的混合碱试样 0.2063g，溶解后，用 0.1036mol·L^{-1}HCl 标准溶液滴定到酚酞终点，消耗 HCl 溶液 32.84mL。加入甲基橙后继续滴定又用去 HCl 溶液 5.16mL。试判断试样中混合碱的组成，各组分的质量百分数分别为多少？

解： 由题意可知，两次滴定终点消耗 HCl 标准溶液的体积关系为：
$V_1 > V_2 > 0$，故混合碱的组成为 NaOH 和 Na$_2$CO$_3$。

$$w_{NaOH} = \frac{0.1036 \times (32.84 - 5.16) \times 10^{-3} \times 40.01}{0.2063} \times 100\% = 55.62\%$$

$$w_{Na_2CO_3} = \frac{0.1036 \times 5.16 \times 10^{-3} \times 106.0}{0.2063} \times 100\% = 27.47\%$$

4.3.2 铵盐中氮含量的测定

食品、土壤、动植物饲料中的含氮量测定，通常先把氮转化为铵盐，然后测定 NH$_4^+$ 的含量。

NH$_4^+$ 作为弱酸，$K_a^{\ominus} = 5.6 \times 10^{-10}$，显然，$c_a K_a^{\ominus} < 10^{-8}$，不能用碱溶液直接滴定，需要采用间接方法测定，常用的铵盐测定方法有蒸馏法和甲醛法。

(1) 蒸馏法

蒸馏法中最常见的是凯氏（Kjeldahl）定氮法，它包括如下过程。

① 消化

先将有机试样与浓硫酸共煮，加入 CuSO$_4$ 作催化剂，进行消化分解，使有机试样中的氮转变为（NH$_4$）$_2$SO$_4$；存留在消化液中。

② 蒸馏

把消化液放入蒸馏瓶中，加入过量浓碱，加热，使 NH$_3$ 逸出。

③ 吸收与滴定

逸出的氨用过量的硼酸（H$_3$BO$_3$）溶液吸收，再用盐酸标准溶液滴定。

$$NH_3 + H_3BO_3 = NH_4^+ + H_2BO_3^-$$

H$_3$BO$_3$ 的酸性极弱，不能直接滴定，其共轭碱 H$_2$BO$_3^-$ 可用 HCl 标准溶液滴定，计量点时 pH 约为 5，可用甲基红作指示剂。

除硼酸外，也可用过量的 HCl 标准溶液吸收，再用 NaOH 标准溶液返滴定剩余的 HCl。

(2) 甲醛法

甲醛可以和铵盐发生定量反应：

$$4NH_4^+ + 6HCHO = (CH_2)_6N_4H^+ + 3H^+ + 6H_2O$$

上述反应中，反应物是 4mol NH$_4^+$，产物是 3mol H$^+$ 和 1mol 六亚甲基四胺的共轭酸 [(CH$_2$)$_6$N$_4$H$^+$，$K_a = 7.41 \times 10^{-6}$]，也就是说，产物是 4mol 可被准确滴定的酸，以甲基红作指示剂，用 NaOH 标准溶液滴定，NaOH 与 NH$_4^+$ 的化学计量关系为 1:1。该法较简便。

习题

4.1 举例说明酸碱指示剂的变色原理，酸碱滴定中，如何选择指示剂？

4.2 某酸碱指示剂的 p$K_{HIn} = 9$，它的理论变色范围如何？

4.3 下列各物质能否用酸碱滴定法直接准确滴定？如果能，计算化学计量点时的 pH 值，并选择合适的指示剂，假设标准溶液的浓度为 $0.1000 mol \cdot L^{-1}$。

(1) $0.10 mol \cdot L^{-1}$ HCN 溶液；

(2) $0.10 mol \cdot L^{-1}$ HF 溶液；

(3) $0.10 mol \cdot L^{-1}$ NaF 溶液。

4.4 判断下表中多元酸碱能否准确滴定？

溶液	pK_a	能否用酸碱滴定法测定	滴定剂	指示剂	终点产物
柠檬酸	3.15				
	4.76				
	6.40				
NaHS	7.05				
	12.92				
氨基乙酸钠	2.35				
	9.78				
顺丁烯二酸	2.92				
	6.22				

4.5 某一三元酸，已知其 $pK_{a_1}^{\ominus}=2$，$pK_{a_2}^{\ominus}=6$，$pK_{a_3}^{\ominus}=12$，用 NaOH 溶液滴定时，第一和第二化学计量点的 pH 值分别为多少？两个化学计量点附近有无滴定突跃？可选用何种指示剂指示终点？能否直接滴定至酸的质子全部被中和？

4.6 用 $0.1000 mol \cdot L^{-1}$ HCl 溶液滴定 $20.00 mL$ $0.1000 mol \cdot L^{-1}$ NH_3 溶液，计算此滴定体系的化学计量点时的 pH 值及突跃范围，并选择合适的指示剂。

4.7 用 $0.1000 mol \cdot L^{-1}$ NaOH 标准溶液滴定 $0.1000 mol \cdot L^{-1}$ $H_2C_2O_4$ 溶液，能否分步滴定？滴定计量点时溶液的组成是什么？化学计量点时，溶液的 pH 值是多少？可选择什么指示剂指示终点？

4.8 用 $0.1000 mol \cdot L^{-1}$ HCl 标准溶液滴定 $20.00 mL$ $0.1000 mol \cdot L^{-1}$ Na_2CO_3 溶液，能否分步滴定？有几个滴定突跃？化学计量点时溶液组成是什么？应选择什么指示剂指示终点？

4.9 称取 $1.250 g$ 某一弱酸（HA）纯试样，用蒸馏水溶解并稀释至 $50 mL$，用 $0.09000 mol \cdot L^{-1}$ NaOH 标准溶液滴定至化学计量点需 $41.20 mL$。若加入 NaOH 溶液 $8.24 mL$ 时，溶液的 $pH=4.30$。求：

(1) 求该弱酸的摩尔质量；

(2) 计算弱酸的解离常数 K_a 和化学计量点的 pH 值；

(3) 选择何种指示剂？

4.10 某弱酸的 $pK_a=9.21$，现有浓度为 $0.1000 mol \cdot L^{-1}$ 的其共轭碱 NaA 溶液 $20.00 mL$，当用 $0.100 mol \cdot L^{-1}$ HCl 溶液滴定时，化学计量点时的 pH 值为多少？化学计量点附近的滴定突跃范围如何？应选用何种指示剂指示终点？

4.11 称取含有惰性杂质的混合碱样 $0.9486 g$，以酚酞为指示剂时到达滴定终点消耗 $0.2786 mol \cdot L^{-1}$ HCl 标准溶液 $34.10 mL$，加入甲基橙后继续滴定又用去 HCl 标准溶液 $23.62 mL$。问除惰性杂质外，试样由哪些组分组成？各组分的质量百分数分别为多少？

4.12 取含惰性杂质的混合碱试样一份，溶解后，以酚酞为指示剂，滴至终点消耗盐酸标准溶液 $V_1 mL$；另取相同质量的该试样一份，溶解后以甲基橙为指示剂，用相同浓度的盐酸标准溶液滴至终点，消耗盐酸标准溶液 $V_2 mL$，试求：

(1) 如果滴定中消耗的盐酸溶液体积关系为 $2V_1 = V_2$，则试样组成如何？

(2) 如果试样仅含等物质的量的 NaOH 和 Na_2CO_3，则 V_1 与 V_2 有何数量关系？

4.13 某混合碱试样中仅含 NaOH 和 Na_2CO_3。称取 0.3720g 该试样，用水溶解后，以酚酞为指示剂，消耗 $0.1500mol \cdot L^{-1}$ HCl 溶液 40.00mL，问还需消耗多少毫升 0.1500 $mol \cdot L^{-1}$ HCl 溶液达到甲基橙的变色点？

4.14 某溶液中可能含有 H_3PO_4 或 $NaNH_2PO_4$ 或 Na_2HPO_4，或是它们不同比例的混合溶液。酚酞为指示剂时，以 $1.000mol \cdot L^{-1}$ NaOH 标准溶液滴定至终点用去 46.85mL；接着加入甲基橙，再以 $1.000mol \cdot L^{-1}$ HCl 溶液回滴至甲基橙终点（橙色）用去 31.96mL，问该混合溶液组成如何？并求出各组分的物质的量。

4.15 称取含有惰性杂质的混合碱试样 0.3010g，以酚酞为指示剂时到达滴定终点消耗 $0.1060mol \cdot L^{-1}$ HCl 标准溶液 20.10mL，加入甲基橙后继续滴定又用去 HCl 标准溶液 27.60mL。问试样中有哪些组分？各组分的质量百分数分别为多少？

4.16 用凯氏定氮法测定蛋白质中氮的含量，称取粗蛋白质试样 1.787g，将试样中的氮转化为 NH_3，并以 25.00mL $0.2016mol \cdot L^{-1}$ HCl 标准溶液吸收，剩余的 HCl 标准溶液用 $0.1285mol \cdot L^{-1}$ NaOH 标准溶液返滴定，消耗 NaOH 溶液 10.16mL，计算此粗蛋白质试样中氮的百分含量。

4.17 在 0.5010g $CaCO_3$ 试样中加入 $0.2510mol \cdot L^{-1}$ HCl 溶液 50.00mL，待完全反应后再用 $0.2035mol \cdot L^{-1}$ NaOH 标准溶液返滴定过量的 HCl 溶液，用去 NaOH 溶液 23.65mL。求 $CaCO_3$ 的纯度。

4.18 称取土样 1.000g 溶解后，将其中的磷沉淀为磷钼酸铵，用 20.00mL $0.1000mol \cdot L^{-1}$ NaOH 溶液溶解沉淀，过量的 NaOH 用 $0.2000mol \cdot L^{-1}$ HNO_3 溶液 7.50mL 滴至酚酞终点，计算土样中 w_P、$w_{P_2O_5}$。已知：

$$H_3PO_4 + 12MoO_4^{2-} + 2NH_4^+ + 22H^+ = (NH_4)_2HPO_4 \cdot 12MoO_3 \cdot H_2O + 11H_2O$$
$$(NH_4)_2HPO_4 \cdot 12MoO_3 \cdot H_2O + 24OH^- = 12MoO_4^{2-} + HPO_4^{2-} + 2NH_4^+ + 13H_2O$$

4.19 称取粗铵盐试样 1.000g，加入过量 NaOH 溶液并加热，逸出的氨吸收于 56.00mL $0.2500mol \cdot L^{-1}$ H_2SO_4 溶液中，过量的酸用 $0.5000mol \cdot L^{-1}$ NaOH 标准溶液回滴，用去 NaOH 标准溶液 1.56mL。计算试样中 NH_3 的质量百分数。

第5章

沉淀溶解平衡

按溶解度的大小，电解质有易溶和难溶之分。本章将讨论难溶电解质的沉淀溶解平衡，它属于多相平衡。沉淀的生成和溶解常用于科研和生产实践中，如难溶物质的制备、离子的分离、试剂的提纯等。

5.1 沉淀溶解平衡

物质的溶解度是指在一定温度和压力下，固体物质在一定量的溶剂中达到溶解平衡状态时，饱和溶液里的物质的浓度。各种物质在水中的溶解度是不同的。通常将在100g水中溶解度小于0.01g的物质称为难溶物质；在100g水中溶解度处于0.01g与0.1g之间的物质称为微溶物质；在100g水中溶解度处于0.1g与1g之间的电解质称为可溶物质；将在100g水中溶解度大于1g的物质称为易溶物质。

5.1.1 溶度积常数

难溶电解质的溶解度较小，但任何难溶电解质在水中并不是完全不溶，没有绝对不溶的物质。难溶电解质在水中会发生一定程度的溶解，当溶解的速率与沉淀的速率相等时，溶液达到饱和，未溶解的电解质固体与溶解在溶液中的离子建立起动态平衡，这种状态称之为难溶电解质的沉淀溶解平衡。

例如，$BaSO_4$ 是难溶强电解质，将 $BaSO_4$ 放入水中，会有微量的 $BaSO_4$ 溶于水而发生电离，Ba^{2+} 和 SO_4^{2-} 成为水合离子进入溶液，这就是难溶物质的溶解过程。同时，溶液中的 Ba^{2+} 和 SO_4^{2-} 不断增多，其中一些水合 Ba^{2+} 和 SO_4^{2-} 互相碰撞而结合成 $BaSO_4$ 晶体，又重新回到固体的表面上，这就是 $BaSO_4$ 的沉淀过程。当溶解过程和沉淀过程的速率相等时，溶液中离子浓度不再改变，就达到了 $BaSO_4$ 固体和溶液中的 Ba^{2+} 和 SO_4^{2-} 之间的动态平衡，此时溶液为 $BaSO_4$ 饱和溶液。这种多相平衡可表示为：

$$BaSO_4(s) \rightleftharpoons Ba^{2+}(aq) + SO_4^{2-}(aq)$$

该反应的标准平衡常数（溶度积常数）为：

$$K_{sp}^{\ominus} = [\mathrm{Ba}^{2+}][\mathrm{SO}_4^{2-}]$$

对于组成为 $A_n B_m$ 的难溶电解质而言,其沉淀溶解平衡可表示为:

$$A_n B_m(s) \Longleftrightarrow n A^{m+}(aq) + m B^{n-}(aq)$$

其溶度积表达式为:

$$K_{sp}^{\ominus} = [A^{m+}]^n \times [B^{n-}]^m \tag{5.1}$$

式(5.1)表明,在温度一定时,任意难溶电解质的饱和溶液中,有关离子浓度以其化学计量数为指数的幂的乘积为一常数,此常数称为该难溶电解质的**溶度积常数**,简称溶度积,用符号 $K_{sp}^{\ominus}$ 表示。$K_{sp}^{\ominus}$ 的大小反映了难溶物质的溶解能力的大小,其值与物质的本性和温度有关,而与浓度的改变无关。一些常见难溶强电解质的 $K_{sp}^{\ominus}$ 见附录3。

严格地说,溶度积应是平衡时离子活度以其化学计量数为指数的幂的乘积。但因稀溶液中离子强度不大,离子的活度系数接近于1,故离子浓度与离子活度相差很小,可用离子浓度代替活度进行近似计算。

5.1.2 溶解度

溶解度 S 和溶度积 $K_{sp}^{\ominus}$ 都可表示物质的溶解能力。但 $K_{sp}^{\ominus}$ 只用来表示难溶电解质的溶解能力,反映的是难溶电解质溶解作用发生的趋势,与难溶电解质的离子浓度改变无关。离子浓度的改变虽然会使沉淀溶解平衡发生移动,但无论离子浓度变化如何,达到新平衡时,离子浓度以其化学计量数为指数的幂的乘积仍为一常数,即 $K_{sp}^{\ominus}$ 值不变。如在一定温度时,增大 $BaSO_4$ 的饱和溶液中 Ba^{2+} 浓度,此时沉淀溶解平衡被破坏,就会有 $BaSO_4$ 沉淀生成,使溶液中 SO_4^{2-} 浓度降低,重新达到平衡时,Ba^{2+} 和 SO_4^{2-} 浓度的幂的乘积仍为常数。而溶解度 S 除与难溶电解质的本性和温度有关外,还与溶液中难溶电解质的离子浓度有关。例如在纯水中,$BaSO_4$ 的溶解度就要比在 Na_2SO_4 溶液中高。一般讲某物质的溶解度是指在纯水中的溶解度。由溶度积 $K_{sp}^{\ominus}$ 的表达式可推出,难溶电解质的溶解度 S 和溶度积 $K_{sp}^{\ominus}$ 的相互换算关系式。注意,本章中所指的**溶解度**是在一定温度下1L饱和溶液中所含难溶电解质的物质的量,其单位是 $mol \cdot L^{-1}$。

【例5.1】 已知298.15K时AgBr和 Ag_2SO_4 的溶度积分别为 $K_{sp}^{\ominus}(AgBr)=5.35\times10^{-13}$ 和 $K_{sp}^{\ominus}(Ag_2SO_4)=1.20\times10^{-5}$,求它们在纯水中的溶解度。

解: 设AgBr的溶解度为 $S_1 \, mol \cdot L^{-1}$,AgBr的沉淀溶解平衡为:
$$AgBr(s) \Longleftrightarrow Ag^+(aq) + Br^-(aq)$$
$$K_{sp}^{\ominus}(AgBr) = [Ag^+] \times [Br^-] = S_1^2 = 5.35 \times 10^{-13}$$
$$S_1 = 7.31 \times 10^{-7} \, (mol \cdot L^{-1})$$

设 Ag_2SO_4 的溶解度为 $S_2 \, mol \cdot L^{-1}$,Ag_2SO_4 的沉淀溶解平衡为:
$$Ag_2SO_4(s) \Longleftrightarrow 2Ag^+(aq) + SO_4^{2-}(aq)$$
$$K_{sp}^{\ominus}(Ag_2SO_4) = [Ag^+]^2 \times [SO_4^{2-}] = (2S_2)^2 \times S_2 = 1.20 \times 10^{-5}$$
$$S_2 = 1.44 \times 10^{-2} \, (mol \cdot L^{-1})$$

【例 5.2】 已知 298.15K 时，CaF_2 在纯水中的溶解度为 $3.32 \times 10^{-4} mol \cdot L^{-1}$，试求 298.15K 时，$CaF_2$ 的 $K_{sp}^{\ominus}$。

解： 设 CaF_2 的溶解度为 $S mol \cdot L^{-1}$，CaF_2 的沉淀溶解平衡为：

$$CaF_2(s) \Longleftrightarrow Ca^{2+}(aq) + 2F^-(aq)$$

$$K_{sp}^{\ominus}(CaF_2) = [Ca^{2+}] \times [F^-]^2 = S \times (2S)^2 = 4S^3$$

由题意可知，$S = 3.32 \times 10^{-4}$

$$K_{sp}^{\ominus}(CaF_2) = 4 \times (3.32 \times 10^{-4})^3 = 1.46 \times 10^{-10}$$

由前面两例可归纳出不同类型难溶电解质的溶度积与其在纯水中形成饱和溶液时溶解度的关系如下：

① AB 型（如 $AgBr$，$BaSO_4$） $\qquad\qquad K_{sp}^{\ominus} = S^2$ 或 $S = \sqrt{K_{sp}^{\ominus}}$

② A_2B 或 AB_2 型（如 Ag_2SO_4，CaF_2） $\qquad K_{sp}^{\ominus} = 4S^3$ 或 $S = \sqrt[3]{\dfrac{K_{sp}^{\ominus}}{4}}$

③ A_3B 或 AB_3 型〔如 Ag_3PO_4，$Cr(OH)_3$〕 $\qquad K_{sp}^{\ominus} = 27S^4$ 或 $S = \sqrt[4]{\dfrac{K_{sp}^{\ominus}}{27}}$

溶度积 $K_{sp}^{\ominus}$ 具有一般平衡常数的物理意义，其大小同物质的本性和温度有关，与离子浓度的改变无关。它可通过实验测定，也可以利用热力学函数计算，即：

$$\ln K_{sp}^{\ominus} = -\frac{\Delta_r G_m^{\ominus}}{RT} \tag{5.2}$$

【例 5.3】 已知 298.15K 时，$\Delta_f G_m^{\ominus}(AgBr) = -97.1 kJ \cdot mol^{-1}$，$\Delta_f G_m^{\ominus}(Ag^+) = 76.98 kJ \cdot mol^{-1}$，$\Delta_f G_m^{\ominus}(Br^-) = -104 kJ \cdot mol^{-1}$。计算 298.15K 时 AgBr 的溶度积。

解： AgBr 的沉淀溶解平衡反应为：

$$AgBr(s) \Longleftrightarrow Ag^+(aq) + Br^-(aq)$$

$$\Delta_r G_m^{\ominus} = \Delta_f G_m^{\ominus}(Ag^+) + \Delta_f G_m^{\ominus}(Br^-) - \Delta_f G_m^{\ominus}(AgBr)$$

$$= 76.98 - 104 - (-97.1)$$

$$= 70.08 (kJ \cdot mol^{-1})$$

$$\ln K_{sp}^{\ominus} = -\frac{\Delta_r G_m^{\ominus}}{RT} = \frac{-70.08 \times 10^3}{8.314 \times 298.15} = -28.27$$

$$K_{sp}^{\ominus}(AgBr) = 5.27 \times 10^{-13}$$

此外，关于溶度积和溶解度的关系还有一点需注意：一般来说溶度积越小的难溶电解质其溶解度也越小，但绝对不能简单地认为溶度积越小，溶解度就一定越小；也就是说，用 $K_{sp}^{\ominus}$ 比较难溶电解质的溶解性能只能在相同类型化合物之间进行，而溶解度则比较直观。通过表 5.1 所列数据就可明确这一点。

表 5.1　AgCl、AgBr、AgI、Ag_2CrO_4 的溶度积与纯水中溶解度的比较

化学式	溶度积 $K_{sp}^{\ominus}$	溶解度 $S/mol\cdot L^{-1}$	$K_{sp}^{\ominus}$ 的表达式
AgCl	1.77×10^{-10}	1.33×10^{-5}	$K_{sp}^{\ominus}=[Ag^+]\times[Cl^-]$
AgBr	5.35×10^{-13}	7.31×10^{-7}	$K_{sp}^{\ominus}=[Ag^+]\times[Br^-]$
AgI	8.51×10^{-17}	9.22×10^{-9}	$K_{sp}^{\ominus}=[Ag^+]\times[I^-]$
Ag_2CrO_4	1.12×10^{-12}	6.54×10^{-5}	$K_{sp}^{\ominus}=[Ag^+]^2\times[CrO_4^{2-}]$

从表 5.1 可以看出，AgBr 和 AgCl 相比，AgBr 的溶度积比 AgCl 的小，AgBr 的溶解度也比 AgCl 的小；AgI 和 AgBr 相比，AgI 的溶度积比 AgBr 的小，AgI 的溶解度也比 AgBr 的小。然而，Ag_2CrO_4 和 AgCl 相比，Ag_2CrO_4 的溶度积比 AgCl 的小，但 Ag_2CrO_4 的溶解度反而比 AgCl 大，这是由于 Ag_2CrO_4 与 AgCl 不是相同类型化合物，它们的溶度积表达式不同。因此，不能简单地认为溶度积小的难溶电解质的溶解度一定也小。只有对类型相同的难溶电解质，溶度积大小才与它们溶解度的大小关系一致，才可以确定溶度积小的难溶电解质的溶解度也小。对于类型不同的难溶电解质，只有通过实际计算才能判断它们溶解度的大小。

5.2　沉淀溶解平衡的移动

5.2.1　溶度积规则

根据化学反应等温式，可得：

$$\Delta_r G_m^{\ominus}=-RT\ln K_{sp}^{\ominus}+RT\ln J \tag{5.3}$$

式中，离子积（J）是指难溶电解质溶液中离子浓度以其化学计量数为指数的幂的乘积；而溶度积是指平衡状态时难溶电解质溶液中离子浓度以其化学计量数为指数的幂的乘积，是特定条件下的离子积。这种关系与反应商和标准平衡常数之间的关系相似，故离子积可用与反应商同样的符号来表示。

对于任一难溶电解质 A_nB_m 而言，其沉淀溶解平衡可表示为：

$$A_nB_m(s)\Longleftrightarrow nA^{m+}(aq)+mB^{n-}(aq)$$

任一状态时，离子浓度以其化学计量数为指数的幂的乘积就是离子积（J）：

$$J=[A^{m+}]^n\cdot[B^{n-}]^m \tag{5.4}$$

把平衡移动原理应用到难溶电解质的多相离子平衡体系，可以总结出判断难溶电解质沉淀的生成和溶解的普遍规律：

① $J>K_{sp}^{\ominus}$，溶液为过饱和状态，有沉淀生成直至饱和；

② $J<K_{sp}^{\ominus}$，溶液未达到不饱和，无沉淀析出，若原来有沉淀存在，则沉淀发生溶解；

③ $J=K_{sp}^{\ominus}$，溶液为饱和溶液，沉淀和溶解处于平衡状态。

上述关系就是判断沉淀的生成和溶解的溶度积规则。由此可以看出，对于沉淀的生成和溶解这两个相反方向的过程，相互转化的根本依据是离子浓度的大小，通过控制离子浓度，使离子积 J 大于或小于溶度积 $K_{sp}^{\ominus}$，从而使沉淀溶解平衡向我们需要的方向

移动。

5.2.2　沉淀的生成与溶解

（1）沉淀的生成

在沉淀反应中，依据溶度积规则，要想有沉淀生成，则必须控制离子积 J 达到大于该难溶电解质的溶度积常数 $K_{sp}^{\ominus}$，这是沉淀生成的前提条件。因此，当要使溶液中有沉淀生成或使某种离子沉淀完全时，就必须创造条件，确保 $J > K_{sp}^{\ominus}$。例如若要除去溶液中的 SO_4^{2-}，可通过加入 Ba^{2+} 溶液，使其产生 $BaSO_4$ 沉淀。对于有些离子的沉淀，溶液的 pH 值也会对沉淀的溶解度产生影响，则可以通过控制溶液的 pH 值，使难溶的氢氧化物或弱酸的难溶盐产生沉淀。

【例 5.4】　将 20mL 0.20mol·L^{-1} Pb(NO$_3$)$_2$ 溶液和 30mL 0.20mol·L^{-1} KI 溶液混合，问是否会产生 PbI$_2$ 沉淀？

解： 两种溶液混合后，各物质浓度为：

$$[Pb^{2+}] = \frac{20 \times 0.20}{20 + 30} = 0.080 (mol \cdot L^{-1})$$

$$[I^-] = \frac{30 \times 0.20}{20 + 30} = 0.12 (mol \cdot L^{-1})$$

PbI$_2$ 的沉淀溶解平衡反应为：

$$PbI_2(s) \rightleftharpoons Pb^{2+}(aq) + 2I^-(aq)$$

$$J = [Pb^{2+}] \times [I^-]^2 = 0.080 \times 0.12^2 = 1.15 \times 10^{-3} \gg K_{sp}^{\ominus}(PbI_2) = 8.49 \times 10^{-9}$$

所以，两溶液混合后有 PbI$_2$ 沉淀析出。

【例 5.5】　向 1.0×10^{-2} mol·L^{-1} BaCl$_2$ 溶液中滴加 Na$_2$SO$_4$ 溶液，求开始有 BaSO$_4$ 沉淀生成时的 SO$_4^{2-}$ 的浓度。Ba^{2+} 沉淀完全时，SO$_4^{2-}$ 的浓度是多大？

解： BaSO$_4$ 的沉淀溶解平衡反应为：

$$BaSO_4(s) \rightleftharpoons Ba^{2+}(aq) + SO_4^{2-}(aq)$$

由于 $J = [Ba^{2+}] \times [SO_4^{2-}] \geqslant K_{sp}^{\ominus}(BaSO_4)$ 时，有沉淀生成。

故　　　$[SO_4^{2-}] \geqslant \dfrac{K_{sp}^{\ominus}(BaSO_4)}{[Ba^{2+}]} = \dfrac{1.07 \times 10^{-10}}{1.0 \times 10^{-2}} = 1.07 \times 10^{-8} (mol \cdot L^{-1})$

当 $[SO_4^{2-}] = 1.07 \times 10^{-8}$ mol·L^{-1} 时，开始有 BaSO$_4$ 沉淀生成。

一般来说，一种离子与沉淀剂生成沉淀物后，在溶液中的残留量不超过 1.0×10^{-5} mol·L^{-1} 时，则认为该离子已**沉淀完全**。

故，当 $[Ba^{2+}] = 1.0 \times 10^{-5}$ mol·L^{-1} 时，$[SO_4^{2-}]$ 为：

$$[SO_4^{2-}] = \frac{K_{sp}^{\ominus}(BaSO_4)}{[Ba^{2+}]} = \frac{1.07 \times 10^{-10}}{1.0 \times 10^{-5}} = 1.07 \times 10^{-5} (mol \cdot L^{-1})$$

【例5.6】 向 $0.10 \text{mol} \cdot \text{L}^{-1}$ $FeCl_2$ 溶液中通入 H_2S 气体至饱和（$0.10 \text{mol} \cdot \text{L}^{-1}$）时，溶液中刚好有 FeS 沉淀生成，求此时溶液的 $[H^+]$。

解： 体系中存在两组平衡：

$$FeS \Longrightarrow Fe^{2+} + S^{2-} \qquad H_2S \Longrightarrow 2H^+ + S^{2-}$$

由 $K_{sp}^{\ominus}(FeS) = [Fe^{2+}] \times [S^{2-}]$，查附录 3，得：

$$[S^{2-}] = \frac{K_{sp}^{\ominus}(FeS)}{[Fe^{2+}]} = \frac{1.59 \times 10^{-19}}{0.10} = 1.59 \times 10^{-18} (\text{mol} \cdot \text{L}^{-1})$$

由 $K_{a_1} \times K_{a_2} = \dfrac{[H^+]^2 \times [S^{2-}]}{[H_2S]}$，查附录 2，得：

$$[H^+] = \sqrt{\frac{K_{a_1} \times K_{a_2} \times [H_2S]}{[S^{2-}]}} = \sqrt{\frac{1.3 \times 10^{-7} \times 7.1 \times 10^{-15} \times 0.10}{1.59 \times 10^{-18}}} = 7.6 \times 10^{-3} (\text{mol} \cdot \text{L}^{-1})$$

(2) 沉淀的溶解

根据溶度积规则，只要采取适当的措施，降低溶液中离子浓度，使 $J < K_{sp}^{\ominus}$，则沉淀就会发生溶解。降低离子浓度常用的方法有生成弱电解质、发生氧化还原反应和生成配合物。

① 生成弱电解质

a. 生成弱碱　如 $Mn(OH)_2(s)$、$Mg(OH)_2(s)$ 难溶于水却易溶于足量的铵盐溶液中，这是因为其阴离子 OH^- 与 NH_4^+ 结合生成了弱碱（氨水），氢氧根离子的浓度降低，破坏了在水中金属氢氧化物的沉淀溶解平衡，使 $J < K_{sp}^{\ominus}$，平衡将向沉淀溶解的方向移动，促使金属氢氧化物溶解。下面以 $Mg(OH)_2(s)$ 为例，其溶解反应可表示如下：

$$Mg(OH)_2(s) + 2NH_4^+ \Longrightarrow Mg^{2+} + 2NH_3 \cdot H_2O$$

b. 生成弱酸　很多难溶的弱酸盐，如碳酸盐、草酸盐、硫化物、磷酸盐等，都可溶解于稀盐酸等强酸中，这是由于 H^+ 能与难溶盐的阴离子作用生成难解离的弱酸，从而降低溶液中弱酸根的浓度，致使 $J < K_{sp}^{\ominus}$，促使沉淀溶解。例如 $FeS(s)$ 溶于盐酸中的反应为：

$$FeS(s) \Longrightarrow Fe^{2+}(aq) + S^{2-}(aq) \quad S^{2-}(aq) + 2H^+(aq) \Longrightarrow H_2S(aq)$$

总反应为：$FeS(s) + 2H^+(aq) \Longrightarrow Fe^{2+}(aq) + H_2S(aq)$

总反应平衡常数为：

$$K^{\ominus} = \frac{[H_2S] \times [Fe^{2+}]}{[H^+]^2} = \frac{[H_2S] \times [Fe^{2+}] \times [S^{2-}]}{[H^+]^2 \times [S^{2-}]} = \frac{K_{sp}^{\ominus}}{K_{a_1} \times K_{a_2}} \tag{5.5}$$

通过式(5.5)可明确，对于同类硫化物，总反应进行的程度取决于 $K_{sp}^{\ominus}$ 和 K_a 的大小。若硫化物的 $K_{sp}^{\ominus}$ 越大，弱酸的 K_a 越小，则硫化物越易溶解，总反应就进行得越完全。

在强酸中难溶弱酸盐能否溶解，除了取决于酸的强弱外，还取决于其自身溶解的难易程度。许多金属硫化物，由于其溶度积很小而在盐酸等强酸中难以溶解，如 CuS 只能溶于 HNO_3 中，而 HgS 只能溶于王水中。

【例 5.7】 计算使 0.10mol FeS、CuS 分别溶于 1.0L 盐酸中，问各需盐酸的最低浓度为多少？已知：H_2S 饱和溶液的浓度为 0.10mol·L^{-1}。

解：H_2S 在水溶液中的总反应为：$H_2S \rightleftharpoons S^{2-} + 2H^+$

则

$$[S^{2-}] = \frac{K_{a_1} \times K_{a_2} \times [H_2S]}{[H^+]^2}$$

若满足 $J < K_{sp}^{\ominus}$，沉淀就会不断溶解，由此可得：$[M^{2+}] \times [S^{2-}] < K_{sp}^{\ominus}$

整理以上两式，得 $[H^+] > \sqrt{\dfrac{[M^{2+}] \times K_{a_1} \times K_{a_2} \times [H_2S]}{K_{sp}^{\ominus}}}$

当溶解 0.10mol FeS 时，

$$[H^+] > \sqrt{\frac{0.10 \times 1.3 \times 10^{-7} \times 7.1 \times 10^{-15} \times 0.10}{1.59 \times 10^{-19}}} = 7.6 \times 10^{-3} (mol \cdot L^{-1})$$

故溶解 0.10mol FeS 需盐酸的最低浓度为：$0.10 \times 2 + 7.6 \times 10^{-3} = 0.21$（mol·$L^{-1}$）

当溶解 0.10mol CuS 时，同样可计算出：$[H^+] > 2.7 \times 10^6$（mol·L^{-1}）

由计算得分别溶解 0.10mol FeS 和 0.10mol CuS 于 1.0L 盐酸中需盐酸的最低浓度分别为 0.21mol·L^{-1} 和 2.7×10^6 mol·L^{-1}。由计算结果看出 FeS 可溶于稀盐酸中，而 CuS 不能溶解于盐酸中，即使用浓盐酸（12mol·L^{-1}）也不能溶解。

　　c. 生成水　难溶的金属氢氧化物还可溶于强酸中，原因是其阴离子 OH^- 与 H^+ 结合生成了水，氢氧根离子的浓度降低了，破坏了水中的金属氢氧化物沉淀溶解平衡，致使 $J < K_{sp}^{\ominus}$，平衡向沉淀溶解的方向移动，致使金属氢氧化物溶解。如：

$$Fe(OH)_3(s) + 3H^+ \rightleftharpoons Fe^{3+} + 3H_2O$$

　　② 发生氧化还原反应

　　可利用氧化还原反应使有些难溶电解质溶解。例如在盐酸中，CuS、Ag_2S 不能溶解，但在硝酸中可溶解；而溶度积极小的 HgS 在硝酸中不溶解，却能溶于王水中，其实是利用硝酸来降低 S^{2-} 浓度，利用盐酸来降低 Hg^{2+} 浓度，同时降低正、负离子的浓度从而实现沉淀的溶解。

$$3CuS(s) + 8HNO_3 \rightleftharpoons 3Cu(NO_3)_2 + 2NO(g) + 3S(s) + 4H_2O$$
$$3HgS(s) + 2HNO_3 + 12HCl \rightleftharpoons 3H_2[HgCl_4] + 2NO(g) + 3S(s) + 4H_2O$$

　　③ 生成配合物

　　可利用生成配合物使有些难溶电解质溶解。例如 AgCl、$Cu(OH)_2$ 可以溶于氨水；HgI_2 可溶于 KI 溶液。

$$AgCl(s) + 2NH_3 \rightleftharpoons [Ag(NH_3)_2]^+ + Cl^-$$
$$Cu(OH)_2(s) + 4NH_3 \rightleftharpoons [Cu(NH_3)_4]^{2+} + 2OH^-$$
$$HgI_2(s) + 2I^- \rightleftharpoons [HgI_4]^{2-}$$

5.2.3　分步沉淀和沉淀转化

(1) 分步沉淀

　　一般来说，若溶液中同时存在几种可被同一种沉淀剂所沉淀的离子，当加入沉淀剂时，由于各种沉淀的溶度积不同，形成沉淀的先后顺序就不同。这种混合溶液中离子发生先后沉淀的现象叫做**分步沉淀**。通常是离子积 J 首先超过溶度积 $K_{sp}^{\ominus}$ 的难溶物质先析出沉淀。

【例 5.8】 在某一溶液中含 Cl^- 和 I^- 浓度均为 $0.010mol \cdot L^{-1}$，若逐滴加入 $AgNO_3$ 溶液（假设总体积不变），问 Cl^- 和 I^- 哪个先沉淀？能否用分步沉淀的方法将两者分离？

解： AgI、AgCl 的沉淀溶解平衡反应为：

$$AgI(s) \rightleftharpoons Ag^+(aq) + I^-(aq)$$

$$AgCl(s) \rightleftharpoons Ag^+(aq) + Cl^-(aq)$$

根据溶度积规则，分别计算生成 AgI 和 AgCl 沉淀所需要 Ag^+ 的最低浓度：

$$AgI：[Ag^+] > \frac{K_{sp}^{\ominus}(AgI)}{[I^-]} = \frac{8.51 \times 10^{-17}}{0.010} = 8.5 \times 10^{-15} (mol \cdot L^{-1})$$

$$AgCl：[Ag^+] > \frac{K_{sp}^{\ominus}(AgCl)}{[Cl^-]} = \frac{1.77 \times 10^{-10}}{0.010} = 1.8 \times 10^{-8} (mol \cdot L^{-1})$$

计算结果表明，产生 AgCl 和 AgI 沉淀所需的 Ag^+ 的最低浓度分别为 $1.8 \times 10^{-8} mol \cdot L^{-1}$ 和 $8.5 \times 10^{-15} mol \cdot L^{-1}$，产生 AgI 沉淀所需 Ag^+ 浓度比产生 AgCl 沉淀所需 Ag^+ 浓度小得多，所以 AgI 先沉淀。

随着 $AgNO_3$ 溶液的不断滴加，当 Ag^+ 浓度达到或超过 $1.8 \times 10^{-8} mol \cdot L^{-1}$ 时，AgCl 就开始沉淀，此时溶液中的 I^- 浓度为：

$$[I^-] = \frac{K_{sp}^{\ominus}(AgI)}{[Ag^+]} = \frac{8.51 \times 10^{-17}}{1.8 \times 10^{-8}} = 4.7 \times 10^{-9} (mol \cdot L^{-1})$$

一般来说，当一种离子与沉淀剂生成沉淀物后，在溶液中的残留量不超过 $1.0 \times 10^{-5} mol \cdot L^{-1}$ 时，则认为该离子已被沉淀完全。

可见，当 AgCl 开始沉淀时，$[I^-] < 1.0 \times 10^{-5} mol \cdot L^{-1}$，说明 I^- 已经被沉淀完全。因此，根据具体情况，适当地控制反应条件，就可达到分离离子的目的。

若被沉淀的离子起始浓度不同，则各离子形成沉淀的次序除了与各离子的溶度积有关，还与起始浓度有关。

总的来说，当溶液中同时存在几种可被沉淀的离子时，离子积先达到或超过溶度积的离子先产生沉淀。对于相同类型的难溶电解质，溶度积相差越大，混合离子就越易用分步沉淀的方法实现分离。

除了碱金属和部分碱土金属外，大部分金属离子都能形成氢氧化物沉淀。在科研和生产实际中，常常利用金属氢氧化物的溶解度的不同，通过控制溶液的 pH 值，使某些金属离子产生沉淀，另一些金属离子却仍留在溶液中，从而实现分离目的。

【例 5.9】 某溶液中 Cu^{2+}、Fe^{3+} 的浓度均为 $0.10mol \cdot L^{-1}$，欲加入 NaOH 溶液使其分离，判断沉淀次序？若要使 Fe^{3+} 沉淀分离，求所应控制的溶液的 pH 范围？

解： $Fe(OH)_3$ 的沉淀溶解平衡为：$Fe(OH)_3 \rightleftharpoons Fe^{3+} + 3OH^-$

Fe^{3+} 开始沉淀的 $[OH^-]$ 为：

$$[OH^-] = \sqrt[3]{\frac{K_{sp}^{\ominus}[Fe(OH)_3]}{[Fe^{3+}]}} = \sqrt[3]{\frac{2.64 \times 10^{-39}}{0.10}} = 2.98 \times 10^{-13} (mol \cdot L^{-1})$$

$Cu(OH)_2$ 的沉淀溶解平衡为：$Cu(OH)_2 \rightleftharpoons Cu^{2+} + 2OH^-$

Cu^{2+} 开始沉淀的 $[OH^-]$ 为：

$$[OH^-] = \sqrt{\frac{K_{sp}^\ominus[Cu(OH)_2]}{[Cu^{2+}]}} = \sqrt{\frac{2.2 \times 10^{-20}}{0.10}} = 4.69 \times 10^{-10} \, (mol \cdot L^{-1})$$

由计算结果可得：Fe^{3+} 先形成沉淀，Cu^{2+} 后形成沉淀。

Fe^{3+} 沉淀完全时：$[OH^-] > \sqrt[3]{\frac{2.64 \times 10^{-39}}{1.0 \times 10^{-5}}} = 6.42 \times 10^{-12} \, (mol \cdot L^{-1})$

$$pH > 2.81$$

此时，若 Cu^{2+} 不形成沉淀，则 $[OH^-] < 4.69 \times 10^{-10} mol \cdot L^{-1}$

即 $pH < 4.67$

因此，只要控制溶液 pH 值在 $2.81 \sim 4.67$ 之间，可使 Fe^{3+} 被沉淀完全而 Cu^{2+} 不产生沉淀，从而达到分离 Fe^{3+} 的目的。这也是硫酸铜的提纯实验中去除杂质离子 Fe^{3+} 所需控制 pH 范围的原理。

(2) 沉淀的转化

一种沉淀转化为另一种沉淀的现象称为**沉淀的转化**。在科研和生产实际中，常用到沉淀的转化。

有些沉淀难溶于水也难溶于酸，也不能采用发生氧化还原反应及生成配合物的方法使其溶解。此时，可以先将难溶强酸盐转化为难溶弱酸盐，然后再用酸溶解难溶弱酸盐。比如锅垢中含有大量的 $CaSO_4$，不易除去，一般采用热的饱和 Na_2CO_3 溶液加以处理，使之逐渐转化为疏松的且能溶于盐酸的 $CaCO_3$，这样，锅垢就容易去除了。

具体反应如下：

$$CaSO_4(s) + CO_3^{2-}(aq) \rightleftharpoons CaCO_3(s) + SO_4^{2-}(aq)$$

该反应的平衡常数为：

$$K^\ominus = \frac{[SO_4^{2-}]}{[CO_3^{2-}]} = \frac{[Ca^{2+}] \times [SO_4^{2-}]}{[Ca^{2+}] \times [CO_3^{2-}]} = \frac{K_{sp}^\ominus(CaSO_4)}{K_{sp}^\ominus(CaCO_3)} = \frac{7.10 \times 10^{-5}}{4.96 \times 10^{-9}} = 1.43 \times 10^4$$

平衡常数 $K^\ominus$ 值较大，说明 $CaSO_4$ 转化为 $CaCO_3$ 进行得比较完全。由此可见，对同一类型的沉淀来说，溶度积较大的沉淀易于转化为溶度积较小的沉淀。如果由溶度积较小的沉淀转化为溶度积较大的沉淀，其转化过程比较困难。

当 $CaSO_4$ 和 $CaCO_3$ 两沉淀同时存在时，则有：

$$\frac{[SO_4^{2-}]}{[CO_3^{2-}]} = \frac{[Ca^{2+}] \times [SO_4^{2-}]}{[Ca^{2+}] \times [CO_3^{2-}]} = \frac{K_{sp}^\ominus(CaSO_4)}{K_{sp}^\ominus(CaCO_3)} = \frac{7.10 \times 10^{-5}}{4.96 \times 10^{-9}} = 1.43 \times 10^4$$

① 保持 $[CO_3^{2-}] > 6.99 \times 10^{-5} \times [SO_4^{2-}]$，则 $CaSO_4$ 转化为 $CaCO_3$；

② 保持 $[SO_4^{2-}] > 1.43 \times 10^4 \times [CO_3^{2-}]$，才能使 $CaCO_3$ 转化为 $CaSO_4$。

5.3 影响沉淀溶解度的因素

5.3.1 同离子效应

组成沉淀的离子称为构晶离子。为了降低沉淀的溶解损失，当沉淀反应达到平衡后，如果向溶液中加入过量的沉淀剂，以增大构晶离子浓度，则沉淀的溶解度减小，这种现象称为同离子效应。

【例 5.10】 298.15K 时，已知 $AgIO_3$ 的溶度积为 9.2×10^{-9}，计算 $AgIO_3$ 在纯水中和在 $0.010 mol \cdot L^{-1}$ $AgNO_3$ 溶液中的溶解度。

解： $AgIO_3$ 在纯水中的溶解度：

$$S = \sqrt{K_{sp}^{\ominus}(AgIO_3)} = \sqrt{9.2 \times 10^{-9}} = 9.6 \times 10^{-5} (mol \cdot L^{-1})$$

设 $AgIO_3$ 在 $0.010 mol \cdot L^{-1}$ $AgNO_3$ 溶液中的溶解度为 $S_1 mol \cdot L^{-1}$，则有如下平衡关系：

$$AgIO_3(s) \Longrightarrow Ag^+(aq) + IO_3^-(aq)$$

平衡浓度/$(mol \cdot L^{-1})$ $\qquad S_1 + 0.010 \qquad S_1$

$$K_{sp}^{\ominus}(AgIO_3) = S_1 \times (S_1 + 0.010) = 9.2 \times 10^{-9}$$

由于 $S_1 \ll 0.010$，式中的 $(S_1 + 0.010)$ 可用 0.010 代替，从而算得：

$$S_1 = 9.2 \times 10^{-7} mol \cdot L^{-1}$$

说明在平衡体系中增大 Ag^+ 浓度后，$AgIO_3$ 的溶解度降低。

5.3.2 盐效应

在难溶电解质溶液中，加入其他强电解质（可能含有共同离子或不含共同离子），会使难溶电解质的溶解度比在同温度时在纯水中的溶解度增大，这种现象称为**盐效应**。

发生盐效应的原因是：当强电解质的浓度增大时，溶液中离子强度则增大。而离子强度增大时，离子相互碰撞生成沉淀的机会减小，使其溶解度增大。

注意，在难溶电解质溶液中加入含有共同离子的强电解质时，同离子效应和盐效应会同时发生。例如，在 Na_2SO_4 溶液中，$PbSO_4$ 的溶解度随 Na_2SO_4 浓度增大时的变化情况见表 5.2。

表 5.2 在 Na_2SO_4 溶液中 $PbSO_4$ 的溶解度（25℃）

$c_{Na_2SO_4}/mol \cdot L^{-1}$	0	0.001	0.01	0.02	0.04	0.10	0.20
$S_{PbSO_4}/mmol \cdot L^{-1}$	0.148	0.024	0.016	0.014	0.013	0.016	0.023

① 当 $c_{Na_2SO_4} < 0.04 mol \cdot L^{-1}$ 时，SO_4^{2-} 浓度增大，$PbSO_4$ 溶解度降低，可见同离子效应占主导地位；

② 当 $c_{Na_2SO_4} > 0.04 mol \cdot L^{-1}$ 时，SO_4^{2-} 浓度增大，$PbSO_4$ 溶解度缓慢增大，可见盐效应占主导地位。

如果在溶液中存在着非共同离子的其他盐类，盐效应的影响将更为显著。例如在 $NaNO_3$ 强电解质溶液中，$AgCl$ 和 $BaSO_4$ 的溶解度都比在纯水中大。

应该指出，如果沉淀本身的溶解度很小，盐效应的影响就很小，可以不予考虑。只有当沉淀的溶解度比较大，而且溶液的离子强度很高时，才考虑盐效应的影响。

5.3.3 酸效应

溶液的酸度对沉淀溶解度的影响，称为**酸效应**。酸效应的发生是因为溶液酸度增大时，组成沉淀的阴离子与 H^+ 结合，降低了溶液中阴离子的浓度，使平衡向沉淀溶解的方向移动；当酸度降低时，则组成沉淀的金属离子可能发生水解，而形成带电荷的羟基配合物如 $Fe(OH)_2^+$、$Al(OH)_2^+$ 等，由于溶液中阳离子的浓度降低而使沉淀的溶解度增大。

以弱酸盐 CaC_2O_4 为例，其在溶液中有下列平衡：

$$CaC_2O_4 \Longrightarrow Ca^{2+} + C_2O_4^{2-}$$

$$-H^+ \Big\Uparrow +H^+$$

$$HC_2O_4^- \xrightleftharpoons[-H^+]{+H^+} H_2C_2O_4$$

当酸度较高时，沉淀溶解平衡将向右移动，沉淀溶解度增大。若已知平衡时溶液的 pH 值，就可以计算出分布系数，结合溶度积常数，便可求得其溶解度。

【例 5.11】 计算 25℃时，CaC_2O_4 沉淀在 pH＝4.00 和 pH＝2.00 溶液中的溶解度。

解： 根据式(2.17)，pH＝4.00 时，$C_2O_4^{2-}$ 的分布系数 $x_{C_2O_4^{2-}}$ 为：

$$x_{C_2O_4^{2-}} = \frac{K_{a_1}^{\ominus} K_{a_2}^{\ominus}}{[H^+]^2 + [H^+] K_{a_1}^{\ominus} + K_{a_1}^{\ominus} K_{a_2}^{\ominus}}$$

查附录 2，代入数据计算，得：$x_{C_2O_4^{2-}} = 0.39$

设 pH＝4.00 时，CaC_2O_4 在溶液中的溶解度为 $S_1 \, mol \cdot L^{-1}$，则：

$$K_{sp}^{\ominus} = [Ca^{2+}][C_2O_4^{2-}] = [Ca^{2+}] \times c_{H_2C_2O(总)} \times x_{C_2O_4^{2-}}$$

$$2.34 \times 10^{-9} = S_1 \times S_1 \times x_{C_2O_4^{2-}} = 0.39 S_1^2$$

解得
$$S_1 = 7.7 \times 10^{-5} (mol \cdot L^{-1})$$

同理可求出 pH＝2.00 时，CaC_2O_4 的溶解度为 $6.6 \times 10^{-4} \, mol \cdot L^{-1}$。

由上述计算结果可知：CaC_2O_4 在 pH＝2.00 的溶液中的溶解度比 pH＝4.00 的溶液中的溶解度大。

5.3.4 配位效应

进行沉淀反应时，如果溶液中存在配位剂，它能与构晶离子生成配合物，那么沉淀的溶解度将会增大，这种现象称为**配位效应**（又称络合效应）。

例如用 Cl^- 沉淀 Ag^+ 时，生成白色 AgCl 沉淀，如果此溶液有氨水，则发生配位反应生成 $[Ag(NH_3)_2]^+$，可使 AgCl 的溶解度增大。如果在沉淀 Ag^+ 时，加入过量的 Cl^-，则 Cl^- 能与 AgCl 沉淀进一步形成 $AgCl_2^-$、$AgCl_3^{2-}$ 和 $AgCl_4^{3-}$ 等配离子，使 AgCl 沉淀的溶解度增大。Cl^- 既作沉淀剂又作配位剂，即既有同离子效应，又有配位效应。由此可见，在进行沉淀时，应严格控制沉淀剂的用量，同时还要注意外加试剂的影响。表 5.3 列出了在不同浓度的 NaCl 溶液中 AgCl 沉淀的溶解情况。

表 5.3 在不同浓度 NaCl 溶液中 AgCl (s) 的溶解度

$c_{NaCl}/mol \cdot L^{-1}$	$S_{AgCl}/mol \cdot L^{-1}$
0	1.3×10^{-5}
3.9×10^{-3}	7.2×10^{-7}
3.6×10^{-2}	1.9×10^{-6}
3.5×10^{-1}	1.7×10^{-5}

习题

5.1 写出下列难溶电解质的溶度积表达式。

HgS；$CaSO_4$；$PbCl_2$；$Cr(OH)_3$；$Ba_3(PO_4)_2$。

5.2 向含有 $AgCl$ 固体的溶液中加入适量的水，使 $AgCl$ 溶解又达到沉淀溶解平衡时，问 $AgCl$ 的溶度积变还是不变？$AgCl$ 的溶解度变还是不变？

5.3 在室温下，由下列各难溶电解质的溶度积求其溶解度。

(1) $BaCrO_4$；

(2) Ag_2CO_3；

(3) CaF_2。

5.4 25℃时 $BaCO_3$ 在纯水中溶解度为 $1.00×10^{-2}g·L^{-1}$，求 $BaCO_3$ 的溶度积。

5.5 已知 25℃时 PbI_2 在纯水中溶解度为 $1.285×10^{-3}mol·L^{-1}$，求 PbI_2 的溶度积。

5.6 在室温下，已知下列各难溶电解质在纯水中的溶解度，求其溶度积（不考虑水解的影响）。

(1) $CaSO_4$，$8.42×10^{-3}mol·L^{-1}$；

(2) CaF_2，$3.32×10^{-4}mol·L^{-1}$。

5.7 在 20mL 0.0025mol·L^{-1} $AgNO_3$ 溶液中，加入 5mL 0.010mol·L^{-1} K_2CrO_4 溶液，是否有 Ag_2CrO_4 沉淀析出？

5.8 将 3 滴（假设 1 滴等于 0.05mL）0.20mol·L^{-1} KI 溶液加入到 100.0mL 0.010mol·L^{-1} $Pb(NO_3)_2$ 溶液中，问能否形成 PbI_2 沉淀？

5.9 现有 0.20mol·L^{-1} NH_3 与 0.20mol·L^{-1} NH_4^+ 组成的缓冲溶液，将其与 0.020 mol·L^{-1} $MgCl_2$ 溶液等体积混合，问能否有 $Mg(OH)_2$ 沉淀生成？

5.10 在含有 Cl^-、Br^-、I^- 的溶液中，已知其浓度均为 0.1mol·L^{-1}，若向混合溶液中逐滴加入 $AgNO_3$ 溶液，首先析出沉淀的是哪种离子？最后析出沉淀的是哪种离子？当 $AgBr$ 沉淀开始析出时，溶液中的 Ag^+ 浓度是多大？

5.11 溶液中含有 Fe^{3+} 和 Fe^{2+}，它们的浓度都是 0.050mol·L^{-1}；如果要求 Fe^{3+} 生成 $Fe(OH)_3$ 沉淀完全，而 Fe^{2+} 不生成沉淀 $Fe(OH)_2$，需控制 pH 值在什么范围？

5.12 某一含有少量 Pb^{2+} 的 0.10mol·L^{-1} Mn^{2+} 溶液，若欲将 Pb^{2+} 以 PbS 沉淀除去，而 Mn^{2+} 仍留在溶液中，问应控制 S^{2-} 浓度在什么范围内？若通入 H_2S 气体来实现上述目的，问溶液的 [H^+] 应控制在什么范围内？已知 H_2S 在水中的饱和溶液浓度为 [H_2S] = 0.1mol·L^{-1}。

5.13 在浓度均为 0.010mol·L^{-1} 的 Cl^- 和 CrO_4^{2-} 的混合溶液中，当慢慢滴加 $AgNO_3$ 溶液时，问：

(1) AgCl 和 Ag_2CrO_4 哪个先沉淀出来（通过计算来说明）？

(2) Ag_2CrO_4 开始沉淀时，溶液中 [Cl^-] 是多少？

5.14 工业废水中常含有 Cu^{2+}、Cd^{2+}、Pb^{2+} 等重金属离子，可通过加入过量的难溶电解质 FeS、MnS，使这些金属离子形成硫化物沉淀除去。据以上事实，可推知 FeS、MnS 具有的相关性质是什么？

5.15 通过计算说明：Ag_2CrO_4 沉淀在 0.0010mol·L^{-1} $AgNO_3$ 溶液中与在 0.0010mol·L^{-1} K_2CrO_4 溶液中，哪种情况溶解度大？

5.16 已知 $AgIO_3$ 和 Ag_2CrO_4 的溶度积分别为 9.2×10^{-9} 和 1.12×10^{-12}，通过计算说明：哪种物质在 $0.01mol \cdot L^{-1}$ $AgNO_3$ 溶液中溶解度大？

5.17 求氟化钙在下列情况下的溶解度。

(1) 在 $0.010mol \cdot L^{-1}$ $CaCl_2$ 溶液中；

(2) 在 $0.010mol \cdot L^{-1}$ HCl 溶液中。

5.18 计算下列溶液中 CaC_2O_4 的溶解度。

(1) $pH=3$；

(2) $pH=3$ 的 $0.010mol \cdot L^{-1}$ 草酸钠溶液。

第6章

沉淀滴定法

6.1 沉淀滴定法概述

沉淀滴定法是利用沉淀反应为基础的一种滴定分析法。用于沉淀滴定法的反应必须满足以下几点要求。

① 生成的沉淀溶解度必须很小,而且组成恒定;

② 沉淀反应速率快且定量地进行,不易出现过饱和状态;

③ 有适当的指示剂确定滴定终点。

虽然形成沉淀的化学反应很多,但能用于滴定的却为数不多,由于上述条件的限制将多数沉淀反应排除在外,目前比较常用的是生成难溶银盐的反应,例如:

$$Ag^+ + Br^- \Longrightarrow AgBr \downarrow$$
$$Ag^+ + SCN^- \Longrightarrow AgSCN \downarrow$$

利用生成难溶银盐反应的沉淀滴定法称为银量法,可用于测定 SCN^-、Cl^-、Br^-、I^-、Ag^+ 等;还可以测定通过一系列处理而能定量地生成这些离子的有机物,如农药"六六六"、二氯酚等有机药物的测定。在化工、冶金、农业及工业"三废"等生产部门的检测工作中有广泛的应用。

本章只讨论银量法,银量法根据指示剂的不同,按创立者的名字命名,可分为三种:莫尔(Mohr)法、佛尔哈德(Volhard)法和法扬司(Fajans)法。

6.2 莫尔法(Mohr 法)

莫尔法是以 K_2CrO_4 为指示剂,用 $AgNO_3$ 标准溶液直接滴定中性或弱碱性溶液中的 Cl^-(或 Br^-)的银量法。

6.2.1 方法原理

以 $AgNO_3$ 标准溶液直接滴定 Cl^- 为例。

滴定反应：$Ag^+ + Cl^- \rightleftharpoons AgCl\downarrow$（白色）　　$K_{sp}^{\ominus}(AgCl) = 1.77 \times 10^{-10}$

指示反应：$2Ag^+ + CrO_4^{2-} \rightleftharpoons Ag_2CrO_4\downarrow$（砖红色）　$K_{sp}^{\ominus}(Ag_2CrO_4) = 1.12 \times 10^{-12}$

由于 AgCl 的溶解度比 Ag_2CrO_4 的溶解度小，由分步沉淀原理可知，在滴定过程中，首先发生析出 AgCl 白色沉淀的滴定反应，随着 $AgNO_3$ 溶液的不断加入，不断生成白色 AgCl 沉淀，溶液中的 Cl^- 浓度也越来越小，Ag^+ 的浓度则相应地越来越大，当 $[Ag^+]^2 \times [CrO_4^{2-}] > K_{sp}^{\ominus}(Ag_2CrO_4)$ 时，便开始出现砖红色的 Ag_2CrO_4 沉淀，表示已到达滴定终点。

6.2.2　滴定条件

(1) 指示剂的浓度

莫尔法是以砖红色的 Ag_2CrO_4 沉淀的出现来判断滴定终点的，因此，指示剂 K_2CrO_4 的浓度必须合适。根据溶度积原理，指示剂 K_2CrO_4 浓度过大，Ag_2CrO_4 沉淀将过早析出，致使终点提早出现，对待测离子而言，将引起负误差；而指示剂浓度过小时，终点将拖后，引起正误差，均影响滴定的准确度。若要求终点与化学计量点正好一致，理论上来说，溶液中 CrO_4^{2-} 的合适浓度可通过相应的两个溶度积常数计算得到。

化学计量点时：$[Ag^+] = [Cl^-] = \sqrt{1.77 \times 10^{-10}} = 1.33 \times 10^{-5}(mol \cdot L^{-1})$

则 $[CrO_4^{2-}] = \dfrac{K_{sp}^{\ominus}(Ag_2CrO_4)}{[Ag^+]^2} = \dfrac{1.12 \times 10^{-12}}{(1.33 \times 10^{-5})^2} = 6.33 \times 10^{-3}(mol \cdot L^{-1})$

也就是说，化学计量点时溶液中 CrO_4^{2-} 的理论浓度应为 $6.33 \times 10^{-3} mol \cdot L^{-1}$。由于 K_2CrO_4 溶液呈现黄色，其浓度大则溶液颜色较深，将会对终点颜色的判断产生影响。实验证明，加入 K_2CrO_4 使其浓度以 $5 \times 10^{-3} mol \cdot L^{-1}$ 为宜，如在 $20 \sim 50mL$ 试液中加 5% K_2CrO_4 溶液 1mL 即可。虽比理论浓度略低，而引入正误差，但有利于终点颜色的观察，且满足滴定分析对相对误差的要求。

(2) 溶液的酸度

溶液的酸度应保持在中性或弱碱性条件下，即适宜酸度为 $pH = 6.5 \sim 10.5$。

若酸度偏高，CrO_4^{2-} 将因酸效应致使其浓度降低，导致 Ag_2CrO_4 沉淀出现拖后，甚至不产生沉淀。

$$CrO_4^{2-} + H^+ \rightleftharpoons HCrO_4^- \qquad 2HCrO_4^- \rightleftharpoons Cr_2O_7^{2-} + H_2O$$

若碱度过高，将生成 Ag_2O 沉淀。

$$Ag^+ + OH^- \rightleftharpoons AgOH\downarrow \qquad 2AgOH \rightleftharpoons Ag_2O\downarrow + H_2O$$

如果待测液碱性太强，可先用稀 HNO_3 中和；酸性太强可用 $NaHCO_3$ 或 $CaCO_3$ 中和。

如果溶液中有铵盐存在时，应控制溶液的 $pH = 6.5 \sim 7.2$ 范围为宜，否则由于配位效应而生成 $[Ag(NH_3)_2]^+$，致使 AgCl 和 Ag_2CrO_4 溶解，引入误差。同理，若溶液中有氨存在时，则必须先用 HNO_3 中和。

(3) 滴定时应剧烈摇动

莫尔法测定 Cl^- 时，化学计量点前溶液中有过剩的 Cl^-，因此 AgCl 沉淀优先吸附构晶离子 Cl^-，致使溶液中 Cl^- 浓度降低，导致 Ag^+ 浓度提前升高，以致 Ag_2CrO_4 沉淀提早出现，即终点提前，故滴定时需剧烈摇动，使被 AgCl 沉淀吸附的 Cl^- 尽量释放出来。若用莫尔法测定 Br^-，则 Br^- 的吸附程度更为严重，所以滴定时更需剧烈摇动，否则会引入较大的误差。

(4) 干扰情况

莫尔法的选择性差，干扰离子较多。凡能与 Ag^+ 生成沉淀的阴离子会干扰测定，如 S^{2-}、CO_3^{2-}、SO_3^{2-}、PO_4^{3-}、$C_2O_4^{2-}$、AsO_4^{3-} 等；能与 CrO_4^{2-} 生成沉淀的阳离子也干扰测定，如 Pb^{2+}、Ba^{2+}、Hg^{2+} 等；大量的有色离子 Co^{2+}、Cu^{2+}、Ni^{2+} 等也会产生干扰；以及在测定的 pH 范围内易发生水解的离子的存在，如 Fe^{3+}、Al^{3+}、Bi^{3+} 和 Sn^{4+} 等离子也会产生干扰；还有能与 Ag^+ 生成配合物的物质，如 NH_3 等也会产生干扰。如有这些离子存在，需预先分离。

6.2.3 应用范围

莫尔法的选择性差，只适用于 $AgNO_3$ 标准溶液直接滴定 Cl^-、Br^-，且滴定时要剧烈摇动。不能用于 I^- 和 SCN^- 的测定，因为 AgI 和 AgSCN 沉淀分别对 I^- 和 SCN^- 吸附作用更强，无法通过摇动使其释放。若测定 Ag^+，可用返滴定法，即先加入一定量且确保过量的 NaCl 标准溶液，待沉淀完全后，再用 $AgNO_3$ 标准溶液返滴定。

6.3 佛尔哈德法（Volhard 法）

佛尔哈德法是用铁铵矾 $[NH_4Fe(SO_4)_2 \cdot 12H_2O]$ 作指示剂的银量法。按滴定方式的不同分为直滴定法和返滴定法。

6.3.1 方法原理

(1) 直接滴定法

在含有 Ag^+ 的 HNO_3 介质中，以铁铵矾为指示剂，用 NH_4SCN（或 KSCN）标准溶液滴定，先析出 AgSCN 沉淀，其反应如下：

$$Ag^+ + SCN^- \Longrightarrow AgSCN \downarrow （白色）$$

当滴定达到化学计量点后，Ag^+ 定量沉淀完全，于是稍过量的 SCN^- 与 Fe^{3+} 生成红色配合物 $[Fe(SCN)]^{2+}$，即指示终点到达。

$$Fe^{3+} + SCN^- \Longrightarrow [Fe(SCN)]^{2+} （红色）$$

(2) 返滴定法

在含有卤素离子或 SCN^- 的硝酸介质中，先加入准确过量的 $AgNO_3$ 标准溶液，使卤素离子或 SCN^- 生成银盐沉淀，然后以铁铵矾作指示剂，用 NH_4SCN 标准溶液返滴定剩余的 $AgNO_3$，Ag^+ 定量沉淀完全后，稍过量的 SCN^- 与 Fe^{3+} 生成红色配合物 $[Fe(SCN)]^{2+}$，以指示终点到达。所发生的反应如下：

$$Ag^+ + X^- \Longrightarrow AgX \downarrow$$
$$Ag^+ + SCN^- \Longrightarrow AgSCN \downarrow$$
$$Fe^{3+} + SCN^- \Longrightarrow [Fe(SCN)]^{2+}$$

测 Cl^- 时需特别注意，因为 AgSCN 的溶解度比 AgCl 的溶解度小，化学计量点后，稍过量的 SCN^- 不仅会与 Fe^{3+} 生成红色的配合物 $[Fe(SCN)]^{2+}$，同时剧烈地摇荡还会使 AgCl 发生沉淀转化反应：

$$AgCl + SCN^- \Longrightarrow AgSCN + Cl^-$$

而使红色褪去，要使红色出现，需继续加入 SCN^-，导致测定结果偏低。

为了避免这种误差，通常采用下面两种措施。

① 煮沸溶液。于待测液中加入过量的 $AgNO_3$ 溶液后，然后加热煮沸溶液，使 AgCl 沉淀发生凝聚，以减少 AgCl 对 Ag^+ 的吸附，再过滤出 AgCl，并用稀 HNO_3 洗涤，洗涤液并入滤液中，再用 NH_4SCN 标准溶液返滴定其中的过量的 Ag^+。

② 加入保护沉淀的有机溶剂。待测液中加入过量 $AgNO_3$ 溶液后，加入有机溶剂（硝基苯或 1,2-二氯乙烷），在剧烈摇动下，它将覆盖包住 AgCl 沉淀，阻止其与滴定剂 SCN^- 发生沉淀转化反应。

若用此法测定 Br^- 和 I^-，则不存在以上沉淀转化的问题。

6.3.2 滴定条件

(1) 溶液酸度的控制

滴定反应在硝酸介质中进行，一般溶液酸度大于 $0.3mol \cdot L^{-1}$。这时，Fe^{3+} 主要以 $[Fe(H_2O)_6]^{3+}$ 形式存在，颜色较浅。若酸度过低，Fe^{3+} 会水解生成深色羟基配合物，影响终点的观察；Ag^+ 在碱性介质中会生成 Ag_2O 沉淀，在氨性溶液中会生成 $[Ag(NH_3)_2]^+$。

(2) 指示剂的浓度

Fe^{3+} 浓度太大时，溶液呈较深的黄色，影响终点的观察，通常采用终点时 Fe^{3+} 浓度为 $0.015mol \cdot L^{-1}$，比理论值低。如此引起的误差小于滴定分析对相对误差的要求，又不影响终点的观察。

(3) 滴定时的摇动

直接法滴定 Ag^+ 时，Ag^+ 易被 AgSCN 强烈吸附，会使终点过早出现，导致滴定结果偏低，故滴定时必须剧烈摇动锥形瓶。用返滴定法滴定 Cl^- 时，为了避免 AgCl 沉淀发生转化，应轻轻摇动。

(4) 试剂加入顺序

测定 I^- 时，必须先加 $AgNO_3$ 溶液，待 I^- 全部沉淀为 AgI，然后才能加入指示剂，否则 Fe^{3+} 会氧化 I^-，影响分析结果的准确度。

$$2Fe^{3+} + 2I^- \Longrightarrow 2Fe^{2+} + I_2$$

6.3.3 应用范围

由于佛尔哈德法在酸性介质中滴定，而莫尔法中会产生干扰的弱酸根离子（如 PO_4^{3-}、AsO_4^{3-}、CrO_4^{2-} 等）在酸性介质中以弱酸的形式存在，此时不与 Ag^+ 反应，故在佛尔哈德法中这些离子的存在不发生干扰，可见该法的应用范围广泛，比莫尔法选择性好。佛尔哈德法可用于 Ag^+、Cl^-、Br^-、I^- 及 SCN^- 等离子的测定。但强氧化剂和氮的低价氧化物以及铜盐、汞盐等都与 SCN^- 作用，对测定有干扰，应预先除去。

6.4 法扬司法（Fajans 法）

用吸附指示剂指示滴定终点，以 $AgNO_3$ 标准溶液滴定卤化物的银量法称为法扬司法。

6.4.1 方法原理

吸附指示剂一般是有色的有机染料，这类化合物的阴离子在溶液中被带正电荷的胶体微粒吸附，使分子结构发生变化而引起颜色变化，可用来指示滴定终点。

以 $AgNO_3$ 标准溶液滴定溶液中 Cl^-，荧光黄作指示剂指示终点为例来说明法扬司法的工作原理。

荧光黄是一种有机弱酸，可用符号 HFIn 表示。它在水溶液中解离出黄绿色的荧光黄阴离子：

$$HFIn(aq)+H_2O(l) \Longleftrightarrow H_3O^+ + FIn^-(aq, 黄绿色)$$

在化学计量点前，溶液中有过剩的 Cl^-，AgCl 沉淀吸附 Cl^-，而使胶粒表面带负电荷，故胶粒不吸附指示剂阴离子，溶液呈黄绿色，即：

$$AgCl(s)+Cl^-(aq)+FIn^-(aq) \Longleftrightarrow AgCl \cdot Cl^-(吸附态)+FIn^-(aq, 黄绿色)$$

化学计量点后，溶液中有过剩的 Ag^+，AgCl 沉淀吸附 Ag^+，而使胶体表面带正电荷，此时带正电荷的胶粒则会吸附荧光黄阴离子，即：

$$AgCl(s)+Ag^+(aq)+FIn^-(aq, 黄绿色) \Longleftrightarrow AgCl \cdot Ag^+ \cdot FIn^-(吸附态, 粉红色)$$

由于指示剂的结构发生变化而呈现粉红色，从而指示滴定终点的到达。

6.4.2　法扬司法常用吸附指示剂

表 6.1 为法扬司法常用的吸附指示剂。

表 6.1　法扬司法常用吸附指示剂

指示剂	pK_a	测定对象	滴定剂	颜色变化	滴定条件(pH)
荧光黄	~7	Cl^-,Br^-,I^-	Ag^+	黄绿→粉红	7~10
二氯荧光黄	~4	Cl^-,Br^-,I^-	Ag^+	黄绿→粉红	4~10
曙红	~2	Br^-,I^-,SCN^-	Ag^+	粉红→红紫	2~10
甲基紫		Ag^+	Cl^-	红→紫	酸性

6.4.3　滴定条件

采用法扬司法时，为了使终点变化明显，使用吸附指示剂时应注意下列几点。

① 由于吸附指示剂的颜色变化发生在沉淀表面，因此，应尽可能使 AgCl 沉淀具有较大的表面积，使其呈胶体状态。因此，滴定时常加入胶体保护剂，如糊精或淀粉等，防止沉淀聚凝。

② 控制合适的溶液酸度，由于常用吸附指示剂多为有机弱酸，欲保证其能电离出足够的阴离子，必须控制适当的酸度；pH 值也不能过高，以免生成 Ag_2O 沉淀。合适的酸度范围取决于指示剂的电离常数 K_a，如荧光黄的 $K_a \approx 10^{-7}$，应在 pH=7~10 的范围内滴定，若 pH<7，指示剂主要以 HFIn 形式存在，则指示剂不被沉淀吸附；二氯荧光黄的 $K_a \approx 10^{-4}$，故应在 pH=4~10 的范围内滴定；曙红的电离常数较大（$K_a \approx 10^{-2}$），可在 pH=2~10 的范围内滴定。

③ 溶液中待测离子的浓度不宜太低，否则由于沉淀量太少（吸附在其上的指示剂也随之减少）而难以观察终点的颜色。

④ 指示剂的吸附能力要适当。滴定要求沉淀对待测离子的吸附力要略大于对指示剂的吸附力，否则终点将提前。实验证明，卤化银对卤素离子及常用指示剂的吸附顺序为：

$$I^- > SCN^- > Br^- > 曙红 > Cl^- > 荧光黄$$

因此，用 $AgNO_3$ 标准溶液滴定 Cl^- 时应选荧光黄为指示剂；而滴定 Br^-、I^- 时，应选曙红为指示剂，不可选荧光黄为指示剂。

⑤ 由于 AgX 对光敏感，见光分解可转化成灰黑色，影响终点观察，应避免强光照射下

滴定。

6.5　沉淀滴定法的应用

6.5.1　银量法常用标准溶液的配制和标定

银量法中常用的标准溶液有 $AgNO_3$ 标准溶液和 NH_4SCN 标准溶液。

（1） $AgNO_3$ 标准溶液

$AgNO_3$ 标准溶液可用纯度高的 $AgNO_3$ 基准物在 280℃ 干燥后直接配制。如果 $AgNO_3$ 纯度不高，需用间接法配制。一般采用间接法配制。在配制 $AgNO_3$ 溶液时，应用不含 Cl^- 的蒸馏水，由于 $AgNO_3$ 溶液见光易分解，$AgNO_3$ 溶液应保存在棕色试剂瓶中。常用基准物质 NaCl 标定 $AgNO_3$ 溶液，NaCl 易吸潮，使用前于瓷坩埚在 500～600℃ 干燥，直到不再有爆裂声为止，然后放入干燥器中冷却备用。为了抵消由方法引入的系统误差，标定 $AgNO_3$ 溶液的方法应采用与滴定相同的方法。一般用莫尔法标定。

（2） NH_4SCN 标准溶液

由于 NH_4SCN 试剂往往含有杂质，又易吸潮，不满足基准物条件，只能用间接法配制。标定 NH_4SCN 标准溶液时，可用铁铵矾作指示剂，取一定量已标定好的 $AgNO_3$ 标准溶液，用 NH_4SCN 溶液直接滴定，即佛尔哈德法的直接滴定法。

6.5.2　银量法的应用示例

（1）自来水中 Cl^- 含量的测定

自来水中 Cl^- 含量一般采用莫尔法进行测定，步骤如下：移取准确体积的水样于锥形瓶中，加入适量 K_2CrO_4 指示剂溶液，用 $AgNO_3$ 标准溶液滴定到体系由黄色（K_2CrO_4 溶液的颜色）变为浅红色（Ag_2CrO_4 沉淀的颜色），即到达终点。分析结果计算式如下：

$$\rho_{Cl^-} = \frac{c_{AgNO_3} \times V_{AgNO_3} \times 10^{-3} \times M_{Cl}}{V_{水样}} (g \cdot mL^{-1}) \tag{6.1}$$

可溶性氯化物中氯的测定、饲料中氯含量的测定、天然水中氯含量的测定等，一般采用莫尔法。但如果试样中含有 PO_4^{3-}、$C_2O_4^{2-}$、S^{2-}、CO_3^{2-}、SO_3^{2-} 等能与 Ag^+ 生成沉淀的阴离子时，那就必须用佛尔哈德法进行测定。

（2）有机卤化物中卤素的测定

含卤有机化合物中所含卤素一般不能直接测定，先经过适当的预处理，使其转化为卤素离子后再用银量法测定。例如测定农药"六六六"（六氯环己烷），先用 KOH 的乙醇溶液与试样一起加热回流，将有机氯转化为 Cl^- 而溶于溶液中，其反应式为：

$$C_6H_6Cl_6 + 3OH^- \Longleftrightarrow C_6H_3Cl_3 + 3Cl^- + 3H_2O$$

待溶液冷却后，溶液酸度用 HNO_3 调节，以佛尔哈德法测定其中 Cl^- 的含量。

（3）银合金中银含量的测定

在用 HNO_3 溶解银合金试样时，必须煮沸以除去氮的低价氧化物，防止其与 SCN^- 发生作用生成红色化合物，影响滴定终点。然后用佛尔哈德法的直接滴定法滴定 Ag^+，计算银含量。

习 题

6.1 分别写出用莫尔法、佛尔哈德法和法扬司测定 Cl^- 的主要反应式，并指出各种测定方法所用的指示剂及酸度条件。

6.2 银量法根据确定终点所用指示剂的不同可分为哪几种方法？它们分别用的指示剂是什么？又是如何指示滴定终点的？

6.3 用银量法测定下列试样中 Cl^- 含量时，选用哪种指示剂指示终点较为合适？

(1) $BaCl_2$；(2) $NaCl+Na_3PO_4$；(3) $FeCl_2$；(4) $NaCl+Na_2SO_4$。

6.4 在下列情况下，测定结果是偏高、偏低，还是无影响？并说明其原因。

(1) 在 $pH=4$ 或 $pH=11$ 的条件下，用莫尔法测定 Cl^-；

(2) 用佛尔哈德法测定 Cl^- 或 Br^-，既没有将 AgX 沉淀加热促其凝聚或滤去，又没加有机溶剂；

(3) 采用法扬司法测定 Cl^-，用曙红作指示剂。

6.5 称取 NaCl 基准试剂 0.1357g，溶解后，加入 $AgNO_3$ 标准溶液 30.00mL 与之反应，剩余的 Ag^+ 用 NH_4SCN 标准溶液滴定至终点，耗去 NH_4SCN 标准溶液 2.50mL，预先知道滴定 20.00mL $AgNO_3$ 标准溶液需要 19.85mL NH_4SCN 标准溶液，计算 $AgNO_3$ 溶液与 NH_4SCN 溶液的浓度各为多少。

6.6 称取 1.9221g 分析纯 KCl 固体加水溶解后，在 250mL 容量瓶中定容，取出 20.00mL 用 $AgNO_3$ 溶液滴定，用去 $AgNO_3$ 溶液 18.30mL，求 $AgNO_3$ 溶液的浓度。

6.7 称取 2.150g 含 KI 和 K_2CO_3 的样品，用佛尔哈德法进行测定，加入 0.2430mol• $L^{-1}AgNO_3$ 溶液 50.00mL 后，用 0.1210mol• $L^{-1}KSCN$ 标准溶液返滴定，用去 KSCN 标准溶液 3.35mL，求样品中 KI 的质量分数。

6.8 称取仅含 NaCl 和 NaBr 的某混合物 0.3180g，溶解后，用莫尔法测定各组分含量，用去 0.1090mol• $L^{-1}AgNO_3$ 溶液 38.80mL，求混合物的各组分含量。

6.9 有生理盐水 10.00mL，加入 K_2CrO_4 指示剂，以 0.1043mol• $L^{-1}AgNO_3$ 标准溶液滴定至出现砖红色，用去 $AgNO_3$ 标准溶液 14.58mL，计算生理盐水中 NaCl 的浓度。

6.10 将 0.1159mol• $L^{-1}AgNO_3$ 溶液 30.00mL 加入含有氯化物试样 0.2255g 的溶液中，然后用 3.16mL 0.1033mol• $L^{-1}NH_4SCN$ 溶液滴定过量的 $AgNO_3$。计算试样中氯的质量分数。

第7章

重量分析法

重量分析法是经典的化学分析法，它通过直接称量而得到实验结果，不需要与标准试样或基准物质做比较。对高含量组分的测定，重量分析法比较准确，一般测定的相对误差不大于 0.1%。但重量分析法的不足之处是操作较繁琐，耗时多，不适于生产中的控制分析；对低含量组分的测定误差较大。

7.1 重量分析法的分类

重量分析法通常是利用物理或化学反应将被测组分与试样中的其他组分分离，并转化为一定的称量形式，称得其质量，然后根据称量形式的质量计算该被测组分的含量。

根据分离方法的不同，重量分析法分为沉淀重量法（沉淀法）、气化法和电解法。

重量分析法中以沉淀重量法的应用最为广泛，故习惯上也常把其简称为重量分析法，它与滴定分析法同属于经典的定量化学分析方法。

7.1.1 沉淀重量法

沉淀重量法是利用沉淀反应将待测组分转化为难溶物的形式沉淀下来，再经过滤、洗涤、烘干或灼烧成为组成一定的称量形式，然后称其质量，根据称量形式的质量计算被测组分的含量。

7.1.2 气化法

气化法又名挥发法，适用于挥发性物质的测定。在适当条件下，通常用加热或蒸馏等方法使被测组分与其他组分分离逸出，然后根据逸出前后试样质量的减少或通过吸收剂质量的增加来计算被测组分的含量。

7.1.3 电解法

电解法是通过电解的方法，使被测金属离子还原沉积到电极上，根据称量电解前后电极的质量即可计算出被测金属离子的含量。此法仅用于铜、银、金等少数金属元素的分析。

7.2 重量分析法对沉淀的要求

沉淀重量法中，首先要将试样分解制成试液，然后加入一定的沉淀剂，使被测组分沉淀出来，沉淀的析出形式称为**沉淀形式**。沉淀经过滤、洗涤、烘干或灼烧后得到用以称量的形式称为**称量形式**。沉淀形式与称量形式可能相同，也可能不同。例如测定试液中 SO_4^{2-} 时，加入沉淀剂 $BaCl_2$ 溶液以得到 $BaSO_4$ 沉淀，此时沉淀形式和称量形式相同。又如测定磷矿石中 P 元素含量时，沉淀形式为 $MgNH_4PO_4$，经灼烧后得到的称量形式为 $Mg_2P_2O_7$，则沉淀形式与称量形式不同。

为了满足定量分析的要求，重量分析法对沉淀形式和称量形式有一定的要求。

7.2.1 对沉淀形式的要求

① 沉淀要定量完全，沉淀形式的溶解度要足够小。

一般要求沉淀的溶解损失应小于分析天平称量的绝对误差，即溶解损失应不超过 0.2mg。

② 沉淀的纯度要高，且易于洗涤和过滤。

沉淀要纯净，不应混有杂质（如沉淀剂或其他杂质），否则不能获得准确的分析结果。沉淀要易于洗涤和过滤。最好是得到粗大的晶形沉淀，若是小颗粒的晶体则容易穿过滤纸。若是非晶形沉淀，必须控制沉淀条件，以便得到易于洗涤和过滤的沉淀形式。

③ 沉淀形式易转化为称量形式。

7.2.2 对称量形式的要求

① 实际组成应与其化学式相符，这是正确进行沉淀重量法计算的基本依据。

② 要有足够的化学稳定性。

足够的化学稳定性主要指沉淀的称量形式不应受空气中 CO_2、氧气和水汽等影响，否则无法准确称量。

③ 称量形式的摩尔质量应比较大。

称量形式的摩尔质量越大，这样由一定的待测组分就可得到质量较多的称量形式，减小称量的相对误差，提高测定的准确度。例如用沉淀重量法测定 Al^{3+} 时，可以用氨水作沉淀剂，得到 $Al(OH)_3$ 沉淀形式，灼烧后得到称量形式 Al_2O_3；也可以用 8-羟基喹啉为沉淀剂，得到的沉淀形式和称量形式都是 $(C_9H_6NO)_3Al$(8-羟基喹啉铝)。假如试样中 Al 的质量为 0.1000g，则可分别得到 0.1888g Al_2O_3 和 1.704g $(C_9H_6NO)_3Al$。一般分析天平的称量误差为 ± 0.2mg，则两种方法的相对误差分别为 $\pm 0.1\%$ 和 $\pm 0.01\%$，可见，用 8-羟基喹啉重量法测定铝的准确度更高。

7.2.3 对沉淀剂的要求

沉淀剂的选择应根据上述对沉淀形式和称量形式的要求来考虑，作为一种合适的沉淀剂具体应满足以下要求。

① 沉淀剂应具有较好的选择性。当试液中有多种离子共存时，沉淀剂只与待测组分生成沉淀，与试液中的其他组分不起作用。否则必须采用分离或掩蔽等方法消除干扰。

② 生成沉淀的溶解度要小，以达到沉淀完全的目的。例如沉淀 SO_4^{2-} 时，有多种可形成难溶硫酸盐沉淀的试剂选择，例如 Ca^{2+}、Ba^{2+}、Pb^{2+} 等，但 $BaSO_4$ 的溶解度最小。因此以 $BaSO_4$ 的形式沉淀 SO_4^{2-} 比生成其他难溶化合物好。

③ 沉淀剂本身的溶解度应尽可能大，以减少沉淀吸附。如沉淀 SO_4^{2-} 时，沉淀剂应选用 $BaCl_2$ 而不是 $Ba(NO_3)_2$，因为 $BaCl_2$ 在水中溶解度大于 $Ba(NO_3)_2$，且 $BaSO_4$ 沉淀吸附 $Ba(NO_3)_2$ 比 $BaCl_2$ 严重。

④ 沉淀剂应易挥发或灼烧易除去。即使沉淀中带有未被洗净的沉淀剂，也可以通过烘干或灼烧而除去。一些铵盐和有机沉淀剂都能满足这方面要求。例如，沉淀 Fe^{3+} 时利用形成氢氧化物沉淀，选用氨水而不是 $NaOH$ 作沉淀剂。

⑤ 形成的沉淀应易于分离和洗涤，一般晶形沉淀更易达到。例如，沉淀 Al^{3+} 时，若用氨水沉淀则形成非晶形沉淀，而用 8-羟基喹啉则形成晶形沉淀，后者易于过滤和洗涤。

⑥ 所形成的沉淀摩尔质量应较大，可减小称量的相对误差。一般有机沉淀剂形成的沉淀，其称量形式的摩尔质量都比较大。

7.3　沉淀的类型与纯度

在重量分析法中，常常希望生成的是粗大的晶形沉淀。而生成的沉淀类型主要取决于沉淀物质的本性，也与形成沉淀的条件密切相关。因此，有必要了解沉淀的形成过程和沉淀条件对颗粒大小的影响，以便控制适当的条件得到符合要求的沉淀。

7.3.1　沉淀的类型

沉淀可根据其颗粒的大小分为三类，即晶形沉淀、无定形沉淀和凝乳状沉淀。

晶形沉淀颗粒直径约为 $0.1\sim1\mu m$，如 $BaSO_4$、$MgNH_4PO_4$ 等，且内部排列较规则，结构紧密，容易沉降于容器底部，体积小，既易于过滤、洗涤，同时对杂质的吸附少。

无定形沉淀颗粒直径在 $0.02\mu m$ 以下，如 $Fe_2O_3 \cdot xH_2O$、$Al_2O_3 \cdot xH_2O$ 等。由于其是无晶体结构特征的一类沉淀，沉淀内部离子排列杂乱无章，结构疏松，体积庞大，吸附杂质多，不能很好地沉降，过滤速度慢且不易洗涤。

凝乳状沉淀颗粒直径在 $0.02\sim0.1\mu m$，如 $AgCl$ 等。其性质也介于晶形沉淀与无定形沉淀之间。

7.3.2　沉淀形成的一般过程

在含待测离子的溶液中加入沉淀剂，当溶液中离子积大于溶度积时，就可能形成沉淀。沉淀的一般形成过程，包括晶核的形成和沉淀颗粒的生长两个过程。

（1）晶核的形成

目前还没有成熟的关于晶核形成机理的理论。构晶离子在过饱和溶液中形成的聚集体逐步长大，便形成晶核。这些最先析出的微小颗粒是以后结晶的中心。

晶核的形成可以分为均相成核和异相成核。构晶离子在过饱和溶液中，由于静电作用自发地缔合形成晶核的过程，称为均相成核。

溶液中不可避免地存在外来悬浮颗粒，如尘埃、杂质等微粒，它们的存在可起到"晶种"作用，能促进晶核的生成，即在沉淀过程中，构晶离子在外来固体微粒的诱导下，聚合在固体微粒周围形成晶核的过程，称为异相成核。一般情况下，实验使用的玻璃容器壁上总会附有一些很小的固体微粒，实验所用的溶剂和试剂中也会含有一些微溶性颗粒，因此，异相成核作用总是客观存在的。

（2）沉淀颗粒的生长

晶核形成后，溶液中的构晶离子向晶核表面扩散，并在晶核上沉积，使晶核逐渐长大形成沉淀微粒，沉淀微粒又可聚集为更大的聚集体，该过程称为聚集过程。

在聚集过程的同时，构晶离子按一定的晶格定向有序地排列而形成晶体，此过程称为定向过程。

在沉淀形成过程中，由构晶离子聚集形成晶核，再进一步堆积成沉淀微粒的速度称为聚集速度（即形成沉淀的初速度）；构晶离子按一定晶格定向有序地排列的速度称为定向速度。如果聚集速度小于定向速度，则溶液中构晶离子形成晶核的速度就较慢，构晶离子有足够的时间以晶核为中心，依次定向排列长大，形成较大颗粒的晶形沉淀。反之如果聚集速度大于定向速度，则有很多构晶离子迅速聚集成大量晶核，而来不及按一定的顺序定向排列到晶核上，那么沉淀就迅速聚集成许多微小的颗粒，即形成无定形沉淀。

定向速度与沉淀物质的本性有关。对于极性较强的无机盐，如 $MgNH_4PO_4$、$BaSO_4$ 和 CaC_2O_4 等，具有较大的定向速度，易形成晶形沉淀；$AgCl$ 的极性较弱，定向速度较小，易形成凝乳状沉淀；高价金属离子的氢氧化物，如 $Fe(OH)_3$、$Al(OH)_3$ 等，由于含有大量水分子，阻碍离子的定向排列，易形成无定形沉淀。

聚集速度不仅取决于物质的性质，更与沉淀条件有关，其中最重要的是生成沉淀时溶液的相对过饱和度。沉淀颗粒的大小与形成沉淀的聚集速度有关，而聚集速度又与溶液的相对过饱和度成正比。

冯·韦曼（Van Weimarn）以 $BaSO_4$ 沉淀为对象研究了影响沉淀颗粒大小的因素，根据实验结果提出了如下经验公式：

$$v = K \times \frac{Q-S}{S} \qquad (7.1)$$

式中，v 表示形成沉淀的聚集速度；Q 为加入沉淀剂瞬间，产生的沉淀物的浓度；S 为沉淀的溶解度；$Q-S$ 为加入沉淀剂瞬间的过饱和度，此数值越大，生成晶核的数目就越多，最后形成的沉淀颗粒就越小；K 为常数，它与沉淀的性质、介质、温度等因素有关。

式(7.1)表明溶液相对过饱和度越大，沉淀的颗粒越小。因此，通过控制溶液的相对过饱和度，可以改变沉淀颗粒的大小，可能改变沉淀的类型。例如 $Al(OH)_3$ 一般为无定形沉淀，但在 $AlCl_3$ 溶液中，加入稍过量的 $NaOH$ 使 Al^{3+} 以 AlO_2^- 形式存在，再通入 CO_2 使溶液的碱性逐渐减小，最后可以得到较好的 $Al(OH)_3$ 晶形沉淀。

7.3.3 共沉淀与后沉淀

在沉淀重量分析法中，既要求沉淀的溶解度小，又要求沉淀纯净。但当沉淀从溶液中析出时，总要或多或少地夹杂着溶液中的其他组分，使沉淀玷污。因此有必要了解影响沉淀纯度的各种因素，从而提出减少杂质的方法，以获得较为纯净的沉淀。影响沉淀纯度主要因素是共沉淀和后沉淀。

（1）共沉淀

进行沉淀时，随着沉淀从溶液中析出，溶液中某些可溶性杂质混杂于沉淀之中，而被沉淀下来，这种现象称为共沉淀。产生共沉淀的主要原因有：表面吸附、吸留和包夹以及生成混晶。

① 表面吸附

表面吸附是在沉淀的表面上吸附了杂质而使沉淀玷污。由表面吸附引起的共沉淀是最普遍最主要的共沉淀。

作为一个整体，沉淀本身是电中性的。产生表面吸附的原因，是由于晶体表面、边、角上的构晶离子与晶体内部构晶离子所受静电引力不同而引起的。例如，在 $BaSO_4$ 晶体内部，无论 Ba^{2+} 还是 SO_4^{2-} 都被带相反电荷的离子所包围，处于静电平衡状态。但在晶体表面、边、角上的构晶离子，由于至少有一面未被相反电荷的离子所包围，因此所受静电引力并不均衡，具有吸附溶液中相反电荷离子的能力。

从静电引力的作用来说，在溶液中任何带相反电荷的离子都同样有被沉淀表面构晶离子吸附的可能性。但是，表面吸附并不完全是简单的静电引力，实际上表面吸附又具有一定的选择性，选择吸附的规则有以下两种。

a. 吸附层吸附的规则　过量存在的构晶离子首先被吸附。例如用过量 $BaCl_2$ 去沉淀 SO_4^{2-} 时，$BaSO_4$ 沉淀生成后，溶液中还存在大量的 Ba^{2+}，沉淀表面上的 SO_4^{2-} 由于静电引力强烈地吸引溶液中的 Ba^{2+}，形成吸附层，很少吸附溶液中存在的 Cl^-、Na^+。其次，是与构晶离子大小相近，电荷相同的离子容易被吸附，例如 $BaSO_4$ 沉淀比较容易吸附 Pb^{2+}。

b. 扩散层吸附的规则　按被吸附离子的价数越高越容易被吸附，如 Fe^{3+} 比 Fe^{2+} 容易被吸附。与构晶离子生成溶解度较小的化合物的离子也容易被吸附，如在稀硫酸作沉淀剂沉淀 Ba^{2+} 时，如果加入稀硫酸的量不足，溶液中除 Ba^{2+} 外还含有 NO_3^-、Cl^-、Na^+ 和 H^+，则 $BaSO_4$ 沉淀首先吸附 Ba^{2+} 形成带正电荷的吸附层，然后扩散层吸附 NO_3^- 而不易吸附 Cl^-，这是因为 $Ba(NO_3)_2$ 的溶解度小于 $BaCl_2$。如果加入的稀 H_2SO_4 过量，则 $BaSO_4$ 沉淀先吸附形成带负电荷的吸附层，然后吸附 Na^+ 而不易吸附 H^+ 形成扩散层，这是因为 Na_2SO_4 的溶解度比 H_2SO_4 的溶解度要小。

吸附层和扩散层形成的双电层能随沉淀颗粒一起下沉，因而造成表面吸附共沉淀。

此外，沉淀的总表面积越大，吸附的杂质就越多，如无定形沉淀比晶形沉淀吸附杂质多，细小的晶形沉淀比粗大的晶形沉淀吸附杂质多；溶液中杂质的浓度越大，吸附量越大；吸附是放热过程，解吸是吸热过程，因此提高溶液温度，杂质吸附量减少。

在沉淀重量法中，可采用洗涤沉淀的方法减少吸附的杂质量，使沉淀纯净。

② 吸留和包夹

进行沉淀反应时，由于沉淀生成太快，所吸附在沉淀表面的杂质或母液来不及离开沉淀，就被生成的沉淀覆盖而被包夹在沉淀内部，这种现象称为吸留和包夹共沉淀。吸留和包夹的程度也符合吸附的选择性规律，例如用过量的 Ba^{2+} 沉淀 SO_4^{2-} 时，$Ba(NO_3)_2$ 被吸留的量大于 $BaCl_2$，因为前者溶解度较小而易被吸附，进而吸留至沉淀内部。吸留和包夹是造成晶形沉淀玷污的主要原因，这种现象造成的沉淀杂质是无法通过洗涤除去的，但可以通过采用改变沉淀条件、陈化或重结晶的方法来去除。

③ 生成混晶

在沉淀过程中，当溶液中的杂质离子与构晶离子半径相近，晶体结构相似时，则杂质离子容易混进晶体内部的晶核排列中，这种现象称为混晶共沉淀。例如 Pb^{2+} 和 Ba^{2+} 半径相近，电荷相同，在沉淀 $BaSO_4$ 时，Pb^{2+} 能够取代 $BaSO_4$ 中的 Ba^{2+} 进入晶核，形成 $PbSO_4$ 与 $BaSO_4$ 的混晶共沉淀。又如 $AgCl$ 和 $AgBr$、$BaCrO_4$ 和 $BaSO_4$、$MgNH_4PO_4 \cdot 6H_2O$ 和 $MgNH_4AsO_4 \cdot 6H_2O$ 等都可以生成混晶，从而引起共沉淀。

为避免混晶的生成，最好事先将这类杂质分离出去。因为混晶共沉淀不能通过洗涤，陈化，甚至再沉淀等手段去除。

(2) 后沉淀

在沉淀过程中，被测组分沉淀结束后，另一种单独存在时本来难于析出沉淀的组分，在该沉淀表面上随后也发生沉积的现象称为后沉淀，且沉淀的量随放置时间延长而增多。例如，在稀酸性条件下用 H_2S 沉淀 Cu^{2+}、Zn^{2+} 混合溶液中的 Cu^{2+}，通入 H_2S 时最初得到的 CuS 沉淀中并不夹杂 ZnS。但是，由于 CuS 沉淀表面易从溶液中吸附 S^{2-}，如果沉淀与母液长时间地接触，从而使 CuS 沉淀表面吸附的 S^{2-} 浓度大大增加，致使 S^{2-} 浓度与 Zn^{2+} 浓度的乘积大于 ZnS 的溶度积常数，于是 ZnS 就后沉淀在 CuS 的表面上。母液就是沉淀生成以后的溶液。

后沉淀引入的杂质量比共沉淀要多，特别是长期放置后，更为严重。缩短沉淀和母液共置的时间是减少后沉淀的方法，故应及时过滤。

7.3.4 提高沉淀纯度的方法

为了得到符合要求的纯净沉淀，应针对上述造成沉淀不纯的原因，采取适当的措施。

(1) 选择适当的分析步骤

当分析试样中有多种组分共存，而测定其中含量较少的组分时，即杂质含量较高时，不要先沉淀含量高的组分，以防少量被测组分混入沉淀中，而引起测定误差。

(2) 降低易被吸附的杂质离子浓度

吸附作用具有选择性，因此在实际工作中，对于易被吸附的杂质离子，可采用掩蔽的方法或改变杂质离子的存在形式来降低其有效浓度以减少吸附共沉淀。例如沉淀 Ba^{2+} 时，若溶液中有 Fe^{3+} 存在，可将 Fe^{3+} 预还原为不易被吸附的 Fe^{2+}；或用 EDTA 掩蔽，使 Fe^{3+} 生成稳定的配离子，可以降低沉淀对 Fe^{3+} 的吸附。

(3) 选择适当的沉淀条件

沉淀条件包括溶液的浓度、温度、试剂的加入顺序和速度、陈化与否等，选用合适的沉淀条件是非常重要的（详见 7.4 沉淀条件的选择）。

(4) 再沉淀

将所得沉淀过滤、洗涤后，再将其溶解，再进行第二次沉淀。再沉淀时，溶液中杂质的量减小很多，共沉淀及后沉淀现象也大大降低，使沉淀纯度提高。

(5) 选择适当的洗涤剂进行洗涤

根据吸附作用的可逆性，选用适当的洗涤液洗去沉淀表面吸附的杂质离子，从而提高沉淀的纯度。洗涤剂必须是在灼烧或烘干时容易挥发除去的物质。

例如，$Fe(OH)_3$ 沉淀易吸附 Mg^{2+}，用 NH_4NO_3 稀溶液作洗涤剂洗涤时，被吸附在表面的 Mg^{2+} 会被洗涤液中的 NH_4^+ 替代，而 NH_4^+ 可在沉淀高温灼烧时分解除去。

通常采用"少量多次"的洗涤原则，即将一定体积的洗涤液分多次洗涤沉淀，以提高沉淀洗涤的效率。

(6) 选择合适的沉淀剂

无机沉淀剂的选择性一般不高，且易形成胶状沉淀，吸附杂质多，难于过滤、洗涤。有机沉淀剂选择性高，常能形成结构较好的晶形沉淀，吸附杂质少，易于过滤和洗涤。因此，应尽量选用有机沉淀剂以减少共沉淀。

7.4 沉淀条件的选择

为了获得纯净、易于过滤和洗涤的沉淀，必须根据不同类型的沉淀采取不同的沉淀条件。

7.4.1 晶形沉淀的沉淀条件

对于 $BaSO_4$ 等晶形沉淀而言，控制沉淀条件的重点是设法获得大颗粒的沉淀。而晶形沉淀的溶解度一般都比较大，因此还应注意沉淀的溶解损失。为此，必须控制好以下几个方面的条件。

① 沉淀应在适当稀的溶液中进行，并加入适当稀的沉淀剂溶液。稀溶液是为了降低相对过饱和度，从而得到大颗粒沉淀；同时在较稀的溶液中杂质的浓度较小，相应共沉淀现象也较少，有利于得到纯净的沉淀。但是，若溶液过稀，则沉淀溶解较多，也会造成沉淀溶解损失。

② 沉淀应在热溶液中进行。一般沉淀的溶解度在热溶液中将略有增加，相对过饱和度降低，有利于生成大颗粒沉淀。同时又能减少杂质的吸附量。

③ 要逐滴缓慢加入沉淀剂，防止溶液局部过浓，以免产生大量的晶核，有利于大颗粒沉淀的形成。

④ 加入沉淀剂时应不断快速搅拌，防止局部过饱和度大而形成大量的晶核。

⑤ 陈化，即沉淀完全析出以后，将初生成的沉淀和母液放置一段时间，使沉淀晶形完整、纯净。陈化的主要作用是使初生成的沉淀中那些小颗粒沉淀转化为大颗粒沉淀。因为小颗粒沉淀溶解度相对较大，所以陈化时小颗粒沉淀溶解并转移至大颗粒沉淀上继续沉积，可使小晶粒变成大晶粒，不完整晶粒可变为较完整晶粒，"亚稳态"沉淀变为"稳定态"沉淀。由于小颗粒沉淀溶解，原来吸附、包夹的杂质重新进入溶液，因此可减少杂质的量，提高沉淀纯度。但当有后沉淀存在时，陈化对提高沉淀的纯度不利。

综上，晶形沉淀的沉淀条件可简单地概括为：稀、热、慢、搅、陈。

7.4.2 无定形沉淀的沉淀条件

对于无定形沉淀，如 $Fe_2O_3 \cdot xH_2O$ 和 $Al_2O_3 \cdot xH_2O$ 等溶解度一般都很小，所以沉淀的性质很难通过控制其相对过饱和度的方法来改变，而且沉淀颗粒较小，结构疏松，吸附杂质多，且包含数目不定的水分子，沉淀体积庞大，不能很好地沉降下来，易形成能穿过滤纸的胶体溶液，不易过滤和洗涤。对于这种类型的沉淀，沉淀时主要考虑如何加速沉淀微粒的凝聚，便于过滤，防止形成胶体溶液；同时尽量减少杂质的吸附，使沉淀更纯净。为此，必须控制好以下几个方面的条件。

① 沉淀反应需在较浓的溶液中进行，加入沉淀剂的速度也可适当快些，同时应不断搅拌。如此可以减小离子的水化程度，有利于得到结构紧密、体积较小、含水量少的沉淀。由于此时吸附的杂质多，可在沉淀完毕后，立即用大量热水适当稀释并充分搅拌，使被吸附的部分杂质离开沉淀表面而转移到溶液中去。

② 沉淀反应需在热溶液中进行。这样不仅可以减小离子的水化程度，使生成的沉淀微粒凝聚，以防形成胶体，而且还可以降低沉淀表面对杂质的吸附。

③ 沉淀时加入适当的强电解质，可防止胶体溶液形成，促使沉淀微粒凝聚。通常在沉淀的洗涤液中也加入适量强电解质，以防止洗涤时沉淀发生胶溶现象。

④ 不需陈化。沉淀完全后，应趁热过滤，不要陈化，并加快过滤、洗涤的速度。否则无定形沉淀久置后，将逐渐失去水分而凝聚得更加紧密，使杂质难以洗尽。

综上，无定形沉淀的沉淀条件可简单地概括为：浓、热、凝、趁。

7.4.3 均相沉淀法

为了得到颗粒较大的晶形沉淀，尽管沉淀剂是在不断搅拌下逐滴加入的，但仍难避免沉淀剂局部过浓的情况，而均相沉淀法可以避免这种现象。均相沉淀法是在沉淀过程中，不直接将沉淀剂加入到溶液中，而是通过溶液中的化学反应，缓慢而均匀地在溶液中产生，从而使沉淀在整个溶液中均匀地、缓慢地析出。这样就可避免局部过浓的现象，可获得颗粒较大、结构紧密、纯净而易于过滤的沉淀。

例如以均相沉淀法测定 Ca^{2+}，在酸性溶液中加入 $(NH_4)_2C_2O_4$，溶液中的草酸根主要以 $HC_2O_4^-$ 和 $H_2C_2O_4$ 形式存在，无 CaC_2O_4 沉淀产生。然后加入尿素，加热溶液。尿素发生水解产生：

$$CO(NH_2)_2 + H_2O \Longrightarrow CO_2 \uparrow + 2NH_3$$

水解生成的 NH_3 均匀分布在溶液中，NH_3 中和溶液中的 H^+，溶液的酸度渐渐降低，使 $C_2O_4^{2-}$ 的浓度渐渐增大，最后均匀而缓慢地析出粗大而纯净的 CaC_2O_4 晶形沉淀。

7.4.4 影响沉淀溶解度的因素

沉淀反应的完全程度可以根据反应达到平衡时溶液中溶解的被测组分的量来衡量，即溶解度越小，沉淀越完全。根据重量分析法对误差的要求，沉淀溶解损失的量不能超过分析天平称量的绝对误差，即溶解损失应不超过 0.2mg。故，在重量分析中，必须了解影响沉淀溶解度的因素，利用各种方法降低沉淀溶解度，使沉淀完全。

(1) 同离子效应

向溶液中加入过量的沉淀剂，使沉淀的溶解度减小的现象称为同离子效应。

在实际工作中，一般采取加入过量的沉淀剂，利用同离子效应降低沉淀的溶解度，使被测组分沉淀完全。

沉淀剂过量的程度，应根据沉淀剂的性质来确定。如易挥发除去的沉淀剂一般过量 50%～100% 为宜，不易挥发除去的沉淀剂过量 20%～50%。

如果加入太多，可能引起盐效应、酸效应和配位效应等副反应，使沉淀的溶解度增大。

(2) 盐效应

在难溶电解质溶液中，加入其他强电解质使沉淀溶解度增大的现象称为盐效应。如果沉淀本身的溶解度很小，盐效应的影响就很小，可以不予考虑。只有当沉淀的溶解度比较大，而且溶液的离子强度很高时，才考虑盐效应的影响。

(3) 酸效应

由于溶液的酸度使沉淀的溶解度增大的现象称为酸效应。为了防止沉淀溶解损失，对于弱酸盐沉淀，一般应在较低的酸度下进行沉淀。

(4) 配位效应

进行沉淀反应时，构晶离子生成配合物使沉淀溶解度增大的现象称为配位效应。

在实际分析工作中应根据具体情况，采取适当的措施，以保证分析结果的准确性。对无配位反应的强酸盐沉淀，主要考虑同离子效应和盐效应；对弱酸盐的沉淀，主要考虑酸效应；对于有配位反应且沉淀的溶度积又较大时，应主要考虑配位效应。

(5) 温度

沉淀的溶解一般是吸热过程，所以绝大多数沉淀的溶解度随着温度的升高而增大。但是温度对不同沉淀的溶解度的影响并不一样，有的明显，有的不明显。

如果温度对沉淀的溶解度影响明显，如 $MgNH_4PO_4$、CaC_2O_4 等，应在室温下进行过滤和洗涤。

如果沉淀的溶解度很小 [如 $Fe(OH)_3$、$Al(OH)_3$ 等]，且温度低时又较难过滤和洗涤，则采用趁热过滤，并用热的洗涤液进行洗涤。

(6) 溶剂

多数无机物沉淀为离子型晶体，所以它们在有机溶剂中的溶解度比在水中的溶解度小。沉淀重量法中，可采用向水中加入有机溶剂（如乙醇、丙酮）来降低沉淀的溶解度。

(7) 沉淀的颗粒大小

同种沉淀，小颗粒沉淀的总表面积越大，则溶解度越大。因此，在实际分析中，要尽量创造条件以利于形成大颗粒晶体。而且大颗粒沉淀易于洗涤和过滤，同时可减少沉淀玷污。

7.5 称量形式的获得

沉淀生成后，还需经过滤、洗涤、烘干或灼烧等操作过程才能使沉淀形式转化为称量形式。所以，这些操作对分析结果的准确度影响很大。

7.5.1 沉淀的过滤和洗涤

(1) 过滤

重量分析的过滤方法主要有两种，常压过滤和减压过滤。沉淀常用定量滤纸（也称无灰滤纸）或玻璃砂芯滤器过滤。对于需要灼烧的沉淀，应根据沉淀的性状选用紧密程度不同的定量滤纸在长颈玻璃漏斗中过滤。一般无定形沉淀，如 $Fe(OH)_3$、$Al(OH)_3$ 等，应选用疏松的快速滤纸过滤，以免过滤时间太长；粗粒的晶形沉淀如 $MgNH_4PO_4 \cdot 6H_2O$ 等，可用较紧密的中速滤纸；颗粒细小的晶形沉淀如 $BaSO_4$、CaC_2O_4 等，选用最紧密的慢速滤纸，以防沉淀穿过滤纸。

减压过滤法用玻璃砂芯坩埚过滤。玻璃砂芯坩埚的砂芯滤板是用玻璃粉末在高温下烧结而成，按微孔的细度分成六个等级 $G_1 \sim G_6$，滤孔依次减小。G_3 相当于中速滤纸，G_4、G_5 相当于慢速滤纸。用玻璃砂芯滤器前，应先洗净，并在烘干沉淀的温度下（一般不超过 $200℃$）反复烘干，直至恒重（滤器烘干前后两次质量之差小于 $0.2mg$）。

(2) 洗涤

为了洗去沉淀表面吸附的杂质和混杂在沉淀中的母液，需对过滤后的沉淀进行洗涤。洗涤时应尽量减少沉淀的溶解损失并避免形成胶体。因此，要选择合适的洗涤液。洗涤液的选择原则如下。

① 溶解度小而不易形成胶体的沉淀，用蒸馏水洗涤。

② 对于溶解度较大的晶形沉淀，用沉淀剂的稀溶液洗涤后，再用蒸馏水洗涤。

③ 沉淀剂必须易挥发，或在烘干或灼烧时易分解除去，例如用 $(NH_4)_2C_2O_4$ 稀溶液洗涤 CaC_2O_4 沉淀。

④ 对于溶解度较小但有可能形成胶体的沉淀，应用易挥发的电解质溶液洗涤，例如用 NH_4NO_3 稀溶液洗涤 $Al(OH)_3$ 沉淀。

溶解度受温度影响小的沉淀，用热洗涤液洗涤，则过滤较快，且能防止形成胶体。

洗涤时，既要将沉淀洗净，又不能增加沉淀的溶解损失。为提高洗涤效率，常采用少量多次的洗涤原则，即用少量的洗涤液，分多次洗涤，使前次洗涤液尽量流尽，再加入洗涤液进行洗涤。

7.5.2 沉淀的烘干和灼烧

（1）烘干

烘干是为了除去沉淀中的水分和挥发性物质，使沉淀形式转化为组成固定的称量形式。烘干的温度和时间随沉淀的不同而异。如丁二酮肟镍，只需在 110 ~ 120℃烘 40 ~ 60 min，然后冷却至室温后进行称量。烘干沉淀时所用的玻璃砂芯滤器需先烘干到恒重，沉淀也应烘干到恒重。

（2）灼烧

灼烧除了可以除去沉淀中水分和易挥发性物质以外，还使沉淀形式在高温下分解为组成固定的称量形式。例如沉淀得到的 $MgNH_4PO_4 \cdot 6H_2O$，必须在高温 1100℃灼烧，才能转化为组成固定的焦磷酸镁（$Mg_2P_2O_7$）。灼烧时盛放沉淀常用瓷坩埚；若沉淀需用氢氟酸处理，则应用铂坩埚。灼烧沉淀前，应用滤纸包裹好沉淀，放入已预先在灼烧温度下灼烧至恒重的瓷坩埚（包括盖）中，使滤纸烘干、灰化后，再进行灼烧。坩埚和沉淀经灼烧也应达到恒重。

沉淀经烘干或灼烧至恒重后，由称量形式的质量即可计算被测组分的含量。

7.6　重量分析法的计算与应用

7.6.1　重量分析法的计算

重量分析法的测定结果，是根据沉淀经烘干或灼烧后所得称量形式和试样的质量来计算待测组分的含量的。如果称量形式与待测组分表示形式不一样时，就需要将称量形式的质量换算为待测组分的质量。如测定试样中镁的含量时，最后的称量形式是 $Mg_2P_2O_7$。此时被测组分与最后称量形式不相同，因此必须通过称量形式的质量换算出被测组分的质量。

例如测定试样中镁的含量时得到称量形式 $Mg_2P_2O_7$ 0.4850g，已知 Mg 的摩尔质量 24.305，$Mg_2P_2O_7$ 摩尔质量为 222.60，可以利用下面关系式求得 Mg^{2+} 的质量。

$$Mg^{2+} \rightarrow MgNH_4PO_4 \cdot 6H_2O \downarrow \rightarrow 过滤、洗涤 \rightarrow 灼烧 \rightarrow Mg_2P_2O_7$$

$$2 \times 24.305 \qquad\qquad\qquad\qquad\qquad\qquad 222.60$$

$$x \qquad\qquad\qquad\qquad\qquad\qquad\qquad\qquad 0.4850$$

$$x = 0.4850 \times \frac{2 \times 24.305}{222.60} = 0.1059(g)$$

上式中 $\frac{2 \times 24.305}{222.60}$ 就是将 $Mg_2P_2O_7$ 换算成 Mg 的换算因数（也称化学因数，用 F 表示），它是待测组分的摩尔质量与称量形式的摩尔质量之比。在表示换算因数时，必须给待测组分的摩尔质量或称量形式的摩尔质量乘以适当系数，使分子分母中待测元素的原子数目相等，即：

$$F = \frac{a \times 待测组分的摩尔质量}{b \times 称量形式的摩尔质量} \tag{7.2}$$

式中，a、b 是使分子和分母中所含待测元素的原子个数相等时需乘以的系数。

若待测组分铁以 Fe_3O_4 表示，称量形式为 Fe_2O_3，则有：

$$F = \frac{2M_{Fe_3O_4}}{3M_{Fe_2O_3}}$$

$$m_{Fe_3O_4} = \frac{2M_{Fe_3O_4}}{3M_{Fe_2O_3}} \times m_{Fe_2O_3}$$

【例 7.1】 用 $BaSO_4$ 重量法测定黄铁矿中硫含量时，称取试样 0.2215g，最后得到 $BaSO_4$ 沉淀为 0.5116g，求试样中硫的质量分数。

解：
$$w_S = \frac{m_{BaSO_4} \times \dfrac{M_S}{M_{BaSO_4}}}{m_s} = \frac{0.5116 \times \dfrac{32.066}{233.39}}{0.2215} = 0.3173 = 31.73\%$$

【例 7.2】 测定磁铁矿中铁含量时，称取试样 0.2750g，经过溶解与处理，使 Fe^{3+} 沉淀为 $Fe(OH)_3$，灼烧后得 0.2585g Fe_2O_3。计算该试样中 Fe 及 Fe_3O_4 的质量分数。

解：
$$w_{Fe} = \frac{m_{Fe_2O_3} \times \dfrac{2 \times M_{Fe}}{M_{Fe_2O_3}}}{m_s} = \frac{0.2585 \times \dfrac{2 \times 55.845}{159.69}}{0.2750} = 0.6575 = 65.75\%$$

$$w_{Fe_3O_4} = \frac{m_{Fe_2O_3} \times \dfrac{2 \times M_{Fe_3O_4}}{3 \times M_{Fe_2O_3}}}{m_s} = \frac{0.2585 \times \dfrac{2 \times 231.54}{3 \times 159.69}}{0.2750} = 0.9086 = 90.86\%$$

在重量分析法中，试样称取量以应得到多少沉淀量为原则。为了便于分析操作而又确保准确度，对重量分析法中得到沉淀的称量形式的质量有一定的要求。通常，晶形沉淀为 0.3~0.5g 为宜，无定形沉淀为 0.1~0.2g 为宜。沉淀太多，难于过滤和洗涤等，由杂质引入的误差较大；沉淀太少，则溶解损失及称量误差较大。根据称量形式质量，结合被测组分大致含量，通过反应关系可以估算出称取试样的质量。

7.6.2 重量分析法的应用

重量分析法是经典的化学分析法之一，在工业生产过程和产品质量等分析测试中应用广泛。

(1) 可溶性硫酸盐中硫酸根的测定

重量分析法测定硫酸根时，一般用 $BaCl_2$ 作沉淀剂，使 SO_4^{2-} 生成 $BaSO_4$ 沉淀，陈化后，沉淀经过滤、洗涤、烘干、灰化和灼烧至恒重，根据所得沉淀的质量就可计算出 SO_4^{2-} 含量。

由于 $BaSO_4$ 一般是细晶形沉淀，因此必须在热的稀盐酸溶液中进行沉淀，使其生成大颗粒的沉淀。若试样中含有 Fe^{3+} 等共存离子，将对测定产生干扰，常采用 EDTA 配位掩蔽法消除。

硫酸钡重量法的应用非常广泛，如磷肥、水泥中的硫酸根和其他可溶硫酸盐等都可用此法测定。

(2) 钢铁中镍含量的测定（丁二酮肟重量法）

重量分析法测定钢铁中的镍用丁二酮肟（$C_4H_8O_2N_2$）作沉淀剂。将试样用酸溶解后，加入酒石酸掩蔽剂，并用氨水调节溶液 pH＝8～9，加入丁二酮肟有机沉淀剂，就生成丁二酮肟镍红色沉淀，反应式如下：

$$2C_4H_8O_2N_2 + Ni^{2+} \Longrightarrow Ni(C_4H_7O_2N_2)_2 \downarrow + 2H^+$$

将沉淀过滤、洗涤，在 110℃烘干后称量。根据所得沉淀的质量就可计算出 Ni 的含量。

在氨性溶液中，丁二酮肟可与 Ni^{2+} 发生配位反应，生成丁二酮肟镍沉淀，故沉淀时应控制溶液的 pH 值在 7～10。

由于铁、铝等离子在氨水中会产生沉淀，对镍的测定产生干扰，因此需用柠檬酸或酒石酸进行掩蔽。若试样中钙离子含量高，但由于酒石酸钙的溶解度小，因此采用柠檬酸作掩蔽剂更好。

习题

7.1　沉淀形式和称量形式有何区别？试举例说明之。

7.2　为了使沉淀定量完全，必须加入过量沉淀剂，为什么又不能过量太多？

7.3　在测定 Ba^{2+} 时，如果 $BaSO_4$ 中有少量 $BaCl_2$ 共沉淀，测定结果将偏高还是偏低？如有 Na_2SO_4、$Fe_2(SO_4)_3$、$BaCrO_4$ 共沉淀，它们对测定结果有何影响？如果测定 SO_4^{2-} 时，$BaSO_4$ 中带有少量 $BaCl_2$、Na_2SO_4、$BaCrO_4$、$Fe_2(SO_4)_3$，对测定结果又分别有何影响？

7.4　解释下列现象。

(1) 硫酸钡重量法测水样中 SO_4^{2-} 含量时，$BaSO_4$ 沉淀用蒸馏水洗涤；而硫酸钡重量法测 $BaCl_2$ 中钡含量时，$BaSO_4$ 沉淀用稀硫酸溶液洗涤；

(2) $BaSO_4$ 沉淀后要陈化，而 AgCl 或 $Fe_2O_3 \cdot xH_2O$ 沉淀后不要陈化。

7.5　计算下列换算因数。

(1) 由 $Mg_2P_2O_7$ 的质量计算 P_2O_5 和 $MgSO_4 \cdot 7H_2O$ 的质量；

(2) 由 $PbCrO_4$ 的质量计算 Cr_2O_3 的质量；

(3) 由 $(NH_4)_3PO_4 \cdot 12MoO_3$ 的质量计算 $Ca_3(PO_4)_2$ 和 P_2O_5 的质量；

(4) 由从 8-羟基喹啉铝 $(C_9H_6NO)_3Al$ 的质量计算 Al_2O_3 的质量；

(5) 由 $Cu(C_2H_3O_2)_2 \cdot 3Cu(AsO_2)_2$ 的质量计算 As_2O_3 和 CuO 的质量。

7.6　以过量的 $AgNO_3$ 处理 0.3500g 不纯 KCl 试样，得到 0.6416g AgCl 沉淀，求该试样中 KCl 的质量分数。

7.7　今有纯的 CaO 和 BaO 的混合物 2.212g，转化为混合硫酸盐后为 5.023g，计算原混合物中 CaO 和 BaO 的质量分数。

7.8　称取含镍合金钢试样 0.8641g，溶解后，使 Ni^{2+} 沉淀为丁二酮肟镍（$NiC_8H_{14}O_4N_4$），过滤、洗涤、烘干后，称得沉淀的质量为 0.3463g，计算合金钢样中 Ni 的质量分数。

7.9　取铸铁试样 1.000g，放置电炉中，通氧燃烧，使其中的碳生成 CO_2，用碱石棉吸收 CO_2 增重 0.0825g。求铸铁的含碳量。

7.10　称取 0.4891g 过磷酸钙肥料试样，经处理后得到 $Mg_2P_2O_7$ 称量形式 0.1136g，试计算试样中 P_2O_5 和 P 的质量分数。

7.11　称取 0.4670g 正长石试样，经熔样处理后，将其中 K^+ 沉淀为四苯硼酸钾

$K[B(C_6H_5)_4]$，烘干后，其沉淀质量为 0.1726g，计算试样中 K_2O 的质量分数。

7.12 称取含 NaCl、NaBr 和其他惰性杂质的混合物 0.4327g，用 $AgNO_3$ 溶液将其沉淀为 AgCl 和 AgBr，烘干后，称得沉淀质量为 0.6847g。此烘干后的沉淀再在 Cl_2 中加热，使 AgBr 转化成 AgCl，再称重，其质量为 0.5982g，求样品中 NaCl 和 NaBr 的质量分数。

7.13 称取 0.6127g 含有 NaCl、NaBr 和惰性物质的试样，溶解后，用 $AgNO_3$ 溶液进行沉淀，烘干后称得 AgCl 和 AgBr 沉淀质量为 0.8785g。再取一份 0.5872g 该试样，处理后，用 0.1552mol·L^{-1} $AgNO_3$ 标准溶液进行滴定，耗去 $AgNO_3$ 标准溶液 29.98mL，计算试样中 NaCl 和 NaBr 的质量分数。

第8章

配位化合物

固体 $CuSO_4$ 为白色，而 $CuSO_4 \cdot 5H_2O$ 却是蓝色的，$CuSO_4$ 溶于水也是蓝色的，为什么白色的固体有了水之后就变成蓝色呢？其实 $CuSO_4$ 带有结晶水和溶于水，都形成了一种蓝色的复杂离子，即 $[Cu(H_2O)_4]^{2+}$，胆矾的实际化学式应该写作 $[Cu(H_2O)_4]SO_4 \cdot 5H_2O$，这种物质不同于以往的简单化合物，属于本章将要讨论的配位化合物。

配位化合物，简称配合物或者络合物，在自然界中存在的数量巨大，几乎所有元素都能形成配合物。配位化学近年来发展非常迅速，许多高选择性的配位反应被设计出来，用于合成具有独特性能的配合物，广泛应用于生物、医药、材料、信息等领域。

8.1 配合物的基本概念

8.1.1 配合物的组成

配位化合物最早的名称是复杂化合物（complex compound），主要由于当时的化学键理论无法解释其成键本质，那么，配位化合物与通常所见的简单化合物有什么区别呢？

向硫酸铜溶液中加入过量氨水，溶液最后会变成深蓝色，将其结晶出来得到深蓝色的晶体。通过元素分析，可知其组成为 $CuSO_4 \cdot 4NH_3 \cdot H_2O$，将它溶于水中，几乎检测不出 Cu^{2+} 和 NH_3 的存在，实际上是 4 个 NH_3 和 1 个 Cu^{2+} 结合形成了复杂离子 $[Cu(NH_3)_4]^{2+}$，这类复杂离子称为配离子，由配离子组成的化合物称为配合物。

配合物的组成可分为内界和外界。配离子是内界，既可以是阳离子，也可以是阴离子，如 $K_2[PtCl_6]$ 中的 $[PtCl_6]^{2-}$，$[Cu(NH_3)_4]SO_4$ 中的 $[Cu(NH_3)_4]^{2+}$，$K_3[Fe(CN)_6]$ 中的 $[Fe(CN)_6]^{3-}$，都是内界；有些配合物只有内界没有外界，如 $[Fe(CO)_5]$、$[Co(NH_3)_3Cl_3]$，这种配合物的内界是电中性的。

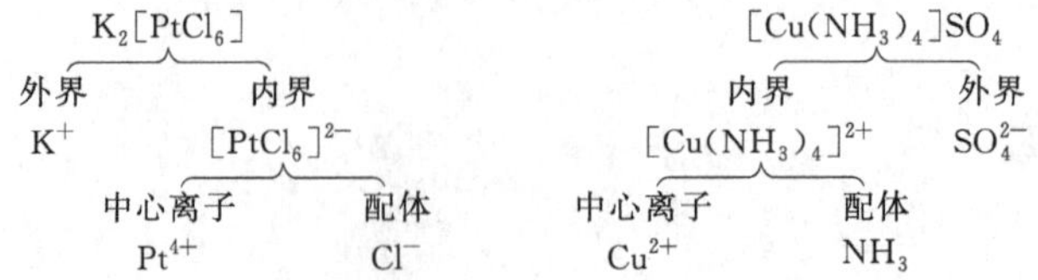

$$K_2[PtCl_6]$$

外界　　　内界
K^+　　　$[PtCl_6]^{2-}$

中心离子　　配体
Pt^{4+}　　　Cl^-

$$[Cu(NH_3)_4]SO_4$$

内界　　　外界
$[Cu(NH_3)_4]^{2+}$　　　SO_4^{2-}

中心离子　　配体
Cu^{2+}　　　NH_3

内界由中心离子（或中心原子）与配位体以配位键❶相结合组成，书写配合物化学式时，通常把内界放在方括号内。方括号外的离子为外界，与配离子以离子键结合。

（1）中心离子（或中心原子）

中心离子（或中心原子） 位于结构中心部位，大多为带正电荷的金属离子，如 Cu^{2+}、Zn^{2+}、Fe^{2+} 等，也有中心原子，例如 $[Ni(CO)_4]$ 中的 Ni 原子，少数是高氧化态的非金属元素，如 SiF_6^{2-} 中的 Si^{4+}。

（2）配位体和配位原子

与中心离子（或中心原子）结合的离子或中性分子就是**配位体**，简称配体。如 H_2O、NH_3、Cl^-、Br^- 等。

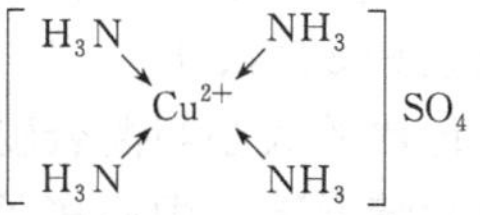

$$\left[\begin{matrix} H_3N & & NH_3 \\ & Cu^{2+} & \\ H_3N & & NH_3 \end{matrix} \right] SO_4$$

图 8.1　配合物 $[Cu(NH_3)_4]SO_4$

在配位体中提供孤电子对的原子称**配位原子**，配位原子提供孤对电子，与中心离子（或中心原子）提供的空轨道形成配位键。如图 8.1 所示。

只提供一个配位原子的配位体称为单齿配体，提供两个或两个以上的配位原子的配位体称为多齿配体。表 8.1 所列为常见的配体。

表 8.1　常见的配体

配体种类	配体	名称	配位原子
单齿配体	CO	羰基	C
	CN^-	氰基	C
	NH_3	氨	N
	NCS^-	异硫氰酸根	N
	NO_2^-	硝基	N
	ONO^-	亚硝酸根	O
	OH^-	羟基	O
	H_2O	水	O
	SCN^-	硫氰酸根	S
	F^-、Cl^-、Br^-、I^-	氟、氯、溴、碘	F、Cl、Br、I
多齿配体	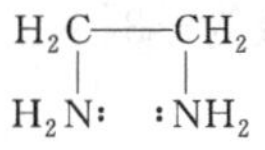 $\begin{matrix} H_2C\!-\!CH_2 \\ H_2N \quad :NH_2 \end{matrix}$	乙二胺 （双齿配体，缩写为 en）	N
	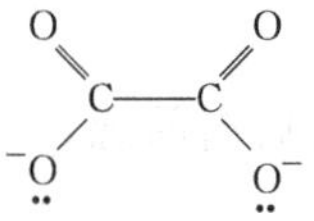 草酸根结构式	草酸根 （双齿配体）	O
	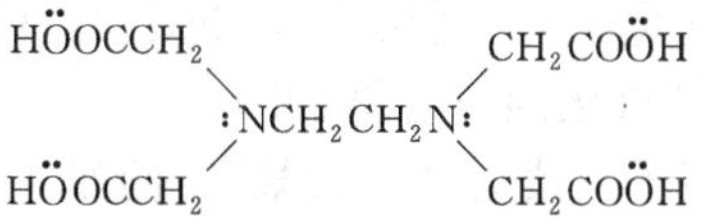 乙二胺四乙酸结构式	乙二胺四乙酸 （六齿配体，简称 EDTA，缩写为 H_4Y）	N 和 O

有些配体虽然有两个配位原子，但每次只能提供一对电子，这类配体仍属于单齿配体。如 SCN^-（硫氰酸根）以 S 作配位原子，NCS^-（异硫氰酸根）以 N 作配位原子。NO_2^-（硝基）以 N 作配位原子，ONO^-（亚硝酸根）以 O 作配位原子。

（3）配位数

配合物中，与中心离子（或中心原子）相结合的配位原子的总数称为**配位数**，例如

---

❶　配位键：共价键的一种，成键的两个原子，一方提供孤电子对，一方提供空轨道。详见本书第 13 章。

$[Cu(H_2O)_4]SO_4$ 的配位数是 4，$K_3[Fe(CN)_6]$ 的配位数是 6。

由单齿配体形成的配合物，中心离子的配位数大多等于配体数；由多齿配体形成的配合物，中心离子的配位数等于形成配位键的配位原子数。例如在 $[Co(NH_3)_2(en)_2]^{3+}$ 中，有两种配位体，NH_3 和 en，NH_3 是单齿配体，每个 NH_3 提供一对 N 原子的孤电子对，而 en（乙二胺）是双齿配体，在这个配合物中，每个 en 的两个配位原子（都是 N 原子）各提供一对孤电子对，所以 Co^{3+} 的配位数是 6 而不是 4。一般中心离子的配位数是偶数，最常见的配位数是 2、4、6。

配位数的大小与配合物中心离子（或中心原子）、配位体及配合物的形成条件有关。

通常情况下，中心离子所带的电荷越多，吸引配体的数目就越多；半径越大，可容纳的配位体就越多，配位数也就越大。

配体所带负电荷越多，配位数越小；配体半径越大，配位数越小。

配体浓度增大，配位数增大，温度升高，配位数减小。

一种元素的配位数并不是固定不变的，例如 $K_2[PtCl_4]$ 和 $K_2[PtCl_6]$。一般来说，一定条件下，中心离子（或原子）有其常见的配位数，例如 Cu^{2+} 通常配位数为 4，Fe^{2+} 通常配位数为 6。表 8.2 列出了常见中心离子的配位数。

表 8.2　常见金属离子（M^{n+}）的配位数（n）

M^+	n	M^{2+}	n	M^{3+}	n
Cu^+	2,4	Ca^{2+}	6	Al^{3+}	4,6
Ag^+	2	Mg^{2+}	6	Cr^{3+}	6
Au^+	2,4	Fe^{2+}	6	Fe^{3+}	6
		Co^{2+}	4,6	Co^{3+}	6
		Cu^{2+}	4,6	Au^{3+}	6
		Zn^{2+}	4,6		

配离子所带的电荷数，等于中心离子和配体所带电荷的代数和。例如 $[Co(NH_3)_6]^{3+}$，由于配位体 NH_3 为电中性，所以配离子的电荷数等于中心离子的电荷数。再如 $[Fc(CN)_6]^{3-}$，根据 Fe^{3+} 和 CN^- 的电荷数，可计算出该配离子所带电荷数为 -3。

8.1.2　配合物的命名及化学式的书写

(1) 配合物的命名

配合物的命名，与无机物类似。总体命名原则：自后向前念。

① 外界和内界

如果外界是简单阴离子或 OH^-，读为"某化某"。例如 $[Co(NH_3)_6]Cl_3$，名称为氯化六氨合钴(Ⅲ)；$[Cu(NH_3)_4](OH)_2$，名称为氢氧化四氨合铜(Ⅱ)。

如果外界是含氧酸根离子，或内界是配阴离子，读为"某酸某"。例如 $[Zn(NH_3)_4]SO_4$，名称为硫酸四氨合锌(Ⅱ)；$K_3[Fe(CN)_6]$，名称为六氰合铁(Ⅲ)酸钾。

如果外界是氢离子，内界是配阴离子，读为"某酸"。例如 $H_2[PtCl_6]$，读为六氯合铂(Ⅳ)酸。

② 内界的命名

命名顺序为：配体数＋配体名称＋合＋中心离子（或中心原子）名称＋（中心离子氧化数，用罗马数字表示）。例如：

$[Cu(NH_3)_4]Cl_2$：氯化四氨合铜(Ⅱ)；$[Cu(NH_3)_4]SO_4$：硫酸四氨合铜(Ⅱ)

$K_4[Fe(CN)_6]$：六氰合铁(Ⅱ)酸钾；$H_2[PtCl_6]$：六氯合铂(Ⅳ)酸。

③ 配体的顺序

当配合物内界中的配体不止一种，命名的顺序为：

a. 如果既有无机配体又有有机配体，则无机配体排列在前，有机配体排列在后，例如 NH_3 应该在 en 的前面；

b. 如果配体类型相同，先列出阴离子，后列出阳离子和中性分子，例如 Cl^- 应该在 NH_3 的前面；

c. 如果上述两项都相同，按配位原子元素符号的英文字母顺序排列，例如 NH_3 应该在 H_2O 的前面；

d. 如果上述三项都相同，则将含较少原子数的配体排在前面，较多原子数的配体列后。

配体之间以黑点"·"分开，配体个数用倍数词头一、二、三等数字表示。对于没有外界的配合物，中心离子的氧化数可以不标明。

(2) 配合物化学式的书写

配合物化学式的书写规则与一般的无机化合物相同。具体书写规则有以下 3 点。

① 阳离子写在前，阴离子写在后；

② 配合物内界，先写中心离子（或中心原子），后写配体；

③ 如果配体不止一种，书写顺序与配合物命名顺序相同：（a）先无（无机配体）后有（有机配体）；（b）先阴（阴离子配体）后中（中性分子配体）；（c）先 A 后 B（同类配体按配位原子元素符号英文字母排序为准）；（d）先少后多（同类配体的配位原子相同时，则配位体原子数少者在前）。

表 8.3 为一些常见配合物的化学式、系统命名示例。

表 8.3　一些配合物的化学式、系统命名示例

类别	化学式	系统命名
配位酸	$H_2[SiF_6]$	六氟合硅(Ⅳ)酸
	$H_4[Fe(CN)_6]$	六氰合铁(Ⅱ)酸
配位碱	$[Cu(NH_3)_4](OH)_2$	氢氧化四氨合铜(Ⅱ)
配位盐	$[Zn(NH_3)_4]SO_4$	硫酸四氨合锌(Ⅱ)
	$Na_3[Ag(S_2O_3)_2]$	二(硫代硫酸根)合银(Ⅰ)酸钠
	$K_2[Zn(OH)_4]$	四羟基合锌(Ⅱ)酸钾
	$[CrCl_2(NH_3)_4]Cl$	氯化二氯·四氨合铬(Ⅲ)
	$[CoBr(NH_3)_5]SO_4$	硫酸一溴·五氨合钴(Ⅲ)
	$K[PtCl_5(NH_3)]$	五氯·一氨合铂(Ⅳ)酸钾
	$NH_4[Cr(NCS)_4(NH_3)_2]$	四(异硫氰酸根)·二氨合铬(Ⅲ)酸铵
配离子	$[Ag(NH_3)_2]^+$	二氨合银(Ⅰ)离子
	$[PtCl_6]^{2-}$	六氯合铂(Ⅳ)离子
中性分子	$[Fe(CO)_5]$	五羰基合铁
	$[PtCl_2(NH_3)(C_2H_4)]$	二氯·一氨·一乙烯合铂
	$[PtCl_4(NH_3)_2]$	四氯·二氨合铂

8.2　配合物的分类和异构现象

8.2.1　配合物的分类

配合物种类繁多，按所含中心离子（或中心原子）分类，可分为单核配合物和多核配

合物。

(1) 单核配合物

只有一个中心离子（或中心原子）的配合物称为单核配合物，根据中心离子（或中心原子）与配体之间的配位方式又可分为简单配合物、螯合物和 π 键配合物。

① 简单配合物

中心离子（或中心原子）和单齿配体直接配位形成的配合物，例如：$[Cu(NH_3)_4]SO_4$，$K_3[CoCl_6]$。

② 螯合物

中心离子（或中心原子）和多齿配体结合，多齿配体中有两个或两个以上的配位原子与 1 个中心离子（或中心原子）直接键合，形成具有环状结构的配合物。配位体仿佛螃蟹的螯钳，牢牢钳住中心离子，所以形象地称为螯合物。如图 8.2 所示所示，Cu^{2+} 与两个乙二胺形成螯合离子 $[Cu(en)_2]^{2+}$。

螯合物也称内配合物，既可以是带电荷的离子，也可以是中性分子，中性的螯合物称作内配盐。能与金属离子形成螯合物的多齿配位体称为**螯合剂**，它与中心离子的键合也称螯合。

由于环状结构的形成，使得螯合物的稳定性大大高于简单配合物，通常把这种由于螯合所具有的特殊稳定性称为螯合效应。

螯合物的稳定性与环的大小和环的多少有关，一般以形成五元环、六元环的螯合物最为稳定。五元环和六元环的数目越多，螯合物越稳定。如图 8.2 所示，Cu^{2+} 与 en 形成的螯合物中有两个五元环；Ca^{2+} 与 EDTA 可以形成有五个五元环的螯合物，所以非常稳定。

螯合剂与金属离子络合时，需要的配位体数目较少，Ca^{2+} 与 EDTA 形成的螯合物仅需一个配体，减少或者避免了分级络合、逐级解离的现象。而且，许多螯合剂对金属离子具有一定的选择性，因此螯合反应适用于滴定分析。在配位滴定中，广泛使用的是有机螯合剂。

另外，由于螯合物稳定性高，具有特征颜色，大多不溶于水，易溶于有机溶剂，可应用于沉淀分离、溶剂萃取、比色定量等。

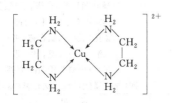

图 8.2　Cu^{2+} 与 en 形成的配合物

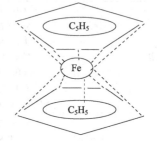

图 8.3　二茂铁的结构示意图

③ π 键配合物

图 8.3 所示的是俗称为二茂铁的配合物 $[Fe(C_5H_5)_2]$，其结构为 Fe^{2+} 被夹在两个反向平行的茂环之间，这一类型的配合物具有三明治式结构，称为夹心配合物。

在二茂铁中，配位体是五元环（环戊二烯基，常称为茂环），每个茂环内，五个 C 各有一个垂直于茂环平面的 2p 轨道，形成五中心六电子的大 π 键 Π_5^6，这些 π 电子与 Fe^{2+} 形成夹心配合物。

(2) 多核配合物

一个配合物中有两个或两个以上的中心离子（或中心原子）称为多核配合物。

图 8.4 所示为两个 Mn 原子作为中心原子，其中还含有金属-金属键的配合物 $[Mn_2(CO)_{10}]$，这一类型的多核配合物称为簇状配合物。

多核配合物还有其他类型，这里不再一一赘述。

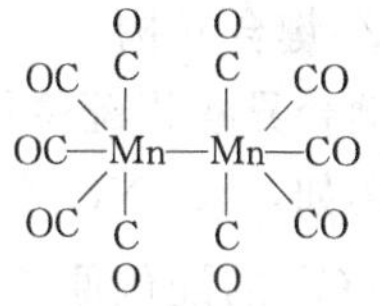

图 8.4 簇状配合物
$[Mn_2(CO)_{10}]$ 结构示意图

8.2.2 配合物的异构现象

异构现象是配合物的重要性质，它与配合物的稳定性、反应性和生物活性等有密切的关系。配合物异构现象包括几何异构、旋光异构和其他异构现象。

(1) 几何异构

几何异构是配合物组成相同，由于配体在空间的位置不同而产生的异构现象。例如 $[PtCl_2(NH_3)_2]$、$CrCl_2(NH_3)_4$ 存在几何异构体，如图 8.5、图 8.6 所示。

顺式(棕黄色)　　　　反式(浅黄色)　　　　　　顺式(紫色)　　　　反式(绿色)

图 8.5 $[PtCl_2(NH_3)_2]$ 的几何异构体 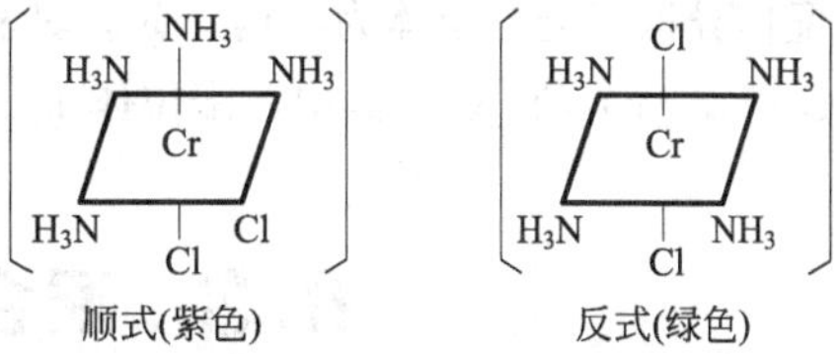　　　　图 8.6 $[CrCl_2(NH_3)_4]$ 的几何异构体

$[Pt(NH_3)_2Cl_2]$ 的顺式异构体称为"顺铂"，具有抗癌作用，反式则没有。两者的物理性质和化学性质也有差异，顺式为棕黄色晶体，极性分子，易溶于水；反式为浅黄色，是非极性分子，不溶于水。

(2) 旋光异构

旋光异构指相互成为镜像而不能重合的分子异构现象，又称对映异构。旋光异构的一对分子称为旋光异构体，如图 8.7 所示，$[Be(CH_3COCHCOC_6H_5)]_2$ 的两种旋光异构体。

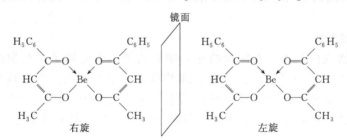

图 8.7 $[Be(CH_3COCHCOC_6H_5)]_2$ 的旋光异构体

具有旋光异构性能的分子能使偏振光向某一方向旋转一定角度，而且一对旋光异构体可使偏振光向不同的方向旋转，这种使偏振光旋转的性质称为旋光活性或光学活性。

一对旋光异构体等量共存时，旋光性会彼此相消，成为没有光学活性的外消旋混合物。旋光异构体的活性可能相同，也可能不同，例如天然的左旋尼古丁的毒性要比右旋尼古丁的毒性大得多。

(3) 其他异构

其他异构现象，大致可分为以下五类。

① 水合异构

水合异构指化学组成相同，但水分子处于内界或外界不同而引起的异构现象。例如，$[CrCl_2(H_2O)_4]Cl \cdot 2H_2O$ 和 $[CrCl(H_2O)_5]Cl_2 \cdot H_2O$。

② 键合异构

键合异构指配位体相同，但与中心离子（中心原子）成键的配位原子不同而产生的异构。例如，$[CoNO_2(NH_3)_5]Cl_2$ 和 $[CoONO(NH_3)_5]Cl_2$，配体 NO_2^- 的配位原子是 N，配体 ONO^- 的配位原子是 O。

③ 电离异构

电离异构指组成相同，但阴离子处于内界或外界不同而引起的异构现象。例如，$[Co(NH_3)_5Br]SO_4$ 和 $[Co(NH_3)_5SO_4]Br$。

④ 配合异构

配合异构指由于配位体在配阳离子和配阴离子之间分配不同而引起的异构。例如，$[Co(NH_3)_6][Cr(CN)_6]$ 和 $[Cr(NH_3)_6][Co(CN)_6]$。

⑤ 配体异构

配体异构指当配位体为异构体时，其相应的配合物也是异构体。例如，$[Co(1,2\text{-pn})_2Cl_2]Cl$ 和 $[Co(1,3\text{-pn})_2Cl_2]Cl$，其中，配位体 1,2-pn 和 1,3-pn 分别是 1，2-丙二胺和 1，3-丙二胺。

8.3　配合物的化学键理论

配合物的化学键理论研究的是中心离子（中心原子）与配位体之间的化学键本质，以及由此而造成的空间几何结构以及配合物的性质等。对于配合物中化学键的研究，主要有价键理论、晶体场理论和配位场理论，本节主要介绍价键理论与晶体场理论。

8.3.1　价键理论

配合物的价键理论[1]，是用鲍林提出的杂化轨道理论[2]来解释配合物的形成、几何构型、磁性等问题。

(1) 配位键的形成

配合物的价键理论认为，在配合物中，中心离子（中心原子）与配位体之间形成的化学键，不存在着电子的得失，也不像普通共价键，由成键双方各提供单电子，组成共用电子对，而是由配位体中配位原子提供孤电子对，进入中心离子（中心原子）杂化了的空轨道，或者说，中心离子的杂化轨道与配位原子具有孤电子对的原子轨道相互重叠，形成配位键。

配位体是电子对给予体，中心离子（中心原子）必须具有空的价层轨道，是电子对接受体。为了增强成键能力，中心离子（中心原子）所提供的空轨道必须先进行杂化，形成能量相同并具有一定方向性的一组杂化轨道，与配体提供的孤电子对形成配位键。

中心离子（中心原子）的杂化方式与中心离子（中心原子）有哪些能量相近的原子轨道参加杂化有关，此外，中心离子（中心原子）要提供与配位数相等的杂化轨道成键，所以还与配位数有关。杂化方式不同，杂化轨道的空间构型不同，为了形成稳定的共价键，保证原子轨道的最大重叠，要求配体必须从特定的空间位置接近中心离子（中心原子），所以可以根据杂化方式判断配合物的空间构型。

---

[1]　价键理论，详见第 13 章。
[2]　杂化轨道理论，详见第 13 章。

例如，在配 $[Ag(NH_3)_2]^+$ 中，中心离子 Ag^+（价电子构型为 $4d^{10}$），用一个 $5s$ 空轨道和一个 $5p$ 空轨道进行 sp 杂化，形成等价的 sp 杂化轨道，两个 NH_3 分子中 N 原子上的孤对电子与 sp 杂化轨道形成两个配位键，sp 杂化轨道的夹角是 $180°$，所以 $[Ag(NH_3)_2]^+$ 的空间构型呈直线型。

（2）内轨型配合物和外轨型配合物

如果配位体中的配位原子电负性较低，容易给出孤电子对，配位作用强，同时中心离子（中心原子）的次外层 $(n-1)d$ 轨道没填满，d 轨道就可能进行重排，生成**内轨型配合物**；相反，如果配位原子的电负性大，不易给出孤电子对，配位作用就较弱，或中心原子的次外层 d 轨道已填满，就生成**外轨型配合物**。

以 Fe^{3+} 为例，它的价电子构型是 $3d^5$、$4s$、$4p$ 和 $4d$ 轨道是空的，当形成配合物 $[Fe(CN)_6]^{3-}$ 时，Fe^{3+} 与六个 CN^- 成键，C 的电负性较低，配位作用强，使 Fe^{3+} 的 $3d$ 轨道中五个单电子重排，配成两对半电子，空出两个 $3d$ 轨道，与一个 $4s$、三个 $4p$ 进行 d^2sp^3 杂化，形成六个 d^2sp^3 杂化轨道。像这种采用了部分次外层轨道参与的杂化，形成的配合物就是内轨型配合物。

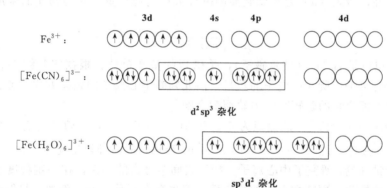

而在 $[Fe(H_2O)_6]^{3+}$ 中，O 的电负性大，配位作用弱，Fe^{3+} 的 $3d$ 轨道保持不变，与六个 H_2O 成键时，用一个 $4s$、三个 $4p$ 和两个 $4d$ 轨道进行 sp^3d^2 杂化。像这种参与杂化的轨道全部是最外层的轨道，这样形成的配合物就是外轨型配合物。

对于 $(n-1)d^{9\sim10}$ 电子构型的离子，如 Ag^+、Zn^{2+}，只能用外层轨道进行杂化，形成外轨型配合物。

对于 $(n-1)d^{5\sim8}$ 电子构型的离子，如 Fe^{3+}、Ni^{2+}、Mn^{2+} 等，既可形成外轨型配合物，也可形成内轨型配合物，这时，要考虑配位原子的电负性。电负性大的配位原子吸引电子的能力较强，不易给出孤对电子，对中心离子的影响较小，通常形成外轨型配合物；电负性小的配位原子吸引电子的能力较弱，对中心离子的电子排布影响较大，易形成内轨型配合物。

一般情况下，F^-、H_2O 作为配体时，易形成外轨型配合物；CN^-、NO_2^- 作为配体，易形成内轨型配合物；NH_3、Cl^- 作配体时，有时形成的是内轨型，有时形成的是外轨型配合物。

如果中心离子（中心原子）半径较大，容易受到配体作用的影响，即使配位原子的配位作用不够强，也会生成内轨型配合物。

由于内轨型配合物中，中心离子（中心原子）的 $(n-1)d$ 轨道参加杂化，成键轨道能量较低，所以内轨型配合物稳定性高于外轨型配合物。

表 8.4 列出了中心离子轨道杂化类型与配合物空间构型的关系。

表 8.4　中心离子轨道杂化类型与配合物空间构型的关系

配位数	轨道杂化类型	空间构型	举　例	配离子类型
2	sp	直线型	$[Ag(NH_3)_2]^+$	外轨型
3	sp^2	平面三角形	$[CuCl_3]^{2-}$	外轨型
4	sp^3	四面体	$[Ni(NH_3)_4]^{2+}$	外轨型
	dsp^2	平面正方形	$[PtCl_4]^{2-}$	内轨型
	sp^2d		$[PdCl_4]^{2-}$	外轨型
5	dsp^3	三角双锥	$[Ni(CN)_5]^{3-}$	内轨型
	d^2sp^2	正方锥型	$[SbF_5]^{2-}$	内轨型
	d^4s		$[TiF_5]^{2-}$	内轨型
6	d^2sp^3	正八面体	$[Fe(CN)_6]^{4-}$	内轨型
	sp^3d^2		$[AlF_6]^{3-}$	外轨型
7	d^3sp^3	五角双锥	$[ZrF_7]^{3-}$	内轨型
8	d^4sp^3	正十二面体	$[Mo(CN)_8]^{4-}$	内轨型

(3) 配合物的磁矩

磁矩是中心离子采取内轨型杂化还是外轨型杂化的判据,如果配合物中的有未成对电子存在,则属顺磁性,磁矩 (μ) 是反映物质顺磁性大小的物理量,它与物质的未成对电子数 n 存在如下关系:

$$\mu = \sqrt{n(n+2)} \tag{8.1}$$

式中,μ 的单位是 B. M. (玻尔磁子),是磁矩的基本单位,根据实验结果和理论值比较,可以估计中心离子中所含单电子的数目,由此判断中心离子的杂化方式。通常,中心离子相同时,外轨型配合物的磁矩高于内轨型配合物。

例如,实验测得 $[FeF_6]^{3-}$ 的磁矩为 5.88B. M.,与 Fe^{3+} 的 3d 轨道含有 5 个单电子的磁矩理论值 $\sqrt{5 \times 7}$ 接近,说明 Fe^{3+} 采取的是 sp^3d^2 杂化,故属外轨型配离子。

配合物的价键理论,研究了中心离子与配体之间结合力的本性,在一定程度上可以确定许多配合物的几何构型,判断配合物的稳定性,但也存在不足之处,例如,只能解释配合物基态的性质,不能解释配合物的颜色和光谱等性质。

8.3.2　晶体场理论

晶体场理论认为,配合物的中心离子和配位体之间的相互作用是静电作用,类似于离子晶体中正、负离子间的静电引力。

(1) d 轨道在晶体场中的能量分裂

把中心离子 M^{n+} 看作带正电荷的点电荷,把配体 L 看作带负电荷的点电荷,只考虑 M^{n+} 与 L 之间的静电作用,不考虑任何形式的共价键。

中心离子 M^{n+} 由原子核、内层电子和 d 电子组成,将原子核和内层电子抽象为原子实,考虑配位体的点电荷对 d 电子的作用。

中心离子单独存在时,5 条 d 轨道是简并的,但空间取向不同,分别是 d_{xy}、d_{yz}、d_{xz}、$d_{x^2-y^2}$、d_{z^2}。

如果把 d 轨道置于假想的球形对称的负电场中,则每条 d 轨道所受到的电场作用一样,五条等价 d 轨道的能量都有所升高,升高幅度相同,不会产生分裂。

如果把 d 轨道置于非球形对称的电场中,由于电场的对称性不同,各轨道所受到的电场作用不尽相同,五条 d 轨道会发生能量分裂,有些 d 轨道的能量升高,有些 d 轨道的能量降低。但五条 d 轨道总体能量升高值应该与球形对称电场中的总体能量升高值相等。所以,非球形对称的电场中，有的 d 轨道能量高于在球形对称电场中的能量，有的 d 轨道能量低于在球形对称电场中的能量。

配合物中，配体所产生的电场，其对称性显然不如球形电场，中心离子的 d 轨道会产生分裂，分裂情况主要取决于配体的空间分布，d 轨道不再是五重简并的。

① 正八面体场（Oh）[1]

对于正八面体配合物 ML_6 来说，六个配位原子（即图 8.8 中的 L）沿着 $\pm x$、$\pm y$、$\pm z$ 轴六个方向分布，产生电场。中心离子 M^{n+}（即图 8.8 中的 M）位于坐标轴的原点，5 条 d 轨道受到的电场作用不尽相同，其中 $d_{x^2-y^2}$ 和 d_{z^2} 的电子云最大密度处恰好对着配位原子，受到电场作用大，所以 d_{z^2} 与 $d_{x^2-y^2}$ 轨道的能量升高；而 d_{xy}、d_{yz} 和 d_{xz} 这三个轨道的电子云最大密度处指向坐标轴的对角线处，不与配位原子相对，受到电场作用较小，所以它们的能量降低。

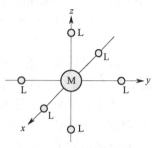

图 8.8　八面体场配合物中 d 轨道与配体的相对位置

因此，在正八面体场（Oh）中，中心离子 M^{n+} 的 d 轨道分裂成两组，如图 8.9 所示，一组为二重简并的 e_g 轨道[2]，包括 $d_{x^2-y^2}$ 和 d_{z^2}，另一组为三重简并的 t_{2g} 轨道，包括 d_{xy}、d_{yz} 和 d_{xz}。

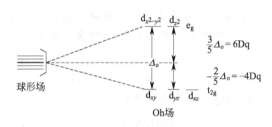

图 8.9　八面体场中 d 轨道的能级分裂

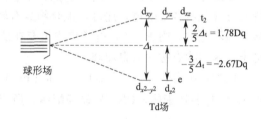

图 8.10　四面体场中 d 轨道的能级分裂

② 正四面体场（Td）[3]

在正四面体场（Td）中，中心离子的 d 轨道受到电场的影响与八面体场不同，可以想象，将 ML_4 来放到一个立方体中，L 位于立方体四个互不相邻的顶点上，中心离子在立方体中心，此时，d_{xy}、d_{yz} 和 d_{xz} 轨道电子云密度最大处指向立方体边线的中心，离配体最近，受到的电场作用较大，形成能量较高的三重简并的 t_2 轨道，而 $d_{x^2-y^2}$ 和 d_{z^2} 则指向立方体的面心，离配体较远，受到配体的斥力较小，形成能量较低的二重简并的 e 轨道，如图 8.10 所示。

（2）分裂后 d 轨道电子的排布

如果在八面体场中，某中心离子有 4 个 d 电子，这 4 个 d 电子如何排布？

八面体场，d 轨道能量分裂为 e_g 和 t_{2g} 两组，高能量的一组 e_g 有两条 d 轨道，二重简并，可填充 4 个电子，低能量的一组 t_{2g} 有三条 d 轨道，三重简并，可填充 6 个电子，如图 8.9 所示。这 4 个 d 电子，是先分占不同的 d 轨道，还是先填充能量较低的 t_{2g} 轨道，这要看中心离子在配位场中的分裂能和电子成对能的相对大小。

---

❶　正八面体场：octahedral field，简称 Oh。

❷　e_g 轨道和 t_{2g} 轨道：e 为二重简并；t 为三重简并；g 为中心对称；2 为镜面反对称。

❸　正四面体场：tetrahedral field，简称 Td。

d 轨道分裂后，能量最高的轨道和能量最低的轨道之间的能量差称为晶体场的**分裂能**，以符号 Δ 表示。不同构型的配合物，Δ 值是不同的。

晶体场分裂能的数据可根据晶体或溶液的光谱数据求得，分裂能的大小与配合物的几何构型、配体的电场、中心离子的电荷以及 d 轨道的主量子数等因素有关。一般情况下，对同一中心离子，不同配体的 Δ 的大致顺序如下：

$$I^- < Br^- < S^{2-} < Cl^- < SCN^- < NO_3^- < F^- < OH^- < C_2O_4^{2-} < H_2O$$
$$< NCS^- < NH_3 < 乙二胺 < 联吡啶 < NO_2^- < CN^- < CO$$

该顺序是根据光谱实验结合理论计算得到的，一般以 H_2O 为分界，在 H_2O 之前的（包括 H_2O）配体为弱场配体，H_2O 之后的配体为强场配体。

如果要使两个电子进入同一轨道，就必须克服电子之间的排斥力，此时所需能量称为电子**成对能**，以符号 P 表示。

在八面体场中，电子在分裂后的 d 轨道重新排布时会有以下两种情况：

① 根据洪特规则，d 电子以自旋平行的方式分占较多的轨道，以减少电子成对能，使系统能量降低；

② 根据能量最低原理，d 电子先排在能量较低的 t_{2g} 轨道，在两两配对填满 t_{2g} 轨道后，再进入能量较高的 e_g 轨道。

如果配体为弱场配体，则分裂能较小，成对能大于分裂能，即 $P > \Delta$，电子就以自旋平行的方式分占各 d 轨道，此时，配合物具有较多的单电子，这种状态称为**高自旋态**；如果配体为强场配体，则 $P < \Delta$，电子将先填充在能量较低的轨道上，此时，配合物含有较少的单电子，这种状态称为**低自旋态**。

例如，配合物 $[Fe(H_2O)_6]^{3+}$ 和 $[Fe(CN)_6]^{3-}$，中心离子 Fe^{3+} 处于八面体场中，由于 H_2O 是弱场配体，CN^- 是强场配体，所以，它们的电子排列方式不同：

$$[Fe(H_2O)_6]^{3+} \qquad\qquad [Fe(CN)_6]^{3-}$$
$$P > \Delta_o \text{❶} \qquad\qquad\qquad P < \Delta_o$$
$$t_{2g}^3 e_g^2，高自旋态 \qquad\qquad t_{2g}^5 e_g^0，低自旋态$$

在八面体场中，对于 d 电子是 d^1、d^2、d^3、d^8、d^9、d^{10} 的中心离子，无论处于强场还是弱场，d 电子都只有一种分布方式。

(3) 晶体场稳定化能

八面体场的分裂能 Δ_o，为 e_g 和 t_{2g} 轨道的能量差，一般 Δ_o 将分为 10 等份，每等份为 1Dq，所以

$$\Delta_o = E_{e_g} - E_{t_{2g}} = 10Dq$$

由于 d 轨道分裂是不对称的，根据能量守恒定律，

$$4E_{e_g} + 6E_{t_{2g}} = 0$$

将上两式联立，可得：$E_{e_g} = 6Dq$，$E_{t_{2g}} = -4Dq$。

由于 d 轨道在四面体场中受到的电场作用较小，四面体场的分裂能 Δ_t ❷ 小于 Δ_o，$\Delta_t = 4/9 \Delta_o$。

d 轨道发生分裂后，轨道上的电子重新排布，系统能量低于未分裂时，配合物更加稳

---

❶ Δ_o 中的角标 "o" 表示八面体。

❷ Δ_t 中的角标 "t" 表示四面体。

定，进而获得额外的稳定化能量，称为**晶体场稳定化能**（简写为 CFSE）。CFSE 的大小可以衡量配合物的稳定性。其数值可以根据分裂后轨道的能量以及填入的电子数目计算出来。

例如，计算 $_{26}Fe^{2+}$ 形成的强场和弱场正八面体配合物的 CFSE。

Fe^{2+} 为 d^6 构型，在八面体弱场中，由于 $P > \Delta_o$，电子排布为 $t_{2g}^4 e_g^2$。

八面场的 $E_{e_g} = 6Dq$，$E_{t_{2g}} = -4Dq$，由于重排前后都有一个孤电子对，不必考虑其成对能，所以晶体场稳定化能为：

$$CFSE = 4 \times (-4Dq) + 2 \times (6Dq) = -4Dq$$

结果表示能量降低了 4Dq。

Fe^{2+} 在八面体强场中，由于 $P < \Delta_o$，电子排布为 $t_{2g}^6 e_g^0$，重排后有三个孤电子对，比原来多了两对，所以晶体场稳定化能为：

$$CFSE = 6 \times (-4Dq) + 2P = -24Dq + 2P$$

显然，只要 $P < 10Dq$，或者说 $P < \Delta_o$，分裂后的能量将更低。

晶体场稳定化能与配合物的中心离子的 d 电子数、晶体场的强弱、配合物的立体构型等有关。晶体场稳定化能越负（代数值越小），体系越稳定。

晶体场理论利用 d 轨道的能级分裂和晶体场稳定化能等，能够解释配合物的光学和磁性等问题，但对于光谱化学序列、羰基络合物的稳定性等问题时，还有不足之处。

8.4 配合物在溶液中的离解平衡

8.4.1 配合物的平衡常数

AgCl 沉淀可溶于氨水，生成 $[Ag(NH_3)_2]^+$，在 $[Ag(NH_3)_2]^+$ 溶液中加入 KI，会有 AgI 沉淀生成，说明配离子 $[Ag(NH_3)_2]^+$ 虽然具有一定的稳定性，但也存在电离反应：

$$[Ag(NH_3)_2]^+ \rightleftharpoons Ag^+ + 2NH_3$$

在水溶液中，配离子的电离反应达到动态平衡时，称为**配位平衡**。该反应的平衡常数表达为：

$$K_{\text{不稳}}^{\ominus} = \frac{[Ag^+][NH_3]^2}{[Ag(NH_3)_2^+]} \quad \text{或} \quad K_{\text{稳}}^{\ominus} = \frac{[Ag(NH_3)_2^+]}{[Ag^+][NH_3]^2} \tag{8.2}$$

$K_{\text{不稳}}^{\ominus}$ 反映了配离子的不稳定性，称为配合物的**不稳定常数**。$K_{\text{稳}}^{\ominus}$ 值反映了配离子的稳定性，称为配合物的**稳定常数**。对同一配合物，$K_{\text{稳}}^{\ominus}$ 与 $K_{\text{不稳}}^{\ominus}$ 的关系是：$K_{\text{稳}}^{\ominus} = 1/K_{\text{不稳}}^{\ominus}$。对于相同类型的配合物，$K_{\text{稳}}^{\ominus}$ 值越大，配离子越稳定。对于不同类型的配离子，不能简单地从 $K_{\text{稳}}^{\ominus}$ 来判断稳定性，需要通过计算来说明。

其实，配离子的形成是分步进行的，每一步都有一个对应的平衡常数。

$$Cu^{2+} + NH_3 \rightleftharpoons [Cu(NH_3)]^{2+} \qquad\qquad K_1^{\ominus} = 1.41 \times 10^4$$
$$[Cu(NH_3)]^{2+} + NH_3 \rightleftharpoons [Cu(NH_3)_2]^{2+} \qquad K_2^{\ominus} = 3.17 \times 10^3$$
$$[Cu(NH_3)_2]^{2+} + NH_3 \rightleftharpoons [Cu(NH_3)_3]^{2+} \qquad K_3^{\ominus} = 7.76 \times 10^2$$
$$[Cu(NH_3)_3]^{2+} + NH_3 \rightleftharpoons [Cu(NH_3)_4]^{2+} \qquad K_4^{\ominus} = 1.39 \times 10^2$$

$K_1^{\ominus}$、$K_2^{\ominus}$、$K_3^{\ominus}$ 和 $K_4^{\ominus}$ 分别称为一级稳定常数、二级稳定常数…，总称为**逐级稳定常数**，显然，$K_{\text{稳}}^{\ominus} = K_1^{\ominus} \cdot K_2^{\ominus} \cdot K_3^{\ominus} \cdot K_4^{\ominus}$。

在许多配位平衡的计算中，为了方便，常使用**累积稳定常数**，累积稳定常数用符号 β_n 表示：

$$Cu^{2+}+NH_3 \rightleftharpoons [Cu(NH_3)]^{2+} \qquad \beta_1=1.41\times10^4$$
$$Cu^{2+}+2NH_3 \rightleftharpoons [Cu(NH_3)_2]^{2+} \qquad \beta_2=4.47\times10^7$$
$$Cu^{2+}+3NH_3 \rightleftharpoons [Cu(NH_3)_3]^{2+} \qquad \beta_3=3.47\times10^{10}$$
$$Cu^{2+}+4NH_3 \rightleftharpoons [Cu(NH_3)_4]^{2+} \qquad \beta_4=4.82\times10^{12}$$

β_1、β_2、β_3 和 β_4 分别称为一级累积稳定常数、二级累积稳定常数…，显然，

$$\beta_1=K_1^{\ominus} \qquad \beta_2=K_1^{\ominus}\cdot K_2^{\ominus} \qquad \beta_n=K_1^{\ominus}\cdot K_2^{\ominus}\cdots K_n^{\ominus}=K_{稳}^{\ominus}$$

由于配合物稳定常数的数值较大，往往用对数形式表示，如：

$$\lg\beta_4([Cu(NH_3)_4]^{2+})=12.59$$

配合物的稳定常数大都是由实验测得的，是配合物的一个重要性质，计算配合物溶液中离子浓度时，由于各级配离子的存在，计算非常麻烦。而实际工作中，通常使用过量的配位剂，这时低配位数的各级配离子浓度很小，往往可以忽略不计，用总的 $K_{稳}^{\ominus}$ 计算误差也不会很大。

8.4.2 关于配位平衡的计算

(1) 判断反应进行的方向

【例8.1】 判断下列反应进行的方向。

(1) $[Ag(NH_3)_2]^++2CN^- \rightleftharpoons [Ag(CN)_2]^-+2NH_3$

(2) $[Ag(NH_3)_2]^++2SCN^- \rightleftharpoons [Ag(SCN)_2]^-+2NH_3$

(3) $Ag_2S+4S_2O_3^{2-} \rightleftharpoons 2[Ag(S_2O_3)_2]^{3-}+S^{2-}$

(4) $AgCl+2S_2O_3^{2-} \rightleftharpoons [Ag(S_2O_3)_2]^{3-}+Cl^-$

解：判断反应进行的方向，可以根据相关常数，求出上述反应的平衡常数来判断。

(1) $K_1^{\ominus}=\dfrac{[Ag(CN)_2^-][NH_3]^2}{[Ag(NH_3)_2^+][CN^-]^2}=\dfrac{[Ag(CN)_2^-]}{[Ag^+][CN^-]^2}\times\dfrac{[Ag^+][NH_3]^2}{[Ag(NH_3)_2^+]}$

$\qquad =\dfrac{K_{稳}^{\ominus}(Ag(CN)_2^-)}{K_{稳}^{\ominus}(Ag(NH_3)_2^+)}$

所以，$K_1^{\ominus}=\dfrac{K_{稳}^{\ominus}(Ag(CN)_2^-)}{K_{稳}^{\ominus}(Ag(NH_3)_2^+)}=\dfrac{5.6\times10^{18}}{1.7\times10^7}=3.3\times10^{11}$

(2) 同样可求得：$K_2^{\ominus}=\dfrac{K_{稳}^{\ominus}(Ag(SCN)_2^-)}{K_{稳}^{\ominus}(Ag(NH_3)_2^+)}=\dfrac{3.7\times10^7}{1.7\times10^7}=2.2$

(3) $K_3^{\ominus}=\dfrac{[Ag(S_2O_3)_2^{3-}]^2[S^{2-}]}{[S_2O_3^{2-}]^4}=\dfrac{[Ag(S_2O_3)_2^{3-}]^2}{[S_2O_3^{2-}]^4[Ag^+]^2}\cdot[Ag^+]^2[S^{2-}]$

$\qquad =[K_{稳}^{\ominus}(Ag(S_2O_3)_2^{3-}]^2\cdot K_{sp}^{\ominus}(Ag_2S)$

所以，$K_3^{\ominus}=[K_{稳}^{\ominus}(Ag(S_2O_3)_2^{3-}]^2\cdot K_{sp}^{\ominus}(Ag_2S)=(3.2\times10^{13})^2\times1.09\times10^{-49}=1.1\times10^{-22}$

(4) 同样可求得：$K_4^{\ominus}=K_{稳}^{\ominus}(Ag(S_2O_3)_2^{3-})\cdot K_{sp}^{\ominus}(AgCl)=3.2\times10^{13}\times1.77\times10^{-10}=5.6\times10^3$

反应（1）的平衡常数很大，说明反应向右进行的程度很大，也就是说 $[Ag(NH_3)_2]^+$ 几乎可以完全转化为 $[Ag(CN)_2]^-$，因此在含有 $[Ag(NH_3)_2]^+$ 的溶液中，加入足够的 CN^- 时，$[Ag(NH_3)_2]^+$ 就会被破坏而生成 $[Ag(CN)_2]^-$。

反应（3）的平衡常数很小，说明正反应几乎不能进行，也就是说 Ag_2S 不能溶于 $Na_2S_2O_3$ 溶液中。相反，在 $[Ag(S_2O_3)_2]^{3-}$ 溶液中加入 S^{2-}，会生成 Ag_2S 沉淀。

反应（2）（4）的平衡常数不是很大，也不是很小，说明这两个反应可以在一定程度上进行。或者说，在一定条件下，$[Ag(NH_3)_2]^+$ 可以转化为 $[Ag(SCN)_2]^-$，逆向转化也可以进行；$AgCl$ 沉淀可溶于 $Na_2S_2O_3$ 溶液中，但是，如果 $AgCl$ 沉淀量较多，或 $Na_2S_2O_3$ 溶液浓度较稀，沉淀不一定能完全溶解。

所以，如果在配位平衡系统中加入新的配位体，或能与中心离子结合生成难溶电解质的沉淀剂，可以使配位平衡发生移动，甚至使配合物完全解离。

配合物之间的转化，以及沉淀和配合物之间的转化，关键取决于配位剂和沉淀剂竞争金属离子的能力大小，衡量它们能力大小的物理量是配合物的稳定常数和沉淀的溶度积常数。

(2) 计算配合物溶液中各组分的浓度

【例 8.2】 室温下，将 $0.020\,mol \cdot L^{-1}$ $AgNO_3$ 溶液与 $0.50\,mol \cdot L^{-1}$ 氨水等体积混合，当溶液达配位平衡时，溶液中 Ag^+、$NH_3 \cdot H_2O$、$[Ag(NH_3)_2]^+$ 的浓度各为多少？

解：两种溶液等体积混合后，浓度均变为原来的一半，即 $c_{Ag^+} = 0.010\,mol \cdot L^{-1}$，$c_{NH_3 \cdot H_2O} = 0.25\,mol \cdot L^{-1}$。因为 $K_稳^{\ominus}([Ag(NH_3)_2]^+) = 1.7 \times 10^7$，数值较大，且氨水过量较多，可假定 Ag^+ 全部转化为 $[Ag(NH_3)_2]^+$，溶液中存在的少量 Ag^+ 由 $[Ag(NH_3)_2]^+$ 电离而得，设平衡时 $c_{Ag^+} = x$，则：

$$Ag^+ \;+\; 2NH_3 \Longrightarrow [Ag(NH_3)_2]^+$$

	Ag^+	$2NH_3$	$[Ag(NH_3)_2]^+$
混合初时浓度/mol·L^{-1}	0.010	0.25	0
全部反应时浓度/mol·L^{-1}	0	0.23	0.010
电离平衡时的浓度/mol·L^{-1}	x	$0.23 + 2x$	$0.010 - x$

$$K_稳^{\ominus} = \frac{[Ag(NH_3)_2^+]}{[Ag^+][NH_3]^2} = \frac{0.010 - x}{x \cdot (0.23 + 2x)^2} = 1.7 \times 10^7$$

$K_稳^{\ominus}$ 很大，说明 $[Ag(NH_3)_2]^+$ 电离程度很小，即 x 很小，所以，$0.010 - x \approx 0.010$，$0.23 + 2x \approx 0.23$。

解得： $$x = 1.1 \times 10^{-8}$$

溶液达配位平衡后，溶液中各组分的浓度：$c_{Ag^+} = 1.1 \times 10^{-8}\,mol \cdot L^{-1}$，$c_{NH_3 \cdot H_2O} = 0.23\,mol \cdot L^{-1}$，$c_{[Ag(NH_3)_2]^+} = 0.010\,mol \cdot L^{-1}$。

本题中，如果开始假设 $[Ag(NH_3)_2^+] = y$，则 $[Ag^+] = 0.010 - y$，计算式为：

$$K_稳^{\ominus} = \frac{[Ag(NH_3)_2^+]}{[Ag^+][NH_3]^2} = \frac{y}{(0.010 - y) \cdot (0.25 - 2y)^2} = 1.7 \times 10^7$$

上面的计算式实际上无法计算，因为从 $K_稳^{\ominus}$ 来看，该反应比较彻底，Ag^+ 几乎全部反应，$y \approx 0.010$，所以 $c_{Ag^+} = 0.010 - y$ 无法解出。因此，以后在做此类题目时，对于未知项的假设要结合 $K_稳^{\ominus}$ 来考虑。

（3）讨论难溶盐生成或其溶解的可能性

【例 8.3】 取例 8.2 中溶液两份，各为 1.0L。（1）在第一份中加入 $0.10 \text{mol} \cdot \text{L}^{-1}$ NaCl 溶液 1mL，是否有沉淀产生？（2）在第二份中加入 $0.10 \text{mol} \cdot \text{L}^{-1}$ NaCl 溶液 1.0L，是否有沉淀产生？

解：（1）加入 1mL $0.10 \text{mol} \cdot \text{L}^{-1}$ NaCl 溶液后，溶液中 Cl^- 浓度为：

$$c_{Cl^-} = \frac{0.10 \times 1 \times 10^{-3}}{(1000+1) \times 10^{-3}} = 1.0 \times 10^{-4} (\text{mol} \cdot \text{L}^{-1})$$

$$c_{Ag^+} \cdot c_{Cl^-} = 1.1 \times 10^{-8} \times 1.0 \times 10^{-4} = 1.1 \times 10^{-12} < K_{sp}^{\ominus}(\text{AgCl}) = 1.77 \times 10^{-10}$$

所以无 AgCl 沉淀产生。

（2）加入 $0.10 \text{mol} \cdot \text{L}^{-1}$ NaCl 溶液 1.0L 后，溶液中 Ag^+、Cl^- 浓度各减半：

$$c_{Ag^+} = \frac{1}{2} \times 1.1 \times 10^{-8} \approx 5.5 \times 10^{-9} (\text{mol} \cdot \text{L}^{-1}) \quad c_{Cl^-} = \frac{1}{2} \times 0.10 \approx 0.050 (\text{mol} \cdot \text{L}^{-1})$$

$$c_{Ag^+} \cdot c_{Cl^-} = 5.5 \times 10^{-9} \times 0.050 = 2.8 \times 10^{-10} > K_{sp}^{\ominus}(\text{AgCl})$$

所以有 AgCl 沉淀生成。

【例 8.4】 298K 时，1.0L 浓度为 $2.0 \text{mol} \cdot \text{L}^{-1}$ 氨水能溶解固体 AgCl 多少克？

解：
$$\text{AgCl} + 2\text{NH}_3 \rightleftharpoons [\text{Ag(NH}_3)_2]^+ + \text{Cl}^-$$

$$K^{\ominus} = K_{稳}^{\ominus} \cdot K_{sp}^{\ominus} = 1.7 \times 10^7 \times 1.77 \times 10^{-10} = 3.0 \times 10^{-3}$$

$K^{\ominus}$ 值较小，说明该反应进行的程度小，因此 NH_3 的浓度变化可忽略。

设平衡时 AgCl 的溶解度为 $x \text{mol} \cdot \text{L}^{-1}$，由于 $K_{稳}^{\ominus}$ 值很大，可认为溶解的 AgCl 中的 Ag^+ 全部转化为 $[\text{Ag(NH}_3)_2]^+$，因此，平衡时 $c_{[\text{Ag(NH}_3)_2]^+} = c_{Cl^-} = x$，则：

$$\text{AgCl} + 2\text{NH}_3 \rightleftharpoons [\text{Ag(NH}_3)_2]^+ + \text{Cl}^-$$

平衡浓度/$\text{mol} \cdot \text{L}^{-1}$ $\qquad\qquad 2.0-2x \qquad\qquad x \qquad\qquad x$

$$K^{\ominus} = \frac{x^2}{(2.0-2x)^2} = 3.0 \times 10^{-3}$$

解得： $\qquad\qquad\qquad x = 0.099 (\text{mol} \cdot \text{L}^{-1})$

所以 1.0L 浓度为 $2.0 \text{mol} \cdot \text{L}^{-1}$ 氨水中可溶解 AgCl 的质量为：

$$m = 0.099 \times 1.0 \times 143.32 = 14 (\text{g})$$

8.5 配合物的性质及应用

在科研和生产实际中，配合物性质独特，显示出越来越重要的作用，金属离子形成配合物后性质的变化常被利用于物质的分析、分离等领域。

（1）配合物的酸碱性

某些弱酸形成配合酸后，酸性往往变强。例如，HF 与 BF_3 作用而生成的配合酸

$H[BF_4]$，HCN 与 AgCN 形成的配合酸 $H[Ag(CN)_2]$，都是强酸。这是因为中心离子与弱酸的酸根离子形成较强的配位键，强迫 H^+ 转移到配合物的外界，容易电离出来，所以酸性增强。

某些金属离子氢氧化物的碱性也会因为形成配离子而有所变化，例如，$[Cu(NH_3)_4](OH)_2$ 的碱性大于 $Cu(OH)_2$，原因是 $[Cu(NH_3)_4]^{2+}$ 的半径大于 Cu^{2+}，与 OH^- 的结合能力减弱，OH^- 更易于电离。

(2) 配合物在分析化学中的应用

在定量分析中，配位滴定法最常用的滴定剂就是有机配位剂 EDTA，根据配合物的形成与相互转化测定金属离子的含量。

而在定性分析中，常利用某些配合物的特定颜色来鉴定某些离子的存在。例如，丁二酮肟在弱碱性介质中与 Ni^{2+} 生成红色螯合物沉淀，所以，丁二酮肟可用于鉴定 Ni^{2+}。

同时，该反应的产物在水中溶解度很小，还可作为沉淀剂测 Ni^{2+} 含量。

Fe^{3+} 遇到 SCN^-，会生成血红色 $[Fe(SCN)_n]^{3-n}$（$n=1 \sim 6$），Co^{2+} 遇到 SCN^-，会生成宝蓝色的 $[Co(SCN)_4]^{2-}$，故 SCN^- 可以鉴定 Fe^{3+}、Co^{2+} 的存在；氨水与 Cu^{2+} 形成深蓝色的 $[Cu(NH_3)_4]^{2+}$，可以鉴定 Cu^{2+} 的存在。

鉴定 Co^{2+} 和 Fe^{3+} 的混合溶液中的 Co^{2+} 时，若加入 SCN^-，Fe^{3+} 会混色，妨碍观察，此时可加入 F^-，它与 Fe^{3+} 形成更稳定的无色配离子 $[FeF_6]^{3-}$，避免了对 Co^{2+} 的干扰。

邻二氮菲与 Fe^{2+} 形成稳定的橙红色配合物，所以邻二氮菲可作为显色剂，用分光光度法测定微量铁。

有些配位反应可用来分离离子，例如，在 Cu^{2+}、Fe^{3+}、Fe^{2+}、Al^{3+} 溶液中加入氨水，Cu^{2+} 可溶解生成 $[Cu(NH_3)_4]^{2+}$ 留在溶液中，其他离子则生成氢氧化物沉淀，这样就可以将 Cu^{2+} 分离出来。

有些难溶于水的金属卤化物、氰化物可以溶解于过量的 X^-、CN^- 和氨中，形成可溶性的配合物，例如，AgCl 可溶于过量的浓盐酸及氨水中。金和铂能溶于王水，也是因为生成了配离子。

$$Au + HNO_3 + 4HCl \Longrightarrow H[AuCl_4] + NO + 2H_2O$$
$$3Pt + 4HNO_3 + 18HCl \Longrightarrow 3H_2[PtCl_6] + 4NO + 8H_2O$$

(3) 配合物在工业上的应用

许多物品，常在表层镀上一层既美观又防腐的金属。电镀时，必须控制电镀液中 Zn、Cu、Ni、Cr 等金属离子以很小的浓度存在，并且能源源不断地在物品表面沉积，才能得到均匀、光滑、致密且附着力强的镀层，所以通常要加入能与金属离子形成稳定配合物的配位剂，这样可以降低镀层沉积的速率。以前多使用氰化物作为配位剂，虽然能得到良好的镀层，但其毒性大、污染严重，现在已逐步建立无毒电镀新工艺。例如用氨三乙酸-氯化铵电镀液镀锌；采用焦磷酸钾和柠檬酸钠作配位剂镀锡；采用焦磷酸钾作配位剂镀铜。

冶金时，可利用下面的反应式把 Au 氧化成水溶性配合物 $[Au(CN)_2]^-$，从金矿中浸取出来，然后再加入锌粉还原，即可得到纯金。

$$4Au+8NaCN+O_2+2H_2O \Longrightarrow 4Na[Au(CN)_2]+4NaOH$$
$$Zn+2Na[Au(CN)_2] \Longrightarrow 2Au+Na_2[Zn(CN)_4]$$

工业上通常用 $FeSO_4$ 处理含氰废水，产物无毒，反应式如下：

$$3FeSO_4+6NaCN \Longrightarrow Fe_2[Fe(CN)_6]+3Na_2SO_4$$

配合物还可以用于催化，配合催化是一种先进的催化技术。例如，以 $PdCl_2$ 为催化剂，在常温常压条件下催化乙烯生成乙醛：

$$2C_2H_4+O_2 \underset{\text{在稀盐酸中}}{\overset{PdCl_2、CuCl_2}{\rightleftharpoons}} 2CH_3CHO$$

C_2H_4 与 Pd^{2+} 先形成配合物，然后分解，生成 CH_3CHO 和金属 Pd，Pd 与 $CuCl_2$ 反应又生成 $PdCl_2$。配合催化成本低，活性高，条件简单，在有机合成、高分子合成中已实现工业化应用。

工厂的烧水锅炉通常要加入磷酸盐，这是为了防止水中 Ca^{2+}、Mg^{2+} 与 SO_4^{2-} 或 CO_3^{2-} 结合成难溶盐，沉积在锅炉内壁形成锅垢。磷酸盐与 Ca^{2+}、Mg^{2+} 可形成稳定的、可溶性的配离子。

(4) 生物体中的配合物

生命体中存在着许多金属配合物，它们对生命的各种代谢活动、能量转换和传递、O_2 的输送等有着广泛而不可替代的作用。

例如，以 Mg^{2+} 为中心离子的大环配合物叶绿素，能够将太阳能转变为化学能供给生物体使用；以 Fe^{2+} 为中心离子的卟啉配合物血红素，负责人体内氧气的输送；人体生长和代谢所必需的维生素 B_{12} 是钴的配合物，它参与蛋白质和核酸的合成，是造血过程的生物催化剂；起免疫作用的血清蛋白是铜和锌的配合物；生物体能固定大气中氮的固氮酶是含铁、钼的配合物等。

此外，在医学上，常利用配位反应治疗疾病，例如 EDTA 已用作 Pb^{2+}、Hg^{2+} 等重金属离子中毒的解毒剂使用；含锌螯合物用于治疗糖尿病；阿司匹林的铜配合物用于治疗风湿性关节炎。

总之，配合物普遍存在，用途极广，研究前景引人瞩目。

习题

8.1 什么叫配合物？配合物与一般的简单化合物有何差别？简单配合物与螯合物有什么不同？

8.2 哪些离子可作配合物的中心离子？哪些物质可作配体？

8.3 解释下列名词，并举例说明。

①中心离子；②配位体；③配位原子；④配位数；⑤配合物的内界与外界；⑥外轨型配合物与内轨型配合物；⑦螯合物；⑧高自旋和低自旋配合物。

8.4 写出下列各配合物和配离子的化学式。

(1) 六氰合铁（Ⅲ）酸钾；(2) 二硫代硫酸根合银（Ⅰ）酸钾；(3) 四异硫氰酸根合钴（Ⅲ）酸铵；(4) 四硫氰酸根·二氨合钴（Ⅲ）酸铵；(5) 二氰合银（Ⅰ）离子；(6) 二羟基·四水合铝（Ⅲ）离子。

8.5 请填写下表。

配合物	中心离子	配体	配位数	配位原子	名称
$[Co(ONO)_2(en)_2]NO_2$					
$[CoCl_2(NH_3)_3(H_2O)]Cl$					
$[PtCl(NO_2)(NH_3)_4]CO_3$					
$K_3[Co(ONO)_6]$					
$[Al(OH)_4]^-$					
$[Fe(OH)_2(H_2O)_4]^+$					

8.6 配合物的价键理论是如何解释配合物的成键构型、磁性和稳定性的？

8.7 根据下列配离子的空间构型，指出中心离子的价层电子排布与轨道杂化类型，并指明是内轨型还是外轨型配合物。

(1) $[Ag(CN)_2]^-$； (2) $[CuCl_3]^{2-}$； (3) $[Zn(NH_3)_4]^{2+}$； (4) $[PtCl_4]^{2-}$；

(5) $[CrBr_2(NH_3)_2(H_2O)_2]^+$； (6) $[FeF_6]^{3-}$。

8.8 已知 $[Ni(CN)_4]^{2-}$ 为平面正方形空间构型，$[Cd(CN)_4]^{2-}$ 是四面体构型，指出中心离子的杂化类型、中心离子 d 电子的排布情况。

8.9 用价键理论说明下列配离子的键型（外轨型或内轨型）和几何构型。

(1) $[FeF_6]^{3-}$； (2) $[Fe(CN)_6]^{3-}$。

8.10 计算 Mn（Ⅲ）离子在正八面体弱场和正八面体强场中的晶体场稳定化能（CFSE）。

8.11 $PtCl_4$ 和氨水反应，生成的化合物化学式为 $PtCl_4 \cdot 4NH_3$。将 1mol 此化合物用 $AgNO_3$ 处理，得到 2mol AgCl。试推断配合物的结构式。

8.12 有下列三种铂的配合物，用实验方法确定它们的结构，其结果如下：

物质	Ⅰ	Ⅱ	Ⅲ
化学组成	$PtCl_4 \cdot 2NH_3$	$PtCl_4 \cdot 4NH_3$	$PtCl_4 \cdot 6NH_3$
溶液的电导性	不导电	导电	导电
能被 $AgNO_3$ 沉淀的 Cl 数	不发生	2	4
配合物分子式			

8.13 有两种钴的配位化合物，具有相同的分子式 $Co(NH_3)_5BrSO_4$，向配合物 A 加入 $BaCl_2$ 溶液时，产生 $BaSO_4$ 沉淀，但加入 $AgNO_3$ 试剂时，不产生沉淀；对配合物 B 进行相同的实验，产生的现象刚好相反。试写出两种配位化合物的结构式，并指出中心离子的配位数和配离子的电荷数。

8.14 $AgNO_3$ 能从化学式为 $PtCl_4 \cdot 6NH_3$ 的溶液中将所有的氯沉淀为氯化银，但是在化学式为 $PtCl_4 \cdot 3NH_3$ 的溶液中只能沉淀 1/4 的氯，试根据这些事实写出这两种配合物的结构式。

8.15 写出下列转化过程的化学反应方程式，并解释反应进行的原因。

$$Ag^+ \longrightarrow AgCl\downarrow \longrightarrow [Ag(NH_3)_2]^+ \longrightarrow AgBr\downarrow \longrightarrow [Ag(S_2O_3)_2]^{3-} \longrightarrow$$
$$AgI\downarrow \longrightarrow [Ag(CN)_2]^- \longrightarrow Ag_2S\downarrow$$

8.16 用有关离子方程式解释下列过程。

(1) 用过量的 NaOH 溶液将 Zn^{2+} 从含 Mg^{2+} 的溶液中分离出来；

(2) 用过量的 $NH_3 \cdot H_2O$ 溶液，将 Zn^{2+} 与 Al^{3+} 分离。

8.17 通过计算反应平衡常数，说明下列反应能否进行？

（1）$[HgI_4]^{2-} + 4CN^- \rightleftharpoons [Hg(CN)_4]^{2-} + 4I^-$

（2）$[Cu(NH_3)_4]^{2+} + 4Cl^- \rightleftharpoons [CuCl_4]^{2-} + 4NH_3$

已知$lg\beta_4(HgI_4^{2-})=29.8$，$lg\beta_4[Hg(CN)_4^{2-}]=41.5$，$lg\beta_4(CuCl_4^{2-})=5.6$，$lg\beta_4[Cu(NH_3)_4^{2+}]=12.59$。

8.18 为何 AgCl 沉淀可溶于 $Na_2S_2O_3$ 溶液中，而 Ag_2S 却不可以？已知 $lgK_稳^\ominus([Ag(S_2O_3)_2]^{3-})=13.5$

8.19 向 10mL $0.040mol\cdot L^{-1}$ $AgNO_3$ 溶液中，加入 10mL 氨水 NH_3，反应达平衡后，溶液中 NH_3 的浓度为 $1.0mol\cdot L^{-1}$，计算平衡时 Ag^+ 浓度。已知 $K_稳^\ominus([Ag(NH_3)_2]^+)=1.7\times10^7$。

8.20 100mL$1.0mol\cdot L^{-1}$ 氨水中能溶解固体 AgBr 多少克？

8.21 室温下，0.010mol $Cu(NO_3)_2$ 溶于 1L 乙二胺溶液中，生成 $[Cu(en)_2]^{2+}$，由实验测得平衡时乙二胺的浓度为 $0.054mol\cdot L^{-1}$，求溶液中 Cu^{2+} 和 $[Cu(en)_2]^{2+}$ 的浓度。已知 $lg\beta_2[Cu(en)_2^{2+}]=19.60$。

8.22 将 $0.30mol\cdot L^{-1}[Cu(NH_3)_4]^{2+}$ 溶液与含有 NH_3 和 NH_4Cl（浓度都为 $0.20mol\cdot L^{-1}$）的溶液等体积混合，通过计算说明是否有 $Cu(OH)_2$ 沉淀生成。

第9章

配位滴定法

配位滴定法，也称络合滴定法，是以配位反应为基础的一种滴定分析方法，主要用于测定金属离子的含量。

用于配位滴定的化学反应，其形成的配合物要足够稳定，这样才能保证反应进行的完全程度比较高。无机的配位剂（配体）能用于滴定分析的不多，一方面是因为许多无机配体的配合物不够稳定，不符合滴定分析对化学反应的要求；另一方面，无机配体的配合物在形成过程中是分步进行的，例如 Cu^{2+} 与 NH_3 反应生成 $[Cu(NH_3)_4]^{2+}$ 是分成四步完成的，且各级稳定常数相差较小，溶液中常常同时存在多种形式的配离子，没有确定的计量关系，无法进行定量计算，这一性质限制了简单配合物在滴定分析中的应用。

而许多有机配位剂，或者称作螯合剂，能与金属离子形成足够稳定的、组成确定的配合物，可用于滴定分析，目前最常用的配位剂 EDTA 就是一种有机配位剂。

9.1 EDTA 及其螯合物

大部分金属离子容易和氧原子、氮原子形成配位键，氨羧类配位剂大多是以氨基二乙酸 $[—N(CH_2COOH)_2]$ 为基本结构的有机配体，同时具有配位能力很强的氨基氮和羧基氧两种配位原子，能与很多金属离子形成稳定的可溶性螯合物。其中，在滴定分析中应用最广泛的是乙二胺四乙酸，简称 EDTA。

乙二胺四乙酸，在溶液中，两个羧基上的 H^+ 会转移到 N 原子上，形成双偶极离子，其结构如下：

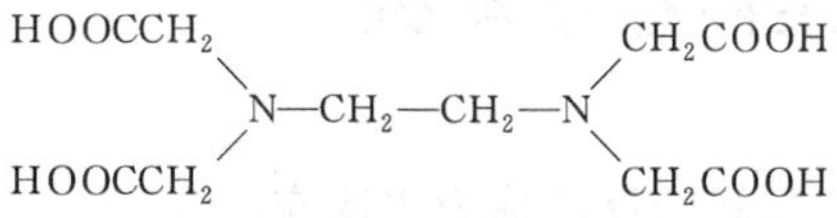

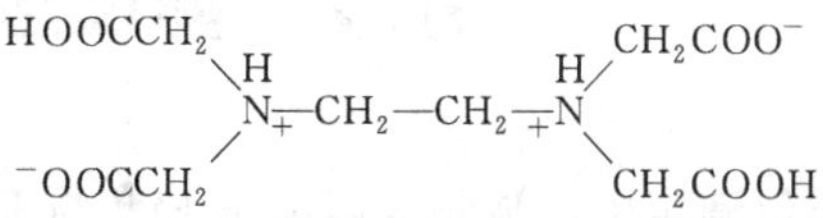

HOOCCH₂   CH₂COOH   HOOCCH₂   CH₂COO⁻
　　　　　　N—CH₂—CH₂—N　　　　　　　　　　　　N⁺—CH₂—CH₂—N⁺
HOOCCH₂   CH₂COOH   ⁻OOCCH₂   CH₂COOH

EDTA 分子中有六个可与金属离子形成配位键的原子，2 个 N 原子，4 个 O 原子，与金属离子结合时可以形成有五个五元环的螯合物，而金属离子的配位数一般不超过 6，所以 EDTA 与金属离子的配位比大多为 1∶1，不存在逐级配合现象。

EDTA 是四元酸，可用 H_4Y 表示，它的水溶性较差，实际使用时，一般将其制成二钠盐（$Na_2H_2Y \cdot 2H_2O$），也称作 EDTA。$Na_2H_2Y \cdot 2H_2O$ 在水中的溶解度较大，可直接配制成标准溶液，但是，由于水和其他试剂中常含有金属离子，所以实验室中使用的 EDTA 标准溶液通常采用间接法来配制。常用的 EDTA 标准溶液的浓度为 $0.01 \sim 0.05 mol \cdot L^{-1}$。

在酸度很高的溶液中，EDTA 的两个羧基（—COO^-）还可再接受两个 H^+，形成 H_6Y^{2+}，这样质子化的 EDTA 相当于六元酸，在水溶液中存在六级电离平衡：

$$H_6Y^{2+} \underset{+H^+}{\overset{-H^+}{\rightleftharpoons}} H_5Y^+ \underset{+H^+}{\overset{-H^+}{\rightleftharpoons}} H_4Y \underset{+H^+}{\overset{-H^+}{\rightleftharpoons}} H_3Y^- \underset{+H^+}{\overset{-H^+}{\rightleftharpoons}} H_2Y^{2-} \underset{+H^+}{\overset{-H^+}{\rightleftharpoons}} HY^{3-} \underset{+H^+}{\overset{-H^+}{\rightleftharpoons}} Y^{4-}$$

表 9.1 列出了 EDTA 的电离常数和稳定常数。

表 9.1 EDTA 的电离常数、稳定常数

电离常数	$K_{a_1}^{\ominus}$	$K_{a_2}^{\ominus}$	$K_{a_3}^{\ominus}$	$K_{a_4}^{\ominus}$	$K_{a_5}^{\ominus}$	$K_{a_6}^{\ominus}$
	$10^{-0.9}$	$10^{-1.6}$	$10^{-2.0}$	$10^{-2.67}$	$10^{-6.16}$	$10^{-10.26}$
逐级稳定常数	$K_1^{\ominus}$	$K_2^{\ominus}$	$K_3^{\ominus}$	$K_4^{\ominus}$	$K_5^{\ominus}$	$K_6^{\ominus}$
	$10^{10.26}$	$10^{6.16}$	$10^{2.67}$	$10^{2.0}$	$10^{1.6}$	$10^{0.9}$
累积稳定常数	β_1	β_2	β_3	β_4	β_5	β_6
	$10^{10.26}$	$10^{16.42}$	$10^{19.09}$	$10^{21.09}$	$10^{22.69}$	$10^{23.59}$

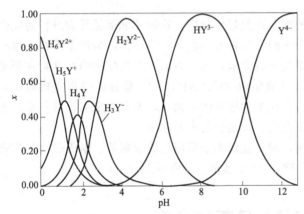

图 9.1 不同 pH 时 EDTA 各种存在形式的 x-pH 曲线

在水溶液中，EDTA 有 H_6Y^{2+}、H_5Y^+、H_4Y、H_3Y^-、H_2Y^{2-}、HY^{3-} 和 Y^{4-} 七种存在形式。它们的分布系数与溶液的 pH 值的关系如图 9.1 所示，在这七种存在形式中，只有 Y^{4-} 能与金属离子直接配位，显然，只有在 pH$>$10.26 时，EDTA 才主要以 Y^{4-} 形式存在，所以，溶液的酸度是影响"金属-EDTA"配合物稳定性的重要因素。

EDTA 几乎能与所有金属离子形成配合物，所形成的配合物的稳定性高，而且能够溶于水，反应迅速，使滴定能在水溶液中进行，因而配位滴定法应用非常广泛。

EDTA 与无色金属离子结合，形成的配合物仍为无色；与有色金属离子结合，形成的配合物颜色会加深，因此滴定有色金属离子时，要控制浓度，如果浓度太大，颜色太深，会影响滴定终点的观察。

9.2 副反应和条件稳定常数

在配位滴定中，被测金属离子 M❶ 与 EDTA 之间的反应称为主反应：

$$M + Y \rightleftharpoons MY$$

---

❶ 为简便起见，金属离子 M^{n+} 及 Y^{4-} 书写时略去电荷。

$$K_{MY}^{\ominus} = \frac{[MY]}{[M][Y]} \tag{9.1}$$

常见金属离子与 EDTA 形成配合物的稳定常数 $K_{MY}^{\ominus}$ 可参见表 9.2。显然，MY 大多比较稳定。其中，碱金属离子与 EDTA 形成配合物 MY 的稳定性较差；碱土金属离子与 EDTA 形成配合物的 $\lg K_{MY}^{\ominus}$ 在 8～11 之间；过渡金属离子、稀土金属离子及 Al^{3+} 的配合物的 $\lg K_{MY}^{\ominus}$ 在 15～19 之间；其他 +3 氧化态、+4 氧化态的金属离子及 Hg^{2+} 的配合物的 $\lg K_{MY}^{\ominus}$ 大于 20。配合物稳定性主要取决于金属离子本身的电荷、半径和电子层结构等。

表 9.2　常见金属离子与 EDTA 配合物的 $\lg K_{稳}^{\ominus}$ 值（即 $\lg K_{MY}^{\ominus}$）

（溶液离子强度 $I = 0.1$，温度 20℃）

阳离子	$\lg K_{MY}^{\ominus}$	阳离子	$\lg K_{MY}^{\ominus}$	阳离子	$\lg K_{MY}^{\ominus}$
Na^+	1.66	Ce^{3+}	15.98	Cu^{2+}	18.80
Li^+	2.79	Al^{3+}	16.3	Ti^{3+}	21.3
Ag^+	7.32	Co^{2+}	16.31	Hg^{2+}	21.8
Ba^{2+}	7.86	Pt^{3+}	16.4	Sn^{2+}	22.1
Sr^{2+}	8.73	Cd^{2+}	16.46	Th^{4+}	23.2
Mg^{2+}	8.69	Zn^{2+}	16.50	Cr^{3+}	23.4
Be^{2+}	9.20	Pb^{2+}	18.04	Fe^{3+}	25.1
Ca^{2+}	10.69	Y^{3+}	18.09	U^{4+}	25.8
Mn^{2+}	13.87	VO_2^+	18.1	Bi^{3+}	27.94
Fe^{2+}	14.33	Ni^{2+}	18.60	Co^{3+}	36.0
La^{3+}	15.50	VO^{2+}	18.8		

此外，由于溶液酸度的影响，其他配位剂和干扰离子的存在，在主反应进行的同时会有各种副反应发生。这些副反应的发生，会对配合物的稳定性造成很大影响。

滴定过程中的主反应和副反应可以用下式表示：

$$\begin{array}{ccccccc}
\text{M} & + & \text{Y} & \rightleftharpoons & \text{MY} & & 主反应 \\
\swarrow\!\!\searrow\text{A}_{OH^-} & & \swarrow\!\!\searrow\text{N}_{H^+} & & \swarrow\!\!\searrow\text{OH}^-_{H^+} & & \\
M(OH)\quad MA & & HY\quad NY & & MHY\quad M(OH)Y & & 副反应 \\
\vdots\qquad\quad\vdots & & \vdots & & & & \\
M(OH)_n\quad MA_n & & H_6Y & & & &
\end{array}$$

羟基配　辅助配　酸　共存离　混合配
位效应　位效应　效应　子效应　位效应

其中 A 为辅助配位剂，N 为共存离子。显然，反应物 M 和 Y 的副反应使平衡向左移动，不利于主反应的进行，使主反应的完全程度降低；而产物 MY 的副反应，形成酸式配合物（MHY）或碱式配合物 [M(OH)Y]，会使平衡向右移动，有利于主反应的进行。

M、Y 及 MY 的各种副反应进行的程度，可以用相应的副反应系数表示出来。所谓**副反应系数**，是指未参加主反应的 M 或 Y 的总浓度与平衡浓度 [M] 或 [Y] 的比值，下面对配位滴定中几种常见的副反应及副反应系数分别加以讨论。

(1) EDTA 的酸效应

由于 H^+ 的存在，使配位体参加主反应能力降低的现象称为酸效应。

如果配位体是 EDTA，它会和 H^+ 反应，生成 HY、$H_2Y\cdots H_6Y$，降低了游离态的 Y 的浓度，而能和金属离子发生配位反应的仅是 Y，显然，溶液酸度越高，pH 值越低，游离态的 Y 浓度就越小，主反应就进行得越不完全。这种由于 H^+ 的存在，使 EDTA 参加主反应能力降低的现象称为 **EDTA 的酸效应**，它的大小可用 **EDTA 的酸效应系数** $\alpha_{Y(H)}$ 来衡量。

$$\alpha_{Y(H)} = \frac{[Y']}{[Y]} \tag{9.2}$$

式中，$[Y']$ 为未参加主反应的 EDTA 的各种存在形式的总浓度，即未与 M 结合的 EDTA 总浓度；$[Y]$ 为 Y 的平衡浓度。显然，$\alpha_{Y(H)} \geqslant 1$。$\alpha_{Y(H)}$ 越大，酸效应越严重。如果 Y 没有副反应，则 $\alpha_{Y(H)} = 1$。

$$\alpha_{Y(H)} = \frac{[Y']}{[Y]} = \frac{[Y] + [HY] + [H_2Y] + [H_3Y] + [H_4Y] + [H_5Y] + [H_6Y]}{[Y]}$$

$$= 1 + \frac{[H^+]}{K_{a_6}^{\ominus}} + \frac{[H^+]^2}{K_{a_6}^{\ominus} \cdot K_{a_5}^{\ominus}} + \frac{[H^+]^3}{K_{a_6}^{\ominus} \cdot K_{a_5}^{\ominus} \cdot K_{a_4}^{\ominus}} + \frac{[H^+]^4}{K_{a_6}^{\ominus} \cdot K_{a_5}^{\ominus} \cdot K_{a_4}^{\ominus} \cdot K_{a_3}^{\ominus}}$$

$$+ \frac{[H^+]^5}{K_{a_6}^{\ominus} \cdot K_{a_5}^{\ominus} \cdot K_{a_4}^{\ominus} \cdot K_{a_3}^{\ominus} \cdot K_{a_2}^{\ominus}} + \frac{[H^+]^6}{K_{a_6}^{\ominus} \cdot K_{a_5}^{\ominus} \cdot K_{a_4}^{\ominus} \cdot K_{a_3}^{\ominus} \cdot K_{a_2}^{\ominus} \cdot K_{a_1}^{\ominus}}$$

$$= 1 + \beta_1[H^+] + \beta_2[H^+]^2 + \beta_3[H^+]^3 + \beta_4[H^+]^4 + \beta_5[H^+]^5 + \beta_6[H^+]^6 \qquad (9.3)$$

式中，β 为累积稳定常数。

【例 9.1】 计算 pH = 5.0 时 EDTA 的 $\alpha_{Y(H)}$，若此时 EDTA 各种存在形式的总浓度为 $0.020\,\text{mol·L}^{-1}$，则 $[Y]$ 为多少？

解：将 $[H^+]$ 和表 9.1 中的 β 代入式(9.3)，可求出 $\alpha_{Y(H)}$。

$$\alpha_{Y(H)} = 1 + \beta_1[H^+] + \beta_2[H^+]^2 + \beta_3[H^+]^3 + \beta_4[H^+]^4 + \beta_5[H^+]^5 + \beta_6[H^+]^6$$

$$= 1 + 10^{10.26} \times 10^{-5.0} + 10^{16.42} \times 10^{-10.0} + 10^{19.09} \times 10^{-15.0} + 10^{21.09} \times 10^{-20.0} +$$

$$10^{22.69} \times 10^{-25.0} + 10^{23.59} \times 10^{-30.0}$$

$$= 2.8 \times 10^6$$

$[Y'] = 0.020\,\text{mol·L}^{-1}$，将 $\alpha_{Y(H)}$ 和 $[Y']$ 代入式(9.2)，可求出 $[Y]$。

$$[Y] = \frac{[Y']}{\alpha_{Y(H)}} = \frac{0.020}{2.8 \times 10^6} = 7.1 \times 10^{-9}\,\text{mol·L}^{-1}$$

$\alpha_{Y(H)}$ 通常较大，为使用方便，习惯用其对数值。不同 pH 值时 EDTA 酸效应系数的对数值列于表 9.3。

表 9.3 不同 pH 值时 $\lg\alpha_{Y(H)}$

pH	$\lg\alpha_{Y(H)}$	pH	$\lg\alpha_{Y(H)}$	pH	$\lg\alpha_{Y(H)}$
0.0	23.64	3.4	9.70	6.8	3.55
0.4	21.32	3.8	8.85	7.0	3.32
0.8	19.08	4.0	8.44	7.5	2.78
1.0	18.01	4.4	7.64	8.0	2.26
1.4	16.02	4.8	6.84	8.5	1.77
1.8	14.27	5.0	6.45	9.0	1.28
2.0	13.51	5.4	5.69	9.5	0.83
2.4	12.19	5.8	4.98	10.0	0.45
2.8	11.09	6.0	4.65	11.0	0.07
3.0	10.60	6.4	4.06	12.0	0.01

由表 9.3 可见，EDTA 的酸效应系数 $\alpha_{Y(H)}$ 随溶液 pH 值的变化而变化，pH 越小，$\alpha_{Y(H)}$ 越大，且多数情况下 $[Y'] > [Y]$，只有当 pH $\geqslant$ 12 时，溶液为强碱性，$[H^+]$ 极小，$\alpha_{Y(H)} \approx 1$，$[Y'] \approx [Y]$，此时几乎无酸效应的副反应发生。因此，配位滴定时溶液的 pH 值不能太低，否则，配位反应就不完全。

（2）EDTA 的共存离子效应

溶液中如果存在其他金属离子 N，它会和 Y 反应，生成 NY，降低了游离态的 Y 的浓度，影响了主反应进行的完全程度。这种由于其他金属离子存在使 EDTA 参加主反应能力降低的现象称为 **EDTA 的共存离子效应**，它的影响可用共存离子效应系数 $\alpha_{Y(N)}$ 来表示。

$$\alpha_{Y(N)} = \frac{[Y']}{[Y]} = \frac{[Y]+[NY]}{[Y]} = 1 + [N]K_{NY}^{\ominus} \tag{9.4}$$

$\alpha_{Y(N)}$ 与 $K_{NY}^{\ominus}$、$[N]$ 有关，$K_{NY}^{\ominus}$ 越大，游离态的 N 浓度越大，$\alpha_{Y(N)}$ 值就越大，说明副反应越严重。

如果溶液中同时存在多种共存离子 N_1，N_2，$\cdots$，N_n，则：

$$\begin{aligned}\alpha_{Y(N)} &= \frac{[Y']}{[Y]} = \frac{[Y]+[N_1Y]+[N_2Y]+\cdots+[N_nY]}{[Y]}\\ &= 1 + [N_1]K_{N_1Y}^{\ominus} + [N_2]K_{N_2Y}^{\ominus} + \cdots + [N_n]K_{N_nY}^{\ominus}\\ &= \alpha_{Y(N_1)} + \alpha_{Y(N_2)} + \cdots + \alpha_{Y(N_n)} - (n-1)\end{aligned}$$

如果 EDTA 只存在以上两种副反应，它的总的副反应系数 α_Y 为：

$$\alpha_Y = \alpha_{Y(H)} + \alpha_{Y(N)} - 1 \tag{9.5}$$

（3）金属离子的羟基配位效应

溶液中如果存在 OH^-，会与金属离子 M 发生配位反应，生成一系列羟基配合物 MOH、$M(OH)_2$、$\cdots$，降低金属离子 M 的浓度，使 M 参与主反应的能力降低，这种现象称为**金属离子的羟基配位效应**，也称金属离子的水解效应。其大小可用羟基配位效应系数 $\alpha_{M(OH)}$ 表示。

$$\begin{aligned}\alpha_{M(OH)} &= \frac{[M']}{[M]} = \frac{[M]+[M(OH)]+[M(OH)_2]+\cdots+[M(OH)_n]}{[M]}\\ &= 1 + \beta_1[OH^-] + \beta_2[OH^-]^2 + \cdots + \beta_n[OH^-]^n\end{aligned} \tag{9.6}$$

式中，$\beta_1 \sim \beta_n$ 是金属离子与羟基形成配离子的累积稳定常数。显然，$\alpha_{M(OH)}$ 与溶液的 pH 值有关。溶液碱性越强，$\alpha_{M(OH)}$ 越大，水解副反应越严重。金属离子的 $lg\alpha_{M(OH)}$ 随 pH 值的变化见表 9.4。

表 9.4　金属离子的 $lg\alpha_{M(OH)}$

金属离子	pH 值													
	1	2	3	4	5	6	7	8	9	10	11	12	13	14
Al^{3+}				0.4	1.3	5.3	9.3	13.3	17.3	21.3	25.3	29.3	33.3	
Bi^{3+}	0.1	0.5	1.4	2.4	3.4	4.4	5.4							
Ca^{2+}													0.3	1.0
Cd^{2+}								0.1	0.5	2.0	4.5	8.1	12.0	
Co^{2+}								0.1	0.4	1.1	2.2	4.2	7.2	10.2
Cu^{2+}								0.2	0.8	1.7	2.7	3.7	4.7	5.7
Fe^{2+}								0.1	0.6	1.5	2.5	3.5	4.5	
Fe^{3+}			0.4	1.8	3.7	5.7	7.7	9.7	11.7	13.7	15.7	17.7	19.7	21.7
Hg^{2+}			0.5	1.9	3.9	5.9	7.9	9.9	11.9	13.9	15.9	17.9	19.9	21.9
La^{3+}										0.3	1.0	1.9	2.9	3.9
Mg^{2+}											0.1	0.5	1.3	2.3
Mn^{2+}										0.1	0.5	1.4	2.4	3.4
Ni^{2+}									0.1	0.7	1.6			
Pb^{2+}							0.1	0.5	1.4	2.7	4.7	7.4	10.4	13.4
Th^{4+}				0.2	0.8	1.7	2.7	3.7	4.7	5.7	6.7	7.7	8.7	9.7
Zn^{2+}									0.2	2.4	5.4	8.5	11.8	15.5

(4) 金属离子的辅助配位效应

溶液中如果存在其他配位剂 A，它会和金属离子 M 反应，生成 MA_1、MA_2、…，降低了游离态的 M 的浓度，这种由于其他配位剂存在使金属离子参加主反应能力降低的现象称为**金属离子的辅助配位效应**。其副反应的影响可用**金属离子的辅助配位效应系数** $\alpha_{M(A)}$ 来表示。

$$\alpha_{M(A)} = \frac{[M']}{[M]} = \frac{[M] + [MA] + [MA_2] + \cdots + [MA_n]}{[M]}$$
$$= 1 + \beta_1[A] + \beta_2[A]^2 + \cdots + \beta_n[A]^n \tag{9.7}$$

式中，$\beta_1 \sim \beta_n$ 是金属离子与配位剂 A 形成的配离子的累积稳定常数。

表 9.5 为一些常见配合物的累积稳定常数。

表 9.5　一些常见配合物的累积稳定常数

配离子	离子强度	n	$\lg\beta_n$
$[Ag(NH_3)_2]^+$	0.1	1,2	3.40,7.40
$[Cu(NH_3)_4]^{2+}$	2	1,2,3,4	4.13,7.61,10.48,12.59
$[Ni(NH_3)_6]^{2+}$	0.1	1,2,3,4,5,6	2.75,4.95,6.64,7.79,8.50,8.49
$[Zn(NH_3)_4]^{2+}$	0.1	1,2,3,4	2.27,4.61,7.01,9.06
$[AlF_6]^{3-}$	0.53	1,2,3,4,5,6	6.1,11.15,15.0,17.7,19.4,19.7
$[FeF_6]^{3-}$	0.5	1,2,3	5.2,9.2,11.9
$[Fe(CN)_6]^{4-}$		6	35.4

辅助配位效应的产生往往是为了控制滴定所需要的酸度范围而加入缓冲剂所引起，或为了掩蔽干扰离子以及为了防止金属离子水解等而加入其他辅助配位剂而引起。例如，在 $pH = 10$ 时，用 EDTA 标准溶液滴定 Zn^{2+}，加入 NH_3-NH_4Cl 缓冲溶液，一方面可以控制溶液酸度，同时又使 Zn^{2+} 与 NH_3 发生配位反应，生成 $[Zn(NH_3)_4]^{2+}$，防止 $Zn(OH)_2$ 沉淀的产生。在这里，NH_3 既是缓冲剂又是辅助配位剂。

【例 9.2】　用 EDTA 标准溶液滴定 Zn^{2+}，当 $pH = 10.0$ 时，NH_3 的浓度为 $0.10 \text{mol} \cdot L^{-1}$，计算 $\lg\alpha_{Zn}$。

解： 查表 9.5，$[Zn(NH_3)_4]^{2+}$ 的 $\lg\beta_1 \sim \lg\beta_4$ 为 2.27，4.61，7.01，9.06。

$$\alpha_{Zn(NH_3)} = 1 + \beta_1[NH_3] + \beta_2[NH_3]^2 + \beta_3[NH_3]^3 + \beta_4[NH_3]^4$$
$$= 1 + 10^{2.27} \times 0.10 + 10^{4.61} \times 0.10^2 + 10^{7.01} \times 0.10^3 + 10^{9.06} \times 0.10^4$$
$$= 10^{5.1}$$

查表 9.4，当 $pH = 10.0$ 时，$\lg\alpha_{Zn(OH)} = 2.4$。

$$\alpha_{Zn} = \alpha_{Zn(NH_3)} + \alpha_{Zn(OH)} - 1 = 10^{5.1} + 10^{2.4} - 1 \approx 10^{5.1}$$
$$\lg\alpha_{Zn} \approx 5.1$$

根据计算结果，在上述条件下，Zn^{2+} 与 NH_3 的副反应是主要的，Zn^{2+} 与 OH^- 的副反应可以忽略。

如果金属离子只存在以上两类副反应，则金属离子总的副反应系数为：

$$\alpha_M = \alpha_{M(A)} + \alpha_{M(OH)} - 1 \tag{9.8}$$

在计算副反应系数时，可能包括许多项，一般情况下，只有 $1 \sim 2$ 项是主要的，其他都可省略，这样可以简化计算。

（5）混合配位效应

当溶液酸度较高时，MY 能与 H^+ 发生副反应，生成酸式配合物 MHY。当碱度较高时，MY 能与 OH^- 发生副反应，生成碱式配合物 M(OH)Y，这种现象称为**混合配位效应**。

MHY 和 M(OH)Y 都不太稳定，且只有在 pH 值很低或很高的条件下才能生成，一般条件下，配合物 MY 的副反应可以忽略不计。

总之，副反应系数越大，就说明副反应越严重，对配合物的稳定性和主反应的影响也就越大。

（6）条件稳定常数

对于配位反应
$$M + Y \rightleftharpoons MY$$

如果没有副反应发生，当达到平衡时，$K_{MY}^{\ominus}$ 是衡量此配位反应进行程度的主要标志；如果有副反应发生，$K_{MY}^{\ominus}$ 并不能反映配合物的真实稳定程度，必须考虑 M、Y 及 MY 的副反应的影响。

在配位滴定中，副反应的影响不可忽略，设未参加主反应的 M、Y 和 MY 的总浓度分别为 $[M']$、$[Y']$、$[MY']$，则反应达到平衡时

$$K_{MY}^{\ominus\prime} = \frac{[MY']}{[M'][Y']} \tag{9.9}$$

式中，$K_{MY}^{\ominus\prime}$ 为条件稳定常数，是校正了各种副反应的影响后，配位反应的实际稳定常数，它的大小能反映在外界影响下配合物 MY 的实际稳定程度。

$$K_{MY}^{\ominus\prime} = \frac{[MY']}{[M'][Y']} = \frac{\alpha_{MY}[MY]}{\alpha_M[M]\alpha_Y[Y]} = K_{MY}^{\ominus} \frac{\alpha_{MY}}{\alpha_M \alpha_Y}$$

所以，
$$\lg K_{MY}^{\ominus\prime} = \lg K_{MY}^{\ominus} - \lg\alpha_M - \lg\alpha_Y + \lg\alpha_{MY}$$

如果外界条件一定，α_M、α_Y、α_{MY} 为定值，所以 $K_{MY}^{\ominus\prime}$ 就为常数，大多数情况下，MHY 和 M(OH)Y 的副反应可忽略，N 不存在时，上式可简化为：

$$\lg K_{MY}^{\ominus\prime} = \lg K_{MY}^{\ominus} - \lg\alpha_{Y(H)} - \lg\alpha_M \tag{9.10}$$

在实际滴定中，上述副反应不一定都同时存在，所以要根据具体情况来计算 $K_{MY}^{\ominus\prime}$。先计算出相关的副反应系数，再求 M 和 Y 的总的副反应系数，然后计算 $K_{MY}^{\ominus\prime}$。

【例 9.3】 分别计算 pH＝2.0、pH＝9.0 时的 $\lg K_{ZnY}^{\ominus\prime}$。

解： 根据表 9.2，$\lg K_{ZnY}^{\ominus} = 16.50$。

查表 9.3，pH＝2.0 时，$\lg\alpha_{Y(H)} = 13.51$；pH＝9.0 时，$\lg\alpha_{Y(H)} = 1.28$

查表 9.4，pH＝2.0 时，$\lg\alpha_{Zn(OH)} = 0$；pH＝9.0 时，$\lg\alpha_{Zn(OH)} = 0.2$

所以，pH＝2.0 时，$\lg K_{ZnY}^{\ominus\prime} = 16.50 - 13.51 - 0 = 2.99$

pH＝9.0 时，$\lg K_{ZnY}^{\ominus\prime} = 16.50 - 1.28 - 0.2 = 15.02$

显然，在 pH＝2.0 时，由于酸效应的影响，ZnY 的稳定性从 $10^{16.50}$ 降低到 $10^{2.99}$，此时 ZnY 的稳定性达不到滴定的要求。而在 pH＝9.0 时，ZnY 的稳定性为 $10^{15.02}$，相当稳定，在此 pH 条件下，Zn^{2+} 能被 EDTA 标准溶液准确滴定。

【例 9.4】 在 $0.10\,mol \cdot L^{-1}$ AlY 溶液中，当 pH = 5.0，且游离 F^- 的浓度为 $0.010\,mol \cdot L^{-1}$ 时，计算 $\lg K_{AlY}^{\ominus\prime}$。

解： 根据表 9.2，$\lg K_{AlY}^{\ominus} = 16.3$；查表 9.3，pH = 5.0 时，$\lg \alpha_{Y(H)} = 6.45$；查表 9.4，pH = 5.0 时，$\lg \alpha_{Al(OH)} = 0.4$

当 $[F^-] = 0.010\,mol \cdot L^{-1}$ 时，F^- 副反应系数为：

$$\alpha_{Al(F)} = 1 + \beta_1 [F^-] + \beta_2 [F^-]^2 + \cdots + \beta_6 [F^-]^6$$
$$= 1 + 10^{6.1} \times 0.010 + 10^{11.15} \times 0.010^2 + 10^{15.0} \times 0.010^3 + 10^{17.7} \times 0.010^4 +$$
$$10^{19.4} \times 0.010^5 + 10^{19.7} \times 0.010^6$$
$$= 8.51 \times 10^9$$

$$\alpha_{Al} = \alpha_{Al(F)} + \alpha_{Al(OH)} - 1 = 8.51 \times 10^9 + 10^{0.4} - 1 \approx 8.51 \times 10^9$$

$$\lg K_{AlY}^{\ominus\prime} = \lg K_{AlY}^{\ominus} - \lg \alpha_{Al} - \lg \alpha_{Y(H)} = 16.3 - \lg(8.51 \times 10^9) - 6.45 = -0.08$$

$\lg K_{AlY}^{\ominus\prime} = -0.08 < 0$，说明 AlY 已被破坏。$\alpha_{Al(F)} = 8.51 \times 10^9$，这是因为 Al^{3+} 与 F^- 结合，能生成很稳定的配合物，所以该体系不能用 EDTA 标准溶液滴定 Al^{3+}。

一般情况下，如果系统中没有共存离子，没有其他的辅助配位剂，影响主反应的主要是 EDTA 的酸效应和金属离子的羟基配位效应，实际滴定中主要考虑就是这两种副反应。

9.3 金属离子指示剂

确定配位滴定终点的方法，有电化学方法、光化学方法等，而最常用的是指示剂法，即利用**金属离子指示剂**判断滴定终点。

(1) 金属指示剂的变色原理

金属离子指示剂，简称金属指示剂，是一些有色的有机配位剂，能与金属离子形成有色配合物，游离态的配位剂与有色配合物的颜色明显不同，所以可以指示滴定终点。

以常见的金属指示剂铬黑 T（EBT）为例，滴定前，在待测金属离子 Mg^{2+} 溶液中加入少量指示剂铬黑 T，铬黑 T 与少量 Mg^{2+} 发生配位反应，生成酒红色的 Mg-EBT，所以，滴定前，溶液颜色为酒红色。滴定开始，EDTA 逐滴加入，溶液中游离的 Mg^{2+} 与 EDTA 反应，生成 MgY，当游离的 Mg^{2+} 全部耗尽时，已经非常接近化学计量点，此时 EDTA 继续与 Mg-EBT 反应，从 Mg-EBT 中的夺取金属离子 Mg^{2+}，反应如下：

$$\text{Mg-EBT} + Y \rightleftharpoons \text{MgY} + \text{EBT}$$
$$\text{酒红色} \qquad\qquad\qquad \text{蓝色}$$

M-EBT 中的 M 被夺去，铬黑 T 以游离态存在，游离态的铬黑 T 溶液为纯蓝色，所以可以看到溶液的颜色由酒红色转变成纯蓝色，表示到达滴定终点。

(2) 金属指示剂必须具备的条件

如果用 In 表示金属离子指示剂，其变色过程可表示如下：

$$\text{MIn} + Y \rightleftharpoons \text{MY} + \text{In}$$
$$\text{A 色} \qquad\qquad\qquad \text{B 色}$$

根据金属离子指示剂的变色原理，可总结出金属离子作为指示剂应具备的条件。

① MIn 的颜色应与指示剂 In 本身的颜色有明显区别，这样终点的颜色变化才容易观察。

金属指示剂多为有机弱酸或有机弱碱，在不同 pH 值下其主要存在形式不同，颜色也不同。例如，铬黑 T 是三元酸（H_3In），其部分解离平衡如下：

$$H_2In^- \underset{+H^+}{\overset{-H^+}{\rightleftharpoons}} \underset{pK_{a_2}=6.3}{} HIn^{2-} \underset{+H^+}{\overset{-H^+}{\rightleftharpoons}} \underset{pK_{a_3}=11.6}{} In^{3-}$$

红色	蓝色	橙色
pH<6	pH=8~11	pH>12

要保证滴定终点变色敏锐，M-EBT 与 EBT 的颜色要显著不同，显然，使用铬黑 T 的 pH 值范围在 8~11 最好，M-EBT 的红色与 EBT 的蓝色颜色差距最大。因此，使用金属指示剂时，必须注意选用合适的 pH 值范围。

② MIn 最好易溶于水，同时，变色过程的反应必须灵敏、迅速，且有良好的变色可逆性。

有些指示剂和金属离子生成的配合物 MIn 在水中的溶解度小，导致化学计量点附近，EDTA 与 MIn 的置换速度缓慢，使滴定终点拖长，终点颜色变化不明显，这种现象称为**指示剂的僵化现象**。

如果遇到指示剂的僵化现象，可以加入适当的有机溶剂或者加热，来增大其溶解度。例如，使用金属指示剂 PAN 时，可加入少量的乙醇或甲醇；使用磺基水杨酸指示剂时，可预先将溶液加热至 50~70℃后，再进行滴定。

另外，如果滴定过程中发生指示剂的僵化现象，在接近滴定终点时，要缓慢滴定，剧烈振摇。

③ MIn 的稳定性要适当。一方面要有足够的稳定性，使 M+In⟶MIn 的反应能够进行，同时保证 MIn 在化学计量点前不会释放出 M，使终点提前。另一方面，MIn 稳定性要小于 MY，这样才能使 EDTA 能从 MIn 配合物中夺取 M 而使 In 游离出来，即 $K_{MY}^{\ominus \prime} > K_{MIn}^{\ominus \prime}$。

有的指示剂能与某些金属离子形成非常稳定的配合物，滴定到终点时金属离子不能被置换，无法观察终点颜色的变化，这种现象称为**指示剂的封闭现象**，例如铬黑 T 能被 Fe^{3+}、Al^{3+}、Cu^{2+}、Ni^{2+} 等离子封闭。

如果遇到指示剂的封闭现象，可以先分离干扰离子，或者加入掩蔽剂来消除。掩蔽剂能与干扰离子 N 结合，生成比 NIn 更稳定的物质，这样就不会再生成 NIn，影响滴定。

例如，以铬黑 T 为指示剂用 EDTA 标准溶液滴定 Mg^{2+} 时，所用试剂或蒸馏水中可能会含有微量 Fe^{3+}、Al^{3+} 等杂质离子，这些离子会封闭铬黑 T。这时可加入三乙醇胺作为掩蔽剂，消除干扰。如果干扰离子含量较大，滴定前要先将干扰离子分离除去。

④ 金属离子指示剂应比较稳定，便于储存和使用。

金属指示剂大多数是含双键官能团的有机物，易被日光、空气、氧化剂等分解或氧化，有些在水溶液中不稳定，所以，常将金属指示剂配成固体混合物使用，或者加入还原性物质，或者临用时配制。

例如，钙指示剂通常加入 NaCl 等配制成固体试剂，可保存较长时间。铬黑 T 的水溶液不稳定，碱性条件下易氧化，酸性条件下会聚合，因而配成水溶液时既要加三乙醇胺防止聚合，又要加入盐酸羟胺防止氧化。

(3) 常用金属指示剂

一些常用的金属指示剂列于表 9.6 中。

表 9.6　常用金属指示剂

指示剂	颜色变化		pH 值范围	直接滴定的离子	指示剂配制	备　注
	MIn	In				
铬黑 T (EBT)	酒红	蓝	8～11	Pb^{2+}、Mg^{2+}、 Zn^{2+}、Cd^{2+} 等	1∶100 NaCl (固体)	Fe^{3+}、Al^{3+}、Cu^{2+}、Ni^{2+}、 Co^{2+}、Ti^{4+} 等封闭指示剂
二甲酚橙 (XO)	紫红	黄	<6.3	Bi^{3+}、Zn^{2+}、Pb^{2+}、 Cd^{2+}、Hg^{2+} 及稀土等	0.5%水溶液	Fe^{3+}、Al^{3+}、Ni^{2+}、Ti^{4+} 等 封闭指示剂
PAN	紫红	黄	1.9～12.2	Cu^{2+}、Bi^{3+}、Ni^{2+}、Th^{4+} 等	0.1%乙醇溶液	
钙指示剂 (NN)	酒红	蓝	12～13	Ca^{2+}	1∶100 NaCl(固体)	Fe^{3+}、Al^{3+}、Cu^{2+}、Co^{2+}、 Ti^{4+}、Mn^{2+} 等封闭指示剂
磺基水杨酸 (ssal)	紫红	无	1.5～2.5	Fe^{3+}	2%水溶液	FeY^- 为黄色

(4) 指示剂的选择

滴定时，加入金属指示剂 In，则有：$M+In \rightleftharpoons MIn$，许多金属指示剂 In 都是有机弱酸，具有酸效应，如果只考虑指示剂的酸效应，不考虑其他副反应，则条件稳定常数为：

$$\lg K_{MIn}^{\ominus\prime} = \lg K_{MIn}^{\ominus} - \lg\alpha_{In(H)}$$

$\alpha_{In(H)}$ 为 In 对酸的副反应系数。又因为：

$$K_{MIn}^{\ominus\prime} = \frac{[MIn]}{[M][In']} \qquad \lg K_{MIn}^{\ominus\prime} = -\lg M + \lg\frac{[MIn]}{[In']} = pM + \lg\frac{[MIn]}{[In']}$$

所以，

$$pM + \lg\frac{[MIn]}{[In']} = \lg K_{MIn}^{\ominus\prime}$$

MIn 与 In 颜色有明显区别，当 $[MIn]=[In']$ 时，溶液呈现 MIn 与 In 的混合色，这点就是指示剂的理论变色点，如果以此点来确定滴定终点，则滴定终点时金属离子的浓度 M_{ep} 为：

$$pM_{ep} = \lg K_{MIn}^{\ominus\prime} = \lg K_{MIn}^{\ominus} - \lg\alpha_{In(H)} \tag{9.11}$$

显然，$\lg K_{MIn}^{\ominus\prime}$ 随 pH 值的变化而改变，所以，指示剂变色点的 pM_{ep} 也随 pH 值的变化而改变。因此，配位滴定的指示剂不可能像酸碱指示剂那样有一个确定的变色点。

所以，在选择金属指示剂时，必须考虑溶液的酸度，使 pM_{ep} 与 pM_{sp} 尽量一致，落在化学计量点附近的 pM 突跃范围内。

9.4　配位滴定曲线

配位滴定与酸碱滴定相比较，有许多相似的地方，酸碱滴定法中的一些讨论，在 ED-TA 滴定中也基本适用，总体来说，待测金属离子 M 的浓度会随着 EDTA 的加入不断减小，到达化学计量点前后，金属离子 M 的浓度发生突变，选择合适的指示剂指示滴定终点。

两者不同的地方是，配位滴定中伴随各种副反应，不能忽略，所以比酸碱滴定复杂。另外，在酸碱滴定中，$K_a^{\ominus}$、$K_b^{\ominus}$ 是固定不变的常数；而配位滴定中，$K_{MY}^{\ominus\prime}$ 是随滴定体系中反应条件的变化而变化，这主要因为在不同 pH 值条件下，EDTA（H_nY）主要存在形式不同，n 与溶液的 pH 值的关系如图 9.1 所示。随着滴定的进行，发生如下反应，因此滴定过程中溶液的酸度会不断增加。

$$H_nY + M \longrightarrow MY + nH^+$$

为了保证滴定过程中 $K_{MY}^{\ominus\prime}$ 基本不变，需要加入缓冲溶液来控制溶液的酸度。

（1）滴定曲线

酸碱滴定曲线描述的是 pH 值与滴定剂的加入量之间的关系，配位滴定曲线描述的是未参加主反应的金属离子总浓度的负对数 pM′与滴定剂的加入量之间的关系。$pM' = -lg[M']$，$[M']$ 即未与 EDTA 结合的金属离子总浓度。

下面以 EDTA 标准溶液滴定 Ca^{2+} 为例，在 $pH = 10.0$ 时，EDTA 和 Ca^{2+} 的浓度都是 $0.01000 mol \cdot L^{-1}$，Ca^{2+} 溶液的体积为 20.00mL，观察一下滴定过程中溶液的 pCa′的变化。

查表 9.2，$lgK_{CaY}^{\ominus} = 10.69$；查表 9.3、表 9.4，$pH = 10.0$ 时，$lg\alpha_{Y(H)} = 0.45$，$\alpha_{Ca(OH)} = 0$，所以

$$lgK_{CaY}^{\ominus\prime} = lgK_{CaY}^{\ominus} - lg\alpha_{Y(H)} = 10.69 - 0.45 - 0 = 10.24$$

① 滴定之前：Ca^{2+} 还未反应，$[Ca'] = 0.01000 mol \cdot L^{-1}$

$$pCa' = -lg[Ca^{2+}] = 2.00$$

② 滴定开始至化学计量点之前：加入的滴定剂 EDTA 全部与 Ca^{2+} 反应了，此时溶液的 $[Ca']$ 取决于 Ca^{2+} 的剩余量，若加入 19.98mL EDTA 时，则

$$[Ca'] = 0.01000 \times \frac{20.00 - 19.98}{39.98} = 5.00 \times 10^{-6}(mol \cdot L^{-1})$$

$$pCa' = 5.30$$

③ 化学计量点时：Ca^{2+} 与 Y 全部反应生成 CaY，溶液中的 Ca^{2+} 来自于 CaY 的电离：

$$K_{CaY}^{\ominus\prime} = \frac{[CaY]}{[Ca'][Y']}$$

计量点时 $[Ca'] = [Y']$，所以 $\quad [Ca'] = \sqrt{\dfrac{[CaY]}{K_{CaY}^{\ominus\prime}}}$

$lgK_{CaY}^{\ominus\prime} = 10.24$，说明 Ca^{2+} 与 Y 反应很彻底，Ca^{2+} 与 Y 全部反应，且产物 CaY 很稳定，电离程度极弱，所以化学计量点时，CaY 的浓度应该是 Ca^{2+} 的初始浓度的一半（体积增大了一倍），因此可算出：

$$[Ca'] = \sqrt{\frac{[CaY]}{K_{CaY}^{\ominus\prime}}} = \sqrt{\frac{0.005000}{10^{10.24}}} = 5.36 \times 10^{-7}(mol \cdot L^{-1}), \quad pCa' = 6.27$$

④ 化学计量点之后：当加入 EDTA 溶液 20.02mL 时，则：

$$[Y'] = 0.01000 \times \frac{20.02 - 20.00}{20.02 + 20.00} = 5.00 \times 10^{-6}(mol \cdot L^{-1})$$

$$[Ca'] = \frac{[CaY]}{[Y']K_{CaY}^{\ominus\prime}} = \frac{0.005000}{5.00 \times 10^{-6} \times 10^{10.24}} = 5.7 \times 10^{-8}(mol \cdot L^{-1})$$

$$pCa' = 7.24$$

⑤ 突跃范围及化学计量点的 pM′计算：

突跃范围上限（化学计量点之前 -0.1%）：$[M'] = 0.1\% c_M^{sp}$，所以，$pM' = 3.0 + pc_M^{sp}$

突跃范围下限（化学计量点之后 +0.1%）：过量$[Y'] = 0.1\% c_M^{sp}$，

$$[M'] = \frac{[MY]}{[Y']K_{MY}^{\ominus\prime}} = \frac{c_M^{sp}}{0.1\% c_M^{sp} K_{MY}^{\ominus\prime}} = \frac{1}{0.1\% K_{MY}^{\ominus\prime}}, \quad 所以，pM' = lgK_{MY}^{\ominus\prime} - 3.0。$$

化学计量点：根据 $K_{MY}^{\ominus\prime} = \dfrac{[MY]}{[M'][Y']}$，$[M'] = [Y']$，可得：$[M'] = \sqrt{\dfrac{[MY]}{K_{MY}^{\ominus\prime}}}$

$$pM'_{sp} = \frac{1}{2}(lgK_{MY}^{\ominus\prime} + pc_M^{sp}) \tag{9.12}$$

将滴定过程中 EDTA 的加入量与对应的 pCa′绘制成曲线，就可得到配位滴定曲线，如

图 9.2 所示，横坐标为加入的 EDTA 的体积（mL），纵坐标为 pCa′，图中还有其他 pH 值下滴定过程中的 pCa′。

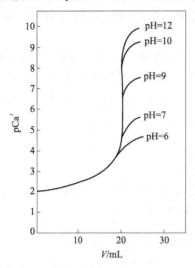

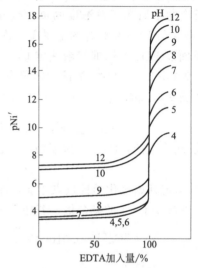

图 9.2　不同 pH 值下，0.01000mol·L^{-1} EDTA 标准溶液滴定 20.00mL 0.01000mol·L^{-1} Ca^{2+} 的滴定曲线

图 9.3　不同 pH 值下，EDTA 标准溶液滴定 0.001mol·L^{-1} Ni^{2+} 氨性溶液的滴定曲线

（2）影响滴定突跃范围的因素

如果不考虑金属离子的副反应，则突跃范围为（$3.0+pc_M^{sp}$，$\lg K_{MY}^{\ominus\prime}-3.0$），显然，上限只与金属离子的浓度有关，下限与 $K_{MY}^{\ominus\prime}$ 有关。

① 突跃范围上限：与金属离子的浓度有关。

图 9.2 是不同 pH 值下 EDTA 标准溶液滴定 Ca^{2+} 的滴定曲线，滴定曲线的前半段，多条曲线重合在一起，说明，pCa′只取决于溶液中剩余的 Ca^{2+} 的浓度，不受 pH 值影响。滴定剂和被测金属离子浓度增大为原来的 10 倍，化学计量点前 pM′减小一个单位。

值得注意的是，上述结论的前提条件是 Ca^{2+} 没有发生副反应。

如果被滴定的是容易和其他配位剂结合（辅助配位效应），或者容易水解的离子（羟基配位效应），或者，有时候金属离子易水解，滴定时需加入辅助配位剂防止水解。有时候为了控制溶液酸度加入缓冲溶液，缓冲成分同时也是配位剂，这时就要考虑金属离子的副反应。

例如滴定 Ni^{2+} 时，需要加入氨缓冲溶液控制溶液的 pH 值，NH$_3$ 和 Ni^{2+} 会发生副反应，图 9.3 就是不同 pH 值下 EDTA 标准溶液滴定 Ni^{2+} 的滴定曲线，显然，化学计量点前曲线不再重合在一起。

这是因为 Ni^{2+} 发生了副反应，使溶液中游离的 Ni^{2+} 浓度降低，pNi′值升高。在一定浓度的氨缓冲溶液中，pH 值越大，NH$_3$ 的浓度就越大，[Ni′] 就越小，pNi′就大，滴定曲线的前半段的位置就升高，如图 9.3 所示。

所以，在化学计量点前，配位滴定曲线主要受金属离子的副反应的影响，而金属离子的副反应，无论是辅助配位效应还是羟基配位效应，都与 pH 值的大小相关。

② 突跃范围下限：与 $K_{MY}^{\ominus\prime}$ 有关。

图 9.2 与图 9.3 都说明，滴定曲线在化学计量点之后，主要受 pH 值的影响。突跃范围的下限与 $K_{MY}^{\ominus\prime}$ 有关，而 $K_{MY}^{\ominus\prime}$ 取决于 $K_{MY}^{\ominus}$、α_M 和 α_Y。

a. $K_{MY}^{\ominus}$ 越大，$K_{MY}^{\ominus\prime}$ 的值就随之而增大，pM′的突跃也大。

b. 滴定体系中，如果 pH 值越小，酸度越大，$\alpha_{Y(H)}$ 就越大；或者，缓冲剂或辅助配位剂浓度越大，α_M 值就越大，由于

$$\lg K_{MY}^{\ominus\prime} = \lg K_{MY}^{\ominus} - \lg\alpha_Y - \lg\alpha_M$$

则引起 $K_{MY}^{\ominus\prime}$ 减小，导致滴定曲线后半段下降，如图 9.2 与图 9.3 所示，pM′ 的突跃也减小。$K_{MY}^{\ominus\prime}$ 增大为原来的 10 倍，化学计量点后 pM′ 增加一个单位。

③ pH 值的影响。

从图 9.2 的曲线可以看出：Ca^{2+} 的浓度变化与溶液 pH 值有关，突跃范围的大小也随 pH 值变化。pH 值越大，酸效应的影响减小，形成的配合物越稳定，突跃范围越大。由此可见，在配位滴定中，选择适宜的 pH 值范围至关重要。

9.5　配位滴定中酸度的控制

配位滴定需要适宜的 pH 值范围，pH 值范围的确定，需要考虑待测金属离子的性质、滴定过程中使用的指示剂、滴定允许误差等多方面因素，以获得尽可能大的突跃范围，提高分析结果的准确度。

［例 9.3］中，计算出 pH＝2.0 时，$\lg K_{ZnY}^{\ominus\prime}$＝2.99；pH＝9.0 时，$\lg K_{ZnY}^{\ominus\prime}$＝15.02，显然，在 pH＝2.0 时 Zn^{2+} 的副反应严重，ZnY 稳定性不够，或者说，配位反应进行得不完全，不能用于配位滴定，而在 pH＝9.0 时，$K_{ZnY}^{\ominus\prime}$ 足够大，此时该反应适合滴定。那么，$K_{ZnY}^{\ominus\prime}$ 要达到多大才能满足配位滴定的要求呢？

（1）准确滴定单一金属离子的条件

通常，滴定允许的相对误差不超过 $\pm0.1\%$，滴定终点与化学计量点 pM′ 的差值 ΔpM 至少有 ±0.2 个单位的差距（观测终点的不确定性），根据终点误差公式可计算出准确滴定单一金属离子的条件为：

$$\lg c_M^{sp} K_{MY}^{\ominus\prime} \geqslant 6 \quad \text{即} \quad c_M^{sp} K_{MY}^{\ominus\prime} \geqslant 10^6 \tag{9.13}$$

式中，c_M^{sp} 是金属离子在化学计量点时的总浓度，当 $c_M^{sp}=0.01\,\text{mol·L}^{-1}$ 时，

$$\lg K_{MY}^{\ominus\prime} \geqslant 8 \tag{9.14}$$

（2）配位滴定中酸度范围的确定

① 最高酸度（最低 pH）的确定

当 $c_M^{sp}=0.01\,\text{mol·L}^{-1}$ 时，准确滴定单一金属离子的条件是 $\lg K_{MY}^{\ominus\prime} \geqslant 8$，如果配位滴定中除了 EDTA 的酸效应之外，没有其他副反应，则 $\lg K_{MY}^{\ominus\prime}$ 主要受溶液 pH 值影响。

根据 $\lg K_{MY}^{\ominus\prime} = \lg K_{MY}^{\ominus} - \lg\alpha_{Y(H)} \geqslant 8$，可得：

$$\lg\alpha_{Y(H)} \leqslant \lg K_{MY}^{\ominus} - 8$$

所以，如果要准确滴定 Zn^{2+}，$\lg\alpha_{Y(H)} \leqslant \lg K_{ZnY}^{\ominus} - 8 = 16.50 - 8 = 8.50$，也就是说，酸效应系数必须小于 8.50 才行，根据酸效应系数表 9.3，最接近的数值是，pH＝4.0 时，$\lg\alpha_{Y(H)}$＝8.44，所以，滴定 Zn^{2+} 的最低 pH 值是 4.0。

金属离子不同，$\lg K_{MY}^{\ominus}$ 不同，所以滴定允许的最低 pH 值也就不同。图 9.4 是不考虑金属离子的副反应，金属离子在化学计量点的浓度为 $0.01\,\text{mol·L}^{-1}$ 时，准确滴定各种金属离子的最低 pH 值对其 $\lg K_{MY}^{\ominus}$（或其所允许的最大 $\lg\alpha_{Y(H)}$）的图，图中的曲线称为 **EDTA 的酸效应曲线**，也称林帮（Ringbom）曲线。

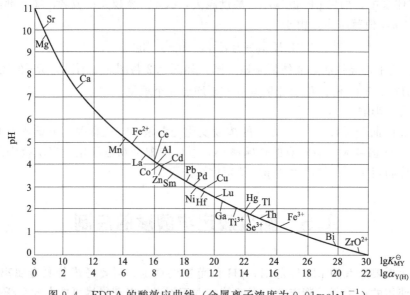

图 9.4　EDTA 的酸效应曲线（金属离子浓度为 0.01mol·L⁻¹）

根据图 9.4，一方面可以查出准确滴定某种单一金属离子时允许的最高酸度（最低 pH 值）；另一方面，还可以看出，对于混合离子哪些会有干扰。例如，如果在 pH 值约为 4 时滴定 Zn^{2+}，酸效应曲线上，最低 pH 值在 4 左右的金属离子，如 Pb^{2+}、Ni^{2+}、Cu^{2+}、Al^{3+} 等会干扰测定，而离得较远的 Ca^{2+}、Mg^{2+} 等就不会干扰。

注意：图 9.4 中 EDTA 的酸效应曲线的使用条件是，金属离子在化学计量点的浓度为 $0.01mol·L^{-1}$，滴定允许相对误差为 $\pm 0.1\%$，且溶液中只有 EDTA 的酸效应，没有其他副反应发生。

② 最低酸度（最高 pH 值）的确定

滴定的最低酸度以金属离子不发生水解为限，金属离子水解的产物是氢氧化物沉淀，可以通过金属离子的氢氧化物沉淀的溶度积来估算。

【例 9.5】用 $0.020mol·L^{-1}$ EDTA 标准溶液滴定 $0.020mol·L^{-1}$ Zn^{2+}，计算其适宜的酸度范围。

解：用 EDTA 标准溶液滴定 Zn^{2+}，两者浓度相同，所以，在化学计量点时体积增大一倍，此时 $c_{Zn^{2+}}=0.010mol·L^{-1}$，根据图 9.4 中 EDTA 的酸效应曲线可以查出，滴定 Zn^{2+} 的最低 pH 值为 4.0。

最高 pH 值为 Zn^{2+} 不产生 $Zn(OH)_2$ 时的 pH 值，从附录 3 中可查出，$K_{sp}^{\ominus}[Zn(OH)_2]=6.68\times10^{-17}$。

$$c_{OH^-}=\sqrt{\frac{K_{sp}^{\ominus}[Zn(OH)_2]}{c_{Zn^{2+}}}}=\sqrt{\frac{6.68\times10^{-17}}{0.020}}=5.78\times10^{-8}(mol·L^{-1})$$
$$pH=6.76$$

所以，用 $0.020mol·L^{-1}$ EDTA 标准溶液滴定 $0.020mol·L^{-1}$ Zn^{2+} 适宜 pH 范围为 $4.0\sim6.76$。

注意，在计算最高 pH 值时，$c_{Zn^{2+}}$ 不能用化学计量点时的浓度，而应该用 Zn^{2+} 的初始浓度。

实际上，配位滴定中溶液酸度范围，除了考虑 EDTA 的酸效应及金属离子的羟基配位效应之外，还需要考虑指示剂变色对 pH 值的要求，一般实际采用的 pH 值范围往往小于理论范围值。

9.6 提高配位滴定选择性的方法

在进行配位滴定时，如果溶液中存在不止一种金属离子，由于 EDTA 可以和绝大多数金属离子形成配合物，所以，共存离子的存在可能会对滴定形成干扰。提高配位滴定的选择性是配位滴定中要解决的一个重要问题。

9.6.1 分步滴定的条件

如果混合溶液中只有两种金属离子 M 和 N，它们都可以与 EDTA 配位，如果 $K_{MY}^{\ominus} > K_{NY}^{\ominus}$，用 EDTA 滴定时，M 离子首先被滴定。如果 $K_{MY}^{\ominus}$ 与 $K_{NY}^{\ominus}$ 相差足够大，且 M 离子又满足 $\lg c_M K_{MY}^{\ominus\prime} \geqslant 6$ 的条件，就有可能准确滴定 M 而不受 N 的干扰，这种情况称为分步滴定。

那么，$K_{MY}^{\ominus}$ 与 $K_{NY}^{\ominus}$ 要相差多大，才可以分步滴定呢？在 9.2 节中曾经讨论过 EDTA 的两种副反应，酸效应和共存离子效应，EDTA 总的副反应系数 α_Y 为：

$$\alpha_Y = \alpha_{Y(H)} + \alpha_{Y(N)} - 1$$

根据 $\alpha_{Y(H)}$ 和 $\alpha_{Y(N)}$ 的相对大小，可以按下面两种情况来讨论。

① 如果 $\alpha_{Y(H)} \gg \alpha_{Y(N)}$，即滴定在较高酸度下进行，此时，酸效应为主，$\alpha_{Y \approx} \alpha_{Y(H)}$，N 对 M 的滴定不形成干扰，与单独滴定 M 一样；

② 如果 $\alpha_{Y(H)} \ll \alpha_{Y(N)}$，即滴定在较低酸度下进行，此时，酸效应可以忽略，N 与 Y 的副反应为主，$\alpha_{Y \approx} \alpha_{Y(N)}$，根据式 (9.4)，$\alpha_{Y(N)} = 1 + c_N^{sp} K_{NY}^{\ominus}$，所以，

$$\lg K_{MY}^{\ominus\prime} = \lg K_{MY}^{\ominus} - \lg \alpha_Y = \lg K_{MY}^{\ominus} - \lg c_N^{sp} K_{NY}^{\ominus}$$

因此

$$\lg c_M^{sp} K_{MY}^{\ominus\prime} = \lg c_M^{sp} K_{MY}^{\ominus} - \lg c_N^{sp} K_{NY}^{\ominus} = \Delta \lg K + \lg(c_M^{sp}/c_N^{sp}) \tag{9.15}$$

式 (9.15) 中，$\Delta \lg K = \lg K_{MY}^{\ominus} - \lg K_{NY}^{\ominus}$。根据式 (9.15) 可知，$\Delta \lg K$ 的大小和 c_M、c_N 的比值是判断分步滴定的主要依据。由于是混合离子的分步滴定，允许误差可以稍大一些，一般允许的相对误差为 $\pm 0.5\%$，终点判断的准确度 $\Delta pM \approx \pm 0.3$，此时分步滴定的条件是：

$$\lg c_M^{sp} K_{MY}^{\ominus\prime} = \lg c_M^{sp} K_{MY}^{\ominus} - \lg c_N^{sp} K_{NY}^{\ominus} \geqslant 5 \tag{9.16}$$

如果 $c_M = c_N$，则：

$$\lg c_M^{sp} K_{MY}^{\ominus\prime} = \Delta \lg K \geqslant 5$$

此时，滴定金属离子 M 时，金属离子 N 不干扰的条件是：

$$\Delta \lg K \geqslant 5 \tag{9.17}$$

通常以 $\Delta \lg K \geqslant 5$ 作为判断能够利用控制酸度的方法进行分步滴定的条件。

9.6.2 控制溶液的酸度

配位滴定时，如果溶液中存在不止一种金属离子，首先考虑配合物的稳定常数最大的以及稳定常数与它相近的这两种离子，如果这两种金属离子的配合物满足 $\Delta \lg K \geqslant 5$ 的条件，

就可以用控制酸度的方法进行分步滴定。溶液酸度控制，与滴定单一金属离子时酸度控制类似。

【例 9.6】 如果溶液中 Bi^{3+}、Pb^{2+} 浓度均为 $0.020mol \cdot L^{-1}$ 时，要选择滴定 Bi^{3+}、Pb^{2+} 是否会形成干扰？滴定时溶液的酸度如何控制？

解：查表 9.2，$lgK_{BiY}^{\ominus}=27.94$，$lgK_{PbY}^{\ominus}=18.04$，则

$$\Delta lgK=27.94-18.04=9.9 \geqslant 5$$

所以，可以选择滴定 Bi^{3+} 而 Pb^{2+} 不干扰滴定。

根据酸效应曲线（图 9.4），滴定 Bi^{3+} 允许的最小 pH 值为 0.7；通过最低酸度（最高 pH 值）的计算，算出 Bi^{3+} 在 pH=2 时会发生水解，因此滴定 Bi^{3+} 适宜的酸度范围为：pH=0.7~2，通常在 pH=1 时进行滴定。

【例 9.7】 含 Fe^{3+}、Al^{3+}、Ca^{2+}、Mg^{2+} 的混合溶液，金属离子浓度均为 $0.01mol \cdot L^{-1}$，能否分步滴定测出 Fe^{3+} 和 Al^{3+} 的含量？请确定具体的测定条件。

解：查表 9.2 可知：

	$FeY(Fe^{3+})$	AlY	CaY	MgY
$lgK_{MY}^{\ominus}$	25.1	16.3	10.69	8.69

（1）滴定 Fe^{3+}，最有可能干扰的是 Al^{3+}。

$$lgK_{FeY}^{\ominus}-lgK_{AlY}^{\ominus}=25.1-16.3=8.8>5$$

所以 Al^{3+}、Ca^{2+}、Mg^{2+} 的存在不干扰 Fe^{3+} 的测定。

准确滴定 Fe^{3+} 的最低 pH 值由图 9.4 的酸效应曲线查出，pH=1，最高 pH 值为 Fe^{3+} 不发生水解时的 pH 值，根据 $K_{sp}^{\ominus}[Fe(OH)_3]$ 可算出 pH=1.8，所以滴定 Fe^{3+} 所允许的 pH 值范围为 1~1.8。

注意：在考虑滴定的适宜 pH 值范围时，还应兼顾指示剂的要求，滴定 Fe^{3+} 通常选择磺基水杨酸作指示剂，它使用的 pH 范围为 1.5~2.5，所以，可确定在 pH=1.5~1.8 时滴定 Fe^{3+}。

（2）滴定 Al^{3+}，最有可能干扰的是 Ca^{2+}。

$$lgK_{AlY}^{\ominus}-lgK_{CaY}^{\ominus}=16.3-10.69=5.61>5$$

显然，Ca^{2+}、Mg^{2+} 的存在不干扰 Al^{3+} 的测定。

由于 Al^{3+} 与 EDTA 反应的速率较慢，通常采用返滴定法测定 Al^{3+}：Fe^{3+} 滴定结束后，加入过量的 EDTA 标准溶液，调节 pH=3.5，煮沸，使 Al^{3+} 与 EDTA 完全反应。冷却后，再加六亚甲基四胺缓冲溶液，控制 pH=4~6，用 PAN 作指示剂，用 Cu^{2+} 标准溶液回滴过量的 EDTA，即可测出 Al^{3+} 的含量。

9.6.3 使用掩蔽剂和解蔽剂

配位滴定时，如果溶液中存在的金属离子 M、N，不能满足 $\Delta lgK \geqslant 5$ 的条件，就不能采用控制酸度的方法进行分步滴定。这时需要加入**掩蔽剂**，降低干扰离子 N 的浓度，以消除干扰。根据掩蔽剂的作用原理，可分为配位掩蔽法、沉淀掩蔽法和氧化还原掩蔽法。

（1）配位掩蔽法

配位掩蔽法应用最为广泛，配位掩蔽剂实际为一种配位剂，它可以和干扰离子 N 形成比 NY 更为稳定的配合物，这样就避免了干扰。

例如，用 EDTA 标准溶液滴定水中 Ca^{2+}、Mg^{2+} 以测定水的硬度时，Fe^{3+}、Al^{3+} 等离子的存在对测定有干扰，可以在酸性条件下加入配位掩蔽剂三乙醇胺，三乙醇胺与 Fe^{3+}、Al^{3+} 反应，生成十分稳定的配合物，不再干扰测定。

例如，在 Al^{3+}、Zn^{2+} 共存时测定 Zn^{2+}，可加入 NH_4F，它与 Al^{3+} 形成稳定常数较大的 $[AlF_6]^{3-}$，这样就消除了 Al^{3+} 的干扰。

① 常用的配位掩蔽剂

常用的配位掩蔽剂见表 9.7。

表 9.7 常用的配位掩蔽剂

名　称	pH 值范围	被掩蔽的离子	备注
KCN	>8	Co^{2+}、Ni^{2+}、Cu^{2+}、Zn^{2+}、Hg^{2+}、Cd^{2+}、Ag^+、Tl^+ 及铂系元素	剧毒！须在碱性溶液中使用
NH$_4$F	4～6	Al^{3+}、$Ti(Ⅳ)$、Sn^{4+}、Zn^{2+}、$W(Ⅵ)$ 等	
	10	Al^{3+}、Mg^{2+}、Ca^{2+}、Sr^{2+}、Ba^{2+} 及稀土元素	
三乙醇胺（TEA）	10	Al^{3+}、$Ti(Ⅳ)$、Sn^{4+}、Fe^{3+}	先在酸性溶液中加入三乙醇胺，再调 pH 值
	11～12	Al^{3+}、Fe^{3+} 及少量 Mn^{2+}	
二巯基丙醇	10	Bi^{3+}、Zn^{2+}、Hg^{2+}、Cd^{2+}、Ag^+、Pb^{2+}、As^{3+}、Sn^{4+} 及少量 Cu^{2+}、Fe^{3+}、Co^{2+}、Ni^{2+}	
铜试剂（DDTC）	10	能与 Hg^{2+}、Cu^{2+}、Cd^{2+}、Pb^{2+}、Bi^{3+} 生成沉淀，其中 Cu-DDTC 为褐色，Bi-DDTC 为黄色，故其存在量应少于 $2\mu g \cdot mL^{-1}$ 和 $10\mu g \cdot mL^{-1}$	
酒石酸	1.5～2	Sb^{3+}、Sn^{4+}	在抗坏血酸存在下
	5.5	Al^{3+}、Fe^{3+}、Sn^{4+}、Ca^{2+}	
	6～7.5	Cu^{2+}、Mg^{2+}、Al^{3+}、Fe^{3+}、Mo^{4+}	
	10	Sn^{4+}、Al^{3+}、Fe^{3+}	

选择掩蔽剂时，要注意如下几点：

a. 掩蔽剂 L 与待测离子 M 应该不发生配位反应，如果发生配位反应，形成的配合物的稳定性应该远远小于 MY 的稳定性；

b. 掩蔽剂 L 与干扰离子 N 形成的配合物 NL_n 应该远比 NY 更稳定；

c. 掩蔽剂 L 形成的配合物 NL_n 应该为无色或浅色，不影响滴定终点的观察；

d. 掩蔽剂的加入应该对溶液的 pH 值没有太大影响。

② 掩蔽剂的使用

掩蔽剂有时单独使用，有时可以和解蔽剂一起使用。所谓解蔽剂，是指金属离子 N 被掩蔽，对 M 进行滴定以后，加入某种试剂破坏掩蔽所生成的配合物，使被掩蔽的离子重新释放出来，这种作用称为**解蔽**，这种试剂称为**解蔽剂**。

以 EDTA 标准溶液分别测定混合溶液中的 M、N 的含量，主要有以下两种方法。

方法一：先加入掩蔽剂 L，与 N 反应生成 NL_n，M 不与 L 反应。然后用 EDTA 标准溶液滴定 M，通过消耗的 EDTA 的量可以算出 M 的含量。

然后加入解蔽剂 X，破坏 NL_n，将 N 释放出来，继续用 EDTA 标准溶液滴定，根据第二次滴定所消耗的 EDTA 的量，可以算出 N 的含量。

方法二：先用 EDTA 直接滴定，测出混合溶液中的 M、N 的总含量。然后加入掩蔽剂

L，由于 NL_n 的稳定性远大于 NY，所以 L 会将 NY 中 N 夺去形成 NL_n，释放出 NY 中的Y，这时再用金属离子标准溶液滴定 Y，根据所消耗的金属离子的量，可以算出 N 的含量。M 的含量，可以用总量减去 N 的含量。

例如要测定 Zn^{2+}、Mg^{2+} 混合溶液中这两种离子的浓度，加入缓冲溶液，调节溶液的pH＝10，加入掩蔽剂 KCN，Zn^{2+} 与 KCN 形成很稳定的配离子 $[Zn(CN)_4]^{2-}$，此时溶液中几乎不存在游离态的 Zn^{2+}，即 Zn^{2+} 已经被掩蔽。用 EDTA 标准溶液滴定 Mg^{2+} 后，这样可以测出 Mg^{2+} 的浓度。再加入解蔽剂甲醛，破坏 $[Zn(CN)_4]^{2-}$，将 Zn^{2+} 从其中释放出来，继续用 EDTA 标准溶液滴定释放出来的 Zn^{2+}，即可测出 Zn^{2+} 的浓度。

③ 使用掩蔽剂时的注意点

使用掩蔽剂，除要了解它的使用条件外，还应该特别注意掩蔽剂的性质和加入时的条件。

例如，KCN 是剧毒物，只能在碱性溶液中使用，否则不仅没有掩蔽作用，还会引起中毒；而且，虽然 KCN 是非常有效的掩蔽剂，但由于它的毒性和对环境的污染，在配位滴定中应尽量少用，实际工作中，也尽量用其他掩蔽剂代替。

再如，三乙醇胺必须在酸性溶液中加入，然后调节溶液的 pH 值至碱性。如果原溶液就是碱性，应该先进行酸化后，再加入三乙醇胺，否则已水解的高价金属离子（例如 Fe^{3+}）不易被它掩蔽。

此外，掩蔽剂用量要适当，稍过量，但不能过量太多，否则待测离子 M 也可能部分被掩蔽。

（2）沉淀掩蔽法

沉淀掩蔽法指加入的沉淀剂具有选择性，可以与干扰离子形成沉淀以降低其浓度，消除干扰的方法。

例如，用 EDTA 标准溶液标定水中 Ca^{2+}、Mg^{2+} 含量时，可以先加入 NaOH 溶液作为沉淀剂，一方面调节溶液的 pH 值，使 pH＞12，选择钙指示剂，另一方面，与 Mg^{2+} 结合生成 $Mg(OH)_2$ 沉淀。用 EDTA 标准溶液可直接滴定 Ca^{2+}。另取一份样品溶液，测总量。

用于沉淀反应的掩蔽剂必须具备以下条件：

① 形成的沉淀，溶解度要小，反应才完全；

② 沉淀无色或浅色致密，最好是晶形沉淀，吸附作用很小。

有些沉淀反应进行得不够完全，掩蔽效果不佳；共沉淀会影响滴定的准确度；另外，沉淀吸附指示剂也会影响滴定终点的观察。因此，沉淀掩蔽法并不是一种理想的掩蔽方法，在实际工作中应用不广泛。

（3）氧化还原掩蔽法

氧化还原掩蔽法指加入氧化剂或者还原剂，与干扰的金属离子发生氧化还原反应，改变干扰离子的价态，以消除干扰的方法。

例如，用配位滴定法测定 Bi^{3+}、Fe^{3+} 混合溶液中的两种离子的浓度，由图 9.4 的酸效应曲线可见，两种离子靠得比较近，稳定常数相差不大，查表 9.2 得：

$$\Delta \lg K = \lg K_{BiY}^{\ominus} - \lg K_{FeY^-}^{\ominus} = 27.94 - 25.1 = 2.84 < 5$$

所以 Fe^{3+} 会干扰 Bi^{3+} 的测定。如果向溶液中加入还原剂——盐酸羟胺或抗坏血酸（即维生素 C），可以将 Fe^{3+} 还原成 Fe^{2+}，此时，

$$\Delta \lg K = \lg K_{BiY}^{\ominus} - \lg K_{FeY^{2-}}^{\ominus} = 27.94 - 14.33 = 13.61 \gg 5$$

这时就可以用控制酸度的方法分别滴定 Bi^{3+} 和 Fe^{3+}。

常用的氧化剂有 H_2O_2、$(NH_4)_2S_2O_8$ 等，常用的还原剂有盐酸羟胺、抗坏血酸、联胺（H_2N-NH_2）、$Na_2S_2O_3$ 等，其中 $Na_2S_2O_3$ 还是一种配位剂。

有些干扰离子以高氧化态的酸根离子存在时，对测定不发生干扰。例如，将 Cr^{3+} 氧化为 $Cr_2O_7^{2-}$，可消除 Cr^{3+} 对滴定的干扰。

9.6.4 选用其他滴定剂

除了 EDTA 之外，还有其他氨羧配位剂，它们与金属离子形成的配合物各具特点，可以根据具体情况选择不同的滴定剂。

(1) 环己烷二胺四乙酸（CyDTA）

EDTA 标准溶液滴定 Al^{3+} 时，需要用返滴定法，且需要加热。而 CyDTA 与大多数金属离子反应的速率较慢，但是它与 Al^{3+} 的反应速率较快，在室温下可直接测定 Al^{3+}。

(2) 乙二胺四丙酸（EDTP）

EDTP 与金属离子形成的配合物，其稳定性低于相应的 EDTA 配合物，但 Cu-EDTP 的稳定性远高于其他金属离子，具有选择性。

$\lg K^{\ominus}$	Cu^{2+}	Zn^{2+}	Cd^{2+}	Mn^{2+}	Mg^{2+}
M-EDTP	15.4	7.8	6.0	4.7	1.8
M-EDTA	18.80	16.50	16.46	13.87	8.69

所以，用 EDTP 滴定 Cu^{2+} 时，而 Zn^{2+}、Cd^{2+}、Mn^{2+} 与 Mg^{2+} 不会干扰。

(3) 乙二醇二乙醚二胺四乙酸（EGTA）

EGTA 和 EDTA 与 Mg^{2+}、Ca^{2+}、Sr^{2+}、Ba^{2+} 所形成的配合物的 $\lg K^{\ominus}$ 值如下：

$\lg K^{\ominus}$	Mg^{2+}	Ca^{2+}	Sr^{2+}	Ba^{2+}
M-EGTA	5.2	11.0	8.5	8.4
M-EDTA	8.69	10.69	8.73	7.86

显然，EGTA 与 Ca^{2+}、Mg^{2+} 形成的配合物稳定性相差较大，可在 Mg^{2+} 存在时，直接滴定 Ca^{2+}。此外，Ba-EGTA 的稳定性很高，EGTA 可用于滴定 Ba^{2+}。

9.7 配位滴定的方式和应用

配位滴定与一般滴定分析法相同，有直接滴定、返滴定、置换滴定和间接滴定四种滴定方式。通常根据待测溶液的性质，选择合适的滴定方法，既可扩大配位滴定的应用范围，又可以提高滴定的选择性。

9.7.1 直接滴定法

直接滴定法是最基本的配位滴定法，基本步骤是：将样品配成溶液，调节酸度，加入指示剂和其他必要的试剂，用 EDTA 标准溶液滴定。直接滴定法的特点是迅速，方便，引入误差少，所以应该优先选择使用。但如果出现下列情况之一，就不宜直接滴定：

① 待测离子不能与 EDTA 结合，或者形成的配合物稳定性不够，例如 SO_4^{2-}、PO_4^{3-}、Na^+ 等；

② 缺少变色敏锐的指示剂，例如 Sr^{2+}、Ba^{2+}；

③ 配位反应的反应速率太慢，例如 Al^{3+}；

④ 金属离子本身容易发生水解，或者封闭指示剂，例如 Al^{3+}、Cr^{3+} 等。

可以直接滴定的金属离子列于表 9.8 中。

表 9.8　可以直接滴定的金属离子

金属离子	pH 值	指示剂	其他主要滴定条件	终点颜色变化
Bi^{3+}	1	二甲酚橙		紫红→黄
Ca^{2+}	12~13	钙指示剂		酒红→蓝
Cd^{2+}、Fe^{2+}、Pb^{2+}、Zn^{2+}	5~6	二甲酚橙	六次甲基四胺	红紫→黄
Co^{2+}	5~6	二甲酚橙	六次甲基四胺,加热至 80℃	红紫→黄
Cd^{2+}、Mg^{2+}、Zn^{2+}	9~10	铬黑 T	氨性缓冲液	红→蓝
Cu^{2+}	2.5~10	PAN	加热或加乙醇	红→黄绿
Fe^{3+}	1.5~2.5	磺基水杨酸	加热	红紫→黄
Mn^{2+}	9~10	铬黑 T	氨性缓冲溶液,抗坏血酸或 $NH_2OH \cdot HCl$ 或酒石酸	红→蓝
Ni^{2+}	9~10	紫脲酸胺	加热至 50~60℃	黄绿→紫红
Pb^{2+}	9~10	铬黑 T	氨性缓冲溶液,加酒石酸,并加热至于 40~70℃	红蓝
Th^{2+}	1.7~3.5	二甲酚橙		紫红→黄

大多数金属离子都可以用 EDTA 标准溶液直接滴定。例如，用 EDTA 标准溶液测定水的硬度（Ca^{2+}、Mg^{2+} 含量），测定的步骤如下。

a. 在 pH＝10 时，向水样中加入指示剂铬黑 T（EBT）。

由于稳定性：Mg-EBT＞Ca-EBT，所以，Mg^{2+}＋EBT ——→ Mg-EBT（红色）。

b. 用 EDTA 标准溶液滴定至终点，测出总含量（总硬度）。

由于稳定性：CaY＞MgY，所以，先生成 CaY，后生成 MgY，当溶液中 Ca^{2+}、Mg^{2+} 全部反应完之后，Y＋Mg-EBT（酒红色）——→ MgY＋EBT（蓝色）。

c. 另取同量的水样，加入 NaOH，调节 pH＞12。

此时，Mg^{2+} 转化为 $Mg(OH)_2$ 沉淀被掩蔽。

d. 加入钙指示剂，用 EDTA 标准溶液滴定至终点，测出 Ca^{2+} 含量。

e. Mg^{2+} 含量＝总含量－Ca^{2+} 含量

9.7.2　返滴定法

返滴定法适合于直接滴定法中不宜滴定的②、③、④三种情况。

例如，Al^{3+} 与 EDTA 反应速率慢，且易水解，对指示剂二甲酚橙还有封闭作用，故宜用返滴定法测定，具体步骤如下。

a. 在含 Al^{3+} 试液中准确加入过量的 EDTA 标准溶液；

b. 调节 pH≈3.5（防止 Al^{3+} 水解），煮沸（加速 Al^{3+} 与 EDTA 的反应），促进 Al^{3+} 与 EDTA 完全反应；

c. 溶液冷却后，加入缓冲液（六亚甲基四胺）调节 pH 值至 5~6，以二甲酚橙为指示剂（此时 Al^{3+} 已转化为 AlY，不再封闭指示剂）；

d. 用 Zn^{2+} 标准溶液滴定过量的 EDTA 标准溶液。

注意，如果待测离子是 M，返滴定剂是 N，NY 的稳定性不能比超出 MY 太多，否则，会发生置换反应：N＋MY ——→ MY＋N，易造成误差，且使终点不敏锐。

9.7.3　间接滴定法

间接滴定法适合于直接滴定法中不宜滴定的情况①，可以先加入过量的能与 EDTA 形成稳定配合物的金属离子作为沉淀剂，使被测离子沉淀，然后用 EDTA 标准溶液回滴过量的金属离子。

例如，测定 PO_4^{3-} 的含量：在 PO_4^{3-} 试液中加入过量含 Mg^{2+} 沉淀剂，使 PO_4^{3-} 转化为 $MgNH_4PO_4 \cdot 6H_2O$ 沉淀，将沉淀过滤、洗涤、溶解后，调节溶液的 pH=10.0，用铬黑 T 作指示剂，用 EDTA 标准溶液滴定 Mg^{2+}，从而求得试样中 PO_4^{3-} 的含量。

再如，测定 K^+ 的含量：K^+ 与 EDTA 形成的配合物不太稳定，不能直接滴定。先加入钴盐（亚硝酸钴钠）作沉淀剂，与 K^+ 生成 $K_2Na[Co(NO_2)_6] \cdot 6H_2O$ 沉淀，将沉淀过滤、洗涤、溶解后，再用 EDTA 标准溶液滴定其中的 Co^{2+}，可间接测出 K^+ 的含量。此法可用于测定血清、红血球和尿中的 K^+ 的含量。

间接滴定法步骤多而繁琐，容易引入误差，使用较少。

9.7.4 置换滴定法

如果待测离子 M 与 EDTA 反应不完全或所形成的配合物不稳定，可以用配位剂置换出等物质的量的另一种金属离子，或者置换出等物质的量的 EDTA，然后滴定，这就是置换滴定法。

(1) 置换出金属离子

$$M + NL = ML + N \qquad N + Y = NY$$

例如，AgY 稳定性较差，不能直接滴定，可置换出等物质的量的 Ni^{2+} 代替。

$$2Ag^+ + [Ni(CN)_4]^{2-} = 2[Ag(CN)_2]^- + Ni^{2+}$$

再用 EDTA 标准溶液滴定 Ni^{2+}，就可以测出 Ag^+ 的含量。

(2) 置换出 EDTA

$$MY + L = ML + Y \qquad N + Y = NY$$

例如，测定锡合金（含 Sn^{4+}，还可能含 Pb^{2+}、Zn^{2+}、Cd^{2+}、Bi^{3+} 等）中的 Sn 含量，具体步骤如下。

a. 先加入过量的 EDTA，使锡合金中所有金属离子全部与 EDTA 结合；

b. 调节溶液 pH=5～6 时，用 Zn^{2+} 标准溶液滴定过量的 EDTA，此时溶液 EDTA 全部反应，没有剩余；

c. 加入 NH_4F，将 SnY 中的 Y 置换出来，NH_4F 有选择性地破坏了 SnY，其余 MY 不与 NH_4F 反应；

d. 用 Zn^{2+} 标准溶液滴定释放出来的 Y，即可测得 Sn 的含量。

置换滴定法不仅能扩大配位滴定法的应用范围，还可以提高配位滴定法的选择性。

习题

9.1　稳定常数和条件稳定常数有什么不同？

9.2　酸效应曲线是怎么得出的？它在配位滴定中有什么用处？

9.3　简述金属离子指示剂的变色原理。

9.4　金属离子指示剂应具备什么条件？

9.5　配位滴定为什么要控制酸度？如何控制？

9.6　用 EDTA 标准溶液滴定溶液中 Ca^{2+}、Mg^{2+} 时，为什么可以用三乙醇胺、KCN 掩蔽 Fe^{3+}，但不能使用盐酸羟胺和抗坏血酸？在 pH=1 时滴定 Bi^{3+}，为什么可采用盐酸羟

胺或抗坏血酸掩蔽 Fe^{3+}，而三乙醇胺和 KCN 都不能使用？KCN 严禁在 pH<6 的溶液中使用，为什么？

9.7 通过计算说明，用 $0.01mol \cdot L^{-1}$ EDTA 溶液滴定 $0.01mol \cdot L^{-1}Ca^{2+}$ 时，为什么必须在 pH=10.0 而不能在 pH=5.0 的条件下进行，但滴定同浓度 Zn^{2+} 时，则可以在 pH=5.0 时进行？

9.8 计算 pH=11.0，$[NH_3]=0.10mol \cdot L^{-1}$ 时的 $\lg K_{ZnY}^{\ominus\prime}$。若溶液中 Zn^{2+} 的总浓度为 $0.02mol \cdot L^{-1}$，计算游离 Zn^{2+} 的浓度。

9.9 计算 $0.010mol \cdot L^{-1}$ EDTA 标准溶液滴定 $0.010mol \cdot L^{-1}Cu^{2+}$ 的适宜酸度范围。

9.10 计算在 pH=7 和 pH=12 的介质中能否用 $0.010mol \cdot L^{-1}$ EDTA 标准溶液滴定 $0.010mol \cdot L^{-1}$ Ca^{2+}？

9.11 假设 Mg^{2+} 溶液和 EDTA 标准溶液的浓度皆为 $0.010mol \cdot L^{-1}$，问在 pH=6 时，Mg 与 EDTA 配合物的条件稳定常数是多少（不考虑羟基配位效应等副反应）？并说明在此 pH 值下能否用 EDTA 标准液准确滴定 Mg^{2+}？如不能，求其允许的最低 pH 值。

9.12 在 pH=12.0 时，用 $0.010mol \cdot L^{-1}$ EDTA 标准溶液滴定 20.00mL $0.010mol \cdot L^{-1}$ Ca^{2+} 溶液，计算下列情况下的 pCa 值：

(1) 滴定前；

(2) 消耗 19.98mL EDTA 标准溶液时；

(3) 消耗 20.00mL EDTA 标准溶液时；

(4) 消耗 20.02mL EDTA 标准溶液时。

9.13 通过计算说明，以 EDTA 标准溶液滴定，能否利用控制酸度的方法分别滴定等浓度（$0.010mol \cdot L^{-1}$）的 Bi^{3+}、Zn^{2+}、Mg^{2+}？

9.14 用 $0.01mol \cdot L^{-1}$ EDTA 标准溶液滴定 20.00mL $0.01mol \cdot L^{-1}Ni^{2+}$ 溶液，在 pH=10 的氨缓冲溶液中，使溶液中游离氨的浓度为 $0.01mol \cdot L^{-1}$，计算 $\lg K_{NiY}^{\ominus\prime}$ 及化学计量点时溶液中 pNi′值和 pNi 值。

9.15 用 $0.01060mol \cdot L^{-1}$ EDTA 标准溶液测定水中钙和镁的含量，移取 100.0mL 水样，以铬黑 T 为指示剂，在 pH=10 时滴定，消耗 EDTA 标准溶液 31.30mL；另取一份 100.0mL 同一水样，加入 NaOH 溶液使 pH>12，此时 Mg^{2+} 生成 $Mg(OH)_2$ 沉淀，以钙指示剂指示终点，用去 EDTA 标准溶液 19.20mL。试计算：

(1) 水的总硬度（以 $CaCO_3 mg \cdot L^{-1}$ 表示）；

(2) 水中钙和镁的含量（分别以 $CaCO_3 mg \cdot L^{-1}$ 和 $MgCO_3 mg \cdot L^{-1}$ 表示）。

9.16 称取铜锌镁合金 0.5000g，溶解后配成 100.0mL 试液。移取 25.00mL 该试液，调至 pH=6.0，以 PAN 作指示剂，用 $0.05000mol \cdot L^{-1}$ EDTA 标准溶液滴定 Cu^{2+} 和 Zn^{2+}，耗去 EDTA 标准溶液 37.30mL。另取 25.00mL 试液，调至 pH=10.0，加 KCN 掩蔽 Cu^{2+} 和 Zn^{2+} 后，用 $0.05000mol \cdot L^{-1}$ EDTA 溶液滴定 Mg^{2+}，耗去 EDTA 标准溶液 4.10mL。然后再滴加甲醛解蔽 Zn^{2+}，又用去上述 EDTA 标准溶液 13.40mL 滴定至终点。计算试样中铜、锌、镁的质量分数。

9.17 称取 0.2036g 含 Fe_2O_3 和 Al_2O_3 的试样，溶解后，在 pH=2.0 时，以磺基水杨酸为指示剂，加热至 50℃左右，用 $0.02081mol \cdot L^{-1}$ EDTA 标准溶液滴定至红色消失，消耗 EDTA 标准溶液 20.58mL。然后加入上述 EDTA 标准溶液 25.00mL，加热煮沸，调节 pH=4.5，以 PAN 为指示剂，趁热用 $0.01993mol \cdot L^{-1}$ Cu^{2+} 标准溶液返滴定，用去 10.03mL。计算试样中 Fe_2O_3 和 Al_2O_3 的质量分数。

9.18　称取含磷试样 0.1000g，处理成试液，并把磷沉淀为 $MgNH_4PO_4$，将沉淀过滤、洗涤后，再溶解，并调节溶液的 pH＝10，以铬黑 T 为指示剂，用 $0.01000mol \cdot L^{-1}$ EDTA 标准溶液滴定 Mg^{2+}，消耗 EDTA 标准溶液 20.00mL，求试样中 P 和 P_2O_5 的质量分数。

9.19　称取锡青铜（含 Sn、Cu、Zn、Pb）试样 0.2000g，处理成溶液，加入过量的 EDTA 标准溶液，使其中所有金属离子与 EDTA 完全反应，在 pH＝5～6 时，以二甲酚橙作指示剂，用 $Zn(Ac)_2$ 标准溶液进行回滴多余的 EDTA。然后往上述溶液中加入少许 NH_4F，使 SnY 转化为更稳定的 SnF_6^{2-}，同时释放出与 Sn^{4+} 结合的 EDTA，被置换出来的 EDTA 用 $0.01005mol \cdot L^{-1}$ $Zn(Ac)_2$ 标准溶液滴定，消耗 $Zn(Ac)_2$ 标准溶液 21.32mL，计算锡青铜合金中锡的质量分数。

9.20　若配制 EDTA 溶液的水中含 Ca^{2+}，判断下列情况对测定结果影响如何。

（1）以 $CaCO_3$ 为基准物质标定 EDTA 溶液，用此 EDTA 溶液滴定试液中的 Zn^{2+}，以二甲酚橙为指示剂；

（2）以二甲酚橙为指示剂，金属锌为基准物质标定 EDTA 溶液，用此 EDTA 溶液测定试液中的 Ca^{2+} 与 Mg^{2+} 的总量；

（3）以铬黑 T 为指示剂，$CaCO_3$ 为基准物质标定 EDTA 溶液，用此 EDTA 溶液测定试液中 Ca^{2+} 与 Mg^{2+} 的总量。

第10章

氧化还原反应和电化学基础

氧化还原反应是一类参加反应的物质之间有电子转移的反应。氧化还原反应可以是单相反应，也可以是多相反应，这类反应普遍存在，如化工生产过程中的许多反应，还有生物体内代谢的许多反应都是氧化还原反应。该反应还是一类重要分析方法——氧化还原滴定法的基础。

10.1 氧化还原反应

10.1.1 元素的氧化数

氧化数，又叫氧化值，是用来描述氧化还原反应中电子的得失或转移的。在单质或化合物中，假设把每个化学键中的电子指定给所连接的两原子中电负性较大的一个原子，这样所得的某元素一个原子的电荷数就是该元素的氧化数。

显然，氧化数是用来表征元素在化合状态时的形式电荷数（或表观电荷数）。这种形式电荷，只有形式上的意义。在反应中，如果一个原子失去了电子或电子偏离了它，则产生**正氧化数**；如果一个原子得到了电子或电子偏向了它，则产生**负氧化数**。氧化过程和还原过程是同时发生的。

(1) 确定氧化数的原则

① 在单质中，元素原子的氧化数为零。

② 化合物中，氧的氧化数一般情况下为 -2，在过氧化物中为 -1，如 H_2O_2，Na_2O_2；在超氧化物中为 $-1/2$，如 KO_2；在氧的氟化物中，O_2F_2 中为 $+1$，OF_2 中为 $+2$。

③ 氢的氧化数一般情况下为 $+1$。但在金属氢化物中，如 NaH、CaH_2、$NaBH_4$、$LiAlH_4$，氢的氧化数为 -1。

④ 氟在化合物中的氧化数皆为 -1；碱金属和碱土金属在化合物中的氧化数一般为 $+1$ 和 $+2$。

⑤ 中性分子中所有原子氧化数的代数和为零。例如 HNO_3 分子，根据中性原则可算出，氮原子氧化数为 $+5$。

⑥ 单原子离子的氧化数等于它所带电荷数。例如 S^{2-} 的氧化数为 -2，Al^{3+} 的氧化数

为 +3。

⑦ 多原子离子中各原子的氧化数的代数和等于离子所带电荷数。例如 CrO_4^{2-} 中，铬原子的氧化数为 +6。

根据以上规则可以计算复杂分子中任一元素的氧化数。例如在 Fe_3O_4 中 Fe 的氧化数 x 可由下式求得：

$$3x + 4 \times (-2) = 0 \qquad x = +8/3$$

（2）氧化数与化合价

氧化数是按一定规则确定的数值，可以是正值、负值、分数或为 0。

氧化数与化合价有差异。化合价是指某元素的一个原子与一定数目的其他元素的原子相化合的性质，表示该原子结合其他元素原子的能力，反映原子形成化学键的能力，或者元素的存在状态，因此化合价只能用整数表示元素原子的性质。而氧化数则是一个人为的经验性的概念，它不强调元素原子的物质存在状态。

氧化态：元素原子具有一定氧化数的状态。

氧化数的取值与化合物的结构有关。

例：Fe_2O_3 和 Fe_3O_4 中的 Fe，前者的化合价和氧化数都是 +3，而后者的化合价为 +2 和 +3，氧化数为 +8/3。

注意，在判断共价型化合物的氧化数时，不要与原子形成共价键的数目混淆起来。例如在 CH_4、C_2H_4、C_2H_2 分子中 C 形成的共价键数目均为 4，而氧化数则依次分别为 -4、-2 和 -1。

10.1.2 氧化和还原的定义

人们对氧化和还原的认识经历了一个发展过程，早期的氧化是指物质与氧化合，还原是指从氧化物中夺走氧。例如：

$$Cu(s) + 1/2O_2(g) === CuO(s) \qquad （铜的氧化）$$
$$CuO(s) + H_2(g) === Cu(s) + H_2O \qquad （氧化铜的还原）$$

随着电子的发现，氧化和还原有了新的含义，氧化为失去电子的过程，还原为得到电子的过程。氧化还原反应可以看作是两个半反应之和，一个半反应得到电子，为还原半反应，另一个半反应失去电子，为氧化半反应。例如，铜和氧气的反应可以看成是以下两个半反应的结果：

$$Cu(s) - 2e^- === Cu^{2+}(aq) \qquad （金属铜失去电子变成铜离子,铜被氧化）$$
$$1/2O_2(g) + 2e^- === O^{2-} \qquad （氧得到电子,变成氧离子,氧被还原）$$

有得必有失，得失同时存在，因此，这两个半反应不能单独存在，通常把氧化型（电子接受体）和还原型（电子给予体）的组合称为**氧化还原电对**。写作：氧化型/还原型。例如 Cu^{2+} 和 Cu 是一个氧化还原电对，写成 Cu^{2+}/Cu；O_2 和 O^{2-} 是一个氧化还原电对，写成 O_2/O^{2-}。氧化型物质与还原型物质具有共轭关系。

10.1.3 氧化还原反应

每个氧化还原反应都是由两个半反应组成的，或者说由两个（或两个以上）氧化还原电对共同作用的结果。一个氧化还原电对就代表一个半反应，半反应式可用通式表示：

$$\text{氧化型} + n e^- \Longleftrightarrow \text{还原型} \quad \text{或} \quad \text{Ox} + n e^- \Longleftrightarrow \text{Red}❶$$

式中，n 代表半反应中电子转移的个数，每个氧化还原半反应都包含一个氧化还原电对 Ox/Red，比如 Cu^{2+}/Cu。

发生氧化反应的物质，即氧化数升高的物质，称为**还原剂**。发生还原反应的物质，即氧化数降低的物质称为**氧化剂**。还原剂还原了另一物质（氧化剂），而自身在反应过程中被氧化，所以它的反应产物称为氧化产物。同样，氧化剂使另一物质（还原剂）被氧化，其本身在反应过程中被还原，它的反应产物叫还原产物。如：

$$\overset{0}{Zn} + \overset{+2}{Cu}SO_4 \Longleftrightarrow \overset{+2}{Zn}SO_4 + \overset{0}{Cu}$$

$$\text{还原剂 1} \quad \text{氧化剂 2} \qquad \text{氧化产物（氧化剂 1）} \quad \text{还原产物（还原剂 1）}$$

上述反应是 Zn^{2+}/Zn 和 Cu^{2+}/Cu 共同作用的结果。Zn 的氧化数从 0 升到 +2，所以 Zn 是还原剂，它还原 $CuSO_4$ 为 Cu，自身被氧化为 $ZnSO_4$；Cu 的氧化数从 +2 降到 0，所以 $CuSO_4$ 是氧化剂，它氧化 Zn 为 $ZnSO_4$，自身被还原为 Cu。

如果氧化还原电对（氧化型/还原型）中氧化型物质降低氧化数的能力（氧化能力）越强，与它共轭的还原型物质还原能力就越弱。同样，还原型物质的还原能力越强，则其共轭的氧化型物质的氧化能力就越弱。氧化还原反应一般按较强的氧化剂和较强的还原剂相互作用，生成较弱的氧化剂和较弱还原剂的方向进行。

10.1.4　氧化还原反应方程式的配平

氧化还原反应方程式的配平方法，常用的有氧化数法和离子-电子法两种。在确定的条件下，氧化数法是根据氧化剂和还原剂的氧化数变化相等的原则；离子-电子法是根据氧化剂和还原剂得失电子数相等的原则。

(1) 氧化数法

以 $KMnO_4$ 在酸性介质 H_2SO_4 中氧化 $FeSO_4$ 的反应为例说明。

① 写出基本反应式并标出氧化数有变化的元素的氧化数值。

$$\overset{+7}{K}MnO_4 + \overset{+2}{Fe}SO_4 + H_2SO_4 \longrightarrow K_2SO_4 + \overset{+2}{Mn}SO_4 + \overset{+3}{Fe_2}(SO_4)_3$$

② 计算氧化数的变化值。

Mn：$+7 \rightarrow +2$，$+2-7=-5$，降低 5，$KMnO_4$ 为氧化剂；

Fe：$+2 \rightarrow +3$，$+3-2=+1$，增高 1，$FeSO_4$ 为还原剂。

③ 根据氧化数变化相等的原则，氧化数的增加值应等于氧化数的降低值，找出氧化剂和还原剂的相关系数。

$$\overset{+7}{K}MnO_4 + 5\overset{+2}{Fe}SO_4 + H_2SO_4 \longrightarrow K_2SO_4 + \overset{+2}{Mn}SO_4 + \frac{5}{2}\overset{+3}{Fe_2}(SO_4)_3$$

若出现分数，可调整为最小正整数：

$$2\overset{+7}{K}MnO_4 + 10\overset{+2}{Fe}SO_4 + H_2SO_4 \longrightarrow K_2SO_4 + 2\overset{+2}{Mn}SO_4 + 5\overset{+3}{Fe_2}(SO_4)_3$$

④ 配平各元素原子数（先配平非 H、O 原子，后配平 H、O 原子，可加 H_2O）。

$$2KMnO_4 + 10FeSO_4 + 8H_2SO_4 \Longleftrightarrow K_2SO_4 + 2MnSO_4 + 5Fe_2(SO_4)_3 + 8H_2O$$

---

❶ Ox 表示氧化型，Red 表示还原型。

【例 10.1】 配平反应式：$As_2S_3 + HNO_3 \longrightarrow H_3AsO_4 + H_2SO_4 + NO$

解： $\overset{+3\ -2}{As_2S_3} + \overset{+5}{HNO_3} \longrightarrow \overset{+5}{H_3AsO_4} + \overset{+6}{H_2SO_4} + \overset{+2}{NO}$

$$\left.\begin{cases} 2As: 2\times(+5-3) = +4 \\ 3S: 3\times[+6-(-2)] = +24 \\ N: +2-(+5) = -3 \downarrow 3\times 28 \end{cases}\right\} + \uparrow 28\times 3$$

所以，$3As_2S_3 + 28HNO_3 + 4H_2O === 6H_3AsO_4 + 9H_2SO_4 + 28NO$

氧化数法适用于水溶液、非水溶液、固相反应。

(2) 离子-电子法

以酸性条件下反应 $MnO_4^- + H_2O_2 \longrightarrow Mn^{2+} + O_2$ 为例说明，具体步骤如下。

① 正确书写氧化还原反应的半反应。

$$MnO_4^- \longrightarrow Mn^{2+} \qquad H_2O_2 \longrightarrow O_2$$

② 分别配平两个半反应式。

配平时，可以根据介质的酸碱性，分别在半反应式中加 H^+、OH^- 和 H_2O，使两边的氢和氧原子数相等。

对于 $MnO_4^- \longrightarrow Mn^{2+}$，左边多 4 个氧原子，因此可在左边加上 8 个 H^+（因为反应在酸性介质中进行），使多出的 O 原子变成 H_2O：

$$MnO_4^- + 8H^+ \longrightarrow Mn^{2+} + 4H_2O$$

对于 $H_2O_2 \longrightarrow O_2$，左边多 2 个氢原子，因此可在反应式的右边直接加上 2 个 H^+：

$$H_2O_2 \longrightarrow O_2 + 2H^+$$

③ 在半反应的左边或右边加上适当数目的电子，来配平电荷数，使半反应两边的原子个数和电荷数相等。

对于 $MnO_4^- + 8H^+ \longrightarrow Mn^{2+} + 4H_2O$，式中左边的净电荷数为 $+7$，右边的净电荷数为 $+2$，所以左边加上 5 个电子（5 个负电荷），这样，两边的电荷数就相等了。

$$MnO_4^- + 8H^+ + 5e^- \longrightarrow Mn^{2+} + 4H_2O$$

同样 $\qquad\qquad\qquad\qquad H_2O_2 \longrightarrow O_2 + 2H^+ + 2e^-$

④ 氧化剂和还原剂得失电子数必须相等，将两个半反应式乘上相应的系数（由得失电子的最小公倍数确定），然后两式相加，消去式中的电子，就可得到配平的离子反应方程式。

$$MnO_4^- + 8H^+ + 5e^- \longrightarrow Mn^{2+} + 4H_2O \qquad \times 2$$
$$+ \qquad\qquad H_2O_2 \longrightarrow O_2 + 2H^+ + 2e^- \qquad \times 5$$

$$\overline{\qquad\qquad\qquad\qquad\qquad\qquad\qquad\qquad\qquad\qquad\qquad}$$

$$2MnO_4^- + 6H^+ + 5H_2O_2 \rightleftharpoons 2Mn^{2+} + 5O_2 + 8H_2O$$

配平半反应式时，考虑不同的介质条件下，如果两边氧原子的数目不同，可参照表 10.1。

表 10.1 不同介质条件下氢氧原子的配平

介质种类	反 应 物 中	
	多 n 个氧原子[O]	少 n 个氧原子[O]
酸性介质	$+2n$ 个 $H^+ \xrightarrow{\text{结合 } n \text{ 个[O]}} +n$ 个 H_2O	$+n$ 个 $H_2O \xrightarrow{\text{提供 } n \text{ 个[O]}} +2n$ 个 H^+
碱性介质	$+n$ 个 $H_2O \xrightarrow{\text{结合 } n \text{ 个[O]}} +2n$ 个 OH^-	$+2n$ 个 $OH^- \xrightarrow{\text{提供 } n \text{ 个[O]}} +n$ 个 H_2O

注意，酸性介质中不能出现 OH^-，碱性介质中不能出现 H^+。

用离子-电子法配平时，不需要知道元素的氧化数，但离子-电子法仅适用于水溶液中的反应。

10.2 原 电 池

10.2.1 原电池的组成

Zn 片插入 Cu^{2+} 溶液中，会有什么现象？

Zn 片慢慢溶解，金属 Cu 不断析出，溶液温度升高。在溶液中发生了如下反应：

半反应：　　　　　　$Zn \longrightarrow Zn^{2+} + 2e^-$　（锌片溶解）

半反应：　　　　　　$Cu^{2+} + 2e^- \longrightarrow Cu$　（铜析出）

总反应：　　　　　　$Zn + Cu^{2+} \longrightarrow Zn^{2+} + Cu$

反应释放出的能量以热的形式放出，使得温度升高。

电子的传递无确定的方向。原因是：电子的传递是在浸入溶液的 Zn 片表面上进行的，电子无序传递在于 Zn 片与 Cu^{2+} 溶液的直接接触。

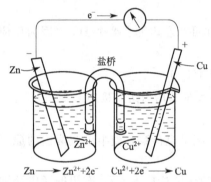

图 10.1　铜锌原电池结构示意图

如果像图 10.1 所示一样，左边的烧杯中，Zn 片插入 $ZnSO_4$ 溶液中，右边的烧杯中，Cu 片插入 $CuSO_4$ 溶液中，两溶液之间架上盐桥❶，金属片之间连上导线，中间串联一个检流计。线路接通后，电子的传递变得有序，检流计的指针向左偏转，说明电流从 Cu 片流向 Zn 片，或者说，电子从 Zn 片流向 Cu 片。过了一段时间，Zn 片变小变薄，Cu 片变粗变厚，这说明电子确实发生了转移。这种借助于氧化还原反应得到电流的装置叫做**原电池**，原电池使化学能直接转变为电能。

在图 10.1 铜锌原电池中，锌极上的锌失去电子变成 Zn^{2+} 进入溶液，留在锌极上的电子通过导线流到铜电极，右边烧杯中 Cu^{2+} 在铜电极上得到电子变成金属铜析出在铜电极上。在两个电极上发生的反应分别是：

锌极（氧化反应）：　　　　$Zn \longrightarrow Zn^{2+} + 2e^-$

铜极（还原反应）：　　　　$Cu^{2+} + 2e^- \longrightarrow Cu$

电池反应（氧化还原反应）：　　$Zn + Cu^{2+} \Longrightarrow Zn^{2+} + Cu$

由此可见，氧化还原反应的实质是氧化剂（Cu^{2+}）和还原剂（Zn）之间发生了电子转移。

原电池由两个**半电池**组成，在上述铜锌原电池中，左边烧杯中 Zn 片和 $ZnSO_4$ 溶液组成一个半电池，右边烧杯中 Cu 和 $CuSO_4$ 溶液组成另一个半电池，两个半电池用导线组成回路形成完整的原电池。每个半电池称为一个**电极**，其中电子流出的电极称为**负极**，如 Zn 极，在该电极上发生氧化反应；电子流入的电极为**正极**，如 Cu 极，正极上发生还原反应。

---

❶　盐桥由饱和 KCl 溶液和琼脂装入 U 形管中制成，其作用是消除因溶液直接接触而形成的液接电势，连接两个半电池，保持溶液的电荷平衡，使原电池构成回路，使反应能持续进行。

所以在原电池中，电子总是从负极流向正极，和电流的方向（由正极流向负极）恰好相反。

10.2.2　原电池符号

为了应用方便，通常用电池符号来表示一个原电池的组成，如铜锌原电池可表示如下：

$$(-)Zn(s)\,|\,ZnSO_4(c_1)\,\|\,CuSO_4(c_2)\,|\,Cu(s)(+)$$

书写原电池的符号有如下规则。

① 负极在左边，正极在右边，"+""-"可略去。

② 半电池中两相之间的界面用单垂线"|"分开；同相不同物种用","分开；盐桥用双垂线"‖"表示。

③ 溶液中的物质要注明物质的聚集状态（s，l，g）和浓度，若是气体要注明分压，如果浓度或分压是 $c^{\ominus}$ 或 $p^{\ominus}$，可不注明。

④ 某些电对如 H^+/H_2、Fe^{3+}/Fe^{2+} 等需要的是起导电作用但不参与反应的惰性电极，惰性电极的材料应该注明。常用的惰性电极材料有铂和石墨等。例如这两个电对的电极可分别表示为：$Pt|H_2(p)|H^+(c)$；$Pt|Fe^{3+}(c_1)$，$Fe^{2+}(c_2)$。

10.3　电极电势

10.3.1　电极电势的产生

把原电池的两个电极用导线和盐桥连接起来可以产生电流，这说明两个电极之间存在电势差。是什么原因使原电池的两个电极的电势不同呢？

把金属插入含有该金属盐的溶液（如将锌棒插入硫酸锌溶液中）时，初看起来似乎不起什么变化。实际上会同时发生两种相反的过程。一方面，受到极性水分子的作用以及本身的热运动，金属晶格中的金属离子 M^{n+} 有进入溶液成为水合离子而把电子留在金属表面的倾向，金属越活泼（易失 e^-），溶液中金属离子浓度越小，这种倾向越大。另一方面，溶液中的金属离子 M^{n+} 也有从金属表面获得电子而沉积在金属表面上的倾向，金属越不活泼（易得 e^-），溶液中金属离子浓度越大，这种沉积倾向越大。在一定条件下，当金属溶解的速率与金属离子沉积的速率相等时，就建立了如下的动态平衡：

$$M \underset{沉积}{\overset{溶解}{\rightleftharpoons}} M^{n+}(aq)+ne^-$$

如果金属溶解的倾向大于金属离子沉积的倾向，平衡时金属表面带负电，靠近金属的溶液带正电。这样，在金属表面和溶液的界面处就形成了一个带相反电荷的双电层，如图 10.2（a）所示。相反，如果金属离子沉积的倾向大于金属溶解的倾向，平衡时金属表面带正电，靠近金属的溶液带负电，形成了如图 10.2(b) 所示的双电层结构。

无论形成上述哪一种双电层，金属和溶液之间都可产生电势差。这种在金属和它的盐溶液之间因

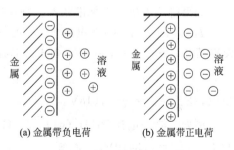

(a) 金属带负电荷　　(b) 金属带正电荷

图 10.2　双电层的示意图

形成双电层而产生的电势差叫做金属的平衡电极电势，简称**电极电势**，以符号 $E_{M^{n+}/M}$ 表

示。单位为 V（伏）。如锌的电极电势用 $E_{Zn^{2+}/Zn}$ 表示，铜的电极电势用 $E_{Cu^{2+}/Cu}$ 表示。电极电势大小主要取决于电极的本性，并受温度、介质和离子浓度等因素影响。

10.3.2 标准氢电极

任何一个电极的电极电势的绝对值是无法测量的，但是我们可以选择某种电极作为基

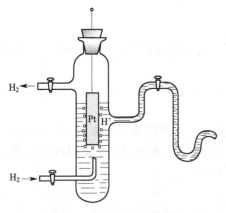

图 10.3 标准氢电极示意图

准，规定它的电极电势为零。1953 年国际纯粹化学与应用化学联合会（IUPAC）建议，以**标准氢电极**作为基准电极，规定标准氢电极的电极电势为零。将待测电极和标准氢电极组成原电池，通过测定该原电池的电动势，就可以求出该待测电极的电极电势的相对值。

标准氢电极如图 10.3 所示，在 298.15K 时，把表面镀有铂黑的铂片置于氢离子浓度（严格地说，应该是活度）为 $1.0mol \cdot L^{-1}$ 的硫酸溶液中，并不断地通入压力为 100kPa 的纯氢气，使铂黑吸附氢气达到饱和，此时，溶液中的氢离子与铂黑所吸附的氢气建立了动态平衡，这样的氢电极就是**标准氢电极**。

电极符号：$Pt | H_2(100kPa) | H^+(1.0mol \cdot L^{-1})$

电极反应： $2H^+(1.0mol \cdot L^{-1}) + 2e^- \rightleftharpoons H_2(g, 100kPa)$

这时，产生在饱和了标准压力氢气的铂片和 H^+ 浓度为 $1mol \cdot L^{-1}$ 溶液间的电势差就是标准氢电极的电极电势，电化学上将它作为电极电势的相对标准，规定为零，即 $E^{\ominus}_{H^+/H_2} = 0V$。

10.3.3 电动势与标准电极电势

标准电极电势是指组成电极的各物质均处于标准态时的电极电势，电对中，气体的标准态是分压为 100kPa，溶液中的离子或分子，标准态是浓度为 $1mol \cdot L^{-1}$，固体或液体的标准态是纯净物。例如锌的标准电极电势是指，金属 Zn 为纯净物，Zn^{2+} 浓度为 $1mol \cdot L^{-1}$ 时的电极电势，用 $E^{\ominus}_{Zn^{2+}/Zn}$ 表示。

用标准氢电极和待测电极组成电池，测定该电池的电动势值，物理学规定：电池的**电动势**（E_{cell}[1]）等于正负电极的电极电势之差：

$$E_{cell} = E_+ - E_- \tag{10.1}$$

据此就可得出其他电极的相对电极电势数值。

如果待测电极处于标准状态，则所得结果称为**标准电极电势**，温度通常为 298.15K。

如果将图 10.1 中的铜电极换成标准氢电极，即将标准锌电极与标准氢电极组成原电池，可测得其电动势 $E^{\ominus}_{cell} = 0.7618V$。再根据电流方向，确定锌电极为负极，标准氢电极为正极，得：

$$E^{\ominus}_{cell} = E^{\ominus}_{H^+/H_2} - E^{\ominus}_{Zn^{2+}/Zn} = 0.7618V$$

所以，$E^{\ominus}_{Zn^{2+}/Zn} = -0.7618V$。

例如，测得电池 $Pt | H_2(g, p^{\ominus}) | H^+(c^{\ominus}) \| Cu^{2+}(c^{\ominus}) | Cu$ 的电动势 $E^{\ominus}_{cell} = 0.3419V$，则 $E^{\ominus}_{Cu^{2+}/Cu} = 0.3419V$。

---

❶ cell：电池，用 E_{cell} 表示电动势，可以和电极电势区别开来。

如果电极的标准电极电势为正，则表示组成电极的氧化型物质，得电子的倾向大于标准氢电极中的 H^+；如果电极的标准电极电势为负，则组成电极的氧化型物质得电子的倾向小于标准氢电极中的 H^+。

10.3.4 标准电极电势表

通过组成原电池测量电动势的方法，将氧化还原电对的标准电极电势数值一一测出，就得到了电极反应的标准电极电势表，参见附录 4。在使用标准电极电势表时，应注意下面几点。

(1) 所有的电极反应都写成还原反应形式

为便于比较和统一，所有的电极反应都写成：

$$氧化型 + ne^- \rightleftharpoons 还原型 \quad 或 \quad Ox + ne^- \rightleftharpoons Red$$

所以，电对的标准电极电势的正负号不随电极反应进行的方向而改变。

(2) 只适用于标准态和常温 298.15K 下的反应

标准电极电势表分为酸表和碱表。电极反应在酸性或中性溶液中进行时，查酸表；在碱性溶液中进行时，查碱表。

电极电势值是衡量物质在水溶液中氧化还原能力大小的物理量，不适用于非水、高温、固相反应系统。电极电势值的大小与反应速率无关。

(3) 可判断在标准态下电对中物质得失电子的能力

标准电极电势值越大，电对中氧化型物质得电子能力越强；标准电极电势值越小，电对中还原型物质失电子能力越强。

标准电极电势值与得失电子数多少无关。例如，$E_{Cu^{2+}/Cu}^{\ominus} = 0.3419V$，说明了 Cu^{2+} 得到电子生成 Cu 的能力大小，也就是说，1mol Cu^{2+} 得到 2mol 电子生成 1mol Cu，和 0.5mol Cu^{2+} 得到 1mol 电子生成 0.5mol Cu，其标准电极电势数值一样。

使用电极电势时一定要标出相应的电对，如 $E_{Fe^{3+}/Fe^{2+}}^{\ominus} = 0.771V$，而 $E_{Fe^{2+}/Fe}^{\ominus} = -0.447V$，二者相差很大，如不注明，容易出错。

10.3.5 电池电动势 E_{cell} 和 $\Delta_r G_m$ 的关系

如果某电池的两个电极上的反应是可逆的，电池反应就是可逆的，如果电池的工作条件也是可逆的[1]，那么这样的电池就是可逆电池。

在恒温恒压下，可逆电池反应的吉布斯函数的变化为：

$$\Delta_r G_m = -zFE_{cell} \tag{10.2}$$

式中，z 为电池反应中转移的电子数，注意，不是电极反应中转移的电子数，两者可能相等，也可能不等；F 是法拉第常数，即 1mol 电子所带的电量，其值为 $96485C \cdot mol^{-1}$；E_{cell} 为可逆反应的电池电动势。从理论上讲，如果没有设计上的问题，任何氧化还原反应都可以组成原电池，即：

$$E_{cell} = E_+ - E_- = E(氧化剂所在电对) - E(还原剂所在电对)$$

式(10.2)是联系电化学与热力学之间的桥梁，该式告诉我们，通过测定一定温度下的可逆电池的电动势，即可求得相应电池反应的 $\Delta_r G_m$，即可以用电化学的方法解决热力学的问题。

---

[1] 指电池在放电或充电时所通过的电流无限小，使电池在接近平衡状态下工作。

$\Delta_r G_m$ 是判断化学反应方向的判据，如果某化学反应 $\Delta_r G_m < 0$，则 $E_{cell} > 0$，说明反应可以正向自发进行，所以，可以根据 E_{cell} 的符号判断氧化还原反应在恒温恒压下能否自发进行。

如果电池反应在标准状态下进行，式(10.2) 可写成

$$\Delta_r G_m^{\ominus} = -zFE_{cell}^{\ominus} \tag{10.3}$$

10.4 能斯特方程

大多数氧化还原反应不是在标准状态下进行的，而且，电极电势还受氧化还原电对的浓度（或气体的分压）、介质、温度等因素的影响。德国化学家能斯特（Nernst）将影响电极电势大小的各种因素，如电极物质的本性、溶液中相关物质的浓度或分压、介质和温度等因素概括为一公式，称为**能斯特方程**。

10.4.1 电极反应的能斯特方程

对于任意电极反应：

$$a \text{ 氧化型} + ne^- \Longrightarrow b \text{ 还原型} \quad 即 \quad a\text{Ox} + ne^- \Longrightarrow b\text{Red}$$

能斯特方程式为：

$$E = E^{\ominus} - \frac{RT}{nF} \ln \frac{(c_{\text{Red}}/c^{\ominus})^b}{(c_{\text{Ox}}/c^{\ominus})^a} \tag{10.4}$$

式中，E 和 $E^{\ominus}$ 分别是任意状态和标准状态时电对的电极电势；R 为气体常数；n 为电极反应中转移的电子的物质的量；F 为法拉第常数；T 为热力学温度；a、b 分别表示电极反应中氧化型、还原型有关物质的系数。

以 $T = 298.15\text{K}$ 及相关常数代入计算，能斯特方程式可简化为[❶]：

$$E = E^{\ominus} - \frac{0.0592}{n} \lg \frac{c_{\text{Red}}^b}{c_{\text{Ox}}^a} \tag{10.5}$$

应用能斯特方程时要注意以下几点：

① 式中的 $[c_{\text{Red}}]^b$ 是指电极反应中还原型物质那边所有物质的浓度幂次方，包括反应式中的 H^+ 或 OH^-。同样 $[c_{\text{Ox}}]^a$ 是指电极反应中氧化型物质那边所有物质的浓度幂次方。

例如：$MnO_4^- + 8H^+ + 5e^- \Longrightarrow Mn^{2+} + 4H_2O$

$$E_{MnO_4^-/Mn^{2+}} = E_{MnO_4^-/Mn^{2+}}^{\ominus} - \frac{0.0592}{5} \lg \frac{c_{Mn^{2+}}}{c_{MnO_4^-} \cdot c_{H^+}^8}$$

② 如果电极反应中出现固体、纯液体或水溶液中的 H_2O，它们的浓度视为常数，不必写入能斯特方程式中。如果出现气体，其浓度用该气体分压与标准压力的比值来代替。

例如：$Cl_2(g) + 2e^- \Longrightarrow 2Cl^-$

$$E_{Cl_2/Cl^-} = E_{Cl_2/Cl^-}^{\ominus} - \frac{0.0592}{2} \lg \frac{c_{Cl^-}^2}{p_{Cl_2}/p^{\ominus}}$$

[❶] 为了简化，后面的公式中，$c^{\ominus}$ 不再写出。

10.4.2 电池反应的能斯特方程

对于电池反应：a 氧化型$_1$ + b 还原型$_2$ $\Longrightarrow$ c 还原型$_1$ + d 氧化型$_2$

$$a\,\text{Ox}_1 + b\,\text{Red}_2 \Longrightarrow c\,\text{Red}_1 + d\,\text{Ox}_2$$

它的电极反应式为：正极：$\text{Ox}_1 + n_1\text{e}^- \Longrightarrow \text{Red}_1$

负极：$\text{Red}_2 \Longrightarrow \text{Ox}_2 + n_2\text{e}^-$

n_1、n_2 分别是正极、负极的电极反应中转移的电子数，z 是电池反应转移的电子数，是 n_1、n_2 的最小公倍数，$z = an_1 = bn_2$，则电池的电动势 E_{cell} 为：

$$E_{\text{cell}} = E_{\text{Ox}_1/\text{Red}_1} - E_{\text{Ox}_2/\text{Red}_2}$$

$$= \left(E^{\ominus}_{\text{Ox}_1/\text{Red}_1} - \frac{0.0592}{n_1}\lg\frac{c_{\text{Red}_1}}{c_{\text{Ox}_1}}\right) - \left(E^{\ominus}_{\text{Ox}_2/\text{Red}_2} - \frac{0.0592}{n_2}\lg\frac{c_{\text{Red}_2}}{c_{\text{Ox}_2}}\right)$$

$$= \left(E^{\ominus}_{\text{Ox}_1/\text{Red}_1} - \frac{0.0592}{z}\lg\frac{c^c_{\text{Red}_1}}{c^a_{\text{Ox}_1}}\right) - \left(E^{\ominus}_{\text{Ox}_2/\text{Red}_2} - \frac{0.0592}{z}\lg\frac{c^b_{\text{Red}_2}}{c^d_{\text{Ox}_2}}\right)$$

$$= (E^{\ominus}_{\text{Ox}_1/\text{Red}_1} - E^{\ominus}_{\text{Ox}_2/\text{Red}_2}) - \frac{0.0592}{z}\lg\frac{c^d_{\text{Ox}_2}c^c_{\text{Red}_1}}{c^a_{\text{Ox}_1}c^b_{\text{Red}_2}}$$

$$= E^{\ominus}_{\text{cell}} - \frac{0.0592}{z}\lg J$$

即：
$$E_{\text{cell}} = E^{\ominus}_{\text{cell}} - \frac{0.0592}{z}\lg J \tag{10.6}$$

上式中，$E^{\ominus}_{\text{cell}}$ 为标准电动势，$E^{\ominus}_{\text{cell}} = E^{\ominus}_+ - E^{\ominus}_-$，$J$ 为反应商。

当反应达到平衡时，$E_{\text{cell}} = 0$，$J = K^{\ominus}$，所以，

$$\lg K^{\ominus} = \frac{zE^{\ominus}_{\text{cell}}}{0.0592} = \frac{z(E^{\ominus}_+ - E^{\ominus}_-)}{0.0592} \tag{10.7}$$

根据电对的标准电极电势，也可以求出氧化还原反应在 298.15K 时的平衡常数 $K^{\ominus}$。

【例 10.2】 有一原电池，其电池符号为：

$\text{Pt(s)}|\text{Fe}^{2+}(0.10\text{mol·L}^{-1})，\text{Fe}^{3+}(0.20\text{mol·L}^{-1})\|\text{Ag}^+(1.0\text{mol·L}^{-1})|\text{Ag(s)}$

(1) 写出该电池的电极反应式和电池反应式；

(2) 计算电池电动势；

(3) 计算 298.15K 时反应的平衡常数。

解：(1) 查附录 4，$E^{\ominus}_{\text{Fe}^{3+}/\text{Fe}^{2+}} = 0.771\text{V}$，$E^{\ominus}_{\text{Ag}^+/\text{Ag}} = 0.7996\text{V}$。

负极：$\text{Fe}^{2+} \longrightarrow \text{Fe}^{3+} + \text{e}^-$

正极：$\text{Ag}^+ + \text{e}^- \longrightarrow \text{Ag}$

电池反应：$\text{Fe}^{2+} + \text{Ag}^+ \Longrightarrow \text{Fe}^{3+} + \text{Ag}$

(2) 根据能斯特方程 (10.6)，得

$$E_{\text{cell}} = E^{\ominus}_+ - E^{\ominus}_- - \frac{0.0592}{z}\lg J$$

$$= 0.7996 - 0.771 - 0.0592\lg\frac{0.20}{0.10 \times 1.0} = 0.010\ (\text{V})$$

（3）当反应达到平衡时，根据式（10.7），得：

$$\lg K^{\ominus} = \frac{1 \times (0.7996 - 0.771)}{0.0592} = 0.48, \quad K^{\ominus} = 3.0$$

注意：计算平衡常数时，只能用标准电极电势来计算。

10.5 影响电极电势的因素

由能斯特方程可知，影响电极电势的因素主要来自两个方面：内因和外因。

内因，与电极的本性有关。以金属电极为例，金属越活泼，溶解形成离子的倾向越大，电极上积累的电子越多，电极的势越低。

对于图 10.1 的铜锌原电池，Zn 的金属活泼性比 Cu 高，金属溶解趋势比 Cu 强，所以，Zn 电极积累的电子比 Cu 电极多，Zn 电极的电极电势就比 Cu 电极低。

外因，包括温度、介质、离子浓度等。下面主要讨论酸度、沉淀、配合物对电极电势的影响。

（1）酸度与电极电势的关系

【例 10.3】 已知 298.15K 时，电对 MnO_4^-/Mn^{2+} 的 $E^{\ominus} = 1.507V$，如果 $[H^+]$ 从 $1mol \cdot L^{-1}$ 减少到 $10^{-4} mol \cdot L^{-1}$，该电对的电极电势变了多少？假设其他物质均处于标准态。

解：根据题目，写出电极反应式：

$$MnO_4^- + 8H^+ + 5e^- \Longrightarrow Mn^{2+} + 4H_2O$$

$[H^+] = 1mol \cdot L^{-1}$，其他物质均处于标准态，此时该电极处于标准态，$E^{\ominus} = 1.507V$。

$[H^+] = 10^{-4} mol \cdot L^{-1}$，其他物质均处于标准态，代入式（10.5），得：

$$E_{MnO_4^-/Mn^{2+}} = E^{\ominus}_{MnO_4^-/Mn^{2+}} - \frac{0.0592}{5} \lg \frac{c_{Mn^{2+}}}{c_{MnO_4^-} c^8_{H^+}}$$

$$= E^{\ominus}_{MnO_4^-/Mn^{2+}} + \frac{0.0592}{5} \lg c^8_{H^+}$$

$$= 1.13V$$

电极电势下降了 0.38V。

显然，酸度降低，含氧酸及其盐等氧化剂的氧化能力将减弱，因此实验室及工业生产中，通常将氧化剂溶解在酸性介质中使用。

对于有 H^+ 或 OH^- 参加的反应，溶液酸度的改变，不仅能改变电极电势值，有时还可以改变反应的方向。

（2）沉淀与电极电势的关系

【例 10.4】 向 $AgNO_3$ 溶液中加入 NaCl 溶液，使其生成 AgCl 沉淀，平衡时，如果 $c_{Cl^-}=1.0mol\cdot L^{-1}$，计算此时的 $E_{Ag^+/Ag}$。

解： $Ag^+ + Cl^- \rightleftharpoons AgCl(s)$，反应达到平衡后，由于 $c_{Cl^-}=1.0mol\cdot L^{-1}$，则 Ag^+ 的浓度为：

$$c_{Ag^+}=\frac{K_{sp}^{\ominus}(AgCl)}{c_{Cl^-}}=\frac{1.77\times10^{-10}}{1.0}=1.77\times10^{-10}(mol\cdot L^{-1})$$

根据能斯特方程（10.5），此时 Ag^+/Ag 电对的电极电势为：

$$E_{Ag^+/Ag}=E_{Ag^+/Ag}^{\ominus}-\frac{0.0592}{1}lg\frac{1}{c_{Ag^+}}=0.2223(V)$$

由于生成了 AgCl 沉淀，使得 Ag^+ 的浓度大大降低，电极电势也大大降低。

所以，加入沉淀剂使氧化还原反应中的氧化型物质或还原型物质转变成沉淀，可大大降低其浓度，从而导致电极电势发生很大的变化。如果氧化型物质形成沉淀，沉淀的 $K_{sp}^{\ominus}$ 值越小，电极电势数值降低得越多；如果还原型物质形成沉淀，沉淀的 $K_{sp}^{\ominus}$ 值越小，电极电势数值升高得越多。

（3）配合物与电极电势的关系

【例 10.5】 已知① $Cu^{2+}+2e^- \rightleftharpoons Cu$ $E^{\ominus}=0.34V$，

         ② $[Cu(NH_3)_4]^{2+}+2e^- \rightleftharpoons Cu+4NH_3$ $E^{\ominus}=-0.035V$

计算配位反应 $Cu^{2+}+4NH_3 \rightleftharpoons [Cu(NH_3)_4]^{2+}$ 的累积稳定常数 β_4。

解： 题目中给出了两个电极反应的标准电极电势，所谓标准态，指溶液中的离子或分子的浓度为 $1mol\cdot L^{-1}$。

电极反应②处于标准态时，NH_3、$[Cu(NH_3)_4]^{2+}$ 的浓度均为 $1.0mol\cdot L^{-1}$，所以

$$\beta_4=\frac{[Cu(NH_3)_4^{2+}]}{[Cu^{2+}][NH_3]^4}=\frac{1}{[Cu^{2+}]\times1^4}$$

电极反应 $[Cu(NH_3)_4]^{2+}+2e^- \rightleftharpoons Cu+4NH_3$

$$E_{[Cu(NH_3)_4]^{2+}/Cu}^{\ominus}=E_{Cu^{2+}/Cu}^{\ominus}-\frac{0.0592}{2}lg\frac{1}{c_{Cu^{2+}}}$$

将相关数据代入上式，得：

$$-0.035=0.34-\frac{0.0592}{2}lg\beta_4，\ \beta_4=4.7\times10^{12}$$

显然，配合物（配离子）越稳定，溶液中游离的金属离子浓度就越低，氧化型物质形成配离子时的电极电势降低幅度越大。

（4）条件电极电势

溶液的离子强度对电极电势也有影响，所以能斯特方程式中的浓度，严格说来，应该用

活度 a 来代替。对于电极反应：

$$\text{氧化型} + n\text{e}^- \Longrightarrow \text{还原型} \qquad \text{Ox} + n\text{e}^- \Longrightarrow \text{Red}$$

其能斯特方程式为：

$$E = E^{\ominus} - \frac{RT}{nF} \ln \frac{a_R}{a_O}$$

上式中，a_O、a_R 分别表示氧化型和还原型物质的活度。

在氧化还原滴定中，考虑到溶液中的实际情况，滴定过程中各种副反应的存在，在能斯特方程中应该引入相应的活度因子和副反应系数：

$$a_O = \gamma_O [\text{Ox}] = \gamma_O \frac{c_{Ox}}{\alpha_{Ox}} \qquad\qquad a_R = \gamma_R \frac{c_{Red}}{\alpha_{Red}}$$

式中，γ_O、γ_R 分别表示氧化型和还原型物质的活度因子，α_{Ox}、α_{Red} 分别表示氧化反应和还原反应的副反应系数。所以，

$$E = E^{\ominus} - \frac{0.0592}{n} \lg \frac{\gamma_R \alpha_{Ox}}{\gamma_O \alpha_{Red}} - \frac{0.059}{n} \lg \frac{c_{Red}}{c_{Ox}}$$

在指定条件下，活度因子 γ 和副反应系数 α 都是不变的，所以上式中的前两项可合并为一常数项，令其为 $E^{\ominus\prime}$，则：

$$E^{\ominus\prime} = E^{\ominus} - \frac{0.0592}{n} \lg \frac{\gamma_R \alpha_{Ox}}{\gamma_O \alpha_{Red}} \tag{10.8}$$

$E^{\ominus\prime}$ 表示指定条件下，氧化型物质的总浓度和还原型物质的总浓度均为 $1\text{mol} \cdot \text{L}^{-1}$ 时，校正了各种外界因素影响后的实际电极电势，它在条件不变时为一常数，随实验条件的改变而改变，通常称为**条件电极电势**，简称**条件电势**。

标准电极电势与条件电极电势的关系，与配位反应中的稳定常数和条件稳定常数的关系相似。显然。使用条件电势处理实际问题较简单，但是，$E^{\ominus\prime}$ 很难测定，目前为止，只测出了部分电对在不同介质中的条件电势，数据较少。如果查不到相同条件下的条件电势时，可采用条件相近的条件电势数据；如没有相应的条件电势数据，则采用标准电势。

10.6 电极电势的应用

10.6.1 判断氧化剂和还原剂的相对强弱

(1) 判断物质氧化或还原能力的相对强弱

对一个氧化还原电对（Ox/Red），电极电势（$E_{Ox/Red}$）越大，电对中氧化型物质（Ox）的氧化能力越强；电极电势越小，电对中还原型物质（Red）的还原能力越强。

表 10.2 不同于附录 4 中的标准电极电势表，它是按 $E^{\ominus}_{Ox/Red}$ 从小到大的顺序排列的，所以，在表 10.2 中，左下角的物质 Cl_2 的氧化能力最强，右上角的物质 Zn 还原能力最强。

表 10.2 部分标准电极电势表

$$氧化型 + ne^- \rightleftharpoons 还原型 \quad E^{\ominus\prime}/V$$

氧化型的氧化性增强 ↓ （左）　　　还原型的还原性增强 ↓ （右）

氧化型		还原型	$E^{\ominus\prime}/V$
Zn^{2+}	$+\ 2e^-\ \rightleftharpoons$	Zn	-0.762
Fe^{2+}	$+\ 2e^-\ \rightleftharpoons$	Fe	-0.447
Ni^{2+}	$+\ 2e^-\ \rightleftharpoons$	Ni	-0.230
$2H^+$	$+\ 2e^-\ \rightleftharpoons$	H_2	0.000
Cu^{2+}	$+\ 2e^-\ \rightleftharpoons$	Cu	0.342
I_2	$+\ 2e^-\ \rightleftharpoons$	$2I^-$	0.536
$2Fe^{3+}$	$+\ 2e^-\ \rightleftharpoons$	$2Fe^{2+}$	0.771
$Br_2(l)$	$+\ 2e^-\ \rightleftharpoons$	$2Br^-$	1.066
Cl_2	$+\ 2e^-\ \rightleftharpoons$	$2Cl^-$	1.358

氧化还原反应是强氧化剂和强还原剂反应生成弱氧化剂和弱还原剂的过程，所以表10.2 中，左下的物质和右上的物质可以发生氧化还原反应。

(2) 选择合适的氧化剂或者还原剂

如果在相同浓度的 Cl^-、Br^- 和 I^- 混合溶液中，加入一种氧化剂，要求是只能氧化 I^-，不使 Br^- 和 Cl^- 氧化，应选 $K_2Cr_2O_7$ 还是 $Fe_2(SO_4)_3$ 作氧化剂？相关电极电势值如下：

$$E^{\ominus}_{Cl_2/Cl^-} = +1.36V \qquad E^{\ominus}_{Br_2/Br^-} = +1.065V \qquad E^{\ominus}_{I_2/I^-} = +0.536V$$

$$E^{\ominus}_{Fe^{3+}/Fe^{2+}} = 0.771V \qquad E^{\ominus}_{Cr_2O_7^{2-}/Cr^{3+}} = 1.232V$$

要氧化 I^-，氧化剂所在电对的电极电势必须大于 0.536V；不使 Br^- 和 Cl^- 氧化，氧化剂所在电对的电极电势必须小于 1.065V；所以选择的氧化剂，其所在电对的电极电势必须在 0.536V ～1.065V 之间，所以 Fe^{3+} 是合适的氧化剂。

如果选择 $K_2Cr_2O_7$ 作氧化剂，不能氧化 Cl^-，但既能氧化 Br^- 又能氧化 I^-，所以不合适。

(3) 判断氧化还原反应进行的次序

如果在相同浓度的 Cl^-、Br^- 和 I^- 混合溶液中，加入一种可以氧化三种离子的强氧化剂，那么，氧化剂先氧化哪一种离子？

一般情况下，氧化剂首先与最强的还原剂反应，即先氧化 I^-。

同样的，溶液中同时存在几种氧化剂时，加入还原剂，它首先与最强的氧化剂作用。

在一定的条件下，所有可能发生的氧化还原反应中，标准电极电势相差最大的电对首先进行反应，或者说 E_{cell} 最大的优先进行。

然而，在判断氧化还原反应的次序时，还要考虑反应速率、还原剂的浓度等因素，否则容易得出错误的结论。

10.6.2　判断氧化还原反应的方向

在等温、等压条件下，判断化学反应方向的判据是 $\Delta_r G_m$，根据公式(10.2)，

$$\Delta_r G_m = -zFE_{cell}$$

又有 $E_{cell} = E_+ - E_- = E$（氧化剂所在电对）$- E$（还原剂所在电对），所以，

当 $\Delta G < 0$，即 $E_{cell} > 0$ 或 $E_+ > E_-$ 时，反应正向自发进行；

当 $\Delta G = 0$，即 $E_{cell} = 0$ 或 $E_+ = E_-$ 时，反应处于平衡状态；

当 $\Delta G > 0$，即 $E_{cell} < 0$ 或 $E_+ < E_-$ 时，则反应逆向自发进行。

所以，要判断一个氧化还原反应的方向，可将此反应组成原电池，如果是 $E_{Ox/Red}$ 值较大的电对中的氧化型物质和 $E_{Ox/Red}$ 值较小的电对中的还原型物质反应，则该反应就可以进行。

当各物质均处于标准状态时，则可用标准电动势或标准电极电势判断。

【例 10.6】 判断反应 $Pb^{2+} + Sn \rightleftharpoons Pb + Sn^{2+}$ 在标准状态时及 $c_{Pb^{2+}} = 0.1$ $mol \cdot L^{-1}$，$c_{Sn^{2+}} = 2 mol \cdot L^{-1}$ 时的反应方向。

解：(1) 将此反应看作是电池反应，找出正负极。在原电池的负极上发生的是失去电子的氧化反应，正极上发生的是得到电子的还原反应。显然，原电池的负极是 Sn^{2+}/Sn 电对，正极是 Pb^{2+}/Pb 电对。

然后查附录 4，$E^{\ominus}_{Pb^{2+}/Pb} = -0.1262V$，$E^{\ominus}_{Sn^{2+}/Sn} = -0.1375V$，

$$E^{\ominus}_{cell} = E^{\ominus}_+ - E^{\ominus}_- = -0.1262 - (-0.1375) = 0.0113V > 0$$

所以，上述反应在标准状态时可向正反应方向进行。

(2) 当 $c_{Pb^{2+}} = 0.1 mol \cdot L^{-1}$，$c_{Sn^{2+}} = 2 mol \cdot L^{-1}$ 时

$$E_{Pb^{2+}/Pb} = E^{\ominus}_{Pb^{2+}/Pb} - \frac{0.0592}{2} \lg \frac{1}{c_{Pb^{2+}}} = -0.156V$$

$$E_{Sn^{2+}/Sn} = E^{\ominus}_{Sn^{2+}/Sn} - \frac{0.0592}{2} \lg \frac{1}{c_{Sn^{2+}}} = -0.129V$$

$$E_{cell} = E_+ - E_- = -0.156 - (-0.129) = -0.027V < 0$$

显然，在此条件下，上述反应不能向正反应方向进行，而是向逆反应方向进行。

10.6.3　计算氧化还原反应的平衡常数

标准平衡常数 $K^{\ominus}$ 的大小与 $\Delta_r G^{\ominus}_m$ 的关系为 $\Delta_r G^{\ominus}_m = -RT \ln K^{\ominus}$ ［式(1.22)］，而 $\Delta_r G^{\ominus}_m$ 与标准电池电动势的关系为 $\Delta_r G^{\ominus}_m = -zFE^{\ominus}_{cell}$ ［式(10.3)］，将两式合并，可得：

$$\Delta_r G^{\ominus}_m = -RT \ln K^{\ominus} = -zFE^{\ominus}_{cell}$$

$$\ln K^{\ominus} = \frac{zFE^{\ominus}_{cell}}{RT} \tag{10.9}$$

以 $T = 298.15K$ 及相关常数代入计算，上式可简化为：

$$\lg K^{\ominus} = \frac{z(E^{\ominus}_+ - E^{\ominus}_-)}{0.0592} \tag{10.10}$$

所以，根据电对的标准电极电势，就可以求出氧化还原反应在 298.15K 时的平衡常数 $K^{\ominus}$。需要注意的是计算 $K^{\ominus}$ 值，必须是标准电极电势之差，这也从另一方面说明了 $K^{\ominus}$ 的大小与起始浓度无关。

显然，原电池的正负电极的标准电极电势相差越大，$K^{\ominus}$ 值就越大，反应进行的程度就越大，因此，可以直接用电池的 $E^{\ominus}_{cell}$ 的大小判断反应进行的程度。

【例 10.7】 计算 $SnCl_2$ 还原 $FeCl_3$ 反应在 298.15K 时的平衡常数 $K^{\ominus}$。

解： 先写出反应式：$2Fe^{3+} + Sn^{2+} \rightleftharpoons 2Fe^{2+} + Sn^{4+}$

将此反应看作是电池反应，找出正负极，正极就是氧化剂所在的电对，负极就是还原剂所在的电对。在上面的反应中，Fe^{3+} 是氧化剂，Sn^{2+} 是还原剂。

查附录 4，$E_{Fe^{3+}/Fe^{2+}}^{\ominus} = 0.771V$，$E_{Sn^{2+}/Sn^{4+}}^{\ominus} = 0.151V$。

根据式 (10.10)，将数据代入公式中，z 是反应式中转移的电子数，故 $z = 2$。

$$\lg K^{\ominus} = \frac{z(E_+^{\ominus} - E_-^{\ominus})}{0.0592} = \frac{2 \times (0.771 - 0.151)}{0.0592} = 20.946 \qquad K^{\ominus} = 8.83 \times 10^{20}$$

本题中，如果将反应式写作：$Fe^{3+} + 1/2Sn^{2+} \rightleftharpoons Fe^{2+} + 1/2Sn^{4+}$

则计算 $K^{\ominus}$ 时，$z = 1$，其他不变，所以，$K^{\ominus} = 2.97 \times 10^{10}$。

总之，电极电势、电动势与反应式系数、电子得失数无关，而平衡常数与反应式化学计量系数密切有关，所以，计算平衡常数时一定要写出相应的反应式。该反应的 $K^{\ominus}$ 值很大，说明反应进行得很彻底。

10.7 元素电势图

标准电极电势是氧化还原反应很好的定量标度，许多元素都存在几种氧化态，各氧化态之间都有相应的标准电极电势，如果在一定的 pH 值条件下，将元素各种氧化态按照氧化数降低的顺序从左向右排成一行，用直线将各种氧化态连接起来，在直线上写出其两端的氧化态所组成的电对的标准电极电势值，这种图形通常称为**元素电势图**，也称为拉蒂麦尔 (Latimer) 图。例如，Cl 元素的电势图如下：

酸性溶液中（$E_A^{\ominus}$）

$$ClO_4^- \xrightarrow{1.19V} ClO_3 \xrightarrow{1.21V} HClO_2 \xrightarrow{1.64V} HClO \xrightarrow{1.63V} Cl_2 \xrightarrow{1.36V} Cl^-$$

(上方 1.43V，下方 1.47V)

碱性溶液中（$E_B^{\ominus}$）

$$ClO_4^- \xrightarrow{0.40V} ClO_3 \xrightarrow{0.33V} ClO_2 \xrightarrow{0.66V} ClO \xrightarrow{0.40V} Cl_2 \xrightarrow{1.36V} Cl^-$$

(上方 0.89V，下方 0.48V)

在绘制元素电势图的过程中要注意以下几点：

① 氧化态由高至低，从左向右排列；

② 与标准电极电势表一样，元素电势图也分为酸性溶液电势图（$E_A^{\ominus}$）和碱性溶液电势图（$E_B^{\ominus}$），分别表示在酸性介质和碱性介质条件下的值；

③ 绘制元素电势图时，既可以将全部氧化态列出，也可以根据需要列出其中的一部分。

元素电势图的用途主要有下面几种。

(1) 判断是否能发生歧化反应

所谓歧化反应，就是同一个元素一部分原子（或离子）被氧化，另一部分原子（或离子）被还原的反应。

【例 10.8】 根据 Cu 元素的电势图判断，在标准状态下，Cu^+ 能否发生歧化反应？或者发生逆反应？

$$Cu^{2+} \xrightarrow{0.153V} Cu^+ \xrightarrow{0.522V} Cu$$
$$\underline{0.3419V}$$

解： 判断氧化还原反应的方向，要先将此反应组成原电池，如果 $E_+^\ominus > E_-^\ominus$，反应就能进行，否则就发生逆反应。

Cu^+ 如果发生歧化反应，$2Cu^+ \Longleftrightarrow Cu^{2+} + Cu$

在 Cu^{2+}/Cu^+ 和 Cu^+/Cu 两个电对中，电对 Cu^{2+}/Cu^+ 的 Cu^+ 失去电子，发生氧化反应，所以是还原剂，为电池的负极；电对 Cu^+/Cu 的 Cu^+ 得到电子，发生还原反应，是氧化剂，为电池的正极；显然，$E_+^\ominus > E_-^\ominus$，所以 Cu^+ 能发生歧化反应。

推而广之，对于元素电势图：$A \xrightarrow{E_{左}^\ominus} B \xrightarrow{E_{右}^\ominus} C$

① 如果 $E_右^\ominus > E_左^\ominus$，则 B 可发生歧化反应，$B \longrightarrow A + C$；

② 如果 $E_右^\ominus < E_左^\ominus$，则 B 不发生歧化反应，会发生歧化反应的逆反应，即 $A + C \longrightarrow B$。

(2) 计算元素电势图中未知的电极电势

在下面的元素电势图中，线下方的 n 为直线两端氧化态所组成的电对在电极反应式中转移的电子数，n 的大小等于直线两端元素的氧化数之差。

$$A \xrightarrow[n_1]{E_1} B \xrightarrow[n_2]{E_2} C \xrightarrow[n_3]{E_3} D$$
$$\underline{E_x}$$
$$n$$

图中各电对的标准电极电势值之间存在下列关系：

$$E_x^\ominus = \frac{n_1 E_1^\ominus + n_2 E_2^\ominus + n_3 E_3^\ominus}{n_1 + n_2 + n_3} \tag{10.11}$$

【例 10.9】 溴在碱性介质中的电势图如下：

$$E_B^\ominus: \quad BrO_3^- \xrightarrow{0.5188V} Br_2 \xrightarrow{1.066V} Br^-$$

试求：

(1) 求 $E_{BrO_3^-/Br^-}^\ominus$ 的值；

(2) 在 298.15K、标准状态下，Br_2 在碱性溶液中能否发生歧化反应？若能，计算歧化反应的平衡常数；若不能，计算反歧化反应的平衡常数。

解： (1) 根据式(10.11)，计算 n 时要注意，不需要考虑溴原子的个数，直接等于直线两端元素的氧化数之差。

$$E_{BrO_3^-/Br^-}^\ominus = \frac{5 \times 0.5188 + 1 \times 1.066}{6} V = 0.61V$$

（2）因为 $E_{右}^{\ominus}>E_{左}^{\ominus}$，所以 Br_2 在碱性条件下会发生歧化反应，生成 BrO_3^- 和 Br^-，反应式为：$3Br_2+6OH^-\Longrightarrow BrO_3^-+5Br^-+3H_2O$。

由反应方程式可知，转移的电子数 $z=5$，代入式(10.10)，得：

$$lgK^{\ominus}=\frac{z(E_+^{\ominus}-E_-^{\ominus})}{0.0592}=\frac{5\times(1.066-0.5188)}{0.0592}=46.22$$

$K^{\ominus}=1.7\times10^{46}$，$K^{\ominus}$ 值巨大，说明该反应进行得很彻底。

习题

10.1　指出下列物质中 S 的氧化数。

Na_2S　SO_2　S_8　SO_3　H_2SO_4　$K_2S_2O_8$　$H_2S_2O_4$　$Na_2S_2O_3$　$H_2S_2O_7$　$Na_2S_4O_6$

10.2　用氧化数法配平下列反应方程式。

（1）$KMnO_4+K_2SO_3+H_2SO_4\longrightarrow MnSO_4+K_2SO_4+H_2O$

（2）$CuS(s)+HNO_3\longrightarrow Cu(NO_3)_2+NO+S+4H_2O$

（3）$S_2O_8^{2-}+Mn^{2+}+H_2O\longrightarrow MnO_4^-+SO_4^{2-}+H^+$

（4）$Ca_3(PO_4)_2(s)+C(s)+SiO_2(s)\longrightarrow CaSiO_3(l)+P_4(g)+CO_2(g)$

（5）$K_2Cr_2O_7+H_2S+H_2SO_4\longrightarrow K_2SO_4+Cr_2(SO_4)_3+S$

（6）$PbO_2+Mn^{2+}+H^+\longrightarrow Pb^{2+}+MnO_4^-+H_2O$

10.3　用离子-电子法反应法配平下列反应方程式。

（1）$HgS+NO_3^-+Cl^-\longrightarrow HgCl_4^{2-}+NO_2+S$（酸性介质）

（2）$MnO_4^{2-}+H_2O_2\longrightarrow O_2+Mn^{2+}$（酸性介质）

（3）$MnO_4^-+Cr^{3+}\longrightarrow Mn^{2+}+Cr_2O_7^{2-}$（酸性介质）

（4）$MnO_4^-+C_3H_7OH\longrightarrow Mn^{2+}+C_2H_5COOH$（酸性介质）

（5）$Zn+NO_3^-\longrightarrow NH_3+Zn(OH)_4^{2-}$（碱性介质）

（6）$Cr(OH)_4^-+H_2O_2+OH^-\longrightarrow CrO_4^{2-}$（碱性介质）

10.4　有一原电池的组成是，Ni 片插入 $0.10mol\cdot L^{-1}NiSO_4$ 溶液中，Cu 片插入 $0.020mol\cdot L^{-1}CuSO_4$ 溶液中。

（1）写出原电池符号、电极反应式及电池反应式；

（2）计算电池电动势。

10.5　根据下列反应设计原电池，写出电池符号，并计算 298.15K 的 $E_{cell}^{\ominus}$、$K^{\ominus}$ 和 $\Delta_rG_m^{\ominus}$。

（1）$6Fe^{2+}+Cr_2O_7^{2-}+14H^+\Longrightarrow 6Fe^{3+}+2Cr^{3+}+7H_2O$；

（2）$Hg^{2+}+Hg\Longrightarrow Hg_2^{2+}$；

（3）$Fe^{3+}+Ag\Longrightarrow Ag^++Fe^{2+}$。

10.6　写出下列电池的电极反应式和电池反应式，并计算出它们的电动势。

（1）$Zn(s)|Zn^{2+}(0.1mol\cdot L^{-1})\parallel H^+(0.1mol\cdot L^{-1})|H_2(g,100kPa)|Pt(s)$

（2）$Pt(s)|Fe^{2+}(0.10mol\cdot L^{-1}),Fe^{3+}(0.20mol\cdot L^{-1})\parallel Ag^+(1.0mol\cdot L^{-1})|Ag(s)$

10.7　计算电对 MnO_4^-/Mn^{2+} 在 pH 值为 1.0 和 3.0 时的电极电势。假设其他物质均处于标准态。

10.8 计算电极反应 $[Ag(NH_3)_2]^+ + e^- \rightleftharpoons Ag + 2NH_3$ 的标准电极电势。已知 $[Ag(NH_3)_2]^+$ 的 $K_稳 = 1.7 \times 10^7$。

10.9 计算反应 $Fe + Cu^{2+} \rightleftharpoons Fe^{2+} + Cu$ 的平衡常数，若反应结束后溶液中 $[Fe^{2+}] = 0.1 mol \cdot L^{-1}$，试问此时溶液中的 Cu^{2+} 浓度为多少？

10.10 求 $c_{Fe^{3+}} = 1.0 mol \cdot mL^{-1}$，$c_{Fe^{2+}} = 0.0001 mol \cdot mL^{-1}$ 时的 $E_{Fe^{3+}/Fe^{2+}}$。

10.11 若溶液的 pH 值减少，下列电对中氧化型物质的氧化能力如何变化？

(1) Fe^{3+}/Fe^{2+}；

(2) MnO_4^-/Mn^{2+}；

(3) Cl_2/Cl^-。

10.12 (1) 根据标准电极电势值判断下列反应在标准状态下能否进行？

$$MnO_2 + 4HCl \rightleftharpoons MnCl_2 + Cl_2 + 2H_2O$$

(2) 通过计算说明实验室为什么可以用浓盐酸和二氧化锰反应制取氯气，假设浓盐酸的浓度为 $12 mol \cdot L^{-1}$，其他物质均处于标准态。

10.13 根据 $E^{\ominus}_{Ag^+/Ag}$ 和 $K_{sp}(AgCl)$，求 $E^{\ominus}_{AgCl/Ag}$。

10.14 已知 $Cu^{2+} + 2e^- \rightleftharpoons Cu$　　　$E^{\ominus} = 0.34V$，

$[Cu(NH_3)_4]^{2+} + 2e^- \rightleftharpoons Cu + 4NH_3$　$E^{\ominus} = -0.035V$

计算配位反应 $Cu^{2+} + 4NH_3 \rightleftharpoons Cu(NH_3)_4^{2+}$ 的稳定常数 β_4。

10.15 在 298.15K 时，向 Fe^{2+}、Fe^{3+} 的混合溶液中加入 NaOH，生成 $Fe(OH)_2$、$Fe(OH)_3$ 沉淀，沉淀反应达到平衡时，若 $c_{OH^-} = 1.0 mol \cdot L^{-1}$，求 $E^{\ominus}_{Fe(OH)_3/Fe(OH)_2}$。

10.16 已知 $HAsO_2 + 2H_2O \rightleftharpoons H_3AsO_4 + 2H^+ + 2e^-$　　$E^{\ominus} = 0.560V$，

$3I^- \rightleftharpoons I_3^- + 2e^-$　　　　　　　　　　　$E^{\ominus} = 0.536V$

(1) 计算反应 $HAsO_2 + I_3^- + 2H_2O \rightleftharpoons H_3AsO_4 + 3I^- + 2H^+$ 的平衡常数。

(2) 若溶液的 pH=7，其他物质均处于标准态，反应朝哪个方向自发进行？

(3) 溶液中 $[H^+] = 6 mol \cdot L^{-1}$，其他物质均处于标准态，反应朝哪个方向自发进行？

10.17 下列钒的电势图如下：

$$VO_2^+ \xrightarrow{0.991V} VO^{2+} \xrightarrow{0.337V} V^{3+} \xrightarrow{-0.225V} V^{2+} \xrightarrow{-1.175V} V$$

试在 Zn、Sn^{2+}、Fe^{2+} 中选择合适的还原剂，实现钒的下列转变：

(1) $VO_2^+ \rightarrow VO^{2+}$；

(2) $VO_2^+ \rightarrow V^{3+}$；

(3) $VO_2^+ \rightarrow V^{2+}$。

10.18 已知铁元素的电势图为：

$$E^{\ominus}: Fe^{3+} \xrightarrow{0.771V} Fe^{2+} \xrightarrow{-0.44V} Fe$$

(1) 求 $E^{\ominus}_{Fe^{3+}/Fe}$ 的值；

(2) 判断在 298.15K、标准状态下，Fe^{2+} 能否发生歧化反应？若能，计算歧化反应的平衡常数。若不能，计算反歧化反应的平衡常数。

10.19 解释下列现象。

(1) Ag 活动顺序位于 H 之后，但它可从 HI 中置换出 H_2。

(2) 分别用硝酸钠和稀硫酸均不能氧化 Fe^{2+}，但二者的混合溶液却可以。

(3) 久置于空气中的氢硫酸溶液会变混浊。

(4) 得不到 FeI_3 这种化合物。

第 11 章

氧化还原滴定法

氧化还原滴定法是以氧化还原反应为基础的分析方法。它以氧化剂或还原剂为滴定剂,直接滴定一些具有还原性或氧化性的物质;或者间接滴定一些本身并没有氧化还原性,但能与某些氧化剂或还原剂起反应的物质。氧化还原滴定法应用非常广泛,它不仅用于无机分析,而且广泛用于有机分析,许多具有氧化性或还原性的有机化合物可以用氧化还原滴定法来测定。

11.1 氧化还原滴定法对反应的要求

滴定反应必须定量、彻底,氧化还原反应进行的程度可用平衡常数 $K^{\ominus}$ 来衡量,$K^{\ominus}$ 值可根据式(10.10)来计算。如果考虑滴定反应中的副反应,用(10.10)计算时,公式中的标准电极电势应该用条件电极电势 $E^{\ominus}{}'$ 来代替,计算出来的是条件平衡常数 K'。

$$\lg K^{\ominus}=\frac{z(E_+^{\ominus}-E_-^{\ominus})}{0.0592} \qquad \lg K'=\frac{z(E_1^{\ominus}{}'-E_2^{\ominus}{}')}{0.0592}$$

氧化还原电对可分为**对称电对**和**不对称电对**。对称电对是指氧化还原半反应中氧化型与还原型的系数相同的电对,例如 Fe^{3+}/Fe^{2+}、Sn^{4+}/Sn^{2+};而不对称电对是氧化还原半反应中氧化型与还原型的系数不同的电对,例如 $Cr_2O_7^{2-}/Cr^{3+}$、I_2/I^-。

对称电对的氧化还原反应的通式为:

$$p_2Ox_1+p_1Red_2 \Longrightarrow p_2Red_1+p_1Ox_2$$

其半反应分别为:

氧化电对: $\qquad Ox_1+n_1e^- \Longrightarrow Red_1$

还原电对: $\qquad Ox_2+n_2e^- \Longrightarrow Red_2$

两个电极反应式中转移的电子数分别是 n_1 和 n_2,其最小公倍数为 z:

$$z=n_1 \cdot p_2=n_2 \cdot p_1$$

由能斯特方程写出两个电对的条件电势表达式:

$$E_1=E_1^{\ominus}{}'-\frac{0.0592}{n_1}\lg\frac{[Red_1]}{[Ox_1]} \qquad E_2=E_2^{\ominus}{}'-\frac{0.0592}{n_2}\lg\frac{[Red_2]}{[Ox_2]}$$

反应达到平衡时，$E_1 = E_2$，所以

$$E_1^{\ominus\prime} - \frac{0.0592}{n_1}\lg\frac{[\mathrm{Red_1}]}{[\mathrm{Ox_1}]} = E_2^{\ominus\prime} - \frac{0.0592}{n_2}\lg\frac{[\mathrm{Red_2}]}{[\mathrm{Ox_2}]}$$

整理可得：

$$\lg\frac{[\mathrm{Red_1}]^{p_2}[\mathrm{Ox_2}]^{p_1}}{[\mathrm{Ox_1}]^{p_2}[\mathrm{Red_2}]^{p_1}} = \lg K' = \frac{z(E_1^{\ominus\prime} - E_2^{\ominus\prime})}{0.0592} \tag{11.1}$$

用于滴定分析的反应，反应完全的程度应该在 99.9% 以上，也就是说，反应完成后，反应物剩余量应该小于 0.1%，生成的产物量大于 99.9%，即：

$$\frac{[\mathrm{Red_1}]}{[\mathrm{Ox_1}]} \geqslant \frac{99.9\%}{0.1\%} \approx 10^3 \qquad \frac{[\mathrm{Ox_2}]}{[\mathrm{Red_2}]} \geqslant \frac{99.9\%}{0.1\%} \approx 10^3$$

代入式(11.1)，整理得，

$$E_1^{\ominus\prime} - E_2^{\ominus\prime} \geqslant 0.0592 \times 3 \times \frac{p_1 + p_2}{z} \tag{11.2}$$

由 n_1、n_2、p_1、p_2 和 z 的各种取值可计算出两电对条件电势差值如下：

$$n_1 = 1,\ n_2 = 1,\ p_1 = 1,\ p_2 = 1 \qquad z = 1 \qquad E_1^{\ominus\prime} - E_2^{\ominus\prime} \geqslant 0.36\mathrm{V}$$
$$n_1 = 1,\ n_2 = 2,\ p_1 = 1,\ p_2 = 2 \qquad z = 2 \qquad E_1^{\ominus\prime} - E_2^{\ominus\prime} \geqslant 0.27\mathrm{V}$$
$$n_1 = 1,\ n_2 = 3,\ p_1 = 1,\ p_2 = 3 \qquad z = 3 \qquad E_1^{\ominus\prime} - E_2^{\ominus\prime} \geqslant 0.24\mathrm{V}$$
$$n_1 = 2,\ n_2 = 2,\ p_1 = 1,\ p_2 = 1 \qquad z = 2 \qquad E_1^{\ominus\prime} - E_2^{\ominus\prime} \geqslant 0.18\mathrm{V}$$
$$n_1 = 2,\ n_2 = 3,\ p_1 = 2,\ p_2 = 3 \qquad z = 6 \qquad E_1^{\ominus\prime} - E_2^{\ominus\prime} \geqslant 0.15\mathrm{V}$$

由式(11.1)可知，条件平衡常数 K' 的大小是由 $E_1^{\ominus\prime} - E_2^{\ominus\prime}$ 与得失的电子数 z 决定。如果 Z 相同时，$E_1^{\ominus\prime} - E_2^{\ominus\prime}$ 越大，K' 越大，反应进行得越完全。一般认为，当 $E_1^{\ominus\prime} - E_2^{\ominus\prime} \geqslant 0.4\mathrm{V}$ 时，反应的完全程度就能满足定量分析的要求，可用于氧化还原滴定分析。

11.2 氧化还原滴定曲线

在氧化还原滴定中，随着滴定剂的不断加入，溶液中氧化剂和还原剂的浓度发生变化，相关电对的电极电势也随之而变。电极电势随滴定剂加入的体积变化而变化的关系曲线即为**氧化还原滴定曲线**。可由实验测得，也可通过计算来绘制。

下面以在 $1\ \mathrm{mol \cdot L^{-1}}\ \mathrm{H_2SO_4}$ 介质中，用 $0.1000\ \mathrm{mol \cdot L^{-1}}\ \mathrm{Ce(SO_4)_2}$ 标准溶液滴定 $20.00\ \mathrm{mL}$ 等浓度的 $\mathrm{FeSO_4}$ 溶液为例，通过计算绘制氧化还原滴定曲线。

11.2.1 滴定曲线的绘制

滴定反应为：$\mathrm{Ce^{4+}} + \mathrm{Fe^{2+}} \Longrightarrow \mathrm{Ce^{3+}} + \mathrm{Fe^{3+}}$

电极反应为：$\mathrm{Ce^{4+}} + \mathrm{e^-} \Longrightarrow \mathrm{Ce^{3+}} \qquad E_{\mathrm{Ce^{4+}/Ce^{3+}}}^{\ominus\prime} = 1.44\mathrm{V}$

$\mathrm{Fe^{2+}} \Longrightarrow \mathrm{Fe^{3+}} + \mathrm{e^-} \qquad E_{\mathrm{Fe^{3+}/Fe^{2+}}}^{\ominus\prime} = 0.68\mathrm{V}$

这个滴定反应涉及的电对都是对称电对，且电极反应都为可逆反应，所以，这两个电对也是可逆电对。

滴定过程中，每加入一滴 $\mathrm{Ce(SO_4)_2}$ 标准溶液，$\mathrm{Ce^{4+}}$ 与 $\mathrm{Fe^{2+}}$ 就会迅速反应，达到一个平衡点，此时，$E_{\mathrm{Fe^{3+}/Fe^{2+}}} = E_{\mathrm{Ce^{4+}/Ce^{3+}}}$，因此，溶液中各平衡点的电极电势既可以用 $\mathrm{Ce^{4+}/Ce^{3+}}$ 电对来计算，也可以用 $\mathrm{Fe^{3+}/Fe^{2+}}$ 电对来计算，故可选择便于计算的那个电对

来计算。

(1) 滴定前

在 $0.1000 \text{mol} \cdot \text{L}^{-1}\text{Fe}^{2+}$ 溶液中，由于空气的氧化作用，会有少量 Fe^{3+} 存在，组成 $\text{Fe}^{3+}/\text{Fe}^{2+}$ 电对，但是 Fe^{3+} 的浓度不定，此时的电极电势无法计算。

(2) 滴定开始到化学计量点前

每加入一滴 Ce^{4+} 溶液，立刻被还原为 Ce^{3+}，Ce^{4+} 浓度不知，无法计算 $\text{Ce}^{4+}/\text{Ce}^{3+}$ 电对的电极电势，此时宜用 $\text{Fe}^{3+}/\text{Fe}^{2+}$ 电对计算体系的电极电势。

电极电势可用浓度计算，也可用滴定百分率（$a\%$）来计算，即：

$$E_{\text{Fe}^{3+}/\text{Fe}^{2+}} = E_{\text{Fe}^{3+}/\text{Fe}^{2+}}^{\ominus\prime} - 0.0592 \lg \frac{[\text{Fe}^{2+}]}{[\text{Fe}^{3+}]} = E_{\text{Fe}^{3+}/\text{Fe}^{2+}}^{\ominus\prime} - 0.0592 \lg \frac{100\% - a\%}{a\%}$$

例如，滴入 Ce^{4+} 溶液 19.98mL，即滴定百分率为 99.9% 时：

$$E = 0.68 - 0.0592 \lg \frac{100\% - 99.9\%}{99.9\%} = 0.68 + 0.0592 \times 3 = 0.86 \ (\text{V})$$

(3) 化学计量点时

当加入 20.00mL Ce^{4+} 溶液时，溶液中所有的反应物几乎完全反应掉，为化学计量点，滴定百分率为 100%，此时，Fe^{2+} 和 Ce^{4+} 浓度很小不可知，无法直接计算体系的电势。化学计量点时的电势用 E_{sp} 表示，则

$$E_{\text{sp}} = E_{\text{Ce}^{4+}/\text{Ce}^{3+}}^{\ominus\prime} - 0.0592 \lg \frac{[\text{Ce}^{3+}]}{[\text{Ce}^{4+}]} \qquad E_{\text{sp}} = E_{\text{Fe}^{3+}/\text{Fe}^{2+}}^{\ominus\prime} - 0.0592 \lg \frac{[\text{Fe}^{2+}]}{[\text{Fe}^{3+}]}$$

两式相加，得 $\qquad 2E_{\text{sp}} = E_{\text{Ce}^{4+}/\text{Ce}^{3+}}^{\ominus\prime} + E_{\text{Fe}^{3+}/\text{Fe}^{2+}}^{\ominus\prime} - 0.0592 \lg \dfrac{[\text{Ce}^{3+}][\text{Fe}^{2+}]}{[\text{Ce}^{4+}][\text{Fe}^{3+}]}$

在化学计量点时：$[\text{Ce}^{4+}] = [\text{Fe}^{2+}] \qquad [\text{Ce}^{3+}] = [\text{Fe}^{3+}]$

代入上式，得：$\qquad E_{\text{sp}} = \dfrac{E_{\text{Ce}^{4+}/\text{Ce}^{3+}}^{\ominus\prime} + E_{\text{Fe}^{3+}/\text{Fe}^{2+}}^{\ominus\prime}}{2} = \dfrac{0.68 + 1.44}{2} = 1.06 \ (\text{V})$

如果可逆对称电对的滴定反应的通式为：

$$n_2 \text{Ox}_1 + n_1 \text{Red}_2 \Longleftrightarrow n_2 \text{Red}_1 + n_1 \text{Ox}_2$$

按照上面的推导方法可以得出，可逆对称电对的滴定反应在化学计量点时的电势 E_{sp} 为：

$$E_{\text{sp}} = \frac{n_1 E_1^{\ominus\prime} + n_2 E_2^{\ominus\prime}}{n_1 + n_2} \tag{11.3}$$

对于对称电对，根据式(11.3) 可知，化学计量点时的电势 E_{sp} 与反应物浓度无关。

(4) 化学计量点后

当加入过量的 Ce^{4+} 溶液时，Fe^{2+} 几乎已经完全反应，浓度不可知，滴定百分率大于 100%，此时宜用 $\text{Ce}^{4+}/\text{Ce}^{3+}$ 电对来计算体系的电势。

$$E_{\text{Ce}^{4+}/\text{Ce}^{3+}} = E_{\text{Ce}^{4+}/\text{Ce}^{3+}}^{\ominus\prime} - 0.0592 \lg \frac{[\text{Ce}^{3+}]}{[\text{Ce}^{4+}]} = E_{\text{Ce}^{4+}/\text{Ce}^{3+}}^{\ominus\prime} - 0.0592 \lg \frac{100\%}{a\% - 100\%}$$

例如，加入 20.02mL Ce^{4+} 溶液，相当于滴定百分数为 100.1% 时：

$$E = 1.44 - 0.0592 \lg \frac{100\%}{100.1\% - 100\%} = 1.44 - 0.0592 \times 3 = 1.26 \ (\text{V})$$

将不同滴定点的计算结果列于表 11.1 中，并以电势值为纵坐标，滴定剂体积为横坐标作滴定曲线图，如图 11.1。

表 11.1 $Ce(SO_4)_2$ 标准溶液滴定 $FeSO_4$ 过程中电极电势的计算结果

（$1mol \cdot L^{-1} H_2SO_4$ 介质中，$c_{Ce^{4+}} = c_{Fe^{2+}} = 0.1000mol \cdot L^{-1}$，$V_{Fe^{2+}} = 20.00mL$）

Ce^{4+} 加入量/mL	滴定百分数/%	电势/V	
1.00	5.0	0.60	
2.00	10.0	0.62	
4.00	20.0	0.64	
8.00	40.0	0.67	
10.00	50.0	0.68	
12.00	60.0	0.69	
18.00	90.0	0.74	
19.80	99.0	0.80	
19.98	99.9	**0.86**	突跃范围
20.00	100.0	1.06	
20.02	100.1	**1.26**	
22.00	110.0	1.38	
30.00	150.0	1.42	
40.00	200.0	1.44	

以上电极电势的计算，过程中采用的是条件电势，且电对都是可逆的氧化还原电对，在氧化还原半反应的任意瞬间，可逆电对能迅速建立氧化还原平衡，其所显示的实际电势基本符合能斯特方程计算出的理论电势。

如果氧化还原反应的电对是不可逆电对，如 MnO_4^-/Mn^{2+}，$Cr_2O_7^{2-}/Cr^{3+}$ 等，在半反应的瞬间无法立刻达到真正的平衡，实际电势与理论计算电势值就会相差较大。

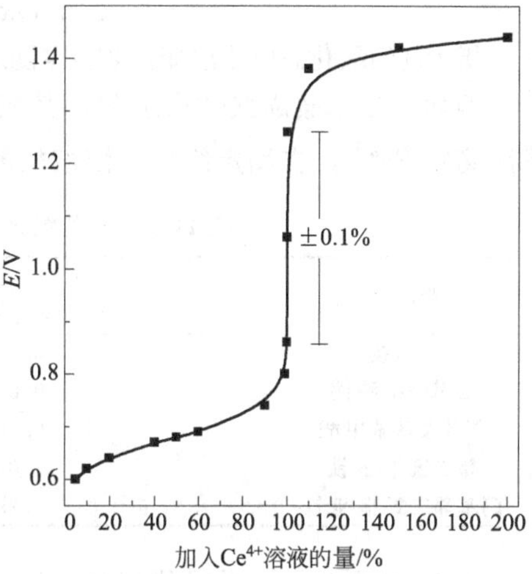

11.2.2 滴定突跃范围

由表 11.1 和图 11.1 可知，滴定曲线在化学计量点的 $\pm 0.1\%$ 前后有明显的滴定突跃，突跃范围为 $0.86 \sim 1.26V$，电势增量 $1.26 - 0.86 = 0.40$（V）。

图 11.1 Ce^{4+} 滴定 Fe^{2+} 的滴定曲线

（$c_{Ce^{4+}} = c_{Fe^{2+}} = 0.1000mol \cdot L^{-1}$）

根据滴定曲线中化学计量点前后体系电势的推导计算，对于滴定反应涉及的电对是对称电对，且为可逆电对的情况下，以氧化剂滴定还原剂时，滴定突跃范围为：

$$\left(E^{\ominus\prime}_{Ox_2/Red_2} + \frac{0.0592}{n_2} \times 3 \right) \sim \left(E^{\ominus\prime}_{Ox_1/Red_1} - \frac{0.0592}{n_1} \times 3 \right)$$

$E^{\ominus\prime}_{Ox_2/Red_2}$ 为还原剂所在电对的条件电势，$E^{\ominus\prime}_{Ox_1/Red_1}$ 为氧化剂所在电对的条件电势。因此，滴定突跃范围由两电对的条件电势差及电子转移数决定，电子转移数相同时，条件电势的差值越大，显然，突跃范围就越大，滴定突跃范围与浓度无关。

11.3 氧化还原滴定中的指示剂

在氧化还原滴定中，可用电位法确定滴定终点，也可使用一类在化学计量点附近颜色发生改变的物质来指示终点，根据变色机理，可将用于氧化还原滴定的指示剂分为自身指示剂、专属指示剂和氧化还原指示剂三类。

(1) 自身指示剂

有些滴定所用的标准溶液，如 $KMnO_4$，本身就具有颜色，而且其滴定产物，如 Mn^{2+}，无色或浅色，这样，在滴定时就无需另加指示剂，溶液本身的颜色变化可以直接指示滴定终点，这类反应物可称为**自身指示剂**。

实验表明，$KMnO_4$ 的浓度约为 $2 \times 10^{-6} mol \cdot L^{-1}$ 时，可以使溶液呈粉红色。

(2) 专属指示剂

这类指示剂本身不具有氧化还原性，但它能与特定的氧化剂或还原剂反应，生成具有特殊颜色的物质来指示滴定终点，所以称作**专属指示剂**。

例如，可溶性淀粉溶液与碘反应，生成深蓝色化合物，而 I_2 被还原为 I^- 时，蓝色就会消失，当 I_2 的浓度达到 $1 \times 10^{-5} mol \cdot L^{-1}$ 时，又有蓝色出现，所以淀粉是 I_2 的专属指示剂。

(3) 氧化还原指示剂

这类指示剂本身具有氧化还原性，且氧化型 $In(Ox)$ 和还原型 $In(Red)$ 的颜色不同，随着滴定的进行，指示剂发生了氧化反应或还原反应，

$$In(Ox) + ne^- \rightleftharpoons In(Red)$$

指示剂的氧化态发生改变，颜色也随之而突变，以此来指示终点，所以称为**氧化还原指示剂**。

例如，二苯胺磺酸钠指示剂，其氧化型为紫红色，还原型为无色，用于指示 $K_2Cr_2O_7$ 溶液滴定 Fe^{2+}，在滴定终点，溶液的颜色由无色转变为紫红色。

表 11.2　一些氧化还原指示剂的 $E^{\ominus\prime}(In)$ 及颜色变化

指示剂	$E^{\ominus\prime}(In)/V$	颜色变化	
	$([H^+] = 1 mol \cdot L^{-1})$	氧化型	还原型
二苯胺	0.76	紫色	无色
二苯胺磺酸钠	0.84	紫红色	无色
邻苯胺基苯甲酸	0.89	紫红色	无色
邻二氮菲-亚铁	1.06	浅蓝色	无色
硝基邻二氮菲-亚铁	1.25	浅蓝色	紫红色

表 11.2 列出了一些常用氧化还原指示剂。选择氧化还原指示剂时，应该选择指示剂变色时的条件电势在滴定突跃范围之内的指示剂。

例如，在酸性介质中用 Ce^{4+} 滴定 Fe^{2+} 时，突跃范围为 $0.86 \sim 1.26V$，选择条件电势为 $1.06V$ 的邻二氮菲-亚铁或条件电势为 $0.89V$ 的邻苯胺基苯甲酸都可。

11.4　常用的几种氧化还原滴定法

11.4.1　高锰酸钾法

高锰酸钾是一种强氧化剂，介质条件不同，其氧化能力不同，如：

介质	电极反应	$E^{\ominus}/V$
强酸性	$MnO_4^- + 8H^+ + 5e^- \rightleftharpoons Mn^{2+} + 4H_2O$	1.507
弱酸性、中性、弱碱性	$MnO_4^- + 2H_2O + 3e^- \rightleftharpoons MnO_2 + 4OH^-$	0.595
强碱性	$MnO_4^- + e^- \rightleftharpoons MnO_4^{2-}$	0.558

在强酸性溶液中 $KMnO_4$ 的氧化能力最强，$E^{\ominus}=1.507V$，产物为 Mn^{2+}，可以作为标准溶液滴定还原性物质。需要注意的是，强酸性溶液的酸度要用 H_2SO_4 来控制，这是由于 HNO_3 具有氧化性，不能用，而 HCl 中的 Cl^- 具有还原性，也不能用。

在弱酸性、中性和弱碱性溶液中，$KMnO_4$ 的还原产物是二氧化锰，为褐色的沉淀，不利于滴定终点的观察，这种条件下一般不适合滴定。

在强碱性溶液中，$KMnO_4$ 氧化有机物的反应速率大于强酸性溶液中，所以在强碱性溶液中可测定有机物。

高锰酸钾法的优点是氧化能力强，无需另加指示剂，应用广泛。缺点是溶液不够稳定，且大多数还原性物质都会对滴定造成干扰。

(1) 高锰酸钾标准溶液的配制

市售高锰酸钾常含有少量杂质，而且配制所用的蒸馏水中也常含有微量还原性物质，因此 $KMnO_4$ 标准溶液不能直接配制。

配制时，称取稍多于理论量的 $KMnO_4$，溶解于蒸馏水中，加热并保持微沸状态约 1 h，充分氧化其中还原性杂质，冷却后贮存于棕色试剂瓶中，于暗处放置 2～3 天，使溶液中可能存在的还原性物质继续氧化。然后用微孔玻璃漏斗过滤，避光保存，使用之前标定。如果标定好的溶液放置时间较长，应重新标定。

(2) 高锰酸钾标准溶液的标定

标定 $KMnO_4$ 溶液浓度的基准物有 $H_2C_2O_4 \cdot 2H_2O$、$Na_2C_2O_4$、纯铁丝、As_2O_3 及 $FeSO_4 \cdot (NH_4)_2SO_4 \cdot 6H_2O$ 等。实验室中最常用的基准物质是 $Na_2C_2O_4$，主要由于它性质稳定，容易提纯。标定反应为：

$$2MnO_4^- + 5C_2O_4^{2-} + 16H^+ \xlongequal{\quad} 2Mn^{2+} + 10CO_2 \uparrow + 8H_2O$$

标定高锰酸钾标准溶液的过程要注意如下几点。

① 温度

室温下该反应的反应速率较慢，所以溶液的温度应该保持在 75～85℃；若反应温度超过 90℃时，$H_2C_2O_4$ 会发生分解，若反应温度低于 60℃时，反应速率又太小，不适合滴定。

$$H_2C_2O_4 \xlongequal{\quad} CO_2 \uparrow + CO \uparrow + H_2O$$

② 酸度

滴定过程应具有足够的酸度，才能保证 $KMnO_4$ 的强氧化性。开始滴定时，溶液的酸度为 0.5～1 $mol \cdot L^{-1}$ 的 H_2SO_4 介质。如果酸度太低会生成 MnO_2 沉淀，酸度过高又会使 $H_2C_2O_4$ 分解。滴定终点时酸度为 0.2～0.5 $mol \cdot L^{-1}$ 的 H_2SO_4 介质。

③ 滴定速度

Mn^{2+} 对该反应起催化作用，随着滴定的进行，Mn^{2+} 的浓度逐渐增加，反应速率加快，所以开始滴定时滴速要慢，后来可以稍微加快，但也不能太快，否则加入的 $KMnO_4$ 溶液来不及与 $C_2O_4^{2-}$ 反应，就在热酸中先分解：

$$4MnO_4^- + 12H^+ \xlongequal{\quad} 4Mn^{2+} + 5O_2 + 6H_2O$$

④ 滴定终点

$KMnO_4$ 是自身指示剂，滴定终点颜色变为粉红色，经半分钟不褪色即可。由于空气中的还原性物质会使 $KMnO_4$ 缓慢分解，粉红色消失，所以显色后半分钟内不褪色就表示到达滴定终点。

(3) 高锰酸钾法的应用

① 直接滴定法

$KMnO_4$ 具有强氧化能力，用 $KMnO_4$ 标准溶液可以直接滴定许多还原性物质，如 Fe^{2+}、H_2O_2、Sn^{2+}、$C_2O_4^{2-}$、$Ti(\text{Ⅲ})$、$As(\text{Ⅲ})$、$Sb(\text{Ⅲ})$ 等。例如，市售双氧水中的过氧化氢，就可用 $KMnO_4$ 标准溶液直接滴定测其含量，反应式为：

$$5H_2O_2 + 2MnO_4^- + 6H^+ =\!=\!= 2Mn^{2+} + 5O_2 + 8H_2O$$

由于商品双氧水中 H_2O_2 浓度过大，应稀释后才能滴定。

而工业品的 H_2O_2 中往往含有稳定剂乙酰苯胺等。这些有机物大多能与 MnO_4^- 反应，影响测定，所以工业品的 H_2O_2 宜采用碘量法或铈量法进行测定。

② 间接滴定法

用 $KMnO_4$ 标准溶液可以间接测定能与 $C_2O_4^{2-}$ 定量沉淀为草酸盐的金属离子，如 Ca^{2+}、Ba^{2+}、Pb^{2+} 以及稀土离子等。

以 Ca^{2+} 为例，向 Ca^{2+} 溶液中加入过量的 $C_2O_4^{2-}$，使 Ca^{2+} 完全转化为 CaC_2O_4 沉淀，然后将沉淀过滤、洗涤后溶于稀硫酸中，此时溶液中 $[Ca^{2+}] = [H_2C_2O_4]$，再用 $KMnO_4$ 标准溶液来滴定 $H_2C_2O_4$，就可间接测定 Ca^{2+} 含量。反应如下：

$$Ca^{2+} + C_2O_4^{2-} \rightleftharpoons CaC_2O_4 \downarrow$$

$$CaC_2O_4 + 2H^+ =\!=\!= Ca^{2+} + H_2C_2O_4$$

$$5H_2C_2O_4 + 2MnO_4^- + 6H^+ =\!=\!= 2Mn^{2+} + 10CO_2 + 8H_2O$$

③ 返滴定法

用 $KMnO_4$ 标准溶液可以测定一些不能直接滴定的氧化性和还原性物质，如 MnO_2、PbO_2、SO_3^{2-} 和 $HCHO$ 等。

例如，测软锰矿中 MnO_2 含量，在 H_2SO_4 介质中，加入一定量且过量的 $Na_2C_2O_4$ 溶液，剩余的 $Na_2C_2O_4$ 用 $KMnO_4$ 标准溶液来滴定，就可得到与 MnO_2 反应所消耗的 $Na_2C_2O_4$ 的量，从而求出软锰矿中 MnO_2 的含量。

$$MnO_2 + C_2O_4^{2-} + 4H^+ =\!=\!= Mn^{2+} + 2CO_2 + 2H_2O$$

11.4.2　重铬酸钾法

(1) 重铬酸钾法的特点

$K_2Cr_2O_7$ 也是一种强氧化剂，氧化能力稍弱于 $KMnO_4$，在酸性介质中：

$$Cr_2O_7^{2-} + 14H^+ + 6e^- \rightleftharpoons 2Cr^{3+} + 7H_2O \quad E^{\ominus}_{Cr_2O_7^{2-}/Cr^{3+}} = 1.332V$$

与高锰酸钾法相比，重铬酸钾法有如下特点。

① $K_2Cr_2O_7$ 本身是基准物质，可直接配制成标准溶液。

② $K_2Cr_2O_7$ 标准溶液相当稳定，密闭可长期保存。

③ $K_2Cr_2O_7$ 滴定往往可在 HCl 介质中进行，因为 $E^{\ominus}_{Cl_2/Cl^-} = 1.36V$，所以室温下 $Cr_2O_7^{2-}$ 不能氧化 Cl^-。但是如果 HCl 的浓度较高，或将溶液煮沸时，$K_2Cr_2O_7$ 也能部分地被 Cl^- 还原。

④ 虽然 $K_2Cr_2O_7$ 为橙黄色，Cr^{3+} 为绿色，但由于颜色较浅，不适合用作自身指示剂，$K_2Cr_2O_7$ 法常用的指示剂是二苯胺磺酸钠或邻苯胺基苯甲酸等。

⑤ $K_2Cr_2O_7$ 有毒，使用后要注意废液处理。

(2) 重铬酸钾法的应用

① 铁矿石中全铁含量的测定

测定铁的方法很多，铁含量较高的试样，普遍采用氯化亚锡为还原剂的重铬酸钾法。该法预处理简单，标准溶液配制方便，滴定终点颜色变化明显，因此测定结果比较准确。

a. 预处理　测定铁矿石中的全铁量时，溶解下来的铁以 Fe^{3+} 和 Fe^{2+} 两种氧化态存在，所以在滴定之前先进行预处理，将 Fe^{3+} 预先还原成 Fe^{2+}，然后再用 $K_2Cr_2O_7$ 标准溶液滴定 Fe^{2+}，即可求得总铁量。

预处理在盐酸或硫酸溶液中进行，加入预处理剂 $SnCl_2$，Sn^{2+} 可以还原为 Fe^{2+} Fe^{3+}。

$$2Fe^{3+}+Sn^{2+}+6Cl^-\Longrightarrow 2Fe^{2+}+SnCl_6^{2-}$$

过量的 $SnCl_2$ 可加入氯化汞氧化来除去，同时有白色丝状甘汞沉淀生成。

$$Sn^{2+}+4Cl^-+2HgCl_2\Longrightarrow SnCl_6^{2-}+Hg_2Cl_2\downarrow$$

b. 滴定过程　滴定反应如下：

$$6Fe^{2+}+Cr_2O_7^{2-}+14H^+\Longrightarrow 6Fe^{3+}+2Cr^{3+}+7H_2O$$

由于滴定产物 Fe^{3+} 能氧化指示剂，所以需要加入 H_2SO_4-H_3PO_4 混合酸，H_2SO_4 用来保证溶液具有足够的酸度。H_3PO_4 与 Fe^{3+} 反应可以形成稳定的配合物 $[Fe(HPO_4)_2]^-$，一方面，降低 Fe^{3+}/Fe^{2+} 的条件电势，避免 Fe^{3+} 对指示剂的氧化，增大突跃范围；另一方面，黄色的 Fe^{3+} 转化为无色的 $[Fe(HPO_4)_2]^-$，使指示剂的变色更加敏锐，滴定终点清晰稳定。

c. 指示剂　选用二苯胺磺酸钠，其颜色变化本应该是无色→紫色，混合了背景色后，滴定终点时溶液由浅绿→紫红。

② 工业废水中化学需氧量（COD）的测定

化学需氧量（chemical oxygen demand）是量度水体受还原性物质[❶]污染程度的综合性指标，就是把水体中易被强氧化剂氧化的还原性物质所消耗的氧化剂的量，换算成氧的质量浓度（以 $mg\cdot L^{-1}$ 计）来表示，这就是 COD，用重铬酸钾法测定的 COD 记为 COD_{Cr}。

滴定过程为：在硫酸介质中，向水样中加入一定量且过量的 $K_2Cr_2O_7$ 标准溶液、以 Ag_2SO_4 为催化剂，加热回流 2h，使水样中还原性物质充分氧化，冷却后用 Fe^{2+} 标准溶液回滴剩余的 $K_2Cr_2O_7$，用邻二氮菲-Fe（Ⅱ）为指示剂。最后将实验结果换算成 COD_{Cr} 值。

11.4.3　碘量法

固体 I_2 在水中溶解度很小，一般将其溶于 KI 溶液中，$I_2+I^-\Longrightarrow I_3^-$，所以 I_2 在水溶液中实际是以 I_3^- 的形式存在。

$$I_3^-+2e^-\Longrightarrow 3I^-\qquad E^\ominus=0.5355V$$

碘量法是利用 I_2 的氧化性和 I^- 的还原性来进行滴定的分析方法。其特点如下。

① 电对 I_2/I^-（实际是 I_3^-/I^-）的可逆性好，电极反应式通常仍写作：

$$I_2+2e^-\Longrightarrow 2I^-。$$

② 碘量法使用范围广，其电势在 pH<9 的范围内不受酸度和其他配位剂的影响，所以副反应少，滴定条件只要考虑样品的要求即可。

③ 淀粉指示剂的灵敏度高，I_2 的浓度达到 $1\times 10^{-5}mol\cdot L^{-1}$ 即显蓝色。

④ 碘量法应用广泛，根据 I_2/I^- 的电极电势可知，I_2 的氧化性和 I^- 的还原性都属于中

---

❶　还原性物质主要有低分子直链有机物（如有机酸、腐殖酸、脂肪酸、糖类化合物、可溶性淀粉等）和还原性无机物质（如亚硝酸盐、亚铁盐、硫化物等）。

等，因此碘量法测定对象多，既可以测定氧化剂，又可以测定还原剂。利用碘的氧化性滴定还原性物质为直接碘量法；利用 I^- 的还原性间接测定氧化性物质为间接碘量法，其中，间接碘量法的使用范围更广。

⑤ 碘量法主要的误差来源有两个：I_2 的挥发和 I^- 被空气中 O_2 氧化，可采用下列方法减小误差。

a. 加入过量的 KI，与 I_2 反应形成以 I_3^-；

b. 滴定在室温下于带塞的碘量瓶中进行，且不能剧烈振荡；

c. 在 I_2 析出后，立即用 $Na_2S_2O_3$ 溶液滴定，不能放置过久；

d. 滴定过程避免阳光直射，光照会促进 I^- 被空气氧化。

(1) 间接碘量法

I^- 是一种中强还原剂，可以与许多氧化剂反应，如 H_2SO_4，IO_3^-，$Cr_2O_7^{2-}$，MnO_4^- 等。间接碘量法可分为以下两步：

1) 被测物（氧化剂）氧化 KI，定量地析出 I_2；

2) 用 $Na_2S_2O_3$ 标准溶液滴定析出的 I_2，因此这种分析方法又称滴定碘法。

例如，测 $K_2Cr_2O_7$ 的含量：

$$Cr_2O_7^{2-} + 6I^-（过量）+ 14H^+ \Longrightarrow 2Cr^{3+} + 3I_2 + 7H_2O$$
$$I_2 + 2S_2O_3^{2-} \Longrightarrow 2I^- + S_4O_6^{2-}$$

间接碘量法在测定过程中需要注意下列几项。

① $Na_2S_2O_3$ 标准溶液的配制与标定

Ⅰ. 配制　市售硫代硫酸钠（$Na_2S_2O_3 \cdot 5H_2O$）纯度不高，且易风化不能直接配制成标准溶液。

$Na_2S_2O_3$ 溶液不稳定，原因有以下几点。

a. 被水中溶解的 CO_2 分解：$Na_2S_2O_3 + CO_2 + H_2O \Longrightarrow NaHCO_3 + NaHSO_3 + S\downarrow$

b. 微生物的影响：水中存在的细菌会消耗 $Na_2S_2O_3$ 中的硫，使之变为 Na_2SO_3，这是 $Na_2S_2O_3$ 溶液浓度变化的主要原因。

c. 被空气中 O_2 氧化：$2Na_2S_2O_3 + O_2 \Longrightarrow 2Na_2SO_4 + 2S\downarrow$

因此，配制 $Na_2S_2O_3$ 标准溶液时，应该注意：

a. 蒸馏水必须是新煮沸且冷却下来的，为了赶走溶液中的 CO_2 和 O_2，并杀死细菌；

b. 配制时加入少量 Na_2CO_3，使溶液呈微碱性，以抑制细菌的繁殖，防 $Na_2S_2O_3$ 的分解；

c. 溶液保存在棕色瓶中，在暗处放置，避免光照分解，标定后的 $Na_2S_2O_3$ 标准溶液在贮存过程中如发现溶液变混浊，应弃去重配。

Ⅱ. 标定　标定 $Na_2S_2O_3$ 溶液的基准物质有 $K_2Cr_2O_7$、KIO_3、$KBrO_3$、纯铜等，这些物质均能与过量 I^- 反应析出定量的 I_2。析出的 I_2 用 $Na_2S_2O_3$ 标准溶液滴定，标定过程就是间接碘量法的过程。

② 滴定之前

氧化性的被测物质与 KI 作用，一般在暗处放置 5min 以保证反应的完成。然后立即用 $Na_2S_2O_3$ 标准溶液进行滴定。

③ 滴定过程中酸度的控制

溶液的酸度必须控制在中性或弱酸性，才可以保证 $S_2O_3^{2-}$ 与 I_2 的反应迅速、定量完成。在其他 pH 条件下均会发生副反应，具体副反应有：

在碱性溶液中：$S_2O_3^{2-}+4I_2+10OH^-\Longrightarrow 2SO_4^{2-}+8I^-+5H_2O$

$$3I_2+6OH^-\Longrightarrow IO_3^-+5I^-+3H_2O$$

在强酸性溶液中：$\quad S_2O_3^{2-}+2H^+\Longrightarrow SO_2+S\downarrow +H_2O$

$$4I^-+4H^++O_2\Longrightarrow 2I_2+2H_2O$$

④ 指示剂的加入时间

应该在接近滴定终点时加入淀粉指示剂，先用 $Na_2S_2O_3$ 标准溶液滴至溶液呈浅黄色，说明大部分 I_2 已反应掉，这时加入淀粉指示剂，继续滴定至蓝色刚好消失，即为终点。如果淀粉溶液加入太早，大量的 I_2 与淀粉结合生成蓝色物质，这部分 I_2 不易被释放，会使滴定产生误差。

⑤ 滴定过程中其他注意事项

a. 加入过量的 KI 溶液，可减少 I_2 的挥发，同时可加快反应速率和提高反应的完全程度，还可以提高淀粉指示剂的灵敏度。

b. 滴定温度不能高，因为升高温度会使 I_2 挥发，同时降低淀粉指示剂的灵敏度，还会增大细菌的活性，加速 $Na_2S_2O_3$ 的分解。

c. 指示剂淀粉溶液应是新鲜配制的，放置太久会导致终点颜色变化不敏锐。另外，滴定至终点几分钟后，溶液又会呈现蓝色，这是由空气中的 O_2 氧化 I^- 产生的 I_2 所引起的，不影响测定结果。

（2）直接碘量法

I_2 是一种较弱的氧化剂，可被较强的还原剂还原，所以可以用 I_2 标准溶液直接滴定还原性物质，如 Sn^{2+}、S^{2-}、SO_3^{2-}、As_2O_3、SO_2 等，这种分析方法称为**直接碘量法**，又称碘滴定法。

直接碘量法在测定过程中需要注意下列几项。

① 滴定过程中酸度的控制

直接碘量法只能在中性或弱酸性介质中进行，在碱性溶液中，I_2 会发生歧化。滴定过程中使用的滴定剂是 I_2 标准溶液。

② I_2 标准溶液的配制与标定

a. 配制　I_2 易挥发，难以准确称量，一般用间接法配制。

先将一定量的 I_2 溶于 KI 的浓溶液中，然后稀释。溶液应贮于棕色瓶中，防止遇热或与橡胶等有机物接触，使浓度产生变化。

b. 标定　用基准物质 As_2O_3 标定，由于 As_2O_3 难溶于水，将其溶于 NaOH 溶液中，以酚酞作指示剂，用 HCl 溶液中和过量的 NaOH。然后用 I_2 标准溶液滴定。反应式如下：

$$As_2O_3+6OH^-\Longrightarrow 2AsO_3^{3-}+3H_2O$$

$$AsO_3^{3-}+I_2+H_2O\Longrightarrow AsO_4^{3-}+2I^-+2H^+$$

溶液的 pH 值用 $NaHCO_3$ 调节，保持在 $pH\approx 8$ 时进行滴定。

（3）碘量法的应用

① 铜的测定——间接碘量法

先将铜转化为 Cu^{2+}，与过量 KI 反应，定量析出 I_2，再用 $Na_2S_2O_3$ 标准溶液滴定。反应式如下：

$$2Cu^{2+}+4I^-\Longrightarrow 2CuI\downarrow +I_2$$

测定过程中要注意以下几点。

a. 溶液中有 CuI 沉淀生成，会吸附 I_2 影响测定结果，故可加入 KSCN，使沉淀转化为

对 I_2 的吸附程度大大减小且溶解度也更小的 CuSCN 沉淀。

$$CuI + SCN^- \Longrightarrow CuSCN\downarrow + I^-$$

KSCN 应该接近终点时加入，以避免 SCN^- 使 I_2 还原，造成结果偏低。

b. 为了使上述反应进行完全，必须加入过量的 KI。KI 既是还原剂，又是沉淀剂、配位剂。

② 钢铁中的 S 含量的测定——直接碘量法

测定钢铁中的 S 含量，先将 S 氧化为 SO_2，用水吸收 SO_2，以淀粉为指示剂，用 I_2 标准溶液滴定，反应式如下：

$$S + O_2 \Longrightarrow SO_2 \qquad SO_2 + H_2O \Longrightarrow H_2SO_3$$

$$I_2 + H_2SO_3 + H_2O \Longrightarrow 2I^- + SO_4^{2-} + 4H^+$$

11.5 氧化还原滴定结果的计算

氧化还原滴定结果的计算步骤如下：

① 由于测定过程涉及的化学反应比较多，所以应该先写出相关的氧化还原反应式并配平；

② 找出滴定剂与待测物之间的化学计量关系，直接计算，不必分步计算。

【例 11.1】 软锰矿的主要成分是 MnO_2，称取 0.4010 g 软锰矿试样，在酸性条件中，将试样与 0.4480 g 基准试剂 $Na_2C_2O_4$ 充分反应，剩余的 $Na_2C_2O_4$ 以 0.01010 $mol \cdot L^{-1}$ $KMnO_4$ 标准溶液滴定，用去 30.20mL，计算软锰矿试样中 MnO_2 的质量分数。

解：先写出反应式：$MnO_2 + C_2O_4^{2-} + 4H^+ \Longrightarrow Mn^{2+} + 2CO_2 + 2H_2O$

$$5C_2O_4^{2-} + 2MnO_4^- + 16H^+ \Longrightarrow 2Mn^{2+} + 10CO_2 + 8H_2O$$

根据已知条件，该法为返滴定法，找出滴定剂与待测物之间的化学计量关系。

$Na_2C_2O_4$ 的总物质的量为：$\dfrac{m_{Na_2C_2O_4}}{M_{Na_2C_2O_4}} = \dfrac{0.4480}{M_{Na_2C_2O_4}}$

与 $KMnO_4$ 标准溶液反应的 $Na_2C_2O_4$ 物质的量为 $\dfrac{5}{2}c_{KMnO_4} \times V_{KMnO_4}$

$$n_{MnO_2} = n_{Na_2C_2O_4}$$

故

$$w_{MnO_2} = \dfrac{\left[\dfrac{0.4480}{M_{Na_2C_2O_4}} - \dfrac{5}{2}c_{KMnO_4} \times V_{KMnO_4}\right] \times M_{MnO_2}}{m_s} \times 100\%$$

$$= \dfrac{\left(\dfrac{0.4480}{134.0} - \dfrac{5}{2} \times 0.01010 \times 30.20 \times 10^{-3}\right) \times 86.94}{0.4010} \times 100\% = 55.95\%$$

【例 11.2】 称取 $K_2Cr_2O_7$ 基准试剂 0.1963g，溶解、酸化后加入过量 KI，析出的 I_2 用 $Na_2S_2O_3$ 标准溶液滴定，耗去 $Na_2S_2O_3$ 标准溶液 33.61mL。计算 $Na_2S_2O_3$ 溶液的浓度。

解： 先写出反应式：$Cr_2O_7^{2-} + 6I^- + 14H^+ = 2Cr^{3+} + 3I_2 + 7H_2O$

$$2S_2O_3^{2-} + I_2 = 2I^- + S_4O_6^{2-}$$

找出滴定剂与待测物之间的化学计量关系：

$$Cr_2O_7^{2-} \sim 3I_2 \sim 6S_2O_3^{2-} \qquad 6n_{Cr_2O_7^{2-}} = n_{S_2O_3^{2-}}$$

$$6 \times \frac{0.1963}{294.19} = c_{Na_2S_2O_3} \times 33.61 \times 10^{-3}$$

$$c_{Na_2S_2O_3} = 0.1191 \text{mol} \cdot \text{L}^{-1}$$

【例 11.3】 称取 1.000g 含 KI 的试样，溶于水。加入 $0.05000 \text{mol} \cdot \text{L}^{-1}$ KIO_3 标准溶液 10.00mL 处理，反应后煮沸驱尽所生成的 I_2。冷却后，加入过量 KI 溶液与剩余的 KIO_3 充分反应，析出的 I_2 用 $0.1008 \text{mol} \cdot \text{L}^{-1} Na_2S_2O_3$ 标准溶液滴定，耗去 $Na_2S_2O_3$ 标准溶液 21.14mL。计算试样中 KI 的质量分数。

解： 根据题意，第一步，KI 试样加入 10.00mL KIO_3 标准溶液处理，KI 试样全部反应完，KIO_3 标准溶液过量。

第二步，过量的 KIO_3 标准溶液反应与 KI 溶液完全反应，生成的 I_2 用 $Na_2S_2O_3$ 标准溶液滴定，第二步就是间接碘量法的过程。

反应式如下：$IO_3^- + 5I^- + 6H^+ = 3I_2 + 3H_2O$

$$I_2 + 2S_2O_3^{2-} = 2I^- + S_4O_6^{2-}$$

化学计量关系为：$IO_3^- \sim 5I^- \qquad 5n_{IO_3^-} = n_{I^-}$

$$IO_3^- \sim 3I_2 \sim 6S_2O_3^{2-} \qquad n_{IO_3^-} = \frac{1}{3}n_{I_2} = \frac{1}{6}n_{S_2O_3^{2-}}$$

KIO_3 标准溶液的总量为：$0.05000 \times 10.00 \times 10^{-3}$ (mol)

剩余量为：$\frac{1}{6} \times 0.1008 \times 21.14 \times 10^{-3}$ (mol)

$$w_{KI} = \frac{5 \times (0.05000 \times 10.00 - \frac{1}{6} \times 0.1008 \times 21.14) \times 10^{-3} \times 166.01}{1.000} \times 100\% = 12.03\%$$

【例 11.4】 准确称取 1.2340g 含有 PbO 和 PbO_2 混合物的试样，在其酸性溶液中加入 $0.2500 \text{mol} \cdot \text{L}^{-1} H_2C_2O_4$ 溶液 20.00mL，使 PbO_2 还原为 Pb^{2+}。所得溶液用氨水中和，使溶液中所有的 Pb^{2+} 均沉淀为 PbC_2O_4。过滤，将滤液酸化后用 $0.04000 \text{mol} \cdot \text{L}^{-1} KMnO_4$ 标准溶液滴定，用去 $KMnO_4$ 标准溶液 10.00mL。然后将所得 PbC_2O_4 沉淀溶于酸后，用 $0.04000 \text{mol} \cdot \text{L}^{-1} KMnO_4$ 标准溶液滴定，耗去 $KMnO_4$ 标准溶液 30.00mL。计

算试样中 PbO 和 PbO_2 的质量分数。

解： 开始加入的 20.00mL $H_2C_2O_4$，可分为三部分。

$$n_{总} = 0.2500 \times 20.00 \times 10^{-3} = 5.000 \times 10^{-3} (\text{mol})$$

① 一部分与 PbO 反应，先生成 Pb^{2+}，再生成 PbC_2O_4 沉淀，这两个反应都不是氧化还原反应，$PbO + 2H^+ \Longrightarrow Pb^{2+} + H_2O$ $Pb^{2+} + H_2C_2O_4 \Longrightarrow PbC_2O_4 + 2H^+$

$$n_{1(C_2O_4^{2-})} = n_{PbO}$$

② 另一部分 $H_2C_2O_4$，先与 PbO_2 发生氧化还原反应，生成 Pb^{2+}，然后再生成 PbC_2O_4 沉淀，$PbO_2 + H_2C_2O_4 + 2H^+ \Longrightarrow Pb^{2+} + 2CO_2 + 2H_2O$

$$n_{2(C_2O_4^{2-})} = 2n_{PbO_2}$$

③ 剩下的部分与用 $KMnO_4$ 标准溶液滴定，用去 $KMnO_4$ 标准溶液 10.00mL。

$$2MnO_4^- + 5H_2C_2O_4 + 6H^+ \Longrightarrow 2Mn^{2+} + 10CO_2 + 8H_2O$$

$$n_{3(C_2O_4^{2-})} = \frac{5}{2} n_{MnO_4^-}$$

$$n_{3(C_2O_4^{2-})} = 0.04000 \times 10.00 \times 10^{-3} \times \frac{5}{2} = 1.000 \times 10^{-3} (\text{mol})$$

所以 $n_{PbO} + 2n_{PbO_2} + 1.000 \times 10^{-3} = 5.000 \times 10^{-3} (\text{mol})$ (1)

PbC_2O_4 沉淀处理为 $H_2C_2O_4$ 后，又耗去了 30.00mL $KMnO_4$ 标准溶液。

$$PbC_2O_4 \sim H_2C_2O_4 \sim \frac{2}{5} MnO_4^-$$

$$n_{PbC_2O_4} = 0.04000 \times 30.00 \times 10^{-3} \times \frac{5}{2} = 3.000 \times 10^{-3} (\text{mol})$$

PbC_2O_4 沉淀由 PbO 和 PbO_2 两种物质生成，所以：

$$n_{PbO} + n_{PbO_2} = 3.000 \times 10^{-3} (\text{mol})$$ (2)

上述 (1) (2) 两式联立，解得：$n_{PbO} = 2.000 \times 10^{-3}$ mol，$n_{PbO_2} = 1.000 \times 10^{-3}$ mol

$$w_{PbO} = \frac{2.000 \times 10^{-3} \times 223.19}{1.2340} \times 100\% = 36.17\%$$

$$w_{PbO_2} = \frac{1.000 \times 10^{-3} \times 239.19}{1.2340} \times 100\% = 19.38\%$$

习题

11.1   用 $Na_2C_2O_4$ 标定 $KMnO_4$ 溶液，应该选用什么指示剂？滴定条件如何？滴定速度怎样？

11.2   用重铬酸钾法测 Fe^{2+} 时，以二苯胺磺酸钠为指示剂，为什么需要在在 H_2SO_4-H_3PO_4 混合酸介质中进行？

11.3   正确写出下列氧化还原反应式。

(1) 用 $KMnO_4$ 溶液滴定溶液中 H_2O_2 含量；

(2) 用基准物 $Na_2C_2O_4$ 标定 $KMnO_4$ 溶液的浓度；

(3) 用 $K_2Cr_2O_7$ 溶液滴定溶液中 Fe^{2+} 含量；

（4）用基准物 $K_2Cr_2O_7$ 标定 $Na_2S_2O_3$ 溶液的浓度；

（5）间接碘量法测定 Cu^{2+} 含量。

11.4　今欲用间接碘量法以 $K_2Cr_2O_7$ 为基准物标定 $0.1mol \cdot L^{-1}$ $Na_2S_2O_3$ 标准溶液的浓度。若滴定时，要使消耗的 $Na_2S_2O_3$ 溶液的体积控制在 25mL 左右，问应称取 $K_2Cr_2O_7$ 多少克左右？

11.5　有某一 $K_2Cr_2O_7$ 标准溶液，已知其浓度为 $0.01683mol \cdot L^{-1}$，求其对 Fe_2O_3 的滴定度 $T_{Fe_2O_3/K_2Cr_2O_7}$。称取某含铁试样 0.2801g，溶解后将溶液中的 Fe^{3+} 还原为 Fe^{2+}，然后用上述 $K_2Cr_2O_7$ 标准溶液滴定，用去 25.60mL。求试样中 Fe_2O_3 的质量分数。

11.6　计算在 $1.0mol \cdot L^{-1}$ HCl 溶液中，用 Fe^{3+} 溶液滴定 Sn^{2+} 溶液时化学计量点的电势，并计算滴定至 99.9% 和 100.1% 时的电势。为什么化学计量点前后，电势变化不相同？滴定时应选用何种指示剂指示终点（ $E^{\ominus\prime}_{Fe^{3+}/Fe^{2+}} = 0.68V$，$E^{\ominus\prime}_{Sn^{4+}/Sn^{2+}} = 0.14V$ ）？

11.7　市售 H_2O_2 溶液的相对密度为 1.010 $g \cdot mL^{-1}$，今移取该溶液 10.00 mL，在硫酸介质中用 0.02400 $mol \cdot L^{-1}$ $KMnO_4$ 标准溶液滴定，耗去 $KMnO_4$ 标准溶液 36.82mL，计算溶液中 H_2O_2 的质量分数。

11.8　称取 0.1602g 石灰石试样，用 HCl 溶液将其溶解。然后将钙转化为 CaC_2O_4 沉淀，将沉淀过滤、洗涤后，再使其溶于稀 H_2SO_4 中，用 $KMnO_4$ 标准溶液滴定，耗去 $KMnO_4$ 标准溶液 20.70mL。已知 $KMnO_4$ 对 $CaCO_3$ 的滴定度为 $0.006020g \cdot mL^{-1}$，求石灰石中 $CaCO_3$ 的质量分数。

11.9　某 $KMnO_4$ 标准溶液 30.00mL 恰能氧化一定质量的 $KHC_2O_4 \cdot H_2O$，同样质量的 $KHC_2O_4 \cdot H_2O$ 又恰能与浓度为 $0.2012mol \cdot L^{-1}$ NaOH 溶液 25.20mL 完全反应。计算此 $KMnO_4$ 标准溶液的浓度。

11.10　称取 1.000g 钢样，通过预处理，使铬被氧化成 $Cr_2O_7^{2-}$。在该试液中加入 $0.1000mol \cdot L^{-1}$ $FeSO_4$ 标准溶液 25.00mL，然后用 $0.01800mol \cdot L^{-1}$ $KMnO_4$ 标准溶液回滴剩余的 $FeSO_4$ 消耗 7.00mL。计算钢样中铬的质量分数。

11.11　称取 0.4526g 铜矿试样，处理成 Cu^{2+} 溶液后，用间接碘量法测定，到终点时消耗 $0.1031mol \cdot L^{-1}$ $Na_2S_2O_3$ 标准溶液 24.78mL。求该铜矿试样中 CuO 的质量分数。

11.12　在一定量纯 MnO_2 固体中，加入过量盐酸，使 MnO_2 全部溶解，将反应生成之 Cl_2 气导入过量 KI 溶液中，被 Cl_2 氧化生成之 I_2 以 $0.1000mol \cdot L^{-1}$ $Na_2S_2O_3$ 溶液滴定，耗用 $Na_2S_2O_3$ 标准溶液 20.00mL，求 MnO_2 固体的质量。

11.13　化学需氧量（COD_{Cr}）的测定：移取废水样 100.0 mL 用 H_2SO_4 酸化后，加入 25.00mL $0.01660mol \cdot L^{-1}$ $K_2Cr_2O_7$ 溶液，以 Ag_2SO_4 为催化剂，煮沸 2h，待水样中有机物和还原性物质与重铬酸钾充分作用后，以邻二氮菲-Fe（Ⅱ）为指示剂，剩余的 $K_2Cr_2O_7$ 用 $0.1010mol \cdot L^{-1}$ $FeSO_4$ 溶液滴定，用去 $FeSO_4$ 溶液 15.18mL。同时做空白试验，移取 100.0mL 蒸馏水按上述方法同样操作，剩余的 $K_2Cr_2O_7$ 用 $0.1010mol \cdot L^{-1}$ $FeSO_4$ 溶液滴定，用去 $FeSO_4$ 溶液 25.15mL。计算废水样的化学需氧量，以 $mg \cdot L^{-1}$ 表示。

11.14　用 KIO_3 基准物标定 $Na_2S_2O_3$ 标准溶液的浓度。称取 KIO_3 基准物 0.1510g 与过量 KI 作用。析出的 I_2 用 $Na_2S_2O_3$ 标准溶液滴定，用去 $Na_2S_2O_3$ 标准溶液 24.51mL。计算此 $Na_2S_2O_3$ 溶液的浓度为多少？

11.15　称取 1.000g 丙酮试样，溶解后，定量转移到 250mL 容量瓶中，稀释、定容、摇匀。移取该试液 25.00mL 于盛有 NaOH 溶液的碘量瓶中，准确加入 $0.05000mol \cdot L^{-1}$ I_2 标准溶液 50.00mL，放置一定时间后，加稀 H_2SO_4 调节溶液呈弱酸性，立即用 0.1000

mol·L^{-1}Na$_2$S$_2$O$_3$标准溶液滴定过量的 I$_2$，耗去 Na$_2$S$_2$O$_3$ 标准溶液 10.00mL。计算试样中丙酮的质量分数。丙酮与碘的反应为：

$$CH_3COCH_3 + 3I_2 + 4NaOH == CH_3COONa + 3NaI + 3H_2O + CHI_3$$

11.16 称取 0.4082g 苯酚试样，用 NaOH 溶解后，定量转移入 250mL 容量瓶中，加水稀释至刻度，摇匀。移取 25.00mL 该试液于碘量瓶中，加入溴酸钾标准溶液（KBrO$_3$ + KBr）25.00mL，然后加入 HCl 溶液酸化，待 Br$_2$ 与苯酚反应完成后，使剩余的 Br$_2$ 与过量 KI 作用析出 I$_2$，再用 0.1084mol·L^{-1}Na$_2$S$_2$O$_3$ 标准溶液滴定，用去 Na$_2$S$_2$O$_3$ 标准溶液 20.04mL。另取 25.00mL 溴酸钾标准溶液做空白试验，消耗同浓度的 Na$_2$S$_2$O$_3$ 标准溶液 41.60mL。试计算试样中苯酚的质量分数。

第 12 章

原 子 结 构

"原子（atoms）"一词是古希腊哲学家德谟克里特（Democritus）提出的，他认为宇宙由虚空和原子构成，每一种物质由一种原子构成。1803 年道尔顿（J. Dalton）首先提出了化学原子论：每一种化学元素有一种原子，把元素和原子两个概念真正联系起来。1897 年汤姆逊（J. J. Thomson）发现了电子，人们开始探索原子的结构。

1911 年，英国物理学家卢瑟福提出了含核原子模型：所有原子都有一个原子核，核的体积只占很小的一部分，原子中大部分空间是空的，正电荷和绝大部分质量集中在原子核上，电子像行星绕着太阳那样绕核运动。这个模型确定了原子的核式结构，开拓了研究原子结构的新途径，为原子科学的发展立下了不朽的功勋，但是卢瑟福的原子模型对于电子的运动状态的推断存在着缺陷。那么，原子核外电子的运动状态究竟是什么样的呢？本章将重点讨论这个问题。

12.1 核外电子运动状态

12.1.1 氢原子光谱

根据物质的光谱来确定其化学组成和含量的方法叫做光谱分析，光谱分析是研究原子结构的实验基础。每种元素的原子受激发时都会发射特定波长的光谱，称为**原子光谱**，根据谱线的位置（即波长）可测定样品中的元素种类，根据谱线的相对强度可测定元素的含量。

氢原子是最简单的原子，氢光谱也是所有元素的光谱中最简单的光谱。在可见光区，它只有四条比较明显的谱线，如图 12.1 所示。

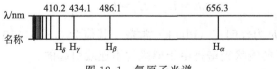

图 12.1 氢原子光谱

氢原子的四条谱线 H_α、H_β、H_γ 和 H_δ，分别为红、青、蓝紫和紫色，它们的波长分别为 656.3nm、486.1nm、434.1nm 和 410.2nm，对应的编号分别是 1、2、3、4。1885

年，瑞士的物理教师巴尔末（J. J. Balmer）发现了谱线波长（λ）与编号（n）之间存在如下关系：

$$\lambda = \frac{3646.00 \times n^2}{n^2 - 4}$$ (12.1)

1890 年，瑞典物理学家里德伯（J. R. Rydberg）修正了上面的经验式，并对公式作出了解释：

$$\frac{1}{\lambda} = R_H \left(\frac{1}{n_1^2} - \frac{1}{n_2^2} \right)$$ (12.2)

式中，R_H 为里德伯常量，其数值为 $1.09737 \times 10^7 \, \mathrm{m}^{-1}$。当 $n_1 = 2$，$n_2 = 3$、4、5、6 时，计算出的波长恰好与氢原子的四条谱线吻合。

12.1.2 玻尔的原子结构理论

1913 年，丹麦原子物理学家玻尔（Niels Bohr）在当时最新的物理学发现（普朗克黑体辐射和量子概念、爱因斯坦光子论、卢瑟福原子带核模型等）的基础上提出了玻尔原子模型，解释了氢原子光谱。玻尔理论的要点如下。

(1) 定态假设

原子由原子核和电子组成，电子在圆形的固定轨道上绕着原子核运动，正如太阳系的行星绕太阳运行一样。

电子在不同的轨道上运动，对应着原子不同的状态，而不同的状态的原子具有不同的能量。玻尔推算出能量 E 的计算公式为：

$$E = -\frac{B}{n^2}$$ (12.3)

式中，n 称为量子数，为 1，2，3，…，为正整数；B 值为 $2.18 \times 10^{-18} \mathrm{J}$。当 $n = 1$ 时，轨道离核最近，电子被原子核束缚最牢，能量最低，n 值越大，电子离核越远，能量越高；当 $n \to \infty$ 时，电子与原子核相距太远，没有吸引力，$E \to 0$。

显然，原子只能处于一系列不连续的能量状态中，这些量子化的能量值叫做**能级**。这个"量子化条件"是玻尔为了解释氢原子光谱提出的重要假设。

原子处于量子化的能量状态，在这些状态中，电子虽然绕核运动，但并不辐射也不吸收能量，原子是稳定的。在这些轨道上运动的电子所处的状态称为原子的**定态**。能量最低的定态称为**基态**，能量较高的定态称为**激发态**。

(2) 跃迁假设

原子不受激发时，电子处在低能级的轨道上，如果处于基态的电子吸收能量，就会跃迁到激发态，反过来，激发态的电子也会释放能量返回基态或能量较低的激发态。电子在两个不同定态之间发生跃迁时，能量是以光子的形式辐射或吸收的，光子的能量为跃迁前后两个能级的能量之差，其频率由两个定态的能量差值决定。

$$\Delta E = E_2 - E_1 = h\nu = h\frac{c}{\lambda}$$ (12.4)

式中，c 为光速，h 为普朗克（Plank）常数，其值为 $6.626 \times 10^{-34} \mathrm{J \cdot s}$，$\lambda$ 为波长，ν 为频率。所以说，氢原子的线状光谱是由于能级的不连续引起的。

(3) 轨道量子化假设

由于能量状态的不连续，所以电子绕核转动所在固定轨道的半径必须满足一定条件，不能任意取值，条件是电子的轨道角动量 mvr 只能等于 $h/2\pi$ 的正整数倍，即轨道角动量是量子化的。

$$mvr = n\frac{h}{2\pi} \tag{12.5}$$

式中，m 为电子质量；v 为电子的运动速度；r 为轨道半径。

轨道量子化假设把量子观念引入原子理论，这是玻尔的原子理论之所以成功的根本原因。

光谱的不连续来自于能级的不连续。当电子从 $n_2 = 3$、4、5、6 的轨道跃迁至 $n_1 = 2$ 的轨道，根据式(12.3)、式(12.4) 可计算出相应的波长，与氢原子的四条谱线契合，谱线属于可见光区域，称为巴尔末线系，如图 12.2 所示。如果电子从其他轨道向基态 $n_1 = 1$ 的轨道跃迁，波长就在紫外区，称为莱曼（Lyman）线系；电子从其他轨道向 $n_1 \geqslant 3$ 的轨道跃迁，就得到红外区的谱线。

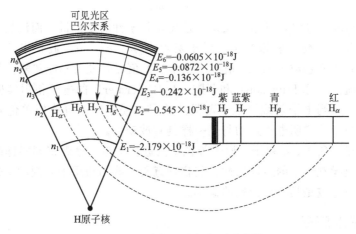

图 12.2　玻尔理论与氢原子光谱

另外，根据式(12.5) 计算出来的氢原子 $n = 1$ 的轨道半径（$r = 52.9\text{pm}$❶）与实验测出的氢原子的有效半径（$r = 53\text{pm}$）非常接近。

玻尔理论引入了量子化条件，成功地解释了氢原子光谱，还能够解释仅含一个电子的类氢离子，如：He^+、Li^{2+}、Be^{3+} 等，但它对外层电子较多的原子，理论与实际相差很多，玻尔理论不再成立。其根本原因在于玻尔没有摆脱经典力学的束缚，将电子看作有固定轨道运动的宏观粒子，因此玻尔理论被随后发展完善起来的量子力学理论所代替。

量子力学是彻底的量子理论，它不但能够解释氢原子光谱，还能够解释大量玻尔理论所不能解释的现象。量子力学可以从理论上直接推导出玻尔理论的三点假设。

建立在量子力学基础上的原子理论认为，核外电子的运动并没有固定的轨道，根据统计规律，可以知道电子在核外某处出现的概率大小。电子频繁地出现的概率大的地方，可以想象仿佛有一团"电子云"包围着原子核，这些电子云形成许多层，在不同层中运动的电子具有不同的能量，因而形成了原子的定态和能级。

根据量子力学计算，氢原子在距离原子核半径等于 53pm 处电子出现的概率最大，这个数值正好与玻尔计算出来的氢原子半径相等。玻尔理论认为，电子只能在半径为 53pm 的圆形轨道上运动，而量子力学认为电子在离核 53pm 处出现的概率最大，其他地方也会有电子

---

❶　pm：皮米，$1\text{pm} = 10^{-12}\text{m}$。

出现，只是概率比较小而已。

量子力学从根本上抛弃了经典物理的轨道概念，所谓玻尔理论中的电子轨道，只不过是电子云中电子出现概率最大的地方。

12.1.3 微观粒子运动的波粒二象性

波粒二象性是量子力学的基础，是理解核外电子运动状态的关键。

19世纪初人们依据大量实验发现了光具有波粒二象性，1924年法国物理学家德布罗意（Louis de Broglie）提出了"物质波"假设，他认为二象性并不局限于光所有，一切运动着的实物粒子都具有波粒二象性，即电子等微粒除了具有粒子性外也有波动的性质。他将反映光的波粒二象性的公式应用到电子等微粒上，提出了物质波公式或称为德布罗意关系式：

$$\lambda = \frac{h}{p} = \frac{h}{mv} \tag{12.6}$$

式中，p 为微粒的动量，动量、质量、速度是粒子性的物理量，而波长是波动性的物理量，两者通过普朗克常数 h 联系起来。对于宏观物体，$mv \gg h$，波长很短，可以忽略，因而不显示波动性；当实物粒子的 mv 值等于或小于 h 值时，波长不能忽略，就显示波动性。

1927年戴维逊（C. J. Davisson）和革默（L. S. Germer）的电子衍射实验证实了德布罗意的假设，他们发现当电子射线穿过一薄晶片或晶体粉末时，也能像单色光通过小圆孔那样，发生衍射现象。这说明电子运动与光一样具有波动性。

后来，对中子、质子、α 粒子、原子等粒子流进行实验，也观察到同样的衍射现象，这证明德布罗意波是微观粒子的运动属性，其物理意义只能用适用于微观粒子运动状态的量子力学解释，德布罗意波是具有统计性的概率波。

12.1.4 测不准原理

在经典力学中，宏观物体运动的位置和速度能同时准确地测定，例如确定子弹和行星的运动轨道。但是，对具有波粒二象性的微观粒子来说，情况却完全不同。

1927年，德国物理学家海森堡（W. Heisenberg）提出了量子力学中的一个重要关系式，表达了微粒的位置和动量之间的关系，其数学表达式为：

$$\Delta x \cdot \Delta p \geqslant \frac{h}{4\pi} \text{ 或 } \Delta x \cdot \Delta v_x \geqslant \frac{h}{4\pi m} \tag{12.7}$$

式中，Δx 为粒子在 x 方向上位置的不准确量；Δp 为粒子在 x 方向上动量的不准确量；Δv_x 为粒子 x 方向上速度的不准确量。

式(12.7)说明，粒子的位置测定得越精确，Δx 越小，则 Δp 就越大，即它的动量的不准确度就越大，反之亦然。这就是著名的**测不准原理**，该原理可通俗地表达为：不可能同时准确测定微观粒子的位置和动量（或速度）。

对于宏观物体，质量 m 值越大，Δx 或 Δv_x 就越小，确定宏观物体的位置或速度的精确度就越大，所以测不准关系对宏观物体实际上是不起作用的。

造成测不准的原因并不是测量技术不够精确，也不是微观粒子的运动是无法认识的，而是微观粒子的固有属性——波粒二象性。测不准原理从另一方面说明了玻尔理论中电子运动在固定轨道上的说法是错误的。

根据测不准原理，电子在某时刻的位置无法准确测定，但对于大量电子，或者对一个电子多次在空间重复出现来说，电子出现的概率分布是一定的，所以微观粒子的运动轨迹，可以用统计的方法来描述，作出概率性的判断。

12.2 核外电子运动状态描述

12.2.1 薛定谔方程

1926 年，奥地利物理学家薛定谔（E. Schrödinger）将德布罗意物质波的关系式代入经典的量子力学方程中，描述微观粒子的概率波，建立了著名的描述微观粒子运动状态的量子力学方程——薛定谔方程。

$$\frac{\partial^2 \Psi}{\partial x^2} + \frac{\partial^2 \Psi}{\partial y^2} + \frac{\partial^2 \Psi}{\partial z^2} + \frac{8\pi^2 m}{h^2}(E-V)\Psi = 0 \tag{12.8}$$

薛定谔方程是一个复杂的二阶偏微分方程，式(12.8) 中，Ψ 为波函数；x、y 和 z 是空间坐标；E 为总能量；V 为总势能。显然，方程中既包含着体现微粒性的物理量，如 m、E、V，也包含着体现波动性的物理量，如 Ψ。薛定谔方程的求解是一个复杂的数学问题，这里不作介绍。

薛定锷方程的解不是一个具体数值，而是一个描述波的数学函数式，从数学上来说可以有许多个解，但从物理意义上来讲并非都是合理的。

薛定谔方程的每一个合理解就是核外电子的一个定态，有一定的能量 E 和其对应，通常将有合理解的函数式叫做**波函数** $\Psi_{n,l,m}(x, y, z)$，它们以 n，l，m 的合理取值为前提，其中 n、l、m 被称为量子数。

12.2.2 四个量子数

n、l、m 分别是主量子数、角量子数和磁量子数，它们是描述原子轨道的量子数，是解薛定谔方程时自然得到的，并不是玻尔理论中假定的量子数。

(1) 主量子数 n

主量子数表示原子中电子出现概率最大区域离核的远近及其能量的高低，所以，n 是决定电子层数的。n 可取 1、2、3、…正整数。

在光谱学上常用字母来表示 n 值，对应关系是：

n	1	2	3	4	5	6	7
电子层符号	K	L	M	N	O	P	Q

所以，主量子数为 1 的电子又叫 K 层电子；主量子数为 2 的电子又叫 L 层电子等。主量子数越大，表示电子出现概率最大的区域离原子核越远，它的能量也越高。

(2) 角量子数 l

根据实验结果及理论推导，处于同一电子层中的电子的能量还稍有差别，而且它们的原子轨道和电子云的形状也不相同，或者说，同一电子层还可以分成几个亚层，角量子数就是用来描述电子所处的亚层。不同的电子层内形成的亚层数目并不相同，亚层的符号分别用 s、p、d 和 f 等表示，如表 12.1 所示，亚层数随 n 值的增大而增多。

角量子数 l，又称副量子数，l 的取值受制于 n 值，只能取 0 到 $(n-1)$ 在内的正整数。s、p、d 和 f 亚层对应的 l 值依次为 0、1、2、3。原子中，多电子原子的能态是由 n 和 l 两个量子数共同决定的，一组 (n, l) 对应于一个能级。

表 12.1 电子层、亚层和能级表

主量子数(电子层数)n	1	2		3			4			
电子亚层光谱学符号	1s	2s	2p	3s	3p	3d	4s	4p	4d	4f
角量子数 l	0	0	1	0	1	2	0	1	2	3
电子层中能级数目	1	2		3			4			

角量子数还表示原子轨道的角度分布形状的不同,是影响轨道能量的次要因素。例如,$l=0$,为 s 轨道,其角度分布为球形对称;$l=1$,为 p 轨道,其角度分布为立体的"8"字形;$l=2$,为 d 轨道,其角度分布为花瓣形。

同一电子层中各亚层的能量略有不同,按 s、p、d、f 的顺序增大。对于给定的 n,l 越大,轨道能量越高,即:

$$E_{ns} < E_{np} < E_{nd} < E_{nf}$$

对于给定的 l,n 越大,轨道能量越高,即:

$$E_{1s} < E_{2s} < E_{3s} < E_{4s}$$

(3) 磁量子数 m

磁量子数是描述原子轨道在空间的伸展方向的量子数,它的取值受 l 的限制,$m=0$,± 1,± 2,…,$\pm l$,共 $(2l+1)$ 个值。m 的每一个数值表示具有某种空间方向的一个原子轨道。表 12.2 列出了磁量子数的取值和亚层轨道数。

表 12.2 磁量子数的取值和亚层轨道数

亚层	l	m	轨道数
s	0	0	1
p	1	$0, \pm 1$	3
d	2	$0, \pm 1, \pm 2,$	5
f	3	$0, \pm 1, \pm 2, \pm 3$	7

角量子数 $l=0$,说明是 s 轨道,s 轨道是球形的,在空间只有一种取向,这个方向用 0 表示,即 $m=0$;p 轨道为"8"字形,沿空间直角坐标的 x、y、z 轴取向,分别为 p_x、p_y 和 p_z,共有三种取向,即有三条轨道,这三条轨道 m 的取值是 0,± 1;d 轨道、f 轨道的空间取向分别为 5 个和 7 个。

n、l 值相同而 m 值不同的轨道具有相同的能量。例如第二电子层的三条 p 轨道,$2p_x$、$2p_y$ 和 $2p_z$ 轨道能量完全相同,这种能量相同的轨道称为**等价轨道**或**简并轨道**,同理,d、f 亚层的轨道数分别为 5 和 7,n、l 相同时具有 5 个和 7 个等价轨道。

n、l、m 的数值确定后,波函数 $\Psi_{n,l,m}$,或者说电子在空间的运动状态就确定了。量子力学中,把 n、l、m 都确定的波函数称为一条**原子轨道**。原子轨道通常可以用两种方式表示,例如 $n=2$,$l=0$,$m=0$ 的轨道,可表示为 $\Psi_{2,0,0}$ 或 Ψ_{2s}。

描述波函数只要 n、l、m 确定就可以了,而描述核外电子的运动状态,还需要引入第四个量子数——自旋量子数 m_s,m_s 不是薛定锷方程解的必然结果。

(4) 自旋量子数 m_s

在研究原子光谱时,在高分辨率的光谱仪下,人们发现每条光谱都是由两条非常靠近的谱线组成,这说明电子除了绕核运动外,还绕自身的轴旋转,**自旋量子数**描述的就是电子自旋的状态,自旋方向只有两个:顺时针方向和逆时针方向。所以 m_s 只有两种取值,$+1/2$ 和 $-1/2$。也常用向上和向下的箭头"↑"和"↓"表示。

综上所述,对于多电子原子,原子轨道能量的高低由两个量子数 n 和 l 决定;描述原子轨道要用三个量子数 n、l 和 m；而描述原子轨道上电子的运动状态，要用四个量子数 n、l、m 和 m_s。例如，对原子中某一电子来说，如果只知道 $n=3$，这太笼统，因 $n=3$ 的电子，可以是 s 电子，也可以是 p 电子或 d 电子；如果又知道 $l=1$，就确定是 p 电子，但还不明确，因为 p 电子云有三种不同的空间伸展方向，所以还必须给出 m 值，最后还要指出电子的自旋方向，四者如果缺一，就不能完全说明某一个电子的运动状态。

12.2.3　波函数和原子轨道

在量子力学中，薛定锷方程是描述核外电子在空间运动状态的方程，它的解波函数 $\Psi_{n,l,m}$（x，y，z）不是一个具体的数目，是一个描述核外电子运动状态的函数，所以常把波函数称为原子轨道函数，简称**原子轨道**，两者是同义词，波函数就是原子轨道，因此要严格区别原子轨道（orbital）和宏观物体运动轨道（orbit）在本质上的不同。

原子核具有球形对称的库仑场，波函数 $\Psi_{n,l,m}$（x，y，z）的形状、大小用球坐标系表示更方便。

$$\Psi_{n,l,m}（x，y，z）\xrightarrow{\text{坐标转换}}\Psi_{n,l,m}（r，\theta，\varphi）$$
$$\text{直角坐标系}\qquad\qquad\text{球坐标系}$$

转换时（图 12.3），$z=r\cos\theta$，$y=r\sin\theta\sin\varphi$，$x=r\sin\theta\cos\varphi$，$r=\sqrt{x^2+y^2+z^2}$。

波函数 $\Psi_{n,l,m}$（r，θ，φ）中包含 Ψ、r、θ 和 φ 四个变量。在三维空间无法表示其图像，可以将球坐标的波函数分离成两部分函数的乘积：

$$\Psi_{n,l,m}(r,\theta,\varphi)\rightarrow R_{n,l}(r)\cdot Y_{l,m}（\theta，\varphi）$$

式中，$R_{n,l}(r)$ 是电子离核距离 r 的函数，称为波函数的径向分布函数，而 $Y_{l,m}$（θ，φ）是方位角 θ，φ 的函数，称为波函数的角度分布函数。

将波函数的角度分布函数 $Y_{l,m}(\theta,\varphi)$ 随角度（θ，φ）的变化作图，就可以得到波函数的角度分布图。

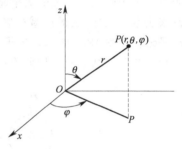

图 12.3　直角坐标与球坐标的转换

图 12.4 是原子轨道的角度分布图，（a）和（b）分别是 s 轨道的角度分布的平面图和立体图，$l=0$ 时 $Y_{l,m}(\theta,\varphi)$ 是常数，与（θ，φ）无关，所以 s 轨道的角度分布图为球形，只存在一种空间取向；（c）是 p 轨道的角度分布平面图，为"8"字形，在空间有三个取向，分别为 p_x、p_y 和 p_z；（d）表示 d 轨道的角度分布图，如图所示，有五种取向，其中四条有四个花瓣，三条（d_{xy}、d_{yz}、d_{xz}）取向于 xy、yz、xz 平面上坐标轴夹角的中线，另一条（$d_{x^2-y^2}$）的花瓣沿 x 和 y 轴取向，还有一条（d_{z^2}）和 p_z 轨道有些相似，但是腰部沿 xy 坐标平面多了一个救生圈状的区域；f 轨道的 7 种取向，形状非常复杂，这里不作介绍。

波函数的角度分布图应该是曲面图，如图 12.4 中（b）就是 s 轨道的角度分布图，为方便清楚，通常用剖面图表示。且由于角度波函数与量子数 n 无关，所以这些图形不随 n 取值的不同而变化。原子轨道的角度分布图上的正负号分别表示该区域内计算出来的 Y 值的正与负，不是表示正、负电荷，正、负号的意义参见第 13 章原子成键的相关内容。

12.2.4　概率密度和电子云

波函数 $\Psi_{n,l,m}$ 表示的是原子中核外电子的一种运动状态，它的物理意义可以通过 $|\Psi|^2$ 来理解，$|\Psi|^2$ 表示电子在空间某处出现的概率密度。

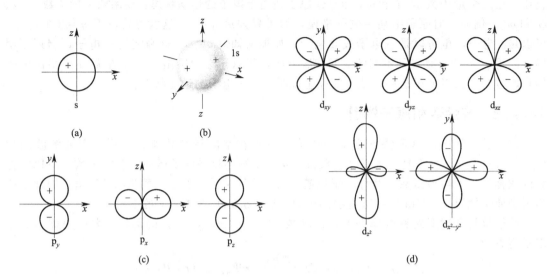

图 12.4　波函数（原子轨道）的角度分布图

概率密度（$|\Psi|^2$）是指电子在原子空间上某单位体积内出现的概率。$|\Psi|^2$ 值越大，表明单位体积内电子出现的概率越大，即电荷密度越大。如果把电子出现的概率密度用点的疏密来表示，$|\Psi|^2$ 大的区域小黑点密集，$|\Psi|^2$ 小的区域小黑点稀疏，这样得到的图像称为**电子云**。如图 12.5 所示，电子云是电子在空间的概率分布，即 $|\Psi|^2$ 在空间的分布，是电子行为的统计结果的一种形象化描绘。

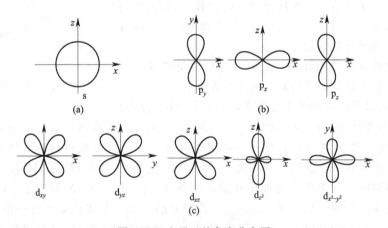

图 12.5　电子云的角度分布图

图 12.5 中（a）、（b）、（c）分别是 s、p、d 电子云的角度分布图，显然，电子云的角度分布图和相应的原子轨道的角度分布图相似。原子轨道的角度分布图有正、负号，而电子云的角度分布图全部为正，因为 $|Y|^2$ 总是正值。另外，由于 $|Y|$ 值小于 1，所以 $|Y|^2$ 小于 Y，电子云的角度分布图要比相应的原子轨道角度分布图要"瘦"些。

12.2.5　径向分布图

将波函数的角度分布函数 Y 对（θ，φ）作图，就可以得到波函数的角度分布图，如图 12.4，它表示了在核外空间不同角度找到电子的可能性的区域。

将概率密度 $|\Psi|^2$ 的角度部分 $|Y|^2$ 对 (θ, φ) 作图，就可以得到电子云的角度分布图，如图 12.5，它表示了电子在空间某单位体积内不同角度所出现的概率大小，但是它们都不能表示出电子出现的概率与离核远近的关系。

那么，波函数 $\Psi_{n,l,m}(r, \theta, \varphi)$ 与 r 之间存在什么样的关系呢？因为角度部分 Y 与 r 无关，所以只需要讨论波函数的径向部分 $R_{n,l}(r)$ 与 r 之间的关系。将概率密度 $|\Psi|^2$ 的径向部分 $|R|^2$ 对电子离核距离 r 作图，就可以得到电子云的径向分布图，图 12.6 是氢原子 1s 的 $|\Psi|^2$-r 图，它表示给定方向上概率密度随 r 的变化情况。显然，s 电子云是球形对称的，离核越近，1s 轨道的 R 值越大，离核越近，电子出现的概率密度越大。

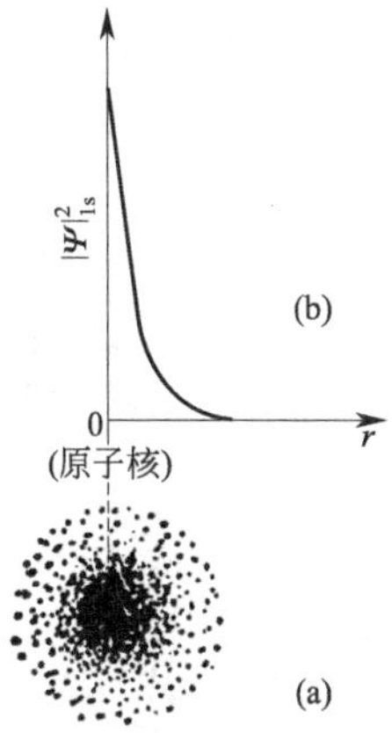

电子在离核多远的距离出现的概率比较大呢？

概率＝概率密度×体积

如果计算电子出现在半径为 r，厚度为 $\mathrm{d}r$ 的薄球壳的概率，球壳面积是 $4\pi r^2$，所以，球壳内电子出现的概率应该是概率密度的径向部分 $|R|^2$ 与球壳的体积的乘积，即：

$$R^2 \times 4\pi r^2 \mathrm{d}r = 4\pi r^2 R^2 \mathrm{d}r = D(r)\mathrm{d}r$$

以 $4\pi r^2 R^2$ 为径向分布函数 $D(r)$，表示离核为 r 的 $\mathrm{d}r$ 壳层球体积电子出现的概率，用 D 对 r 作图，就可以得到电子云的径向分布函数图，如图 12.7 为 1s、2s 和 3s 的径向分布函数图。

显然，离核越近，s 轨道的 D 值越大。

1s 在 $r = a_0$ 处概率最大，是电子按层分布的第一层。$a_0 = 53\mathrm{pm}$，恰好等于氢原子的玻尔半径。

图 12.6　氢原子的 (a) 1s 电子云图 (b) 1s 的 $|\Psi|^2$-r 图

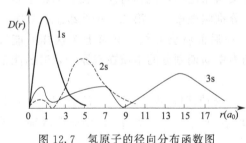

图 12.7　氢原子的径向分布函数图

2s 的最强概率峰比 1s 的最强峰离核远些，属于第二层；3s 的最强概率峰比 2s 的最强峰离核又远些，属于第三层，……，n 不同的电子，活动区域也不同，所以核外电子可以分层，n 值表示电子层。

径向分布函数图 D-r 与径向分布图 $|\Psi|^2$-r 的物理意义不同，$|\Psi|^2$ 为概率密度，指在核外空间某单位体积内电子出现的概率，而 $D(r)$ 是指在半径为 r 的单位厚度球壳内电子出现的概率。

12.3　多电子原子轨道的能级

氢原子的原子轨道的能量都决定于主量子数，与角量子数无关；而多电子原子，由于原子轨道之间的相互排斥作用，使得主量子数相同的各轨道产生分裂，即同一电子层的电子能量也不相同，电子层内还要分电子亚层，因此多电子原子中各轨道的能量不仅决定于主量子数，还和角量子数有关。原子中各轨道的能级的高低主要是根据光谱实验结果得到的。

12.3.1　鲍林近似能级图

1939 年，美国化学家鲍林（L. Pauling）根据光谱实验数据，总结出多电子原子中各轨道能级相对高低的情况，并用图近似地表示出来，如图 12.8。

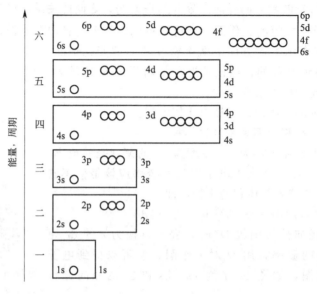

图 12.8　鲍林近似能级图

图中左侧的箭头所指表示轨道能量升高的方向，每个圆圈代表一条原子轨道，轨道所在位置表示了其能量的相对高低，同一水平线的圆圈为等价轨道。

由于各轨道的能量像阶梯一样有高有低，因而又叫做**能级**，鲍林将能量接近的轨道归为一组，用方框框起，称为**能级组**，从最下面开始，分别叫做第一、第二、…能级组。除第一能级组外，各组均以 s 轨道开始，以 p 轨道结束。在后面将会介绍，共有七个这样的能级组，与元素周期表的七个周期相对应的。元素周期表中周期划分的本质在于原子轨道的能量关系。

由图 12.8 可知：l 相同时，$E_{1s}<E_{2s}<E_{3s}\cdots$；$n$ 相同时，$E_{ns}<E_{np}<E_{nd}<E_{nf}$。$n$ 和 l 都不同时，轨道能量的顺序比较复杂。如 $E_{4s}<E_{3d}$，$E_{6s}<E_{4f}<E_{5d}$，n 小的能级能量可能高于 n 大的能级能量，这种现象称为**能级交错**。

值得注意的是，鲍林的近似能级图是根据各元素的原子轨道能级图归纳出来的，适用于多电子原子，它只能反映同一原子内各轨道能级相对高低的一般顺序。所以，不能用来比较不同原子的轨道能量的相对高低，而且并不能适用于所有元素，只有近似的意义。

对于鲍林的近似能级图，需要注意：

① 它只适用于多电子原子，不适用氢原子以及仅含一个电子的类氢离子，如 He^{+}、Li^{2+}、Be^{3+} 等；

② 它只反映同一原子内各原子轨道能级之间的相对高低，不能比较不同元素原子轨道能级的相对高低。

12.3.2　科顿原子轨道能级图

美国化学家科顿（Cotton）提出，原子轨道的能量主要取决于原子序数，随着原子序数的递增，原子核对电子的吸引力增强，轨道能量降低。图 12.9 是他根据相关数据绘制的科顿能级图。

如 12.9 图所示，显然主量子数 n 越大，轨道的能量越高；随着原子序数的增大，各轨道的能量都在下降。其中，s、p 轨道的能量几乎平行地降低，d、f 轨道的能量开始时几乎不降低，但当填充电子接近到它们时，轨道能量急剧下降。

不是所有元素都出现 3d 轨道能量都高于 4s 这类的能级交错现象，只有原子序数在 15～20 之间，$E_{3d} > E_{4s}$，其他情况下，$E_{4s} > E_{3d}$。

能级交错现象的出现，可一归因于屏蔽效应和钻穿效应。

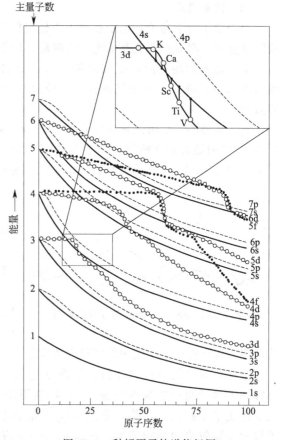

图 12.9　科顿原子轨道能级图

12.3.3　屏蔽效应和钻穿效应

（1）屏蔽效应

对多电子原子中任一指定电子而言，除了受到原子核的正电荷（数值为 Z）的吸引外，还受到除自身以外其他电子的排斥。这种排斥作用相当于屏蔽或削弱了原子核对该电子的吸引作用，斯莱特（C. Slater）认为，可以将其他电子对某个电子的排斥作用，归结为对核电荷吸引力的抵消作用，这种影响称为**屏蔽效应**。

由于屏蔽效应，电子实际受到的核引力减小，总效果相当于核的正电荷由 Z 减小到 Z^*，即

$$Z^* = Z - \sigma \tag{12.9}$$

Z^* 称为**有效核电荷数**，它与核电荷数的差值 σ 称为**屏蔽常数**。σ 值与原子中所含电子数及电子运动状态有关，斯莱特提出一套估算屏蔽常数 σ 值的规则，主要有如下几点：

① 外层电子对内层电子没有屏蔽作用，即 $\sigma = 0$；

② 次外层上的电子对最外层电子的 $\sigma = 0.85$；次外层以内的电子对最外层电子的 $\sigma = 1.00$；

③ 原子中的电子分若干个轨道组中：（1s），（2s，2p），（3s，3p），（3d），（4s，4p），（4d），（4f），（5s，5p），每个圆括号形成一个轨道组，同一轨道组内电子间屏蔽系数 $\sigma = 0.35$，1s 轨道上的 2 个电子之间的 $\sigma = 0.30$。

例如，对于 Na 原子，$Z = 11$

Na 的 1s 上某电子：$\sigma = 1 \times 0.30 = 0.30$，$Z^* = 11 - 0.30 = 10.7$

Na 的 2s 或 2p 上某电子：$\sigma = 7 \times 0.35 + 2 \times 0.85 = 4.15$，$Z^* = 11 - 4.15 = 6.85$

Na 的 3s 电子：$\sigma = 8 \times 0.85 + 2 \times 1.00 = 8.8$，$Z^* = 11 - 8.8 = 2.2$

显然，离核越远，电子受内层电子屏蔽程度越大，有效核电荷数越小，电子所具有的能量也就越大。所以，屏蔽效应的结果使电子能量升高。

（2）钻穿效应

根据量子力学理论，电子在原子内任何位置出现都有可能，外层电子也可能进入到原子核附近空间，有效地避免其他电子的屏蔽，降低轨道能量。

电子钻入内层空间，更靠近原子核的这种现象称为**钻穿**。电子钻穿得离核越近，受到的吸引力就越强，能量就越低。这种由于电子钻穿而引起能量发生变化的现象称为**钻穿效应**。

电子钻穿的大小可从核外电子的径向分布函数图看出。如图12.10所示，4s的最大峰虽然比3d的最大峰离核远，但是4s电子离原子核最近处有小峰，钻到原子核附近的机会比较多，因此4s比3d穿透能力要大，4s的能量比3d要低，能级产生交错。

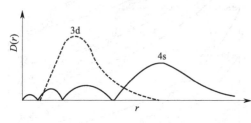

图12.10　3d和4s的径向分布函数图

一般认为，电子的钻穿能力有如下顺序：

① l 相同时，钻穿能力为：1s＞2s＞3s＞4s，所以，$E_{1s}<E_{2s}<E_{3s}<E_{4s}$。

② n 相同时，钻穿能力为：ns＞np＞nd＞nf，所以，$E_{ns}<E_{np}<E_{nd}<E_{nf}$。

钻穿能力不同，造成同一层电子的能量有所不同，这就是产生能级的原因。能级按s、p、d、f的顺序分裂，如果分裂的程度很大，就可能导致与临近电子层中的能级发生交错。

钻穿效应使轨道能量降低，屏蔽效应使电子能量升高，两者同时起作用。由此可以解释科顿原子轨道能级图中的3d和4s轨道能量的相对高低：原子序数较小时，轨道能量主要由主量子数决定，此时 $E_{4s}>E_{3d}$；原子序数在15～20之间，由于电子数增加，角量子数对钻穿效应的影响增大，所以4s电子具有较强的钻穿能力，对能量的降低起着更大作用，因而 $E_{3d}>E_{4s}$；随着原子序数继续增加，4s轨道内充满电子，4s电子会受到3d电子的屏蔽作用，使其受原子核的吸引力降低，钻穿效应也相应地减少，4s轨道能量又升高，$E_{4s}>E_{3d}$。所以说，一些过渡金属形成离子时，先失去4s轨道上的电子，然后失去3d轨道上的电子。

能级的交错现象往往出现在钻穿能力强的 ns 轨道和钻穿能力较弱的 $(n-1)d$、$(n-2)f$ 轨道之间。

对于氢原子以及 He^+、Li^{2+}、Be^{3+} 等类氢离子，由于它们仅含一个电子，既无屏蔽作用，又无钻穿效应，所以不会发生能级分裂，也没有能级交错现象。

12.4　基态原子的核外电子排布

基态原子的核外电子排布要遵循以下的三个原则。

12.4.1　能量最低原理

系统的能量越低就越稳定，核外电子的排布也应该使整个原子的能量处于最低。所以，电子总是优先占据能量最低的空轨道，低能量轨道占满后才进入能量较高的轨道，这一原则被称为**能量最低原理**。轨道能量高低顺序如下：

1s 2s 2p 3s 3p 4s 3d 4p 5s 4d 5p 6s 4f 5d 6p 7s 5f 6d 7p

由于出现了能级交错现象，轨道的能级高低顺序难以记住，可以按照图 12.11 所示方法记忆。另外，我国化学家徐光宪教授归纳出 $(n+0.7l)$ 规则，也可以算出轨道能级的相对高低：计算该轨道的 $(n+0.7l)$ 数值越小，能级越低。例如比较 3d 和 4s 两种轨道，它们的 $(n+0.7l)$ 值分别为 4.4 和 4.0，因此，$E_{3d} > E_{4s}$。

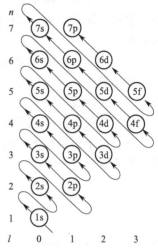

图 12.11 电子填充顺序

12.4.2 泡利不相容原理

每条原子轨道上可以容纳几个电子呢？1925 年，泡利（W. Pauli）提出了**泡利不相容原理**：同一原子中，不可能存在运动状态完全相同的电子，也就是说，同一原子中不可能存在四个量子数完全相同的电子。

以有两个电子的氦（He）为例，根据能量最低原理，这两个电子应该排在能量最低的第一层的 s 轨道上，它们的量子数为 $n=1$，$l=0$，$m=0$，已有三个量子数相同，第四个量子数——自旋量子数 m_s 必须不同，所以 m_s 应该分别为 $+1/2$ 和 $-1/2$，同时，这条轨道上也绝不可能再有第三个电子存在，因为该电子不论是顺时针还是逆时针地自旋，都将违背泡利不相容原理。

因此，可以推论：同一轨道上最多只能容纳两个自旋方向相反的电子。

表 12.3　量子数、轨道数和电子数的关系

n	l	轨道	m	轨道数	总轨道数	m_s	电子数
1	0	1s	0	1	1	$\pm 1/2$	2
2	0	2s	0	1	4	$\pm 1/2$	8
	1	2p	$0, \pm 1$	3			
3	0	3s	0	1	9	$\pm 1/2$	18
	1	3p	$0, \pm 1$	3			
	2	3d	$0, \pm 1, \pm 2$	5			
4	0	4s	0	1	16	$\pm 1/2$	32
	1	4p	$0, \pm 1$	3			
	2	4d	$0, \pm 1, \pm 2$	5			
	3	4f	$0, \pm 1, \pm 2, \pm 3$	7			

根据表 12.3，可以推算出每层电子的最大容量为 $2n^2$。

核外电子排布式是指将原子中全部电子填入亚层轨道而得出的序列，又称为电子（层）构型、电子（层）结构。书写时用从低到高的顺序排列能级符号，表示电子的排布，如 $_{19}$K：

$$_{19}\text{K}: 1s^2 2s^2 2p^6 3s^2 3p^6 4s^1$$

原子序数超过 20 的原子，电子的填充会遇到能级交错现象，要注意填充时按能级顺序，而书写电子排布式时则必须按电子层顺序，如 $_{26}$Fe：

电子填充顺序：$_{26}$Fe：$1s^2 2s^2 2p^6 3s^2 3p^6 \underline{4s^2 3d^6}$

通常表示为：$_{26}$Fe：$1s^2 2s^2 2p^6 3s^2 3p^6 \underline{3d^6 4s^2}$

需要说明的是，基态原子失电子时，往往先失去最外层电子，例如：

$$Fe^{2+}：1s^22s^22p^63s^23p^63d^6 \qquad Fe^{3+}：1s^22s^22p^63s^23p^63d^5$$

另外，在书写核外电子排布式时，常把内层已达到稀有气体的电子结构，用该稀有气体的元素符号加上方括号表示，称为原子实，如［He］表示 $1s^2$，这样可以避免电子排布式过长，如 $_{56}Ba$：

$$_{56}Ba：1s^22s^22p^63s^23p^63d^{10}4s^24p^64d^{10}5s^25p^66s^2 或 ［Xe］6s^2$$

为了避免冗长，有时只需要写出化学反应中参与成键的那些电子的排布，这类电子称为**价电子**，实际就是原子实外面的电子，价电子排布也称特征电子构型，**价电子**所在的轨道称为**价轨道**。例如：Fe 的价电子构型为 $3d^64s^2$，Ba 的价电子构型为 $6s^2$。

核外电子的排布还可以用**轨道表示式**表示，以圆圈（或方框、横线）表示轨道，填入以箭号代表自旋方向的电子，如 $_{19}K$：

12.4.3 洪特规则

电子在等价轨道上排布时，总是尽可能分占不同的轨道，并且自旋方向相同，这样才能使原子的能量最低，这就是洪特（F. Hund）提出的**洪特规则**。

例如，$_7N：2s^22p^3$，p 轨道上的三个电子应该分占三条轨道，而且自旋方向相同平行。

洪特规则虽然是经验规则，但量子力学认为这样的排布的确可以使系统能量达到最低。因为轨道中已有一个电子占据时，再填入电子就必须克服其斥力，需要一定的能量——电子成对能。所以说，电子分占不同的等价轨道，有利于体系的能量降低。

另外，等价轨道在电子全充满（p^6、d^{10}、f^{14}）、半充满（p^3、d^5、f^7）和全空（p^0、d^0、f^0）状态下，电子结构较为稳定，这可以看作**洪特规则的特例**。例如：$_{24}Cr$ 是［Ar］$3d^54s^1$ 而不是［Ar］$3d^44s^2$，$_{29}Cu$ 是［Ar］$3d^{10}4s^1$ 而不是［Ar］$3d^94s^2$。

根据洪特规则，电子数为偶数的原子也可能含有未成对的单电子，例如 $_{24}Cr$ 有 6 个单电子。

电子的自旋会使周围产生一个小磁场，如果一对自旋方向相反的电子在同一个轨道上运动时，由于产生的磁场方向正好相反，会相互抵消。所以，如果分子中没有单电子，物质会显示**逆磁性**，即受磁场排斥的性质。如果分子中有单电子存在，则在外磁场中会显示**顺磁性**，即物体受磁场吸引的性质。已有相关实验证实了洪特规则。

12.4.4 元素原子的电子层结构

表 12.4 列出了 1～105 号元素基态原子的电子排布情况。

表 12.4　元素原子的电子层结构

周期	原子序数	元素名称	元素符号	K	L		M			N				O				P			Q
				1s	2s	2p	3s	3p	3d	4s	4p	4d	4f	5s	5p	5d	5f	6s	6p	6d	7s
1	1	氢	H	1																	
	2	氦	He	2																	
2	3	锂	Li	2	1																
	4	铍	Be	2	2																
	5	硼	B	2	2	1															
	6	碳	C	2	2	2															
	7	氮	N	2	2	3															
	8	氧	O	2	2	4															
	9	氟	F	2	2	5															
	10	氖	Ne	2	2	6															
3	11	钠	Na	2	2	6	1														
	12	镁	Mg	2	2	6	2														
	13	铝	Al	2	2	6	2	1													
	14	硅	Si	2	2	6	2	2													
	15	磷	P	2	2	6	2	3													
	16	硫	S	2	2	6	2	4													
	17	氯	Cl	2	2	6	2	5													
	18	氩	Ar	2	2	6	2	6													
4	19	钾	K	2	2	6	2	6		1											
	20	钙	Ca	2	2	6	2	6		2											
	21	钪	Sc	2	2	6	2	6	1	2											
	22	钛	Ti	2	2	6	2	6	2	2											
	23	钒	V	2	2	6	2	6	3	2											
	24	铬	Cr	2	2	6	2	6	5	1											
	25	锰	Mn	2	2	6	2	6	5	2											
	26	铁	Fe	2	2	6	2	6	6	2											
	27	钴	Co	2	2	6	2	6	7	2											
	28	镍	Ni	2	2	6	2	6	8	2											
	29	铜	Cu	2	2	6	2	6	10	1											
	30	锌	Zn	2	2	6	2	6	10	2											
	31	镓	Ga	2	2	6	2	6	10	2	1										
	32	锗	Ge	2	2	6	2	6	10	2	2										
	33	砷	As	2	2	6	2	6	10	2	3										
	34	硒	Se	2	2	6	2	6	10	2	4										
	35	溴	Br	2	2	6	2	6	10	2	5										
	36	氪	Kr	2	2	6	2	6	10	2	6										
5	37	铷	Rb	2	2	6	2	6	10	2	6			1							
	38	锶	Sr	2	2	6	2	6	10	2	6			2							
	39	钇	Y	2	2	6	2	6	10	2	6	1		2							
	40	锆	Zr	2	2	6	2	6	10	2	6	2		2							
	41	铌	Nb	2	2	6	2	6	10	2	6	4		1							
	42	钼	Mo	2	2	6	2	6	10	2	6	5		1							
	43	锝	Tc	2	2	6	2	6	10	2	6	5		2							
	44	钌	Ru	2	2	6	2	6	10	2	6	7		1							
	45	铑	Rh	2	2	6	2	6	10	2	6	8		1							
	46	钯	Pd	2	2	6	2	6	10	2	6	10									
	47	银	Ag	2	2	6	2	6	10	2	6	10		1							
	48	镉	Cd	2	2	6	2	6	10	2	6	10		2							

周期	原子序数	元素名称	元素符号	电子层																
				K	L		M			N				O				P			Q
				1s	2s	2p	3s	3p	3d	4s	4p	4d	4f	5s	5p	5d	5f	6s	6p	6d	7s
5	49	铟	In	2	2	6	2	6	10	2	6	10		2	1						
	50	锡	Sn	2	2	6	2	6	10	2	6	10		2	2						
	51	锑	Sb	2	2	6	2	6	10	2	6	10		2	3						
	52	碲	Te	2	2	6	2	6	10	2	6	10		2	4						
	53	碘	I	2	2	6	2	6	10	2	6	10		2	5						
	54	氙	Xe	2	2	6	2	6	10	2	6	10		2	6						
6	55	铯	Cs	2	2	6	2	6	10	2	6	10		2	6			1			
	56	钡	Ba	2	2	6	2	6	10	2	6	10		2	6			2			
	57	镧	La	2	2	6	2	6	10	2	6	10		2	6	1		2			
	58	铈	Ce	2	2	6	2	6	10	2	6	10	1	2	6	1		2			
	59	镨	Pr	2	2	6	2	6	10	2	6	10	3	2	6			2			
	60	钕	Nd	2	2	6	2	6	10	2	6	10	4	2	6			2			
	61	钷	Pm	2	2	6	2	6	10	2	6	10	5	2	6			2			
	62	钐	Sm	2	2	6	2	6	10	2	6	10	6	2	6			2			
	63	铕	Eu	2	2	6	2	6	10	2	6	10	7	2	6			2			
	64	钆	Gd	2	2	6	2	6	10	2	6	10	7	2	6	1		2			
	65	铽	Tb	2	2	6	2	6	10	2	6	10	9	2	6			2			
	66	镝	Dy	2	2	6	2	6	10	2	6	10	10	2	6			2			
	67	钬	Ho	2	2	6	2	6	10	2	6	10	11	2	6			2			
	68	铒	Er	2	2	6	2	6	10	2	6	10	12	2	6			2			
	69	铥	Tm	2	2	6	2	6	10	2	6	10	13	2	6			2			
	70	镱	Yb	2	2	6	2	6	10	2	6	10	14	2	6			2			
	71	镥	Lu	2	2	6	2	6	10	2	6	10	14	2	6	1		2			
	72	铪	Hf	2	2	6	2	6	10	2	6	10	14	2	6	2		2			
	73	钽	Ta	2	2	6	2	6	10	2	6	10	14	2	6	3		2			
	74	钨	W	2	2	6	2	6	10	2	6	10	14	2	6	4		2			
	75	铼	Re	2	2	6	2	6	10	2	6	10	14	2	6	5		2			
	76	锇	Os	2	2	6	2	6	10	2	6	10	14	2	6	6		2			
	77	铱	Ir	2	2	6	2	6	10	2	6	10	14	2	6	7		2			
	78	铂	Pt	2	2	6	2	6	10	2	6	10	14	2	6	9		1			
	79	金	Au	2	2	6	2	6	10	2	6	10	14	2	6	10		1			
	80	汞	Hg	2	2	6	2	6	10	2	6	10	14	2	6	10		2			
	81	铊	Tl	2	2	6	2	6	10	2	6	10	14	2	6	10		2	1		
	82	铅	Pb	2	2	6	2	6	10	2	6	10	14	2	6	10		2	2		
	83	铋	Bi	2	2	6	2	6	10	2	6	10	14	2	6	10		2	3		
	84	钋	Po	2	2	6	2	6	10	2	6	10	14	2	6	10		2	4		
	85	砹	At	2	2	6	2	6	10	2	6	10	14	2	6	10		2	5		
	86	氡	Rn	2	2	6	2	6	10	2	6	10	14	2	6	10		2	6		
7	87	钫	Fr	2	2	6	2	6	10	2	6	10	14	2	6	10		2	6		1
	88	镭	Ra	2	2	6	2	6	10	2	6	10	14	2	6	10		2	6		2
	89	锕	Ac	2	2	6	2	6	10	2	6	10	14	2	6	10		2	6	1	2
	90	钍	Th	2	2	6	2	6	10	2	6	10	14	2	6	10		2	6	2	2
	91	镤	Pa	2	2	6	2	6	10	2	6	10	14	2	6	10	2	2	6	1	2
	92	铀	U	2	2	6	2	6	10	2	6	10	14	2	6	10	3	2	6	1	2
	93	镎	Np	2	2	6	2	6	10	2	6	10	14	2	6	10	4	2	6	1	2
	94	钚	Pu	2	2	6	2	6	10	2	6	10	14	2	6	10	6	2	6		2
	95	镅	Am	2	2	6	2	6	10	2	6	10	14	2	6	10	7	2	6		2
	96	锔	Cm	2	2	6	2	6	10	2	6	10	14	2	6	10	7	2	6	1	2

周期	原子序数	元素名称	元素符号	电子层																	
				K	L		M			N				O				P			Q
				1s	2s	2p	3s	3p	3d	4s	4p	4d	4f	5s	5p	5d	5f	6s	6p	6d	7s
	97	锫	Bk	2	2	6	2	6	10	2	6	10	14	2	6	10	9	2	6		2
	98	锎	Cf	2	2	6	2	6	10	2	6	10	14	2	6	10	10	2	6		2
	99	锿	Es	2	2	6	2	6	10	2	6	10	14	2	6	10	11	2	6		2
	100	镄	Fm	2	2	6	2	6	10	2	6	10	14	2	6	10	12	2	6		2
7	101	钔	Md	2	2	6	2	6	10	2	6	10	14	2	6	10	13	2	6		2
	102	锘	No	2	2	6	2	6	10	2	6	10	14	2	6	10	14	2	6		2
	103	铹	Lr	2	2	6	2	6	10	2	6	10	14	2	6	10	14	2	6	1	2
	104	铲	Rf	2	2	6	2	6	10	2	6	10	14	2	6	10	14	2	6	2	2
	105	𬭊	Db	2	2	6	2	6	10	2	6	10	14	2	6	10	14	2	6	3	2

表 12.4 中，绝大多数元素原子的核外电子排布都遵循上述三原则，有一些元素不符合，如 $_{41}$Nb、$_{44}$Ru、$_{45}$Rh 等，这可以解释为，随着原子序数的递增，主量子数增大，轨道之间的能量差缩小，例如 ns 电子激发到 $(n-1)$d 轨道上只需要很少的能量，如果激发后能增加自旋平行的单电子数，或形成全充满等情况，降低的能量将超过激发能，就会造成特殊排布。例如，$_{41}$Nb 不是 $[Kr]4d^3 5s^2$，而是 $[Kr]4d^4 5s^1$；$_{46}$Pd 不是 $[Kr]4d^8 5s^2$，而是 $[Kr]4d^{10} 5s^0$。这些元素的电子排布是根据光谱实验数据得来的。

12.5 元素周期表

根据表 12.4 可知，随着原子序数的增加，元素原子的电子层结构出现了周期性的变化，元素的性质是由其电子构型决定的，因此，元素的性质也呈现周期性的变化，这一规律称为**元素周期律**，其表达形式就是**元素周期表**。

本书文后彩插所示为长式周期表，方便讨论核外电子排布与元素周期律关系。

12.5.1 周期与能级组

在元素周期表中，每一横行为一个**周期**。周期的划分，与鲍林近似能级组的划分是一致的，七个周期分别对应于七个能级组（表 12.5）。由于有能级交错，所以各能级组内所含能级数目不同，导致周期有长短之分。

表 12.5 周期与能级组的关系

周期	能级组	能级组内各原子轨道	能级组内轨道所能容纳的电子数	各周期含元素总数	周期类型
一	1	1s	2	2	超短周期
二	2	2s，2p	8	8	短周期
三	3	3s，3p	8	8	短周期
四	4	4s，3d，4p	18	18	长周期
五	5	5s，4d，5p	18	18	长周期
六	6	6s，4f，5d，6p	32	32	超长周期
七	7	7s，5f，6d，7p	32	32	超长

长周期包含了过渡元素和内过渡元素，所谓**过渡元素**，是指最后一个电子填充在次外层的 d 轨道上的原子的元素，**内过渡元素**是指最后一个电子填充在倒数第三层的 f 轨道上的那些原子的元素。内过渡元素分为两个单行，单独排列在周期表的下方。习惯上把 57～71 号

元素称为镧系元素；把 89～103 号元素称为锕系元素。

第一周期的电子层的结构是 $1s^1\sim1s^2$，其他每个周期的最外电子层的结构都是 $ns^1\sim ns^2np^6$ 的变化，呈现出明显的周期性规律，所以每一周期从碱金属元素开始，以稀有气体元素结束。

元素所在的周期数，就是该元素原子所具有的电子层数，也等于该元素原子最外电子层的主量子数 n，例如，Ca 原子的价电子构型为 $4d^2$，说明 Ca 最后的电子是填充在 4s 轨道上，Ca 有四个电子层，位于第四周期；而 Ag 原子的价电子构型为 $4d^{10}5s^1$，最外电子层的主量子数是 5，所以 Ag 位于第五周期；只有 Pd 例外，其价电子构型为 $4d^{10}5s^0$，但属于第五周期。

各周期所含的元素的数目，等于相应能级组中原子轨道所能容纳的电子总数。例如，第四能级组内 4s、3d 和 4p 轨道，总共可容纳 18 个电子，故第四周期共有 18 种元素。

12.5.2　主族与副族

元素周期表共有十八列，除了中间有一族是三列外，其他每一列为一个**族**，所以，一共有十六个族，分为八个主族、八个副族。

(1) 主族

凡是电子最后填充在最外层的 s 和 p 轨道上的元素称为**主族元素**。主族元素的价电子层就是最外电子层，价电子数与所属的族数相同。主族元素的原子在形成化学键时从来只使用最外层电子，不使用结构封闭的次外层电子。

族数用罗马数字表示，主族加 A，副族加 B。例如，ⅦA 和 ⅤB 分别表示第七主族和第五副族。

F 的价电子排布是 $2s^22p^5$，价电子数为 7，属于ⅦA。

元素周期表从左往右，依次为ⅠA、ⅡA，然后是副族元素，副族结束后，又是ⅢA、ⅣA、ⅤA、ⅥA、ⅦA 和ⅧA。同族元素具有相似的价电子构型，所以具有相似的化学性质。

(2) 副族

凡是电子最后填充在 d 轨道或 f 轨道上的元素称为**副族元素**。副族元素的价电子层不仅仅是最外电子层，还要加上 $(n-1)d$ 轨道，有些元素还要加上 $(n-2)f$ 轨道，所以副族元素就是之前所说的过渡元素和内过渡元素。

副族元素从左往右，是从ⅢB 开始的，然后依次为ⅣB、ⅤB、ⅥB、ⅦB 和ⅧB，ⅧB族有三列，再向右，是ⅠB 和ⅡB。

ⅢB～ⅦB，价电子数等于族数，如 Mn，$3d^54s^2$，价电子数为 7，属于ⅦB；ⅧB 的价电子数不等于族数；而ⅠB、ⅡB，由于 $(n-1)d$ 轨道已填满，所以最外层上电子数等于其族数。由于元素的性质主要决定于最外电子层上的电子数，所以副族元素的性质递变比较缓慢。

12.5.3　五个区

一般情况下，化学反应只与原子的价电子有关，按照原子的价电子构型可把周期表中的元素分成五个区域，如图 12.12 所示。

(1) s 区元素

最后一个电子填充在 s 轨道上，其价电子构型为 $ns^{1\sim2}$，包括ⅠA 和ⅡA 元素，位于元素周期表的左侧。除氢以外，都是活泼的金属元素，容易失去 1~2 个电子，形成+1 或+2 价离子。

（2）p 区元素

最后一个电子填充在 p 轨道上，其价电子构型为 $ns^2np^{1\sim6}$（He 例外，为 $1s^2$），包括Ⅲ
A~ⅧA 元素，位于元素周期表的右侧。p 区元素包括金属元素和除氢外的所有非金属元
素。s 区和 p 区元素是主族元素，

（3）d 区元素

最后一个电子基本上是填充在 $(n-1)$d 轨道上，其价电子构型为 $(n-1)d^{1\sim9}ns^{1\sim2}$
（Pd 例外，为 $4d^{10}5s^0$），包括ⅢB~ⅧB，位于周期表长周期的中部。它们的性质相似，d 电
子对元素性质影响较大。

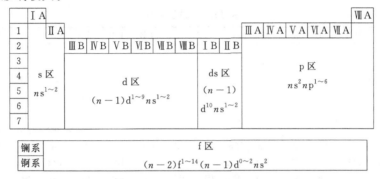

图 12.12　周期表中元素的分区

（4）ds 区元素

价电子构型为 $(n-1)d^{10}ns^{1\sim2}$，包括ⅠB 和ⅡB 族元素，位于 d 区与 p 区之间。ds 区
元素的电子构型只是在 $(n-1)$d 上和 d 区元素有差别，因此这两区元素的性质比较相似。

（5）f 区元素

最后一个电子填充在 $(n-2)$f 轨道上，其价电子构型为 $(n-2)f^{1\sim14}(n-1)d^{0\sim2}ns^2$，
包括镧系和锕系元素，由于 f 区元素基本上是在 $(n-2)$f 轨道上的电子数不同，所以它们的
化学性质非常相似。d、ds 和 f 区元素属于副族元素，全部是金属元素。

总之，元素原子的电子构型与其在元素周期表中的位置关系密切，通常可以根据元素的
原子序数，写出其电子构型，进而判断它在元素周期表中的位置，或者根据它的位置，推断
其电子构型和原子序数。

12.6　原子参数的周期性

原子的某些性质随着原子序数的递增发生周期性变化，例如原子半径、电离能、电子亲
和能和电负性等。这些性质与元素性质密切相关，不但可用来解释实验现象，还可以用来判
断元素可能具有的化学性质。这些表达原子特征的参数就是**原子参数**。下面主要讨论原子半
径、电离能、电子亲和能以及电负性这几个参数的周期性变化规律。

12.6.1　原子半径

根据量子力学理论，电子从原子核附近到无穷远处都有可能出现，严格地说，原子没有
固定的半径。本章前面所提的氢原子半径，实际是指电子云密度最大处距离原子核的距离。

通常所说的**原子半径**是指原子与另一个原子结合时所表现的大小。根据结合方式的不同，可将原子半径分为共价半径、金属半径和范德华（J. D. Van der Waals）半径。

共价半径：同种元素的两个原子以共价单键相结合时，核间距的一半称为共价半径。例如 H_2，测得分子中两个氢原子的核间距离是 74pm，所以氢原子的共价半径是 37pm，因为形成共价键时两个氢原子的电子云有部分发生了重叠，所以共价半径比自由原子半径（53pm）小。

金属半径：在金属晶体中，相邻两个原子核间距的一半就是该元素的金属半径。

范德华半径：两个原子之间没有形成化学键而只靠范德华力（分子之间的作用力）相互接近时，核间距的一半称为范德华半径。一般范德华半径比同种元素的共价半径大得多。

表 12.6　原子半径　（单位：pm）

IA	IIA	IIIB	IVB	VB	VIB	VIIB	VIIIB			IB	IIB	IIIA	IVA	VA	VIA	VIIA	VIIIA
H																	He
37																	122
Li	Be											B	C	N	O	F	Ne
152	111											88	77	70	66	64	160
Na	Mg											Al	Si	P	S	Cl	Ar
186	160											143	117	110	104	99	191
K	Ca	Sc	Ti	V	Cr	Mn	Fe	Co	Ni	Cu	Zn	Ga	Ge	As	Se	Br	Kr
227	197	161	145	132	125	124	124	125	125	128	133	122	122	121	117	114	198
Rb	Sr	Y	Zr	Nb	Mo	Tc	Ru	Rh	Pd	Ag	Cd	In	Sn	Sb	Te	I	Xe
248	215	181	160	143	136	136	133	135	138	144	149	163	141	141	137	133	217
Cs	Ba		Hf	Ta	W	Re	Os	Ir	Pt	Au	Hg	Tl	Pb	Bi	Po	At	Rn
265	217		159	143	137	137	134	136	136	144	160	170	175	155	153		

镧系元素：

La	Ce	Pr	Nd	Pm	Sm	Eu	Gd	Tb	Dy	Ho	Er	Tm	Yb	Lu
188	183	183	182	181	180	204	180	178	177	177	176	175	194	173

表 12.6 为各元素的原子半径，其中ⅧA稀有气体的半径为范德华半径，其余都是为共价半径，从表中可以看出原子半径的周期性变化。

影响原子半径大小的主要因素是电子的层数和电子间的屏蔽作用，同周期内（电子层数相同）原子半径的变化趋势决定于屏蔽作用，同族内原子半径的变化趋势主要决定于电子层数。

① 同一周期从左到右，原子半径逐渐减小。主族元素减小的幅度最大，过渡元素次之，内过渡元素最小，平均减小幅度分别约为 10pm、5pm 和 1pm。

原子半径减小的幅度与电子构型有关。这是因为主族元素的新增电子填入的是最外层，受到的屏蔽作用较小，所以原子半径以较大幅度减小。

副族的 d 区元素新增电子进入的是次外层的 d 亚层，内层电子对外层电子的屏蔽作用大于同层电子之间的相互屏蔽，所以有效核电荷数增加缓慢，导致原子半径缓慢减小。ds 区元素的次外层的 d 轨道已填经全充满，全充满的 d^{10} 有较大的屏蔽作用，超过了核电荷数增加的影响，使得原子半径反而略为增大。第六、第七周期 f 轨道半充满和全充满的电子构型也会使原子半径略有增大，例如镧系元素的铕（Eu，$4f^7$）和镱（Yb，$4f^{14}$）。

镧系元素的新增电子进入的是倒数第三层的 f 亚层，电子层越靠内，处在该层的电子对外层电子的屏蔽力越强，所以原子半径从左向右减小的幅度更小，这种现象称为**镧系收缩**。

需要注意的是，表 12.6 中每个周期最后的稀有气体的原子半径是范德华半径，不能与共价半径进行比较。

② 同族元素自上而下，电子层数增加，原子半径逐渐增大，但有极少数例外。

主族元素，从上往下，原子半径显著增大。

副族元素，由于镧系收缩的影响，使镧系后面的各过渡元素的原子半径都变得较小，以至于第五、六周期同族过渡元素的原子半径非常接近，如 Zr 与 Hf、Nb 与 Ta、Mo 与 W，化学性质也极相似，在自然界往往共生在一起，难以分离。

12.6.2 电离能

电离能 I 是指气态原子在基态时失去电子所需的能量，其值总为正值，可以用来定量比较气态原子失去电子的难易程度。

气态原子失去最外层的一个电子，成为气态正一价离子所需能量称为元素的第一电离能，再从气态正一价离子逐个失去电子所需能量，依次为第二电离能、第三电离能、…。各级电离能的符号分别用 I_1、I_2、I_3、…表示。通常不特别说明时，指的都是第一电离能。

原子失去电子的难度要小于正离子失去电子的难度，而且，同一元素的离子，电荷越高越难失去电子，所以，同一原子各级电离能的大小顺序 $I_1 < I_2 < I_3$。

$Na(g) - e^- \longrightarrow Na^+(g)$；$I_1 = 494 \text{ kJ·mol}^{-1}$ $Mg(g) - e^- \longrightarrow Mg^+(g)$；$I_1 = 736 \text{kJ·mol}^{-1}$

$Na^+(g) - e^- \longrightarrow Na^{2+}(g)$；$I_2 = 4560 \text{kJ·mol}^{-1}$ $Mg^+(g) - e^- \longrightarrow Mg^{2+}(g)$；$I_2 = 1450 \text{kJ·mol}^{-1}$

$Na^{2+}(g) - e^- \longrightarrow Na^{3+}(g)$；$I_3 = 6940 \text{kJ·mol}^{-1}$ $Mg^{2+}(g) - e^- \longrightarrow Mg^{3+}(g)$；$I_3 = 7740 \text{kJ·mol}^{-1}$

从钠和镁的电离能数据来看，钠的 I_2 相比于 I_1 增大极多，同样的，镁的 I_3 相比于 I_2 增大很多，因为钠失去一个电子、镁失去两个电子后，最外层都达到了稀有气体的稳定结构，再失去个电子需要很多能量，所以，钠通常为 +1 价，镁通常为 +2 价。

电离能的影响因素主要有：有效核电荷数、原子半径和原子的电子构型。有效核电荷数越大，原子半径越小，原子核对外层电子吸引力越强，失去电子就越困难，电离能就越大；如果遇到半充满、全充满的电子构型，也会增加失去电子的难度，使电离能增大。

元素的第一电离能变化趋势如图 12.13，从中可以看出：

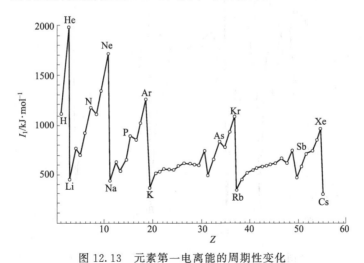

图 12.13 元素第一电离能的周期性变化

① 元素第一电离能呈现周期性变化。曲线的各个高点都是稀有气体元素，因为它们的

原子具有稳定构型，难失电子。而曲线的各个低点的都是碱金属元素，它们的最外层只有一个电子，易失去，所以它们是最活泼的金属元素。元素周期表左下方的铯的 I_1 最小，它是最活泼的金属元素，而右上方的稀有气体氦的 I_1 最大。

② 同一周期元素从左到右，I_1 在总趋势上依次增大，反映在元素周期表中，就会发现，从左到右，由活泼的金属元素过渡到非金属元素，金属性慢慢减弱，非金属性逐渐增强。

③ 同一族中自上而下，电离能逐渐减小。

④ 副族元素的 I_1 的变化幅度较小且规律性不强，除ⅢB外，其他副族元素从上到下，金属性有逐渐减小的趋势。

⑤ Be 和 Mg（最外层的 s 轨道全满）、N 和 P（最外层的 p 轨道半充满）的电离能高于各自左右的两种元素。

12.6.3 电子亲和能

电子亲和能 A 是指气态原子在基态时得到一个电子形成气态负离子所放出的能量，又称为电子亲和势。电子亲和能的大小反映了原子得到电子的难易程度。

和电离能相似，电子亲和能也有第一电子亲和能、第二电子亲和能、…，分别用 A_1、A_2…表示。

原子的第一电子亲和能大多为负值，表示放出能量，当负一价离子再获得电子时，需要克服负电荷之间的排斥力，因此需要吸收能量，所以第二电子亲和能都是较高的正值。如：

如：

$$O(g)+e^- \longrightarrow O^-(g) \qquad A_1 = -141.8 \text{kJ} \cdot \text{mol}^{-1}$$

$$O^-(g)+e^- \longrightarrow O^{2-}(g) \quad A_2 = +780 \text{kJ} \cdot \text{mol}^{-1}$$

电子亲和能的测定比较困难，数据不完整，规律性不明显。元素的第一电子亲和能变化趋势如图 12.14，从中可以看出：

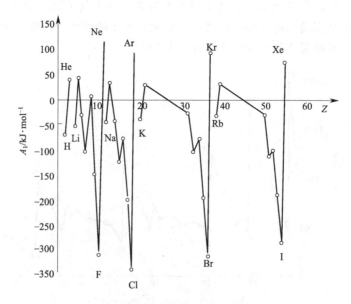

图 12.14 元素第一电子亲和能的周期性变化

① ⅡA 与ⅧA 原子的第一电子亲和能为正值，其他元素原子的 A_1 都是负值。

ⅧA原子具有最外层的s轨道和p轨道全满的稳定电子层结构（He为最外层全充满结构），ⅡA原子具有最外层的s轨道全满的ns^2电子层结构，不易得电子，要得到电子都需要吸收能量，所以A_1为正值。

另外，N、Mn、Zn、As等最外层也具有s轨道、p轨道或半充满或全充满的电子构型，再增加一个电子不容易，所以它们的第一电子亲和能都明显变大。

② 除ⅡA与ⅧA外的元素的A_1，因为A_1为负值，比较时取其绝对值。一般说来，同一周期从左到右，元素原子的$|A_1|$在总趋势上逐渐增大，这是因为，原子的有效核电荷逐渐增大，原子半径减小，越来越容易结合电子形成稀有气体稳定结构，所以释放的能量越来越多，每一周期以卤素的$|A_1|$最大。

③ 同一主族中，自上而下，$|A_1|$逐渐减小。

④ O和F的$|A_1|$分别比S和Cl的$|A_1|$要小，出现这种反常现象的原因是由于O、F的原子半径很小，电子密度大，因此结合一个电子形成负离子时，需要克服电子之间较大的排斥力，使得释放的能量减小。

⑤ 一般情况下，金属元素的$|A_1|$小，非金属元素的$|A_1|$大。

12.6.4 电负性

电离能和电子亲和能分别反映了原子失电子和得电子的能力，但这两个物理量各自反映了元素一方面的性质，事实上，有些原子如碳、氢等，既难失电子，也难得电子，元素的电负性就是把原子在与其他原子结合时失去电子和结合电子的难易程度统一起来考虑的一个物理量。

电负性是元素的原子在分子中吸引电子的能力，用χ表示。根据元素电负性的大小，可以衡量元素的金属性和非金属性的强弱。电负性越大，非金属性越强。1932年鲍林首先提出了电负性的概念，他指定了氟的电负性，并根据热化学数据和分子的键能比较各元素原子吸引电子的能力，计算出其他元素的电负性数值。如表12.7，表中电负性数据已经过后人的修正。

表 12.7　元素的电负性

ⅠA	ⅡA	ⅢB	ⅣB	ⅤB	ⅥB	ⅦB	ⅧB			ⅠB	ⅡB	ⅢA	ⅣA	ⅤA	ⅥA	ⅦA
H																
2.18																
Li	Be											B	C	N	O	F
0.98	1.57											2.04	2.55	3.04	3.44	3.98
Na	Mg											Al	Si	P	S	Cl
0.93	1.31											1.61	1.90	2.19	2.58	3.16
K	Ca	Sc	Ti	V	Cr	Mn	Fe	Co	Ni	Cu	Zn	Ga	Ge	As	Se	Br
0.82	1.0	1.36	1.54	1.63	1.66	1.55	1.8	1.88	1.91	1.90	1.65	1.81	2.01	2.18	2.55	2.96
Rb	Sr	Y	Zr	Nb	Mo	Tc	Ru	Rh	Pd	Ag	Cd	In	Sn	Sb	Te	I
0.82	0.95	1.22	1.33	1.60	2.16	1.9	2.28	2.2	2.2	1.93	1.69	1.73	1.96	2.05	2.1	2.66
Cs	Ba	La	Hf	Ta	W	Re	Os	Ir	Pt	Au	Hg	Tl	Pb	Bi	Po	At
0.79	0.89	1.10	1.3	1.5	2.36	1.9	2.2	2.2	2.38	2.54	2.0	2.04	2.33	2.02	2.0	2.2

从表12.7中可以看出元素的电负性也呈现周期性变化：

① 同一周期从左到右，元素的电负性逐渐增大，非金属性增强。

② 同一主族自上而下，电负性减小，金属性增强；副族元素的电负性没有明显的变化规律。

③ 在周期表中，右上方氟的电负性最大，非金属性最强，而左下方铯的电负性最小，金属性最强。

电负性数据主要用来讨论形成共价键的原子间电子密度的分布，是研究化学键性质的重要参数。电负性差值越大，化学键的极性就越强。

习题

12.1 区分下列概念。

(1) 波函数、电子云和原子轨道；　　　(2) 屏蔽效应和钻穿效应；

(3) 核电荷数和有效核电荷数；　　　(4) 电离能、电子亲和能和电负性。

12.2 下列各组量子数哪些是不合理的？为什么？

(1) $n=2$，$l=3$，$m=0$；　　　(2) $n=2$，$l=2$，$m=1$；

(3) $n=5$，$l=0$，$m=0$；　　　(4) $n=3$，$l=-1$，$m=1$；

(5) $n=3$，$l=0$，$m=1$；　　　(6) $n=2$，$l=1$，$m=-1$。

12.3 指出下列各能级对应的 n 和 l 值，每一能级包含的轨道各有多少？

序号	能级	n	l	轨道数
①	2p			
②	4f			
③	6s			
④	5d			

12.4 写出硫原子最外层的所有电子的四种量子数。

12.5 原子核外电子排布时，为什么最外层电子不超过 8 个，次外层电子不超过 18 个？

12.6 写出下列元素原子或离子的价电子排布式与价电子的轨道表示式。

(1) Be；　(2) P；　(3) Cr；　(4) Br^-；　(5) Fe；　(6) Mn^{3+}；　(7) Ga^{3+}

12.7 写出下列元素原子的电子排布式，并给出原子序数和元素名称。

(1) 第四周期的ⅧA元素；

(2) 第四周期的第ⅥB的元素；

(3) 3d 填 8 个电子的元素；

(4) 4p 半充满的元素；

(5) 原子序数比价层电子构型为 $3d^2 4s^2$ 的元素的小 4 的元素。

12.8 已知元素原子的价电子构型分别为：

①$3s^2 3p^5$；　　②$3d^6 4s^2$；　　③$5s^2$；　　④$4f^9 6s^2$；　　⑤$5d^{10} 6s^1$。

试判断它们在周期表中属于哪个区？哪个族？哪个周期？

12.9 多电子原子的主量子数 $n=4$ 时，有几个能级？各能级有几个轨道？最多容纳多少电子？

12.10 写出 40 号元素的电子排布，并指出价电子的四个量子数。

12.11 推想第七周期的稀有气体的电子排布式，如果存在，它的原子序数是多少？

12.12 指出符合下列各特征元素的名称。

(1) 具有 $1s^2 2s^2 2p^6 3s^2 3p^6 3d^8 4s^2$ 电子层结构的元素；

(2) 碱金属族中原子半径最大的元素

(3) ⅡA 族中第一电离能最大的元素；

(4) ⅦA 族中电子亲和能的绝对值最大的元素；

(5) +2 价离子具有 [Ar]3d⁵ 结构的元素。

12.13 某元素原子的最外层为 $5s^2$，最高氧化态为 $+4$，判断该元素位于周期表哪个区？第几周期？第几族？写出它的 $+4$ 氧化态离子的电子构型。若用 A 代替它的元素符号，写出相对应氧化物的化学式。

12.14 某元素的原子序数为 33，试回答：

(1) 该元素原子有多少个电子？有几个未成对电子？

(2) 原子中填有电子的电子层、轨道各有多少？价电子数有几个？

(3) 该元素属于第几周期，第几族？哪个区？是金属还是非金属？最高氧化数是多少？

12.15 设有元素 A、B、C、D、E、G、L、M，已知：①A、B、C 为同一周期的金属元素，C 有 3 个电子层，它们的原子半径在周期中为最大，而且 A>B>C；②D、E 为非金属元素，与氢化合生成 HD 和 HE，在室温时 D 的单质是液体，E 的单质是固体；③G 是所有元素中电负性最大的元素；④L 的单质在常温下是气体，性质很稳定，是除氢以外最轻的气体；⑤M 为金属元素，有四个电子层，其最高化合价和氯的最高化合价相同。试推断它们的元素符号、电子排布式及在周期表中的位置。

12.16 某元素原子的最外层仅有一个电子，该电子的量子数是 (4，0，0，+1/2)，试判断：

(1) 符合上述条件的元素可以有几种？原子序数各为多少？

(2) 写出相应元素原子的电子分布式，并指出它们在周期表中的位置（区、周期、族）。

12.17 有 A、B、C、D 四种元素，其中 A、B 和 C 为第四周期元素，A、C 和 D 为主族元素，D 为所有元素中电负性第二大的元素。A 与 D 可形成 1∶1 和 1∶2 的化合物。B 为 d 区元素，最高氧化数为 7。C 和 B 具有相同的最高氧化数。给出四种元素的元素符号，并按电负性由大到小排列之。

12.18 已知 A、B 两种元素中，A 原子的 M 层、N 层的电子分别比 B 原子的少 7 个和 4 个，试写出它的元素符号、名称、周期表中的位置，并写出它们的电子排布式。

12.19 比较下列各组元素原子半径的大小，并简要说明原因。

(1) Co 与 Cu；   (2) Ca 与 Cr；   (3) Ca 和 Rb；   (4) As 与 S

12.20 铬（Cr）是 24 号元素，位于第四周期，第ⅥB族，与它同一族的元素有第五周期的钼（Mo）、第六周期的钨（W），Mo 和 W 具有相近的金属半径，与 Cr 的半径却相差较大，为什么？

12.21 Na^+ 和 Ne 的电子构型相同都是 $1s^2 2s^2 2p^6$，气态 Ne 原子失去一个电子时 I_1 的值是 $2081kJ \cdot mol^{-1}$，而气态 Na^+ 失去第二个电子时 I_2 的值是 $4562kJ \cdot mol^{-1}$，为什么？

12.22 Na 的第一电离能小于 Mg，而 Na 的第二电离能却大大超过 Mg 的第二电离能，为什么？

12.23 第二、第三周期元素自左至右，第一电离能为什么有两个转折点？

12.24 判断各组元素第一电离能的相对大小，并简要说明原因。

(1) S 和 P；   (2) Al 和 Mg；   (3) Sr 和 Rb；   (4) Cu 和 Zn

12.25 解释下列现象。

(1) He^+ 中 3s 和 3p 轨道的能量相等，而在 Ar^+ 中 3s 和 3p 轨道的能量不相等。

(2) 第一电离能：B<Be，O<N。

(3) 第一电子亲和能的绝对值：Cl>F，S>O。

第13章

分 子 结 构

分子由原子组成，是参与化学反应的基本单元。组成分子的原子数可以少至仅含有一个原子，如稀有气体；也可以多达千千万万个原子，如高分子化合物。

原子组成分子时离不开某种作用力，在分子或晶体中，相邻原子或离子之间强烈的相互作用，这种作用力称为**化学键**。化学键可分为共价键、离子键和金属键等。

化学键的问题是研究物质结构过程中必然要了解的。本章在原子结构的基础上讨论形成共价键的有关理论和分子构型等问题。

13.1 现代价键理论

1916 年美国化学家路易斯（G. N. Lewis）为了说明 H_2、O_2 和 HCl 等分子的形成，提出了共价键理论。他认为，在分子中，每个原子都尽可能具有稀有气体原子的构型，因为这种结构比较稳定。H_2、O_2 和 HCl 等分子要形成这种结构，可以通过共用一对或若干对电子来实现。例如：

$$H\cdot \;+\; \cdot H \longrightarrow H:H \qquad \cdot\ddot{O}\cdot \;+\; \cdot\ddot{O}\cdot \longrightarrow \ddot{O}::\ddot{O}$$

$$H\cdot \;+\; \cdot\ddot{\underset{..}{Cl}}: \longrightarrow H:\ddot{\underset{..}{Cl}}:$$

原子通过共用电子对而形成的化学键称为**共价键**。共用一对电子的称为共价单键，共用多于一对共用电子的称为共价重键，通常简称为单键、双键、叁键等。

1927 年，海特勒（Heitler）和伦敦（London）用量子力学求解薛定谔方程，解答了共价键的本质。鲍林和斯莱特（Slater）在此基础上发展出现代价键理论。

13.1.1 氢分子的形成

如图 13.1 所示，横坐标是两个氢原子的核间距，纵坐标是系统的势能，核间距从大到小，即图中横坐标从右向左，系统的势能从氢原子间不存在相互作用力的零开始发生了变化。

如果两个 H 原子所带的电子自旋方向相反，随着核间距的减小，系统的势能逐渐下降，

核间距减小至 R_0（74pm）时，系统的能量降到最低点（436 kJ·mol^{-1}），此时氢原子之间形成了牢固的共价键，H_2 分子生成，如果核间距继续减小，氢原子之间的排斥力增大，系统的能量会急剧升高。所以 R_0 处系统处于最稳定状态，是氢分子的基态。

如果两个 H 原子所带电子的自旋方向相同，相互接近时，会相互排斥，使系统的能量升高，所以不能成键。

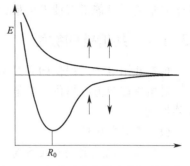

图 13.1　氢分子的能量和核间距的关系

13.1.2　价键理论基本要点

氢的原子半径是 53pm，可是 H_2 分子的核间距却是为 74pm，这说明两个 H 原子的 1s 轨道发生了重叠。现代价键理论认为，共价键是成键电子的原子轨道相互重叠形成的，原子轨道相互重叠，使原子核间的电子密度增大，降低了原子核的相互排斥，使系统的能量降低，因而能形成牢固的共价键。

现代价键理论（valence bond theory）简称 VB 法，又称为电子配对法，其要点如下：

① 两个原子接近时，只有自旋方向相反的单电子才可以相互配对，形成稳定的共价键。

② 单电子配对后，就不能再和其他原子中的单电子配对，所以，每个原子形成共价键的数目取决于该原子中的单电子数目。

③ 形成共价键时，两原子轨道必须符号相同才能重叠。图 13.2 表示了原子轨道的重叠，同号重叠，即"＋"、"＋"重叠，或"－"、"－"重叠，才能成键，图中（c）、（d）、（e）可以成键，而（a）、（b）不能成键。

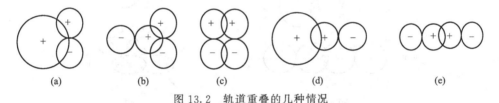

图 13.2　轨道重叠的几种情况

④ 重叠越多，原子核之间的电子云越密集，形成的共价键就越牢固，所以原子轨道必须沿着最大重叠程度的方向进行重叠。

13.1.3　共价键的特征

根据价键理论的基本要点可知：每个原子形成共价键的数目是一定的，取决于该原子中的单电子数目，因此，共价键具有饱和性。

形成的共价键越多，系统的能量就越低，所形成的分子就越稳定。因此，各原子中的未成对电子尽可能多地形成共价键。

有些原子在形成共价键时，本来成对的价电子会拆开作为单电子参与成键，例如，CH_4 分子中的 C 原子，$2s^2 2p^2$，本来只有两个 2p 单电子，成键时，2s 上的一对电子被拆开，一个电子受到激发跃迁到空的 2p 轨道上，形成四个单电子，与四个氢原子形成四个共价键，这样多形成两个共价键，分子更稳定。

原子轨道中，除 s 轨道呈球形对称外，p、d 等轨道都有一定的空间取向，成键时只有沿一定的方向靠近才能达到最大程度的重叠，重叠越多，所形成的共价键就越牢固。因此，原子轨道要尽可能沿着能发生最大重叠的方向进行重叠，故共价键具有方向性。

13.1.4　共价键的键型

根据共用电子对提供的方式不同，可将共价键分为正常共价键和配位共价键。如果共用电子对由成键双方各提供一个电子，即为正常共价键；如果共用电子对由单方提供，则为配位共价键

（1）正常共价键

根据原子轨道重叠方式不同，共价键可分为 σ 键和 π 键。

① σ 键

成键双方原子核之间的连线称为键轴，如果原子轨道沿着键轴方向，以"头碰头"方式进行同号重叠，这样形成的共价键称为 **σ 键**。

如图 13.3(a) 所示，σ 键的重叠部分沿键轴呈圆柱型对称，例如 H_2 分子是 s-s 轨道成键；HCl 分子是 s-p_x 轨道成键；Cl_2 分子是 p_x-p_x 轨道成键，成键轨道在轴向上重叠程度大，故 σ 键键能较大，不易断开。

② π 键

原子轨道沿键轴接近时，相互平行的 p_y-p_y、p_z-p_z 轨道以"肩并肩"的方式发生重叠而形成的共价键，称为 **π 键**，如图 13.3(b) 所示。

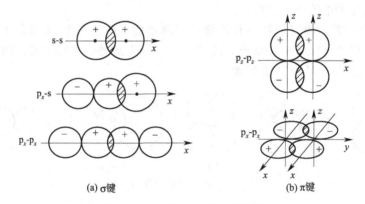

图 13.3　σ 键与 π 键形成示意图

如图 13.4 所示，N_2 分子中，两个 N 原子（$2s^2 2p_x^1 2p_y^1 2p_z^1$）的 $2p_x$ 轨道沿键轴方向"头碰头"重叠，形成了一个 σ 键，$2p_y$ 和 $2p_z$ 轨道分别以"肩并肩"的方式进行轨道重叠，形成两个 π 键，所以 N≡N 叁键，实际上是一个 σ 键，两个 π 键。

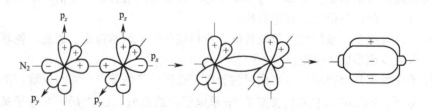

图 13.4　N_2 分子结构示意图

π 键的轨道重叠的程度较 σ 键小，所以 π 键的键能小于 σ 键，也不如 σ 键稳定，容易断开，化学活泼性强，易参与化学反应。

表 13.1 σ键与π键的比较

键类型	σ键	π键
轨道重叠方式	沿键轴方向相对重叠	沿键轴方向平行重叠
轨道重叠部位	两核之间,在键轴处	键轴上下方,键轴处为零
轨道重叠程度	大	小
键的强度	较大	较小
化学活泼性	不活泼	活泼

由表 13.1 可知,原子成键时总是优先形成 σ 键,如果两个原子之间只能形成一个共价键,则一定是 σ 键;如果形成多重键,则其中只有一个 σ 键,其他为 π 键。例如 C_2H_4,是一个 σ 键和一个 π 键;C_2H_2,是一个 σ 键和两个 π 键。

(2) 配位共价键

如果成键电子对只由单方面提供,另一方提供的空轨道,这样形成的共价键称为配位共价键,简称**配位键**。配位键通常以箭头"→"表示,方向是由电子对提供原子指向电子对接受原子。例如:

CO 分子: C $(2s^2 2p_x^1 2p_y^1 2p_z^0)$:
O $(2s^2 2p_x^1 2p_y^1 2p_z^2)$:

C 的两个 2p 单电子与 O 的两个 2p 单电子自旋方向相反,p_x 轨道"头碰头"重叠形成了一个 σ 键,p_y 轨道"肩并肩"重叠形成一个 π 键,另外,O 的 p_z 轨道还有一对孤对电子,C 原子还有一个 p_z 空轨道,两者形成了一个配位键,所以 CO 的结构式为 C≡O。

形成配位键的条件是:一个原子有孤对价电子,另一个原子有空的价轨道。配位键广泛存在,多见于配位化合物中。

13.1.5 键参数

分子中原子通过共用电子对而形成的化学键称为共价键。表征化学键性质的物理量称为键参数,主要有键长、键能、键角和键的极性等。

(1) 键长

分子中成键的两个原子核间的平衡距离称为**键长**,其数据由衍射或光谱法测定。如表 13.2 所示。一般来说,AB 两原子之间形成的键:

$$单键键长 > 双键键长 > 叁键键长,$$

即键数越多,键长越短,键也就越牢固。

(2) 键能

在标准状态下,将 1mol 理想气态双原子分子 AB 的化学键断开,形成气态的 A 原子和气态的 B 原子所需要的能量,称为 AB 的**键能**,也叫解离能,用 D_{A-B} 表示。例如:

$$HCl(g) \xrightarrow[298.15K]{标准状态} H(g) + Cl(g) \quad D_{H-Cl}(298.15K) = 432kJ \cdot mol^{-1}$$

上式表示,使 1mol 气态的 H—Cl 共价键断开需要提供 432kJ 的能量。对于双原子分子,共价键断开意味着分子的解离,所以双原子分子的键能就是解离能;对于多原子分子,例如 NH_3 分子,三个 N—H 键一一断开,每一步所需能量并不完全相同,而 N—H 键的键能是这三步能量的平均值。

表 13.2 部分共价键的键长和键能

共价键	键长/pm	键能/kJ·mol^{-1}	共价键	键长/pm	键能/kJ·mol^{-1}
H—F	92	570	H—H	74	436
H—Cl	127	432	C—C	154	346
H—Br	141	366	C=C	134	602
H—I	161	298	C≡C	120	835
F—F	141	159	N—N	145	159
Cl—Cl	199	243	N≡N	110	946
Br—Br	228	193	O—O	145	142
I—I	267	151	O=O	121	498

表 13.2 中，H—F、H—Cl、H—Br、H—I 的键长逐渐增大，键能逐渐下降，这是因为从 F 到 I，原子半径增大，成键能力下降。显然，键长越短，键能就越大，键也就越牢固。

此外，由表 13.2 可知，碳原子之间的单键、双键及叁键的键能依次增大，但双键和叁键的键能与单键键能并非两倍、三倍的关系，主要原因是，在多重键中，有一个是 σ 键，其他为 π 键，而 σ 键的键能大于 π 键键能，因此，双键和叁键的键能小于单键键能的两倍和三倍。

F—F、O—O、N—N 单键的键能在同族中反常地低，这是因为 F、O、N 半径太小，电子密度大，孤电子对的排斥力较强的缘故。

(3) 键角

分子中同一原子形成的两个化学键之间的夹角称为**键角**。若键长和键角确定了，分子的几何构型就确定了，所以键角是表示分子空间构型的基本参数。例如 H_2S 分子，两个 H—S 的夹角为 92°，说明 H_2S 分子的构型为 "V" 字形；CO_2 分子的键角为 180°，说明 CO_2 分子为直线形。因此，根据键长和键角的数据就可以确定分子的空间构型。

(4) 键的极性

如果形成共价键的两个原子对共用电子对的吸引力完全一样，共用电子对不偏不倚，电子云密集的区域恰好在两个原子核的正中间，原子核的正电荷重心和成键电子对的负电荷重心正好重合，这种共价键称为**非极性共价键**，简称非极性键。

如果形成共价键的两个原子吸引电子对的能力不同，共用电子对发生偏移，电子云密集的区域偏向电负性大的原子，使之带有部分负电荷，而电负性小的原子带有部分正电荷，这样的共价键称为**极性共价键**，简称极性键。

所以，键的极性是由于成键原子吸引电子的能力不同引起的，极性大小与成键的两个原子的电负性之差有关，差值越大，键的极性就越大。

通常情况下，同核双原子分子形成的是非极性键，如 H_2、Cl_2、N_2 等。而不同原子形成化学键则肯定是极性键。

对极性共价键来说，键长相近时，键的极性越大，键能越大。

13.2 杂化轨道理论

价键理论成功说明了共价键的形成、本质和特征，但对一些事实无法解释，例如甲烷 CH_4 分子的结构。实验结果表明，CH_4 分子的空间构型是正四面体，四个碳氢键的键长、键能和键角完全一样，而根据价键理论，四个碳氢键分别是 C 的一个 2s 和三个 2p 轨道与 H 的 1s 轨道重叠而成，四个键并不是完全相同的。

1931 年，鲍林等在价键理论的基础上提出杂化轨道理论，在成键能力、分子的空间构型等方面丰富和发展了现代价键理论。

13.2.1 杂化轨道理论的基本要点

在形成分子的过程中，由于原子间的相互影响，中心原子的几个不同类型、能量相近的原子轨道混杂在一起，重新分配能量和调整空间方向而组合成新的原子轨道。轨道重新组合的过程称为**杂化**，杂化形成的新的原子轨道称为**杂化轨道**。

杂化轨道理论基本要点如下：

① 只有同一原子的能量相近的原子轨道才能进行杂化，杂化前后原子轨道数目不变；

② 杂化以后的轨道在角度分布上更加集中，其形状是一头大一头小，成键时用大的一头进行原子轨道重叠，重叠程度更大，所以杂化轨道成键能力大于杂化前的原子轨道；

③ 杂化轨道成键时，要满足化学键之间最小排斥原理，所以，键与键之间在空间尽可能采取最大键角，使相互间排斥力最小，这样形成的分子更稳定，排斥力的大小决定于杂化轨道的夹角；

④ 杂化又可分为等性杂化和不等性杂化两种，如果杂化后形成的杂化轨道能量、成分完全相同为等性杂化，如果杂化后形成的杂化轨道能量不等或成分不完全相同，则称为不等性杂化。

13.2.2 杂化轨道的基本类型

(1) sp 杂化

同一原子的一个 ns 轨道和一个 np 轨道组合成两个 sp 杂化轨道的过程称为 sp 杂化。

例如，$BeCl_2$ 分子中的 Be 原子就是 sp 杂化，其 sp 杂化的过程如下：

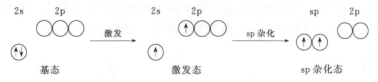

由于 2s、2p 轨道能量不同，所以两种轨道没有画在一条水平线上，以显示它们的轨道能量的相对高低。Be 原子基态最外层电子为 $2s^2$，根据杂化轨道理论，基态 Be 原子 2s 中的一个电子受激发跃迁到 2p 空轨道上，然后，含有单电子的一个 2s、一个 2p 轨道杂化，形成两个 sp 杂化轨道。

sp 杂化轨道的组成是一个 2s、一个 2p，所以每个 sp 杂化轨道都含有 1/2 的 s 轨道成分和 1/2 的 p 轨道成分，sp 杂化轨道的能量高于 2s 低于 2p 轨道，杂化轨道的电子密度相对集中在一方，如图 13.5 所示，sp 杂化轨道的大头与 Cl 原子的 3p 轨道重叠而形成 σ 键，重叠部分显然比未杂化轨道大得多。

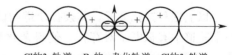

Cl的3p轨道　Be的sp杂化轨道　Cl的3p轨道

图 13.5　$BeCl_2$ 分子结构示意图

Be 与两个 Cl 形成两个共价键，根据化学键间最小排斥原理，sp 杂化轨道间的夹角为 180°，所以 $BeCl_2$ 分子呈直线形，两个 Be—Cl 键的键长和键能都相等，键角为 180°。已有实验数据证实了这个结果。

注意：①杂化只有在原子形成分子时才会发生，孤立的原子不会杂化；②只有同一原子的能量相近的轨道才能发生杂化；③发生杂化的是中心原子，而不是分子。

(2) sp^2 杂化

同一原子最外层的一个 ns 轨道和两个 np 轨道组合形成三个 sp^2 杂化轨道的过程称为 sp^2 杂化。

例如，BF_3 分子中的 B 原子就是 sp^2 杂化，其杂化过程如下：

B 原子经 sp^2 杂化形成的三个等价的 sp^2 杂化轨道，每个杂化轨道都含有 1/3 的 s 轨道成分和 2/3 的 p 轨道成分，sp^2 杂化轨道间的夹角为 120°，所以 BF_3 分子呈平面三角形，如图 13.6 所示。

(3) sp^3 杂化

同一原子最外层的一个 ns 轨道和三个 np 轨道组合成四个 sp^3 杂化轨道的过程称为 sp^3 杂化。

例如，CH_4 分子中的 C 原子就是 sp^3 杂化，其杂化过程如下：

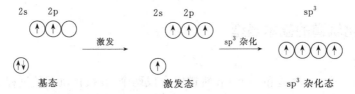

C 原子经 sp^3 杂化形成四个等价的 sp^3 杂化轨道，每个杂化轨道含有 1/4 的 s 轨道成分和 3/4 的 p 轨道成分，四个杂化轨道分别指向正四面体的四个顶点。杂化轨道间的夹角为 109°28′，所以 CH_4 分子的空间构型为正四面体形，如图 13.7 所示。

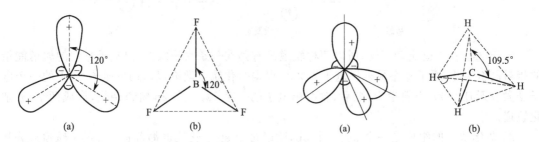

图 13.6　sp^2 杂化轨道（a）与 BF_3 分子结构（b）　　图 13.7　sp^3 杂化轨道（a）与 CH_4 空间结构（b）

以上三种杂化方式，其杂化轨道的能量和成分完全相等，为等性杂化。如果发生杂化的原子轨道中有孤电子对存在，使得杂化后轨道的成分分布不均匀，这样的杂化为不等性杂化。孤电子对所占杂化轨道离核较近，含 s 轨道成分较多，其他杂化轨道含 p 轨道成分较多。由于孤电子对的排斥作用，形成的分子的键角要比正常键角要小一些。

例如，NH_3 分子的中心原子 N 原子，H_2O 分子的中心原子 O 原子，就是 sp^3 不等性杂化，其杂化过程为：

$$\begin{array}{ccc} 2s & 2p & \text{不等性 } sp^3 \end{array}$$

$$N: \quad \text{(↑)(↑)(↑)} \qquad \xrightarrow{\;sp^3\text{ 不等性杂化}\;} \qquad \text{(↑↓)(↑)(↑)(↑)}$$
$$\text{(↑↓)}$$

$$O: \quad \text{(↑↓)(↑)(↑)} \qquad \xrightarrow{\;sp^3\text{ 不等性杂化}\;} \qquad \text{(↑↓)(↑↓)(↑)(↑)}$$
$$\text{(↑↓)}$$

　　N 原子进行 sp^3 不等性杂化，含孤电子对的杂化轨道不参与成键，另外三个杂化轨道分别与三个 H 原子形成三个 σ 键。

　　孤电子对的电子云密集于 N 原子周围，对三个 N—H 键有排斥力，使得 N—H 间的键角比等性 sp^3 杂化轨道的夹角略小一些，实验测定结果为 107°18′，所以 NH_3 分子的空间构型为三角锥形，如图 13.8 所示。

　　同样，O 原子进行 sp^3 不等性杂化，杂化轨道上有两对孤电子对，排斥力更大，所以键角更小，实验测定结果为 104°45′。

　　试想，如果 O 原子没有发生杂化，两个单电子分别在 p_y、p_z 轨道上，与两个 H 成键，p_y 与 p_z 轨道的夹角是 90°，那么，H_2O 分子的两个 O—H 键间的键角也应该是 90°，显然与实验测定结果相差较大。所以，H_2O 分子的空间构型为 V 字形，如图 13.9 所示。

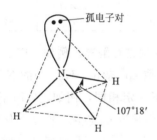

图 13.8　NH_3 分子的空间构型

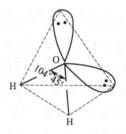

图 13.9　H_2O 分子的空间构型

（4）sp^3d 杂化、sp^3d^2 杂化等

　　sp^3d 杂化是同一原子最外层的一个 ns 轨道、三个 np 轨道和一个 nd 轨道组合形成五个 sp^3d 杂化轨道的过程。PCl_5 分子的 P 原子就是 sp^3d 杂化，成键时一个 3s 轨道电子受激发跃迁到 3d 空轨道上，发生 sp^3d 杂化，形成五个等价的杂化轨道，成键后分子的空间构型为三角双锥，例如 PCl_5 分子的空间构型就是三角双锥形，如图 13.10 所示。

　　sp^3d^2 杂化是同一原子最外层的 1 个 s 轨道、3 个 p 轨道和 2 个 d 轨道组合形成 6 个 sp^3d^2 杂化轨道的过程。SF_6 分子中的 S 原子是 sp^3d^2 杂化，成键时 1 个 3s 电子和 1 个已成对 3p 电子受激发跃迁到空的 3d 轨道上，杂化成 6 个 sp^3d^2 杂化轨道，分子的空间构型如图 13.11 所示。

　　还有一些杂化方式在第 8 章的配位化合物中已作介绍，不再赘言。

　　表 13.3 归纳了上述杂化轨道的类型及分子的空间构型。

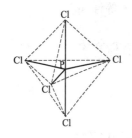

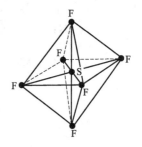

图 13.10　PCl_5 分子的空间构型　　　　　图 13.11　SF_6 分子的空间构型

表 13.3　杂化轨道的类型与分子的空间构型

杂化类型		sp	sp^2	sp^3		sp^3d	sp^3d^2
				等性	不等性		
参与杂化轨道	s	1	1	1		1	1
	p	1	2	3		3	3
	d	0	0	0		1	2
杂化轨道数		2个	3个	4个		5个	6个
杂化轨道几何构型							
分子空间构型		直线形	平面三角形	正四面体	"V"形或三角锥形	三角双锥	八面体
杂化轨道之间的夹角		180°	120°	109°28′	略小于 109°28′	90°(轴与平面) 120°(平面内) 180°(轴向)	90°(轴与平面、平面内) 180°(轴向)
实例		$BeCl_2$　$HgCl_2$	BCl_3　BF_3	CH_4　SiH_4	$H_2O NH_3$	PCl_3	$SF_6 SiF_6^{2-}$

　　对于多原子分子的空间构型，杂化轨道理论可以成功地进行解释。例如，BF_3 为平面三角形，而 NF_3 为三角锥形，可以推断 BF_3 中的 B 原子采取 sp^2 杂化，NF_3 中的 N 原子采取 sp^3 杂化。但是同一原子在不同分子中采取的杂化类型不一定相同，例如，C 原子在 C_2H_6 中采取 sp^3 杂化，在 C_2H_4 中采取 sp^2 杂化，而在 C_2H_2 中采取 sp 杂化。但是杂化轨道理论无法推断分子的空间构型，因此，继杂化轨道理论之后，出现了价层电子对互斥理论，可用来推测分子的空间构型。

13.3　价层电子对互斥理论

　　价层电子对互斥理论（valence-shell electron-pair repulsion），也称 VSEPR，能简单且准确地判断一些多原子分子的空间构型。这个理论是 1940 年由希德威克（N. V. Sidgwich）和鲍威尔（H. M. Powell）最先提出的。

13.3.1　价层电子对互斥理论的基本要点

　　价层电子对互斥理论的基础是：对于 AX_m 型分子或离子，其几何构型主要决定于与中心原子 A 相关的电子对之间的排斥作用，分子的几何构型总是采取电子对相互排斥最小的那种结构。

如果中心原子 A 共有两对电子，这两对电子只有处于 A 的两侧呈直线形，键角为 180° 时，距离才最远，斥力最小。同样，如果是三对电子，应该在平面三角线的三个顶点，键角为 120°。

价层电子对互斥理论把与中心原子 A 相关的电子对看作在一个球面上分布，如表 13.4 所示。电子对距离越远，排斥作用越小，分子越稳定。所以，分子的几何构型总是采取电子对相互排斥最小的那种结构。

表 13.4 中心原子的价层电子对的几何构型

价层电子对数	2	3	4	5	6
球面上价电子对的几何构型					
排布形式	直线	平面三角形	四面体	三角双锥	八面体

与中心原子 A 相关的电子对指的是价层电子对，包括成键电子对和没有成键的价层孤电子对，由于成键电子对受到成键双方的原子核的吸引，而孤电子对只受中心原子的原子核的吸引，所以孤电子对的电子云略微"肥大"一些，静电排斥作用也较强。电子对之间排斥力大小顺序如下：

孤电子对-孤电子对＞孤电子对-成键电子对＞成键电子对-成键电子对

电子对之间的夹角越小，静电排斥力越大。

对于含有多重键（双键或叁键）的分子，可把多重键作为一个电子对来看待，因为多重键具有较多的电子，所以斥力大小顺序是：叁键＞双键＞单键。

13.3.2 判断分子空间构型的基本步骤

(1) 确定中心原子的价层电子对数

以 AX_m 为例，A 为中心原子，X 为配位原子，A 的价层电子对数 VPN 可用下式计算：

$$VPN = \frac{1}{2}\left(A \text{ 的价电子数} + X \text{ 提供的电子数} \begin{cases} -\text{正离子电荷数} \\ +\text{负离子电荷数} \end{cases}\right) \qquad (13.1)$$

价层电子对互斥理论讨论的是主族元素形成的共价化合物的空间构型，A 的价电子数等于它所在的主族的族数。配位原子 X 如果是氢和卤素，则每个原子各提供一个价电子；如果是氧与硫，则不提供价电子；如果 AX_m 是离子，正离子应减去电荷数，负离子应加上电荷数。计算电子对时，若剩余 1 个电子，也应做一对电子处理。

例如，PO_4^{3-}：$VPN = \frac{1}{2} \times (5 + 0 + 3) = 4$ 对

H_2O：$VPN = \frac{1}{2} \times (6 + 2 + 0) = 4$ 对

(2) 根据孤电子对，成键电子对之间斥力的大小，确定斥力最小的稳定结构

根据表 13.4 可知价层电子对的几何构型，但是，价层电子对的几何构型不一定就是分子的几何构型，因为价层电子对包括了孤电子对，孤电子对只和中心原子相连，另一端没有原子，例如 H_2O 分子，中心原子 O 的价层电子对数为 4，电子对的几何构型是四面体，但是 H_2O 分子一共只有三个原子，不可能呈现四面体构型，实际情况是，电子对的四面体构型有两个顶点没有原子，所以水分子的空间构型为"V"形。

如果中心原子的价层电子对只有成键电子对，没有孤电子对，那么，价层电子对的几何构型就是分子的几何构型。例如 PO_4^{3-} 的空间构型为四面体形。

表 13.5 为 AX_m 型分子或离子的几何构型，其中，A 有 m 个成键电子对，n 个孤电子对。AX_mE_n 并非化学式，其中 X 表示配位原子，m 表示成键电子对数；E 表示孤电子对，n 表示孤电子对数。

例如，对于 CH_4 分子，$VPN=\frac{1}{2}\times(4+4+0)=4$ 对，有四个 H，所以成键电子对数 $m=4$，属于 AX_4 型分子；对于 NH_3 分子，$VPN=\frac{1}{2}\times(5+3+0)=4$ 对，有三个 H，所以 $m=3$，剩余一对电子为孤电子对，$n=1$，属于 AX_3E 型分子。

表 13.5 列出了 AX_mE_n 型分子或离子的几何构型。

表 13.5　AX_mE_n 型分子或离子的几何构型

价层电子对数	价层电子对几何构型	成键电子对数	孤电子对数	分子类型	分子几何构型	实例
2	直线	2	0	AX_2	直线	BeH_2，$HgCl_2$
3	平面三角形	3	0	AX_3	平面三角形	BF_3，SO_3
		2	1	AX_2E	V 形	SO_2，$PbCl_2$
4	四面体	4	0	AX_4	四面体	CH_4，SO_4^{2-}
		3	1	AX_3E	三角锥形	NH_3，$AsCl_3$
		2	2	AX_2E_2	V 形	H_2O，H_2S
5	三角双锥	5	0	AX_5	三角双锥	PCl_5，AsF_5，
		4	1	AX_4E	变形四面体	SF_4，$SeCl_4$
		3	2	AX_3E_2	T 形	ClF_3，BrF_3
		2	3	AX_2E_3	直线	XeF_2，I_3^-
6	八面体	6	0	AX_6	八面体	SF_6，$[FeF_6]^{3-}$
		5	1	AX_5E	四方锥形	BrF_5，IF_5
		4	2	AX_4E_2	四方形	XeF_4，BrF_4

对于 ClF_3 分子，$VPN=\frac{1}{2}\times(7+3+0)=5$ 对，有三个 F，所以 $m=3$，剩余两对电子为孤电子对，$n=2$，属于 AX_3E_2，根据表 13.5，ClF_3 分子空间构型应该为 T 形。为什么是 T 形呢？如图 13.12 所示，价电子对是 5 对，空间构型应该是三角双锥结构，Cl 和 F 所在位置可能有三种情况：

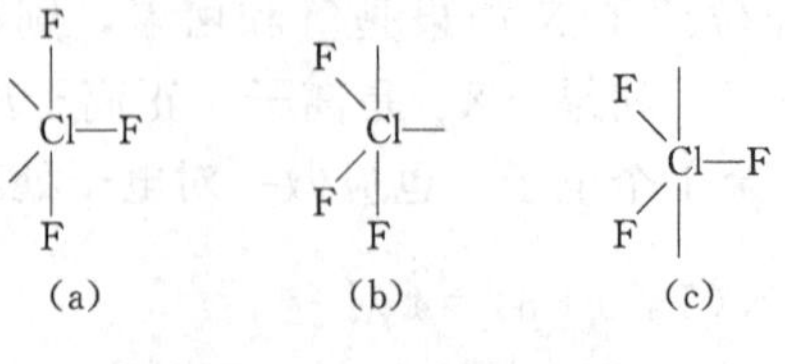

图 13.12　ClF_3 分子的结构

图 13.12(a) 中，两对孤电子对都在水平面；图 13.12(b) 中，孤电子对在水平面和垂

直于平面的轴向上各有一对；图 13.12(c) 中，孤电子对都在垂直于平面的轴向上。

价层电子对互斥理论认为，分子的几何构型总是采取电子对相互排斥最小的那种结构。电子对之间的夹角越小，静电排斥力越大，且电子对之间排斥力大小顺序如下：孤电子对-孤电子对＞孤电子对-成键电子对＞成键电子对-成键电子对。因此，ClF_3 分子的三种构型的排斥力情况是：

最小夹角 90°	(a)	(b)	(c)
孤电子对-孤电子对	0	1	0
孤电子对-成键电子对	4	3	6

显然，(a)、(c) 构型，都没有孤电子对之间成 90°夹角的情况，(a) 中孤电子对与成键电子对之间成 90°夹角的有 4 对，而 (c) 中有 6 对，所以 (a) 最稳定，ClF_3 分子的空间构型为 T 形。

用价层电子对互斥理论判断分子的几何构型，方法简单实用，应用范围很广，但它也存在缺陷，例如，无法判断过渡金属化合物的几何构型，也不能很好地说明键的形成和键的稳定性。

关于分子如何构成的理论有价键理论、价层电子对互斥理论和分子轨道理论，其中价键理论主要关注于 σ 键和 π 键的形成，通过研究受成键情况影响的轨道形状描述分子的形状；价层电子对互斥理论主要用于判断分子的空间构型；分子轨道理论则是关于原子和电子是如何组成分子或多原子离子的一个更精密的理论。

13.4　分子轨道理论

分子轨道理论（MO 理论）是 1932 年由美国化学家密立根（R. A. Millikan）和德国化学家洪特提出的，它是一种化学键理论，是用薛定谔方程处理氢分子离子 H_2^+ 发展而来，是处理双原子分子及多原子分子结构的一种有效的近似方法。它与价键理论不同，价键理论认为电子是在原子轨道上运动的，而分子轨道理论认为，原子轨道先组合成分子轨道，然后电子在分子轨道上填充、运动，即电子围绕整个分子运动。

13.4.1　分子轨道理论基本要点

所谓分子轨道是指描述分子中电子运动的波函数，分子是一个整体，在分子中每个电子的运动状态可以用相应的波函数 Ψ（即分子轨道）来描述，电子属于整个分子，所以分子轨道是多电子、多中心的，它是由原子轨道线性组合（简称 LCAO，linear combination of atomic orbital 的缩写）而成的。例如，由 Ψ_a、Ψ_b 两个原子轨道线性组合，可形成 Ψ_1、Ψ_1^* 两个分子轨道。

$$\Psi_1 = c_1\Psi_a + c_2\Psi_b$$
$$\Psi_1^* = c_1\Psi_a - c_2\Psi_b$$

式中 c_1、c_2 为常数，组合前的原子轨道数与组合后的分子轨道数相同，但轨道的能量不同。

Ψ_1 是能量低于原子轨道的成键分子轨道，是原子轨道同号重叠组合形成的，成键分子轨道中两原子之间的电子云密度增加，对双方原子核的吸引力增强，形成的键很牢固。Ψ_1^*

是能量高于原子轨道的反键分子轨道，是原子轨道异号重叠组合形成的，反键轨道中两原子之间的电子云密度降低，不利于成键。

原子轨道的组合方式不同，形成的分子轨道类型也不同，例如，s-s、s-p_x 以及 p_x-p_x 等轨道的组合是以"头碰头"方式进行的，组合成 σ 分子轨道，而 p_y-p_y、p_z-p_z 等轨道的组合以"肩并肩"方式进行的，组合成 π 分子轨道。

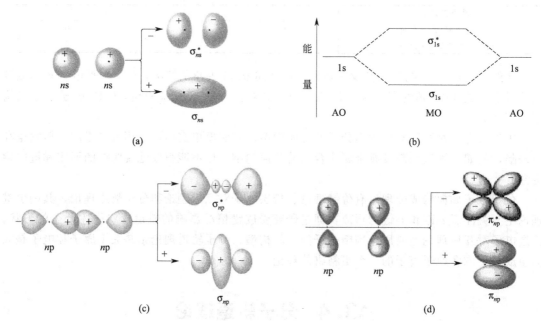

图 13.13　s-s、p_x-p_x 和 p_z-p_z 原子轨道线性组合形成分子轨道

如图 13.13(a) 所示，两个原子的 ns 轨道组合成 $σ_{ns}$ 和 $σ_{ns}^*$ 分子轨道的形状，图 13.13(b) 中画出了两个 1s 轨道组合成分子轨道的能量变化图，显然轨道的能量为：

$$反键分子轨道＞原子轨道＞成键分子轨道$$

图 13.13(b) 中的 AO、MO 的意思分别是原子轨道（atomic orbital）和分子轨道（molecular orbital）。图 13.13 中（c）为两个原子的 p_x 轨道以"头碰头"的方式组合成 $σ_{np}$ 和 $σ_{np}^*$；图 13.13(d) 为两个原子的 p_z 轨道以"肩并肩"的方式组合成 π 分子轨道，称为成键分子轨道 $π_{np}$ 和反键分子轨道 $π_{np}^*$。

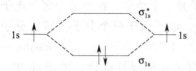

图 13.14　H_2 分子轨道能级图

电子在分子轨道中的填充也遵守泡利不相容原理、能量最低原理和洪特规则。

例如，H_2 分子中，两个 1s 原子轨道组合形成两个分子轨道，而 H_2 分子中只有两个电子，应该填充在能量较低的成键分子轨道 $σ_{1s}$ 上，且自旋方向相反，如图 13.14 所示。H_2 分子轨道能级也可用分子轨道式表示，即：$H_2[(σ_{1s})^2]$。

原子轨道线性组合形成分子轨道必须遵循以下三个原则。

① 能量相近原则：只有能量相近的原子轨道才能组合成有效的分子轨道。

② 对称性匹配原则：只有对称性匹配的原子轨道才能组合成分子轨道，符合对称性匹配原则的几种简单的原子轨道组合是，对 x 轴，s-s、s-p_x、p_x-p_x 组成 σ 分子轨道；对 xy 平面，p_y-p_y、p_z-p_z 组成 π 分子轨道。

③ 轨道最大重叠原则：能量相近、对称性匹配的原子轨道重叠程度越大，形成的共价键越牢固。

13.4.2　几种简单的分子轨道的形成

第二周期原子形成同核双原子分子时，除了 1s、2s 原子轨道组合形成分子轨道外，如果有 2p 轨道参与，两个原子各有三个 2p 轨道，可组合成六个分子轨道，即 σ_{p_x}、$\sigma_{p_x}^*$、π_{p_y}、$\pi_{2p_y}^*$、π_{2p_z} 和 $\pi_{2p_z}^*$，其中三个成键轨道，三个反键轨道。根据光谱实验数据，这六个轨道的能量大小的顺序如图 13.15 所示。

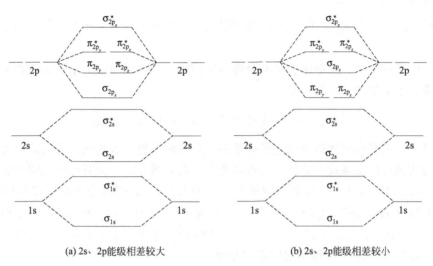

(a) 2s、2p能级相差较大　　　　　(b) 2s、2p能级相差较小

图 13.15　同核双原子分子轨道能级图

第二周期元素中，只有 O 和 F 的 2s、2p 原子轨道能级相差较大，所以 O_2 和 F_2 的分子轨道能级顺序如图 13.15(a) 所示：

$$E(\pi_{2p_y})=E(\pi_{2p_z})> E(\sigma_{2p_x})$$

因而 O_2 的分子轨道表示式为：

$$2O(1s^2 2s^2 2p^4)\longrightarrow O_2\left[(\sigma_{1s})^2(\sigma_{1s}^*)^2(\sigma_{2s})^2(\sigma_{2s}^*)^2(\sigma_{2p_x})^2(\pi_{2p_y})^2(\pi_{2p_z})^2(\pi_{2p_y}^*)^1(\pi_{2p_z}^*)^1\right]$$

最后两个电子分别填充在 $\pi_{2p_y}^*$ 和 $\pi_{2p_z}^*$ 轨道上，且自旋方向相同。所以，O_2 分子有两个自旋方向相同的未成对电子。分子轨道理论成功地解释了 O_2 具有顺磁性的实验结果。

第二周期其他双原子分子的分子轨道能级顺序如图 13.15(b) 所示：

$$E(\pi_{2p_y})=E(\pi_{2p_z})<E(\sigma_{2p_x})$$

在书写分子轨道表示式时，如果 σ_{1s} 和 σ_{1s}^* 各填满两个电子时，可用"KK"表示内层（K 层），所以 N_2 分子的分子轨道表示式为：

$$N_2\left[KK\,(\sigma_{2s})^2(\sigma_{2s}^*)^2(\pi_{2p_y})^2(\pi_{2p_z})^2(\sigma_{2p_x})^2\right]$$

在分子轨道理论中，如果某 σ 分子轨道填满电子，而它的反键轨道没填充电子或电子未填满时，就形成了一个 **σ 键**如上述 N_2 和 O_2 分子中的 $(\sigma_{2p_x})^2$；如果某 π 分子轨道填满电子，而它的反键轨道没填充电子或电子未填满时，就形成了一个 **π 键**如上述 N_2 分子中的 $(\pi_{2p_y})^2(\pi_{2p_z})^2$。

如果一个成键轨道和它相应的反键轨道都填满了电子时，它们的能量效应相互抵消，相当于这些电子未参与成键，通常把这类电子称为非键电子。如上述 N_2 和 O_2 分子中的 $(\sigma_{1s})^2$ $(\sigma_{1s}^*)^2$ $(\sigma_{2s})^2$ $(\sigma_{2s}^*)^2$ 电子就是非键电子。

O_2 分子中，$(\sigma_{1s})^2$ 与 $(\sigma_{1s}^*)^2$，$(\sigma_{2s})^2$ 与 $(\sigma_{2s}^*)^2$，成键轨道和反键轨道都填满，不能成键，$(\sigma_{2p_x})^2$ 表示形成了一个 σ 键，$(\pi_{2p_y})^2$ $(\pi_{2p_y}^*)^1$ 以及 $(\pi_{2p_z})^2$ $(\pi_{2p_z}^*)^1$ 说明形成了两个三电子的 π 键，每个三电子 π 键中，有两个电子在成键轨道上，一个在反键轨道上，相当于半个键，两个三电子 π 键相当于一个正常的 π 键，所以两个 O 之间仍相当于形成了双键，其电子式可写为： :O⋮⋮O: 。

N_2 分子的 $(\pi_{2p_y})^2$ $(\pi_{2p_z})^2$ $(\sigma_{2p_x})^2$，说明形成了一个 σ 键和两个 π 键，与价键理论的结果一致。

在分子轨道理论中，用键级表示共价键的牢固程度。键级的定义是成键轨道上的电子数与反键轨道上电子数之差值的一半。

$$键级 = \frac{1}{2} \times (成键电子总数 - 反键电子总数)$$

键级越大，说明成键轨道中的电子数越多，系统的总能量就越低，形成的键就越牢固。

键级的数值可以是整数，分数，也可以是零，若键级为零，说明原子之间不能成键。

例如，对于 H_2 分子，$[(\sigma_{1s})^2]$，键级 $=(2-0)/2=1$，说明两个氢原子之间形成了一个共价键；如果有 He_2 分子，$[(\sigma_{1s})^2(\sigma_{1s}^*)^2]$，键级 $=(2-2)/2=0$，所以 He 不能形成双原子分子；对于 O_2 分子，键级 $=(10-6)/2=2$，说明 O 原子之间形成双键；对于 N_2 分子，键级 $=(10-4)/2=3$，说明 N 原子之间形成叁键。

习题

13.1　区分下列概念。

(1) 极性键和非极性键；　　　　　　(2) σ 键和 π 键；

(3) 等性杂化和不等性杂化；　　　　(4) 孤电子对与成键电子对。

13.2　比较下列各组化合物中键的极性大小。

(1) HF、HCl、HBr、HI；　　　　　(2) ZnO、ZnS；

(3) O_2、O_3；　　　　　　　　　　(4) ZnS、H_2S。

13.3　指出下列分子中存在的 σ 键和 π 键的数目。

$$C_2H_2; \quad PH_3; \quad CO_2; \quad N_2; \quad SiH_4$$

13.4　共价键为什么具有饱和性和方向性？

13.5　填下表：

分子	CH_4	H_2O	NH_3	CO_2	BF_3
杂化方式					
键角					

13.6　CH_4 和 NH_3 的中心原子都采取 sp^3 杂化，但二者的分子构型不同，为什么？

13.7　BF_3 的空间构型是平面三角形，但 NF_3 却是三角锥形，试用杂化轨道理论解释。

13.8　用杂化轨道理论推测下列分子的中心原子的杂化类型及分子的空间构型。

$$BeH_2; \quad SbH_3; \quad BCl_3; \quad H_2Se; \quad CCl_4$$

13.9 根据杂化轨道理论，判断下列分子的中心原子的杂化类型，并画出它们的杂化过程。

CS_2（直线形）； SiH_4（正四面体）； BI_3（正三角形）； PH_3（三角锥形）

13.10 将下列分子或离子按照键角由大到小的顺序排列。

$$BF_3; \quad NH_3; \quad H_2O; \quad CCl_4; \quad HgCl_2$$

13.11 试用杂化轨道理论解释 NH_3、H_2O 的键角为什么比 CH_4 小?

13.12 凡是中心采取 sp^3 杂化轨道成键的分子，其几何构型都在正四面体，此话对吗?

13.13 用价层电子对互斥理论推测下列分子或离子的空间构型。

$AlCl_3; \quad CCl_4; \quad BeCl_2; \quad ICl_2^+; \quad ICl_4^-; \quad PO_4^{3-}; \quad ClF_3; \quad ICl_2^-; \quad SF_6$

13.14 试写出 Li_2、Be_2、H_2^-、N_2^+ 的分子轨道表示式，计算它们的键级，判断其磁性和稳定性的大小。

13.15 根据分子轨道理论判断 O_2^+、O_2、O_2^-、O_2^{2-} 的稳定性和磁性大小。

13.16 用分子轨道表示式写出下列分子或离子，并指出它们的键级。

$$He_2^+; \quad O_2^+; \quad N_2; \quad F_2$$

13.17 用价键理论和分子轨道理论解释 HeH、HeH^+、He_2^+ 粒子存在的可能性。

13.18 为什么氦没有双原子分子存在?

第14章

晶 体 结 构

钠和氯气可以反应生成氯化钠：$2Na(s) + Cl_2(g) \rightleftharpoons 2NaCl(s)$。

上述反应所涉及的三种物质，这三种物质的状态和颜色截然不同，钠是银白色的金属固体，氯气是黄绿色的气体，而产物氯化钠则是白色晶体；它们的导电性也不同，金属钠在固态和液态具有良好的导电性，氯气则没有导电性，而氯化钠在熔融状态和水中可以导电。

物质的性质取决于其内部结构，大千世界千姿百态的化合物，它们的微观结构如何？本章主要介绍晶体物质的结构及其与物理性质之间的关系。

14.1 晶 体

根据单质或化合物中微粒排列的有序程度，可将固体分为晶体、准晶体和无定型物质。由原子、离子或分子在空间有规则地排列而成的、具有整齐外形的固体物质，称为**晶体**。晶体一般可分为原子晶体、分子晶体、离子晶体和金属晶体。

14.1.1 晶体的特征

① 晶体有规则的几何构型。同一种晶体如果结晶条件不同，所得晶体的外形上可能会有差别，但是晶体的表面夹角（晶角）是一定的。

② 晶体有固定的熔点。晶体在熔化时温度保持不变，直至全部熔化后，温度才开始升高。而非晶体在加热时，由开始软化到完全熔化，整个过程中温度都在不断地变化。

③ 各向异性。晶体的某些性质，如光学性质、力学性质、导热、导电性、机械强度、溶解性等在不同方向上不同，称为各向异性。这是由于晶体在各个方向上排列的微粒之间的距离和取向不同，导致光学等性质在各个方向上表现出差异。例如，石墨的导电率在不同方向上差别很大。

晶体的各向异性是区别晶体与非晶体的最本质性质。

14.1.2 晶体的内部结构

晶体的这些特征是由其内部结构决定的。晶体内部的微粒以确定的位置在空间做有规律的排列，如果将晶体中的微粒抽象为质点，把这些质点连接起来，就可以得到描述晶体内部结构的几何图像——晶体的结晶格子，简称**晶格**（图 14.1）。

每个质点在晶格中所占的位置称为晶体的**结点**。每种晶体都可找出其具有代表性的最小重复单位，称为**晶胞**。晶胞在三维空间无限重复，就产生了宏观的晶体，所以，晶体的性质是由晶胞的大小、形状和质点的种类以及质点间的作用力所决定的。

根据晶胞的不同，可将晶体分成七种晶系，十四种点阵。例如，立方晶系是指晶胞的长、宽、高均相等且夹角均为 90° 的晶体，根据立方体的各个面及立方体的中心是否有结点，又可将立方晶系分为简单立方、面心立方和体心立方这三种空间点阵型式，如图 14.2 所示。

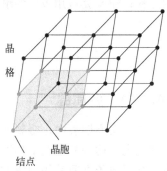

图 14.1　晶格、晶胞与结点

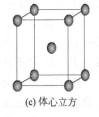

(a) 简单立方　　　(b) 面心立方　　　(c) 体心立方

图 14.2　立方晶系

14.2　原 子 晶 体

在原子晶体中，占据晶格结点的是原子，原子之间是通过共价键结合在一起的，如金刚石（C）、二氧化硅（SiO_2）、碳化硅（SiC）等。

如图 14.3 所示，金刚石的每一个碳原子以 sp^3 杂化轨道与相邻的四个碳原子形成四个共价键，成为正四面体结构，这种连接向整个空间延伸，就形成了巨型的三维网状结构。

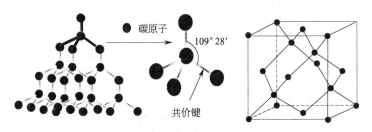

图 14.3　金刚石晶体结构示意图

所以，在原子晶体中，不存在独立的小分子，而只能把整个晶体看成一个"巨型分子"，SiO_2、SiC 等只是表示其组成的化学式。

由于原子之间相互结合的共价键比较牢固，所以，原子晶体一般具有很高的熔点和很大的硬度，不导电，不导热，不溶于任何溶剂，化学性质十分稳定。例如金刚石，由于碳原子半径小，共价键强度大，要破坏 4 个共价键或扭歪键角都需要很大能量，所以金刚石的硬度最大，熔点很高。

原子晶体在工业上多被用作耐磨、耐熔或耐火材料。金刚石、金刚砂（SiC）都是极重要的磨料；SiO_2 是应用极广的耐火材料，SiC、BN(立方)、Si_3N_4 等是性能良好的高温结构材料。

14.3 金 属 晶 体

14.3.1 金属键

在元素周期表中，金属元素约占了 80%。非金属元素的原子具有足够多的价电子，可以共用电子达到稳定电子构型。而大多数金属原子的最外层电子数仅为 1 或 2，在金属晶体中，金属原子之间是如何成键的呢？

20 世纪初提出的自由电子理论认为：金属失去价电子形成正离子，在金属晶格的结点上排列的是金属原子和正离子，它们只能在其平衡位置振动，难以自由移动，而从金属原子上脱落下来的电子不再固定属于某个金属原子或离子，它们可以在整个晶体中自由运动，将整个晶体结合在一起，称为自由电子。

自由电子减少了晶格中正离子之间的排斥力，起到把金属原子或离子连接在一起的作用，这种"连接"作用就称为**金属键**。所以，金属键可看成是许多原子或离子共用许多电子而形成的特殊共价键，只不过该共价键既没有方向性，也没有饱和性。

自由电子理论过于简单，无法解释许多事实。

14.3.2 金属键的能带理论

金属键的能带理论是用分子轨道理论处理金属键，把整个金属晶体看作是一个大分子，把金属中能级相同的原子轨道线性组合起来，成为整个金属晶体共有的若干分子轨道，合称为**能带**。能带理论要点如下：

① 金属晶体中的所有电子都属于整个金属晶体，为所有金属原子或离子所共有。电子在整个金属晶格范围内自由运动，而不是局限在固定区域。

② 金属原子的原子轨道组成若干分子轨道，且相邻的分子轨道间能级差很小，形成一个能带，各不同能量的能带排列起来，形成能带结构。

以金属锂（Li：$2s^1$）为例：

Li_2 有分子轨道：

金属锂晶体中，n 个锂原子中能量相等的 2s 轨道，重叠组成了 n 条分子轨道，这些分子轨道之间能量差小，组成了一个能带。

Li_n 的分子轨道：

能带分为导带、满带、空带和禁带，如图 14.4 所示。

导带：由若干个未充满电子的原子轨道重叠所形成的高能量能带。因为能带没有填满，电子受到激发后，可以从低能态跃迁到高能态，产生电流，这就是金属具有导电性的原因。

满带：由若干个相同的充满电子的原子轨道重叠所形成的能带。

空带：由若干个相同的没有填充电子的原子轨道重叠所形成的能带。

禁带：满带顶与导带底之间的能量间隔，是电子不能存在的区域。

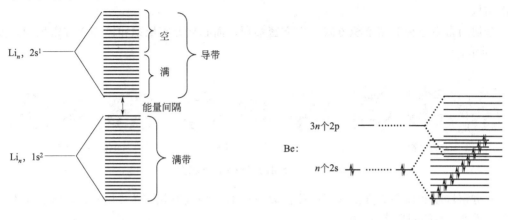

图 14.4　满带、导带和禁带　　　　　　图 14.5　能带重叠

③ 相邻的能带，有时能量范围有交叉，可以重叠。例如 Be 的 2s 能带是满带，与全空的 2p 能带能量非常接近，由于原子之间的相互作用，2s 能带和 2p 能带可以部分重叠，之间没有禁带，2s 电子很容易就可以跃迁到 2p 空带上去，如图 14.5 所示。

金属 Be 的价电子全部进入 2s 能带，2s 虽是满带，但它能与 2p 能带重叠，所以，电子很容易就从 2s 满带进入 2p 能带，这样 2s 能带和 2p 能带都变成了导带，这就是金属 Be 没有导带也可以导电的原因。

根据能带理论可以区别导体、绝缘体和半导体，这决定于禁带的宽度，即能量间隔 E_g 的大小，如图 14.6 所示。

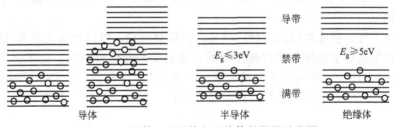

图 14.6　导体、半导体与绝缘体的能量示意图

一般来说，能量间隔 $E_g \leqslant 0.3\text{eV}$ 的物质属于导体，$0.3\text{eV} < E_g \leqslant 3\text{eV}$ 的物质属于半导体，而 $E_g \geqslant 5\text{eV}$ 的物质属于绝缘体。

金属往往具有导带，存在着自由电子，或者像金属铍一样，由于能带重叠形成导带，可以导电。半导体的禁带宽度小，电子被激发后，可以越过禁带进入导带，因而也可以导电。绝缘体的禁带宽度较大，电子不能激发上去，所以不能导电。

在金属能带理论中，金属键的实质是：电子填充在低能量的能级中，使晶体的能量低于金属原子单独存在时的能量总和。

14.3.3　金属晶体

(1) 结构

金属键没有饱和性和方向性，所以，金属晶格的结构是金属原子或离子总是与尽可能多的其他金属原子或离子结合，所以金属原子的配位数都很高。这种紧密堆积方式，可以降低势能，增大空间利用率，是最稳定的结构。

如果把金属原子看成是"半径相等的球"，紧密堆积的方式很多，从而形成不同的金属晶格结构。

金属通常有三种紧密堆积方式：六方密堆积、面心立方密堆积和体心立方密堆积，如图14.7所示。

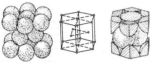

(a) 六方密堆积　　　　　　　(b) 面心立方密堆积　　　　　　　(c) 体心立方密堆积

图 14.7　金属的三种紧密堆积方式

六方密堆积和面心立方密堆积的配位数都是12，空间利用率为74.05%；体心立方密堆积配位数8，空间利用率68.02%。

一些金属单质的堆积方式如下：

六方密堆积：ⅢB、ⅣB元素
面心立方密堆积：ⅠB元素、Ni、Pd、Pt
体心立方密堆积：ⅠA、ⅤB、ⅥB元素

(2) 物理性质

金属晶体中，晶格结点上排列的是金属原子或离子，原子或离子之间以金属键相结合。金属晶体的这种结构特点，可以解释金属的许多特殊性质。

① 金属晶体内存在自由电子，所以具有导电性和导热性；金属的导电性随温度的升高而降低，原因是温度升高，金属原子或金属离子振动加剧，电子自由移动受到的阻力增大，因而导电性降低。

② 自由电子可以吸收波长范围极广的光，再反射出来，所以金属大多具有银白色光泽。

③ 金属键是在整个晶体范围内起作用的，因此要断开比较困难。由于金属键没有方向性，所以在外力作用下，两层原子（或离子）之间可以产生滑动，金属能带不受破坏，且滑动过程中自由电子的流动性可以帮助克服势能障碍，因此，金属一般有较好的延展性和可塑性。

如果金属的价电子数比较多，则金属键强，熔点高，硬度也大。例如ⅥB的铬（Cr）是硬度最大的金属，钨（W）是熔点最高的金属；而K和Na的价电子数少，金属键较弱，熔点低，硬度小。这些性质是金属晶体内部结构的外在表现。

14.4　离子晶体

14.4.1　离子键

(1) 离子键的本质及特征

1916年，德国化学家柯塞尔（W. Kossel）根据稀有气体具有稳定结构的事实提出的离子键理论。其基本要点如下：

① 只有活泼的金属和活泼的非金属之间可以形成离子键。两种原子在反应中失去或得

到电子，以达到稀有气体的稳定结构，由此形成正离子和负离子。

② 正负离子之间以静电引力相互吸引在一起就形成了**离子键**。离子键的本质就是正、负离子间的静电作用。

离子键除了有异号离子之间的吸引力之外，还有同号离子间的排斥力，所以正负离子之间有一适当距离，不可能无限接近，在平衡距离上斥力和引力相等，此时系统最稳定，形成了离子键。

离子的电荷分布是球形对称的，带有相反电荷的离子可以在任何方向上吸引它，所以离子键没有方向性。只要空间允许，离子总是尽可能多地吸引带有相反电荷的离子，所以离子键也没有饱和性。故离子键的特征就是没有饱和性和方向性。

以 NaCl 离子晶体的形成为例，当活泼的金属 Na 原子遇到活泼的非金属 Cl 原子时，原子之间首先发生了电子转移，Na 原子失去电子，Cl 原子得到电子，两者都形成了具有稀有气体稳定构型的正负离子，正负离子之间靠静电作用形成了离子键。由离子键形成的化合物称为离子型化合物。

$$\left.\begin{array}{l} n\mathrm{Na}(3\mathrm{s}^1) \xrightarrow{\ -n\mathrm{e}^-\ } n\mathrm{Na}^+(2\mathrm{s}^2 2\mathrm{p}^6) \\[2mm] n\mathrm{Cl}(3\mathrm{s}^2 3\mathrm{p}^5) \xrightarrow{\ +n\mathrm{e}^-\ } n\mathrm{Cl}^-(3\mathrm{s}^2 3\mathrm{p}^6) \end{array}\right\} n\mathrm{Na}^+\mathrm{Cl}^-$$

所以，NaCl 的化学式仅表示 Na^+ 与 Cl^- 的离子数目之比为 $1:1$，并不是其分子式。

(2) 键的离子性

形成离子键的两个原子的电负性差值必须比较大。一般说来，如果两种元素的电负性差值 $\Delta\chi \geqslant 1.7$ 时，形成的化学键以离子键为主。

原子之间成键种类有三种，离子键、共价键和金属键。一般情况下，化学键很少是单纯是三种键的一种，而是混合型。即使是电负性最高的 F 和最低的 Cs 形成的 CsF 晶体，也不全然是静电作用力，CsF 的离子性约占 92%。只有纯粹的共价键而无百分之百的离子键，离子化合物中，共价键成分总是存在的。离子键百分数和离子键强弱是两码事，与化学键的强弱也无直接关系。

离子键和共价键之间，并不能截然分开，离子键可以看作极性共价键的一个极端，另一个极端是非极性共价键。

$$\underset{\text{极性增强}}{\xrightarrow{\hspace{4cm}}}$$

非极性共价键　极性共价键　离子键

成键原子电负性的差值越大，离子键的成分就越高。$\Delta\chi \geqslant 1.7$ 时，离子键的成分超过 50%。

通常，活泼金属如ⅠA、ⅡA元素与活泼非金属如卤素、氧等的电负性相差较大，它们之间形成的化合物中大多数为离子型化合物。

14.4.2　离子的特征

(1) 离子的电荷

离子键的本质是静电引力，所以，离子所带的电荷数越高，正、负离子之间的静电吸引力就越大，离子键就越强。

(2) 离子半径

在离子晶体中，把离子看成是相切的球体，以正、负离子中心之间的距离（即核间距）作为两种离子的半径之和。核间距可以通过 X 射线衍射实验测定。

对于离子化合物来说，离子半径越小，核间距越短，正、负离子之间的静电吸引力就越大，离子键越强。

根据表 14.1，可以发现离子半径的变化规律。

表 14.1　常见离子的半径（鲍林半径）（pm）

Li^+ 68	Be^{2+} 31											O^{2-} 140	F^- 133
Na^+ 98	Mg^{2+} 66											S^{2-} 184	Cl^- 181
K^+ 133	Ca^{2+} 99	Sc^{3+} 81	...	Cr^{2+} 89	Mn^{2+} 80	Fe^{2+} 72	Co^{2+} 72	Ni^{2+} 69	Cu^{2+} 72	Zn^{2+} 74	...	Se^{2-} 198	Br^- 196
Rb^+ 149	Sr^{2+} 113	Y^{3+} 93	...						Ag^+ 126	Cd^{2+} 97	...	Te^{2-} 221	I^- 220
Cs^+ 167	Ba^{2+} 135	La^{3+} 115	...						Hg^{2+} 110				

① 同一周期从左向右，正离子的半径随离子电荷数的增加而减小，负离子半径随离子电荷数的增加而增大。例如：

$$Na^+ > Mg^{2+} > Al^{3+}；\quad F^- < O^{2-}。$$

② 同一主族自上而下，具有相同电荷离子的半径逐渐增大，例如：

$$Li^+ < Na^+ < K^+ < Rb^+ < Cs^+；\quad F^- < Cl^- < Br^- < I^-。$$

③ 相邻两主族左上方和右下方两元素的正离子半径相近。例如 Li^+ 和 Mg^{2+}，Na^+ 和 Ca^{2+}。

④ 正离子的半径比较小，大约在 $10 \sim 170pm$ 之间；而负离子半径比较大，大约在 $130 \sim 250pm$ 之间。

⑤ 另外，同一元素处于不同价态时，负离子半径大于原子半径；正离子半径小于原子半径，且电荷高的半径小，例如，$S^{2-} > S$；$Fe^{3+} < Fe^{2+} < Fe$。

（3）离子的电子构型

离子的电子构型也会影响化合物的性质。例如，KCl 与 AgCl 两种化合物在水中的溶解度截然不同，这就是由于它们的阳离子的电子构型不同造成的。

简单的负离子，如 O^{2-}、F^-、Cl^- 等，一般都是稳定的稀有气体构型；正离子的电子构型可分为几类：2 电子构型、8 电子构型、18 电子构型、（18＋2）电子构型和（9～17）电子构型（表 14.2）。

表 14.2　正离子的电子构型

类型	价电子构型	举例	所在区域
2e 型	ns^2	Li^+、Be^{2+}	s 区
8e 型	ns^2np^6	Ca^{2+}、Na^+、K^+	s 区
18e 型	$ns^2np^6nd^{10}$	Zn^{2+}、Ag^+、Cu^+	ds 区
(18＋2)e 型	$(n-1)s^2(n-1)p^6(n-1)d^{10}ns^2$	Tl^+、Pb^{2+}、Bi^{3+}	p 区
(9～17)e 型	$ns^2np^6nd^{1\sim9}$	Fe^{2+}、Fe^{3+}、Cu^{2+}	d 区、ds 区

14.4.3　离子晶体

（1）结构类型

在离子晶体中，占据晶格结点的是阴阳离子，离子之间以静电引力相结合。如表 14.3，NaCl 是面心立方结构，八个顶点和六个面的中心为同一种离子所占据，每个 Na^+ 周围有 6 个 Cl^- 包围，每个 Cl^- 的周围也有 6 个 Na^+，NaCl 晶体的配位数为 6。此外，还有如 CsCl

一类的离子晶体，为体心立方结构，配位数是 8；如 ZnS 一类的离子晶体，为立方结构，配位数为 4。为什么这些晶体的配位数不相同呢？

表 14.3　离子晶体的常见类型与半径比

晶体类型	NaCl 型	CsCl 型	ZnS 型
晶胞	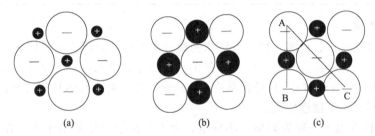● Na⁺ ○ Cl⁻	● Cs⁺ ○ Cl⁻	● Zn²⁺ ○ S²⁻
	面心立方	体心立方	立方
r_+/r_-	0.414～0.732	0.732～1	0.225～0.414
配位数	6	8	4
实例	KCl、LiF、CaS	CsBr、TlCl、NH$_4$Cl	ZnO、BeS、CuCl

这与正负离子的半径大小有关。由于离子键没有方向性和饱和性，所以每个离子周围都尽可能多地排列相反电荷的离子，离子半径越大，周围可容纳的异号离子就越多。

图 14.8　配位数为 6 的离子晶体中正负离子接触方式

如图 14.8 所示，如果正负离子半径大小如（a），则同号负离子相切，异号离子相离，显然不是稳定结构；（b）中同号负离子分开，异号离子相切，处于稳定状态；而（c）中，同号负离子相切，异号离子相切，处于一种亚稳状态。

（c）中如果正离子的半径再略大一点，就可以变成稳定的（b）状态，根据图 14.8(c) 可求出其正负离子的半径之比。根据勾股定律，$AB^2 + BC^2 = AC^2$，可得

$$2(2r_+ + 2r_-)^2 = 4r_-^2$$

整理得，$r_+/r_- = 0.414$。

显然，$r_+/r_- > 0.414$ 时，正负离子相切，负离子分离。这样的排列方式可使配位数是 6 的结构吸引力最大，排斥力最小，结构稳定；

如果 $r_+/r_- > 0.732$，正离子就可以和八个负离子相邻，形成更稳定的配位数为 8 的结构；

如果 $r_+/r_- < 0.414$ 时，正负离子分离，作用力减弱，结构不稳定，会向配位数小的构型转化；

如果离子的半径比在交界处时，可能会有两种晶体结构。

另外，离子晶体的结构类型不仅与半径比有关，还受许多其他因素的影响，如晶体的组成、离子的极化等，所以，半径比对确定晶体类型只能作为参考。

离子晶体最常见的类型就是 NaCl 型、CsCl 型、ZnS 型，如表 14.3。

（2）晶格能

离子键的键能一般用晶格能来表示。在标准状态下，拆开 1mol 离子晶体，使其变成相距无穷远的气态正、负离子所吸收的能量，称为**晶格能**，用符号 U 表示。例如：

$$NaCl(s) \xrightarrow[298.15K]{标准状态} Na^+(g) + Cl^-(g) \qquad U_{NaCl}(298.15K) = 785kJ \cdot mol^{-1}$$

晶格能是衡量离子键强弱的参数。晶格能越大，正、负离子间结合力越强，离子键就越强，相应的离子化合物就越稳定，熔点高、硬度大（表 14.4）。晶格能一般无法直接测定，只有通过热力学循环求得。

表 14.4　晶格能与物理性质

离子晶体	$U/kJ \cdot mol^{-1}$	熔点/℃	硬度
NaF	923	993	3.2
NaCl	785	801	2.5
NaBr	747	747	<2.5
NaI	704	661	<2.5
MgO	3791	2852	5.5
CaO	3401	2614	4.5
SrO	3223	2430	3.5
BaO	3054	1918	3.3

（3）物理性质

由正、负离子或正、负离子团按一定比例通过离子键结合形成的晶体称作**离子晶体**，离子化合物通常以晶态存在。离子晶体中不存在单独的分子单元，例如 NaCl 晶体中并无单独的 NaCl 分子存在，所以 NaCl 只是化学式，不是分子式，离子晶体只有式量，没有分子量。

离子晶体具有如下物理性质。

① 离子晶体常温下一般为固体，不导电，大多数离子晶体易溶于水，在水溶液中或处于熔融状态下能够导电。

② 离子晶体一般具有较高的熔点、沸点。因为正负离子以离子键相连，交替排列构成一个"巨型分子"，要破坏它需要提供大量的能量，所以离子晶体的熔点、沸点、熔化热、汽化热等数值都比较高。

离子晶体的熔沸点与晶格能大小有关。离子的核间距越小，所带电荷数越多，晶格能就越大，晶体的熔沸点也就越高。

③ 离子晶体通常硬而脆。硬度较大是因为整个晶体浑然一体，离子键强度大，破坏晶格需要较强的外力，离子晶体的延展性差，如下图所示，在外力作用下，容易发生"位错❶"。

离子排列发生位错，相同电荷离子相邻，同性排斥，所以离子晶体性脆，无延展性。

---

❶　实际晶体中原子偏离理想的周期性排列的区域称作晶体缺陷。位错是晶体中最为常见的缺陷之一，晶体受到一些外界因素的影响，使晶体内部质点排列变形，原子行间相互滑移，不再符合理想晶体的有序排列，由此形成的缺陷称作位错。

14.4.4 离子的极化

(1) 离子的极化力和变形性

离子本身带电荷,当阴、阳离子在外电场作用下,或者有其他离子靠近时,原子核与电子云会产生相对位移,离子发生变形,这种现象称为**离子的极化**。

正离子由于吸引负离子的电子云而使负离子发生变形,所以正离子可使负离子发生极化;同样,负离子由于吸引正离子的电子云而使正离子发生变形,所以负离子也可使正离子发生极化。离子使带有相反电荷的离子极化的能力,称为**极化力**。被相反电荷的离子极化而发生电子云变形的能力,称为**变形性**。所以无论是正离子还是负离子,都有极化力和变形性两个方面。

由于正离子的半径小,电荷密度高,相应的极化能力强,变形性小。因此正离子主要表现出较强的极化力。影响正离子极化能力的主要因素有离子半径、电荷数和电子构型。正离子的半径越小,所带电荷越多,则极化作用越强。电子构型对极化能力的影响是:

$$8e<(9\sim17)e<2e、18e、(18+2)e$$

负离子的半径大,电荷密度低,极化能力弱,相应地变形能力就强。因此负离子主要表现为较强的变形性。影响负离子的变形性的主要因素是半径和电荷数,半径越大,变形性越大;半径相近时,电荷数越多,变形性也越强,另外,复杂的负离子团(例如 ClO_4^-、SO_4^{2-})的变形能力通常很小。

离子的极化,大多指正离子的极化力和负离子的变形性。但是,如果负离子的半径小且非金属性强,它对正离子的极化也不容忽视;此外,18e 和 $(9\sim17)e$ 的正离子(例如 Ag^+、Hg^{2+} 等)的变形性也比较大,必须考虑。这种类型的正负离子之间相互极化,使得两者的变形性增大,进一步加强了它们的极化能力,这种加强的极化作用称为**附加极化作用**。

(2) 离子极化的影响

① 对键型的影响

极化能力强的正离子使变形性大的负离子发生极化,负离子的电子云被拉向两核之间,导致双方的电子云部分互相重叠,出现了类似于分子单位——"离子对",使键型发生转变,从离子键逐步向共价键过渡,如图 14.9 所示。从左到右,离子键的百分数减少,共价键的百分数增大,离子极化的结果使离子晶体向分子晶体过渡,因而化合物的许多性质都受到了影响。

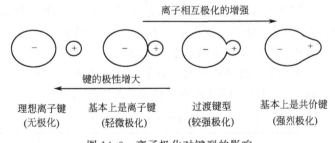

图 14.9 离子极化对键型的影响

② 对离子晶格的影响

典型的离子化合物的晶格类型可以根据半径比规则确定。但是如果正负离子之间有强烈的相互极化作用,会使核间距缩短,晶格类型发生偏离,使晶体向配位数减小的构型转变。

例如 AgI 的 $r_+/r_- = 0.51$,应该为配位数为 6 的 NaCl 型,而实际上 AgI 是配位数为 4 的 ZnS 型。

③ 对熔沸点的影响

离子极化使离子晶体向分子晶体过渡，导致晶格能降低，熔点和沸点也随之降低，极化程度越大，熔点和沸点越低。

例如：AgCl 与 NaCl 相比，Ag^+ 为 18 电子构型，极化力和变形性远大于 Na^+，所以 AgCl 的键型为过渡型，晶格能小于 NaCl 的晶格能，因而 AgCl 的熔点（455℃）远低于 NaCl 的熔点（800℃）。同样，Be^{2+} 半径小，2 电子构型，使 $BeCl_2$ 的熔点（410℃）低于 $MgCl_2$ 的熔点（714℃）。

④ 对化合物的颜色的影响

正负离子相互极化，使化合物的颜色加深。例如：

	Hg^{2+}(18e)	Pb^{2+}[(18+2)e]	Bi^{3+}[(18+2)e]	Ni^{2+}[(9~17)e]
Cl^-	白色	白色	白色	黄褐色
Br^-	白色	白色	橙色	棕色
I^-	红色	黄色	黑色	黑色

⑤ 对溶解度的影响

离子极化使化合物的键型从离子键向共价键过渡，极性降低，根据相似相溶原理，在水中的溶解度降低。

例如 AgF、AgCl、AgBr、AgI 中，AgF 易溶于水，其他三种难溶于水，且溶解度逐渐降低。

14.5 分 子 晶 体

14.5.1 分子间力

(1) 分子的极性

分子是电中性的，但每个分子内都可以找到一个正电荷重心和一个负电荷重心。正、负电荷重心重合的分子是**非极性分子**；正、负电荷重心不重合的分子是**极性分子**。

非极性分子包括：由非极性键组成的分子，例如同核双原子分子；由极性键构成但几何构型对称的分子，例如 CO_2；还有单原子分子。

极性分子由极性键构成的，且键的极性不能抵消。

分子极性的大小可用**偶极矩** μ 来衡量，其定义是：若分子内正负电荷重心的电量为 $\pm q$，两重心之间的距离为 d，分子的偶极矩等于 $\mu = q \cdot d$，其单位是 C·m（库仑·米）。偶极矩是一个矢量，方向为从正电荷重心指向负电荷重心。

非极性分子的偶极矩为零；偶极矩越大，分子的极性就越大。偶极矩一般可通过实验测定，根据偶极矩的数值（表 14.5）可以推测某些分子的空间构型。

表 14.5 分子的偶极矩 $\mu / 10^{-30}$ C·m

分子式	偶极矩	分子式	偶极矩
H_2	0	SO_2	5.33
N_2	0	H_2O	6.16
CO_2	0	NH_3	4.33
CS_2	0	HCN	6.99
CH_4	0	HCl	3.43
CO	0.40	HBr	2.63
H_2S	3.66	HI	1.27

(2) 分子间力

极性分子的正、负电荷重心不重合，这种本身固有的偶极称为**永久偶极**。

不论分子是否有极性，在外电场的作用下，其正负电荷重心都会发生相对位移，使分子变形，偶极矩增大，这种现象称为**分子的极化**。分子之间相互作用时也可发生分子的极化，使分子间产生相互作用力。

分子间存在着一种较弱的作用力，其大小远远小于普通化学键键能。它最早是由荷兰物理学家范德华（Van der Waals）提出的，也称范德华力，分子间力可以分为取向力、诱导力和色散力三种。

① 取向力

取向力发生于极性分子之间，当两个极性分子相互接近时，极性分子的永久偶极之间同极相斥，异极相吸，使分子发生相对转动，形成分子间异极相邻的排列状态，这种发生在极性分子的永久偶极间的相互作用力称为**取向力**。其本质是静电引力。

取向力的大小与温度、分子的极性有关。温度越高，分子的取向越困难，取向力越小，分子的极性越强，偶极矩越大，取向力越大。

② 诱导力

诱导力是发生在极性分子与非极性分子之间的作用力。极性分子的永久偶极相当于一个外电场，可使邻近的非极性分子变形，而产生**诱导偶极**。

如图 14.10(a) 所示，正、负电荷的重心合在一起的非极性分子在外加电场作用下，正电荷重心向负极移动，负电荷重心向正极移动，两个电荷重心发生了相对位移，分子变形，产生偶极，这种在外加电场诱导下产生的偶极就是诱导偶极。而极性分子的永久偶极在外电场作用下也会产生诱导偶极，使偶极矩增大，如图 14.10(b) 所示。

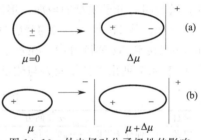
图 14.10　外电场对分子极性的影响

由于诱导偶极而产生的吸引力称为**诱导力**。诱导力发生在极性分子与非极性分子之间，以及极性分子之间，其本质也是静电引力。

诱导力的大小与极性分子的极性强弱有关，也和非极性分子的变形性有关。极性分子的极性越强，诱导力就越大；非极性分子的变形性越大，诱导力也越大。

诱导能力强的分子变形性往往较差，而变形性强的分子诱导能力又差，所以诱导力不是分子间的主要作用力。

③ 色散力

分子中每个电子、每个原子核都在不断地运动，因此正、负电荷重心会在某些瞬间发生相对位移，这样产生的偶极称为**瞬时偶极**。

色散力是发生在瞬时偶极之间的作用力，瞬时偶极存在时间极短，但却在每一个瞬间不断地重复发生着。因此邻近的分子之间始终存在着色散力。色散力存在于一切分子之间，它在分子间力中占有相当大的比重。

色散力的大小主要与分子的变形性有关。分子的变形性越大，色散力也就越大；分子量越大，色散力越大。

综上所述，在非极性分子之间只有色散力；在极性分子和非极性分子之间既有色散力，又有诱导力；而在极性分子之间，取向力、诱导力、色散力三者并存。分子间力是三种力的总和，不属于化学键，是存在于分子之间的一种近距离的吸引力，它的作用范围仅有几百皮米（pm），比化学键作用的距离长。它的大小比化学键小 1～2 个数量级。由于范德华力的本质是静电引力，所以一般不具有饱和性和方向性。如表 14.6 所示，除了极少数极性很强的分子外，色散力是分子间力的主要作用力，极少数强极性的分子，例如 H_2O、HF 中，取向力是最主要的分子间力。分子间力的大小对物质的熔点、沸点、溶解度、表面吸附等都有影响。

表 14.6　分子间的范德华力/$kJ \cdot mol^{-1}$

分子	取向力	诱导力	色散力	总和
Ar	0	0	8.49	8.49
CO	0.003	0.008	8.74	8.75
HCl	3.30	1.00	16.8	21.1
HBr	0.686	0.502	21.9	23.1
HI	0.025	0.113	25.8	25.9
H_2O	36.3	1.92	8.99	47.2
NH_3	13.3	1.55	14.9	29.8

（3）分子间力对物质性质的影响

大多数情况下，分子间力中色散力远大于取向力和诱导力，而且色散力随着分子量的增大而增大，通常可以用相对分子质量的大小来大致判断范德华力的大小。

分子间力主要影响物质的物理性质。对于以分子间力相结合的同类型的单质或化合物来说，随着相对分子质量的增加，熔沸点升高，在水中的溶解度也增大。

例如，从 He 到 Xe，稀有气体的相对分子质量增加，色散力也增大，所以稀有气体的沸点从 He 到 Xe 逐渐升高，在水中溶解度也按同一顺序依次增加。

表 14.7 列出了分子间力与化学键的对比及对物质性质的影响。

表 14.7　分子间力与化学键比较

项目	分子间力	化学键
定义	使分子聚集在一起的作用力	相邻的原子之间强烈的相互作用
存在范围	同种或异种分子（狭义的）之间	分子（广义的）内相邻的原子（广义的）之间
强弱程度	很微弱，克服它只需要较低的能量	很强烈，克服它需要较高的能量
应用	主要影响由分子组成的物质（含稀有气体）的物理性质，对这些物质的化学性质无影响	决定物质的化学性质，影响不是由分子组成的物质的物理性质

14.5.2　氢键

如图 14.11 所示，同族元素的氢化物的熔点、沸点随相对分子量的增大而增高，而 NH_3，H_2O，HF 却例外，造成这种反常现象的原因是：分子间除了上述三种力之外，有些物质分子之间还存在着另外一种特殊的作用力，这就是氢键。

（1）氢键的形成及特征

当氢原子与电负性很大、半径很小且有孤电子对的原子以共价键结合成分子后，由于共用电子对强烈偏移向电负性大的原子，使该原子带有部分负电荷，而氢原子几乎成为裸露的质子，并带有部分正电荷，如果附近有另一个电负性很大、半径很小、外层有孤电子对且带有部分负电荷的原子靠近它，它们之间就会产生静电引力，这种引力称为**氢键**。

氢键可以用 X—H…Y 来表示，H 与 Y 之间形成了氢键，用虚线表示。X、Y 可以是同种元素的原子，如 F—H…F，O—H…O，也可以是不同元素的原子，如 N—H…O。

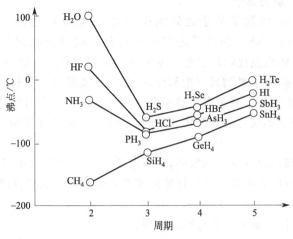

图 14.11　氢键对沸点的影响

形成氢键 X—H⋯Y 的条件是：

① 必须有氢原子，且氢必须与电负性极大、半径很小的元素 X 形成共价键；

② 形成氢键的另一原子 Y 必须电负性很大、半径很小且外层有孤电子对。

通常能形成氢键的 X 和 Y 原子主要是 F、O 和 N。氢键的本质是静电吸引作用，它的大小与分子间力接近，比共价键的键能小得多。X、Y 原子的电负性越大，半径越小，形成的氢键越强。

氢键的特征是有饱和性和方向性。

氢原子在形成一个共价键后，通常只能再形成一个氢键。因为氢原子体积很小，当它与体积相对较大的 X、Y 原子形成氢键 X—H⋯Y 后，再有较大体积的其他原子，就难于靠近，同时它的电子还会和 X、Y 原子的电子产生排斥力，所以每个氢原子只能形成一个氢键，这就是氢键的饱和性。

由于氢原子体积小，为了减少 X 和 Y 之间的斥力，使它们尽量远离，所以以氢原子为中心的三个原子尽可能在一条直线上，键角接近 180°，这就是氢键的方向性，如图 14.12 所示。

图 14.12　氢键的方向性示意图

氢键一般存在于某些分子之间，如 HF、H_2O、NH_3，有机羧酸、醇、酚、胺、氨基酸和蛋白质中也有氢键的存在。例如：甲酸靠氢键形成二聚体。

$$H—C\begin{matrix} O⋯H—O \\ \\ O—H⋯O \end{matrix}C—H$$

但是有一些分子的分子内也有氢键存在，如 HNO_3 中就存在着分子内氢键，苯酚的邻位上有硝基（—NO_2）、醛基（—CHO）、羧基（—COOH）等基团时也可形成分子内氢键。分子内氢键大多不能在一条直线上。

硝酸　　　　　　　邻硝基苯酚

（2）氢键对物质性质的影响

分子之间形成氢键，增加了分子之间的作用力，使物质的熔点、沸点大大升高。如图14.11所示，HF、H_2O 和 NH_3 的分子之间除了有分子间力存在之外，还多出了一种作用力——氢键，所以它们的沸点比同族其他元素氢化物的熔沸点高出很多。

如果是分子内氢键，由于氢键具有饱和性，一个氢只能形成一个氢键，分子内氢键形成后，分子之间就不会再形成氢键。分子内氢键不会增加分子之间的作用力，所以熔点、沸点不会升高。例如，邻硝基苯酚可形成分子内氢键，其熔点为 45℃，对硝基苯酚形成的是分子间氢键，其熔点为 114℃。

如果溶质和水之间能形成分子间氢键，会使溶质在水中的溶解度增大。极性分子晶体能溶于水中，溶于水能导电；非极性分子晶体能溶于非极性溶剂或弱极性溶剂中。

（3）水

由于氢键的存在，使水具有许多特殊的性质。

① 氢键的存在使水的沸点提高了 150℃。如果水分子之间没有氢键存在，根据 H_2Te、H_2Se、H_2S 的沸点外推，水的沸点应该在 −50℃ 左右。

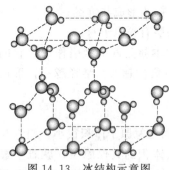

图 14.13　冰结构示意图

② 固体冰的密度小于液态水。如图 14.13 所示，一个 H_2O 分子可以形成四根氢键，两个 H 原子可以形成两根氢键，O 以 sp^3 杂化轨道与两个 H 原子成键后，还有两对孤电子对，可以和另外两个 H_2O 分子中的 H 原子形成两根氢键，sp^3 杂化轨道是正四面体结构，O 原子位于四面体的中心，连接四个 H 原子，两根 O—H 共价键，两根 O…H 氢键，这种氢氧四面体在三维空间无限延伸，就构形成了一个巨大的缔合分子结构，是一个有着许多"空洞"的蜂窝状结构，疏松的排布使冰的密度小于水。

寒冬到来时，冰浮在水面上，阻止水中热量散发，使水中生物免遭冻死。水在生命中不可或缺，地球上能够拥有欣欣向荣、生生不息的繁华生命，水分子之间的氢键真是功不可没。

14.5.3　分子晶体

凡靠分子间力（有时还可能有氢键）结合而成的晶体统称为分子晶体。在分子晶体中，晶格结点上排列的是分子（包括像稀有气体那样的单原子分子）。虽然分子内部以牢固的共价键结合，但分子之间以较弱的分子间力相结合。例如二氧化碳晶体，如图 14.14 所示，CO_2 分子占据了立方体的八个顶点和六个面的中心位置，二氧化碳是非极性分子，分子之间只存在微弱的色散力。

分子晶体可分为非极性分子晶体和极性分子晶体。在极性分子晶体中，有一类除了存在着分子间力外，还同时存在着氢键作用力，如冰、草酸、硼酸、间苯二酚等，可称为氢键型分子晶体。

稀有气体、大多数非金属单质（如氢气、氮气、氧气、卤素单质、磷、硫黄等）和非金属之间的化合物（如 HCl、CO_2、NH_3、H_2S 等）以及大部分有机化合物，在固态时都是分子晶体。

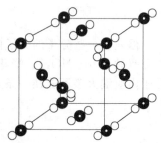

图 14.14　二氧化碳晶体

相较于其他三类晶体来说，分子晶体中分子之间的作用力很弱，要破坏其晶体结构只需要提供较少的能量，所以分子晶体的硬度较小，熔点也较低，挥发性大，常温下一般以气体或液体存在。即使常温下能以固态形式存在，都具有较大挥发性，易升华，如碘（I_2）、萘（$C_{10}H_8$）等。

分子晶体在固态和熔融态时都不导电，是性能较好的绝缘材料，例如 SF_6 是工业上极好的气体绝缘材料。

分子晶体与原子晶体不同，是以独立的分子出现，因此，它的化学式就是分子式。

14.6　石墨——混合键型晶体

除了上述四种基本类型的晶体外，还有一种混合键型晶体，晶体内微粒间的作用力不止一种，又称为过渡型晶体。

石墨就是一种典型的混合键型晶体，碳原子以 sp^2 杂化轨道与同一平面上相邻的三个碳原子形成三个 σ 键，键角为 120°，最终形成由无数个正六边形构成的蜂窝层状结构，如图 14.15 所示。碳原子之间的结合力很强，极难破坏，所以石墨的熔点很高，化学性质很稳定。

每个碳原子都还剩下一个垂直于每层平面的 2p 轨道，这些轨道彼此平行，相互重叠形成了大 π 键，这种包含着很多原子的 π 键称为**大 π 键**。大 π 键的电子并不定域在两个原子之间，而是在整个层内自由运动，相当于金属键中的自由电子，所以石墨具有金属光泽，有良好的导电性、传热性，可用作电极材料。

石墨晶体相邻两层相隔 335pm，距离较大，结合力比较弱，与范德华力接近，所以石墨层与层之间容易滑动、质软，可作润滑剂。

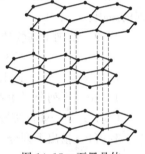

图 14.15　石墨晶体

总之，石墨晶体内存在三种不同的键型，所以，石墨兼有原子晶体、分子晶体和金属晶体的特征。

14.7　总　　结

表 14.8 总结了离子晶体、原子晶体、分子晶体及金属晶体四大类型晶体的结构及特性。

表 14.8　各类晶体的结构及特性

晶体类型	晶格结点上的微粒	粒子间的作用力	晶体的特性	实例
离子晶体	阴离子，阳离子	离子键	熔沸点高；硬度较大且脆；熔融状态或水溶液能导电；大多溶于极性溶剂中	活泼金属氧化物和盐类
原子晶体	原子	共价键	熔沸点很高；硬度大；导电性差；在大多数溶剂中不溶	金刚石、晶体硅、单质硼、石英、SiC、BN
分子晶体	分子	分子间力（部分有氢键）	熔沸点低；硬度小；极性分子晶体能溶于极性溶剂中；溶于水能导电，非极性分子晶体能溶于非极性溶剂或弱极性溶剂中；易升华	稀有气体、多数非金属单质、非金属之间的化合物、有机化合物
金属晶体	金属原子，金属阳离子	金属键	具有金属光泽；硬度不一；较好的导电性、导热性和延展性	金属或一些合金

习题

14.1　晶体与非晶体有什么区别？晶体的特征是什么？

14.2　用金属的能带理论解释：

(1)　为什么 K、Na 等碱金属是电的良导体；

(2)　Ca、Mg 等碱土金属，由 s 轨道组合而成的导带已填满电子，但它们仍是电的良导体，为什么？

14.3　离子晶体的类型有几种？离子半径与配位数有什么关系？

14.4　什么是极化作用？什么是附加极化作用？极化作用对键型、化合物的性质是怎样影响的？

14.5　HCl 溶于水生成 H^+ 和 Cl^-，所以说 HCl 是离子键构成的，这种说法正确吗？为什么？

14.6　在组成分子晶体的分子中，原子之间是以共价键结合，在组成原子晶体中原子之间也是以共价键结合的，为什么分子晶体与原子晶体有如此大的差别？

14.7　写出下列离子的电子排布式，并判断其中的正离子属于何种类型？

$$K^+；\quad Pb^{2+}；\quad Zn^{2+}；\quad Co^{2+}；\quad Cl^-；\quad S^{2-}$$

14.8　已知 AlF_3 为离子型，$AlCl_3$ 和 $AlBr_3$ 为过渡型，AlI_3 则为共价型，说明键型差别的原因。

14.9　推测下列物质中，何者熔点最高，何者熔点最低，为什么？

(1) $NaCl$　　　KBr　　　KCl　　　MgO

(2) NF_3　　　PCl_3　　　PCl_5　　　NCl_3

14.10　下列分子中哪些有极性，哪些无极性？

CS_2；BF_3；NF_3；$CHCl_3$；SiH_4；BCl_3；Ar；CS_2；C_6H_6（苯）；$C_2H_5OC_2H_5$（乙醚）

14.11　指出下列分子间存在哪种作用力（包括氢键）？

(1) H_2-H_2；　　　　　　　(2) HBr-H_2O；　　　　　　(3) I_2-CCl_4；

(4) CH_3COOH-CH_3COOH；　(5) NH_3-H_2O；　　　　　(6) C_2H_5OH-H_2O；

(7) CO_2-H_2O；　　　　　　(8) HNO_3-HNO_3；　　　　(9) H_3BO_3-H_3BO_3；

14.12　为什么 CO_2 和 SiO_2 的物理性质差得很远？

14.13　判断下列说法是否正确，有错的请予更正。

(1)　化合物的沸点随分子量的增加而增加。

(2)　四氯化碳的熔点、沸点低，所以分子不稳定。

(3)　所有高熔点物质都是离子型的。

14.14　比较 CH_3CH_2OH 和 CH_3OCH_3 熔沸点的高低，并说明理由。

14.15　为什么 $HgCl_2$ 的熔点高于 HgI_2？

14.16　金刚石和石墨都是碳的同素异形体，石墨可导电，金刚石不能，为什么？

14.17　判断下列晶体的熔点高低顺序。

(1) $NaCl$　KCl　N_2　NH_3　Si　PH_3

(2) CaF_2　$BaCl_2$　$CaCl_2$

(3) $SiCl_4$　$SiBr_4$　SiC　MgO

(4) KCl　SiO_2　H_2O

(5) He　Ne　Ar　Kr　Xe

14.18　判断下列化合物的分子间能否形成氢键，哪些分子能形成分子内氢键？

(1) NH_3；　(2) HNO_3；　(3) CH_3COOH；　(4) $C_2H_5OC_2H_5$；　(5) HCl

14.19　下列物质中，哪种分子的熔点、沸点受色散力的影响最大？

(1) H_2O；　(2) CO；　(3) HBr；　(4) Cl_2；　(5) $NaCl$

14.20　为什么离子键没有方向性？共价键和金属键有方向性吗？

14.21　试用离子极化解释下列各题。

(1) Na_2S 易溶于水，ZnS 难溶于水；

(2) PbI_2 的溶解度小于 $PbCl_2$；

(3) $FeCl_2$ 熔点为 670℃，$FeCl_3$ 熔点为 306℃；

(4) $AgCl$ 为白色，AgI 为黄色；

14.22　请填写下表：

晶体类型	晶格结点上的微粒	粒子间的作用力	晶体类型	熔点高低
SiC				
KCl				
Xe				
Na				
NH_3				

第15章

主 族 元 素

迄今为止，人们在自然中发现的元素有 90 多种，人工合成的元素有 20 多种。原子序数大于 83 的元素都是不稳定、易放射衰变的元素。

元素可分为金属元素与非金属元素。在元素周期表中可通过 p 区的硼（B）—硅（Si）—砷（As）—碲（Te）—砹（At）和铝（Al）—锗（Ge）—锑（Sb）—钋（Po）的对角线来划分：对角线的右上方的都是非金属元素；左下方的都是金属元素；对角线上的元素，如硅、锗、砷、碲、锑，他们的性质介于金属和非金属之间，可称为准金属或半金属，可用作半导体。

在元素周期表中，非金属共有 22 种，其余全部是金属，大多数元素都以氧化物、硫化物、含氧酸盐等化合态存在于地壳中，只有少量元素以游离态存在。

15.1 碱金属和碱土金属

ⅠA 族的锂（Li）、钠（Na）、钾（K）、铷（Rb）、铯（Cs）和钫（Fr）六种金属元素，由于它们的氢氧化物都是强碱，所以通常称它们为碱金属元素，ⅡA 族的钙（Ca）、锶（Sr）、钡（Ba）和镭（Ra）通常被称为碱土金属，原因是钙、锶、钡的氧化物在性质上介于"碱性的"碱金属氧化物和"土性的"难熔的氧化物 Al_2O_3 之间，所以称为碱土金属，现在习惯上把铍（Be）和镁（Mg）也包括在内，统称为碱土金属。

碱金属和碱土金属大多以卤化物、硫酸盐、碳酸盐和硅酸盐的形式存在于地壳中。Na、K、Ca 等也存在于动植物体内；Rb、Cs 在自然界存在较少，是稀有金属；Fr 和 Ra 是放射性金属。

15.1.1 单质

碱金属和碱土金属元素最外层只有 1～2 个电子，所以形成的金属键较弱，单质的硬度、熔点和沸点都比较低。具体数据参见表 15.1 和表 15.2。

表 15.1　碱金属元素的一些性质

元素	Li	Na	K	Rb	Cs
原子序数	3	11	19	37	55
价电子构型	$2s^1$	$3s^1$	$4s^1$	$5s^1$	$6s^1$
主要氧化数	+1	+1	+1	+1	+1
第一电离能/$kJ \cdot mol^{-1}$	521	499	421	405	371
第二电离能/$kJ \cdot mol^{-1}$	7295	4591	3088	2675	2436
熔点/℃	180.54	97.81	63.65	39.05	28.4
沸点/℃	1347	883.0	773.9	687.9	678.5
$E^{\ominus}_{M^+/M}$/V	−3.045	−2.7109	−2.923	−2.925	−2.93

表 15.2　碱土金属元素的一些性质

元素	Be	Mg	Ca	Sr	Ba
原子序数	4	12	20	38	56
价电子构型	$2s^2$	$3s^2$	$4s^2$	$5s^2$	$6s^2$
主要氧化数	+2	+2	+2	+2	+2
第一电离能/$kJ \cdot mol^{-1}$	905	742	593	552	564
第二电离能/$kJ \cdot mol^{-1}$	1768	1460	1152	1070	971
第三电离能/$kJ \cdot mol^{-1}$	14939	7658	4942	4351	3575
熔点/℃	1278	648.8	839	769	729
沸点/℃	2970	1090	1483.6	1383.9	1637
$E^{\ominus}_{M^{2+}/M}$/V	−1.85	−2.375	−2.76	−2.89	−2.90

　　碱金属和碱土金属都是活泼金属，几乎能与所有的非金属单质发生化学反应（表 15.3）。从 $E^{\ominus}$ 值来看，不论在水溶液或在固态时，金属单质都具有极强的还原性。

表 15.3　碱金属和碱土金属的一些反应通式

金属	非金属反应物	反应通式
碱金属	H_2	$2M + H_2 = 2MH$
碱土金属		$M + H_2 = MH_2$
Li	N_2	$6M + N_2 = 2M_3N$
Mg、Ca、Sr、Ba		$3M + N_2 = M_3N_2$
Li	O_2	$4M + O_2 = 2M_2O$
Na		$2M + O_2 = M_2O_2$
K、Rb、Cs		$M + O_2 = MO_2$
碱土金属		$2M + O_2 = 2MO$
Ca、Sr、Ba		$M + O_2 = MO_2$
碱金属	S	$2M + S = M_2S$
Mg、Ca、Sr、Ba		$M + S = MS$
碱金属	卤素(X)	$2M + X_2 = 2MX$
碱土金属		$M + X_2 = MX_2$
碱金属	H_2O	$2M + 2H_2O = 2MOH + H_2$
Mg		$M + H_2O(g) = MO + H_2$
Ca、Sr、Ba		$M + 2H_2O = M(OH)_2 + H_2$

　　碱金属和碱土金属很活泼，不能在水溶液中制备，可用熔盐电解法制取。例如，

$$2NaCl(l) \xrightarrow{\text{电解}} 2Na + Cl_2(g)$$

$$2LiCl(l) \xrightarrow[\text{KCl}]{\text{电解}} 2Li + Cl_2(g)$$

也可用活泼金属与氧化物或氯化物进行置换反应制取。如：

$$Na(l) + KCl(l) = NaCl(l) + K(g)$$

此反应是由于 K 的沸点小于 Na，所以才可置换，与金属活泼性无关，也可在高温时，在真空或稀有气体保护下，从氧化物或氯化物制备。如：

$$TiCl_4 + 4Na == Ti + 4NaCl$$
$$ZrO_2 + 2Ca == Zr + 2CaO$$

钾、钠和镁是重要的生物必需元素。锂在高能电池和核动力技术中发挥重要作用。钠是很好还原剂，可用于某些染料、药物、香料及稀有金属生产，还用于核反应堆的冷却剂。镁主要用来制造合金。铯具有光电效应，用于制造光电管。铷、铯可用于制造最准确的计时仪器——原子钟，铍作为新兴材料日益被重视。

15.1.2 化合物

(1) 氧化物和氢氧化物

碱金属和碱土金属与氧能形成几种类型的氧化物，如普通氧化物 M_2O/MO、过氧化物 M_2O_2/MO_2、超氧化物 MO_2、臭氧化物 MO_3 等。BeO 呈两性，其他氧化物均显碱性。

表 15.4 列出了各种类型氧化物的制备及常见反应用途。

表 15.4 碱金属各种类型氧化物的制备及常见反应用途

氧化物类型	阴离子	制备方法	常见反应及用途
普通氧化物 M_2O/MO	$\left[:\ddot{O}:\right]^{2-}$ 普通氧离子	Li：在空气中燃烧 其他：与过氧化物或硝酸盐作用 $Na_2O_2 + 2Na == 2Na_2O$ $2KNO_3 + 10K == 6K_2O + N_2$	M_2O 与水反应生成 MOH，反应程度由 Li 到 Cs 依次加强，Li_2O 与水反应很慢，Rb_2O 和 Cs_2O 与水反应时会引起燃烧甚至爆炸
过氧化物 M_2O_2/MO_2	$\left[:\ddot{O}:\ddot{O}:\right]^{2-}$ 过氧离子	除 Li 外，在氧气中燃烧可形成 M_2O_2	遇水、稀酸等均能产生过氧化氢，进而放出氧气；遇到 CO_2 直接放出氧气 Na_2O_2 可作高空飞行和潜水时的供氧剂及 CO_2 的吸收剂
超氧化物 MO_2	$\left[:\ddot{O}=\ddot{O}:\right]^{-}$ 超氧离子	K、Rb、Cs 等在过量氧气中燃烧能可形成 MO_2，其稳定性比过氧化物差	强氧化剂，与水和稀酸反应放出过氧化氢和氧气 较易制备的超氧化钾常用于急救器中和潜水、登山等方面
臭氧化物 MO_3	$\overset{O}{\underset{O\ \Pi_3^5\ O}{}}$ 臭氧离子	干燥的 K、Rb、Cs 的氢氧化物固体与 O_3 反应可得红色的臭氧化物	臭氧化物在常温下缓慢分解，生成超氧化物与氧气

① Π_3^5：三中心五电子的大 π 键，大 π 键也称离域 π 键，即电子不固定在两个原子之间成键，Π_3^5 表示成键的 5 个电子为 3 个原子所共有形成的大 π 键。

最常见的过氧化物是过氧化钠（Na_2O_2），浅黄色，工业上制备 Na_2O_2 的方法是将除去 CO_2 的干燥空气通入熔融的金属钠中。过氧化物遇水、稀酸等均能产生过氧化氢，进而放出氧气；遇到 CO_2 可直接放出氧气。因此可用作氧化剂、漂白剂和氧气发生剂。

$$Na_2O_2 + 2H_2O == H_2O_2 + 2NaOH \qquad 2H_2O_2 == 2H_2O + O_2\uparrow$$
$$2Na_2O_2 + 2CO_2 == 2Na_2CO_3 + O_2\uparrow$$

所以，过氧化钠在防毒面具、高空作业和潜艇中可作供氧剂和 CO_2 的吸收剂。过氧化钠还是常用的强氧化剂，可用作矿物熔剂，使某些不溶于酸的矿物分解。如：

$$2Fe(CrO_2)_2 + 7Na_2O_2 == 4Na_2CrO_4 + Fe_2O_3 + 3Na_2O$$

K、Rb、Cs 等与过量氧气反应，反应产物是超氧化物 MO_2。超氧离子 O_2^- 的分子轨道表示式是：$(\sigma_{2s})^2 (\sigma_{2s}^*)^2 (\sigma_{2p})^2 (\pi_{2p})^4 (\pi_{2p}^*)^3$，有一个 σ 键和一个三电子 π 键，具有顺磁性。超氧化物也是强氧化剂，能与水、二氧化碳等反应放出氧气，故也可用作供氧剂。

KO_2、RbO_2、CsO_2 分别为是橙黄色、深棕色、深黄色固体。

干燥的 K、Rb、Cs 的氢氧化物固体与 O_3 反应可得红色的臭氧化物。

$$6MOH + 4O_3 = 4MO_3 + 2MOH \cdot H_2O + O_2 \uparrow \qquad (M = K，Rb，Cs)$$

臭氧化物不稳定，缓慢地分解成 KO_2 和 O_2。

碱金属和碱土金属的氢氧化物中，除 $Be(OH)_2$ 呈两性，$LiOH$、$Mg(OH)_2$ 为中强碱外，其余 MOH、$M(OH)_2$ 均为强碱性。

(2) 氢化物

碱金属和碱土金属能与氢气直接化合生成离子型氢化物 MH/MH_2，这些氢化物均为白色固体，其中 LiH 比较稳定，在无水乙醚中与 $AlCl_3$ 反应，可生成 $LiAlH_4$。

$$4LiH + AlCl_3 = LiAlH_4 + 3LiCl$$

H_2/H^- 的标准电极电势为 $-2.25V$，是极强的还原剂，遇水能迅速反应放出氢，常用作野外产生氢气的材料。如：

$$LiH + H_2O = LiOH + H_2 \uparrow$$

$$CaH_2 + 2H_2O = Ca(OH)_2 + 2H_2 \uparrow$$

所有的碱金属氢化物都是强还原剂，在有机合成中有重要意义。

(3) 盐类

常见的碱金属和碱土金属盐类有卤化物、硝酸盐、硫酸盐、碳酸盐和磷酸盐。它们的共同特征有以下几个方面。

① 键型

绝大多数碱金属和碱土金属盐类是离子型晶体，有较高的熔点，熔融态下有极强的导电能力和较高的热稳定性。只有锂的某些盐（如 $LiCl$）有部分共价性，铍的卤化物 BeX_2 带有明显的共价性，如 BeF_2，虽然溶于水，但在水中不完全电离，而 $BeCl_2$ 的结构具有无限长链。

② 溶解性

大多数碱金属盐都可溶于水。正负离子的半径相差较大的盐类比较难溶，例如，Li_2CO_3、$NaZn(UO_2)_3(Ac)_9 \cdot 6H_2O$、$MHC_4H_4O_6$（M＝K，Rb，Cs）等不溶于水。

碱土金属的难溶盐很多，卤化物中，除氟化物外，其余都是易溶的，碳酸盐、磷酸盐、草酸盐等都是难溶的，但它们都可以溶于盐酸中。

离子型盐溶解度的一般规律如下：

a. 离子的电荷少、半径大的盐往往是易溶的。例如，碱金属离子的电荷比碱土金属少，半径比碱土金属大，所以碱金属的氟化物比碱土金属氟化物易溶。

b. 阴离子半径较大时，盐的溶解度常随金属的原子序数的增大而减少。例如，I^-、SO_4^{2-} 半径较大。它们的盐的溶解度按锂到铯、铍到钡的顺序减小。

c. 相反，阴离子半径较小时，盐的溶解度常随金属的原子序数的增大而增大，例如 F^-、OH^- 的半径较小，其盐的溶解度按锂到铯、铍到钡的顺序增大。

d. 一般来讲，盐中正负离子半径相差较大时，盐的溶解度较大。正负离子半径相近时，盐的溶解度较小。

③ 热稳定性

碱金属的含氧酸盐中，硫酸盐在高温下不挥发不分解；碳酸盐中，Li_2CO_3 在 1000℃ 以上会分解，其余的碱金属碳酸盐都不分解；硝酸盐热稳定性较低，在一定温度下就会分解。

$$4LiNO_3 = 2Li_2O + 4NO_2 + O_2$$

$$2MNO_3 = 2MNO_2 + O_2 \quad (M=Na,K,Rb,Cs)$$

碱土金属盐热稳定性较碱金属差。例如，标准态下，碳酸盐热分解温度如下：

	$BeCO_3$	$MgCO_3$	$CaCO_3$	$SrCO_3$	$BaCO_3$
热分解温度/℃	<100	400	900	1280	1360

硫酸盐热分解温度也符合同一顺序，如 $MgSO_4$（895℃）＜$CaSO_4$（1149℃），$SrSO_4$、$BaSO_4$ 分解温度更高。硝酸盐的分解有两种产物：

$$2M(NO_3)_2 = 2MO + 4NO_2 + O_2 \quad (M=Be,Mg)$$
$$M(NO_3)_2 = M(NO_2)_2 + O_2 \quad (M=Ca,Sr,Ba)$$

此外，酸式盐的热稳定性比正盐低。

④ 鉴定

a. Na^+ 的鉴定　取试液少许，加入醋酸铀酰锌混合液，如果有黄色晶体沉淀，说明有 Na^+ 存在。

$$Zn^{2+} + Na^+ + 3UO_2^{2+} + 9Ac^- + 6H_2O = NaZn(UO_2)_3(Ac)_9 \cdot 6H_2O \downarrow$$

b. K^+ 的鉴定　取试液少许，在中性或弱酸性条件下加入 $Na_3[Co(NO_2)_6]$ 溶液，搅拌片刻后如果有亮黄色沉淀生成，说明有 K^+ 存在：

$$2K^+ + Na^+ + Co(NO_2)_6^{3-} = K_2Na[Co(NO_2)_6] \downarrow$$

如果溶液中存在 NH_4^+，会干扰 K^+ 鉴定，因为 NH_4^+ 与 $Na_3[Co(NO_2)_6]$ 也能生成黄色的 $(NH_4)_2Na[Co(NO_2)_6]$ 沉淀，故应该预先除去 NH_4^+，或者将生成的沉淀水浴加热，$(NH_4)_2Na[Co(NO_2)_6]$ 沉淀会完全分解，而 $K_2Na[Co(NO_2)_6]$ 沉淀保持不变，即使 NH_4^+ 的浓度远远大于 K^+，仍可如此鉴定 K^+。

c. Mg^{2+} 的鉴定　取试液少许，加浓 NaOH 和镁试剂（对硝基苯偶氮间苯二酚），搅拌后，如果有天蓝色沉淀生成，说明有 Mg^{2+} 存在，该反应必须在碱性溶液中进行。

⑤ 钠盐和钾盐的性质差异

a. 溶解性　钠盐溶解度较特殊的是，NaCl 的溶解度随温度的变化不大。难溶盐的种类以钾盐较多。

b. 吸湿性　钠盐的吸湿性比相应的钾盐强，因此在分析上一般用钾盐作标准试剂，如作标定用的邻苯二甲酸氢钾、重铬酸钾等。

c. 结晶水　钠盐溶解度大，吸湿性强，很大的一个因素是它容易形成结晶水合物，如 $Na_2SO_4 \cdot 10H_2O$、$Na_2HPO_4 \cdot 12H_2O$、$Na_2S_2O_3 \cdot 5H_2O$。

⑥ 其他

所有的碱金属盐，除了与有色阴离子形成有色物质外，其余都为无色（固体为白色）盐。

由于离子构型的特点，碱金属和碱土金属离子通常可与含有 O、N 等配位原子的多齿配体形成稳定配合物，如可与冠醚、EDTA、卟啉环等形成螯合物。它们与单齿配体形成配合物的能力较差。

(4) 锂、铍的特殊性

锂和铍的原子半径最小，离子为 2 电子构型（其他 s 区金属离子为 8 电子构型），极化能力强，所以表现出反常性。

① $E^{\ominus}_{Li^+/Li}$ 在同一族中最低，但 Li 与水反应的剧烈程度远不如其他碱金属，原因在于锂的熔点高、不易熔融，且 Li 与水反应的产物 LiOH 溶解度小，覆盖在金属表面上，阻止了进一步反应。

② 在元素周期表中，某些元素的性质和它左上方或右下方的另一元素性质具有相似性，称为**对角线规则**。这种相似性明显存在于 Li 与 Mg、Be 和 Al 以及 B 和 Si 之间。

Li 有许多性质与 K、Na 不同，与 Mg 相似。例如，Li 在氧气中燃烧只生成普通氧化物；Li_2CO_3、$LiNO_3$ 都不稳定；Li 可以与 N_2 直接化合；Li 的氟化物、硫酸盐难溶。

Be 有许多性质与 Al 相似。例如，BeO 和 Be（OH）$_2$ 都呈两性；$BeCl_2$ 与 $AlCl_3$ 的共价成分都较大，可溶于醇、醚中，而其他碱土金属的 MCl_2 都是离子晶体；Be、Al 和冷浓 HNO_3 接触时，都会发生钝化，而其他碱土金属能与 HNO_3 反应。

15.2　硼族元素

ⅢA 族有硼（B）、铝（Al）、镓（Ga）、铟（In）、铊（Tl），统称为硼族元素。在自然界中，硼大多以硼酸盐矿物存在；铝以含氧化合物形式存在；其中铝矾土（Al_2O_3）最为广泛；镓、铟、铊无单独矿藏，与闪锌矿等矿共生。硼族元素的一些性质列于表 15.5 中。

表 15.5　硼族元素的一些性质

元素	B	Al	Ga	In	Tl
原子序数	5	13	31	49	81
价电子构型	$2s^2 2p^1$	$3s^2 3p^1$	$4s^2 4p^1$	$5s^2 5p^1$	$6s^2 6p^1$
主要氧化数	+3	+3	+1,+3	+1,+3	+1,+3
第一电离能/kJ·mol^{-1}	799	578	579	558	589
熔点/℃	2300	660	30	156	303
沸点/℃	2550	2467	2403	2000	1457
$E^{\ominus}_{M^{3+}/M}$/V		−1.66	−0.56	−0.34	−0.34

15.2.1　硼及其化合物

硼原子最外层的电子数为 3，失去 3 个电子形成三价硼离子很难，所以硼不存在离子化合物，只能通过共用电子形成共价化合物。而硼的价电子数为 3，价轨道数为 4，表现出缺电子特征，缺电子原子在形成共价键时，往往采用接受电子形成双聚分子，或形成多中心键的方式来弥补成键电子的不足，这是硼原子的成键特点。

中心原子的价轨道数超过成键电子对数的化合物称为**缺电子化合物**，硼通常形成缺电子化合物。同时，由于有空的价轨道，缺电子化合物容易与电子给予体形成加合物，或发生分子间自聚合。

（1）硼

硼单质有晶态和无定形两种。硼晶体是原子晶体，熔点、沸点很高，硬度很大，在单质中仅次于金刚石，性质稳定，不易发生化学反应；而无定形硼的化学性质比较活泼。

常温下，硼可与 F_2 反应，高温下可以和 O_2、S、N_2 及其他卤素反应并放出热量。

$$2B + 3X_2 \Longrightarrow 2BX_3$$
$$4B + 3O_2 \Longrightarrow 2B_2O_3$$
$$2B + 3S \Longrightarrow B_2S_3$$
$$B + N_2 \Longrightarrow BN$$

硼只能与氧化性酸反应，在熔融条件下可以与强碱反应。

$$B（无定型）+ HNO_3（浓）+ H_2O \Longrightarrow B(OH)_3 + NO(g)$$

$$2B+3H_2SO_4\text{(浓,热)}=\!=\!=2B(OH)_3+3SO_2\text{(g)}$$
$$2B\text{(无定形)}+2NaOH+6H_2O=\!=\!=2Na[B(OH)_4]+3H_2$$

(2) 硼氢化物

硼的氢化物称为硼烷，其数量没有碳氢化合物多，但结构比烷烃复杂。硼烷有 B_nH_{n+4} 和 B_nH_{n+6} 两大类，其命名规则是：10 以内的数字用干支词头表示硼原子数，若硼原子数超过 10，则用中文数字词头标明硼原子数，氢原子数用阿拉伯数字写于硼烷名称之后。如 B_5H_9、B_5H_{11} 分别为戊硼烷-9、戊硼烷-11。

硼烷多数有毒、不稳定，易燃烧。它们还是强还原剂，能与氧化剂反应。

最简单的硼烷是乙硼烷（B_2H_6），从组成上看，它与乙烷相似，但结构不一样，B_2H_6 中价电子数是 12，无法形成七个正常的共价键，其结构如图 15.1 所示，每个 B 原子形成两个正常的 σ 键和两个氢桥键。所谓氢桥键是两个 B 和一个 H 形成的，三个原子共用两个电子，这两个电子，一个由 H 提供，另一个由其中的一个 B 提供，这样形成的三中心二电子键，称为氢桥键。形成氢桥键的两个 H 不在分子平面内，而是在平面的上、下各形成一个氢桥键。乙硼烷是典型的缺电子化合物。

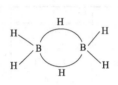 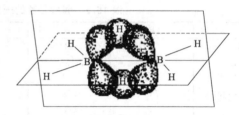

图 15.1　乙硼烷的分子结构

工业上，乙硼烷是在高压及 $AlCl_3$ 催化剂存在下，用 Al 和 H_2 还原 B_2O_3，或者用 $LiAlH_4$ 还原 BCl_3 而制备的。

$$B_2O_3+2Al+3H_2 \xrightarrow{AlCl_3} B_2H_6+Al_2O_3$$
$$3LiAlH_4+4BCl_3=\!=\!=3LiCl+3AlCl_3+2B_2H_6\uparrow$$

B_2H_6 极易燃烧，发生如下反应：
$$B_2H_6+3O_2=\!=\!=B_2O_3+3H_2O$$

B_2H_6 极易与 H_2O、CH_3OH 反应，生成 H_2。
$$B_2H_6+6H_2O=\!=\!=2H_3BO_3+6H_2$$
$$B_2H_6+6CH_3OH=\!=\!=2B(OCH_3)_3+6H_2$$

B_2H_6 是强还原剂，可发生如下反应：
$$B_2H_6+6Cl_2=\!=\!=2BCl_3+6HCl$$
$$B_2H_6+X_2=\!=\!=B_2H_5X+HX \quad (X=\ Br、I)。$$

B_2H_6 可以与离子型氢化物发生加合反应。
$$B_2H_6+2NaH=\!=\!=2NaBH_4$$
$$B_2H_6+2LiH=\!=\!=2LiBH_4$$

硼氢化钠（$NaBH_4$）和硼氢化锂（$LiBH_4$）是白色晶体，是极强的还原剂，在有机合成中使用广泛。

(3) 硼酸和硼砂

① 硼酸

硼酸盐与强酸反应可得硼酸（H_3BO_3）。硼酸是白色片状晶体，B 原子以 sp^2 杂化轨道分别与三个—OH 结合成平面三角形结构。在 H_3BO_3 晶体中，每个 O 还通过氢键与另一个硼酸分子中的 H 结合，形成片层结构，层与层之间以范德华力相吸引，所以硼酸晶体是片状的，有解离性，可作润滑剂。

硼酸通过氢键形成的缔合结构导致它在冷水中的溶解度很小，加热会使部分氢键断裂，溶解度增大。H_3BO_3 是一元酸，其酸性很弱。

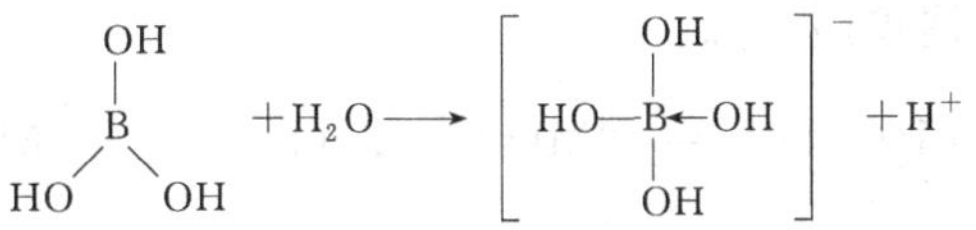

$$\underset{HO}{\overset{OH}{\mathrm{B}}}\text{—OH} + H_2O \longrightarrow \left[\mathrm{HO}\text{—}\overset{OH}{\underset{OH}{\mathrm{B}}}\text{←OH}\right]^- + H^+$$

硼酸的酸性并不是因为它自身给出质子，而是它加合了来自水分子的 OH^- 而释放出 H^+，这是由于硼的缺电子性，氧原子有孤电子对，B 与 O 之间形成了配位键。利用硼酸的这种缺电子性质，在硼酸中加入多羟基化合物，如甘油或甘露醇，使其生成的稳定配合物，从而使硼酸的酸性增强。

在浓硫酸中，H_3BO_3 与甲醇或乙醇反应可生成硼酸酯，如：

$$H_3BO_3 + 3C_2H_5OH \xrightarrow{\text{浓硫酸}} B(OC_2H_5)_3 + 3H_2O$$

硼酸酯在高温下燃烧时会产生特殊的绿色火焰，可用于鉴别硼酸或硼酸盐。

由于 H_3BO_3 酸性很弱，遇到较强的酸性氧化物或酸时，会表现出碱性。如：

$$2H_3BO_3 + P_2O_5 =\!=\!= 2BPO_4 + 3H_2O$$

$$H_3BO_3 + H_3PO_4 =\!=\!= BPO_4 + 3H_2O$$

硼酸可作润滑剂，大量用于搪瓷和玻璃工业。由于硼酸有缓和的防腐消毒作用，为医药上常用的消毒剂之一。

② 硼砂

最常用的硼酸盐是硼砂。硼砂 $\left[Na_2B_4O_7 \cdot 10H_2O\text{，或 } Na_2B_4O_5(OH)_4 \cdot 8H_2O\right]$ 的结构如图 15.2 所示。在硼砂晶体中，$\left[B_4O_5(OH)_4\right]^{2-}$ 通过氢键形成链状结构，链与链之间通过 Na^+ 以离子键结合，水分子存在于链之间。

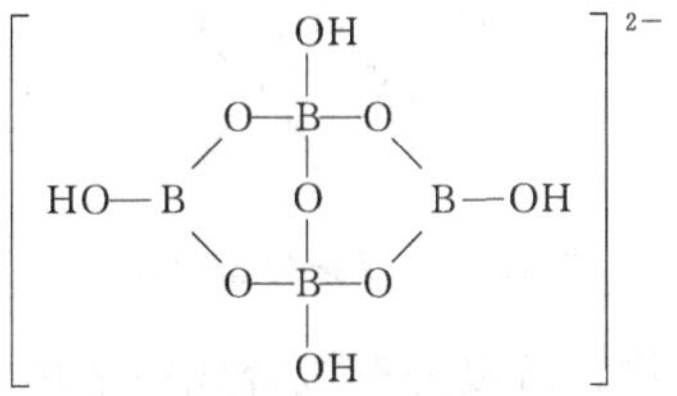

图 15.2 $\left[B_4O_5(OH)_4\right]^{2-}$ 的结构

硼砂和过渡金属氧化物 Cr_2O_3、MnO 等反应，生成玻璃状硼酸盐，这些硼酸盐有特征颜色，称为硼砂珠，可用于鉴定。例如：

金属氧化物	Cr_2O_3	MnO	NiO	Fe_2O_3	CuO
硼砂珠颜色	绿色	紫色	绿色	黄色	蓝色

15.2.2 铝及其化合物

(1) 铝

铝是银白色、质软、延展性良好的轻金属，是重要的金属材料，多用于电线电缆。硬质铝合金可用于制造汽车发动机，铝也是炼钢的脱氧剂。

工业上制备铝，首先用碱溶液处理铝土矿，经过一系列处理得到 Al_2O_3，再电解 Al_2O_3，可得纯铝。

$$2Al_2O_3 \xrightarrow[\text{电解}]{Na_3AlF_6} 4Al + 3O_2$$

铝的表面通常有一层致密的氧化铝保护膜，不易被腐蚀。铝与氧的结合力极强，可置换出某些金属氧化物中的金属单质。如：

$$2Al(s) + M_2O_3(s) =\!=\!= 2M(s) + Al_2O_3(s) \qquad (M=Cr, Fe)$$

(2) 氧化铝

氧化铝有三种晶型，分别是 $\alpha\text{-}Al_2O_3$、$\beta\text{-}Al_2O_3$ 和 $\gamma\text{-}Al_2O_3$。

$\gamma\text{-}Al_2O_3$ 又称活性氧化铝，由 $Al(OH)_3$ 脱水制得，是通常所说的既可溶于酸又可溶于碱的两性 Al_2O_3。它表面积大，具有很强的吸附能力和催化活性，可作为吸附剂和催化剂载体。

$\alpha\text{-}Al_2O_3$ 俗称"刚玉"，是 $\gamma\text{-}Al_2O_3$ 经高温灼烧的产物，硬度仅次于金刚石和金刚砂，既不溶于酸也不溶于碱。它耐腐蚀，不导电，熔点高，是优良的耐磨材料、耐火材料和陶瓷材料。在 $\alpha\text{-}Al_2O_3$ 中掺 Cr^{3+}，就成为人造宝石——红宝石。

$\beta\text{-}Al_2O_3$ 具有离子传导能力，是重要的固体电解质。

(3) 卤化铝

铝的氟化物是离子晶体，其余卤化物共价性强，所以熔点、沸点较低。卤化铝 AlX_3（Cl，Br，I）在熔融态、气态和非极性溶剂中，通常以共价的二聚分子 Al_2X_6 形式存在。这是因为 AlX_3 为缺电子化合物，有空轨道存在，可以接受 X 提供的电子对形成配位键，形成具有桥式结构的双聚分子 Al_2X_6。

Al_2Cl_6 中有氯桥键（$Al\text{—}Cl\rightarrow Al$），是三中心四电子键，Cl 原子共提供三个电子，一个形成正常的共价键，还有一对形成配位键，两个 Al 原子中一个提供一个电子，还有一个不提供电子。Al_2X_6 与乙硼烷的桥式结构形式上相似（图 15.3），但本质上不同。

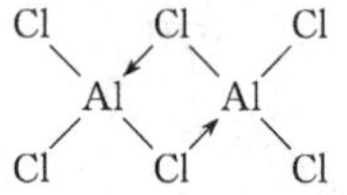

图 15.3 双聚分子 Al_2Cl_6

$AlCl_3$ 易形成配离子和加合物，所以是有机合成中常用的催化剂。

15.3 碳族元素

ⅣA 族的碳（C）、硅（Si）、锗（Ge）、锡（Sn）和铅（Pb）统称为碳族元素。在自然界中，碳的存在形式有石墨、金刚石、CO_2、石灰石（$CaCO_3$）、大理石（$CaCO_3$）、白云石 $[MgCa(CO_3)_2]$，还存在于动植物体、煤、石油和天然气中。硅的存在形式有水晶（SiO_2）、石英（SiO_2）和其他硅酸盐矿物。锗、锡和铅分别存在于锗石矿（$Cu_2S\cdot FeS\cdot GeS_2$）、锡石矿（$SnO_2$）和方铅矿（$PbS$）中。

表 15.6　碳族元素的一些性质

元素	C	Si	Ge	Sn	Pb
原子序数	6	14	32	50	82
价电子构型	$2s^2 2p^2$	$3s^2 3p^2$	$4s^2 4p^2$	$5s^2 5p^2$	$6s^2 6p^2$
主要氧化数	$+2, +4$	$+2, +4$	$+2, +4$	$+2, +4$	$+2, +4$
第一电离能/kJ·mol^{-1}	1086	787	762	709	716
熔点/℃	3550	1410	937	232	327
沸点/℃	4329	2355	2830	2270	1744

碳族元素原子外层有 4 个价电子（表 15.6），全部失去十分困难，获得 4 个电子也不可能，所以倾向于将最外层的 s 电子激发到 p 轨道上，形成较多的共价键，因而常见氧化态为 $+4$，本族元素形成的是共价化合物。

15.3.1　碳及其化合物

(1) 碳

单质碳的形式有很多种，下面简单介绍以下几种。

① 金刚石

金刚石是典型的原子晶体，硬度大，熔点高，化学性质不活泼。透明的金刚石可以作宝石或钻石；黑色和不透明的金刚石，在工业上用以制钻头和切割金属、玻璃等的工具。金刚石粉是优良的研磨材料，可以制砂轮。

② 石墨

石墨是兼具原子晶体、金属晶体和分子晶体性质的混合型晶体，在工业上用于制造电极、坩埚及某些化工设备，也可以作原子反应堆中的中子减速剂。石墨粉可以作润滑剂、颜料和铅笔。

③ 无定形炭

无定形炭，如木炭、焦炭、活性炭等，它们的化学性质比金刚石和石墨活泼。高温下，可与 O_2、金属氧化物和硫反应；还可以和某些金属反应，产物是碳化物。

④ 富勒烯

如图 15.4 所示，C_{60} 是 60 个碳原子围成直径约 700pm 的足球式结构。该结构有 60 个顶点、12 个五元环面、20 个六元环面和 90 条棱，具有高度对称结构。在 C_{60} 中，每个碳原子和周围三个碳原子相连形成 3 个 σ 键，剩余的轨道和电子共同形成大 π 键。除 C_{60}

图 15.4　C_{60} 的分子结构

外，具有这种封闭笼状结构的还可能有 C_{26}、C_{32}、C_{52}、C_{90}、C_{94}、C_{240}、C_{540} 等，统称为富勒烯，它们具有许多独特的性质，有巨大的潜在应用前景。

(2) 碳的氧化物

① CO

CO 是一种无色无臭的有毒气体，CO 分子的分子轨道表示式如下：

$$C(1s^2 2s^2 2p^2) + O(1s^2 2s^2 2p^4) \longrightarrow CO[KK(\sigma_{2s})^2(\sigma_{2s}^*)^2(\pi_{2p_y})^2(\pi_{2p_z})^2(\sigma_{2p_x})^2]$$

所以 CO 是三重键：一个 σ 键，两个 π 键。其中一个 π 键为配位键，因而 CO 键长短、键能高、偶极矩小。

CO 可以作为一种配体，与一些有空轨道的金属原子或离子形成羰基配合物，如 $Fe(CO)_5$、$Ni(CO)_4$、$CrCl_2(CO)_6$ 等。

CO 具有还原性。在高温下，可以还原金属氧化物，得到金属单质，例如：

$$Fe_2O_3 + 3CO \xrightarrow{\quad} 2Fe + 3CO_2$$

$$CuO + CO \xrightarrow{\quad} Cu + CO_2$$

CO 在常温下还能使一些化合物中的金属还原，例如：

$$CO + PdCl_2 + H_2O \xrightarrow{\quad} CO_2 + Pd\downarrow + 2HCl$$

$$CO + 2Ag(NH_3)_2OH \xrightarrow{\quad} 2Ag\downarrow + (NH_4)_2CO_3 + 2NH_3$$

所以 $PdCl_2$ 可用于检测微量 CO 的存在。CO 与 I_2O_5 反应可以定量析出 I_2，可用于定量分析 CO。

CO 还会和血红蛋白（Hb）中的 Fe(Ⅱ) 结合，其结合力远远高于 O_2，这就是人体 CO 中毒的原因。

② CO_2

CO_2 是无色无臭的无毒气体，浓度过高会引起缺氧，是产生温室效应的主要气体。其结

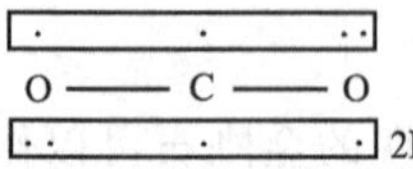

图 15.5　CO_2 的分子结构

构式如图 15.5 所示，C 原子进行 sp 杂化，杂化轨道和两个 O 原子之间除了各形成一个正常的共价键，剩余的 p 轨道与两个 O 原子的 p 轨道重叠，形成了两个三中心四电子的键（$2\Pi_3^4$）。所以 CO_2 是线性非极性分子，键长介于 C=O 和 C≡O 之间，键能也介于这两者之间。

(3) 碳酸及碳酸盐

CO_2 溶于水后，只有少量和 H_2O 结合成碳酸 H_2CO_3，大部分 CO_2 以水合 $CO_2\cdot xH_2O$ 形式存在，游离的碳酸尚未制得。

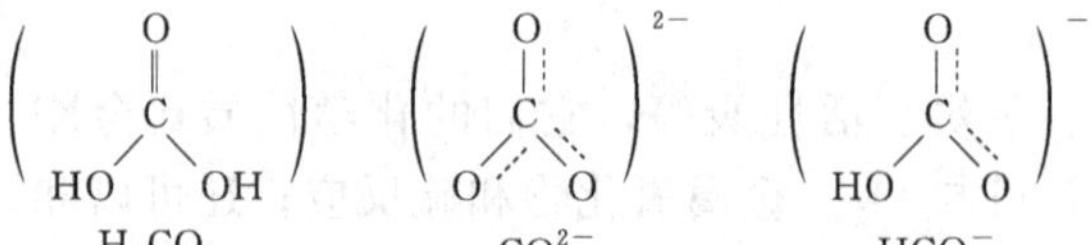

碳酸盐中，CO_3^{2-} 的 C 原子以 sp^2 杂化轨道与三个氧原子的 p 轨道成三个 σ 键，它的另一个 p 轨道与三个氧原子的 p 轨道形成 Π_4^6 键，该离子为平面三角形。

① 碳酸盐的溶解性

碱金属（不包括 Li^+）的碳酸盐易溶于水，但它们的酸式盐的溶解度小于正盐，这是因为 HCO_3^- 有分子间氢键，发生缔合，形成双聚酸根。

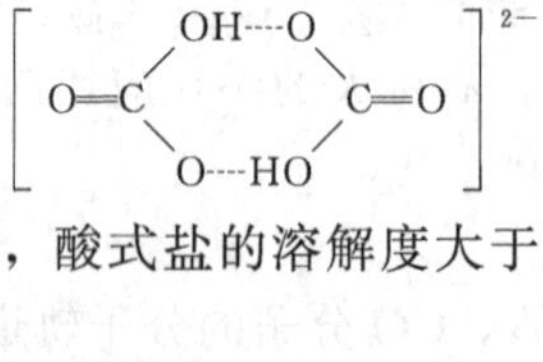

其他金属的碳酸盐都难溶于水，酸式盐的溶解度大于正盐，石灰岩地区形成溶洞就是基于这个原理：

$$CaCO_3(难溶) + CO_2 + H_2O \xrightarrow{\quad} Ca(HCO_3)_2(易溶)$$

碳酸钙与碳酸氢钙之间的转化日积月累地发生，形成了石笋和钟乳石。

② 碳酸盐的水解性

可溶性的碳酸盐在水溶液中会发生水解，如果遇到水解性较强的金属离子，水解产物可能是碳酸盐，也可能是碱式盐或氢氧化物。例如：

$$M^{2+} + CO_3^{2-} =\!\!= CaCO_3 \downarrow \qquad\qquad (M = Ba^{2+} \text{、} Ca^{2+})$$
$$2M^{2+} + CO_3^{2-} + 2H_2O =\!\!= M_2(OH)_2CO_3 \downarrow + 2H^+ \qquad (M = Pb^{2+} \text{、} Cu^{2+})$$
$$2M^{3+} + 3CO_3^{2-} + 3H_2O =\!\!= 2M(OH)_3 \downarrow + 3CO_2 \uparrow \qquad (M = Al^{3+} \text{、} Fe^{3+})$$

如果金属离子不水解，则产物是碳酸盐。如果金属离子的水解性极强，其氢氧化物的溶度积又小，则产物是氢氧化物；有些金属离子的氢氧化物和碳酸盐的溶解度相差不多，水解就可能得到碱式盐。

③ 碳酸盐的热稳定性

碳酸盐受到强热时，可分解为相应的氧化物和 CO_2。碳酸氢盐比碳酸盐易分解。不同的碳酸盐的热分解温度也不同，金属离子的极化能力越强，其碳酸盐热稳定性越差。同一主族从上到下，元素的碳酸盐的热稳定性逐渐增强，且碳酸盐的热稳定性有如下规律：

碱金属盐＞碱土金属盐＞过渡金属盐＞铵盐

（4）碳化物

碳化物有离子型、共价型和间充型，一般可用碳或烃与元素的单质或氧化物在高温下反应而制备。

① 离子型

ⅠA、ⅡA族元素和铝等金属形成的碳化物属于此类，它们不导电，可与水或稀酸反应，产物是氢氧化物和烃类物质。例如 Be_2C、Al_4C_3 等遇水生成甲烷（CH_4）；CaC_2、BaC_2、Li_2C_2、Cs_2C_2、ZnC_2、HgC_2 等，遇水生成乙炔（C_2H_2）。

$$Al_4C_3 + 12H_2O =\!\!= 4Al(OH)_3 + 3CH_4$$
$$CaC_2 + 2H_2O =\!\!= Ca(OH)_2 + C_2H_2$$

② 共价型

碳与一些电负性相近的非金属元素化合时，可生成共价型碳化物，它们大多是原子晶体。例如俗称金刚砂的碳化硅（SiC）就属于此类，共价型碳化物熔点高、硬度大、机械强度高、热膨胀率低，化学性质稳定，可作为高温结构陶瓷材料，也是重要的工业磨料。

③ 间充型

d区和f区的许多金属形成的碳化物属于此类，它们的硬度、熔点和难溶性通常都超过金属本身，其组成往往是非整比[1]化合物，WC是最重要的间充型碳化物，属超硬材料。

15.3.2 硅及其化合物

（1）硅

硅单质有晶体和无定形两种。晶态硅为原子晶体，灰色，硬而脆，高熔点，是重要的半导体材料。

硅在常温下不活泼，高温时能与 O_2、水蒸气、卤素等非金属反应生成相应的二元化合物。

$$Si + 3H_2O(g) =\!\!= H_2SiO_3 + 2H_2$$
$$Si + 2F_2 =\!\!= SiF_4(g)$$
$$3Si + 2N_2 =\!\!= Si_3N_4$$
$$Si + C =\!\!= SiC$$
$$Si + 2S =\!\!= SiS_2$$

---

❶ 非整比化合物：某些化合物，原子个数比偏离整数比。例如 $Ni_{0.97}O$，这种偏离是由于晶体结构中的缺陷造成的。由于它们的成分可以改变，因而具有化学反应活性及特异的光学、电学和磁学等性质，在现代科技中有广泛的用途。

硅不与盐酸、硫酸和王水反应，能与强碱和强氧化剂反应，可溶于 HF-HNO$_3$。

$$Si + 2NaOH + H_2O \rlap{=\!\!=} Na_2SiO_3 + 2H_2$$

$$3Si + 4HNO_3 + 18HF \rlap{=\!\!=} 3H_2[SiF_6] + 4NO + 8H_2O$$

(2) 二氧化硅、硅酸和硅酸盐

① 二氧化硅

自然界中硅主要以 SiO_2 及其衍生的硅酸盐形式存在。SiO_2 有晶形和无定形两种形态。无定形的 SiO_2，如硅藻土，具有多孔性，是良好的吸附剂。晶形 SiO_2 如石英、水晶，是原子晶体，硅氧四面体通过共用顶角的氧原子彼此连接，并在三维空间多次重复，形成了硅氧网格形式的二氧化硅晶体。水晶，无色透明，坚硬，膨胀系数很小，常用作光学仪器。

SiO_2 不溶于水，只和浓 H_3PO_4、HF 反应：

$$SiO_2 + 2H_3PO_4(浓) \rlap{=\!\!=} SiP_2O_7 + 3H_2O$$

$$SiO_2 + 4HF \rlap{=\!\!=} SiF_4 \uparrow + 2H_2O$$

SiF_4 会与 HF 进一步配位，形成氟硅酸，氟硅酸在水中很稳定，是一种与硫酸酸性相仿的强酸。

$$SiF_4 + 2HF \rlap{=\!\!=} H_2SiF_6$$

SiO_2 在高温时与氢氧化钠或碳酸钠共熔可得到 Na_2SiO_3：

$$SiO_2 + Na_2CO_3 \rlap{=\!\!=} Na_2SiO_3 + CO_2 \uparrow$$

产物 Na_2SiO_3 能溶于水，呈玻璃状，俗称水玻璃，可作黏合剂等。

② 硅酸

硅酸有许多种，其组成随反应条件而变，可用 $xSiO_2 \cdot yH_2O$ 表示。例如偏硅酸 $H_2SiO_3(SiO_2 \cdot H_2O)$、二硅酸 $H_6Si_2O_7(2SiO_2 \cdot 3H_2O)$、二偏硅酸 $H_2Si_2O_5(2SiO_2 \cdot H_2O)$、三硅酸 $H_4Si_3O_8(3SiO_2 \cdot 2H_2O)$、正硅酸 $H_4SiO_4(SiO_2 \cdot 2H_2O)$ 等，它们大多不溶于水。

如果把可溶性硅酸盐与酸作用，产物硅酸会聚合成多硅酸，形成硅酸溶胶，再加入电解质，可得到硅酸凝胶。蒸发后为硅酸干胶，即硅胶。

硅胶，白色多孔，内表面积很大，可作吸附剂、干燥剂和催化剂载体。实验室通常将硅胶用 $CoCl_2$ 溶液浸透后烘干制得变色硅胶，用作干燥剂，无水 Co^{2+} 为蓝色，水合 $[Co(H_2O)_6]^{2+}$ 为粉红色。吸附水分后，硅胶的颜色由蓝色变为粉红色，重新烘干后又变为蓝色。

③ 硅酸盐

硅酸盐中只有碱金属硅酸盐可溶于水，在 Na_2SiO_3 溶液中加入 NH_4Cl，可生成 H_2SiO_3 沉淀。

$$SiO_3^{2-} + 2NH_4^+ \rlap{=\!\!=} H_2SiO_3 \downarrow + 2NH_3$$

该反应可用来鉴定可溶性硅酸盐。

自然界中硅酸盐分布极广，地壳的 95% 为硅酸盐矿，例如高岭土（$Al_2H_4Si_2O_9$）、石棉 $[CaMg_3(SiO_3)_4]$、白云母 $[K_2H_4Al_2(SiO_3)_6]$ 等，硅酸盐矿的阴离子的基本结构单元都是硅氧四面体（图 15.6）。多个四面体通过顶角上的一个或两个或三个、四个氧原子连接而成的环状、链状、片状或三维网格结构的复杂阴离子。这些阴离子借金属离子结合成为各种硅酸盐。

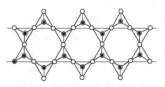

图 15.6 硅酸盐的链状结构

(3) 锗、锡、铅及其化合物

锗（Ge）为灰色金属，是半导体材料。高温下可与 O_2 反

应生成 GeO_2。锗不与稀盐酸、稀硫酸反应，但可溶于浓硫酸、硝酸、王水等。

锡（Sn）为银白色金属，可与酸、碱发生氧化还原反应。

$$Sn + 2KOH + 4H_2O \Longrightarrow K_2[Sn(OH)_6] + 2H_2 \uparrow$$

$$3Sn + 8HNO_3(稀) \Longrightarrow 3Sn(NO_3)_2 + 2NO \uparrow + 4H_2O$$

$$Sn + 4HNO_3(浓) \Longrightarrow H_2SnO_3 + 4NO_2 \uparrow + H_2O$$

锡与稀酸反应，生成 +2 氧化态的 Sn 化合物；与浓硫酸、浓硝酸反应，生成 +4 氧化态的 Sn 化合物。Sn 的卤化物容易发生水解：

$$SnCl_2 + H_2O \Longrightarrow Sn(OH)Cl \downarrow + HCl$$

而且 Sn^{2+} 易被 O_2 氧化为 Sn^{4+}，所以配制 $SnCl_2$ 时，要用盐酸酸化蒸馏水，防止水解，再加入 Sn 粒，防止氧化。

$$SnCl_4 + Sn \Longrightarrow 2SnCl_2$$

铅（Pb）为重金属，有剧毒，能防止 X 射线、γ 射线的穿透，能形成多种合金。可与酸、碱发生氧化还原反应，如

$$Pb + KOH + 2H_2O \Longrightarrow K[Pb(OH)_3] + H_2 \uparrow$$

$$Pb + 4HNO_3 \Longrightarrow Pb(NO_3)_2 + 2NO_2 \uparrow + 2H_2O$$

$$Pb + 2HAc \Longrightarrow Pb(Ac)_2 + H_2$$

$Pb(Ac)_2$ 可溶，常用沾有 $Pb(Ac)_2$ 的试纸检验 H_2S 气体，若试纸变黑，则证明有 H_2S 气体存在。

$$Pb(Ac)_2 + H_2S \Longrightarrow PbS \downarrow (黑色) + 2HAc$$

铅白，即碱式碳酸铅，是覆盖力很强的白色颜料，用可溶性的铅盐与 Na_2CO_3 反应可制得。

$$2Pb^{2+} + 2CO_3^{2-} + H_2O \Longrightarrow Pb_2(OH)_2CO_3 \downarrow + CO_2$$

铅盐有许多难溶物，如 $PbCO_3$（白）、$PbCl_2$（白）、PbI_2（黄）、$PbSO_4$（白）、$PbCrO_4$（黄）、PbS（黑）。其中，Pb^{2+} 与 CrO_4^{2-} 反应生成黄色沉淀，可用于鉴定 Pb^{2+} 或 CrO_4^{2-}。

$$Pb^{2+} + CrO_4^{2-} \Longrightarrow PbCrO_4 \downarrow$$

$PbCrO_4$ 能溶于强碱，PbS 可溶于浓盐酸。

$$PbCrO_4 + 3OH^- \Longrightarrow [Pb(OH)_3]^- + CrO_4^{2-}$$

$$PbS + 4HCl(浓) \Longrightarrow H_2[PbCl_4] + H_2S \uparrow$$

15.4 氮族元素

ⅤA 族的氮（N）、磷（P）、砷（As）、锑（Sb）、铋（Bi）统称为氮族元素。在自然界中，氮的存在形式有大气中的 N_2、动植物体内的含氮物质和硝石（$NaNO_3$）等，磷的存在形式有动植物体内的含磷物质、磷酸钙 $[Ca_3(PO_4)_2 \cdot H_2O]$ 和其他磷酸盐矿物等，砷、锑、铋大多以硫化物的形式存在，如雄黄（As_4S_4）、雌黄（As_2S_3）、辉锑矿（Sb_2S_3）、辉铋矿（Bi_2S_3）等。

表 15.7 列出了氮族元素的一些性质。

表 15.7　氮族元素的一些性质

元素	N	P	As	Sb	Bi
原子序数	7	15	33	51	83
价电子构型	$2s^2 2p^3$	$3s^2 3p^3$	$4s^2 4p^3$	$5s^2 5p^3$	$6s^2 6p^3$
主要氧化数	$-3,+1,+2,+3,+4,+5$	$-3,+3,+5$	$-3,+3,+5$	$-3,+3,+5$	$-3,+3,+5$
第一电离能/$kJ \cdot mol^{-1}$	1402	1012	947	834	703
熔点/℃	-210	44	817	630	271
沸点/℃	-196	280	610	1380	1560

氮族元素最外层有 5 个电子，得电子的能力不强，只有 Li_3N、Mg_3N_2、Na_3P、Ca_3P_2 等为离子化合物，一般形成共价化合物。

15.4.1　氮的化合物

(1) 氮的氢化物

① 氨

氨易溶于水，水溶液呈碱性。液氨和水一样，也能发生自解离：

$$NH_3 + NH_3 \Longrightarrow NH_4^+ + NH_2^- \qquad K = 1.9 \times 10^{-33}(218.15K)$$

液氨解离产物 NH_4^+（酸）和 NH_2^-（碱）的反应类似于水中 H^+ 和 OH^-。例如：

$$NH_4Cl + KNH_2 \Longrightarrow KCl + 2NH_3$$
$$ZnCl_2 + 2KNH_2 \Longrightarrow Zn(NH_2)_2 \downarrow + 2KCl$$
$$Zn(NH_2)_2 + 2KNH_2 \Longrightarrow K_2Zn(NH_2)_4$$
$$AgNO_3 + KNH_2 \Longrightarrow AgNH_2 \downarrow + KNO_3$$

氨可以发生加合反应。

$$Ag^+ + 2NH_3 \Longrightarrow [Ag(NH_3)_2]^+$$

氨可以发生取代反应，NH_3 中三个 H 可被其他原子或原子团取代，生成—NH_2（如 $NaNH_2$）、$=NH$（如 $CaNH$）、$\equiv N$（如 AlN）等。

$$2NH_3 + 2Na \xrightarrow{570℃} 2NaNH_2 + H_2$$

氨可以发生氧化反应，形成较高氧化态的物质。例如：NH_3 在 O_2 中燃烧的产物是 N_2，在 Pt 催化下则生成 NO。

$$4NH_3 + 3O_2(纯) \Longrightarrow 2N_2 + 6H_2O$$
$$4NH_3 + 5O_2(空气) \xrightarrow{Pt} 4NO + 6H_2O$$

NH_3 可被 Cl_2 等氧化剂氧化：

$$NH_3 + 3Cl_2(过量) \Longrightarrow NCl_3 + 3HCl$$
$$2NH_3 + 3H_2O_2 \Longrightarrow N_2 + 6H_2O$$
$$2NH_3 + ClO^- \Longrightarrow N_2H_4 + Cl^- + H_2O$$

铵盐是氨与酸反应的产物，其水溶液大多显酸性，固体和水溶液的热稳定性较差。

NH_4^+ 的鉴定：取两块干燥的表面皿，一块滴入试液与 NaOH，另一块贴上湿的红色石蕊试纸或滴有奈斯勒试剂［四碘合汞（Ⅱ）酸钾碱性溶液］的滤纸条，然后把两块表面皿扣在一起，若红色石蕊试纸变蓝或奈斯勒试剂变红棕色，则说明有 NH_4^+ 存在。

$$NH_4^+ + 2HgI_4^{2-} + 4OH^- \Longrightarrow Hg_2NI \downarrow (红棕色) + 7I^- + 4H_2O$$

② 羟胺和联胺

氨分子中一个 H 被—OH 取代的衍生物称为羟胺（NH_2OH）。一个 H 被—NH_2 取代的衍生物称为联胺（NH_2NH_2），也称之为肼。

羟胺和联胺两者皆不稳定，易分解，生成氮气。

$$3NH_2OH === NH_3\uparrow + 3H_2O + N_2\uparrow$$

羟胺和联胺可以形成配合物，如$[Pt(NH_3)_2(N_2H_4)_2]Cl_2$、$[Zn(NH_2OH)_2]Cl_2$ 等。羟胺和联胺既可以作氧化剂，又可作还原剂。

$$2NH_2OH + 2AgBr === 2Ag\downarrow + N_2\uparrow + 2HBr + 2H_2O$$
$$N_2H_4 + 4CuO === 2Cu_2O + N_2\uparrow + 2H_2O$$

氨、羟胺和联胺碱性大小的顺序为：$NH_3 > N_2H_4 > NH_2OH$。

③ 叠氮酸及其叠氮化物

HN_3 为无色液体，其水溶液是稳定的弱酸（$K_a = 1.9 \times 10^{-5}$）。HN_3 不稳定，极易爆炸性分解，生成氮气和氢气。

HN_3 的制备：用 N_2H_4 与 HNO_2 作用可生成 HN_3，或者用 H_2SO_4 和 NaN_3 反应，经蒸馏可得含 HN_3 的水溶液。

金属叠氮化物中，NaN_3 比较稳定，可通过如下反应制备：

$$2NaNH_2 + N_2O === NaN_3 + NaOH + NH_3\uparrow$$

叠氮化铅 $[Pb(N_3)_2]$ 不稳定，可用作起爆剂，制备反应如下：

$$Pb(NO_3)_2 + 2NaN_3 === Pb(N_3)_2 + 2NaNO_3$$

N_3^- 常作为配体和金属离子形成配合物，如 $Na_2[Sn(N_3)_6]$、$[Cu(N_3)_2(NH_3)_2]$ 等。

(2) 氮的氧化物、含氧酸及其盐

① NO

NO 的基态分子轨道表示式为：$[KK(\sigma_{2s})^2(\sigma_{2s}^*)^2(\sigma_{2p_x})^2(\pi_{2p_y})^2(\pi_{2p_x})^2(\pi_{2p_y}^*)^1]$，N 和 O 之间有三重键，一个 σ 键，一个 π 键和一个 3 电子 π 键，键级为 2.5。

NO 分子轨道上的单电子容易失去，形成较稳定的 NO^+，出现在许多亚硝酰盐中，如 $(NO)(HSO_4)$、$(NO)(ClO_4)$ 和 $(NO)(BF_4)$。

NO 既有氧化性又有还原性，例如：

NO 作为氧化剂：
$$2NO + 2H_2 === N_2 + 2H_2O$$
$$6NO + P_4 === 3N_2 + P_4O_6$$

NO 作为还原剂：
$$2NO + X_2 === 2NOX \quad (X=F,Cl,Br)$$
$$2NO + 3I_2 + 4H_2O === 2NO_3^- + 8H^+ + 6I^-$$

② NO_2 与 N_2O_4

NO_2 为红棕色，有毒，易聚合形成无色气体 N_2O_4：

$$2NO_2 \rightleftharpoons N_2O_4$$

NO_2 可被氧化为 NO_3^-，又可被还原为 NO。例如：

$$5NO_2 + MnO_4^- + H_2O === Mn^{2+} + 5NO_3^- + 2H^+$$
$$NO_2 + CO === NO + CO_2$$

N_2O_4 可以与金属反应，制备无水硝酸盐：

$$M + N_2O_4 === MNO_3 + NO \quad (M=碱金属,Ag,1/2Pb,1/2Cu,1/2Zn)$$

③ 亚硝酸及其盐

HNO_2 是弱酸，$K_a = 5 \times 10^{-4}$，很不稳定，易发生歧化反应，生成 HNO_3 和 NO。HNO_2 的结构如图 15.7 所示。

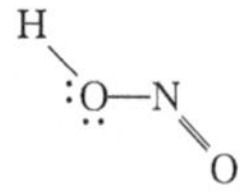

图 15.7 HNO_2 的分子结构

亚硝酸盐较稳定，易溶于水，绝大部分为白色，$AgNO_2$ 例外，为浅黄色难溶化合物。

在酸性介质中，亚硝酸盐氧化性较强，产物可能是 NO、N_2O 和 N_2 等，其中以 NO 最为常见。

$$2NO_2^- + 2I^- + 4H^+ \Longrightarrow 2NO\uparrow + I_2 + 2H_2O$$

如果遇到强氧化剂（如 $KMnO_4$）或在碱性介质中，亚硝酸盐主要呈现还原性，产物通常为 NO_3^-。

$$5NO_2^- + 2MnO_4^- + 6H^+ \Longrightarrow 5NO_3^- + 2Mn^{2+} + 3H_2O$$

NO_2^- 的鉴定：在 NO_2^- 溶液中，加入对氨基苯磺酸和 α-萘胺，溶液会变成红色。

④ 硝酸及其盐

在 HNO_3 分子中，N 原子采取 sp^2 杂化，与两个 O、一个 OH 基形成三个 σ 键，而 OH 基的 $O^{(1)}$ 进行不等性 sp^3 杂化，分子结构如图 15.8 所示，另外，一个 N 和两个 O 形成了 Π_3^4。H 和 $O^{(3)}$ 之间还形成了一个分子内氢键。

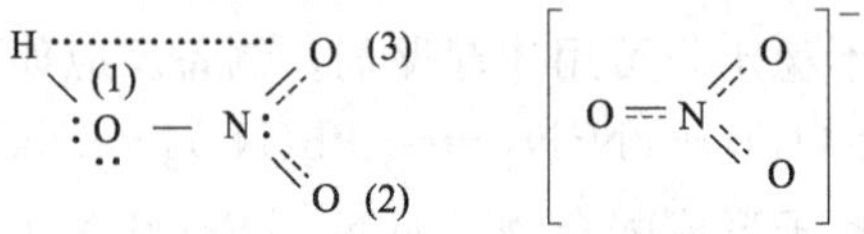

图 15.8 HNO_3 和 NO_3^- 的分子结构

NO_3^- 为平面三角形结构，N 原子以 sp^2 杂化轨道与 3 个 O 的 p 轨道形成 3 个 σ 键。另外 N 未参与杂化的 p_z 轨道与 3 个 O 原子的 p_z 轨道平行重叠形成 Π_4^6。

HNO_3 可以与非金属单质反应，产物是相应的氧化物或高价含氧酸盐和 NO。例如：

$$3P + 5HNO_3 + 2H_2O \Longrightarrow 3H_3PO_4 + 5NO\uparrow$$

$$3I_2 + 10HNO_3 \Longrightarrow 6HIO_3 + 10NO\uparrow + 2H_2O$$

$$S + 2HNO_3 \Longrightarrow H_2SO_4 + 2NO\uparrow$$

$$3C + 4HNO_3 \Longrightarrow 3CO_2 + 4NO\uparrow + 2H_2O$$

$$B(无定形) + HNO_3(浓) + H_2O \Longrightarrow B(OH)_3 + NO\uparrow$$

HNO_3 可与多种金属反应。浓硝酸和 Sn、Sb、Mo、W 等反应，产物是含水氧化物或含氧酸，如 $SnO_2 \cdot nH_2O$、H_2MoO_4。其余金属和 HNO_3 反应都生成可溶性硝酸盐。浓度越稀，金属越活泼，HNO_3 中 N 被还原的氧化数越低。例如：

$$Zn + 4HNO_3(浓) \Longrightarrow Zn(NO_3)_2 + 2NO_2\uparrow + 2H_2O$$

$$3Zn + 8HNO_3(稀) \Longrightarrow 3Zn(NO_3)_2 + 2NO\uparrow + 4H_2O$$

$$4Zn + 10HNO_3(较稀) \Longrightarrow 4Zn(NO_3)_2 + N_2O\uparrow + 5H_2O$$

$$4Zn + 10HNO_3(很稀) \Longrightarrow 4Zn(NO_3)_2 + NH_4NO_3 + 3H_2O$$

冷、浓 HNO_3 可使 Fe、Al、Cr 表面钝化，阻碍进一步反应。

王水是 1 体积浓 HNO_3 和 3 体积浓盐酸的混合物，兼有 HNO_3 的氧化性和 Cl^- 的配位性特点，因此可溶解 Au、Pt 等金属。

$$Au + HNO_3 + 4HCl \Longrightarrow HAuCl_4 + NO\uparrow + 2H_2O$$

硝酸盐大多是离子型化合物，易溶于水，加热能分解，产物可分为以下三类：

a. 电极电势值小于 Mg 的金属，其硝酸盐受热分解为相应的亚硝酸盐，如：

$$2NaNO_3 \xrightarrow{\triangle} 2NaNO_2 + O_2 \uparrow$$

b. 电极电势值在 Mg～Cu 之间的金属，其硝酸盐受热分解生成相应的氧化物，如：

$$2Pb(NO_3)_2 \xrightarrow{\triangle} 2PbO + 4NO_2 \uparrow + O_2 \uparrow$$

c. 电极电势值大于 Cu 的金属，其硝酸盐受热分解生成金属单质，如：

$$2AgNO_3 \xrightarrow{\triangle} 2Ag + 2NO_2 \uparrow + O_2 \uparrow$$

NO_3^- 的鉴定：取含 NO_3^- 的试液少许，加数粒 $FeSO_4 \cdot 7H_2O$ 晶体，沿管壁滴加浓 H_2SO_4，在浓 H_2SO_4 和液面交界处有棕色环生成。

$$3Fe^{2+} + NO_3^- + 4H^+ \xrightarrow{\quad\quad} 3Fe^{3+} + 2H_2O + NO$$
$$NO + Fe^{2+} \xrightarrow{\quad\quad} Fe(NO)^{2+}（棕色）$$

这个方法称为棕色环法。NO_2^- 也有类似反应，故检验前应在混合液中加入饱和 NH_4Cl，并加热，即可除去 NO_2^-。

$$NH_4^+ + NO_2^- \xrightarrow{\quad\quad} N_2 \uparrow + 2H_2O$$

15.4.2 磷及其化合物

(1) 磷

磷单质有三种同素异形体，白磷、红磷和黑磷。白磷的结构为四面体形，4 个磷原子处于四面体的 4 个顶点，分子式是 P_4。白磷有剧毒，不溶于水，易溶于 CS_2 溶剂中，白磷和潮湿空气接触时会缓慢氧化生成 P_4O_{10}，当反应热使表面温度达到 313K 时，便达到磷的燃点，引起自燃，所以白磷通常要贮存于水中以隔绝空气。白磷隔绝空气加热就会转变为链状结构的红磷，红磷与氧的反应要加热才能进行。白磷在高压及汞催化下加热可转化为片状结构的层状晶体黑磷。最稳定的磷单质是黑磷。

白磷和卤素、硫等非金属单质能直接化合。

$$2P + 3X_2 \xrightarrow{\quad\quad} 2PX_3 \qquad\qquad PX_3 + X_2 \xrightarrow{\quad\quad} PX_5$$
$$4P + 3S \xrightarrow{\quad\quad} P_4S_3$$

P_4S_3 是制火柴的原料。

白磷几乎能与所有金属反应，生成磷化物。

$$P_4 + 6Mg \xrightarrow{\quad\quad} 2Mg_3P_2$$

白磷可被硝酸氧化，反应式为：

$$P_4 + 10HNO_3 + H_2O \xrightarrow{\quad\quad} 4H_3PO_4 + 5NO + 5NO_2$$

白磷在热的浓碱中会发生歧化反应：

$$P_4 + 3NaOH + 3H_2O \xrightarrow[\triangle]{pH=14} PH_3 + 3NaH_2PO_2$$

白磷可以把金、银、铜和铅从它们的盐中取代出来，因此，$CuSO_4$ 可用作白磷中毒的解毒剂。

$$11P_4 + 60CuSO_4 + 96H_2O \xrightarrow{\quad\quad} 20Cu_3P + 24H_3PO_4 + 60H_2SO_4$$

(2) 磷的氢化物

磷化氢（PH_3）也称为膦，是一种无色剧毒气体，有类似大蒜的臭味，燃烧时生成磷酸。膦的分子结构与氨相似，是三角锥形，其水溶液的碱性比氨水弱得多，在水中的溶解度小于氨。磷化氢可通过金属磷化物水解来制备。

$$AlP + 3H_2O \Longrightarrow PH_3\uparrow + Al(OH)_3$$

PH_3 具有强还原性，能从某些金属盐（如 Cu^{2+}、Ag^+、Hg^{2+}）溶液中置换出金属。例如：

$$PH_3 + 6Ag^+ + 3H_2O \Longrightarrow 6Ag + H_3PO_3 + 6H^+$$

(3) 磷的卤化物

三氯化磷 PCl_3 是无色液体，易挥发，有毒。可作为配合物的配体（P 为配位原子），如 $Ni(PCl_3)_4$；也能与卤素加合生成五氯化磷（PCl_5）。在高温或有催化剂存在时可以与氧或硫反应。

$$PCl_3 + Cl_2 \Longrightarrow PCl_5$$
$$2PCl_3 + O_2 \Longrightarrow 2POCl_3$$
$$PCl_3 + S \Longrightarrow PSCl_3$$

PCl_3 易水解，因此在潮湿空气中会冒烟。

$$PCl_3 + 3H_2O \Longrightarrow P(OH)_3 + 3HCl$$

注意，NCl_3 的水解产物与 PCl_3 不同。

$$NCl_3 + 3H_2O \Longrightarrow 3HOCl + NH_3$$

PCl_5 是白色固体，易挥发，有毒，易于水解。

水量不足时水解： $\qquad PCl_5 + H_2O \Longrightarrow POCl_3 + 2HCl$

过量水中继续水解： $\qquad POCl_3 + 3H_2O \Longrightarrow H_3PO_4 + 3HCl$

PCl_5 还能与 Zn、Cd、Au 等金属反应生成金属卤化物。

$$Zn + PCl_5 \Longrightarrow ZnCl_2 + PCl_3$$

(4) 磷的氧化物

磷在氧气不足时，其燃烧产物是 P_4O_6（三氧化二磷）；氧气充足时，其燃烧产物是 P_4O_{10}（五氧化二磷）。P_4O_6 是 H_3PO_3（亚磷酸）的酸酐，P_4O_{10} 是磷酸的酸酐。

P_4O_6 不稳定，可以继续被氧化为 P_4O_{10}。P_4O_6 与水反应的产物和反应速率直接与水温相关：与冷水反应较慢，生成亚磷酸；与热水作用剧烈，生成膦和磷酸。

$$P_4O_6 + 6H_2O(冷) \Longrightarrow 4H_3PO_3$$
$$P_4O_6 + 6H_2O(热) \Longrightarrow 3H_3PO_4 + PH_3\uparrow$$

P_4O_6 能与 HCl 气体反应生成亚磷酸。

$$P_4O_6 + 6HCl(g) \Longrightarrow 2PCl_3 + 2H_3PO_3$$

P_4O_6 为白色蜡状固体，P_4O_{10} 为白色雪花状固体，这两种氧化物的吸湿性都很强，其中 P_4O_{10} 常作气体和液体的干燥剂。P_4O_{10} 与水反应时，先生成偏磷酸，再转化为焦磷酸，最后形成正磷酸，同时释放大量的热。

$$P_4O_{10} \xrightarrow{2H_2O} 4HPO_3 \xrightarrow{2H_2O} 2H_4P_2O_7 \xrightarrow{2H_2O} 4H_3PO_4$$
$$\quad\quad\quad\quad\quad\;\text{偏磷酸}\quad\quad\quad\quad\text{焦磷酸}\quad\quad\quad\quad\;\text{正磷酸}$$

(5) 磷的含氧酸及其盐

磷有多种含氧酸，例如：

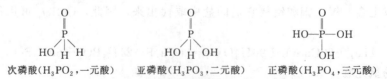

次磷酸（H_3PO_2，一元酸）　　亚磷酸（H_3PO_3，二元酸）　　正磷酸（H_3PO_4，三元酸）

次磷酸是中强酸，亚磷酸是强酸，这两种酸及其盐都是强还原剂。

纯净的正磷酸（磷酸）为无色晶体，加热时逐渐脱水会生成焦磷酸、偏磷酸，例如焦磷酸（$H_4P_2O_7$）是两分子磷酸脱去一分子水生成的，为四元中强酸，其酸性强于磷酸。

磷酸能与水以任何比例混溶，是一种无氧化性的不挥发的三元中强酸，分子间存在较强氢键，所以黏度较大。工业上制备磷酸的常用方法是用硫酸与磷酸钙反应。

$$Ca_3(PO_4)_2 + 3H_2SO_4 \xrightarrow{\hspace{1cm}} 2H_3PO_4 + 3CaSO_4$$

磷酸具有很强的配位能力，能与许多金属离子形成可溶性配合物分子。所以，分析中常用 PO_4^{3-} 作 Fe^{3+} 的掩蔽剂，因为 $[Fe(HPO_4)_2]^-$、$[Fe(PO_4)_2]^{3-}$ 为无色可溶性配合物。

磷酸是三元酸，所以可生成三类盐：M_3PO_4、M_2HPO_4 和 MH_2PO_4，其中磷酸二氢盐都易溶于水，而除了 K^+、Na^+ 和 NH_4^+ 的盐外的磷酸一氢盐和正盐，一般不溶于水。

Ag^+ 和 Ca^{2+} 分别与磷酸的三类盐反应：

$$PO_4^{3-} + 3Ag^+ \xrightarrow{\hspace{1cm}} Ag_3PO_4 \downarrow$$
$$2PO_4^{3-} + 3Ca^{2+} \xrightarrow{\hspace{1cm}} Ca_3(PO_4)_2 \downarrow$$
$$HPO_4^{2-} + 3Ag^+ \xrightarrow{\hspace{1cm}} Ag_3PO_4 \downarrow + H^+$$
$$HPO_4^{2-} + Ca^{2+} \xrightarrow{\hspace{1cm}} CaHPO_4 \downarrow$$
$$H_2PO_4^- + 3Ag^+ \xrightarrow{\hspace{1cm}} Ag_3PO_4 \downarrow + 2H^+$$
$$H_2PO_4^- + Ca^{2+} \xrightarrow{\hspace{1cm}} 不沉淀，加入 NH_3 \cdot H_2O 可沉淀$$

Ag_3PO_4 沉淀为黄色，而 $Ca_3(PO_4)_2$ 沉淀为白色。

含 PO_4^{3-} 的试液和适量浓 HNO_3 及过量饱和（NH_4）$_2MoO_4$ 溶液混合，加热得黄色钼磷酸铵沉淀。

$$PO_4^{3-} + 3NH_4^+ + 12MoO_4^{2-} + 24H^+ \xrightarrow{\hspace{1cm}} (NH_4)_3PO_4 \cdot 12MoO_3 \cdot 6H_2O \downarrow + 6H_2O$$

在含 HPO_4^{2-} 的试液中加适量 $NH_3 \cdot H_2O$ 和 $MgCl_2$，则生成白色的 NH_4MgPO_4 沉淀。

$$Mg^{2+} + NH_4^+ + PO_4^{3-} \xrightarrow{\hspace{1cm}} NH_4MgPO_4 \downarrow（白色）$$

上述三种都可用于磷酸盐的鉴别。

固体酸式磷酸钠受热脱水主要发生下述反应：

$$NaH_2PO_4 \xrightarrow{\triangle} NaPO_3 + H_2O$$
$$2Na_2HPO_4 \xrightarrow{\triangle} Na_4P_2O_7 + H_2O$$
$$2Na_2HPO_4 + NaH_2PO_4 \xrightarrow{\triangle} Na_5P_3O_{10} + 2H_2O$$

三聚磷酸钠（$Na_5P_3O_{10}$）为白色粉末，水溶液呈碱性，在水中会发生水解。

$$2Na_5P_3O_{10} + H_2O \xrightarrow{室温} Na_4P_2O_7 + 2Na_3HP_2O_7$$
$$Na_5P_3O_{10} + H_2O \xrightarrow{373K} Na_3HP_2O_7 + Na_2HPO_4$$

$P_3O_{10}^{5-}$ 对金属离子有较高的配位能力，易形成一些水溶性配合物。例如：

$$Na_5P_3O_{10} + M^{2+} \xrightarrow{\hspace{1cm}} Na_3MP_3O_{10} + 2Na^+$$

$Na_5P_3O_{10}$ 是合成洗涤剂的主要添加剂（或助剂）、工业用水软化剂、制革预鞣剂、染色助剂、油漆等悬浮液的有效分散剂等。

含磷酸盐的废水排入水中易引起水体富营养化，造成环境污染。

15.4.3　砷、锑、铋及其重要化合物

砷（As）、锑（Sb）、铋（Bi）都有金属的外形，砷、锑具有两性，铋呈金属性，熔点从 As 到 Bi 依次降低。它们在气态时能以多原子分子存在，如 As_2、As_4、Sb_2、Sb_4、Bi_2。

常温下，砷、锑、铋在水和空气中都比较稳定，排在金属活动顺序表氢的后面，除了浓

HNO_3 使 Bi 钝化外，它们能和氧化性酸反应。

$$3As + 5HNO_3 + 2H_2O \Longrightarrow 3H_3AsO_4 + 5NO$$

$$3Sb + 5HNO_3 \Longrightarrow 3HSbO_3 + 5NO + H_2O$$

$$Bi + 4HNO_3(稀) \Longrightarrow Bi(NO)_3 + NO + 2H_2O$$

砷、锑、铋在高温时能和氧、硫、卤素反应，生成+3氧化态化合物，和 F_2 反应有+5氧化态化合物生成。

它们与碱金属生成 Na_3M 型化合物，与碱土金属生成 Mg_3M_2 型化合物，与ⅢA族形成 GaAs、InAs、GaSb、AlSb，是重要的半导体材料。铋与铅、锡可制成低熔点合金，如 Bi-Pb-Sn 合金，可作保险丝。

As 的氢化物 AsH_3，又称胂，有毒，是不稳定的无色气体，在空气中易自燃，在缺氧时受热会分解，生成的单质砷淀积在玻璃上，黑色，有金属光泽，称为砷镜。利用砷镜反应能检出 0.007mg 的砷，这就是马氏（Marsh）试砷法。

As 的卤化物 AsX_3 可由单质与卤素反应制得，AsX_3 在水中易水解。

$$AsCl_3 + 3H_2O \Longrightarrow H_3AsO_3 + 3HCl$$

AsO_3^{3-} 与 AsO_4^{3-} 分别具有氧化性和还原性，它们的氧化性和还原性受介质的酸碱度影响很大。

酸性介质： $\quad H_3AsO_4 + 2I^- + 2H^+ \Longrightarrow H_3AsO_3 + I_2 + H_2O$

碱性介质： $\quad AsO_3^{3-} + I_2 + 2OH^- \Longrightarrow AsO_4^{3-} + 2I^- + H_2O$

$NaBiO_3$ 是常用的强氧化剂，在酸性条件下可将 Mn^{2+} 氧化为 MnO_4^-。

$$2Mn^{2+} + 5NaBiO_3 + 14H^+ \Longrightarrow 5Bi^{3+} + 5Na^+ + 2MnO_4^- + 7H_2O$$

Sb、Bi 的卤化物容易发生水解，所以配制溶液时，要用盐酸酸化蒸馏水。

$$SbCl_3 + H_2O \Longrightarrow SbOCl\downarrow + 2HCl$$

$$BiCl_3 + H_2O \Longrightarrow BiOCl\downarrow + 2HCl$$

15.5 氧族元素

ⅥA 族的氧（O）、硫（S）、硒（Se）、碲（Te）、钋（Po）统称为氧族元素。在自然界中，氧的存在形式有 O_2、H_2O、硅酸盐及其他含氧化合物，如金红石矿（TiO_2）、石英矿（SiO_2）、磁铁矿（Fe_3O_4）、赤铁矿（Fe_2O_3）、软锰矿（MnO_2）、红锌矿（ZnO）、刚玉（α-Al_2O_3）、锡石（SnO_2）、铅丹（Pb_3O_4）、白砷石（As_2O_3）等。硫的存在形式有天然单质硫矿，硫化物矿，如方铅矿（PbS）、闪锌矿（ZnS）、硫酸盐矿，如石膏（$CaSO_4 \cdot 2H_2O$）、芒硝（$Na_2SO_4 \cdot 10H_2O$）、重晶石（$BaSO_4$）、天青石（$SrSO_4$）等。硒、碲的存在形式有硒铅矿（PbSe）、硒铜矿（CuSe）、碲铅矿（PbTe）。钋为放射性元素，不作介绍。

表15.8列出了氧族元素的一些性质。

表 15.8　氧族元素的一些性质

元素	O	S	Se	Te
原子序数	8	16	34	52
价电子构型	$2s^2 2p^4$	$3s^2 3p^4$	$4s^2 4p^4$	$5s^2 5p^4$
主要氧化数	-2	$-2,2,4,6$	$-2,2,4,6$	$-2,2,4,6$
第一电离能/$kJ \cdot mol^{-1}$	1314	1000	941	869
熔点/℃	-218	113	217	450
沸点/℃	-183	445	685	1390

本族元素形成的化合物中，氧化物大多为离子型；硫化物、硒化物、碲化物中，与ⅠA、ⅡA 形成的化合物如 Na_2S、BaS 等为离子型，其他多数为共价型。

15.5.1 氧及其化合物

(1) 臭氧

氧有两种同素异形体：O_2 和 O_3。在高温且通电时，O_2 可以变成 O_3。例如雷雨天的闪电可引发 O_2 转化为 O_3。大气层中，离地表 $20\sim40km$ 处有臭氧层，很稀，可以吸收紫外线，对地面生物有重要的保护作用。还原性气体 SO_2、H_2S 等对臭氧层有破坏作用。

O_3 为淡蓝色，有鱼腥味，为极性分子，其结构如图 15.9 所示，中心氧原子为 sp^2 不等性杂化，与另外两个氧原子形成两个 σ 键，剩余的一个杂化轨道被孤电子对所占据。另外，中心氧原子还有一个未参与杂化且有一对电子的 p 轨道，与另外两个氧原子的各含一个电子的 p 轨道平行，彼此重叠形成三中心四电子的大 π 键，用 Π_3^4

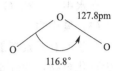

图 15.9 O_3 分子的结构

表示。所以 O_3 中的化学键的键长和键能介于单双键之间，空间构型为"V"形。

O_3 在水中的溶解度大于 O_2，不稳定，易分解。无论在酸性还是在碱性条件下，臭氧都具有强氧化性。

$$O_3+2H^++2e^- \Longrightarrow O_2+H_2O \qquad E_A^\ominus=2.07V$$
$$O_3+H_2O+2e^- \Longrightarrow O_2+2OH^- \qquad E_B^\ominus=1.24V$$

所以，臭氧可用作消毒杀菌剂、污水净化剂、脱色剂，是一种无污染的氧化剂。例如，臭氧能氧化 CN^-，常用来治理电镀工业的含氰废水。

$$O_3+CN^- \Longrightarrow OCN^-+O_2$$
$$4O_3+4OCN^-+2H_2O \Longrightarrow 4CO_2+2N_2+3O_2+4OH^-$$
$$PbS+4O_3 \Longrightarrow PbSO_4+4O_2\uparrow$$

(2) 过氧化氢

纯过氧化氢（H_2O_2）为浅蓝色黏稠状液体，分子中 O 为 sp^3 杂化，存在过氧键（—O—O—），

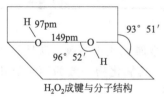

H_2O_2 成键与分子结构

图 15.10 H_2O_2 的结构

为非平面形分子，如图 15.10 所示。H_2O_2 能与水以任意比例混合，极性强于水，沸点高于水，为 $151.4℃$，熔点与 H_2O 相近，为 $-0.89℃$。分子间有比 H_2O 还强的缔合作用。

H_2O_2 为二元弱酸，酸性很弱（$K_{a_1}^\ominus=2.4\times10^{-12}$）。$H_2O_2$ 在酸性介质中是良好的氧化剂，在碱性介质中是中等的还原剂。

$$E_A^\ominus/V：O_2 \xrightarrow{0.695} H_2O_2 \xrightarrow{1.776} H_2O$$
$$E_B^\ominus/V：O_2 \xrightarrow{-0.076} HO_2^- \xrightarrow{0.878} H_2O$$

显然，在酸性和碱性条件下，H_2O_2 都不稳定，易分解。在水溶液中，H_2O_2 无论作为氧化剂，还是作为还原剂，都不会引入任何杂质。

在酸性介质中，H_2O_2 氧化性都较强，例如：

$$3H_2O_2+2NaCrO_2+2NaOH \Longrightarrow 2Na_2CrO_4+4H_2O$$
$$H_2O_2+2Fe^{2+}+2H^+ \Longrightarrow 2Fe^{3+}+2H_2O$$

油画中含有 Pb^{2+}，久置会与空气中的 H_2S 反应生成黑色的 PbS 而变黑变暗，而过氧化氢可把黑色的 PbS 氧化成白色 $PbSO_4$，使油画恢复色彩。

$$PbS + 4H_2O_2 \Longrightarrow PbSO_4 + 4H_2O$$

在酸性介质中，H_2O_2 还原性不强，需强氧化剂才能将其氧化，而在碱中是较好的还原剂。

$$5H_2O_2 + 2MnO_4^- + 6H^+ \Longrightarrow 2Mn^{2+} + 5O_2 + 8H_2O$$
$$H_2O_2 + Ag_2O \Longrightarrow 2Ag + O_2 + H_2O$$

在酸性溶液中，H_2O_2 与重铬酸盐反应，会发生过氧键的转移反应，生成过氧化铬（CrO_5），CrO_5 在水相不稳定，在乙醚、戊醇等有机相较稳定。

在乙醚中：$Cr_2O_7^{2-} + 4H_2O_2 + 2H^+ \Longrightarrow 5H_2O + 2CrO_5$（蓝色）

在水中： $2CrO_5 + 7H_2O_2 + 6H^+ \Longrightarrow 7O_2 + 10H_2O + 2Cr^{3+}$（蓝绿）

(3) 氧化物

几乎所有元素都能与氧形成氧化物，金属氧化物多数为离子型，非金属氧化物大部分是共价型化合物，为分子晶体，只有极少数是原子晶体，如 SiO_2，还有一部分是介于两者之间的过渡型氧化物。

① 键型、熔点等物理性质

同一周期自左而右，氧化物的键型由离子键向共价键过渡，其晶型由离子型晶体经过渡型晶体、原子晶体向分子晶体过渡（表 15.9）。离子型晶体和原子型晶体具有高熔点、高硬度，分子晶体则熔点和硬度都较低。同一金属有多种氧化物时，熔点随氧化数的升高而降低（表 15.10）。

表 15.9　第三周期元素氧化物的键型、晶型及熔点

族别	ⅠA	ⅡA	ⅢA	ⅣA	ⅤA	ⅥA	ⅦA
氧化物	Na_2O	MgO	Al_2O_3	SiO_2	P_2O_5	SO_3	Cl_2O_7
键型	离子键	离子键	偏离子键	共价键	共价键	共价键	共价键
熔点/K	1548	3125	2345	1883	842	289	181

表 15.10　锰的氧化物的熔点

氧化物	MnO	Mn_3O_4	Mn_2O_3	MnO_2	Mn_2O_7
熔点/K	2058.15	1837.15	1353.15	808.15	279.05
晶型	离子晶体	$\longrightarrow$			分子晶体

② 酸碱性

a. 金属性较强的元素形成碱性氧化物，如 Na_2O、CaO；非金属氧化物一般是酸性氧化物，如 CO_2、SO_3。元素周期表中金属与非金属交界处的元素，其氧化物一般为两性氧化物，如铝、锡、铅、砷、锑、锌的氧化物都不同程度地呈现两性。

b. 同一元素有多种氧化物时，氧化数越高，氧化物的酸性越强，碱性越弱。例如：

MnO	Mn_2O_3	MnO_2	MnO_3	Mn_2O_7
碱性	碱性	两性	酸性	酸性

c. 同一主族，从上到下，相同氧化数的氧化物碱性递增，酸性递减。在短周期中，从左到右，酸性递增，碱性递减。例如第三周期元素中：

Na_2O	MgO	Al_2O_3	SiO_2	P_2O_5	SO_3	Cl_2O_7
强碱性	碱性	两性	弱酸性	酸性	强酸性	强酸性

在长周期中，从ⅠA 到ⅦB 族，最高氧化数对应的氧化物由碱性渐变为酸性，从ⅠB 到ⅦA 族，再次由碱性递变到酸性。例如，第四周期元素中：

K_2O	CaO	Sc_2O_3	TiO_2	V_2O_5	CrO_3	Mn_2O_7	Cu_2O	ZnO	Ga_2O_3	GeO_2	As_2O_5	SeO_3
强碱性	两性		酸性			碱性		两性		弱酸性		酸性

15.5.2　硫及其化合物

(1) 硫

单质硫有几种同素异形体，最稳定的是正交硫（S_8），其结构呈环状或皇冠状，如图 15.11 所示。

硫能和碳、氟、氧等非金属单质直接化合。

$$S+O_2 \rightleftharpoons SO_2$$
$$S+3F_2 \rightleftharpoons SF_6（无色液体）$$
$$C+2S \rightleftharpoons CS_2$$

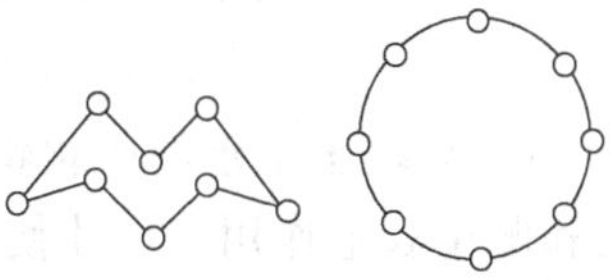

硫也能与金属反应。

$$2Al+3S \rightleftharpoons Al_2S_3$$
$$Fe+S \rightleftharpoons FeS$$
$$Hg+S \rightleftharpoons HgS$$

图 15.11　S_8 的分子结构

硫在碱性介质中会发生歧化反应，在酸性介质中会发生逆歧化反应。

$$3S+6OH^- \rightleftharpoons 2S^{2-}+SO_3^{2-}+3H_2O$$
$$SO_2+2H_2S \rightleftharpoons 2S+2H_2O$$

(2) 硫化物和多硫化物

硫能与大多数元素形成化合物。非金属硫化物皆以共价键结合，大多为分子晶体，熔点、沸点较低，在常温下以气体或液体形式存在，而 SiS_2 是例外，为混合型晶体，熔点较高。

ⅠA、ⅡA（Be 除外）的硫化物以离子键相结合，熔点较高，其他金属硫化物的键型和晶型比较复杂。

S^{2-} 的变形性强于 O^{2-}，因此那些极化力和变形性都很大的金属离子，它们相应的硫化物主要是共价键，故同一种元素的硫化物与氧化物相比，稳定性小，溶解度小，颜色深，熔沸点低。例如 Al_2O_3 呈白色，熔点为 2318K，而 Al_2S_3 呈黄色，熔点为 1373K。

硫化物随着金属离子的不同呈现多种颜色（表 15.11），可用于金属离子的定性分析。

表 15.11　硫化物的颜色和溶解性

易溶于水	溶于稀 HCl ($0.3mol \cdot L^{-1}$)	难溶于稀酸		
		溶于浓 HCl	溶于 HNO_3	溶于王水
$(NH_4)_2S$(白)	Fe_2S_3(黑)	SnS(褐)	CuS(黑)	HgS(黑)
MgS(白)	MnS(浅红)	Sb_2S_3(黄红)	As_2S_3(浅黄)	
NaS(白)	FeS(黑)	SnS_2(黄)	Cu_2S(黑)	
CaS(白)	ZnS(白)	Sb_2S_5(橘红)	As_2S_5(淡黄)	Hg_2S(黑)
K_2S(白)	CoS(黑)	PbS(黑)	Ag_2S(黑)	
SrS(白)	NiS(黑)	CdS(黄)	Bi_2S_3(黑)	

硫化物的溶解性在元素的定性分析中也是很有用的，根据硫化物的溶解性可将其分成五类。

① 易溶于水的硫化物。ⅠA 族的硫化物易溶于水，水溶液呈碱性。ⅡA 族的硫化物在水中发生水解，如：

$$2CaS+2H_2O \rightleftharpoons Ca(HS)_2+Ca(OH)_2$$

② 不溶于水而溶于稀盐酸的硫化物。Fe、Mn、Co、Ni、Al、Cr、Zn、Be、Ti、Ga、Zr 等的硫化物属于此类。其中 Al_2S_3 和 Cr_2S_3 遇水发生水解，其水解产物 $Al(OH)_3$ 和

$Cr(OH)_3$ 不溶于水而溶于稀酸，所以也列入此类。

③ 难溶于水和稀盐酸，能溶于浓盐酸的硫化物。如 CdS、SnS_2 等溶于浓盐酸可形成配合物。

$$CdS + 4HCl(浓) === H_2[CdCl_4] + H_2S$$
$$ZnS + 6HCl(浓) === H_2[ZnCl_6] + 2H_2S$$

④ 只溶于氧化性酸的硫化物。如 CuS、CdS。

$$3CuS + 8HNO_3 === 3Cu(NO_3)_2 + 3S\downarrow + 2NO\uparrow + 4H_2O$$

⑤ 只溶于王水的硫化物。例如 HgS，其 $K_{sp} = 6.44 \times 10^{-53}$，数值太小，而王水具有氧化和配位双重作用，可才使 HgS 溶解。

$$3HgS + 12HCl + 2HNO_3 === 3H_2[HgCl_4] + 3S\downarrow + 2NO\uparrow + 4H_2O$$

⑥ 还有一些硫化物，不溶于水，也不溶于稀酸，但可与 Na_2S 或（NH_4）$_2S$ 等碱性硫化物反应，生成溶于水的硫代酸盐，例如：

$$As_2S_5 + 3Na_2S === 2Na_3AsS_4（硫代砷酸钠）$$
$$As_2S_3 + 3Na_2S === 2Na_3AsS_3（硫代亚砷酸钠）$$
$$SnS_2 + Na_2S === Na_2SnS_3$$
$$Sb_2S_3 + 3Na_2S === 2Na_3SbS_3$$

硫代酸盐通常很不稳定，可与水反应，例如：

$$2Na_3AsS_3 + 6H_2O === As_2S_3\downarrow + 3H_2S\uparrow + 6NaOH$$

在元素周期表中，易溶于水的硫化物的元素位于在元素周期表左部；不溶于水而溶于稀酸的硫化物位于元素周期表中部；溶于氧化性酸的硫化物，其元素位于元素周期表右下部。

碱金属、NH_4^+ 的硫化物的水溶液能溶解单质硫生成多硫化物。

$$Na_2S + (x-1)S === Na_2S_x$$

S_x^{2-}（$x = 2 \sim 6$）随着硫链的变长，颜色由黄向橙、红变化，其结构如图 15.12 所示。

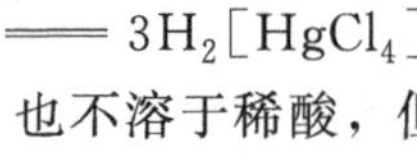

图 15.12 多硫离子 S_x^{2-}

多硫化物具有强氧化性，例如 SnS 不溶于 Na_2S 中，却可溶于 Na_2S_2 中。

$$SnS + Na_2S_2 === Na_2SnS_3$$

多硫化物遇酸分解：

$$S_x^{2-} + 2H^+ \longrightarrow [H_2S_x] \longrightarrow H_2S(g) + (x-1)S$$

多硫化物常用作杀虫剂。如石灰硫黄合剂的主要成分为多硫化钙（CaS_5）和硫代硫酸钙（CaS_2O_3）等，遇到 CO_2 立即分解为 H_2S 和 S，故有杀虫灭菌作用。

$$CaS_5 + 2H_2O + 2CO_2 === Ca(HCO_3)_2 + H_2S + 4S$$

S^{2-} 的鉴定：S^{2-} 能与稀酸反应产生 H_2S 气体，可根据 H_2S 特有的腐蛋臭味，或用 $Pb(Ac)_2$ 试纸 [H_2S 能使 $Pb(Ac)_2$ 试纸变黑，生成 PbS] 检验 S^{2-}。此外，利用在弱碱性条件下与亚硝酰铁氰酸钠（$Na_2[Fe(CN)_5NO]$）反应生成紫红色配合物的特征反应，也能鉴定 S^{2-}。

(3) 硫的氧化物

SO_2 的结构与 O_3 类似，V 形结构，两个 σ 键，一个 Π_3^4（图 15.13）。

SO_3 的中心原子硫也是不等性 sp^2 杂化，呈平面三角形结构，三个 σ 键，一个 Π_4^6。

SO_2 既可以作氧化剂也可以作还原剂。

$$KIO_3 + 3SO_2(过量) + 3H_2O = KI + 3H_2SO_4$$
$$Br_2 + SO_2 + 2H_2O = 2HBr + H_2SO_4$$
$$SO_2 + 2H_2S = 3S + 2H_2O$$

图 15.13　SO_2 和 SO_3 的分子结构

SO_3 是强氧化剂，高温时能与把 HBr、P 等分别氧化为 Br_2、P_4O_{10}，也能氧化 Fe、Zn 等金属。

$$4P + 10SO_3 = P_4O_{10} + 10SO_2$$
$$2Fe + 6SO_3 = Fe_2(SO_4)_3 + 3SO_2$$

(4) 硫的含氧酸及盐

① 亚硫酸及盐

H_2SO_3 是二元中强酸，亚硫酸及其盐既有氧化性又有还原性。

$$4Na_2SO_3 = 3Na_2SO_4 + Na_2S$$
$$SO_3^{2-} + Cl_2 + H_2O = SO_4^{2-} + 2Cl^- + 2H^+$$
$$5SO_3^{2-} + 2MnO_4^- + 6H^+ = 2Mn^{2+} + 5SO_4^{2-} + 3H_2O$$

SO_3^{2-} 的鉴定：SO_3^{2-} 在中性条件下能与 $Na_2[Fe(CN)_5NO]$ 反应，生成红色沉淀，如果同时加入硫酸锌的饱和溶液和 $K_4[Fe(CN)_6]$ 溶液，可使红色显著加深。

如果溶液中有存在 S^{2-}，会对鉴定产生干扰，可在混合液中加入 $PbCO_3$ 固体，

$$PbCO_3 + S^{2-} = PbS\downarrow + CO_3^{2-}$$

生成的 PbS 溶解度很小，离心分离后，在滤液中鉴定 SO_3^{2-}。

② 硫酸及盐

硫酸具有强吸水性、强氧化性。SO_4^{2-} 是四面体结构，中心原子采用 sp^3 杂化。硫酸盐中，Ag_2SO_4、$PbSO_4$、Hg_2SO_4、$CaSO_4$、$SrSO_4$、$BaSO_4$ 难溶于水，除此之外均易溶。硫酸盐热分解的基本形式是产生 SO_3 和金属氧化物。

③ 硫代硫酸钠

硫代硫酸钠（$Na_2S_2O_3 \cdot 5H_2O$）俗称海波或大苏打，可将硫粉溶于沸腾的亚硫酸钠溶液制得。

$Na_2S_2O_3$ 遇酸不稳定，易分解：

$$S_2O_3^{2-} + 2H^+ = S + SO_2 + H_2O$$

它是中等强度还原剂：

$$S_2O_3^{2-} + 4Cl_2 + 5H_2O = 8Cl^- + 2SO_4^{2-} + 10H^+$$

它还是强的配位剂：

$$AgBr + 2S_2O_3^{2-} = [Ag(S_2O_3)_2]^{3-} + Br^-$$

$S_2O_3^{2-}$ 的鉴定：加入 Ag^+ 溶液，先生成白色的硫代硫酸银沉淀，

$$2Ag^+ + S_2O_3^{2-} \rightleftharpoons Ag_2S_2O_3\downarrow$$

$Ag_2S_2O_3$ 发生水解，会迅速变色，由白色→黄色→棕色→黑色，最后的黑色为 Ag_2S 沉淀。S^{2-} 对该反应有干扰，应先除去，同 SO_3^{2-} 的鉴定时除去 S^{2-} 干扰的方法。

④ 过硫酸及其盐

过硫酸可以看成是过氧化氢中氢原子被—SO_3H 基团取代的产物。

$$\begin{array}{ccc} \text{H}-\text{O}-\text{O}-\text{H} & \text{H}-\text{O}-\overset{\displaystyle O}{\underset{\displaystyle O}{\overset{\uparrow}{\underset{\downarrow}{S}}}}-\text{OH} & \text{HO}-\overset{\displaystyle O}{\underset{\displaystyle O}{\overset{\uparrow}{\underset{\downarrow}{S}}}}-\text{O}-\overset{\displaystyle O}{\underset{\displaystyle O}{\overset{\uparrow}{\underset{\downarrow}{S}}}}-\text{OH} \\ \text{过氧化氢 } H_2O_2 & \text{过一硫酸 } H_2SO_5 & \text{过二硫酸 } H_2S_2O_8 \end{array}$$

过一硫酸可用氯磺酸与过氧化氢在无水条件下反应来制备。

$$HSO_3Cl + H_2O_2 \Longrightarrow HO-OSO_3H + HCl$$

过二硫酸及其盐均是强氧化剂，可将 Mn^{2+} 氧化为 MnO_4^-。

$$2Mn^{2+} + 5S_2O_8^{2-} + 8H_2O \xrightarrow{Ag^+} 2MnO_4^- + 10SO_4^{2-} + 16H^+$$

$$2Cr^{3+} + 3S_2O_8^{2-} + 7H_2O \xrightarrow{Ag^+} Cr_2O_7^{2-} + 6SO_4^{2-} + 14H^+$$

过二硫酸及其盐均不稳定，加热易分解：

$$2K_2S_2O_8 \xrightarrow{\triangle} 2K_2SO_4 + 2SO_3\uparrow + O_2\uparrow$$

⑤ 硫的其他含氧酸盐

连二亚硫酸钠 $Na_2S_2O_4 \cdot 2H_2O$ 俗称保险粉，为白色粉末状固体，受热时易分解。

$$2Na_2S_2O_4 \xrightarrow{\triangle} Na_2S_2O_3 + Na_2SO_3 + SO_2\uparrow$$

$Na_2S_2O_4$ 是一种强还原剂，能还原 I_2、MnO_4^-、H_2O_2、Cu^{2+}、Ag^+ 等。在气体分析中常用它来吸收氧气，因为它能被氧气氧化。

焦硫酸（$H_2S_2O_7$）是白色晶体，可看作是 2 分子硫酸脱去 1 分子水所得产物。

$$\text{HO}-\overset{\displaystyle O}{\underset{\displaystyle O}{\overset{\uparrow}{\underset{\downarrow}{S}}}}-\text{OH} \quad \text{HO}-\overset{\displaystyle O}{\underset{\displaystyle O}{\overset{\uparrow}{\underset{\downarrow}{S}}}}-\text{OH} \xrightarrow{-H_2O} \text{HO}-\overset{\displaystyle O}{\underset{\displaystyle O}{\overset{\uparrow}{\underset{\downarrow}{S}}}}-\text{O}-\overset{\displaystyle O}{\underset{\displaystyle O}{\overset{\uparrow}{\underset{\downarrow}{S}}}}-\text{OH}$$

焦硫酸的氧化性、吸水性和腐蚀性均强于浓硫酸，可用于炸药制造中的脱水剂。焦硫酸盐可由酸式硫酸盐熔融制得，在分析化学中用作熔矿剂。

$$2KHSO_4 \xrightarrow{\text{熔融}} K_2S_2O_7 + H_2O$$

$$3K_2S_2O_7 + Al_2O_3 \xrightarrow{\text{熔融}} Al_2(SO_4)_3 + 3K_2SO_4$$

15.6　卤　　素

ⅦA 族的氟（F）、氯（Cl）、溴（Br）、碘（I）、砹（At）统称为卤素。在自然界中，氟的存在形式有萤石（CaF_2）、冰晶石（Na_3AlF_6）、氟磷灰石 [$Ca_5F(PO_4)_3$] 等。氯主要存在于海水、盐湖、盐井、盐床中，主要有钾石盐（KCl）、光卤石（$KCl \cdot MgCl_2 \cdot 6H_2O$）。溴主要存在于海水中，海水中溴的含量相当于氯的 1/300，盐湖和盐井中也存在少许的溴。碘在海水中存在很少，主要被海藻所吸收，碘也存在于某些盐井盐湖中，南美洲智利硝石含有少许的碘酸钠。砹是放射性元素，不作介绍。

15.6.1　单质

表 15.12 列出了卤素的一些性质。

表 15.12　卤素的一些性质

元素	F	Cl	Br	I
原子序数	9	17	35	53
价电子构型	$2s^2 2p^5$	$3s^2 3p^5$	$4s^2 4p^5$	$5s^2 5p^5$
主要氧化数	-1	$-1,+1,+3,+5,+7$	$-1,+1,+3,+5,+7$	$-1,+1,+3,+5,+7$
第一电离能/$kJ \cdot mol^{-1}$	1681	1251	1140	1008
$E^{\ominus}_{X_2/X^-}$ /V	2.87	1.36	1.065	0.536
单质的状态	气体	气体	液体	固体
颜色	淡黄色	黄绿色	红棕色	紫黑色
熔点/℃	-220	-101	-7.3	113
沸点/℃	-188	-34.5	59	183

卤素单质具有氧化性，按照 F_2、Cl_2、Br_2、I_2 的顺序减弱。例如，卤素能氧化 H_2S、H_2SO_3。

$$H_2S + Br_2 =\!=\!= S\downarrow + 2HBr$$

$$H_2S + 4Br_2 + 4H_2O =\!=\!= H_2SO_4 + 8HBr$$

$$I_2 + H_2SO_3 + H_2O =\!=\!= 2HI + H_2SO_4$$

F_2 和 Cl_2 可与各种金属反应，F_2 在任何温度下都可反应，产物是高价氟化物，Br_2 和 I_2 常温下只能与活泼金属作用。除了 N_2、O_2、He 和 Ne 之外，F_2 可与所有非金属作用，生成高价氟化物。Cl_2 能与大多数非金属单质直接作用，Br_2 和 I_2 与非金属反应不如 F_2、Cl_2 激烈，且不能氧化到最高价。

卤素单质除 F_2 外，在碱性介质中都可以发生歧化反应，且在酸性介质中歧化反应可以逆向进行。F_2 可与水直接反应。

$$2F_2 + 2H_2O =\!=\!\rightleftharpoons\!=\!= 4HF + O_2$$

$$Cl_2 + 2OH^- \rightleftharpoons Cl^- + ClO^- + H_2O$$

$$3Br_2 + 6OH^- \rightleftharpoons 5Br^- + BrO_3^- + 3H_2O$$

$$3I_2 + 6OH^- \rightleftharpoons 5I^- + IO_3^- + 3H_2O$$

15.6.2　卤化氢与卤化物

（1）卤化氢

卤化氢都是具有强烈刺激性气味的气体，易溶于水。除氢氟酸外，其他氢卤酸都是强酸。

氢氟酸是弱酸，通常以二分子缔合 $(HF)_2$ 形式存在的，可与二氧化硅或硅酸盐反应，所以氢氟酸能腐蚀玻璃。

$$SiO_2 + 4HF =\!=\!= SiF_4\uparrow + 2H_2O$$

$$CaSiO_3 + 6HF =\!=\!= CaF_2 + SiF_4\uparrow + 3H_2O$$

工业上只有 Cl_2 和 H_2 可以直接化合制备 HCl。实验室制备 HF 和 HCl，通常用浓硫酸与相应的盐作用。

$$CaF_2 + H_2SO_4 =\!=\!= CaSO_4 + 2HF\uparrow$$

$$NaCl + H_2SO_4(浓) =\!=\!= NaHSO_4 + HCl$$

这个方法不能用来合成 HBr 和 HI，因为热浓硫酸具有氧化性，可以把生成的溴化氢和碘化氢进一步氧化，用无氧化性的浓磷酸代替浓硫酸可以解决这一问题。

$$2HBr + H_2SO_4(浓) =\!=\!= SO_2\uparrow + Br_2 + 2H_2O$$

$$8HI + H_2SO_4(浓) =\!=\!= H_2S\uparrow + 4I_2 + 4H_2O$$

溴化氢和碘化氢的制取，可以采用非金属卤化物的水解法，把溴逐滴加在磷和少许水的混合物上，或者把水滴加在磷和碘的混合物上即可。

$$2P + 3Br_2 + 6H_2O \Longrightarrow 2H_3PO_3 + 6HBr\uparrow$$
$$2P + 3I_2 + 6H_2O \Longrightarrow 2H_3PO_3 + 6HI\uparrow$$

(2) 卤化物

非金属卤化物 HX、BX_3、SiX_4 等大多为共价化合物。

碱金属、碱土金属、镧系元素和锕系元素的卤化物都是离子型化合物，其他金属的卤化物，高氧化态常显共价性，低氧化态常显离子性，同一金属的不同氧化态也是如此，例如 $FeCl_2$ 的熔点为 670℃，而 $FeCl_3$ 的熔点为 360℃，就说明了这一点。

同一金属的不同卤化物中，氟化物的离子性最强，碘化物的共价性最强。例如 AlF_3 和 $AlCl_3$ 是离子化合物，而 $AlBr_3$ 和 AlI_3 是共价化合物。还有一些金属卤化物为离子型转化为共价型过程的过渡型晶体，如 $CdCl_2$、$FeBr_2$、BiI_3 等为层状晶体。

大多数的氯化物、溴化物和碘化物都可溶于水，且溶解度的大小顺序为：

氯化物＞溴化物＞碘化物

氟化物的溶解性比较特殊，典型的离子型氟化物难溶于水，而离子极化作用较强的氟化物可溶于水。例如，LiF、CaF_2、AlF_3、GaF_3 等都不溶于水，AgF、Hg_2F_2、TlF 等可溶于水。相应的氯化物的溶解性正好相反。

非金属卤化物在室温下易水解。

$$SiCl_4(l) + 4H_2O \Longrightarrow H_4SiO_4 + 4HCl$$
$$NCl_3 + 3H_2O \Longrightarrow NH_3 + 3HOCl$$
$$PCl_3 + 3H_2O \Longrightarrow H_3PO_3 + 3HCl$$

Cl^-、Br^- 和 I^- 的鉴定：Cl^-、Br^- 和 I^- 能和 Ag^+ 生成难溶于水的 $AgCl$（白色）、$AgBr$（淡黄色）和 AgI（黄色）沉淀，它们都不溶于稀 HNO_3。$AgCl$ 可溶解于氨水中。

$$AgCl + 2NH_3 \Longrightarrow [Ag(NH_3)_2]^+ + Cl^-$$

Br^- 和 I^- 可以被氯水氧化为 Br_2 和 I_2，用 CCl_4 萃取，Br_2 在 CCl_4 层中呈橙黄色，I_2 在 CCl_4 层中呈紫色。

15.6.3 卤素含氧酸及其盐

氯、溴和碘均有四种类型的含氧酸：HXO、HXO_2、HXO_3、HXO_4。除 HXO 和 H_5IO_6（正高碘酸）之外，其余含氧酸分子中的 X 均为 sp^3 杂化，正高碘酸的 I 是 sp^3d^2 杂化，具有正八面体结构。氯的四类含氧酸及其盐的酸性、氧化性及热稳定性见表 15.13。

表 15.13 氯的含氧酸及其盐的性质变化规律

氧化性降低	热稳定性增大	酸性增强	酸	氧化态	盐	热稳定性增大	氧化性降低
			$HClO$	+1	$MClO$		
			$HClO_2$	+3	$MClO_2$		
			$HClO_3$	+5	$MClO_3$		
			$HClO_4$	+7	$MClO_4$		
			氧化性增强 $\longrightarrow$		热稳定性降低		

在碱性介质中，XO^- 会发生歧化反应。室温下的歧化速率，ClO^- 极慢，BrO^- 很快，IO^- 歧化极快，溶液中不存在次碘酸盐，歧化产物为 X^- 和 XO_3^-。次卤酸盐具有强氧化性，可用于漂白和消毒，如次氯酸钙是漂白粉的有效成分。

亚卤酸中仅有亚氯酸存在于水溶液中，亚氯酸盐在溶液中较为稳定，固态亚氯酸盐受热或被撞击，会迅速分解，发生爆炸。

$$3NaClO_2 = 2NaClO_3 + NaCl$$

$HClO_3$、$HBrO_3$ 仅存在于水溶液中，HIO_3 为白色固体。$KClO_3$ 固体与 C、S、P 等混合后，受到撞击会剧烈爆炸，大量用于制造火柴和烟火。

高氯酸（$HClO_4$）是最强的单一无机酸（$K_a \approx 10^8$），其酸性约为 100% H_2SO_4 的 10 倍。热浓的 $HClO_4$ 溶液有强氧化性，与有机物质接触可发生剧烈作用，而未酸化的高氯酸盐的氧化性很弱，连 SO_2、H_2S、Zn、Al 等都不反应。ClO_4^- 具有正四面体结构，对称性很高，是离子中最难被极化变形的离子，所以配位能力较弱，如 $NaClO_4$ 常用于维持溶液的离子强度。

15.7　氢和稀有气体

15.7.1　氢

氢（H）位于周期表中的第 1 周期，第 Ⅰ A 族，价电子构型为 $1s^1$。氢是宇宙中含量最多的元素，在地球上含量也相当丰富，有三种同位素，它们的名称和符号为：氕（$_1^1H$，符号 H）、氘（$_1^2H$，符号 D）、氚（$_1^3H$，符号 T）。

常见的氢化物有下列几种。

① 共价型或分子型氢化物

氢原子与其他非金属元素组成共价型氢化物，如硼烷等化合物。

② 离子型氢化物

氢原子与活泼金属形成离子型氢化物，H^- 能与 B^{3+}、Al^{3+}、Ga^{3+} 等组成通式为 XH_4^- 的复合型氢化物，如 $LiBH_4$、$LiAlH_4$ 等。

③ 过渡型或金属型氢化物

氢原子能填充到许多过渡金属晶格的空隙中，这类氢化物保留着金属的外观特征，密度低于原金属，性质与原金属非常相似，导电性随氢含量的改变而改变。某些过渡金属能够可逆地吸收和释放氢气。金属型氢化物有的是整比化合物，如 CrH_2、NiH；有的是非整比化合物，如 $VH_{0.56}$、$TaH_{0.76}$、$ZrH_{1.75}$ 等。

Li	Be											B	C	N	O	F	Ne
Na	Mg											Al	Si	P	S	Cl	Ar
K	Ca	Sc	Ti	V	Cr	Mn	Fe	Co	Ni	Cu	Zn	Ga	Ge	As	Se	Br	Kr
Rb	Sr	Y	Zr	Nb	Mo	Tc	Ru	Rh	Pd	Ag	Cd	In	Sn	Sb	Te	I	Xe
Cs	Ba		Hf	Ta	W	Re	Os	Ir	Pt	Au	Hg	Tl	Pb	Bi	Po	At	Rn
离子型氢化物					金属型氢化物								共价型氢化物				

氢能是指以氢为主体的反应中或氢状态变化过程中所释放的能量，它是清洁能源，燃烧产物是水，不污染环境，且在地球上无枯竭之忧。与其他燃料相比，氢能源热值高，约是汽

油的 2.6 倍、煤的 4.8 倍，具有十分广泛的发展前景。

15.7.2　稀有气体

ⅧA 族的氦（He）、氖（Ne）、氩（Ar）、氪（Kr）、氙（Xe）、氡（Rn）统称为稀有气体，稀有气体原子具有最稳定的结构，一般不易得到或失去电子，通常以单原子分子的形式存在。空气中约含 0.94%（体积百分数）的稀有气体，其中绝大部分是氩。

表 15.14 列出了稀有气体的一些性质。

表 15.14　稀有气体的一些性质

元素	He	Ne	Ar	Kr	Xe	Rn
原子序数	2	10	18	36	54	86
价电子构型	$1s^2$	$2s^2 2p^6$	$3s^2 3p^6$	$4s^2 4p^6$	$5s^2 5p^6$	$6s^2 6p^6$
第一电离能/kJ·mol^{-1}	2372	2081	1521	1351	1170	1037
沸点/℃	-268.8	-246	-186	-153	-107	-62

1962 年，英国化学家巴特列特（N. Bartlett）将 PtF_6 的蒸气与等摩尔的氙混合，在室温下制得了第一种稀有气体化合物——橙黄色固体 $XePtF_6$。

$$Xe + PtF_6 =\!=\!= XePtF_6$$

$XePtF_6$ 在室温下稳定，在真空中加热可以升华，遇水则迅速水解，并逸出气体。

$$2XePtF_6 + 6H_2O =\!=\!= 2Xe\uparrow + O_2\uparrow + 2PtO_2 + 12HF$$

至今，人们已经合成出了数以百计的稀有气体化合物。例如，Xe 与 F_2 可生成三种稳定的氟化物。

$$Xe + nF_2 =\!=\!= XeF_{2n}(n = 1、2、3)$$

XeF_2、XeF_4 和 XeF_6 均为白色晶体，其熔点依次下降，热稳定性也依次下降，它们都是强氧化剂，具有较大的反应活性，例如它们在碱溶液中与水反应：

$$2XeF_2 + 2H_2O =\!=\!= 2Xe + 4HF + O_2\uparrow$$
$$6XeF_4 + 12H_2O =\!=\!= 2XeO_3 + 4Xe + 24HF + 3O_2$$
$$XeF_6 + 3H_2O =\!=\!= XeO_3 + 6HF$$

Xe 的氧化物 XeO_3 为白色易潮解、易爆炸的固体，它在碱溶液中发生如下反应：

$$XeO_3 + OH^- =\!=\!= HXeO_4^-$$

$HXeO_4^-$ 易缓慢歧化：

$$2HXeO_4^- + 2OH^- =\!=\!= XeO_6^{4-} + Xe + O_2 + 2H_2O$$

XeO_4 为无色气体，除 Xe 外，稀有气体化合物还有 Kr、Rn 的氟化物。

稀有气体中，氦是所有气体中最难液化的，可以代替氮气作人造空气，供探海潜水员呼吸。氖灯的红光可以穿过浓雾，常用于机场、港口、水陆交通线的灯标上。氩在焊接时常用作保护气。氙、氪的同位素在医学上被用来测量脑血流量和研究肺功能，以及计算胰岛素分泌量。

15.8　p 区元素小结

15.8.1　单质的聚集状态

第ⅧA 族，稀有气体的最外层的没有单电子，所以其结构单元为单原子分子。它们以范德华引力结合形成分子晶体。

第ⅦA族，卤素原子最外层的单电子数为 1，它们以一个共价键形成双原子分子，单质属于分子晶体。

第ⅥA族元素原子最外层的单电子数为 2，第ⅤA族元素原子最外层的单电子数为 3。这两族元素中的 O 和 N，由于其原子半径较小，有利于形成多重键，每两个原子之间除了形成 σ 键外，还可以形成 p 轨道侧向重叠的 π 键，所以它们的单质为多重键组成的双原子分子，如 O_2 中有一个 σ 键和两个 3 电子 π 键；N_2 氮气分子中有一个 σ 键和两个 π 键。而 S、Se、P、As 原子半径较大，p 轨道难以重叠形成 π 键，倾向于形成尽可能多的 σ 单键，所以它们的单质是以共价单键结合形成的多原子分子，如 S_8、Se_8、P_4、As_4，它们都是分子晶体。

第ⅣA族的非金属元素 C、Si 和第ⅢA族的 B 元素，在它们的单质中，金刚石、晶体硅、晶体硼为原子晶体。

15.8.2　p 区元素的次级周期性

(1) 第二周期元素的特殊性

第二周期元素的性质与同族的其他成员相比，有些方面存在着显著差异。

① N、O、F 的含氢化合物容易生成氢键，这是因为 N、O、F 的电负性在各族中最大。

② 第二周期元素的最高配位数为 4。而第 3 周期和以后几个周期的元素的配位数超过 4；这是因为第二周期元素成键时仅限于 s 和 p 轨道，原子半径小；而第三周期等有可利用 d 轨道，原子半径较大。

③ 部分第二周期元素有自相成链的能力，以碳元素最强。

④ 第二周期元素多数有生成多重键的特性，这是因为半径越小，p 轨道重叠形成 π 键的能力越强，且第二周期没有可利用的 d 轨道，所以多重键出现在第二周期的元素中，C、N、O 等元素都有此特性。

⑤ 第二周期元素与第三周期的元素相比较，化学活泼性的差别大。例如，$SiCl_4$ 可以水解，而 CCl_4 不能发生水解。是因为发生水解需要水分子进攻，形成中间体，C 的价电子构型为 $2s^2 2p^2$，与四个 Cl 结合，轨道全部用上，$n=3$ 的空轨道与 $n=2$ 的轨道能量差大，无法利用，所以其最大配位数为 4；而 Si 的价电子构型为 $3s^2 3p^2 3d^0$，有空的 d 轨道可以利用，配位数可达到 6。在水解过程中，H_2O 向 $SiCl_4$ 进攻，可形成 5 配位中间体。

$$SiCl_4 + 4H_2O \Longrightarrow H_4SiO_4 + 4HCl$$

(2) 第四周期元素的不规则性

在元素周期表中，从第四周期开始，在ⅡA、ⅢA 族中间插入了填充内层 d 轨道的 10 种元素。所以同第二、第三周期各族元素相比，第四周期的元素往往表现出性质上的跳跃性，例如 p 区的各族元素，自上而下，第二、三周期元素之间原子半径增加的幅度最大，第四周期的原子半径增大很小。原子半径的大小影响元素的许多性质，如 Ga 的电离能比 Al 大，Ge 的电负性比 Si 大。此外，还有含氧酸的氧化还原性等都出现异常现象，即出现了"不规则性"。

第四周期的 p 区元素，最突出的反常性质是这些元素最高氧化态的化合物（如氧化物、含氧酸及其盐）的稳定性小，而氧化性则很强。如ⅦA 高溴酸（盐）氧化性比高氯酸（盐）、高碘酸（盐）强得多。ⅥA 的 H_2SeO_4 的氧化性比 H_2SO_4（稀）强，中等浓度的 H_2SeO_4 就能把 Cl^- 氧化为 Cl_2，而浓 H_2SO_4 和 NaCl 反应的产物只是 HCl；ⅤA 的 H_3AsO_4 具有氧化性，在酸性介质中可以将 I^- 氧化为 I_2，而 H_3PO_4 基本上没有氧化性，浓 H_3PO_4 和 I^- 反应只生成 HI。

第四周期 p 区元素性质的不规则性，其本质原因是元素从第三周期过渡到第四周期时，次外层电子从 $2s^2 2p^6$ 变为 $3s^2 3p^6 3d^{10}$，第一次出现了 d 电子，导致有效核电荷 Z^* 大大增加，使最外层的 4s 电子能级变低，因而比较稳定。

(3) 惰性电子对效应

惰性电子对效应指的是，在 p 区的各族元素中，从上到下，最高氧化态的化合物越来越不稳定，而与最高氧化态相差 2 的氧化态越来越稳定。

第ⅢA族中，Ga、In、Tl 的 +3 氧化态越来越不稳定，+1 氧化态越来越稳定；第ⅣA族中，Ge、Sn、Pb 的 +2 氧化态越来越稳定；第ⅤA族中 As、Sb、Bi 的 +3 氧化态越来越稳定，也就是 $6s^2$ 电子的惰性特别明显。

Tl^{3+}、PbO_2、$NaBiO_3$ 都是强氧化剂，$NaBiO_3$ 可以将 Mn^{2+} 氧化为 MnO_4^-。

惰性电子对效应的原因尚在探讨之中。

15.8.3 含氧酸及其盐的强度变化规律

(1) 酸性

影响酸性大小的因素很多，归根结底，与 H^+ 被束缚的程度有关，H^+ 被束缚程度越小，就越容易电离出来，酸性就越强。所以，酸性强弱取决于与 H^+ 相连的原子对 H^+ 的吸引力，而吸引力的大小又与该原子的电子密度相关，电子密度的大小与原子所带的负电荷数以及原子半径相关。电子云密度越低，原子对 H^+ 的吸引力越弱，氢离子就容易被电离出来，酸性就越强。

① R—O—H 规则

在水溶液中，含氧酸的酸性强度取决于酸分子中给出质子（H^+）能力的强弱，给质子能力越大，酸性越强，反之则越弱。而给质子的难易程度，取决于酸分子中 R 吸引—OH 中 O 的能力，R 的半径越小，电负性越大，氧化数越高，则 R 吸引—OH 中 O 的能力越强，这样就有效地降低氧原子上的电子密度，使 O—H 键变弱，容易放出质子，因而表现出较强的酸性，这一经验规律称为 R—O—H 规则。根据 R—O—H 规则，可推测一些含氧酸的强度。

a. 同一周期，同种类型的含氧酸（如 $H_n RO_4$），其酸性自左向右依次增强。例如：$HClO_4 > H_2 SO_4 > H_3 PO_4 > H_4 SiO_4$。

b. 同一族中，同种类型的含氧酸，其酸性自上而下依次减弱。例如：HClO > HBrO > HIO。

c. 同一元素，不同氧化态的含氧酸，高氧化态含氧酸的酸性较强，低氧化态含氧酸的酸性较弱。例如：$HClO_4 > HClO_3 > HClO_2 > HClO$。

d. 含氧酸脱水"缩合"后，酸分子内的没有与氢形成化学键的氧原子数会增加，导致其酸性增强，多酸的酸性比原来的酸性强。

② 鲍林（Pauling）规则

含氧酸的强度由 O—H 键中的 O 的电子密度决定的，但 O 的电子密度又与中心原子直接相关，鲍林针对中心原子对含氧酸强度的影响情况，提出了两条半定量规律。

如果把含氧酸（$H_n RO_m$）写作 $RO_{m-n}(OH)_n$，分子中的非羟基氧原子数为 $m-n$，令 $N = m-n$，则：

a. 多元含氧酸的各级解离常数的 pK_a 的差值为 5，即

$$K_1 : K_2 : K_3 \approx 1 : 10^{-5} : 10^{-10} ,$$

b. 含氧酸的 K_1 与非羟基氧原子数 N 有如下关系：

$$K_1 \approx 10^{5N-7} \qquad \text{或} \qquad pK_a = 7 - 5N$$

例如亚硫酸（H_2SO_3）可写成 $SO(OH)_2$ 的形式，根据第二条规则，可以推测其 $pK_{a1} \approx 2$；再运用第一条规则，推算出其 $pK_{a2} \approx 7$，与实测值相当接近。

无机酸的强度不仅和物质的组成与结构有关，还与溶解过程中的溶剂的作用有关，是个异常复杂的问题，上述只是一种用简化的方法解决复杂问题的尝试。

（2）氧化还原性

含氧酸（盐）氧化能力与中心原子结合电子的能力有关。中心原子半径越小，电负性越大，获得电子的能力就越强，它对应的含氧酸（盐）的氧化性也就越强；反之，氧化性则越弱。

① 同一周期自左往右，无论是主族元素还是过渡元素，其最高氧化态对应的含氧酸的氧化性随着原子序数的递增而增强。如：

$$H_4SiO_4 < H_3PO_4 < H_2SO_4 < HClO_4 , V_2O_5 < Cr_2O_7^{2-} < MnO_4^-$$

② 同一周期，对于相同的氧化态，主族元素的含氧酸氧化性大于副族元素。如：

$$BrO_4^- > MnO_4^- , SeO_4^{2-} > Cr_2O_7^{2-}$$

③ 同一元素，对于不同氧化态的含氧酸，低氧化态氧化性较强。如：

$$HClO > HClO_4$$

④ 同一主族从上至下，各元素的最高氧化态含氧酸的氧化性，大多随原子序数的增加呈锯齿形升高。如：

$$HNO_3 > H_3PO_4 < H_3AsO_4 , H_2SO_4 < H_2SeO_4 > H_6TeO_6 , HClO_4 < HBrO_4 > H_5IO_6$$

⑤ 同一主族，各元素的低氧化态含氧酸的氧化性，自上而下有规律递减。如：

$$HClO > HBrO > HIO$$

⑥ 同一含氧酸，浓酸的氧化性比稀酸强，含氧酸的氧化性一般比相应盐的氧化性强，同一种含氧酸盐在酸性介质中比在碱性介质中氧化性强。

（3）含氧酸盐的热稳定性

① 含氧酸及其盐的热稳定性次序是：正盐 ＞ 酸式盐 ＞ 酸。如：

$$Na_2CO_3 > NaHCO_3 > H_2CO_3$$

② 阴离子相同的含氧酸盐，其热稳定性次序是：碱金属＞碱土金属＞过渡金属＞铵盐。如：

$$K_2CO_3 > CaCO_3 > ZnCO_3 > (NH_4)_2CO_3$$

③ 阴离子相同、阳离子为同族金属的离子盐，其热稳定性从上到下依次递增。如：

$$BeCO_3 < MgCO_3 < CaCO_3 < SrCO_3 < BaCO_3$$

④ 同一成酸元素，高氧化态的含氧酸盐比较稳定。如：

$$KClO_4 > KClO_3 > KClO_2 > KClO$$

⑤ 同一金属离子不同氧化态的含氧酸盐，低氧化态的含氧酸盐比较稳定。如：

$$Hg_2(NO_3)_2 > Hg(NO_3)_2$$

⑥ 酸越稳定，相应的盐也较稳定；酸不稳定，相应的盐也不稳定。碳酸盐、硝酸盐、亚硫酸盐、卤酸盐的稳定性都较差，比较容易分解；而硫酸盐、磷酸盐则比较稳定，难分解。如：

分解温度 $Na_3PO_4 > Na_2SO_4 > Na_2CO_3 > NaNO_3$

习题

15.1 下表为碱金属和碱土金属氟化物的熔点，试解释其原因。

氟化物	846	996	858	775	552	1263	1418	1477
熔点/℃	LiF	NaF	KF	RbF	BeF_2	MgF_2	CaF_2	SrF_2

15.2 LiH 的稳定和 $LiOH$、Li_2CO_3、$LiNO_3$ 等的不稳定原因，都是因为 Li 的半径小，极化作用大，那么差别是什么？

15.3 写出下列反应式。

(1) Na 与 H_2O、$TiCl_4$、KCl、MgO、Na_2O_2 的反应；

(2) Na_2O_2 与 H_2O、$NaCrO_2$、CO_2、Cr_2O_3、H_2SO_4 的反应。

15.4 写出以下反应的化学方程式。

(1) Al 溶于 $NaOH$ 溶液中；

(2) Na_2O_2 与稀 H_2SO_4 反应；

(3) 氢化钙与水作用；

(4) 金属 K 的空气中燃烧；

(5) 碱金属超氧化物与水作用。

15.5 根据铍、镁化合物的性质不同，鉴别 $Be(OH)_2$ 和 $Mg(OH)_2$、$BeCO_3$ 和 $MgCO_3$。

15.6 回答下列问题：

(1) 碱金属单质及其氢氧化物为什么不能在自然界中存在？

(2) 为什么钠、钾的硝酸盐加热时生成亚硝酸盐，而锂的硝酸盐加热生成氧化物？

(3) 锂的标准电极电势比钠小，为什么锂和水反应不如钠剧烈？

(4) 为什么元素铍和其他非金属成键时，其键型常有较大的共价性，而其他碱土金属则带有较大的离子性？

15.7 试分析 MgO、CaO、SrO 和 BaO 的熔点和硬度的变化规律，并解释其原因。

15.8 碳酸、碳酸氢盐、碳酸盐的热稳定性递变规律如何？为什么？

15.9 乙硼烷分子内有哪几种化学键，其空间结构如何？写出乙硼烷在空气中燃烧和乙硼烷通入水中的反应方程式。

15.10 试说明下列事实的原因：

(1) 常温常压下，CO_2 为气体而 SiO_2 为固体；

(2) CF_4 不水解，而 BF_3 和 SiF_4 都水解。

15.11 为什么氮不能形成五卤化物？

15.12 如何去除一氧化碳中的二氧化碳？又如何去除二氧化碳中的二氧化硫和硫化氢气体？

15.13 配制 $SnCl_2$ 溶液时应注意什么？如何防止？写出有关反应式。

15.14 根据标准电极电势判断用 $SnCl_2$ 作还原剂能否实现下列过程，写出有关的反应方程式。

(1) 将 Fe^{3+} 还原为 Fe；

(2) 将 $Cr_2O_7^{2-}$ 还原为 Cr^{3+}；

(3) 将 I_2 还原为 I^-。

15.15　为什么氮气很稳定，可作为保护气，而白磷却很活泼，在空气中可以自燃？

15.16　为什么 N—N 单键的键能比 P—P 单键的小，而 N $=$ N 多重键的键能又比 P $=$ P 多重键的键能大？

15.17　H_3BO_3 和 H_3PO_3 组成相似，为什么前者是一元酸，而后者则为二元酸，试从结构上加以解释。

15.18　在同素异性体中，菱形 $S(S_8)$ 和单斜 $S(S_8)$ 有相似的化学性质，O_2 与 O_3，白磷与红磷的化学性质却有很大的差异，试加以解释。

15.19　硫代硫酸钠在药剂学中常用作解毒剂，可解卤素单质和重金属离子中毒，请说明其解毒的原因，写出有关的反应方程式。

15.20　回答下列问题：

(1) O_3 分子的结构是怎样的？为什么它是反磁性的？

(2) 比较 O_2、O_3 的活性，从分子结构上予以阐明。

15.21　将 a mol Na_2SO_3 和 b mol Na_2S 溶于水，用稀 H_2SO_4 酸化，若 a/b 等于 $1/2$，则反应的产物是什么？若大于 $1/2$ 或小于 $1/2$，反应的产物又是什么？

15.22　油画放置久后会发暗、发黑，可用过氧化氢来处理，为什么？写出相关的反应式。

15.23　选用适当的酸溶解下列硫化物（以反应式表示）：

(1) Ag_2S；　　(2) CuS；　　(3) ZnS；　　(4) CdS；　　(5) HgS

15.24　解释下列事实：

(1) 将 H_2S 通入 $Pb(NO_3)_2$ 溶液得到黑色沉淀，再加 H_2O_2，沉淀转为白色；

(2) 把 H_2S 通入 $FeCl_3$ 溶液得不到 Fe_2S_3 沉淀；

(3) 将 H_2S 通入 $FeSO_4$ 溶液不产生 FeS 沉淀，若在 $FeSO_4$ 溶液中加入一些氨水（或 NaOH 溶液），再通 H_2S 则可得到 FeS 沉淀；

(4) 实验室内 H_2S、Na_2S 和 Na_2SO_3 溶液不能长期保存；

(5) 通常情况下，水是液体，而 H_2S 是气体；

15.25　为什么纯 H_2SO_4 是共价化合物，却有较高的沸点（657K）？

15.26　比较下列各物质指定性质的大小或强弱。

(1) 键能：F—F 和 Cl—Cl

(2) 酸性：$HClO_2$ 和 $HClO$

(3) 氧化性：Cl_2 和 Br_2

(4) 还原性：HBr 和 HI

15.27　卤化氢中 HF 分子的极性特强，熔点、沸点特高，但其水溶液的酸性却最小，试分析其原因。

15.28　白色固体 KI，加入浓硫酸，可得紫黑色固体 A；A 微溶于水，但加入 KI 时 A 的溶解度增大，并生成黄棕色溶液 B。将 B 分成两份；其中一份加入无色溶液 C，第二份通入足量气体 D，都能褪色成无色溶液，溶液 C 与酸产生淡黄色沉淀 E，同时产生气体 F。试推断 A、B、C、D、E、F 各是何物？写出有关反应式。

15.29　一种无色易溶于水的钠盐 A 的水溶液中加入稀 HCl，有淡黄色沉淀 B 析出，同时放出刺激性气体 C；C 通入 $KMnO_4$ 酸性溶液，可使其褪色；C 通入 H_2S 溶液又生成 B；若通氯气于 A 溶液中，再加入 Ba^{2+}，则产生不溶于酸的白色沉淀 D，试推断 A、B、C、D 各是何物？

15.30 在淀粉碘化钾溶液中加入少量 NaClO 时，得蓝色溶液 A，加入过量 NaClO 时，得无色溶液 B，酸化后并加少量固体 Na_2SO_3 于 B 溶液中，则 A 的蓝色复现。当 Na_2SO_3 过量时蓝色又褪为无色溶液 C，再加 $NaIO_3$ 溶液蓝色 A 溶液又出现。指出 A、B、C 各为何物？

15.31 为什么可用浓 H_2SO_4 与 NaCl 制备 HCl 气体，而不能用浓 H_2SO_4 和 KI 来制备 HI 气体？写出相关的反应方程式。

15.32 氢原子在化学反应中有哪些成键形式？

15.33 解释下列现象：

(1) 为什么碘不溶于水而溶于碘化钾溶液中；

(2) 稀有气体为什么不形成双原子分子？

(3) B、C、N、O、F、Ne、S、P 的单质中，哪些是单原子分子？哪些是双原子分子？哪些是多原子分子？

15.34 比较下列物质的酸性。

(1) $HClO_4$、$HBrO_4$、H_5IO_6；

(2) H_3BO_3、H_2CO_3、HNO_3；

(3) HClO、$HClO_2$、$HClO_3$、$HClO_4$。

15.35 比较下列物质的氧化性。

(1) HClO、$HClO_3$、$HClO_4$；

(2) HNO_2、HNO_3；

(3) H_2SeO_4、H_2SeO_4。

第 16 章

副 族 元 素

在元素周期表中，副族元素包括第从ⅢB～ⅡB的元素，共有 10 列，其中，ⅢB～ⅧB这八列为 d 区元素（不包括镧、锕以外的其他镧系和锕系元素），ⅠB～ⅡB 这两列为 ds 区元素，镧系和锕系元素为 f 区元素。d 区、ds 区、f 区元素均为过渡元素。由于过渡元素均为金属元素，故有时也称为过渡金属。

过渡元素按周期可分为三个过渡系：第四周期的钪（Sc）至锌（Zn）为第一过渡系；第五周期的钇（Y）至镉（Cd）为第二过渡系；第六周期的镧（La）至汞（Hg）为第三过渡系。

冶金工业通常将金属分为黑色金属（包括铁、铬、锰）和有色金属（除铁、铬、锰以外的金属）；如果按密度分，金属可分为轻金属（密度小于 $4.5\text{g}\cdot\text{cm}^{-3}$ 的金属，包括铝、镁、钠、钾等元素）和重金属（密度大于 $4.5\text{ g}\cdot\text{cm}^{-3}$，包括铜、镍、铅、锌等元素）。在自然界，密度最小的金属是锂（Li），其密度只有水的一半，最重的金属是锇，它的密度为 $22.48\text{ g}\cdot\text{cm}^{-3}$，为同体积锂的 41.4 倍重。熔、沸点最高的是钨（W），分别为 3410℃和 5930℃。熔点最低的金属是汞（Hg），常温下呈液态。导电导热性能最好的金属是银（Ag）。硬度最大的金属是铬，莫氏硬度为 9。

16.1 d 区元素

16.1.1 d 区元素综述

d 区元素，价电子构型为 $(n-1)\text{d}^{1\sim9}n\text{s}^{1\sim2}$（Pd 除外，$4\text{d}^{10}5\text{s}^0$），具有未充满的 d 轨道，因此过渡元素的性质不同于主族元素，同一周期从左到右，金属性递变不明显，原子半径、电离能等虽有变化但变化幅度较小，使得同一周期各元素性质相似。

（1）原子半径

同周期从左到右，原子半径缓慢减小，最后稍大，但与主族元素不同的是左右相邻元素的原子半径减小幅度小，其中ⅦB族元素特殊，是因为 $(n-1)\text{d}$ 的半充满状态，对 $n\text{s}$ 电子吸引力小，半径稍大，具体体现在 Tc、Re 两种元素。同一副族从上到下，半径大多为增加，但增加幅度小，ⅣB族元素不仅未增加，还减小。主要因为 $(n-1)\text{d}$ 轨道未充满，屏蔽效应小，有效核电荷大。

（2）单质的相似性

d 区元素都易失去最外层电子，导电、导热性好，易形成合金。d 区金属比主族金属有更大的密度和硬度，更高的熔点和沸点，这些性质可归因于 d 电子参与成键，使成键价电子数较多，原子化焓[1]较大的缘故。

（3）化学性质

同一周期从左到右，金属活泼性减弱；同族元素，从上到下，金属活泼性也减弱，最活泼的为ⅢB 的 Sc、Y、La，能在空气中迅速被氧化，与 H_2O 反应放出 H_2，能溶于酸。这与结构有关，Sc 元素价电子构型 $3d^1 4s^2$，易失去价电子，金属性强，与 Ca 相似。随着 d 电子数的增加，特别是镧系以后的第三过渡系元素，性质更稳定。Mn 比较稳定，与 3d 轨道半充满状态有关。

d 区金属都是活泼金属，性质相似，多数能从酸中置换出氢，它们的价电子构型决定了它们具有多变的氧化态。

（4）氧化态的多变性

由于 d 区元素最外两个电子层都是未充满的，价电子数多，所以具有多种氧化态。其规律是：同一周期，从左到右，最高氧化态的数值先升高，再逐渐降低。同一族从上向下，高氧化态趋于稳定，这不同于主族元素。最高氧化态＝ns＋$(n-1)d$ 电子数＝副族数（Ⅰ、ⅡB 除外）。如 Mn 常见的氧化态有＋2、＋3、＋4、＋6 和＋7。

（5）离子的显色性

过渡元素的水合离子常显示一定的颜色，因为过渡元素有空的 $(n-1)d$ 轨道，使它们更易形成配位键，产生了形形色色的配位化合物，呈现五彩缤纷的颜色。

（6）较强的配位性

过渡元素常作为中心离子，形成许多的配合物。因为具有 $(n-1)d$、ns 和 np 共 9 个价电子轨道，ns、np 轨道大多是空的，$(n-1)d$ 轨道部分空或全空，具有接受配体孤对电子的基本条件。

（7）磁性

d 区金属及其化合物中由于含有未成对电子，而呈现顺磁性，而在铁系金属（铁、钴、镍）和它的合金中可以观察到铁磁性[2]。

（8）金属氧化物及其氢氧化物的酸碱性

过渡元素的氧化物酸碱性变化规律如下：

① 同种元素，不同氧化态的氧化物，其酸碱性随氧化数降低，酸性减弱，碱性增强。这是由于其水合物中非羟基氧的数目减少。

Mn_2O_7	MnO_3	MnO_2	Mn_2O_3	MnO
强酸性	强酸性	酸性	两性	弱碱性

② 同一过渡系内，从左到右，各元素的最高氧化态的氧化物及水合物碱性减弱，酸性增强。

---

[1] 原子化焓：指 1mol 金属单质变成气态原子时的焓变。金属键的强度可近似地用原子化焓来度量。原子化焓小的金属，硬度小，熔点低；原子化焓大的金属，硬度大，熔点高。

[2] 铁磁性：和顺磁性一样，物质内部均含有未成对电子，都能被磁场所吸引，只是磁化程度上的差别。铁磁性物质与磁场的相互作用比顺磁性物质大几千甚至几百万倍，在外磁场移走后仍可保留很强的磁场，而顺磁性物质在外磁场移走后不再具有磁性。

$$\begin{array}{cccc} Sc_2O_3 & TiO_2 & CrO_3 & Mn_2O_7 \\ \text{强碱性} & \text{强碱性} & \text{两性} & \text{酸性} \end{array}$$

③ 同族元素，自上而下，各元素相同氧化态的氧化物及其水合物，通常是酸性减弱，碱性增强。

$$\begin{array}{ccc} H_2CrO_4 & H_2MoO_4 & H_2WO_4 \\ \text{两性偏酸性} & \text{中强酸} & \text{弱酸} \end{array}$$

过渡元素的氢氧化物的酸碱性变化与主族元素的变化规律基本是相同的，但其递变程度不如主族明显。同周期元素比较，从左到右，碱性减弱，酸性增强。同族元素比较，从上到下，碱性增强，酸性减弱。同元素不同氧化态比较，高氧化态酸性较强，低氧化态碱性较强。

16.1.2 钛

钛（Ti）的价电子构型为 $3d^24s^2$，大多以金红石（TiO_2）、钛铁矿（$FeTiO_3$）和钒钛铁矿的形式存在于地壳中。

钛金属熔点高，质量轻，强度大，具有抗腐蚀性能，广泛应用于制造航天飞机、导弹、潜艇等。钛还具有生物相容性，可用于接骨和人工关节。

工业上以钛铁矿为原料，制取钛单质。先用浓 H_2SO_4 处理磨碎的钛铁矿粉：

$$FeTiO_3 + 3H_2SO_4 === Ti(SO_4)_2 + FeSO_4 + 3H_2O$$

然后水解 $Ti(SO_4)_2$：

$$Ti(SO_4)_2 + H_2O === TiOSO_4 + H_2SO_4$$
$$TiOSO_4 + 2H_2O === H_2TiO_3 + H_2SO_4$$

煅烧 H_2TiO_3 制得 TiO_2：

$$H_2TiO_3 === TiO_2 + H_2O$$

再进行氯化处理：

$$TiO_2(s) + 2Cl_2(g) + 2C(s) \xrightarrow{1000\sim1100K} TiCl_4(g) + 2CO(g)$$

最后，用金属镁或钠在氩气氛中还原：

$$TiCl_4(g) + 2Mg(s) \xrightarrow[Ar]{1070K} Ti(s) + 2MgCl_2(s)$$

可得"海绵钛"。也可直接氯化金红石矿粉，制 $TiCl_4$，完成钛的冶炼。

钛是活泼金属，在空气中易生成氧化物保护膜而钝化，因此它在室温下不与 X_2、O_2、H_2O 反应，不与强酸（包括王水）、强碱反应，所以钛合金耐酸碱腐蚀，但可溶于氢氟酸或酸性氟化物溶液中。

$$Ti + 6HF === H_2TiF_6 + 2H_2$$

钛也能溶于热的浓盐酸，生成绿色的 $TiCl_3 \cdot 6H_2O$。

$$2Ti + 6HCl + 12H_2O === 2TiCl_3 \cdot 6H_2O + 3H_2 \uparrow$$

钛在高温下可与碳、氮、硼反应生成碳化钛（TiC）、氮化钛（TiN）和硼化钛（TiB），它们的硬度高、难熔、稳定，是金属陶瓷的主要成分。

TiO_2 是白色粉末，俗称钛白或钛白粉，是一种优良的白色颜料，不溶于水和稀酸，但可溶于氢氟酸和热的浓硫酸中。

$$TiO_2 + 6HF === H_2TiF_6 + 2H_2O$$
$$TiO_2 + H_2SO_4 === TiOSO_4 + H_2O$$

$TiCl_4$ 是无色液体，有刺激性气味，它在水中或潮湿空气中都极易水解。因此，四氯化钛暴露在空气中会发烟。

$$TiCl_4 + 3H_2O = H_2TiO_3 + 4HCl$$

16.1.3 钒

钒（V）的价电子构型为 $3d^34s^2$，大多以绿硫钒（VS_2 或 V_2S_5）和铅钒矿（$[Pb_5(VO_4)_3Cl]$）的形式存在于地壳中。

钒有较强的金属键，所以熔、沸点高，有较大的熔化热和汽化热，主要用途在于冶炼特种钢，钒钢强度高，弹性大，抗磨损，抗冲击，对汽车工业和飞机制造业有重要意义。

由于钒易生成氧化物保护膜而钝化，常温下不活泼，块状的钒可以抵抗空气的氧化和海水的腐蚀，也不与非氧化性酸及碱反应，可以溶于浓硫酸和硝酸中。高温下钒比较活泼，可与大多数非金属反应。

钒有多种氧化态，它的化合物都有五彩缤纷的美丽色彩，如 V^{2+} 为紫色；V^{3+} 为绿色；VO^{2+} 为蓝色；VO_3^- 为黄色。酸根极易聚合成多酸❶，如 $V_2O_7^{4-}$、$V_3O_9^{3-}$、$V_{10}O_{28}^{6-}$，pH 值越小，聚合度越大，酸度足够大时为 VO_2^+。

$$E_A^\ominus/V: \quad VO_2^+ \xrightarrow{0.991} VO^{2+} \xrightarrow{0.337} V^{3+} \xrightarrow{-0.225} V^{2+} \xrightarrow{-1.175} V$$

V_2O_5 呈橙黄色至深红色，有毒，难溶于水，可由偏钒酸铵热分解制备。

$$2NH_4VO_3 \xrightarrow{873K} V_2O_5 + 2NH_3 + H_2O$$

V_2O_5 是重要的催化剂，在接触法制硫酸等反应中起催化作用，它是两性氧化物，既溶于酸也溶于碱，且有一定的氧化性，与浓盐酸反应可得到 Cl_2。

$$V_2O_5 + H_2SO_4 = (VO_2)_2SO_4 + H_2O$$
$$V_2O_5 + 6NaOH = 2Na_3VO_4 + 3H_2O$$
$$V_2O_5 + 6HCl = 2VOCl_2 + Cl_2 + 3H_2O$$

16.1.4 铬和钼

铬（Cr，$3d^54s^1$）和钼（Mo，$4d^55s^1$）是 ⅥB 族元素，在自然界存在非常广泛，主要矿物为铬铁矿（$FeO \cdot Cr_2O_3$）、辉钼矿（MoS_2）、钼酸钙矿（$CaMoO_4$）及钼酸铁矿 $[Fe_2(MoO_4)_3 \cdot nH_2O]$ 等。

铬具有良好的光泽和抗腐蚀性，常用于电镀。铬和钼大量被用于制造合金钢，可提高钢的耐磨性、耐热性、耐腐蚀性等。含铬 12% 的钢称为"不锈钢"，有极强的耐腐蚀性能。

(1) 铬

铬易形成致密的氧化物保护膜而钝化，所以在硝酸、磷酸或高氯酸中呈惰性。铬能缓慢地溶于稀盐酸和稀硫酸，先生成蓝色的 Cr^{2+} 水合离子，然后迅速被空气氧化为 Cr^{3+} 的绿色溶液。

$$Cr + 2HCl = CrCl_2 + H_2$$
$$4CrCl_2 + 4HCl + O_2 = 4CrCl_3 + 2H_2O$$

高温下，铬可与氧、硫、氮和卤素等非金属直接反应生成相应的化合物。

铬的氧化态主要有 +6、+3、+2。其中以 +3 氧化态最稳定，+2 氧化态的化合物有还原性，铬的元素电势图如下：

---

❶ 多酸：一些含氧酸彼此聚合所形成的复杂的酸。多酸分为同多酸和杂多酸，只含有一种类型的酸酐，称为同多酸，如二钒酸（$H_4V_2O_7$）、三钒酸（$H_3V_3O_9$）等；含有两种或两种以上类型的酸酐，称为杂多酸，如十二钼硅酸 $[H_4(SiMo_{12}O_{40})]$、十二钨硼酸 $[H_4(BW_{12}O_{40})]$ 等。

$E_A^{\ominus}/V$：$Cr_2O_7^{2-} \underline{\quad 0.55 \quad} Cr(V) \underline{\quad 1.34 \quad} Cr(IV) \underline{\quad 2.10 \quad} Cr(III) \underline{\quad -0.424 \quad} Cr^{2+} \underline{\quad -0.90 \quad} Cr$

$$\underline{\qquad\qquad 1.33 \qquad\qquad} \qquad\qquad \underline{\qquad\qquad -0.74 \qquad\qquad}$$

$E_B^{\ominus}/V$：$\qquad\qquad CrO_4^{2-} \underline{\quad -0.13 \quad} Cr(OH)_3 \underline{\quad -1.1 \quad} Cr(OH)_2 \underline{\quad -1.4 \quad} Cr$

Cr_2O_3 极难熔化，稳定，可作为绿色颜料（铬绿）。Cr_2O_3 具有两性，溶于酸形成铬盐，溶于碱形成亚铬酸盐。

$$Cr_2O_3 + 6H^+ \Longrightarrow 2Cr^{3+} + 3H_2O$$

$$Cr^{3+} + 3OH^- \Longrightarrow Cr(OH)_3 \downarrow （灰蓝色）$$

$$Cr(OH)_3 + OH^- \Longrightarrow CrO_2^- （绿色） + 2H_2O$$

在碱性介质中，CrO_2^- 是强原剂，可被 H_2O_2、Br_2 氧化成 CrO_4^{2-}；而在酸性条件下，Cr^{3+} 的还原性很弱，需要强氧化剂才能把 Cr^{3+} 氧化成 $Cr_2O_7^{2-}$。

$$2Cr^{3+} + 3S_2O_8^{2-} + 7H_2O \xrightarrow[\triangle]{Ag} Cr_2O_7^{2-} + 6SO_4^{2-} + 14H^+$$

$$10Cr^{3+} + 6MnO_4^- + 11H_2O \xrightarrow{\triangle} 6Mn^{2+} + 5Cr_2O_7^{2-} + 22H^+$$

铬酸（H_2CrO_4）是强酸，在酸性溶液中 CrO_4^{2-} 主要以 $Cr_2O_7^{2-}$ 形式存在，在碱性溶液中，则以 CrO_4^{2-} 形式为主。

$$2CrO_4^{2-} + 2H^+ \xrightleftharpoons[OH^-]{H^+} Cr_2O_7^{2-} + H_2O$$

向重铬酸盐溶液中加入 Ba^{2+}、Pb^{2+} 或 Ag^+，产物为相应的铬酸盐沉淀，这些铬酸盐沉淀均溶于强酸，故不会生成重铬酸盐沉淀。

$$Cr_2O_7^{2-} + 2Ba^{2+} + H_2O \Longrightarrow 2H^+ + 2BaCrO_4 \downarrow （黄色）$$

$$Cr_2O_7^{2-} + 2Pb^{2+} + H_2O \Longrightarrow 2H^+ + 2PbCrO_4 \downarrow （黄色）$$

$$Cr_2O_7^{2-} + 4Ag^+ + H_2O \Longrightarrow 2H^+ + 2Ag_2CrO_4 \downarrow （砖红色）$$

重铬酸钾（$K_2Cr_2O_7$），俗称红矾钾，是分析化学的重要试剂，作为强氧化剂，常用来氧化 I^-、H_2S、H_2SO_3、Fe^{2+}、NO_2^-、C_2H_5OH 等。例如：

$$Cr_2O_7^{2-} + 3SO_3^{2-} + 8H^+ \Longrightarrow 2Cr^{3+} + 3SO_4^{2-} + 4H_2O$$

分析化学中常用 $K_2Cr_2O_7$ 来测定铁：

$$K_2Cr_2O_7 + 6FeSO_4 + 7H_2SO_4 \Longrightarrow 3Fe_2(SO_4)_3 + Cr_2(SO_4)_3 + K_2SO_4 + 7H_2O$$

$K_2Cr_2O_7$ 可以监测司机是否酒后开车，反应为：

$$3C_2H_5OH + 2K_2Cr_2O_7 + 8H_2SO_4 \Longrightarrow 3CH_3COOH + 2Cr_2(SO_4)_3 + 2K_2SO_4 + 11H_2O$$

实验室使用的铬酸洗液就是 $K_2Cr_2O_7$ 和浓 H_2SO_4 配制而成的，此溶液有强烈的氧化性，可氧化除去器壁上的油脂等有机物。洗液经使用后，由暗红变为绿色，表明 Cr（Ⅵ）变为 Cr（Ⅲ），洗液已失效，可加入 $KMnO_4$ 使之再生。

(2) 钼

钼是银白色高熔点金属，最稳定的氧化态为 +6。MoO_3 是白色固体，加热时变为黄色，冷却后恢复为白色，不溶于水，有显著的升华现象，能溶于氨水或强碱性溶液，生成相应的钼酸盐。

$$MoO_3 + 2NH_3 + H_2O \Longrightarrow (NH_4)_2MoO_4$$

$(NH_4)_2MoO_4$ 是无色晶体，可溶于水，它在硝酸介质中加热到约 $50℃$，加入 Na_2HPO_4 溶液，可得到黄色晶体状沉淀 12-钼磷酸铵。

$$12MoO_4^{2-} + 3NH_4^+ + HPO_4^{2-} + 23H^+ = (NH_4)_3[P(Mo_{12}O_{40})] \cdot 6H_2O \downarrow + 6H_2O$$

该反应可用于 PO_4^{3-} 的鉴定。

16.1.5 锰

锰（Mn）的价电子构型为 $3d^5 4s^2$，在地壳中的主要存在形式有软锰矿（$MnO_2 \cdot xH_2O$）、黑锰矿（Mn_3O_4）和菱锰矿（$MnCO_3$），还有深海海底的锰结核（铁锰氧化物，含有 Cu、Co、Ni 等）。

锰的外观像铁，硬度较高，由于形成较强的金属键，因此熔、沸点高，具有良好的延展性，是生产金属合金的材料。

锰与水反应会生成难溶于水的 $Mn(OH)_2$ 覆盖在锰的表面，阻止反应继续进行。锰可以从稀盐酸中置换出氢气，在浓硫酸、浓硝酸中却会钝化。加热时，锰可与卤素、氧、硫、氮、碳和硅等生成相应的化合物，但不能直接与氢化合。

锰的元素电势图如下：

$$E_A^\ominus/V:\quad MnO_4^- \xrightarrow{0.564} MnO_4^{2-} \xrightarrow{2.26} MnO_2 \xrightarrow{0.95} Mn^{3+} \xrightarrow{1.51} Mn^{2+} \xrightarrow{-1.19} Mn$$

（$MnO_4^- \to Mn^{2+}$：1.507；$MnO_4^- \to MnO_2$：1.695；$MnO_2 \to Mn^{2+}$：1.23）

$$E_B^\ominus/V:\quad MnO_4^- \xrightarrow{0.564} MnO_4^{2-} \xrightarrow{0.60} MnO_2 \xrightarrow{-0.20} Mn(OH)_3 \xrightarrow{0.1} Mn(OH)_2 \xrightarrow{-1.55} Mn$$

Mn^{2+} 在酸中比较稳定，需要强氧化剂才能将其氧化成 MnO_4^-。

$$2Mn^{2+} + 5S_2O_8^{2-} + 8H_2O \xrightarrow[\triangle]{Ag^+} 2MnO_4^- + 10SO_4^{2-} + 16H^+$$

$$2Mn^{2+} + 5NaBiO_3 + 14H^+ = 5Na^+ + 5Bi^{3+} + 2MnO_4^- + 7H_2O$$

上述反应可用于检验 Mn^{2+}。

Mn^{2+} 与碱反应可生成 $Mn(OH)_2$ 的白色沉淀，该沉淀会立刻被空气中氧气氧化为棕色的 $MnO(OH)_2$。

$$Mn^{2+} + 2OH^- = Mn(OH)_2$$

$$2Mn(OH)_2 + O_2 = 2MnO(OH)_2$$

Mn^{2+} 易形成高自旋配合物，如 $[Mn(H_2O)_6]^{2+}$、$[Mn(NH_3)_6]^{2+}$，$[Mn(C_2O_4)_3]^{2-}$ 等。只有遇到一些强配体如 CN^-，才生成低自旋配合物如 $[Mn(CN)_6]^{4-}$。

MnO_2 是一种黑色粉末状固体，不溶于水，既有氧化性，又有还原性。

MnO_2 作氧化剂：$MnO_2 + 4HCl（浓） = MnCl_2 + Cl_2 \uparrow + 2H_2O$

$$4MnO_2 + 6H_2SO_4 = 2Mn_2(SO_4)_3 + 6H_2O + O_2 \uparrow$$

MnO_2 作还原剂：$2MnO_2 + 4KOH + O_2 = 2K_2MnO_4 + 2H_2O$

$KMnO_4$ 为深紫色，是最重要和最常用的氧化剂之一，广泛用于容量分析中，可测定一些金属离子如 Fe^{2+}、Ti^{3+}、VO^{2+}、Fe^{2+} 以及过氧化氢、草酸盐、甲酸盐和亚硝酸盐等。例如：

$$MnO_4^- + 5Fe^{2+} + 8H^+ = Mn^{2+} + 5Fe^{3+} + 4H_2O$$

16.1.6 铁系金属

第ⅧB 族元素在元素周期表中占了三列，共有九个元素：铁（Fe）、钴（Co）、镍

（Ni）、钌（Ru）、铑（Rh）、钯（Pd）、锇（Os）、铱（Ir）、铂（Pt）。这九个元素的水平相似性比垂直相似性更为突出，所以，通常称 Fe、Co、Ni 三个元素为铁系元素，其余六个元素则称为铂系元素。

铁系金属的主要矿物有赤铁矿（Fe_2O_3）、磁铁矿（Fe_3O_4）、黄铁矿（FeS_2）、砷钴矿（$CoAs_2$）、辉钴矿（CoAsS）、硫钴矿（Co_3S_4）和硅镁镍矿 [$(Ni, Mg)_6Si_4O_{10}(OH)_8$] 等。铁、钴、镍能形成多种性质各异的金属合金材料，如不锈钢、镍铬合金、镍铁合金、超硬合金等。

铁系金属的价电子构型为 $3d^{6\sim8}4s^2$，都是铁磁性物质，一般条件下铁只表现 +2 和 +3 氧化态，遇到极强氧化剂还可以形成不稳定的 +6 氧化态（高铁酸盐）。钴通常表现为 +2，遇到强氧化剂时显 +3 氧化态，镍通常为 +2 氧化态。第一过渡系元素到ⅧB族时，3d 轨道填充的电子超过半充满状态，因此所有价电子都参与成键的趋势降低，只有铁出现了不稳定的高氧化态，钴不显高氧化态。

(1) 氧化物和氢氧化物

铁系金属 +2 氧化态的氧化物和氢氧化物有：

FeO（黑色）　　　　　　CoO（灰绿色）　　　　　　NiO（暗绿色）

$Fe(OH)_2$（白色）　　　$Co(OH)_2$（粉红色）　　　$Ni(OH)_2$（苹果绿色）

这些氧化物可用相应的碳酸盐、草酸盐等非氧化性含氧酸盐隔绝空气加热分解制备。

$$FeC_2O_4 =\!=\!= FeO + CO\uparrow + CO_2\uparrow$$
$$CoC_2O_4 =\!=\!= CoO + CO\uparrow + CO_2\uparrow$$

隔绝空气，向 +2 氧化态的铁系盐溶液中加入碱可制得相应的氢氧化物沉淀。在 +2 氧化态的氢氧化物中，$Fe(OH)_2$ 沉淀遇到空气迅速氧化为红棕色的 $Fe(OH)_3$，$Co(OH)_2$ 在空气中被慢慢氧化成棕黑色 CoO(OH)，而 $Ni(OH)_2$ 不能被氧气氧化，只有加入强氧化剂，才可被氧化成黑色的 NiO(OH)。

$$4Fe(OH)_2 + O_2 + 2H_2O =\!=\!= 4Fe(OH)_3\downarrow$$
$$4Co(OH)_2 + O_2 =\!=\!= 4CoO(OH)\downarrow + 2H_2O$$
$$2Ni(OH)_2 + NaOCl =\!=\!= 2NiO(OH)\downarrow + NaCl + H_2O$$

铁系金属 +3 氧化态的氧化物和氢氧化物有：

Fe_2O_3（砖红色）　　　　Co_2O_3（黑色）　　　　　Ni_2O_3（黑色）

$Fe(OH)_3$（红棕色）　　　CoO(OH)（棕黑色）　　　　NiO(OH)（黑色）

+3 氧化态的氧化物可用硝酸盐等氧化性含氧酸盐热分解得到。$M(OH)_2$ 的还原能力为：Fe＞Co＞Ni；而 $M(OH)_3$ 的氧化能力为：Fe＜Co＜Ni。$Fe(OH)_3$ 与盐酸只能发生中和反应，MO(OH) 却能氧化盐酸。

$$2MO(OH) + 6HCl(浓) =\!=\!= 2MCl_2 + Cl_2 + 4H_2O \qquad (M = Co, Ni)$$

铁除了上述的 FeO 和 Fe_2O_3 外，还能形成 Fe_3O_4，又称磁性氧化铁。经 X 射线研究证明，Fe_3O_4 是一种反式尖晶石结构，可写成 $Fe^{III}[Fe^{II}Fe^{III}]O_4$。

(2) 常见的盐类

Fe^{2+}、Fe^{3+} 在水中均能稳定存在，$FeCl_3$ 在蒸气中双聚（$FeCl_3)_2$。Co^{3+} 只能以固体形式存在，在水中立刻被还原成 Co^{2+}，同样，Ni^{3+} 氧化性很强，不能在水溶液中存在，而 Ni^{2+} 在水中很稳定。

① $CoCl_2$

$CoCl_2$ 所含结晶水的数目不同，会呈现不同的颜色：

$$CoCl_2 \cdot 6H_2O \xrightarrow{325K} CoCl_2 \cdot 2H_2O \xrightarrow{365K} CoCl_2 \cdot H_2O \xrightarrow{395K} CoCl_2$$
$$\text{（粉红）} \qquad\qquad \text{（紫红）} \qquad\qquad \text{（蓝紫）} \qquad\qquad \text{（蓝色）}$$

所以，可以将 $CoCl_2$ 加入用作干燥剂的硅胶中，做成变色硅胶，显示其吸湿情况，当硅胶吸水后，由蓝色变为粉红色，烘干后又失水由粉红色变为蓝色。

② $MSO_4 \cdot 7H_2O$

MO 溶于稀硫酸，可结晶出 $MSO_4 \cdot 7H_2O$。

$FeSO_4 \cdot 7H_2O$（绿色）俗称绿矾，Fe^{2+} 具有较强的还原性，常用于容量分析。

$CoSO_4 \cdot 7H_2O$（红色）和 $NiSO_4 \cdot 7H_2O$（黄绿色）比绿矾稳定，不易被氧化，在水中以水合离子 $[M(H_2O)_6]^{2+}$ 的形式存在，另一个水分子以氢键与 SO_4^{2-} 结合。

$MSO_4 \cdot 7H_2O$ 能与 NH_4^+、K^+、Na^+ 形成复盐 $M_2^I SO_4 \cdot MSO_4 \cdot 6H_2O$。例如硫酸亚铁铵 $(NH_4)_2SO_4 \cdot FeSO_4 \cdot 6H_2O$，又称莫尔（Mohr）盐。

③ Fe^{3+} 盐

铁系金属中只有铁可形成稳定的 +3 氧化态的盐。常见的 Fe^{3+} 盐有 $FeCl_3 \cdot 6H_2O$、$Fe(NO_3)_3 \cdot 9H_2O$、$Fe_2(SO_4)_3 \cdot 9H_2O$、$NH_4Fe(SO_4)_2 \cdot 12H_2O$。在酸性介质中，$Fe^{3+}$ 是中强氧化剂，可氧化 $SnCl_2$、H_2S、I^-、SO_3^{2-}、$S_2O_3^{2-}$、Cu 等。

$$2Fe^{3+} + 2I^- =\!=\!= 2Fe^{2+} + I_2$$
$$2Fe^{3+} + H_2S =\!=\!= 2Fe^{2+} + S + 2H^+$$

$FeCl_3$ 可用于制造印刷电路，铜板上需要去掉的部分与 $FeCl_3$ 反应，使 Cu 变成 Cu^{2+} 而溶解。

$$2Fe^{3+} + Cu =\!=\!= 2Fe^{2+} + Cu^{2+}$$

④ 高铁酸盐

高铁酸盐（$[FeO_4]^{2-}$）中 Fe 的氧化态为 +6，只有在强碱性介质中才能稳定存在，其氧化能力强于高锰酸钾，可用于氧化杀菌，制备方法如下：

$$2Fe(OH)_3 + 3ClO^- + 4OH^- =\!=\!= 2FeO_4^{2-} + 3Cl^- + 5H_2O \qquad \text{（溶液中）}$$
$$Fe_2O_3 + 3KNO_3 + 4KOH =\!=\!= 2K_2FeO_4 + 3KNO_2 + 2H_2O \qquad \text{（熔融）}$$

(3) 常见的配合物

铁、钴、镍易形成配合物，尤其是 Co（Ⅲ）形成配合物数量特别多。

① 黄血盐和赤血盐

$K_4Fe(CN)_6 \cdot 3H_2O$ 为黄色，俗称黄血盐；$K_3Fe(CN)_6$ 为深红色，俗称赤血盐。向黄血盐中加入 Fe^{3+}，反应可以得到普鲁士蓝（Prussian）颜料；向赤血盐中加入 Fe^{2+}，反应得到滕氏蓝（Turbull）沉淀。实验证明这两种蓝色颜料实际是相同的物质，具有相同的结构。

$$K^+ + Fe^{3+} + [Fe(CN)_6]^{4-} =\!=\!= KFeFe(CN)_6 \downarrow \qquad \text{普鲁士蓝}$$
$$K^+ + Fe^{2+} + [Fe(CN)_6]^{3-} =\!=\!= KFeFe(CN)_6 \downarrow \qquad \text{滕氏蓝}$$

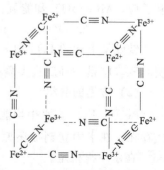

图 16.1 滕氏蓝和普鲁士蓝的结构

如图 16.1 所示，Fe^{2+} 和 Fe^{3+} 以相邻的方式分别占据了立方体的八个顶点，CN^- 位于立方体的十二条棱上，K^+ 占有立方体体心，一个晶胞有四个 K^+，占有四个互不相邻的小立方体的体心。

② 羰基配合物

铁、钴、镍都可以形成羰基化合物，除了形成单核配合物外，还可以形成双核、多核，如 $Ni(CO)_4$，$Fe(CO)_5$，$Co_2(CO)_8$ 等。这些羰基化合物大多可直接合成：

$$Ni+4CO \xrightarrow[20.2 \times 10^9 Pa]{325K} Ni(CO)_4 (液态)$$

$$Fe+5CO \xrightarrow{373 \sim 473K} Fe(CO)_5 (液态)$$

$$2CoCO_3+2H_2+8CO \xrightarrow[\triangle]{高压} Co_2(CO)_8+2CO_2+2H_2O$$

羰基化合物大多有毒，熔、沸点低，易挥发，受热易分解，可用于金属的提纯。

③ 二茂铁

Fe（Ⅱ）与环戊二烯基可生成环戊二烯基铁 $[Fe(C_5H_5)_2]$，其结构为夹心式的，如图 8.3 所示，俗称为二茂铁，是合成出来的第一个重要的有机金属化合物。

二茂铁为橙黄色固体，易溶于有机溶剂，易升华，属于共价化合物。由于其结构上的特殊性，是有机合成中的重要的催化剂。

④ 其他配合物

$$Fe^{3+}+nSCN^- \longrightarrow [Fe(SCN)_n]^{3-n} (血红色溶液)$$

式中，$n=1 \sim 6$，n 值随着 SCN^- 的浓度的大小而不同，这个反应很灵敏，需要在酸性环境中进行，可防止 Fe^{3+} 的水解。该反应可用于 Fe^{3+} 的鉴定。

$$Co^{2+}+4SCN^- \longrightarrow [Co(SCN)_4]^{2-} (蓝色溶液)$$

产物 $[Co(SCN_4)]^{2-}$ 在水溶液中不稳定，容易电离成简单离子，但在有机溶剂中比较稳定，可溶于丙酮或戊醇等，所以反应时，先用 HCl 酸化后，再加入饱和 NH_4SCN 溶液、丙酮各少许，搅拌后，如果有机层显蓝色，说明有 Co^{2+} 存在。该反应可用于 Co^{2+} 的鉴定。

Ni^{2+} 与丁二酮肟反应生成螯合物二（丁二酮肟）合镍（Ⅱ），产物为鲜红色沉淀，该反应可以用来鉴别 Ni^{2+}，也可用于重量分析法中 Ni^{2+} 含量的测定。

$$Fe^{3+}+6F^- \longrightarrow [FeF_6]^{3-}$$

$$Fe^{3+}+2H_3PO_4 \longrightarrow [Fe(HPO_4)_2]^-+4H^+$$

上述两个反应在分析化学中常用于对 Fe^{3+} 的掩蔽。

16.2　ds 区元素

ds 区元素包括ⅠB 族（铜分族）和ⅡB 族（锌分族）。

16.2.1　铜分族

铜分族包括铜（Cu）、银（Ag）和金（Au），通常称为铜族元素，因为它们有悦目的外观和美丽的色泽，早期被人们用作钱币和饰物，所以又被称为货币金属。

(1) 单质

在自然界中，铜、银、金是人类发现最早的单质态矿物。铜的主要存在形式有黄铜矿 $(CuFeS_2)$、赤铜矿 (Cu_2O)、孔雀石 $[CuCO_3 \cdot Cu(OH)_2]$ 和辉铜矿 (Cu_2S) 等。银的主要存在形式有闪银矿 (Ag_2S)、角银矿 $(AgCl)$ 和 Pb、Zn、Cd 等硫化物矿中等。金主要以单质形式存在于岩石或沙砾中。

与大多数金属相比，铜、银、金的硬度较小，有极好的延展性和机械加工性，尤其是金。在所有金属中，银的导电导热性能最佳，是电子工业的重要物资。铜族金属之间以及和其他金属之间易形成合金，铜质合金，如黄铜、青铜和白铜可用作仪器零件和刀具。

表 16.1 列出了铜分族元素的一些性质。

表 16.1 铜分族元素的一些性质

元素	Cu	Ag	Au
原子序数	29	47	79
价电子构型	$3d^{10}4s^1$	$4d^{10}5s^1$	$5d^{10}6s^1$
主要氧化数	$+1,+2$	$+1$	$+1,+3$
第一电离能/$kJ \cdot mol^{-1}$	750	735	895
第二电离能/$kJ \cdot mol^{-1}$	1970	2083	1987
颜色	紫红色	银白色	金黄色

铜族元素的最外层电子数与碱金属相同，次外层为 18 电子，所以它们的第一电离能远大于碱金属，是不活泼金属。

铜族元素的活泼性按照 Cu、Ag、Au 的顺序性递减，与碱金属的顺序恰好相反，这是因为从 Cu 到 Au，原子半径增加不多，核电荷却大幅度增加，有效核电荷对价电子的吸引力增大，所以金属活泼性依次减弱。

由于铜族元素的 +1 氧化态为 18 电子构型的离子，具有很强的极化力和明显的变形性，所以本族元素通常形成共价化合物。另外，铜族元素易形成配合物。

铜族元素在常温下不与非氧化性酸反应，铜和银可溶于浓硫酸和浓硝酸中，而金只溶于王水。

$$Cu + 2H_2SO_4(浓) \Longrightarrow CuSO_4 + SO_2\uparrow + 2H_2O$$
$$2Cu + 8HCl(浓，热) \Longrightarrow 2H_3[CuCl_4] + H_2\uparrow$$
$$3Ag + 4HNO_3 \Longrightarrow 3AgNO_3 + NO\uparrow + 2H_2O$$
$$Au + 4HCl + HNO_3 \Longrightarrow H[AuCl_4] + NO\uparrow + 2H_2O$$

铜在空气中加热时可生成黑色氧化铜，在潮湿的空气中可以生成铜绿。而金、银加热也不与氧作用。

$$2Cu + H_2O + CO_2 + O_2 \Longrightarrow Cu_2(OH)_2CO_3$$

（2）常见的化合物

① 氧化数为 +1 的化合物

只有 Ag^+ 在固态和水溶液中都能稳定存在外，Cu^+ 和 Au^+ 在水中易发生歧化反应，多存在于固态或配合物中。

$$2Cu^+ \Longrightarrow Cu + Cu^{2+}$$
$$3Au^+ \Longrightarrow 2Au + Au^{3+}$$

气态时，Cu（Ⅰ）比 Cu（Ⅱ）稳定；固态时，常温下 Cu（Ⅰ）和 Cu（Ⅱ）的化合物都很稳定，高温下 Cu（Ⅰ）的化合物比 Cu（Ⅱ）的化合物稳定，把黑色的氧化铜（CuO）加热到一千度以上，可分解产生红色的氧化亚铜（Cu_2O）。用葡萄糖还原 Cu（Ⅱ）盐也可得到氧化亚铜。如：

$$2Cu^{2+} + 5OH^- + C_6H_{12}O_6(葡萄糖) \Longrightarrow Cu_2O\downarrow + C_6H_{11}O_7^- + 3H_2O$$

分析化学上常用这个反应测定醛，医学上用这个反应来检查糖尿病。

Cu_2O 溶于氨水得到无色溶液 $[Cu(NH_3)_2]^+$，但很快被空气氧化为蓝色溶液。

$$Cu^+ + 2NH_3 \Longrightarrow [Cu(NH_3)_2]^+$$

$$4[Cu(NH_3)_2]^+ + 8NH_3 + 2H_2O + O_2 \Longrightarrow 4[Cu(NH_3)_4]^{2+} + 4OH^-$$

大多数 Cu（Ⅰ）的配合物是无色的。

除了 CuF 之外，其他卤化亚铜以及 CuCN、CuSCN 都不溶于水，溶解度极小的 Cu_2S、Ag_2S 能溶于热浓硝酸中：

$$3Cu_2S + 16HNO_3（浓）\!=\!=\!= 6Cu(NO_3)_2 + 3S\downarrow + 4NO\uparrow + 8H_2O$$

$$3Ag_2S + 8HNO_3（浓）\!=\!=\!= 6AgNO_3 + 3S\downarrow + 2NO\uparrow + 4H_2O$$

在化学镀银和鉴定醛时的常用的银镜反应如下：

$$2[Ag(NH_3)_2]^+ + RCHO + 2OH^- \Longrightarrow RCOONH_4 + 2Ag\downarrow + 3NH_3 + H_2O$$

注意，镀银后的银氨溶液不能久置，因为放置时会产生极易爆炸的氮化银（Ag_3N）沉淀。

② 氧化数为 +2 的化合物

氢氧化铜、硝酸铜、碱式碳酸铜受热分解均可得到黑色的氧化铜 CuO。

$$2Cu(NO_3)_2 \xrightarrow{\triangle} 2CuO + 4NO_2\uparrow + O_2\uparrow$$

向 Cu^{2+} 溶液中加入强碱可得到氢氧化铜 $Cu(OH)_2$，氢氧化铜能溶于强碱的浓溶液，形成 $[Cu(OH)_4]^{2-}$ 溶液；溶于氨水，可形成铜氨 $[Cu(NH_3)_4]^{2+}$ 溶液。

卤化铜中，CuF_2 白色，$CuBr_2$ 棕色，无水 $CuCl_2$ 棕黄色，$CuCl_2$ 在稀溶液中显蓝色（水合铜离子 $[Cu(H_2O)_4]^{2+}$ 的颜色），在浓溶液中显绿色（黄色的 $[CuCl_4]^{2-}$ 和蓝色的 $[Cu(H_2O)_4]^{2+}$ 共存的混合色）。

$CuCl_2$ 不但溶于水，而且溶于乙醇和丙酮。$CuCl_2 \cdot 2H_2O$ 受热按下式分解：

$$2CuCl_2 \cdot 2H_2O \xrightarrow{\triangle} Cu_2(OH)_2Cl_2 + 2HCl$$

$CuSO_4 \cdot 5H_2O$ 俗称胆矾，其结构如图 16.2 所示，四个水分子配位在 Cu^{2+} 的周围，第五个水分子以氢键与硫酸根结合。

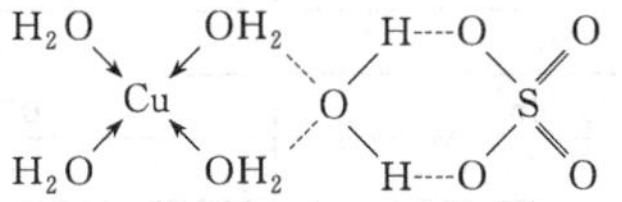

图 16.2　$CuSO_4 \cdot 5H_2O$ 的结构

无水硫酸铜为白色粉末，不溶于乙醇和乙醚，吸水性很强，吸水后呈蓝色，利用这一性质可检验乙醇和乙醚等有机溶剂中的微量水，并可作干燥剂。

Cu^{2+} 的鉴定：取溶液少许，用 HAc 酸化后，加入 $K_4[Fe(CN)_6]$ 溶液 1～2 滴，如果有红棕色沉淀生成，说明有 Cu^{2+} 存在。

$$2Cu^{2+} + [Fe(CN)_6]^{4-} \!=\!=\!= Cu_2[Fe(CN)_6]\downarrow$$

③ 氧化数为 +3 的化合物

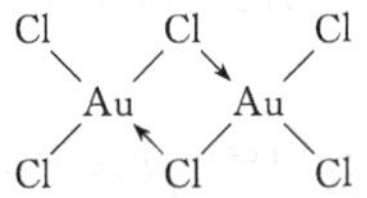

图 16.3　Au_2Cl_6 的结构

金的常见化合物有 AuF_3、$AuCl_3$、$AuCl_4^-$、$AuBr_3$、$Au_2O_3 \cdot H_2O$ 等。$AuCl_3$ 无论在气态或固态，它都是以二聚体 Au_2Cl_6 的形式存在，如图 16.3 所示，$AuCl_3$ 受热易分解。

$$AuCl_3 \xrightarrow{\triangle} AuCl + Cl_2$$

(3) ⅠB族元素与ⅠA族元素性质对比

ⅠB族元素与ⅠA族元素性质的比较见表16.2。

表16.2　ⅠB族元素与ⅠA族元素性质对比

性质	ⅠA族	ⅠB族
电子构型	ns^1	$(n-1)d^{10}ns^1$
密度、熔点、沸点及金属键	较低,金属键较弱	较高,金属键较强
导电、导热及延展性	不如ⅠB族	很好
第一电离能	较低	较高
第二、三电离能	较低	较高
化学活泼性	很活泼,从锂到铯活泼性递增	不太活泼,从铜到金活泼性递减
化合物的键型	绝大多数为离子型	有相当程度的共价性
形成配合物	不太容易	容易

16.2.2　锌分族

锌分族包含锌（Zn）、镉（Cd）、汞（Hg），它们都是亲硫元素，在自然界主要以硫化物的形式存在，例如闪锌矿（ZnS）、辰砂（HgS）、硫镉矿（CdS），另外还有菱锌矿（$ZnCO_3$）。

(1) 单质

Zn、Cd、Hg都是银白色金属，熔、沸点和硬度都较低。汞是常温下唯一的液态金属，汞的体积膨胀系数很均匀，可以用来制造温度计；汞能溶解许多金属，如钠、钾、银、金、锌、镉、锡、铅和铊等，形成汞齐。锌和镉主要用于电镀镀层、电池和催化剂，锌是人体必需的微量元素，镉和汞有剧毒。

表16.3列出了锌分族的一些性质。

表16.3　锌分族元素的一些性质

元素	Zn	Cd	Hg
原子序数	30	48	80
价电子构型	$3d^{10}4s^2$	$4d^{10}5s^2$	$5d^{10}6s^2$
主要氧化数	+2	+2	+1,+2
第一电离能/$kJ \cdot mol^{-1}$	915	873	1013
第二电离能/$kJ \cdot mol^{-1}$	1743	1641	1820

与ⅠB族元素一样，锌、镉、汞的活泼性由Zn、Cd、Hg的顺序依次递减。它们在干燥的空气中很稳定，当加热到足够温度时，锌和镉可以在空气中燃烧，生成氧化物，而汞氧化很慢。

在金属活动顺序表中，Zn和Cd排在H的前面，Hg排在H的后面，所以锌和镉能与稀酸反应放出氢气，汞只能与氧化性酸作用。

$$3Hg+8HNO_3 = 3Hg(NO_3)_2+2NO\uparrow+4H_2O$$

锌还可与碱反应：

$$Zn+2NaOH+2H_2O = Na_2[Zn(OH)_4]+H_2\uparrow$$

$$Zn+4NH_3+2H_2O = [Zn(NH_3)_4]^{2+}+H_2\uparrow+2OH^-$$

(2) 常见的化合物

① 氧化物和氢氧化物

由于锌族元素离子的d^{10}构型，有较强的极化作用，所以锌、镉、汞的氧化物和氢氧化物都是共价型化合物，共价性依Zn、Cd、Hg的顺序而增强。氧化物中，ZnO为白色，受热为黄色，俗名锌白，白色颜料；CdO 为黄色，受热为黑色；HgO 为黄色（晶粒细小）或红色（晶粒粗大）。

在锌盐、镉盐和汞盐溶液中，加入适量强碱可得氢氧化物（白色）或氧化物：

$$M + 2OH^- \Longrightarrow M(OH)_2 \qquad (M = Zn, Cd)$$

$$Hg^{2+} + 2OH^- \Longrightarrow HgO + H_2O$$

锌族元素的氢氧化物中，$Zn(OH)_2$、$Cd(OH)_2$ 均不稳定，易分解为氧化物，$Hg(OH)_2$ 不存在，HgO 受热可继续分解为单质 Hg。Zn、Cd 的氧化物和氢氧化物均呈两性，能溶于强碱或氨水形成配合物。

$$Zn(OH)_2 + 2OH^- \Longrightarrow [Zn(OH)_4]^{2-}$$

$$M(OH)_2 + 4NH_3 \Longrightarrow [M(NH_3)_4]^{2+} + 2OH^- \qquad (M = Zn, Cd)$$

② 锌盐

ZnS 和 $BaSO_4$ 共沉淀所形成的混合晶体锌钡白（$ZnS \cdot BaSO_4$）俗称立德粉，也是一种优良的白色颜料。CdS 俗称镉黄，是一种黄色颜料。

$ZnCl_2$ 为白色固体，易潮解，是固体盐中溶解度最大的化合物（283K 时，333g/100g 水），易水解。

$$ZnCl_2 + H_2O \Longrightarrow Zn(OH)Cl + HCl$$

氯化锌的浓溶液会形成配合酸 $H[ZnCl_2(OH)]$，这个配合酸能溶解金属氧化物且不损坏金属，常用于焊接金属时处理金属表面。

$$ZnCl_2 + H_2O \Longrightarrow H[ZnCl_2(OH)]$$

$$FeO + 2H[ZnCl_2(OH)] \Longrightarrow Fe[ZnCl_2(OH)]_2 + H_2O$$

焊接时，水分蒸发后，熔物 $Fe[ZnCl_2(OH)]_2$ 覆盖在金属表面，使之不再继续被氧化，保证了焊接金属的直接接触。

③ 汞盐

$HgCl_2$ 俗称升汞，剧毒，易升华，微溶于水，在过量 Cl^- 存在下，$HgCl_2$ 溶解度会增大。

$$HgCl_2 + 2Cl^- \Longrightarrow [HgCl_4]^{2-}$$

$HgCl_2$ 会发生水解，所以配制 $HgCl_2$ 溶液时需要加适量盐酸。

$$HgCl_2 + H_2O \Longrightarrow Hg(OH)Cl\downarrow + HCl$$

$HgCl_2$ 与氨水反应，有白色沉淀生成：

$$HgCl_2 + 2NH_3 \Longrightarrow Hg(NH_2)Cl\downarrow + NH_4Cl$$

$HgCl_2$ 具有氧化性，能氧化 $SnCl_2$：

$$2HgCl_2 + SnCl_2 + 2HCl \Longrightarrow Hg_2Cl_2\downarrow（白）+ H_2SnCl_6$$

当 $SnCl_2$ 过量时，会进一步氧化：

$$Hg_2Cl_2 + SnCl_2 + 2HCl \Longrightarrow 2Hg\downarrow（黑）+ H_2SnCl_6$$

上述反应可用于 Sn（Ⅳ）的鉴定

Hg_2Cl_2 俗称甘汞，味甜，无毒，不溶于水。Hg_2Cl_2 可用来制作甘汞电极。Hg_2Cl_2 可与氨水反应：

$$Hg_2Cl_2 \xrightarrow{NH_3} Hg_2NH_2Cl\downarrow（黑）\xrightarrow{逐渐歧化} HgNH_2Cl\downarrow（白）+ Hg\downarrow$$

该反应产物为灰黑色，可用来检验 Hg_2Cl_2。

可用 Hg^{2+} 与 Hg 反应可制备亚汞盐，例如：

$$Hg(NO_3)_2 + Hg \xrightarrow{振荡} Hg_2(NO_3)_2 \qquad\qquad HgCl_2 + Hg \xrightarrow{研磨} Hg_2Cl_2$$

如果使 Hg^{2+} 生成沉淀或配合物，亚汞离子可发生歧化反应。例如：

$$Hg_2^{2+} + S^{2-} =\!=\!= HgS\downarrow(黑) + Hg\downarrow$$

$$Hg_2^{2+} + 4I^- =\!=\!= [HgI_4]^{2-} + Hg\downarrow$$

④ 配合物

锌族元素大多易形成配合物，配位数通常为 4，但 Hg_2^{2+} 不易形成配离子。

Zn^{2+}、Cd^{2+} 与氨水反应，可生成稳定无色的氨配合物：

$$M^{2+} + 4NH_3 \rightleftharpoons [M(NH_3)_4]^{2+} \qquad (M=Zn,Cd)$$

Zn^{2+}、Cd^{2+}、Hg^{2+} 与 CN^- 均能生成稳定无色的氰配合物：

$$M^{2+} + 4CN^- \rightleftharpoons [M(CN)_4]^{2-} \qquad (M=Zn,Cd,Hg)$$

Hg^{2+} 与过量的 KI 反应，首先产生红色碘化汞沉淀，然后沉淀溶于过量的 KI 中，生成无色的配离子 $[HgI_4]^{2-}$。$K_2[HgI_4]$ 和 KOH 的混合溶液，称为奈斯勒试剂，如果溶液中有微量 NH_4^+ 存在时，滴入奈斯勒试剂立刻有特殊的红棕色沉淀生成。

$$NH_4^+ + 2[HgI_4]^{2-} + 4OH^- =\!=\!= Hg_2NI\downarrow(红棕色) + 7I^- + 4H_2O$$

这个反应常用来鉴定 NH_4^+ 或 Hg^{2+}。

(3) ⅡB 族元素与ⅡA 族元素性质对比

ⅡB 族元素与ⅡA 族元素性质的比较列于表 16.4。

表 16.4　ⅡB 族元素与ⅡA 族元素性质对比

性质	ⅡA 族	ⅡB 族
熔、沸点	较高	比ⅡA 族低，汞常温下是液体
金属性和化学活泼性	金属性强，很活泼	金属性较弱，活泼性低于ⅡA 族元素
配位能力	较弱	强
氢氧化物的酸碱性及变化规律	钙、锶、钡的氢氧化物碱性较强，从钙到钡碱性递增	$Zn(OH)_2$ 两性，$Cd(OH)_2$ 和 HgO 碱性较弱，从锌到汞碱性递增
盐的溶解性	硝酸盐易溶于水，碳酸盐难溶于水，钙、锶、钡的硫酸盐微溶，钙、锶、钡的盐不水解	硝酸盐、硫酸盐易溶于水，碳酸盐难溶于水，ⅡB 族元素的盐能水解

16.3　f 区元素

f 区元素包括镧系元素和锕系元素，这里只介绍镧系元素。

镧系元素包括从 57 号元素镧（La）到第 71 号元素镥（Lu），共十五种元素，常用 Ln 表示。

由于元素周期表中 ⅢB 族中的钪（Sc）、钇（Y）与镧系元素的性质非常相似，且在矿物中共生，通常把 Sc、Y 和镧系元素统称为稀土元素（rare earth's elements），用 RE 表示。由于镧系收缩的影响，稀土元素半径相近，性质相似，常以混合矿物形式存在。我国的稀土总量占世界第一位。

镧系元素的电子构型是 $4f^{0\sim14}5d^{0\sim1}6s^2$，都是银白色金属，硬度较小，有延展性，活泼性仅次于碱金属和碱土金属，比 Al 活泼，金属活泼顺序从 La→Lu 递减，镧最活泼。镧系金属易被潮湿空气氧化，通常保存在煤油里。

镧系元素的主要氧化态为 +3，它们易与非金属形成离子型化合物。例如，室温下能与卤素反应生成卤化物 LnX_3，高温下，镧系金属可与 N_2 反应生成 LnN，与硫反应生成 Ln_2S_3，与水反应生成 $Ln(OH)_3$ 或 $Ln_2O_3 \cdot xH_2O$ 沉淀，并放出 H_2。$Ln(OH)_3$ 的碱性与碱土金属的 $M(OH)_2$ 的碱性接近，但溶解度比 $M(OH)_2$ 小。

镧系金属氧化物 Ln_2O_3 为离子型氧化物，难溶于水，易溶于酸，熔点高，是很好的耐火材料，Ln_2O_3 有如下反应：

$$Ln_2O_3 + 3C + 3Cl_2 \Longrightarrow 2LnCl_3 + 3CO\uparrow$$
$$Ln_2O_3 + 3SOCl_2 \Longrightarrow 2LnCl_3 + 3SO_2\uparrow$$
$$Ln_2O_3 + 6NH_4Cl \Longrightarrow 2LnCl_3 + 6NH_3 + 3H_2O$$

镧系元素也有 +2 和 +4 的氧化态。Ln^{2+} 是强还原剂；+4 氧化态中只有 Ce^{4+} 在水溶液中是最稳定的，Ce^{4+} 是强氧化剂，可与 NaOH 反应生成黄色沉淀并放出 O_2。

$$4Ce(NO_3)_4 + 16NaOH \Longrightarrow 4Ce(OH)_3\downarrow + 16NaNO_3 + O_2 + 2H_2O$$

习题

16.1　用 d 区元素的价电子层结构特点说明 d 区元素的特性。

16.2　为什么 p 区元素氧化数的改变往往是不连续的，而 d 区元素往往是连续的？

16.3　为什么在常温下，$E_{M^{n+}/M}^{\ominus} < -0.41V$ 的金属都可能与水反应？

16.4　打开装有四氯化钛的瓶塞，立即有白烟冒出，为什么？

16.5　为什么锆、铪及其化合物的物理、化学性质非常相似？

16.6　完成下列反应方程式。

(1) 钛溶于氢氟酸；

(2) 五氧化二钒分别溶于盐酸、氢氧化钠；

(3) 偏钒酸铵受热分解。

16.7　饮酒后对着酒精检测仪吹气，为什么会变色？

16.8　为什么在酸性的 $K_2Cr_2O_7$ 溶液中，加入 Pb^{2+}，会生成黄色的 $PbCrO_4$ 沉淀。

16.9　写出下列反应的方程式。

(1) 重铬酸钾加热至高温；

(2) 向重铬酸钾的硫酸溶液中通入硫化氢。

16.10　根据所述实验现象，写出相应的化学反应方程式。

(1) 向用硫酸酸化的重铬酸钾溶液中通入硫化氢时，溶液由橙红色变为绿色，同时有淡黄色沉淀析出；

(2) 向 $K_2Cr_2O_7$ 溶液中加入 $BaCl_2$ 溶液时有黄色沉淀生成，将该沉淀溶解在浓盐酸溶液中得到一种绿色溶液。

16.11　铬的某化合物 A 是橙红色溶于水的固体，将 A 用浓 HCl 处理产生黄绿色刺激性气体 B 和生成暗绿色溶液 C，在 C 中加入 KOH 溶液，先生成灰蓝色沉淀 D，继续加入过量的 KOH 溶液则沉淀消失，变成绿色溶液 E。在 E 中加入 H_2O_2，加热则生成黄色溶液 F，F 用稀酸酸化，又变为原来的化合物 A 的溶液。问：A、B、C、D、E、F 各是什么？写出每步变化的反应方程式。

16.12　请回答下列问题：

① 为什么在 $MnCl_2$ 溶液中加入 HNO_3，再加入少量 $NaBiO_3$，溶液中出现紫色后又消失；

② 为什么保存在试剂瓶中的 $KMnO_4$ 溶液中出现棕色沉淀，写出相关反应式。

16.13　某一种锰的化合物，它是不溶于水且很稳定的黑色粉末状物质 A，该物质与浓硫酸反应，则得到淡红色的溶液 B，且有黄绿色气体 C 放出。向 B 溶液中加入强碱 KOH，可以得到白色沉淀 D。此沉淀在碱性介质中很不稳定，易被空气氧化成棕色 E。

若将 A 与 KOH、$KClO_3$ 一起混合加热熔融可得一绿色物质 F。将 F 溶于水并通入 CO_2，则溶液变成紫色 G，且又析出 A。试问 A、B、C、D、E、F、G 各为何物，并写出相应的反应方程式。

16.14 用反应方程式说明下列实验现象。

(1) 向含有 Fe^{2+} 的溶液中加入 NaOH 溶液后，生成白色沉淀，一段时间后沉淀逐渐变成红棕色；

(2) 将沉淀过滤出来，溶于盐酸中，得到黄色溶液；

(3) 向黄色溶液中加几滴 KSCN 溶液，立即变血红色，再通入 SO_2，则红色消失；

(4) 向红色消失的溶液中滴加 $KMnO_4$ 溶液，其紫色会褪去；

(5) 最后加入黄血盐溶液时，生成蓝色沉淀。

16.15 为什么 Cu^+ 在水溶液中不能稳定存在？

16.16 铁能还原 Cu^{2+} 而铜能还原 Fe^{3+}，这两事实有无矛盾？

16.17 某一种化合物 A 溶于水得到浅蓝色溶液，在 A 中加入 NaOH，得蓝色沉淀 B，B 溶于 HCl，也可溶于氨水，A 中通入 H_2S 得黑色沉淀 C，C 难溶于 HCl 而也可溶于热的浓硝酸。在 A 中加入 $BaCl_2$ 无沉淀产生，加入 $AgNO_3$ 有不溶于酸的白色沉淀 D 产生，D 溶于氨水。试判断 A、B、C、D 各为何物？并写出相关反应式。

16.18 在白色氯化亚铜沉淀中，加入浓盐酸或浓氨水后，形成什么颜色的溶液？放置一段时间后会发生什么变化，为什么？写出相关反应式。

16.19 用反应方程式说明下列现象。

(1) 铜器在潮湿空气中慢慢生成一层绿色的铜锈；

(2) 金溶于王水；

(3) 在 $CuCl_2$ 浓溶液中逐渐加水稀释时，溶液颜色由黄色经绿色而变为蓝色；

(4) 往 $AgNO_3$ 溶液中滴加 KCN 溶液时，先生成白色沉淀后溶解，再加入 NaCl 溶液时并无 AgCl 沉淀生成，但加入少许 Na_2S 溶液时却析出黑色 Ag_2S 沉淀；

(5) 热分解 $CuCl_2 \cdot 2H_2O$ 时得不到无水 $CuCl_2$。

16.20 铜和汞都有正一价，但是它们在水溶液中的稳定性却相反，为什么？如何能促进反应 $Hg_2^{2+}(aq) \rightleftharpoons Hg(l) + Hg^{2+}(aq)$ 向右进行？

16.21 焊接铁皮时，先常用浓 $ZnCl_2$ 溶液处理铁皮表面，为什么？

16.22 锌和铝都是两性金属，都具有银白色，如何用化学方法区别它们？

16.23 CuCl、AgCl、Hg_2Cl_2 都是难溶于水的白色粉末，如何区别这三种物质？

16.24 选用适当的配位剂，分别溶解下列物质，并写出反应式。

Cu_2O；CuCl；$Zn(OH)_2$；Ag_2O；$Cu(OH)_2$；HgI_2；HgO；AgBr

16.25 在由 Cu^{2+}、Ag^+、Zn^{2+}、Cd^{2+}、Hg^{2+} 和 Hg_2^{2+} 组成的溶液中，分别加入适量的 NaOH 溶液，发生什么现象？各有什么物质生成？写出有关的离子反应方程式。

16.26 为什么 Ln^{3+} 的性质极为相似？试从 Ln^{3+} 的电子层结构、离子电荷和离子半径等方面加以说明。

16.27 说说下列金属之最。

(1) 最轻和最重的金属；

(2) 导电性最好的金属；

(3) 熔点最高和最低的金属；

(4) 硬度最高和最低的金属。

部分习题答案

1.1　(1) $-282kJ$；(2) $292kJ$

1.2　(1) $177.759kJ \cdot mol^{-1}$；(2) $-745.692kJ \cdot mol^{-1}$

1.3　$-5.72 \times 10^3 \ kJ \cdot mol^{-1}$

1.5　$30.53 \ kJ \cdot mol^{-1}$

1.6　$-978.6 \ kJ \cdot mol^{-1}$

1.9　(1) $-14.654kJ \cdot mol^{-1}$；(2) $939.3K$

1.10　$1106K$

1.11　乙烷 $y_1 = 0.398$，$p_1 = 40.33kPa$；丁烷 $y_2 = 0.602$，$p_2 = 60.69kPa$

1.12　$25.0 \ kPa$；$225 \ kPa$；$250kPa$

1.14　(1) 4.5×10^2；(2) 2.0×10^5

1.15　4.8×10^2

1.16　0.111

1.18　大于 $1.194kPa$。

1.19　(1) 1.64×10^{-4}；(2) $1.33 \times 10^3 \ kPa$

1.21　0.031

1.22　4.0×10^{-4}

1.23　62.7%；NH_3：0.229，$1.14 \times 10^3 kPa$；N_2：0.193，$9.65 \times 10^2 kPa$；H_2：0.578，$2.89 \times 10^3 kPa$

1.24　$48h$。

1.27　$4.5 \times 10^{-5} \ mol \cdot L^{-1} \cdot s^{-1}$；$1.8 \times 10^{-4} \ mol \cdot L^{-1} \cdot s^{-1}$

2.2　2.17×10^{-11}、2.83×10^{-11}、1.78×10^{-4}、5.68×10^{-10} 和 9.80×10^{-8}

2.4　$1.33 \times 10^{-3} \ mol \cdot L^{-1}$；$1.33\%$；$11.12$

2.5　5.12

2.6　4.08×10^{-5}

2.7　1.79×10^{-4}

2.8　$1.2 \times 10^{-2} \ mol \cdot L^{-1}$；$45\%$；

2.9　3.92；$5.69 \times 10^{-11} mol \cdot L^{-1}$

2.10　$3.2 \times 10^{-2} \ mol \cdot L^{-1}$；$1.02 \times 10^{-7} \ mol \cdot L^{-1}$

2.11　11.66

2.12　$8.8 \times 10^{-6} \ mol \cdot L^{-1}$；$8.8 \times 10^{-3}\%$

2.14　4.84

2.15　(1) 9.70；(2) 12.65

2.16　$250mL$；$15g$

2.18　1.17

2.19　6.62

2.20　4.70；9.74

2.21　(1) 8.73；(2) 4.75；(3) 4.75；(4) 10.97；(5) 1.70；(6) 5.27；(7) 9.25；(8) 9.25

3.2　±0.2%；±0.02%

3.3　±1%；±0.1%

3.4　(1) 0.04%；(2) 0.06%；(3) 0.05%；(4) 0.07%

3.5　41.62%；2.2×10^{-4}；5.3×10^{-4}

3.7　舍去30.12%；30.04%；1.9×10^{-4}；6.3×10^{-4}；$(30.04 \pm 0.01)\%$

3.8　(1) $n=5$，$\bar{x}=35.04\%$，$s=0.11\%$；(2) $(35.04 \pm 0.14)\%$

3.11　(1) 6.06×10^{2}；(2) 4.13×10^{2}；(3) 0.198；(4) 0.0713

3.12　8.9×10^{-2} mol·L^{-1}；7.0

3.18　16mL

3.19　0.1010 mol·L^{-1}

3.20　0.2164 mol·L^{-1}

3.21　0.1115 mol·L^{-1}

3.22　0.1117 mol·L^{-1}

3.23　(1) 0.09993 mol·L^{-1}；(2) 0.03348g·mL^{-1}；0.04787g·mL^{-1}

3.24　0.2874×10^{-3} g·mL^{-1}

3.25　7.431×10^{-3} g·mL^{-1}；8.026×10^{-3} g·mL^{-1}

4.2　8~10

4.3　(2) 8.07

4.5　4.00；9.00

4.6　5.28，6.25~4.30

4.7　8.36

4.9　(1) 337.1g·mol^{-1}；(2) 1.3×10^{-5}；8.75

4.10　5.26；6.21~4.30

4.11　NaOH，12.31%；Na_2CO_3，73.53%

4.12　(2) $3V_1=2V_2$

4.13　13.63 mL

4.14　H_3PO_4：1.489×10^{-2} mol；NaH_2PO_4：1.707×10^{-2} mol

4.15　$NaHCO_3$：22.2%；Na_2CO_3：75.03%；

4.16　2.928%

4.17　77.29%

4.18　0.06452%；0.1479%

4.19　46.36%

5.3　(1) 1.08×10^{-5} mol·L^{-1}；(2) 1.28×10^{-4} mol·L^{-1}　(3) 3.32×10^{-4} mol·L^{-1}

5.4　2.57×10^{-9}

5.5　8.49×10^{-9}

5.6　(1) 7.09×10^{-5} mol·L^{-1}；(2) 1.46×10^{-10} mol·L^{-1}

5.11　2.81~6.49

5.12　4.65×10^{-13}~9.04×10^{-24} mol·L^{-1}；1.41×10^{-5}~3.20 mol·L^{-1}

5.13　1.67×10^{-5} mol·L^{-1}

5.17　(1) 6.1×10^{-5} mol·L^{-1}；(2) 3.2×10^{-3} mol·L^{-1}

5.18　(1) 1.99×10^{-4} mol·L^{-1}；(2) 3.95×10^{-6} mol·L^{-1}

6.5　　0.08449mol·L^{-1}；0.08513mol·L^{-1}

6.6　　0.1127 mol·L^{-1}

6.7　　90.69％

6.8　　NaCl：47.60％；NaBr：52.40％

6.9　　0.1521mol·L^{-1}

6.10　　49.53％

7.5　　(1) 0.6377；2.215；(2) 0.2351；(3) 0.08265；0.03782；(4) 0.1110；(5) 0.5854；0.3138

7.6　　95.37％

7.7　　CaO：82.64％；BaO：17.36％

7.8　　8.14％

7.9　　2.25％

7.10　　14.81％；6.463％

7.11　　4.75％

7.12　　NaCl：30.09％；NaBr：46.27％

7.13　　NaCl：7.10 ％；NaBr：69.02 ％

8.17　　(1) 5.01×10^{11}；(2) 1.02×10^{-7}

8.19　　1.2×10^{-9} mol·L^{-1}

8.20　　0.057g

8.21　　8.61×10^{-20} mol·L^{-1}；0.01 mol·L^{-1}

9.8　　5.0×10^{-8}mol·L^{-1}

9.9　　2.9～5.17。

9.11　　4.04，9.7

9.12　　(1) 2.0；(2) 5.3；(3) 6.5；(4) 7.7

9.14　　13.89；8.1；12.3

9.15　　(1) 332.1mg·L^{-1}；(2) 203.7mg·L^{-1}；108.1mg·L^{-1}

9.16　　3.99％；35.05％；60.75％

9.17　　8.02％；16.80％

9.18　　6.19％；14.20％

9.19　　12.72％

10.4　　(2) 0.57 V

10.5　　(1) 0.56 V；5.75×10^{56}；－324.0kJ·mol^{-1}；(2) 0.1227 V；1.2×10^{2}；－11.86kJ·mol^{-1}；(3) 0.0286V；3.04；－2.76kJ·mol^{-1}

10.6　　(1) 0.73V；(2) 0.010V

10.7　　1.4V；1.2V

10.8　　0.37V

10.9　　2.22×10^{-28} mol·L^{-1}

10.10　　1.01V

10.13　　0.222V

10.14　　4.7×10^{12}

10.15　　－0.547V

10. 16　(1) 0.154

10. 18　(1) $-0.036V$；8.2×10^{40}

11. 4　0.12g

11. 5　73.96％

11. 6　0.32V；0.23V；0.50V

11. 7　0.7441％

11. 8　77.79％

11. 9　$0.06760 mol \cdot L^{-1}$

11. 10　3.241％

11. 11　44.90％

11. 12　0.08694g

11. 13　$80.56 mg \cdot L^{-1}$

11. 14　$0.1727 mol \cdot L^{-1}$

11. 15　38.72％

11. 16　89.80％

附　　录

附录1　一些物质的热力学性质（298.15K，$p^\ominus=100\text{kPa}$）

物质（状态）	$\Delta_f H_m^\ominus$ /kJ·mol⁻¹	$\Delta_f G_m^\ominus$ /kJ·mol⁻¹	$S_m^\ominus$ /J·mol⁻¹·K⁻¹	物质（状态）	$\Delta_f H_m^\ominus$ /kJ·mol⁻¹	$\Delta_f G_m^\ominus$ /kJ·mol⁻¹	$S_m^\ominus$ /J·mol⁻¹·K⁻¹
Ag	0	0	42.712	H_2 (g)	0	0	130.695
Ag_2CO_3 (s)	−506.14	−437.09	167.36	D_2 (g)	0	0	144.884
Ag_2O (s)	−30.56	−10.82	121.71	HBr (g)	−36.24	−53.22	198.60
Al (s)	0	0	28.315	HBr (aq)	−120.92	−102.80	80.71
Al (g)	313.80	273.2	164.553	HCl (g)	−92.311	−95.265	186.786
α-Al_2O_3	−1669.8	−2213.16	50.92	HCl (aq)	−167.44	−131.17	55.10
$Al_2(SO_4)_3$ (s)	−3434.98	−3728.53	239.3	H_2CO_3 (aq)	−698.7	−623.37	191.2
Br_2 (s)	111.884	82.396	175.021	HI (g)	−25.94	−1.32	206.42
Br_2 (g)	30.71	3.109	245.455	H_2O (g)	−241.825	−228.577	188.823
Br_2 (l)	0	0	152.3	H_2O (l)	−285.838	−237.142	69.940
C (g)	718.384	672.942	158.101	H_2O (s)	−291.850	(−234.03)	(39.4)
C (金刚石)	1.896	2.866	2.439	H_2O_2 (l)	−187.61	−118.04	102.26
C (石墨)	0	0	5.694	H_2S (g)	−20.146	−33.040	205.75
CO (g)	−110.525	−137.285	198.016	H_2SO_4 (l)	−811.35	(−866.4)	156.85
CO_2 (g)	−393.511	−394.38	213.76	I_2 (s)	0	0	116.7
Ca (s)	0	0	41.63	I_2 (g)	62.242	19.34	260.60
CaC_2 (s)	−62.8	−67.8	70.2	N_2 (g)	0	0	191.598
$CaCO_3$ (方解石)	−1206.87	−1128.70	92.8	NH_3 (g)	−46.19	−16.603	192.61
$CaCl_2$ (s)	−795.0	−750.2	113.8	NO (g)	89.860	90.37	210.309
CaO	−635.6	−604.2	39.7	NO_2 (g)	33.85	51.86	240.57
$Ca(OH)_2$ (s)	−986.5	−896.89	76.1	N_2O (g)	81.55	103.62	220.10
$CaSO_4$ (硬石膏)	−1432.68	−1320.24	106.7	N_2O_4 (g)	9.660	98.39	304.42
Cl^- (aq)	−167.456	−131.168	55.10	N_2O_5 (g)	2.51	110.5	342.4
Cl_2 (g)	0	0	222.948	O (g)	247.521	230.095	161.063
Cu (s)	0	0	33.32	O_2 (g)	0	0	205.138
CuO (s)	−155.2	−127.1	43.51	O_3 (g)	142.3	163.45	237.7
α-Cu_2O	−166.69	−146.33	100.8	OH^- (aq)	−229.940	−157.297	10.539
F_2 (g)	0	0	203.5	S (单斜)	0.29	0.096	32.55
α-Fe	0	0	27.15	S (斜方) (g)	0	0	31.9
$FeCO_3$ (s)	−747.68	−673.84	92.8		124.94	76.08	227.76
FeO (s)	−266.52	−244.3	54.0	S (g)	222.80	182.27	167.825
Fe_2O_3 (s)	−822.1	−741.0	90.0	SO_2 (g)	−296.90	−300.37	248.64
Fe_3O_4 (s)	−117.1	−1014.1	146.4	SO_3 (g)	−395.18	−370.40	256.34
H (g)	217.4	203.122	114.724	SO_4^{2-} (aq)	−907.51	−741.90	17.2

附录 2 　弱酸、弱碱的电离常数 $K^{\ominus}$

弱电解质	$t/℃$	电离常数	弱电解质	$t/℃$	电离常数
H_3AsO_4	18	$K_1=5.62\times10^{-3}$	HOCN	25	3.3×10^{-4}
	18	$K_2=1.70\times10^{-7}$	$C_6H_4(COOH)_2$	25	$K_1=1.1\times10^{-3}$
	18	$K_3=3.95\times10^{-12}$	（邻苯二甲酸）	25	$K_2=3.9\times10^{-6}$
H_3BO_3	20	7.3×10^{-10}	C_6H_5OH	25	1.05×10^{-10}
HBrO	25	2.06×10^{-9}	H_2S	18	$K_1=1.3\times10^{-7}$
H_2CO_3	25	$K_1=4.30\times10^{-7}$		18	$K_2=7.1\times10^{-15}$
	25	$K_2=5.61\times10^{-11}$	HSO_4^-	25	1.2×10^{-2}
$H_2C_2O_4$	25	$K_1=5.90\times10^{-2}$	H_2SO_3	18	$K_1=1.54\times10^{-2}$
	25	$K_2=6.40\times10^{-5}$		18	$K_2=1.02\times10^{-7}$
HCN	25	4.93×10^{-10}	H_2SiO_3	30	$K_1=2.2\times10^{-10}$
HClO	18	2.95×10^{-5}		30	$K_2=2\times10^{-12}$
H_2CrO_4	25	$K_1=1.8\times10^{-1}$	HCOOH	25	1.77×10^{-4}
	25	$K_2=3.20\times10^{-7}$	CH_3COOH	25	1.76×10^{-5}
HF	25	3.53×10^{-4}	$CH_2ClCOOH$	25	1.4×10^{-3}
HIO_3	25	1.69×10^{-1}	$CHCl_2COOH$	25	3.32×10^{-2}
HIO	25	2.3×10^{-11}	$H_3C_6H_5O_7$	20	$K_1=7.1\times10^{-4}$
HNO_2	12.5	4.6×10^{-4}	（柠檬酸）	20	$K_2=1.68\times10^{-5}$
NH_4^+	25	5.64×10^{-10}		20	$K_3=4.1\times10^{-7}$
H_2O_2	25	2.4×10^{-12}	$NH_3\cdot H_2O$	25	1.77×10^{-5}
H_3PO_4	25	$K_1=7.52\times10^{-3}$	$H_2NCH_2CH_2NH_2$	25	$K_1=8.5\times10^{-5}$
	25	$K_2=6.23\times10^{-8}$	（乙二胺）	25	$K_2=7.1\times10^{-8}$
	25	$K_3=2.2\times10^{-13}$	C_5H_5N	25	1.52×10^{-9}
C_6H_5COOH	25	6.3×10^{-5}			

附录 3 　常见难溶电解质的溶度积常数 $K_{sp}^{\ominus}$（298.15K）

难溶电解质	$K_{sp}^{\ominus}$	难溶电解质	$K_{sp}^{\ominus}$
AgCl	1.77×10^{-10}	$Al(OH)_3$	2×10^{-33}
AgBr	5.35×10^{-13}	$BaCO_3$	2.58×10^{-9}
AgI	8.51×10^{-17}	$BaSO_4$	1.07×10^{-10}
Ag_2CO_3	8.45×10^{-12}	$BaCrO_4$	1.17×10^{-10}
Ag_2CrO_4	1.12×10^{-12}	$CaCO_3$	4.96×10^{-9}
$AgIO_3$	9.2×10^{-9}	$CaC_2O_4\cdot H_2O$	2.34×10^{-9}
Ag_2SO_4	1.20×10^{-5}	CaF_2	1.46×10^{-10}
$Ag_2S(\alpha)$	6.69×10^{-50}	$Ca_3(PO_4)_2$	2.07×10^{-33}
$Ag_2S(\beta)$	1.09×10^{-49}	$CaSO_4$	7.10×10^{-5}

难溶电解质	$K_{sp}^{\ominus}$	难溶电解质	$K_{sp}^{\ominus}$
$Cd(OH)_2$	5.27×10^{-15}	MnS	4.65×10^{-14}
CdS	1.40×10^{-29}	$Ni(OH)_2$	5.47×10^{-16}
$Co(OH)_2$ (桃红)	1.09×10^{-15}	NiS	1.07×10^{-21}
$Co(OH)_2$ (蓝)	5.92×10^{-15}	$PbCl_2$	1.17×10^{-5}
$CoS(\alpha)$	4.0×10^{-21}	$PbCO_3$	1.46×10^{-13}
$CoS(\beta)$	2.0×10^{-25}	$PbCrO_4$	1.77×10^{-14}
$Cr(OH)_3$	7.0×10^{-31}	PbF_2	7.12×10^{-7}
CuI	1.27×10^{-12}	$PbSO_4$	1.82×10^{-8}
$Cu(OH)_2$	2.2×10^{-20}	PbS	9.04×10^{-29}
CuS	1.27×10^{-36}	PbI_2	8.49×10^{-9}
$Fe(OH)_2$	4.87×10^{-17}	$Pb(OH)_2$	1.42×10^{-20}
$Fe(OH)_3$	2.64×10^{-39}	$SrCO_3$	5.60×10^{-10}
FeS	1.59×10^{-19}	$SrSO_4$	3.44×10^{-7}
Hg_2Cl_2	1.45×10^{-18}	$ZnCO_3$	1.19×10^{-10}
HgS (黑)	6.44×10^{-53}	$Zn(OH)_2(\gamma)$	6.68×10^{-17}
$MgCO_3$	6.82×10^{-6}	$Zn(OH)_2(\beta)$	7.71×10^{-17}
$Mg(OH)_2$	5.61×10^{-12}	$Zn(OH)_2(\epsilon)$	4.12×10^{-17}
$Mn(OH)_2$	2.06×10^{-13}	ZnS	2.93×10^{-25}

附录4 标准电极电势 $E^{\ominus}$ （298.15K）

一、在酸性溶液中

元素	电极反应	$E^{\ominus}/V$
Ag	$AgBr + e^- \rightleftharpoons Ag + Br^-$	0.07133
	$AgCl + e^- \rightleftharpoons Ag + Cl^-$	0.2223
	$Ag_2CrO_4 + 2e^- \rightleftharpoons 2Ag + CrO_4^{2-}$	0.447
	$Ag^+ + e^- \rightleftharpoons Ag$	0.7996
Al	$Al^{3+} + 3e^- \rightleftharpoons Al$	-1.662
As	$HAsO_2 + 3H^+ + 3e^- \rightleftharpoons As + 2H_2O$	0.248
	$H_3AsO_4 + 2H^+ + 2e^- \rightleftharpoons HAsO_2 + 2H_2O$	0.56
Bi	$BiOCl + 2H^+ + 3e^- \rightleftharpoons Bi + 2H_2O + Cl^-$	0.1583
	$BiO^+ + 2H^+ + 3e^- \rightleftharpoons Bi + H_2O$	0.32
Br	$Br_2 + 2e^- \rightleftharpoons 2Br^-$	1.066
	$BrO_3^- + 6H^+ + 5e^- = 1/2Br_2 + 3H_2O$	1.482
Ca	$Ca^{2+} + 2e^- \rightleftharpoons Ca$	-2.868
Cl	$ClO_4^- + 2H^+ + 2e^- \rightleftharpoons ClO_3^- + H_2O$	1.189
	$Cl_2 + 2e^- \rightleftharpoons 2Cl^-$	1.358
	$ClO_3^- + 6H^+ + 6e^- \rightleftharpoons Cl^- + 3H_2O$	1.451
	$ClO_3^- + 6H^+ + 5e^- \rightleftharpoons 1/2Cl_2 + 3H_2O$	1.47
	$HClO + H^+ + e^- \rightleftharpoons 1/2Cl_2 + H_2O$	1.611
	$ClO_3^- + 3H^+ + 2e^- \rightleftharpoons HClO_2 + H_2O$	1.214
	$ClO_2 + H^+ + e^- \rightleftharpoons HClO_2$	1.277
	$HClO_2 + 2H^+ + 2e^- \rightleftharpoons HClO + H_2O$	1.645
Co	$Co^{3+} + e^- \rightleftharpoons Co^{2+}$	1.83
Cr	$Cr_2O_7^{2-} + 14H^+ + 6e^- \rightleftharpoons 2Cr^{3+} + 7H_2O$	1.332
Cu	$Cu^{2+} + e^- \rightleftharpoons Cu^+$	0.153
	$Cu^{2+} + 2e^- \rightleftharpoons Cu$	0.3419
	$Cu^+ + e^- \rightleftharpoons Cu$	0.522

元 素	电 极 反 应	$E^{\ominus}/V$
Fe	$Fe^{2+}+2e^-\Longrightarrow Fe$	-0.447
	$Fe(CN)_6^{3-}+e^-\Longrightarrow Fe(CN)_6^{4-}$	0.358
	$Fe^{3+}+e^-\Longrightarrow Fe^{2+}$	0.771
H	$2H^++e^-\Longrightarrow H_2$	0
Hg	$Hg_2Cl_2+2e^-\Longrightarrow 2Hg+2Cl^-$	0.281
	$Hg_2^{2+}+2e^-\Longrightarrow 2Hg$	0.7973
	$Hg^{2+}+2e^-\Longrightarrow 2Hg$	0.851
	$2Hg^{2+}+2e^-\Longrightarrow Hg_2^{2+}$	0.92
I	$I_2+2e^-\Longrightarrow 2I^-$	0.5355
	$I_3^-+2e^-\Longrightarrow 3I^-$	0.536
	$IO_3^-+6H^++5e^-\Longrightarrow 1/2I_2+3H_2O$	1.195
	$HIO+H^++e^-\Longrightarrow I_2+H_2O$	1.439
K	$K^++e^-\Longrightarrow K$	-2.931
Mg	$Mg^{2+}+2e^-\Longrightarrow Mg$	-2.372
Mn	$Mn^{2+}+2e^-\Longrightarrow Mn$	-1.185
	$MnO_4^-+e^-\Longrightarrow MnO_4^{2-}$	0.558
	$MnO_2+4H^++2e^-\Longrightarrow Mn^{2+}+2H_2O$	1.224
	$MnO_4^-+8H^++5e^-\Longrightarrow Mn^{2+}+4H_2O$	1.507
	$MnO_4^-+4H^++3e^-\Longrightarrow MnO_2+2H_2O$	1.679
Na	$Na^++e^-\Longrightarrow Na$	-2.71
Ni	$Ni^{2+}+2e^-\Longrightarrow Ni$	-0.250
N	$NO_3^-+4H^++3e^-\Longrightarrow NO+2H_2O$	0.957
	$2NO_3^-+4H^++2e^-\Longrightarrow N_2O_4+2H_2O$	0.803
	$HNO_2+H^++e^-\Longrightarrow NO+H_2O$	0.983
	$N_2O_4+4H^++4e^-\Longrightarrow 2NO+2H_2O$	1.035
	$NO_3^-+3H^++2e^-\Longrightarrow HNO_2+H_2O$	0.934
	$N_2O_4+2H^++2e^-\Longrightarrow 2HNO_2$	1.065
O	$O_2+2H^++2e^-\Longrightarrow H_2O_2$	0.695
	$H_2O_2+2H^++2e^-\Longrightarrow 2H_2O$	1.776
	$O_2+4H^++4e^-\Longrightarrow 2H_2O$	1.229
P	$H_3PO_4+2H^++2e^-\Longrightarrow H_3PO_3+H_2O$	-0.276
Pb	$PbI_2+2e^-\Longrightarrow Pb+2I^-$	-0.365
	$PbSO_4+2e^-\Longrightarrow Pb+SO_4^{2-}$	-0.3588
	$PbCl_2+2e^-\Longrightarrow Pb+2Cl^-$	-0.2675
	$Pb^{2+}+2e^-\Longrightarrow Pb$	-0.1262
	$PbO_2+4H^++2e^-\Longrightarrow Pb^{2+}+2H_2O$	1.455
	$PbO_2+SO_4^{2-}+4H^++2e^-\Longrightarrow PbSO_4+2H_2O$	1.6913
S	$H_2SO_3+4H^++4e^-\Longrightarrow S+3H_2O$	0.449
	$S+2H^++2e^-\Longrightarrow H_2S$	0.142
	$SO_4^{2-}+4H^++2e^-\Longrightarrow H_2SO_3+H_2O$	0.172
	$S_4O_6^{2-}+2e^-\Longrightarrow 2S_2O_3^{2-}$	0.08
	$S_2O_8^{2-}+2e^-\Longrightarrow 2SO_4^{2-}$	2.01

元 素	电 极 反 应	$E^{\ominus}/V$
Sb	$Sb_2O_3+6H^++6e^-\Longleftrightarrow 2Sb+3H_2O$	0.152
	$Sb_2O_5+6H^++4e^-\Longleftrightarrow 2SbO^++3H_2O$	0.581
Sn	$Sn^{4+}+2e^-\Longleftrightarrow Sn^{2+}$	0.151
V	$V(OH)_4^++4H^++5e^-\Longleftrightarrow V+4H_2O$	-0.254
	$VO^{2+}+2H^++e^-\Longleftrightarrow V^{3+}+H_2O$	0.337
	$VO_2^++2H^++e^-\Longleftrightarrow VO^{2+}+H_2O$	1
Zn	$Zn^{2+}+2e^-\Longleftrightarrow Zn$	-0.7618

二、在碱性溶液中

元 素	电 极 反 应	$E^{\ominus}/V$
Ag	$Ag_2S+2e^-\Longleftrightarrow 2Ag+S^{2-}$	-0.691
	$Ag_2O+H_2O+2e^-\Longleftrightarrow 2Ag+2OH^-$	0.342
Al	$H_2AlO_3^-+H_2O+3e^-\Longleftrightarrow Al+4OH^-$	-2.33
As	$AsO_2^-+2H_2O+3e^-\Longleftrightarrow As+4OH^-$	-0.68
	$AsO_4^{3-}+2H_2O+2e^-\Longleftrightarrow AsO_2^-+4OH^-$	-0.71
Br	$BrO_3^-+3H_2O+6e^-\Longleftrightarrow Br^-+6OH^-$	0.61
	$BrO^-+H_2O+2e^-\Longleftrightarrow Br^-+2OH^-$	0.761
Cl	$ClO_3^-+H_2O+2e^-\Longleftrightarrow ClO_2^-+2OH^-$	0.33
	$ClO_4^-+H_2O+2e^-\Longleftrightarrow ClO_3^-+2OH^-$	0.40
	$ClO_2^-+H_2O+2e^-\Longleftrightarrow ClO^-+2OH^-$	0.66
	$ClO^-+H_2O+2e^-\Longleftrightarrow Cl^-+2OH^-$	0.89
Co	$Co(OH)_2+2e^-\Longleftrightarrow Co+2OH^-$	-0.73
	$[Co(NH_3)_6]^{3+}+e^-\Longleftrightarrow [Co(NH_3)_6]^{2+}$	0.108
	$Co(OH)_3+e^-\Longleftrightarrow Co(OH)_2+OH^-$	0.17
Cr	$Cr(OH)_3+3e^-\Longleftrightarrow Cr+3OH^-$	-1.48
	$CrO_2^-+2H_2O+3e^-\Longleftrightarrow Cr+4OH^-$	-1.2
	$CrO_4^{2-}+4H_2O+3e^-\Longleftrightarrow Cr(OH)_3+5OH^-$	-0.13
Cu	$Cu_2O+H_2O+2e^-\Longleftrightarrow 2Cu+2OH^-$	-0.360
Fe	$Fe(OH)_3+e^-\Longleftrightarrow Fe(OH)_2+OH^-$	-0.56
H	$2H_2O+2e^-\Longleftrightarrow H_2+2OH^-$	-0.8277
Hg	$HgO+H_2O+2e^-\Longleftrightarrow Hg+2OH^-$	0.0977
I	$IO_3^-+3H_2O+6e^-\Longleftrightarrow I^-+6OH^-$	0.26
	$IO^-+H_2O+2e^-\Longleftrightarrow I^-+2OH^-$	0.485
Mg	$Mg(OH)_2+2e^-\Longleftrightarrow Mg+2OH^-$	-2.690
Mn	$Mn(OH)_2+2e^-\Longleftrightarrow Mn+2OH^-$	-1.56
	$MnO_4^-+2H_2O+3e^-\Longleftrightarrow MnO_2+4OH^-$	0.595
	$MnO_4^{2-}+2H_2O+2e^-\Longleftrightarrow MnO_2+4OH^-$	0.6
N	$NO_3^-+H_2O+2e^-\Longleftrightarrow NO_2^-+2OH^-$	0.01
O	$O_2+2H_2O+4e^-\Longleftrightarrow 4OH^-$	0.401

元 素	电 极 反 应	$E^{\ominus}$/ V
	$S+2e^- \rightleftharpoons S^{2-}$	-0.47627
S	$SO_4^{2-}+H_2O+2e^- \rightleftharpoons SO_3^{2-}+2OH^-$	-0.93
	$2SO_3^{2-}+3H_2O+4e^- \rightleftharpoons S_2O_3^{2-}+6OH^-$	-0.571
	$S_4O_6^{2-}+2e^- \rightleftharpoons 2S_2O_3^{2-}$	0.08
Sb	$SbO_2^-+2H_2O+3e^- \rightleftharpoons Sb+4OH^-$	-0.66
Sn	$Sn(OH)_6^{2-}+2e^- \rightleftharpoons HSnO_2^-+H_2O+3OH^-$	-0.93
	$HSnO_2^-+H_2O+2e^- \rightleftharpoons Sn+3OH^-$	-0.909

附录 5　一些物质的摩尔质量

化合物	摩尔质量	化合物	摩尔质量
AgBr	187.78	$Ca_3(PO_4)_2$	310.18
AgCN	133.84	$CaSO_4$	136.14
AgCl	143.32	CH_3COCH_3	58.08
Ag_2CrO_4	331.73	C_6H_5OH	94.11
AgI	234.77	$CrCl_3$	158.355
$AgNO_3$	169.87	Cr_2O_3	151.99
$AlCl_3$	133.341	CuSCN	121.63
$Al(C_9H_6N)_3$(8-羟基喹啉铝)	459.444	CuI	190.45
$Al(NO_3)_3$	212.996	$Cu(NO_3)_2$	187.56
Al_2O_3	101.96	CuO	79.54
$Al(OH)_3$	78.004	Cu_2O	143.09
$Al_2(SO_4)_3$	342.15	CuS	95.61
$BaCO_3$	197.34	$CuSO_4$	159.61
BaC_2O_4	225.35	$CuSO_4 \cdot 5H_2O$	249.69
$BaCl_2$	208.24	$FeCl_2$	126.75
$BaCl_2 \cdot 2H_2O$	244.27	$FeCl_3 \cdot 6H_2O$	270.30
$BaCrO_4$	253.32	$FeNH_4(SO_4)_2 \cdot 12H_2O$	482.20
BaO	153.33	$Fe(NH_4)_2(SO_4)_2 \cdot 6H_2O$	392.14
$Ba(OH)_2$	171.35	$Fe(NO_3)_3$	241.86
$BaSO_4$	233.39	FeO	71.85
$Bi(NO_3)_3$	395.00	Fe_2O_3	159.69
$CO(NH_2)_2$	60.0556	Fe_3O_4	231.54
$CaCO_3$	100.09	$Fe(OH)_3$	106.87
CaC_2O_4	128.10	FeS	87.913
$CaCl_2$	110.99	$FeSO_4$	151.91
CaO	56.08	H_3BO_3	61.83
$Ca(OH)_2$	74.09	H_3PO_4	98.00

化合物	摩尔质量	化合物	摩尔质量
H_2S	34.08	$KHC_4H_4O_6$（酒石酸氢钾）	188.18
H_2SO_3	82.08	$KHC_2O_4 \cdot H_2O$	146.14
H_2SO_4	98.08	KI	166.01
$HgCl_2$	271.50	KIO_3	214.00
Hg_2Cl_2	472.09	$KMnO_4$	158.04
HgI_2	454.40	$KNaC_4H_4O_6 \cdot 4H_2O$（酒石酸盐）	382.22
HgS	232.66	KNO_2	85.10
$HgSO_4$	296.65	KNO_3	101.10
Hg_2SO_4	497.24	KOH	56.11
$Hg_2(NO_3)_2$	525.19	$KSCN$	97.18
$Hg(NO_3)_2$	324.60	K_2SO_4	174.26
HgO	216.59	$MgCO_3$	84.32
HBr	80.91	$MgCl_2$	95.21
HCN	27.02	$MgNH_4PO_4$	137.33
$HCOOH$	46.0257	MgO	40.31
CH_3COOH	60.053	$Mg(OH)_2$	58.320
$HC_7H_5O_2$（苯甲酸）	122.12	$Mg_2P_2O_7$	222.60
H_2CO_3	62.02	$MgSO_4 \cdot 7H_2O$	246.48
$H_2C_2O_4$	90.04	MnO_2	86.94
$H_2C_2O_4 \cdot 2H_2O$	126.07	MnS	87.00
HCl	36.46	$MnSO_4$	151.00
HF	20.01	NH_3	17.03
HI	127.91	$(NH_4)_2C_2O_4 \cdot H_2O$	142.11
HNO_2	47.01	NH_4Cl	53.49
HNO_3	63.01	NH_4F	37.037
H_2O	18.02	$(NH_4)_2HPO_4$	132.05
H_2O_2	34.02	$(NH_4)_3PO_4 \cdot 12MoO_3$	1876.53
$KAl(SO_4)_2 \cdot 12H_2O$	474.39	$(NH_4)_3PO_4$	140.02
KBr	119.01	$(NH_4)_6Mo_7O_{24} \cdot 4H_2O$	1235.9
$KBrO_3$	167.01	NH_4CO_3	79.056
KCl	74.56	NH_4SCN	76.122
$KClO_3$	122.55	$(NH_4)_2SO_4$	132.14
$KClO_4$	138.55	$NiC_8H_{14}O_4N_4$（丁二酮肟镍）	288.91
K_2CO_3	138.21	$Na_2B_4O_7 \cdot 10H_2O$	381.37
$K_2Cr_2O_7$	294.19	$NaBr$	102.90
K_2CrO_4	194.20	$NaC_2H_3O_2$（醋酸钠）	82.03
$KHC_8H_4O_4$（邻苯二甲酸氢钾）	204.22	Na_2CO_3	105.99

化合物	摩尔质量	化合物	摩尔质量
$Na_2C_2O_4$	134.00	$Pb(C_2H_3O_2)_2$（醋酸铅）	325.28
$NaCl$	58.44	$PbCrO_4$	323.18
$NaHCO_3$	84.01	$Pb(NO_3)_2$	331.21
NaH_2PO_4	119.98	PbO	223.19
Na_2HPO_4	141.96	PbO_2	239.19
$Na_2H_2Y \cdot 2H_2O$	372.26	PbS	239.27
$NaNO_3$	84.99	$PbSO_4$	303.26
Na_2O	61.98	SO_2	64.06
Na_2O_2	77.98	SO_3	80.06
$NaOH$	40.01	SiO_2	60.08
Na_3PO_4	163.94	$ZnCl_2$	136.30
Na_2S	78.05	$Zn(NO_3)_2 \cdot 6H_2O$	297.49
Na_2SO_3	126.04	ZnO	81.39
Na_2SO_4	142.04	ZnS	97.43
$Na_2S_2O_3$	158.11	$ZnSO_4$	161.45
P_2O_5	141.95	$ZnSO_4 \cdot 7H_2O$	287.56

元素周期表

IUPAC 2013

图例说明：
- 氧化态(单质的氧化态为0, 未列入; 常见的为红色)
- 以 $^{12}C=12$ 为基准的原子质量(注 * 的是半衰期最长同位素的原子量)
- 95 — 原子序数
- Am — 元素符号(红色的为放射性元素)
- 镅^ — 元素名称(注 ^ 的为人造元素)
- $5f^7 7s^2$ — 价层电子构型
- +2 +3 +4 +5 +6
- -243.06138(2)*

区域图例： s区元素 ・ p区元素 ・ d区元素 ・ ds区元素 ・ f区元素 ・ 稀有气体

电子层：K L M N O P Q

族 / 周期	IA(1)	IIA(2)	IIIB(3)	IVB(4)	VB(5)	VIB(6)	VIIB(7)	VIIIB(8)	VIIIB(9)	VIIIB(10)	IB(11)	IIB(12)	IIIA(13)	IVA(14)	VA(15)	VIA(16)	VIIA(17)	VIIIA(18)
1	H 1 氢 $1s^1$ 1.008																	He 2 氦 $1s^2$ 4.002602(2)
2	Li 3 锂 $2s^1$ 6.94	Be 4 铍 $2s^2$ 9.0121831(5)											B 5 硼 $2s^22p^1$ 10.81	C 6 碳 $2s^22p^2$ 12.011	N 7 氮 $2s^22p^3$ 14.007	O 8 氧 $2s^22p^4$ 15.999	F 9 氟 $2s^22p^5$ 18.998403163(6)	Ne 10 氖 $2s^22p^6$ 20.1797(6)
3	Na 11 钠 $3s^1$ 22.98976928(2)	Mg 12 镁 $3s^2$ 24.305											Al 13 铝 $3s^23p^1$ 26.9815385(7)	Si 14 硅 $3s^23p^2$ 28.085	P 15 磷 $3s^23p^3$ 30.973761998(5)	S 16 硫 $3s^23p^4$ 32.06	Cl 17 氯 $3s^23p^5$ 35.45	Ar 18 氩 $3s^23p^6$ 39.948(1)
4	K 19 钾 $4s^1$ 39.0983(1)	Ca 20 钙 $4s^2$ 40.078(4)	Sc 21 钪 $3d^14s^2$ 44.955908(5)	Ti 22 钛 $3d^24s^2$ 47.867(1)	V 23 钒 $3d^34s^2$ 50.9415(1)	Cr 24 铬 $3d^54s^1$ 51.9961(6)	Mn 25 锰 $3d^54s^2$ 54.938044(3)	Fe 26 铁 $3d^64s^2$ 55.845(2)	Co 27 钴 $3d^74s^2$ 58.933194(4)	Ni 28 镍 $3d^84s^2$ 58.6934(4)	Cu 29 铜 $3d^{10}4s^1$ 63.546(3)	Zn 30 锌 $3d^{10}4s^2$ 65.38(2)	Ga 31 镓 $4s^24p^1$ 69.723(1)	Ge 32 锗 $4s^24p^2$ 72.630(8)	As 33 砷 $4s^24p^3$ 74.921595(6)	Se 34 硒 $4s^24p^4$ 78.971(8)	Br 35 溴 $4s^24p^5$ 79.904	Kr 36 氪 $4s^24p^6$ 83.798(2)
5	Rb 37 铷 $5s^1$ 85.4678(3)	Sr 38 锶 $5s^2$ 87.62(1)	Y 39 钇 $4d^15s^2$ 88.90584(2)	Zr 40 锆 $4d^25s^2$ 91.224(2)	Nb 41 铌 $4d^45s^1$ 92.90637(2)	Mo 42 钼 $4d^55s^1$ 95.95(1)	Tc 43 锝^ $4d^55s^2$ 97.90721(3)*	Ru 44 钌 $4d^75s^1$ 101.07(2)	Rh 45 铑 $4d^85s^1$ 102.90550(2)	Pd 46 钯 $4d^{10}$ 106.42(1)	Ag 47 银 $4d^{10}5s^1$ 107.8682(2)	Cd 48 镉 $4d^{10}5s^2$ 112.414(4)	In 49 铟 $5s^25p^1$ 114.818(1)	Sn 50 锡 $5s^25p^2$ 118.710(7)	Sb 51 锑 $5s^25p^3$ 121.760(1)	Te 52 碲 $5s^25p^4$ 127.60(3)	I 53 碘 $5s^25p^5$ 126.90447(3)	Xe 54 氙 $5s^25p^6$ 131.293(6)
6	Cs 55 铯 $6s^1$ 132.90545196(6)	Ba 56 钡 $6s^2$ 137.327(7)	57~71 La~Lu 镧系	Hf 72 铪 $5d^26s^2$ 178.49(2)	Ta 73 钽 $5d^36s^2$ 180.94788(2)	W 74 钨 $5d^46s^2$ 183.84(1)	Re 75 铼 $5d^56s^2$ 186.207(1)	Os 76 锇 $5d^66s^2$ 190.23(3)	Ir 77 铱 $5d^76s^2$ 192.217(3)	Pt 78 铂 $5d^96s^1$ 195.084(9)	Au 79 金 $5d^{10}6s^1$ 196.966569(5)	Hg 80 汞 $5d^{10}6s^2$ 200.592(3)	Tl 81 铊 $6s^26p^1$ 204.38	Pb 82 铅 $6s^26p^2$ 207.2(1)	Bi 83 铋 $6s^26p^3$ 208.98040(1)	Po 84 钋 $6s^26p^4$ 208.98243(2)*	At 85 砹 $6s^26p^5$ 209.98715(5)*	Rn 86 氡 $6s^26p^6$ 222.01758(2)*
7	Fr 87 钫 $7s^1$ 223.01974(2)*	Ra 88 镭 $7s^2$ 226.02541(2)*	89~103 Ac~Lr 锕系	Rf 104 鑪^ $6d^27s^2$ 267.122(4)*	Db 105 𨧀^ $6d^37s^2$ 270.131(4)*	Sg 106 𨭎^ $6d^47s^2$ 269.129(3)*	Bh 107 𨨏^ $6d^57s^2$ 270.133(2)*	Hs 108 𨭆^ $6d^67s^2$ 270.134(2)*	Mt 109 鿏^ $6d^77s^2$ 278.156(5)*	Ds 110 鐽^ 281.165(4)*	Rg 111 錀^ 281.166(6)*	Cn 112 鎶^ 285.177(4)*	Nh 113 鉨^ 286.182(5)*	Fl 114 𫓧^ 289.190(4)*	Mc 115 镆^ 289.194(6)*	Lv 116 鉝^ 293.204(4)*	Ts 117 鿬^ 293.208(6)*	Og 118 鿫^ 294.214(5)*

★ 镧系

La 57 镧 $5d^16s^2$ 138.90547(7)	Ce 58 铈 $4f^15d^16s^2$ 140.116(1)	Pr 59 镨 $4f^36s^2$ 140.90766(2)	Nd 60 钕 $4f^46s^2$ 144.242(3)	Pm 61 钷^ $4f^56s^2$ 144.91276(2)*	Sm 62 钐 $4f^66s^2$ 150.36(2)	Eu 63 铕 $4f^76s^2$ 151.964(1)	Gd 64 钆 $4f^75d^16s^2$ 157.25(3)	Tb 65 铽 $4f^96s^2$ 158.92535(2)	Dy 66 镝 $4f^{10}6s^2$ 162.500(1)	Ho 67 钬 $4f^{11}6s^2$ 164.93033(2)	Er 68 铒 $4f^{12}6s^2$ 167.259(3)	Tm 69 铥 $4f^{13}6s^2$ 168.93422(2)	Yb 70 镱 $4f^{14}6s^2$ 173.045(10)	Lu 71 镥 $4f^{14}5d^16s^2$ 174.9668(1)

★ 锕系

Ac 89 锕^ $6d^17s^2$ 227.02775(2)*	Th 90 钍 $6d^27s^2$ 232.0377(4)	Pa 91 镤 $5f^26d^17s^2$ 231.03588(2)	U 92 铀 $5f^36d^17s^2$ 238.02891(3)	Np 93 镎^ $5f^46d^17s^2$ 237.04817(2)*	Pu 94 钚^ $5f^67s^2$ 244.06421(4)*	Am 95 镅^ $5f^77s^2$ 243.06138(2)*	Cm 96 锔^ $5f^76d^17s^2$ 247.07035(3)*	Bk 97 锫^ $5f^97s^2$ 247.07031(4)*	Cf 98 锎^ $5f^{10}7s^2$ 251.07959(3)*	Es 99 锿^ $5f^{11}7s^2$ 252.0830(3)*	Fm 100 镄^ $5f^{12}7s^2$ 257.09511(5)*	Md 101 钔^ $5f^{13}7s^2$ 258.09843(3)*	No 102 锘^ $5f^{14}7s^2$ 259.1010(7)*	Lr 103 铹^ $5f^{14}6d^17s^2$ 262.110(2)*